增訂三版

行 銷 學

方世榮　著

學歷／
國立臺灣大學商學研究所博士、碩士
國立交通大學控制工程系學士
經歷／
國立雲林科技大學企管系教授、副教授
現職／
國立中興大學企管系教授

三民書局

國家圖書館出版品預行編目資料

行銷學 / 方世榮著. ——增訂三版四刷. ——臺北
市: 三民, 2016
　　面；　　公分

ISBN 978-957-14-3684-5 （平裝）

1. 市場學

496　　　　　　　　　　　　　　　　91020194

ⓒ　行　銷　學

著 作 人	方世榮
發 行 人	劉振強
著作財產權人	三民書局股份有限公司
發 行 所	三民書局股份有限公司
	地址　臺北市復興北路386號
	電話　(02)25006600
	郵撥帳號　0009998-5
門 市 部	(復北店) 臺北市復興北路386號
	(重南店) 臺北市重慶南路一段61號
出版日期	初版一刷　1996年2月
	修訂二版一刷　1996年8月
	修訂二版二刷　1998年8月
	增訂三版一刷　2003年1月
	增訂三版四刷　2016年6月
編 號	S 492470

行政院新聞局登記證局版臺業字第○二○○號

有著作權・不准侵害

ISBN　978-957-14-3684-5　（平裝）

http://www.sanmin.com.tw　三民網路書店

增訂三版序

邁入 21 世紀的千禧年代，世界萬物都在變，這應驗了一句名言：「世界上唯一不變的就是『變』。」然而，即使變是唯一的真理，但它卻有不同的意涵。「變」讓人類與整個社會（包括企業經營）都在成長，因此如果別人都有成長，而你卻仍停留在原處，那麼你將很容易地被淘汰。也因此，處在「變」的年代，知識成為最重要的資產，因為是否有成長或成長的程度如何，都繫於「知識」的寶藏，這也是知識經濟社會的一大特性。

此外「變」雖是一種常態，但一些原則、理念、中心思想則常是我們在觀察與分析變動的趨勢與走向時，所必須掌握的。換句話說，變動的軌跡應有其脈絡可循；亦即其環繞在這些原則、理念與中心思想等這些核心要素而做改變（基於環境因素的變動，促使環境這類要素外在的現象亦產生變動）。因此，探索任何一個領域的變動與其所蘊涵的知識，皆需洞悉其核心理念與思想。

至於行銷的核心理念，長久以來都是「滿足顧客的需求」，而在這個核心理念之下，也許配合著大環境的變動，因此需要有一些新的行銷技術、方法與作為。準此，一些新近的行銷觀念與領域，如關係行銷、價值行銷、一對一行銷、網路行銷等等，全都環繞在「創造價值、滿足顧客需求」這個核心要素上。

本書自民國 85 年出版以來，歷經六個寒暑，期間作者雖亦想對本書進行修訂與改版，唯總因為教學與研究工作的忙碌，一直到現

在才稍有機會。改版期間感謝臺大國企所博士生江淑娟之協助，提供與撰述個案資料與內容。茲將本版書的修訂特色臚列於下：

1.針對使用本書教學的經驗，將一些不合時宜的內容加以刪除，並增添最新的資料內容。

2.每章皆附上數個類似個案的「行銷實務」，增進讀者對於相關部分的理論與概念之理解；補充實務的案例，一方面可掌握實務的動態，另一方面則提供教學者與讀者更多的思考空間。

3.每章的習題重新修訂（包括增加與刪除），提供學習者作為研讀心得的思考與整理。

4.增加「網路行銷」一章，此乃配合行銷領域之發展與趨勢，提供讀者對此一新領域具備初步的認識與概念。

最後，作者仍要感謝這些年來一些教界同仁、讀者及上過本人課程的同學，促使本人在教學與研究歷程中能更具充實、豐富與成長。當然，本人亦期盼諸位先進能繼續對本書提供賜教。

方世榮

謹識於中興大學企管系所雲平樓

民國 91 年 9 月

序

俗語說:「商場猶如戰場」,此句話主要在描述企業的經營環境其競爭是相當的激烈;而在競爭激烈的環境中,企業如何成功,很大的關鍵決定於其「行銷力」如何?亦即企業若擁有優勢的行銷,則對企業之取得競爭優勢有很大的關聯。事實上,愈來愈多的公司皆已體認到,「行銷管理」對公司經營的重要性。

除此之外,行銷的許多觀念亦常呈現在我們的日常生活中。例如如何把自己的思想與理念傳達給主管、同僚或部屬,進而使他們接受;如何推銷自己,使得應徵面談過程中能獲得錄用?政治候選人如何促銷其政治理念,以及如何建立良好的形象?凡此種種的例子,皆是我們日常生活的一部分。

行銷的理論其實都是非常直接且易懂的,而且許多行銷的觀念亦皆源自實務界的案例,因此如何唸好「行銷學」這門課,筆者深深以為要多思考,以及多參閱一些相關的實務書籍;因為同樣的一個行銷概念,在不同的公司應用起來卻有很大的差異:,此時讀者便需要思考為什麼,以及是否有其他更好的作法。這樣的一個思考學習過程,是相當重要的。

本書寫作的內容架構與題材之選取,一方面亦是配合上述思考邏輯,因此在觀念的闡述之後,盡量輔以實例來說明;另一方面,本書內容與章節乃參照教育部所頒訂的課程標準。另外,本書的架構主要包括四大部分:第一部分為分析篇,包括行銷學的基礎概念、

行銷環境分析、消費者購買行為分析及產業競爭分析；第二部分為策略篇，包括目標行銷與定位策略，以及行銷策略的發展等；第三部分為戰術篇，即行銷組合 4P 決策，包括產品、定價、通路及促銷等戰術決策；第四部分為專題行銷篇，包括最近較熱門的行銷領域與課題，如國際行銷、服務業行銷以及行銷的倫理道德之相關的課題。

　　本書從資料收集到撰寫完稿，歷時約二年多；其中有些觀念與看法乃源自教授行銷管理課堂上學生給予的靈感與啟發。在此要感謝作者以前求學過程中的許多恩師，沒有他們的教誨與栽培，則本書亦無問世的可能。另外，亦特別要感激三民書局劉董事長給予作者的鼓勵與督促。最後，本書的寫作過程中作者雖已投入最大的心力，但個人所學仍是有限的，尚請各方先進不吝賜教與指正。

方世榮

謹識於國立雲林技術學院企管系

民國 85 年 1 月

行銷學 目次

策略篇

第六章 目標行銷

第七章　行銷策略分析

戰術篇

第八章　產品策略

第九章　定價策略

第十章　通路策略

第十一章　促銷策略 (I)──促銷組合要素與廣告

第十二章　促銷策略 (II)──其他的促銷組合要素

專題行銷篇

第十三章　國際行銷

圖目次

表目次

第 一 章

導 論

　　「行銷」(marketing) 乃是企業功能之一重要的領域，扮演著引導公司從消費者的觀點來著眼，以便將公司有限的資源有效地分配至各項行銷活動上，使得公司所提供的產品與服務能夠滿足消費者的需求。若從經營策略的角度切入，舉凡市場分析、環境分析、競爭者分析等活動，皆是重要的行銷活動，而且亦是經營策略的重要一環。特別是在今日競爭日趨激烈的市場上，滿足顧客的需求更是企業一項刻不容緩的任務，而行銷正是實現此一重要任務的有利武器，由此可知行銷的重要性。

　　本章的主要目的在讓讀者瞭解行銷的重要性、行銷的核心觀念，以及行銷活動所包含的範圍。在讀完本章之後，讀者應知道：⑴何謂行銷；⑵行銷的重要性；⑶行銷哲學的演進，以及⑷行銷活動的內容與範圍。

第一節　何謂行銷？

◖◗ 一、行銷的涵義

　　身為一個現代人，時時刻刻皆生活在「行銷」的範圍之內，行銷學與消費者的關係，較其他任何社會科學都更為密切。然而，「行銷」這個名詞究竟是什麼意思呢？也許有人會誤認為行銷就是「銷售」(selling) 或「促銷」(promotion)；但這些只是行銷範圍的一部分而已。事實上，管理大師彼德杜拉克 (Peter Drucker) 曾說過：「行銷的目的在使銷售成為多餘，亦即行銷是在於真正瞭解消費者，且所提供的產品或服務，能完全符合其需要，產品本身就可達成銷售的功能。」由此可知，銷售與促銷只是整套行銷活動的一部分，必須與其他行銷功能活動密切配合，才能在市場上產生最大的效能。

　　對於行銷一詞，過去曾有許多學者賦予各種不同的定義。本書對行銷的定義是採用 Kotler 的說法：

> 行銷是一種社會性與管理性的過程，而個人與群體可經由此過程，透過彼此創造及交換產品與價值，以滿足其需要與欲望。

上述行銷的定義有一些重要的觀念（Kotler 稱之為行銷的核心概念），這些觀念彼此環環相扣，關係非常密切，參見圖 1–1。以下我們即針對這些核心觀念加以介紹，以對行銷有更深入的瞭解。

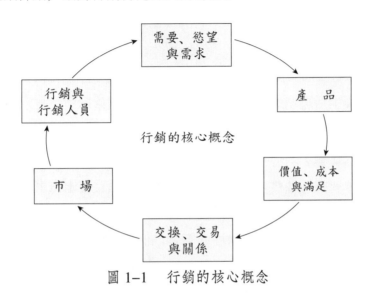

圖 1–1　行銷的核心概念

㈠行銷是為了滿足消費者的需求

行銷涵義中與消費者需求有關的概念包括需要、欲望與需求，這些概念的意義說明如下：

1.需　要

「人類的需要」乃是整個行銷的核心，換句話說，一切行銷活動皆起源於人類的需要 (human need)。人類的需要是指個人感覺被剝奪 (deprivation) 的一種狀態，其產生的時機是：「當人類的心理或生理狀態未滿足（不平衡）而導致空乏狀態時，便產生了需要。」例如依馬斯洛 (Maslow) 的說法，人類有五種層次的需要，即生理需要（如食、衣、住等基本的生理需要）、心理需要（如安全）、社會需要（如歸屬感、影響力及親和感等）、自尊需要（受到尊重）以及自我實現需要；這些需要乃是人類與生俱來的一部分，而非由其他社會或行銷人員所創造出來的。

當一個人的需要不能滿足的時候，他會感到不愉快。此時他可能採取某些行動來消除這種不愉快的感覺；例如從事能夠滿足其需要的活動，或者想

辦法削弱這項需要。

2.欲　望

　　所謂欲望 (want) 乃是人類滿足需要的一種渴望 (desires)。例如當人們感到飢餓時（生理不平衡狀態），便對食物產生需要，此時他便渴望吃東西（即對食物有欲望）；又如當一個人在群體中受到排斥（心理不平衡狀態），便產生其社會需要，因而渴望結交朋友（即有交朋友的欲望）。然而，由於受到個人文化背景與生活環境的影響，其所表現出來的欲望形式會有所不同。例如中國人肚子餓了會想吃米飯或麵食，美國人飢餓的時候會想吃漢堡、炸雞及可樂，德國人在肚子餓的時候可能會想吃馬鈴薯等。另外，一個富有的人在滿足其受尊敬與提高社會地位的需要時，可能有購買賓士汽車的欲望。

　　一般而言，欲望通常是以在特定的文化背景下，能滿足人類需要的產品來表示。基本上，也許人類的需要並不多，但欲望卻是無窮的。人類的欲望會受到社會與機構的影響，如宗教、學校、家庭及公司企業等機構的力量之影響，而這些欲望將持續地被塑造與改變。

3.需　求

　　所謂需求 (demand) 是指對特定產品的欲望，且有能力與意願去購買。換句話說，當一個人擁有購買力時，則其欲望便有可能變成需求。然而，雖說人類有無窮的欲望，但是每個人所擁有的資源卻是有限的。因此，人們往往會將其購買力用來選購能產生最大滿足的產品。

　　一般而言，消費者會把產品視為一組利益 (benefit)，並且會以其金錢來選擇最佳利益之產品。例如裕隆汽車代表能滿足基本的交通需求，價格低廉、省油；至於賓士汽車則代表舒適、豪華及表現身分地位。一個人在既定的欲望與資源下會選擇利益加總後能提供最大滿足的產品。

　　身為行銷人員，對於上述三者的意義加以區別是很重要的。我們必須瞭解到，行銷人員（或其他任何人員）並未創造人類的需要，因為需要乃是人類與生俱來的一部分。行銷人員的任務只是透過社會上的一些影響力量，影響消費者的欲望。例如行銷人員並未創造社會地位的需要，只是指出某特定財貨（如賓士汽車）如何滿足其需要而已。此時行銷人員也只能藉由使其所

提供的產品更具吸引力、更具購買性（使消費者買得起）、更具使用性（易於使用與操作）等方式，來影響消費者的欲望與需求。

㈡行銷乃提供產品以滿足消費者的需求

　　人們係以產品來滿足其需要與欲望。在此，我們將產品定義為：「包括任何能滿足人們需要或欲望的事物。」此一說法乃是廣義的定義，不僅包括實體物品；事實上，舉凡一項服務、一種活動、一種思想、一個地方、一道政令、一個國家，乃至於一個人，都可以透過行銷活動，將它當做「產品」一樣地行銷出去，並爭取「消費者」的好感。例如當我們感到無聊時，或可到戲院劇場觀賞演唱或表演（人員）；到觀光地區旅遊（地點）；從事一些休閒娛樂運動（活動）；參加會員俱樂部（組織）；或鑽研不同的人生哲學（思想）。因此，自消費者的觀點而言，所謂「產品」乃涵括所有能滿足需要或欲望的所有事物。

　　另外，自行銷人員的觀點而言，「產品」乃是其提供給消費者的「提供物」(offer)。當然，消費者之所以購買或接受這些提供物，乃因為它們能滿足其需要與欲望。然而，企業往往由於太關注於其產品本身而忽略了所提供的服務，因而陷入困境之中。製造商只顧推銷自己的產品，卻忘了顧客是因為產品能滿足其需要才購買。事實上，人們並不會因為產品本身而購買。例如人們購買唇膏是為了追求使自己能夠更美麗；同樣地，人們購買電視機是因為它能提供休閒娛樂的服務。事實上，實體物品只是包裝某種服務的工具或是提供某種消費者所需要的利益而已。行銷人員的任務在於銷售實體產品所提供的利益或服務，而非只是一味地強調產品的特徵。若只是注重產品本身而不探究消費者需要的傾向，則這類的行銷人員便患上了所謂的「行銷短視症」(marketing myopia)。

　　舉個例子來說，製造噴霧滅蚊劑的廠商認為消費者的需求是噴霧滅蚊劑，殊不知顧客的真正需求是滅蚊。因此，捕蚊燈一上市，那些對人體多少會產生傷害的噴霧滅蚊劑便馬上乏人問津。這些從事噴霧滅蚊劑的廠商即患上了行銷短視症，他們太執著於自己的產品，因此僅著眼於既存的欲望，而忽視了欲望所隱含的顧客需求；他們忘了實體產品僅是解決顧客問題的工具而已。

如果出現了能提供更好、更便利服務的新產品，顧客仍然會有相同的需求，但卻會有新的欲望。

(三)行銷的本質就是管理需求

行銷人員常會假設目標市場具有一個期望的交易水準，然而實際上，需求水準可能會低於、等於或高於期望水準。因此，市場可能會出現無需求、低需求、飽和需求、超額需求等狀況，行銷人員必須因應不同的情況提出不同的需求管理方案。基本上可歸納成八種需求狀態，其相對應的行銷任務說明如下：

1. 負需求 (negative demand)

當市場的主要消費者不喜歡此項產品,甚至願意付錢來規避此項產品時，則稱之為負需求。例如小朋友害怕注射預防針、學生害怕考試、或雇主較不願意雇用具有不良前科的員工等負需求之情形。此時行銷任務是要分析出市場為何不喜歡此項產品的原因，訂定新的行銷策略，透過重新設計產品、降低價格、改採正面積極的促銷方法等方式，來改變市場對此項產品的信念與態度。

2. 無需求 (no demand)

指目標顧客群對產品沒有興趣或覺得無所謂。例如大學男學生對軍訓課程沒有興趣，而大學女學生對護理課程覺得無所謂，此時行銷任務在於找出產品與個人需要或利益之間的關連，如大學男學生在修完軍訓課程後，可根據所修習的學分數扣抵未來當兵服役的天數。

3. 潛在需求 (latent demand)

指消費者存在著強烈的需求，但是現有的產品無法完全滿足其需求。例如許多人對於無害的香煙、更省能源的汽車、更乾淨的飲水等有強烈的需求，此時行銷任務在於衡量潛在市場的大小，並發展出滿足此類需求的產品或服務。

4. 衰退需求 (falling demand)

指消費者對某產品的需求減少。例如一般人對全脂奶粉的需求愈來愈低。此時行銷任務在於分析需求下降的原因，藉由重新訂定目標市場、修改產品

特色或是建立新的銷售通路來重新刺激市場，也就是藉由再行銷來扭轉衰退的需求。

5. 不規則需求 (irregular demand)

由於市場需求具有波動性或不規則性，而導致廠商的產能有閒置或不足的情形發生。例如觀光勝地一到假日即人滿為患，但平時則是門可羅雀；麻辣火鍋店在冬天時大排長龍，但在夏天時卻生意清淡。此時行銷任務為調和行銷，透過彈性定價或促銷手段等誘因方式，來平衡波動、不規則的需求。

6. 飽和需求 (full demand)

當廠商的供給與市場的需求達到一致時，便處於飽和需求的狀態，此時行銷任務在於維持現有的需求水準，並維持或改善其產品品質，以確保顧客的滿意程度。

7. 超額需求 (overfull demand)

當市場的需求水準遠超過廠商所能提供之水準時，便產生了超額需求。例如一到連續假日高速公路便大塞車，而火車票、飛機票也是一位難求。此時行銷任務在於降低需求，也就是低行銷 (demarketing)，尋求暫時性或永久性減少需求的方法，其作法有提高價格、減少促銷活動或服務水準。低行銷的目的不在破壞需求，而僅是要降低需求程度。

8. 有害需求 (unwholesome demand)

指對人類或環境等有害的需求，因此廠商應致力於阻止此類需求。例如許多宣導短片提倡戒煙、勿濫服禁藥，臺北市警察局的掃黃行動等。此時行銷的任務在於消滅需求、提高產品價格、限制流通管道或是以恐嚇性的訴求方式，讓人們不易取得或放棄消費該類產品。

㈣行銷必須瞭解消費者如何選擇產品

消費者購買產品是為了滿足其需要，然而可以滿足某一需要的產品可能很多；此外，消費者一般同時擁有多種需要，而某一項產品亦可能同時滿足數種需要（滿足的程度可能有所不同）。因此，消費者如何做產品的選擇，似乎是相當複雜的（有關此一課題，將於本書第四章有關消費者購買行為的分析再做更詳盡的討論，在此我們僅談論其中重要的概念之一，即價值、成本

與滿足的行銷概念)。舉個例子來說,交通工具可以滿足不同的需要,包括速度、安全、舒適、經濟性及地位等,稱為需要組合 (need set);至於能滿足這些需要的交通工具又包括徒步、腳踏車、機車、汽車、計程車及公共汽車等,稱為產品選擇組合 (product choice set)。假定某一個人擁有上述的需要組合,而欲自上述的產品選擇組合中選擇某一產品,此時他會如何作決定呢?

　　有關消費者如何做產品的選擇,主要乃視其認為何項產品最能滿足其需要。一般而言,消費者會有一套評估的準則,藉以評估各項產品滿足其需要的價值。他也許會依最能滿足需要到最不能滿足需要的順序來排列產品。所謂價值 (value) 便是消費者用來評估產品滿足其需要的能力。事實上,滿足消費者需要的能力,亦稱為效用 (utility);換句話說,評估產品效用之高低的一套準則即稱為價值。由於每個人的滿足程度不同,評估的準則亦會有所差異,因此價值乃依消費者主觀的認知,這是行銷人員必須注意到的重要概念。廠商自認為其產品頗具有價值(滿足消費者需要的效用很高),這並不重要;重要的是消費者認為很有價值才算數。

　　再者,假定某人對上班所使用的交通工具特別重視速度與舒適,如果可在不支付任何成本即可取得其中任一產品時,我們預料他將選擇汽車。然而,事實上每項產品(除徒步外)均有其購買價格(即均須支付成本),此時他未必會購買汽車,因為汽車的成本高於腳踏車或機車。基本上,消費者在做產品選擇之前,勢必同時考慮產品的價值(主觀的)與價格(客觀的),此時他將選擇每一元所帶來的價值最大的產品。

　　由以上所述,我們可瞭解到「價值、成本(價格)與滿足」的概念,對行銷理論的理解是相當重要的。

(五)行銷的任務是要促成交易

　　當人們決定透過交換 (exchange) 來滿足其需要與欲望時,行銷活動於焉產生。事實上,人們的需要、欲望及由此所決定的產品價值,並無法完整地定義行銷,唯有透過交換行為,才開始產生行銷活動。

　　所謂交換是指自他人取得所想要的標的物 (object),同時以某種東西作為交換的行為。交換是一種行銷活動,亦是行銷學的核心概念。交換的雙方欲

產生此一交換行為，必須具有下列五項條件：(1)至少有雙方當事人；(2)雙方皆擁有對方認為有價值的東西；(3)雙方皆能夠進行溝通與運送彼此所需的東西；(4)雙方皆有接受與拒絕對方所提供的東西之自由；(5)雙方皆認為與對方交換是適當的且符合所需者。

唯有上述五種條件皆存在，才有可能從事交換行為。然而，交換究竟發生與否，則端視雙方對交換條件所達成的協議是否比在交換前更佳（至少不會更壞）而定。由此觀之，交換可謂是創造價值的過程，正如生產活動創造價值一樣，交換乃由於擴大了每一個人的消費選擇而創造了價值。

另外，所謂交易 (transaction) 是指，「在從事交換行為的過程中，若達成協議，則可謂雙方發生交易行為。」簡言之，交易是指雙方之間價值的交換，且達成協議，此種價值的交換可能為貨幣交易 (monetary transaction)，亦可能非以金錢作為買賣的價值，稱為易貨交易 (barter transaction)。圖 1–2 繪示買賣雙方的交易關係。

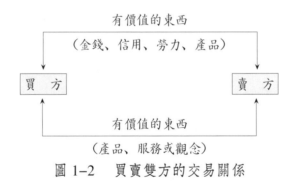

圖 1–2　買賣雙方的交易關係

對行銷人員來說，交易的廣義說法是：「行銷人員提供某些事物，並希望獲得對方之回應。」然而，此種回應並不一定侷限於「買」或「賣」，例如企業希望得到「購買」的回應，政治候選人希望獲得「選票」的回應，教會希望得到「參與」的回應，社會行動團體希望得到的回應是「接受某種觀念」；而行銷即包含了這些企圖取得目標對象之回應行為的各種活動。

上述我們將行銷的重點擺在交易關係，此即「交易行銷」(transaction marketing)；然而，交易行銷僅是涵義廣泛的「關係行銷」(relationship marketing) 的一部分。事實上，行銷人員應該設法與顧客、經銷商、零售商及供應商等，建立一種長期的、信賴的、共存共榮的合作關係。這種關係的建立是透過承諾，以及提供對方高品質的產品，一流的服務與合理的價格等方式來達成此目的。當雙方的合作關係建立之後，透過此種關係行銷的方式，便能大幅地降低交易的成本與時間，且能讓每次的協商交易逐漸趨於例行化，從而建立一種廣泛而長期的合作關係。

　　關係行銷的觀念似乎已逐漸成為一種新的趨勢，也就是說，行銷的重點已從創造個別交易最大利潤的觀點，逐漸地趨向為如何創造關係雙方的最大利潤。關係行銷的思想哲學乃是：「只要能建立良好的關係，則高利潤的交易自然會源源不斷。」另外，對現今「顧客導向」的行銷策略而言，關係行銷的觀念更為重要。因為欲建立彼此長期合作的關係行銷，勢必要深入瞭解顧客的需要與欲望，如此才能維繫此種關係。最後，關係行銷的觀念更驗證了時下流行的一句名言：「維繫老顧客的成本遠低於開發新顧客的成本。」

行銷實務 1.1

如何著手進行一對一行銷？

　　每個人都知道一對一行銷的時代已經來臨了，但是，當提到一對一行銷，絕大多數的公司都面有難色。因為這似乎代表著，你必須要花一大筆錢，投資在電腦軟硬體上。但是，事實一定是這樣嗎？

　　《一對一企業》(*Enterprise One to One*) 的作者佩波 (Don Peppers) 和羅傑斯 (Martha Rogers) 認為，要進行一對一行銷，不必等到公司翻新資訊系統才開始。先做一些動作，督促自己朝這個目標邁進，往往就可以讓公司降低成本、提高顧客滿意，並且提升獲利。

　　先從一小部分客戶身上開始。例如找出去年對公司貢獻最高的百分之五顧客，將重點放在和這些顧客建立關係上。打電話給他們，只問聲好，瞭解他們對你的產品或服務感覺究竟怎麼樣，別企圖做生意。請公司高階主管，

每個都親筆寫一張感謝卡，給這些最有價值的顧客。

　　例如一位經理人在假日前接到一家休假農莊的明信片，感謝他去年的支持，並且提醒他今年去度假，卡片上面還附上農莊的地圖、交通路線以及小孩可以參加的免費活動。儘管市場上有很多的選擇，但是當你想到休閒度假時，你還會想去其他的地方嗎？

　　還可以問問十位重要顧客，你可以個別為他們做些什麼事來改進服務。然後，認真執行，達成他們所提出的建議，追蹤執行，再打電話瞭解他們的看法。

　　另一個方法是，找出去年曾對你的產品或服務提出抱怨的顧客，好好注意他們的訂單流程，打電話給他們，瞭解他們現在覺得如何，甚至指派一位人員負責和他們保持聯絡。

(資料來源：《世界經理文摘》，157 期)

㈥行銷與行銷人員

　　行銷乃是透過市場運作以實現潛在的交易之達成，其目標在於滿足人類的基本需要與欲望。因此，行銷活動的核心概念在於交易過程。而在交易過程中，若一方較另一方更積極尋求交換，則前者稱為行銷人員 (marketer)，而後者稱為潛在顧客 (prospect)。具體言之，行銷人員係指自他處尋求資源，然後願意提供具有價值的事物與其交換的人。行銷人員努力在尋求另一方購買或銷售的回應；換句話說，行銷人員可能是賣方 (seller)，亦可能是買方 (buyer)。例如我們假定某公司有許多想爭取一個極具吸引力的職位的應徵者，此時每一位準買者 (would-be buyer) 都會盡力推銷自己，期使公司能錄用他，此時這些買方便是在從事行銷。

　　一般人都誤以為行銷是屬於賣方的工作，事實上買方亦可能從事行銷活動。在市場上，當某產品供給不足時，缺貨的採購代理商就得主動地找尋賣方，並提供有利的條件。通常，我們所謂的賣方市場 (seller's market) 是指賣方較有力量，而買方扮演較主動的行銷人員。相反的，在買方市場 (buyer's market) 中，較有力量者為買方，而較主動的行銷人員則為賣方。

目前由於供給增加而逐漸變為買方市場，於是行銷便成為賣方積極找尋買方的重要活動。

◑ 二、行銷與現代生活的關聯

行銷的觀念與功能與我們日常生活存在密切的關聯，茲分為「行銷資訊充斥日常生活中」與「日常生活亦是行銷觀念的應用」等兩部分來介紹。

㈠行銷資訊充斥日常生活中

身為現代人，我們每天幾乎都在接收大量的資訊。例如早上起床打開收音機（電視機或報紙），各式各樣的廣告與企業報導便一一出現；打開信箱，裡面常會堆滿各式各樣的廣告信函 (DM)；在車上，車廂廣告琳瑯滿目；在報章雜誌上，百貨公司的特賣與一般廠商的促銷活動則不斷出現。

凡此種種，這些訊息都企圖影響我們的「購買行為」，只因為我們都是「消費者」，都是行銷活動的訴求對象。由此可見我們都是生活在一個行銷世界裡，與行銷活動有著密不可分的關聯。

㈡日常生活亦是「行銷」觀念的應用

事實上，從另外一個角度來看，在日常生活中我們每個人也都在從事「行銷活動」。例如在家裡，我們常要「說服」小孩子乖乖吃飯，用功唸書，不要變成電視兒童；「要求」年邁的雙親要節制飲食，不要吃得太鹹、太甜或太辣；在辦公室裡，我們常須與部屬、同僚或上司「溝通」，並企圖說服他們接受自己的想法；政府當局常希望政令能為民眾「瞭解」、「接受」；應徵工作的人員則希望能「爭取」面試人員的好印象，以獲得良好的工作。除此之外，一般人也都希望能夠受到上司的讚賞，同事的敬重等；凡此種種，都與「行銷」脫離不了關係。

行銷非常重視溝通，且盡可能地站在對方立場，「從對方的利益切入」，如此則較有成功的可能，此乃是行銷所非常強調的「消費者導向」的觀念。

由以上所述，可知日常生活與行銷有密切的關聯。亦即，我們生活在行銷的世界裡，不只是外在的行銷活動影響我們，事實上我們自己也在從事一些行銷活動，以期影響他人。

第二節　行銷的重要性

行銷的重要性日益受到重視；不論從個人生活，企業經營，以及國家的經濟發展等層面來看，行銷皆扮演著重要的角色。以下我們從「經濟活動何以需要行銷」及「個人何以要學習行銷」等兩部分，分別加以介紹，期使讀者瞭解行銷的重要性。

一、經濟活動何以需要行銷？

㈠生產者與消費者之間行銷活動的差距

行銷的任務在於促成交易的達成，然而在從事交換活動的過程中，生產者與消費者之間通常存在「差距」，導致交換活動面臨困境。這些差距包括空間差距 (space discrepancy)、時間差距 (time discrepancy)、認知差距 (cognitive discrepancy)、 所 有 權 差 距 (ownership discrepancy)、 價 值 差 距 (value discrepancy)、 數 量 差 距 (quantity discrepancy) 及 配 置 差 距 (assortment discrepancy) 等，茲分別說明如下：

1. 空間差距

交換的雙方通常存在地理上的距離，例如大同電器製品在北部生產，但其消費卻遍佈全國，甚至全世界。

2. 時間差距

交換雙方在產品生產之時，通常多還無法從事交換。產品必須由生產者所在地移轉至消費者所在地；此項移轉，需要時間。另外，消費者需要產品，往往係為因應其本身的便利。例如冷氣機大多為全年生產，但主要的銷售季節則是集中在夏季。

3. 認知差距

生產者與消費者雙方對於彼此的提供物可能毫無所悉，或不感興趣。因此，生產者應有取得消費者資訊的需要，而消費者亦應有取得產品供應與價格資訊的需要。此外，生產者還必須瞭解消費者，俾作為有關商品、服務及

概念生產的指引。

　4.所有權差距

　　生產者雖然對產品與服務擁有所有權，但他本身並不加以消費；而消費者所消費的產品與服務乃是他本身並未擁有者，此時必須透過行銷系統的建立，才能使商品的所有權順利地從生產者移轉給消費者。

　5.價值差距

　　生產者與消費者對新商品，互有不同的價值判斷。生產者以成本與競爭價格作為評估商品價值的基礎，而消費者則以商品的經濟效用及其本身的購買能力作為評估的基礎。例如 IBM 公司以成本與產品競爭作為最優先的目標，因此對其 PS/2 電腦給予高度的價值。但是，美國企業界對此型電腦則係以產品效用（包括事務生產力、維修成本、原有 PC 的存量等）及企業機構的購買力為評估基礎，因此價值不大。此一差距對 IBM 公司該型電腦而言，自然無法成功地銷售。

　6.數量差距

　　生產者希望大量製造以降低單位成本，而消費者希望小量購買，因而產生數量差距。

　7.配置差距

　　生產者希望生產狹窄的產品與服務，而消費者希望作多樣化的選擇與採購，因而產生配置差距。

㈡行銷彌補交換的差距

　　行銷的目的就是在克服上述的差距；而且當差距愈大，則行銷在促成交易的任務上所扮演的角色便愈重大。行銷之所以能彌補這些差距，主要在於其行銷的普遍功能 (universal function of marketing) 之發揮，這些功能包括購買銷售、運輸、倉儲、融通、風險承擔及市場資訊的提供等。

　　購買的功能係指尋找與評估產品與服務；銷售功能指促銷產品，包括利用人員推銷、廣告及其他的銷售方法。運輸與倉儲等功能總稱為後勤功能 (logistical function)，係指將產品由某一地區移往另一地區，以及保存商品直至消費者需要它們時為止。所謂融通功能，包括獲得必要的資金與信用，以

便進行生產、運輸、倉儲、促銷、銷售及購買等活動，以及取得產品所有權的風險承擔、市場資訊的提供、標準的訂定及產品依循標準所作的分級等項。凡此種種的行銷功能，均足以彌補生產者與消費者之間的差距，從而使得交易得以達成。

(三)行銷可以創造效用

行銷活動透過其對市場差距彌補，從而為交換的雙方創造效用或價值。一般而言，行銷創造的效用可分為四類：形式效用 (form utility)、地點效用 (place utility)、時間效用 (time utility) 及持有效用 (possession utility)。由於行銷創造了效用，因而個人的需要與組織的需要得以滿足。

生產與行銷活動藉著將產品與服務轉換成某人可使用的形式，從而創造了形式效用。例如裁縫師將布料做成衣服，人們便可以穿著；搖滾樂手將其天賦、樂器與其他設備結合，因此創造了人們可以欣賞的表演節目。雖然這些形式效用主要透過生產活動來創造，但因為行銷活動會影響生產活動的投入與過程，因此行銷對形式效用的創造有所助益。

所謂地點效用是將產品與服務運送到消費者想購買的地點之一種附加價值活動。例如各地的汽車經銷商與隨處可見的速食店，皆是提供地點效用的很好例子。所謂時間效用是在消費者需要某產品與服務時所提供的一種附加價值活動。例如自動提款機增加了銀行或郵局服務的時間效用，而 24 小時的便利商店亦提供了消費者隨時購買商品的時間效用。所謂持有效用則是透過交易過程，消費者取得產品與服務所有權（或使用權）的一種附加價值活動。例如在付出金錢或信用卡之後，消費者便有權消費他們所購買的產品與服務。

簡單地說，行銷的目的即在於將適當的產品、於適當的時間、送達適當的地點、交予適當的人員。凡此各項效用，對消費者而言均為一種價值的創造。表 1-1 列示市場差距、行銷功能及效用三者之間的關係。表 1-1 指出了如下的意義：「由於生產者與消費者之間有市場差距的存在，故而必須執行各項行銷功能來彌補，也因此才創造了效用。」

表 1–1　市場差距、行銷功能及效用三者之間的關聯

市場差距	彌補差距的行銷功能	創造的效用
空間差距	・運輸 ・儲存	・地點效用
時間差距	・儲存 ・融資 ・風險承擔	・時間效用
認知差距	・購買 ・提供市場資訊	・形式效用及其他各類效用
所有權差距	・購買 ・風險承擔 ・融資	・持有效用
價值差距	・購買 ・標準訂定及分級 ・提供市場資訊	・持有效用 ・形式效用

◉ 二、個人何以要學習行銷？

　　前面第一節中我們曾論及「行銷與現代生活的關聯」，其中亦指出行銷與個人日常生活發生密切關係。因此，身為一個現代人，理應對行銷的觀念與知識有進一步的瞭解。除此之外，以下我們再從個人的工作生涯規劃，談論學習行銷的理由。

　　具有行銷的知識與技能，也許可提供給你一個令人振奮且報酬高的工作機會；此外，「行銷」往往是通往高階主管之路的要職之一。另一方面，縱然你無意於從事行銷的工作或事業，但你仍然會有很多的機會必須與行銷人員有所接觸；而有了行銷觀念之後，會讓你更能與他們溝通。我們都知道，無法把產品銷售出去的公司，不會需要生產經理、財務經理、人力資源經理等職位。俗話說得好：「除非收銀機發生叮噹聲，否則任何事情與努力皆屬枉然。」

　　最後，即使你可能畢業之後將進入非工商企業的職業，但行銷的觀念與技能目前已普遍用於非營利機構。過去很多非營利事業機構，如大學、醫院、博物館、社團法人機構及政府單位等，由於環境的變遷且不重視行銷，而使

得其經營運作與工作效率產生很大的困難。例如由於醫院的醫療成本高漲，住院費用大幅提高，且競爭亦日益劇烈，導致許多家醫院皆面臨設備過剩的窘境，因而必須採取行銷手段以解決之。另外，就國內的高等教育而言，近年來我國高等教育發展非常快速，大專院校的數目在 90 學年度已增加至 143 所（公立 58 所，私立 85 所），目前還有許多學校陸續籌設中。這雖代表我國高等教育的欣欣向榮，卻也意味著高等教育將面臨更嚴苛的競爭環境。此外，為因應加入 WTO 之後可能對國內高等教育所帶來的衝擊，教育部於 90 年 8 月 6 日公佈高等教育白皮書，明白揭示將參考新加坡模式，引進國外一流大學來臺設立分校，促進國內大學教育水準的提升。因此，各個大專院校紛紛採行各種行銷活動以提升知名度來吸引莘莘學子前往該校就讀，並且爭取教育部更多的支援補助。

這些例子在在說明了非營利組織目前逐漸重視行銷觀念的應用，畢竟任何一個組織（包括營利與非營利機構）皆必須設法滿足其顧客的需要，才能使其維持永續發展與成長，而此乃行銷觀念之真諦。

第三節　行銷哲學的演進

行銷學的理論發展至今已日趨成熟；然而，有關行銷哲學的演進為何，應是有心想探究行銷領域的人們所必須瞭解的。因此，本節將依其演進的過程來介紹行銷理論的發展。

很顯然，行銷哲學的演進與當代的經濟發展和社會環境的變遷，應有相當密切的關係。換句話說，由於時代背景的差異，行銷哲學為反映當時的現實環境，因而會有所不同。一般而言，行銷哲學的演進過程包括生產觀念、產品觀念、銷售觀念、行銷觀念及社會行銷觀念等五個階段。

一、生產觀念

生產觀念 (production concept) 或生產導向 (production oriented) 乃是最古老的行銷哲學；在此一哲學之下，乃假設消費者喜好購買便利且價格低廉的

產品。生產導向的組織，其管理階層乃致力於追求高生產效率及廣泛的配銷範圍。例如福特汽車公司早期即採取此種行銷哲學。1900 年代早期，亨利福特 (Henry Ford) 為了擴展汽車市場，乃首先提出此項哲學概念，福特先生窮其一生的精力在追求汽車大量生產以降低成本；亦即只生產著名的 T 型車（僅有單一車種），並採用裝配線的方式大量生產，降低成本，同時降低售價，使得美國人都有能力購買這種汽車，因此車子大為暢銷。

在 19 世紀的後半期，由於受到工業革命的影響，大量生產的觀念已逐漸普遍；此種大量生產的基本概念是產品的單位成本會隨產量之增加而下降。但是，除非這些產品都可以賣得出去，否則此種觀念是不切實際的。由此可知，採取生產觀念的經營哲學，其前提條件有下列二項，即第一，當產品的需求大於供給，此時消費者對於獲得此產品的興趣大於對產品優點的重視，導致供應商自然而然便會想到努力尋求增加產量的方法。第二，當產品的成本過高，必須藉著大量生產來降低價格以擴大市場。

基本上，這種生產觀念的行銷哲學僅適用於賣方市場的條件之下；在這種環境下，企業只要能生產出品質夠好、價格適當的產品，絕對不怕沒有顧客，很輕易地就可達到銷售額與利潤目標。由此可知，生產導向的階段，企業會將大部分的注意力集中在生產而非行銷或銷售。

◑ 二、產品觀念

產品觀念 (product concept) 或產品導向 (product oriented) 的行銷哲學假設消費者會喜愛品質、性能與特色最佳的產品；因此，在產品導向的組織中，其管理階層通常致力於製造優良的產品，並不斷地加以改良。

產品導向的公司通常很少或根本未考慮顧客的需要就設計產品，這些公司相當信任其工程師，認為他們知道如何設計與改良產品。通常他們也不會注意到競爭者的產品，因為他們認為「競爭者未曾進入此市場」(they were not invented here)。關於產品導向的觀念，有一個很著名的例子，即「完美捕鼠器的謬誤」(better mouse-trap fallacy)。

很多製造商認為只要能製造出較好的捕鼠器，顧客就會上門搶購。事實上，這些廠商常大失所望，因為顧客並非為了購買捕鼠器而購買，他們主要是在尋找能解決鼠患問題的產品。因此，只要有比捕鼠器更有效的解決方法，那麼這些顧客便可能捨棄捕鼠器的購買。對捕鼠器的製造商而言，他們必須設法使捕鼠器的包裝、價格等更具吸引力，改良配銷通路，以引起消費者對此產品產生興趣，同時亦要說服消費者該產品的品質確實較好，否則就算再好的捕鼠器也不見得會有成功的銷售。

最後，產品觀念常會引發「行銷短視症」，因為他們太過於重視產品本身，而忽略了市場上消費者真正的需要。例如鐵路管理局認為乘客需要火車而非運輸，因而忽視了航空、公共汽車、貨車及汽車之日漸成長的競爭壓力；計算尺製造商認為工程人員需要的是計算尺而非計算能力，因而忽視了袖珍型計算器的挑戰。其他諸如教會、學校及郵局等機構，皆認為它們提供給大眾的是正確的產品，然而其營運或銷售業績卻日漸下滑。基本上，這些機構都太過於顧影自憐，而卻忘記了窗外有藍天。

◐ 三、銷售觀念

銷售觀念 (selling concept) 或銷售導向 (selling oriented) 認為，若不對消費者採取銷售及促銷活動，則消費者不會大量購買該組織的產品。因此，管理階層必須採取積極的銷售與促銷。

銷售觀念乃假設消費者對購買都存有惰性或抗拒，因此必須加以哄騙才會使其掏腰包。此外，銷售觀念乃源自：「當公司積極大量生產時，它們體認到生產經濟效益受阻於公司的銷售能力，因此公司很顯然地需要大量的銷售努力來支持大量生產。」此一階段，公司所面臨的市場乃逐漸進入買方市場，亦即供給大於需求的市場。

銷售導向的重點是，加強銷售與促銷活動，灌輸產品的優點，努力把廠商的產品推銷給顧客。採行銷售觀念的公司認為如果不努力銷售與促銷，則

產品的銷售將極為有限。也因為如此，這些公司經常採取強硬推銷 (hard selling) 的技巧，如高壓銷售與欺騙，不實的廣告，以求達成公司的銷售目標，而較不關心顧客所購買的產品是否能夠發揮效用，是否可以得到真正的滿足。事實上，我們可以瞭解到這種銷售導向的作法，長期而言將會失去顧客的信心而危害到自己的市場。

銷售觀念在實務上大多用於「冷門品」(unsought goods)，例如保險、百科全書及葬禮儀式服務等。這類商品消費者通常不會興起購買的念頭，而這類業者必須追蹤可能的購買者，然後施展各種銷售技巧，灌輸他們有關公司產品之種種優點。

此外，銷售觀念亦常可見於非營利機構。例如政黨積極地推銷其候選人給選民，宣傳該候選人乃為此公職之最佳人選；於是候選人便終日奔走於選區與選民握手、親吻小孩、接見贊助人、發表演說等。另外，不計其數的金錢投入廣播與電視廣告、標語與傳單。選舉期間候選人皆將自己最好的一面呈現給選民，而將所有的缺點盡可能地掩飾，其目的只在於獲致銷售（當選）而不考慮購後的滿足。當選後，這些民意代表可能仍持續以銷售導向來對待選民，很少有人會去探討大眾真正的需要，反而只是一味地向大眾銷售，促使大眾接受他們或政黨所提出的政策與主張。

◉ 四、行銷觀念

1950 年代中期，行銷觀念 (marketing concept) 或行銷導向 (marketing oriented) 才開始具體形成。行銷觀念乃認為欲達成公司目標，關鍵在於探究目標市場的需要與欲望，並設法使公司能較其競爭者更有效果且有效率地滿足消費者的需求。行銷觀念的真諦或可由下列的一些名言顯露無遺：「迎合需要，方有利潤可言。」「發掘顧客欲望，並設法加以滿足。」「關愛你的顧客，而非關愛你的產品。」「除非顧客滿意，否則我們不會滿意。」「你（顧客）就是老闆。」「盡全力使顧客所花費的每一分錢皆充滿價值、品質與滿意。」等等。由此可知，行銷觀念的精神是「始於顧客、終於顧客」，一切以顧客為依歸，隨時隨地為顧客著想。

　　表 1–2 彙總了生產、銷售與行銷導向等三種行銷哲學的基本概念，並加
以比較。生產觀念是藉由大量生產，降低成本、降低售價，使消費者能買到
品質不差而價格低廉的產品。銷售觀念是藉由推銷與促銷公司現有的產品，
以獲得利潤。而行銷觀念的基礎則在於目標消費者之需要與欲望，然後整合
一切能滿足顧客需求的行銷活動，並透過顧客的滿足來達成獲利的目標。

表 1–2　三種行銷哲學的比較

	生產導向	銷售導向	行銷導向
著眼點	生產	產品	顧客需求
手段	大量生產、提高品質	推銷及促銷	整合性行銷
意圖	追求生產效率、降低成本	只求產品推銷出去、不管能否滿足顧客需求	希望滿足顧客的需要與欲望
結果	市場上標準化產品充斥，多量少樣的產品	產品是被銷售出去的	產品是由顧客主動購買的
適用市場	賣方市場	買方市場	買方市場及競爭激烈的市場
目的	透過生產來創造利潤	透過銷售來賺取利潤	透過顧客滿足來創造利潤

　　生產觀念的著眼點是生產，銷售觀念的著眼點是產品，而行銷觀念的著
眼點則為顧客需求。生產觀念的手段是大量生產，提高品質；銷售觀念的手
段是推銷與促銷；而行銷觀念的手段則是整合性行銷。所謂整合性行銷乃意
謂著兩件事：第一，行銷各有關功能（包括銷售力、廣告、行銷研究等）必
須相互協調配合；第二，行銷亦需與公司其他部門有良好的協調整合。
　　至於生產觀念的適用市場為賣方市場，銷售觀念為買方市場，而行銷觀
念則為買方市場及競爭激烈的市場。最後，生產觀念的目的是透過生產量極
大化來賺取利潤，銷售觀念的目的是透過銷售來賺取利潤，而行銷觀念則是
透過顧客的滿足來創造利潤。
　　經由上述對三種行銷哲學的比較分析，就目前的環境而言，很顯然的行
銷觀念應是較適當的經營哲學。事實上，行銷導向應涵蓋兩大部分，即消費
者導向 (consumer oriented)，或稱顧客導向 (customer oriented)，或市場導向

(market oriented) 及競爭者導向 (competitor oriented)。消費者導向重視消費者的需要與欲望，並以此為依歸。在其中，公司必須製造出顧客想買的東西，而非公司最容易製造的東西。也就是說，消費者才是真正的老闆、最後的仲裁者。此外，公司必須從顧客的角度反觀自己，而非從自己的角度去看消費者。畢竟，顧客所購買的是產品的利益，而非產品本身，例如購買手錶是因為它能告訴人們時間，而購買隨身聽是因為它便利攜帶等。

競爭者導向的觀念過去比較受到忽略，然而最近不論國內外皆日益受重視。基本上，商場如戰場，競爭對手猶如必須加以擊敗的敵人。競爭者導向強調的是，在競爭者所處理的市場上發掘其弱點，並針對弱點發動行銷攻勢，以便戰勝對手，贏得市場。

◐ 五、社會行銷觀念

社會行銷觀念 (social marketing concept) 認為組織的任務在於決定目標市場的需要、欲望與利益，並在維持與促進消費者與社會福祉的前提下，以較競爭者更有效且更有效率地提供目標市場所欲求的滿足。

近年來，社會行銷的觀念日益受到重視，主要由於下列的一些社會現象與趨勢所致：環境品質惡化、資源短缺、人口爆炸性成長、全球性飢餓與貧困以及社會服務受到忽視等；也因為如此而引起一些人懷疑行銷觀念是否仍適合作為企業的經營理念。基本上，此一問題的關鍵乃在於：企業在滿足個別消費者的欲望時，是否基於消費者與社會的長期利益著想？這似乎是過去純粹的行銷觀念所未考慮到的問題。舉個例子來說，飲料業為迎合消費者對便利之需求，因而增加了「用後即丟」的瓶子之使用量。然而，這種一次即丟的瓶子造成資源的大量浪費，而且這類瓶子大多數皆無法自然分解，因而亦形成環境污染的主要來源之一。

在社會行銷觀念之下，當行銷人員在擬定行銷政策時，必須將公司利潤、消費者需求的滿足及社會利益等三方面作整體平衡且長期性的考量。圖 1–3 即繪示了社會行銷觀念之三種要素的平衡關係。過去企業的行銷決策通常僅著重於公司短期的利潤；然後，它們開始體認到滿足消費者長期需要的重要

性，至此即已導入行銷觀念。最後，它們在判定行銷決策時，開始考慮到社會利益這個要素。

圖 1-3　社會行銷觀念之三要素間的平衡

　　綠色行銷 (green marketing) 是社會行銷觀念下的一個產物。綠色行銷乃發展與執行行銷計劃，以增進組織的環保形象。譬如說目前有些公司在廣告中的訴求採用諸如「不會破壞生態環境」、「資源可回收」、「綠化大地」等環保名詞。例如電池業者強調「電池可回收、容易處理與分解」；麥當勞改用減量包裝與紙器包裝，以響應環保運動。

　　除了環保之社會責任的擔負外，消費者主義的抬頭亦是促使社會行銷觀念興起的主因之一。所謂消費者主義 (consumerism) 乃是促使企業進一步認識到消費者也是生活者，以免企業活動與社會或個人的利益發生脫節的一種社會運動。在消費者主義的運動中，強調四種消費者權利必須受到保障，其內容如下：

　　⑴消費者有受到保護的權利，以免受到有害健康或生命的產品之危害。

　　⑵消費者有獲知事實真象的權利，以免受到詐欺的、虛偽的廣告宣傳之蒙蔽。

　　⑶消費者有權利獲得保證，以正確地選擇各種商品與服務。

　　⑷消費者有權利將意見向行政機關反應，並且應獲得保障，所提出的意見會被迅速、合理地處理。

　　根據上述，社會行銷觀念應是目前行銷學的主流，各企業應奉行此種管

理哲學。換句話說，企業在制定行銷決策時，必須兼顧公司、顧客與社會大眾三方面的長期利益。

第四節　行銷活動的範圍

　　本章最後一節我們將介紹行銷活動的範圍，一方面讓讀者對行銷學這一門課究竟包含哪些內容，有一整體性的初步認識；另一方面，亦讓讀者瞭解這些行銷活動本質上是有其程序架構的，而本書的編排亦依循這種架構分章節作詳細地介紹。

　　行銷活動的範圍，可以圖 1-4 的架構來瞭解其內容與程序，以下針對各步驟所涉及的主題作概略地介紹，至於其詳細的討論即為本書往後各章所欲探討者。

圖 1-4　行銷活動的範圍與程序

一、行銷環境分析

　　所謂商場如戰場，在進入戰場（商場）之前，必須先勘察地形地物，以便研擬戰略。在此所謂的地形地物即指行銷環境。行銷環境分析的目的在於知己知彼，以求百戰百勝。行銷環境極其複雜，分析的內容包括總體與個體環境，詳見第二章。

◐ 二、行銷研究與行銷資訊

　　在行銷戰裡，行銷人員必須先透徹地瞭解戰場（行銷環境）；而如何瞭解行銷環境的地形地物，便有賴於進行行銷研究。另外，行銷環境乃動盪不定，且企業欲求永續經營，因此企業必須持續不斷地偵察其所處的環境，而這有賴企業建立良好的行銷資訊系統；參見第三章。

◐ 三、目標市場的分析

　　目標市場中的消費者之購買行為（動機）、消費習性、偏好、產品使用情況、購買決策過程等，皆是重要的行銷資訊，且為行銷人員所必須掌握者；此乃有關消費者行為分析的課題，參見第四章與第五章。另外，目標市場的分析尚包括分析市場中的競爭者與產品，皆為有助於研擬行銷策略之重要的行銷資訊。

◐ 四、目標市場的選擇

　　面對龐大的市場，行銷人員應從何處著手呢？首先應將市場依人口統計變數、地理性變數、心理性與行為性變數等，劃分成數個區隔，然後依據公司的政策、資源與長處等，選擇一個或數個對公司最有利的市場區隔作為目標市場，參見第六章。

◐ 五、定位策略

　　由於消費者處在資訊爆炸的今日社會中，每天幾乎都會接觸到數以千計的廣告訊息，面對各式各樣的產品與品牌。如何讓消費者對公司的產品在其腦海裡佔有一席之地，以便消費者在選購產品時，能記得我們的品牌，這有賴於明確的「定位」策略，參見第六章。

◐ 六、行銷策略

　　在進入行銷戰場之前，必須先研擬好作戰策略，如此才能進可攻、退可

守，攻防有度，制敵機先。在研擬行銷策略時，必須依據一定的步驟與程序，如此才可能有較周延的完整計劃。此外，由於公司所處的市場地位與競爭情況不同，而應採取不同的行銷策略；詳細內容參見第七章。

◉ 七、行銷戰術

依據行銷策略作為指導原則，進一步制定公司的行銷戰術，即行銷組合 (marketing mix)，包括產品 (product)、定價 (price)、通路 (place) 及促銷 (promotion)，簡稱 4P's。這是公司可加以操控的決策變數，藉以影響消費者的反應。當然 4P 中的各項決策變數並非單獨運作的，而必須能相互協調配合，且須以行銷目標與行銷策略為依據。本書第八章之後的各章節，即主要以 4P 為探討的內容。4P 所包含的決策內容，簡述如下：

(一)產　品

包括品質、式樣設計、品牌名稱、包裝、大小、服務以及產品保證等。

(二)定　價

包括定價方法、新產品定價、價格調整、折扣、折讓、付款期限及信用條件等。

(三)通　路

包括配銷通路、中間商類型與決策、貯存及運輸決策等。

(四)促　銷

包括廣告、人員推銷、銷售促進及公共報導等。

本書的架構除包括上述的內容外，最後幾章將特別對目前行銷學特別重視的一些課題，單獨闢專章來討論，包括國際行銷、服務業行銷、網路行銷以及行銷對社會的影響等四個課題。

1. 請說明與評論三種行銷哲學：生產觀念、銷售觀念及行銷觀念；並請加以比較。

2. 「綠色行銷」似乎逐漸受到重視，許多企業亦皆逐漸走向綠色行銷，以因應潮流。請問何謂綠色行銷？其對行銷活動有何影響？

3. 亨利福特 (Henry Ford) 曾說過一句話：「儘管顧客可能希望擁有他們所喜歡任何顏色的車子，但是只要我們生產黑色的車子，他們也就會購買黑色的車子。」請依行銷哲學的角度來評述此句話的涵義。

4. 在某些情況下，行銷人員需要反其道去做，以便使公司能夠有效地限制產品的消費，這種活動稱為「低行銷」(demarketing)。試舉出你所熟悉的低行銷之例子，並說明其行銷的涵義。

5. 「你在畢業後求職時，可能會發現哪些市場差距的存在？」這對你個人以及學校的行銷教學，各有何涵義？

6. 請說明「關係行銷」與「傳統行銷」有何不同？目前常有某些公司採用會員制與 VIP 的經營手法，其觀念為何？

7. 請以電腦為例，說明「需要」與「欲望」二者間的差異；這對於電腦製造商而言，有何重要的涵義。

8. 1960 年代，美國行銷協會曾對「行銷」一詞給予如下的定義：「行銷是企業經營活動的實務，它將各項產品與服務的流動引向至消費者或使用者。」請問，此一行銷定義有何缺點？

9. 何謂「行銷短視症」？並請舉實例說明之。

10. 行銷實務 1.1 說明了「一對一行銷」的觀念，請問你認為它可能成為未來行銷領域的主流嗎？為什麼？

分析篇

第 二 章

行銷環境分析

　　行銷人員必須深入瞭解組織機構所承受的環境力量，因為這些環境力量足以影響企業的市場機會、獲利力以及資源的有效分配。尤其是今日企業所面對的環境充滿了不斷的變動、不確定性及動盪性，而行銷人員必須配合這些變動，甚至及早預測這種環境的變動，以為公司的產品、定價、通路及促銷等，審慎地擬訂因應的策略。

　　本章的討論，將以其中幾種較重要的行銷環境加以介紹，包括人口環境、經濟環境、社會文化環境、政治法律環境、科技環境及公司的個體環境等。雖然我們分開來討論這些環境因素，但是它們彼此之間皆存在著交互影響。此外，有些環境因素基本上是不可控制的（外在環境），但是因應這些環境因素的作法，卻是掌握在行銷人員的手中。行銷人員如何因應這些環境變動，將會影響到公司的績效及其未來的發展，因此不可不慎。

第一節　行銷環境的涵義與行銷環境分析的目的

◉ 一、行銷環境的涵義

　　我們常聽到：「企業經營受環境的影響很大」，「處在動盪不定的經營環境下，企業面臨更大的挑戰」，「追求卓越的公司皆能因應環境的變動」，「在這個社會中，唯一不變的法則就是環境持續在變動」等等。然而，究竟「環境」(environment) 的意義為何？具體言之，所謂環境意指周遭足以產生影響的一切因素 (effect factor)；因此，經營環境意指「足以影響企業經營活動的一切因素」；生活環境意指「足以影響生活水準與品質的一切因素」；同樣的，行銷環境則指「足以影響企業所採取的行銷活動之一切因素」。由於每一企業所處的產業性質、公司特徵以及產品市場情況等皆不相同，因此每一企業所面對的經營環境與行銷環境應有所不同，本章僅著重在行銷環境的探討。

　　行銷環境又可依「是否可控制」而區分為「外在環境」(external environment) 與「內在環境」(internal environment)。所謂「外在環境」是指足

以影響企業所採取的行銷活動之一切因素，而這些因素皆為企業所無法控制者。所謂「內在環境」則指企業可加以控制的影響因素。對於企業無法控制的影響因素，必須能加以掌握及因應，如此企業才不致遭淘汰。至於企業可加以控制的內在行銷環境因素，則有賴企業建立良好的制度，以發揮企業本身的優勢，進而配合外在環境所帶來的機會，以贏得競爭。

另外，行銷環境一般又可分為總體環境 (macroenvironment) 與個體環境 (microenvironment) 二類。所謂總體環境意指具有廣泛影響力量的因素，主要包括人口環境、經濟環境、社會文化環境、政治法律環境以及科技環境等。至於個體環境則意指與公司關係較密切的影響因素，一般包括供應商、行銷中間機構、顧客等。另外，競爭者因素與社會大眾影響力量則介於總體環境與個體環境之間。這些會影響行銷活動的行銷環境，彼此間的關係如圖 2-1 所示。本章將介紹這些環境因素。

圖 2-1　行銷環境的重要影響力量

◑ 二、行銷環境分析的目的

所謂環境分析意指對環境的影響因素加以偵察與監視；而一切的行銷活動皆是從分析與預測行銷環境開始。從行銷環境的偵察，以至於探尋新的行銷機會或規避新的行銷威脅，皆是行銷人員重要的職責之一。唯有配合行銷環境的變動，適時調整行銷活動，才能有效的發揮行銷功能，以達成組織的目標。

一般而言，行銷環境的變動是不規則的。有些環境因素的變動可能比較緩慢而可加以預測，例如人口的變動；但有些環境因素的變動則常突如其來，

令人措手不及，例如能源危機。彼德杜拉克 (Peter Drucker) 稱我們這個快速變動的時代為「不連續的時代」(the age of discontinuity)，而未來學家杜佛勒 (Toffer) 則稱之為「未來的震撼」(future shock)。然而，無論是緩慢演變的環境，或是劇烈變動的環境，行銷人員都必須不斷地偵察其間的變化，迅速地掌握最先的動態資訊，而比競爭者更早一步去掌握先機或規避威脅。

由上述的說明我們瞭解到行銷環境分析的重要性，除此之外，行銷環境的分析將可達致下列的目的：

1. 協助企業及早掌握機會，避免讓競爭者捷足先登。
2. 早期發現企業經營上的警訊，愈早確認則可愈早加以預防。
3. 促使企業對顧客特性上的變化，變得更敏感。
4. 提供一些客觀、定性的資訊給組織，以為制定行銷策略的參考依據。
5. 由於企業對環境的變動更加敏感,且能積極回應,因此可改善企業的形象。
6. 可協助企業進行 SWOT 分析。

最後一項的 SWOT 分析意指企業的優勢 (strength)、劣勢 (weakness)、機會 (opportunity) 及威脅 (threat) 之分析；其中優劣勢乃公司本身所具有的，而機會與威脅乃是外在環境所帶來的。有關 SWOT 分析對企業如何制定行銷策略以及決定採用哪些行銷決策，是一項非常重要的環境分析。因此，以下我們簡略地介紹 SWOT 分析，而在本章最後一節將另舉一完整的例子作為補充說明。

㈠ OT 分析

所謂機會 (O) 意指環境中極具吸引力的活動領域，可使企業得以獲得競爭優勢。行銷機會尚可依據其吸引力與成功機率來分類與列表。其中成功機率的大小乃決定於公司在該領域的事業優勢 (business strength)，亦稱為獨特的競爭力 (distinctive competence)；換句話說，即使公司有能力滿足目標市場的需求仍是不夠的，還必須要有比競爭者更優越的競爭能力，才能夠維持長久的競爭優勢。

所謂威脅 (T) 是指由環境中不利的趨勢或發展所引起的挑戰，而這種威脅的存在將使得在缺乏有效因應的行銷活動下，導致公司在市場上的地位或

利潤受到侵蝕之危機。有關行銷環境的威脅又可依其嚴重性與發生機率來分類，當然企業應集中較大的力量來監視重要性高且發生機率大的行銷威脅之趨勢。

　　從行銷環境來考量，對於某些行業或企業而言，由於我國平均個人所得水準之提高（已超過 1 萬美元），對於休閒娛樂服務業、高級服飾業及高級傢俱業等之市場需求均顯著提高。又如高科技產品的上市，對工作與生活水準皆有提升的俾益，市場的成長率相當高，其中尤以通訊產品（傳真機、行動電話、多功能數位電話機等）與自動化產品（機器人、彈性製造系統、自動倉儲等），更將成為明星產品。這些因素皆對行銷活動產生有利的趨勢，是行銷機會的一些例子。另一方面，有些因素則會對行銷活動產生不利的影響。例如進口汽車關稅下降與限額的取消，對國內汽車廠商構成一項威脅。又如新廠商之加入競爭，使產業的競爭更趨激烈；環保法規的限制日益嚴格，造成某些廠商的成本劇增，促使其競爭力滑落；廠商之間拼命以降價來吸引消費者，使產品品質無法維持應有的水準，顧客的抱怨日益增多，造成惡性競爭的循環等；這些都是帶給企業經營上的威脅之典型例子。

　　雖說行銷人員應該確認公司各事業部與產品所面臨的機會與威脅，然而並非所有的行銷機會與威脅皆值得重視。相反的，對於行銷機會而言，行銷人員應於謹慎地評估之後，密切地注意成功機率與潛在吸引力皆高的機會，從而擬定具體的行動計劃；而對於那些成功機率與潛在吸引力皆低的機會，幾乎都可以忽略之。相同的，對於行銷威脅而言，行銷人員亦需經過謹慎地分析與評估之後，對於發生機率與潛在重要性皆高的威脅，應集中注意力偵察與監視，並擬定對策謀求應變；至於發生機率與潛在重要性皆較低的威脅，行銷人員可以付出較小的心力，甚至可忽略不管。

　　透過上述的外在環境分析（OT 分析）之後，公司可將其事業或產品劃分為如下四類：

1. 理想事業 (ideal business)：即具有很高的行銷機會，且其環境威脅甚小的事業或產品。

2. 投機事業 (speculative business)：指所面臨的機會與威脅皆很大的事業或

產品。

3. 成熟事業 (mature business)：指機會與威脅皆很小的事業或產品。

4. 問題事業 (troubled business)：指機會小而威脅極大的事業或產品。

很顯然，一個公司的事業或產品若很大的比例落於問題事業的類型，則表示公司的經營面臨很大的困境，如何因應環境所帶來的威脅之衝擊，應是其最大的挑戰。

(二) SW 分析

確認外在環境中的機會與威脅固然重要，但評估公司面對機會與威脅時所具備的優缺點（優劣勢）如何，亦同樣的重要。換句話說，公司亦需針對其事業或產品來評估其優劣勢。管理人員可分別就其事業單位與產品在行銷、財務、製造及組織能力等方面，依其是否具有主要優點、次要優點、表現平平、次要缺點及主要缺點等，給予各事業單位或產品在各項要素上的表現加以評分。事實上，如同機會與威脅一樣，並非各項因素上的優缺點都是很重要的。

一般而言，企業可依據其本身資源的力量與競爭者比較，分析出本身的優勢與弱勢，這些資源可能包括人力、資金、機器設備、原物料、技術、資訊以及與供應商和經銷商之間的關係等。例如統一企業的優勢可能具有全國分佈密集的強勢配銷通路（7–ELEVEN 便利商店），而新力公司則可能專精於產品的創新。另外，我國企業多屬中小企業，對行銷環境的應變能力較具彈性，這是優點；然而這些企業普遍缺乏自有品牌，以及配銷通路較為脆弱，這是其缺點。

有些時候，事業的失敗可能並非其能力（優點）不夠，相反的往往是由於各部門間的協調配合不足所導致。例如某家著名的電子公司，其工程部門非常輕視銷售人員，認為他們是「不會實作的工程師」(engineer who couldn't make it)；另一方面，銷售人員亦非常輕視服務人員，認為他們是「無法促成交易的銷售人員」(salespeople who couldn't make it)。由此可知，我們在評估一企業之優劣勢時，除了其在各方面所具備的優點外，尚須重視企業內各部門間的協調能力及公司的各項制度等。

第二節　行銷總體環境

　　本節與第三節將分別針對行銷總體環境與行銷個體環境加以探討，讀者在研讀此二節時，應瞭解各類型行銷環境分別包含哪些重要的影響因素，以及這些因素對行銷活動的涵義。表 2-1 列舉各類型行銷總體環境所包含的重要因素；以下即分別針對這些因素加以介紹。

表 2-1　總體環境之重要因素

人口環境	經濟環境	社會文化環境	政治法律環境	科技環境
・人口數及其變動 ・家計單位的變動 ・結婚及離婚人口的變動 ・人口之地區分佈及其變動 ・年齡分佈及其變動 ・教育程度 ・職業婦女的增加	・所得分配 ・家庭消費支出型態 ・匯率與利率 ・通貨膨脹 ・失業率 ・景氣循環	・核心文化 ・次文化 ・社會階層 ・生活水準與生活品質 ・企業社會責任 ・社會趨勢動向	・法律制定的目的 ・法令愈來愈多 ・政府機構執行法律更為積極 ・社會利益團體的迅速茁壯	・科技的影響 ・科技的發展趨勢 ・科技的加速變遷 ・研究發展費用與日俱增 ・著重漸進式的改良 ・科技變動的法律管制增多 ・資訊科技日趨普及

一、人口環境

　　行銷人員首先感到有興趣的行銷環境是人口環境，因為市場是由人所構成的。由於人口之組成、分佈及其各種特質皆可能發生變動，因而亦使得市場有所消長。過去很蓬勃的一個市場可能已逐漸萎縮；相反地，過去很小的一個市場可能已變成規模很龐大的市場。這類人口環境因素的變數，都是值得行銷人員重視的。以下我們將分析一些重要的人口環境因素，及其對行銷的涵義。

㈠人口數及其變動

　　產品的市場需求大多數與人口總數有密切關係，人口愈多，生活必需品

的需求也就愈多；如日常用品、民生食品等。

　　臺灣地區過去幾年來，人口總數雖然逐年增加（民國85年二千一百五十餘萬人口，民國90年已達二千二百三十餘萬人口），但其人口成長率則有逐年遞減的趨勢，此乃家庭計劃推行成功所致。人口成長率高的地區，往往亦是建築業遠景看好的地區，例如臺中市。另外，人口密度的大小亦會影響商業型態的發展。人口密度愈高，配銷層次即可縮小，亦即減少中間商層次。此外，在人口密度愈高的地區，零售業與其他服務業，相對地亦較為發達。臺灣地區的人口密度一向北部（特別是臺北市）高於東、南部，其中臺東縣的人口密度最低。

　　出生率的降低可能對某些企業造成威脅，但相對地亦帶給某些企業很好的機會。例如出生率的降低使得嬰兒玩具、服飾及食品等行業面臨市場萎縮的局面，如嬌生公司 (Johnson & Johnson) 由於其嬰兒市場逐漸縮小，因此將他們的嬰兒痱子粉、嬰兒油及嬰兒洗髮精等嬰兒用品，逐漸地打入成人市場，藉以擴大市場的需求。另外，出生率的下降對於旅館、航空及餐飲等行業可能有正面的影響，因為人們的休閒旅遊及外食人口皆可能因而增加。

㈡家計單位的變動

　　以家庭為消費單位的各行業特別關心家計單位的變動，例如傢俱、家電用品、汽機車、住宅業等，其行銷人員莫不對家庭戶數的多寡相當注意。

　　過去數十年來，臺灣地區的家計單位之重要的變動趨勢是家庭規模逐漸縮小，即平均每戶人口逐漸遞減，但總戶數則逐漸增加；民國80年每戶平均人數約為 3.94 人，而總戶數約為五百萬多戶；民國90年每戶平均人數約為3.3 人，而總戶數約為六百七十五萬餘戶。這種趨勢的發展，意謂著市場上對小公寓、便宜小巧的傢俱、家電用品以及量少與精巧的食品之需求增加，此乃行銷人員必須注意到的一點。

㈢結婚與離婚人口的變動

　　臺灣地區在過去數十年來，由於教育水準的提高，及工作需要的影響，男女初婚的年齡一直呈緩慢上升的趨勢。許多人明顯地延長其單身生活期間，以至於因應這類「單身貴族」的產品與商店紛紛興起，成為風尚。此外，亦

由於工作環境、經濟能力、教育程度、人際互動、社會風氣及追求獨立等因素，促使夫妻分居與離婚的情形日益增加，也造成單親家庭的遽增。

結婚人口的減少，對傢俱與家電等產品帶來威脅；結婚年齡的上升，對青年男女的休閒娛樂市場相當有利；而離婚、分居與獨居的增加，則創造了更多的單身人口，對小套房與個人家電等許多耐久性消費品創造了新的市場需求。

行銷實務 2.1

日高級嬰兒用品銷售量一路長紅

嬰兒可望成為日本百貨公司的救世主，因為高級嬰兒用品的銷路極佳，而且愈是名牌，銷路愈好。產經新聞 4 日報導，日本皇太子妃雅子懷孕，加上不少知名藝人最近生子，而且厚生勞動省的人口動態統計結果顯示，去年結婚的夫妻約達 80 萬對，是 1977 年以來最多，新生兒也比去年增加約 1.3 萬人，因此社會上的生育氣氛相當熱絡。

人氣偶像木村拓哉和工藤靜香夫婦購買價值 9.98 萬日圓的高級嬰兒床曾引起討論，東京池袋西武百貨店指出，至去年為止這種嬰兒床一個月只能賣出一部，現在每個月可以賣出七、八部。

西武百貨店 9 月 21 日到 10 月 1 日獨家推出鸛鳥刺繡的寢具和內衣，這些商品的營業額比去年同期增加 15%。孕婦裝的營業額也大幅成長，賣場負責人員說，孕婦購買孕婦裝的時間比以往提前，似乎是受到市場生育氣氛的帶動。

銷售嬰兒用品超過 40 種的新宿高島屋公司也指出，出院或滿月時初次參加拜神社的正式服裝，今年上半年（3 月到 8 月）比去年同期增加 50%，另外孕婦裝則增加 25%。

最近的特徵是子女人數減少，因此雙親和祖父母在嬰兒上花的金額也增加，名牌商品大受歡迎。

（資料來源：《經濟日報》，2001 年 10 月 5 日，孫蓉萍編譯）

四 人口之地區分佈與變動

地理區域往往是市場區隔的基礎,不同的地區或可視為不同的目標市場。此外,人口地區的分佈亦是零售、批發及各種服務業者所關切的因素。臺灣地區的人口分佈,大部分集中在兩個院轄市與五個省轄市。地區人口的分佈一方面亦決定於人口的遷移。在過去數十年來,臺灣地區的人口不斷地從鄉村移居到都市,再從市中心移居到市郊。例如臺北、高雄與臺中三大都市之周圍縣市的遷入人口數,高出遷出之人口數,其中尤以臺北縣人口增加最快,逐漸地形成了大臺北都市商圈的一部分。

由於人們的居所不同,其對產品與服務的偏好亦有所差異。例如居住在南部炎熱的地區,人們對於除濕的設備之需求較小;居住在大城市的人們對休閒娛樂、文化活動及餐飲食品的需求較高,這些反映出地理區域不同所產生的消費行為亦不同,是值得行銷人員多加注意者。

五 人口之年齡結構與變動

臺灣地區的人口,數十年來在年齡結構上也有相當大的變化。以年齡中位數來看,民國 60 年為 19.7 歲,民國 75 年為 25.3 歲,民國 85 年為 30.1 歲,至民國 90 年已上升至 32.6 歲,顯示人口年齡結構已逐漸邁向成熟階段。此種情形主要源於國民生活水準的提高,醫療衛生的進步,使得國民的壽命延長。特別值得一提的是,我國人口逐漸老化的趨勢,民國 58 年以前,65 歲以上的老人人口比例未達 3%,民國 67 年則增加至 4%,民國 77 年佔 5.7%,西元 2000 年時老年人口比例將達 8%,而預估 2010 年時將達到 9.5%。

不同的年齡層擁有不同的消費型態,包括需求與購買力都會有所不同。年齡結構的變化,可能為企業帶來市場機會,企業必須及早因應。例如老年人口急速膨脹而造成年齡結構老化的現象,使得許多企業的目標已對準銀髮族市場。此外,兒童市場亦是一個頗具吸引力的市場;一方面,兒童口袋中的零用錢有大幅度的成長,民國 82 年平均為 55.11 元,較民國 74 年的 20.4 元成長率高達 170%;另一方面,民國 82 學年全國國小總學生人數(7〜12 歲),共約 220 餘萬人。由此可知,就行銷的觀點來看,兒童市場的確是潛「利」

無窮。

㈥教育程度的提高

臺灣地區的教育水準，在過去數十年來不斷地提高。民國 40 年，臺灣地區只有 7 所大專院校，至民國 90 年已增至 143 所。在可見的未來，臺灣地區的教育水準仍將繼續提高，民國 90 年底，年滿 15 歲以上人口識字率已達 95.8%。

教育水準愈高，表示對高級產品、書籍、高格調雜誌以及旅遊的需求愈多；同時也表示看電視的人數愈來愈少，因為教育程度愈高的人，看電視的時間與比例就愈少。此外，教育程度愈高的消費者，其對產品的品質、安全性、產品保證，以及售後服務等方面，也愈為重視。一般而言，當社會的教育程度普遍提高之際，其對企業應負的社會責任也愈加重視。因此，企業對其本身的企業形象之提升，愈來愈成為重要經營活動。

㈦職業婦女

由於社會對婦女的態度已逐漸由不平等對待走向平等對待，女性就業人口在近數十年來已大為增加。而且，由於婦女教育日趨普及，工作能力逐漸受到肯定，因此職業婦女的人數逐日漸增。

以 15 歲以上人口的比率而言，女性的勞動力參與率（就業比率），民國 50 年為 35.81%，民國 81 年為 44.83%，至民國 90 年已提升至 45.88%。女性就業比率的增加，已成為臺灣地區就業人口增加的主因之一。

由於職業婦女愈來愈多，所以男性在分擔家庭工作上所佔的重要性也愈來愈高。基本上，夫婦對於傳統角色的認同程度，決定他們在家庭事務中分擔的分量，以及決策判定的責任。

在傳統的家庭中，尤其是低教育水準者，通常女性負責家庭中的財務管理，男性負責賺錢，女性負責花錢；每一個人有自己專精的工作。這種模式和有女性外出工作的現代家庭有顯著的不同；夫婦同時外出工作的家庭中，認為男女應該同時分擔更多的家庭工作，所以男性在家中也負責洗衣、房間清潔及採購日常用品的工作；而不是只有傳統的修修東西，倒倒垃圾而已。

逐漸增多的職業婦女，使得婦女的可支配所得增加，這代表著許多新的

行銷機會。職業婦女將會購買更多的時裝服飾、化妝品、便利食品、家用電器、輕型機車與小型汽車；她們對生活水準的要求將提高；而且注重幼兒的教育，因此諸如插花、音樂、舞蹈等藝術市場大開，而減肥（瘦身）、健美、美容中心等大行其道，且托兒所、幼稚園、育嬰中心、國小兒童放學後的課輔中心等，亦均如雨後春筍，蓬勃發展。

◉ 二、經濟環境

企業營運乃為社會經濟活動中的一環，不可能獨立於經濟環境，而且經濟景氣的榮枯更深深地影響到企業之成長與營收，因此展望未來的經濟之趨勢，乃是企業經營之必備的工作。

經濟環境對行銷活動亦有顯著的影響，茲以配銷功能與消費者購買行為所受的影響為例，簡略說明如下：

1.對配銷功能的影響：

⑴經濟發展程度愈高之國家，其產品配銷層次亦愈多；同時在零售機構方面，也有較多的專門商店，超級市場，百貨公司等零售商。

⑵經濟發展程度愈高，國外進口代理商之影響力亦隨之減弱。

⑶隨著經濟發展程度之提高，廠商──批發商──零售商之功能逐漸分離。

⑷經濟發展程度提高，小型商店數目將相對地減少，而商店的平均規模逐漸增加。

⑸經濟發展程度愈高，則零售商的毛利率亦隨之增加。

2.在經濟成長率較低，經濟較不景氣時，消費行為可能產生以下的變化：

⑴儲蓄率提高，消費延遲。

⑵改變生活的型態，較趨向簡樸的生活。

⑶改變消費支出的組合。

⑷價值觀傾向於較不重視新潮與特殊，相反地較重視功能與耐久性。

⑸減少消費上的浪費。

⑹延長耐久財的使用。

以下我們將針對經濟環境中主要的影響力量，加以介紹：

㈠所得分配

所得水準是影響一國消費型態之主要的變數。數十多年來，臺灣地區的平均每人所得皆不斷地提高。民國 50 年平均每人所得為 142 美元，民國 60 年 410 美元，民國 70 年為 2,424 美元，民國 80 年則已達 8,083 美元，民國 90 年則提升至 12,000 美元。由於所得的增加，使得一般人消費國際性品牌的能力增加，廠商往往推出豪華型產品，並在廣告訊息中強調品質或感性的訴求，以吸引消費者上門來。同時，消費者亦將大筆金錢花費在傢俱、電器設備、娛樂、書籍刊物、外食及酒類飲料等方面的消費。

除了平均每人所得外，行銷人員亦應注意所得的分配。一般而言，所得位於頂端的上層消費者，其支出型態較不易受當前的經濟景氣所影響；他們購買的產品與服務大多是屬於奢侈與豪華級的。所得中階層者，其支出雖然有限，但對中高價位的服飾、裝飾用品、汽車或住宅等，可能有較大的需求。所得處於低階層者，則可能僅對基本的食衣住行等必需品有需求，並非常重視開源節流。至於臺灣地區的所得分配，相對其他國家而言，大致上尚屬於平均，貧富差距不大。然而，此一所得分配平均的情況，近年來似乎有擴大差距的現象；亦即，富人似乎愈來愈富。此種現象的發展，可能導致奢侈品類的消費額，將隨之增加。

㈡家庭消費支出型態

臺灣地區家庭消費支出型態，在過去數十年來亦有很大的變化，此乃由於經濟發展程度的提高與所得增加所致。例如食品支出佔民間消費支出的比例，民國 60 年為 41.72%，70 年為 33.55%，80 年為 23.34%，至民國 89 年已降至 20.85%。其他各方面之消費支出的比例，逐年都有提高，諸如居住支出、交通運輸支出，及娛樂保健支出等方面。另外，有服飾支出與傢俱支出二方面，其比例則呈平穩狀態。

上述之消費支出型態的變化，應驗了經濟學家恩格爾 (Engel) 所提出的「恩格爾法則」(Engel's law)；亦即，隨著家庭所得的增加，花費在食物上的支出比例會下降，而花費在家計方面的費用維持不變，但其他方面的支出比例

將增加，諸如交通、休閒、健康及教育等方面。

　　綜合言之，隨著所得的成長，臺灣地區的消費支出型態中，有明顯增加的方面包括醫療費用、教育娛樂支出、旅遊觀光支出等。近年來，KTV、MTV及一些健康瘦身業的蓬勃發展，實乃拜消費支出型態改變之賜。

(三)外匯匯率與利率

　　凡是從事國際貿易或產品與原料涉及進出口之業者，必須相當注意外匯匯率的變動。臺灣地區由於許多企業皆以外銷為主，因此必須密切關注此一經濟因素的變動。匯率的波動不但影響進出口商品之價格，同時對產品競爭力及經營利潤亦產生很大的衝擊。舉例而言，汽車進口商受匯率之影響頗巨，若能及早掌握其波動，調節進貨量與售價，除了能吸收價差外，亦有助於競爭力的提升。

　　臺灣地區新臺幣對外幣之匯率，主要以釘住美元為主。歷年來新臺幣兌換美元的匯率，亦有頗大的變化。民國50至60年代，大都維持在40：1，然而到了民國75年底，新臺幣驟然升值，匯率為35.45，民國76年再升為28.50，但在 80 年東南亞金融風暴後新臺幣匯率則不斷貶值，88 年匯率為31.34，90 年則為34.38。

　　另外，利率乃是企業舉債經營及是否對下游廠商放鬆信用之主要的考慮因素。利率的高低亦多少反映金融銀根的鬆緊，當銀根較鬆時，表示利率較低，企業借貸投資的意願較高；相反的，銀根吃緊時，利率較高，借款不容易或者利息負擔沉重，皆將影響企業的投資意願。

(四)通貨膨脹

　　通貨膨脹係指因物價上漲水準比所得增加來得快，導致購買力的下降；而購買力的下降，乃是行銷人員所關注的主要問題。通貨膨脹會使得生產成本與行銷成本上升，而市場的需求卻下降。另外，預期會有通貨膨脹的消費者，將會盡快地花掉身邊的錢，因為他們認為明天的價格會比今天來得高；更因此而使得儲蓄率降低。由於有些消費者是屬於價格敏感者，因此處在通貨膨脹的時代，行銷人員必須慎重地考慮定價的問題。

(五)失業率

　　所謂失業意指「有意願且有能力的勞動力人口，並積極地尋找工作，但卻沒有工作機會，此時便屬於失業狀態」。失業率的高低或就業動向將會影響企業的僱用政策與投資決策，而女性就業率的上升亦改變了速食業與服飾市場。以營建業為例，由於國內建築工人極為短缺，因此在大幅投資之前，尤須對未來勞工之供需有所掌握。

(六)景氣循環

　　景氣循環 (business cycle) 係指某經濟體系下，整個商業與經濟活動改變之次序，包括繁榮、衰退、蕭條及復甦等四個階段。至於其所涉及的商業與經濟活動之改變則包括產品總需求與總供給之變化、消費者購買產品與企業投資新廠（設備）之意願與能力、消費者支出額度、失業率、利率、政府支出與稅率政策等。

　　行銷人員必須調整其行銷活動，以因應景氣循環之變動。譬如景氣好的時候，因為消費者對於經濟前景頗為樂觀，他們比較願意花錢購買產品。相反的，景氣不好時，消費者會對維持目前消費水準之能力產生懷疑，因此想多存些錢而少開支。例如有許多速食連鎖店在經濟不景氣時，推出低價食品以幫助消費者省錢。

◉ 三、社會文化環境

　　社會文化環境是指構成社會獨特生活方式的文化、人與人之間的價值觀念、態度與行為方式等。人是社會群體中的一分子，因此社會中的傳統、風俗習慣、社會生態等，皆對人類活動產生極大的影響。社會文化環境的力量對企業行銷活動的影響，主要是透過改變人們的基本信念、價值觀與購買行為、消費習慣等，由而發揮其影響作用。以下我們將分別介紹一些主要的社會文化影響因素。

(一)核心文化是影響人們購買欲望的最重要因素

　　人在特定的社會中，往往會長期保持著一些不變的信念與價值觀，我們可稱此為「核心文化」。例如大多數中國人仍然信仰下列的觀念：(1)人應該勤勞工作，不應該不勞而獲；(2)人應該結婚生子，傳宗接代；(3)人應該敬畏天

地（神），並與之維持和諧關係。這些信念與價值觀乃是受長久以來儒家文化對中國社會所產生影響的產物，然而由於西潮日進，臺灣的核心文化似乎已在轉變當中。最明顯的例子是，人們對工作與休閒的觀點已判若雲泥時，一到假日遊樂據點便是人山人海。

基本上，核心文化對人們的購買欲望具有決定性的影響。譬如過去我國人民崇尚勤儉節約，反對鋪張浪費，人們購買東西時講求物美價廉，此乃一種核心文化的價值觀。至於西方人們的價值觀則顯然有很大的不同，例如美國人主張高消費，即使借貸也要出國旅遊、購買豪華汽車洋房等；英國人本來比較保守，目前則亦開始借貸消費；甚至過去一直主張節儉的日本人，現在也一改過去那種狀況，更捨得花錢消費。這些現象亦說明了，人們的價值觀會隨著社會進步與經濟發展而發生改變。

核心文化一般由父母傳給子女，並世代相傳，同時又經由社會機構——學校、企業、政府及宗教組織等，傳給下一代，並使之強化。然而，如上面所提及的，核心文化亦會隨著社會發展與經濟成長而有所改變。因此，行銷人員應該依據核心文化對人們購買行為所產生的影響，在發展行銷活動時，注意到這種核心文化的發展變化，以適應人們購買行為的變化。

㈡次文化

所謂次文化群是社會中存在不同於一般文化或他人價值觀念與行為方式的文化群體。這些次文化群也是消費者群，如知識分子、青少年、少數民族、移民等次文化群。例如在同一個國家的人民有很高的相似性，因為他們受到相同文化之薰陶；然而，雖在同樣的社會中成長，有其共同的消費觀點，但是在同樣的文化中還是存在許多的差異。譬如說在購買衣服時，一位企業經理人、一個大學生、一個鄉下農夫，或是工廠中的工人，就會有不同的看法，這看法的差異乃反映出不同的次文化群。

一個人可能同時屬於一個以上的次文化群，而這些次文化群體包括種族、年齡、區域及宗教信仰等。次文化所產生的影響通常是先影響消費者的價值觀，然後生活型態，最後再影響消費者的媒體行為、購物行為以及消費行為。

基本上，次文化是一種社會現象，是社會政治與經濟發展的產物。例如

雙薪家庭（夫婦同時有工作，故有雙份所得收入）是目前存在於世界許多國家的一種社會現象，他們亦構成了一個次文化群。職業婦女與雙薪家庭的增多，使得消費思想與消費習慣不同於過去的單薪家庭。雙薪家庭對行銷的影響有以下幾個方面：(1)雙薪家庭生活水準較高，對於旅遊、娛樂、外食及其他奢侈產品等方面的可支配所得較多；(2)婦女加入就業行列創造了對省時性與便利性商品的需求增加了，諸如快餐、乾洗及其他個人服務等；(3)為滿足雙薪家庭的需求，銀行、乾洗店及零售店等，皆配合改變了營業時間；(4)婦女就業使得家庭收入增多，雙薪家庭要求品質較優的產品與服務，而較不在乎花多少錢。

次文化的差異，在家庭成員之間，尤其是代與代之間表現得十分明顯，此即所謂的「代溝」。例如在美國出現了所謂的「自我一代」(self-generation)的次文化群，他們大都是年輕且敢花錢的人，他們要實現自我滿足且推崇及時享樂。此一次文化群顯然已成為豪華飯店、高級俱樂部，以及旅遊公司等積極爭取的目標顧客。他們這樣做，目的是為了實現自我，逃避現實。「自我一代」的青年，與上一代的信念與價值觀有著很大的差異，因此在消費方面也截然不同。目前，我國似乎也出現了類似的現象，上一代勤儉持家，勵行節約，而年輕一代則有追求高消費的傾向，這是值得行銷人員注意的一個社會趨勢。

在臺灣地區，因地域與語言的不同，過去曾產生下列四種次文化：閩南人次文化、客家人次文化、原住民次文化及內地人（外省同胞）次文化。目前由於長期的共同生活與通婚，這些次文化間已產生融合的趨勢，代之而起的是一些新的次文化：

1.青少年次文化：喜歡飆車、搖滾音樂與電動遊樂器。

2.中年婦女次文化：喜歡有氧舞蹈、社交舞、減肥與瘦身等。

3.勞工次文化：喜歡喝啤酒、六合彩、卡拉 OK。

4.學生次文化：喜歡上 BBS、網路咖啡、KTV、聯誼郊遊。

㈢社會階層

社會階層是指一個人在層級化社會系統中的位置，它是一個社會按照生

活方式、價值觀念、行為態度等方面的差異，劃分成許多組較持久的同類人群。在不同的文化之下，發展出不同的社會階層，而他們之間的最大差異是這種階層的明顯程度，以及可變化的程度。這種分層的觀點在任何社會中都存在，即使標榜沒有任何階層的中國大陸，也有許多人對於所謂「高幹子弟」的作威作福感到無奈，他們事實上是屬於無階級社會中的特權階級。

在日本，一個人的社會階層，決定他會得到什麼樣的待遇。不同社會階層的人不會坐在一起，它的語言中有對上階層與對下階層的不同用語，他們十分重視社會階層的觀念。日本人喜歡和高他一兩級的人交往，以作為往上爬的階梯。

在英國，對於社會的階層也相當重視，直到現代許多消費行為還是按照社會地位來區分。例如有些餐廳就只允許特定的層級者才能進入，高階層的人才有資格進入牛津就讀，講標準的英國紳士英文，議會中還是由這些貴族所控制。

社會階層會影響消費行為，因為在不同社會階層的人，會有不同的偏好，對於時間與金錢安排的看法也不一樣。但是也有人認為消費影響了個人的社會階層，因為我們會以別人的消費行為來判定他的社會階層，但不管何者為因，何者為果，社會階層與消費之間的確存在著某種關聯性。

㈣生活水準與生活品質

臺灣地區由於經濟持續的發展，所得收入不斷地增加，人們的生活水準因而有顯著的提升。生活水準的提升反映在下列數端的社會現象：休閒活動時間日增、戶外活動日增、家用電器現代化的普及、出國旅遊觀光的人口遽增等等。然而，在生活水準大為提高之後，許多人便開始關心所居住的生活品質是否有所改善？是否會因生活水準（物質）的提高，生活品質反而日漸惡化？我們喝的水、吃的食物、呼吸的空氣是否會危害身體的健康？工作環境好不好？休閒娛樂的空間夠不夠？品質好不好？等等。這些對生活品質的要求，反映在人們的消費者意識提高，重視社會福利制度與法令，以及響應環保運動等，這些亦都是行銷人員所必須關切的社會趨勢。

㈤企業社會責任

社會行銷觀念強調行銷人員必須考慮可能受其影響的所有社會大眾之需求與福利；換句話說，行銷人員不但應對股東、員工與顧客負責，而且也要對其他社會大眾負責任，此即所謂的「行銷社會責任」。

企業的行銷社會責任日益受到重視。特別是近年來我國經濟犯罪的事件層出不窮，許多企業從事商業活動時，常採各種賄賂、詐欺、恐嚇等不道德的方式，以取得某些不法的利益。這種趨勢對行銷活動將會造成嚴重的影響，因此許多有識之士已在大聲疾呼，希望能建立合乎現代工商業社會的一套道德規範。

企業的行銷社會責任亦重視環保問題，尤其是環境保護主義者希望生產者與消費者在作決策時，應正式考慮環境成本，對違反環境平衡的企業與消費活動，他們主張採用稅制與法規予以管制。例如環境保護主義者要求企業投資於消除污染的設備，加重寶特瓶與塑膠瓶這類無法回收再利用的瓶子之稅率，禁用磷酸鹽含量高的清潔劑，以及採取其他措施使企業與消費者都能努力維持環境生態的平衡。

企業執行其行銷社會責任，主要目的亦在反映此一社會潮流，期望藉此來提升消費者對自己的有利形象，同時來提高公司的銷售利潤。然而，許多企業往往只是喊喊口號，而這些口號變得混淆、誤導，甚至帶有欺騙的成分。此一情況實是企業在執行其行銷社會責任之際，所必須避免犯錯的事。

㈥社會趨勢動向

社會趨勢有別於文化，文化較具長久性，其形成與變遷的時間往往亦較長。但是社會趨勢則是較短暫的，它是社會在某一期間的風行現象，而這種現象的背後較未有深層的趨動所造成，僅是基於某些較短暫的因素所引起。

臺灣地區目前的一些社會趨勢有如下數端：

1. 追求時髦

臺灣地區的民眾逐漸地對於時髦的事物不遺餘力地追逐，幾乎已經到了與世界同步流行的地步，包括如下追求時髦的民生現象：麥當勞、肯德基炸雞等速食；三溫暖、健身房、減肥中心等休閒娛樂；電腦擇偶、地下舞廳等社交活動；以及喝咖啡、抽萬寶路、喝 XO 等時尚的玩意兒。

2.講求速度

臺灣地區民眾對於速度的追求表現在形形色色的事物上，包括速食、飆車、速成英語班、速讀班、一分鐘經理、速洗與快乾洗衣店、健美速成中心、一分鐘體操等等。

3.復古熱潮

雖然社會上有追求時髦的民眾，但是近年來亦頗風行「復古」的熱潮。例如追求較早期藝術審美觀點或商品，包括復古式的餐廳、茶藝館、傢俱與藝術品等。

四、政治法律環境

行銷人員尚必須注意政治法律環境的變動，因為企業的行銷活動深受其管制與影響。政府機構通常會為了保障消費者與社會大眾的利益，對企業的經營活動制定各種不同的管制，這些管制條件可能在保障企業的產品或服務品質，亦可能在規定企業經營必須符合某些條件，以下我們介紹一些政治法律環境中重要的影響因素。

(一)法律制定的目的

有關規範企業經營的法令頗多，其基本的目的有下列三項：

1.維持公平的競爭環境與有效率的市場

法律的最主要目的在於保護與維持企業的公平競爭，防範大型企業採取壟斷與集體控制市場的行為，因為這將使得消費者權益受損，甚至扭曲社會資源的分配。在美國，有關這類的法令包括反托拉斯法 (Antitrust Law)、休斯曼法案 (Sherman Act)、克雷頓法案 (Clayton Act)、羅賓森法案 (Robinson Act) 等。在我國方面，由於工商業逐漸地繁榮也出現了不公平競爭的情況，因此從民國 81 年起，全面實施「公平交易法」，期能使我國的工商環境趨向公平的競爭。

2.保護消費者免於受到不公平的商業交易之剝削

在某些商業活動中，消費者往往是弱勢的一群；許多企業往往企圖以不實的廣告欺騙消費者，造成消費者的權益受損。另外，消費者購買到不安全

或品質不良的產品，由而受到財產或身體方面的損失。凡此種種事件，如果僅依賴受害者的力量與廠商談判，通常無法獲得滿意的結果。因此，政府機構為保障消費者能爭取其該享有的權益，於是制定一些保護消費者的法案。在我國，有關這類的法令包括商標法、藥品檢驗法、食品衛生管理法等；最近更有「消費者保護法」的擬議（「消費者保護法」已於民國 83 年 1 月 11 日公佈施行），並成立類似的「消費者保護委員會」，專責執行相關的法令。

　　3. 保障社會大眾的福利

　　　法律除了保障消費者的權益外，對於更廣泛的社會大眾之福利亦應受到保障。這類法令制定的目的，要求企業必須承擔生產製造過程中所伴隨而來的社會成本，包括環境公害（如排放廢水、廢氣或危害環境的廢棄物）及社會公害（噪音、工廠安全措施及企業惡性倒閉所造成的社會事件等）。例如國內過去曾多次發生公共場所安全措施不足而釀成災害的事件，企業結束營業後產生員工失業與資遣糾紛等，以及包括新竹李長榮化工的空氣污染案、桃園鎘米案、臺電公司與中油公司公害案等等的工廠公害事件。有關這方面的法令，在我國已制定有水污染防治法、廢棄物清理法、空氣污染防制法、噪音管制法、臺灣地區環境保護方案等，並有一些自然生態與環境保護方面的組織之成立，包括中華民國自然生態保育協會、環境品質文教基金會，及新環境主婦聯盟等。

㈡管制企業的法令愈來愈多

　　　經由前述可知，政府為對企業的經營活動作適當的規範與約束，以維持工商業秩序、防止不公平競爭、保護消費者權益、保護生態環境、保護勞工及保護社會大眾的利益等等，因而制定了許多相關的法令。諸如此類的新法律不斷地增加，意謂著企業主管在規劃其產品與行銷方案時，應多加注意這些發展趨勢。此外，行銷人員對保護商業競爭、消費者及社會大眾等利益的主要法規，亦應有充分的認識與瞭解。

㈢政府機構執行法律更為積極

　　　近年來，政府相關機構對上述的法令以更積極的態度在執行，以達到保護消費者與社會大眾的利益。更有甚者，除了以法律來管制企業的經營活動

外，政府行政部門亦已採取多項行政措施，以補強上述法律之不足。這類例子包括(1)行政院衛生署自民國 68 年起執行「臺灣地區環境保護方案」，民國 74 年起執行「加強推動環境影響評估方案」；(2)行政院衛生署自民國 70 年 7 月起執行「加強食品衛生管理第一期方案」，民國 73 年 7 月起執行「加強食品衛生管理第二期方案」；(3)經濟部物價督導會報專司協調全國物資供應來源及價格水準，凡具有廣泛影響力之物價上漲，均須經其核可，故具有維持物價長期穩定之功能。

(四)社會利益團體的迅速茁壯

近年來，社會利益團體的數目與力量大為茁壯，所謂社會利益團體並非單指企業集團以獲利為目標的團體，而是泛指為了某些特定訴求而產生的社會團體，舉凡各政黨、社會公益團體或基金會等均屬之。這類社會利益團體不斷地向政府抗議、向民意代表請願、向企業施加壓力，要求社會更注重特定人群的權利。當然，不同的利益團體乃代表著社會中各種不同的聲音，這在一個民主的社會中應視之為一常態的發展。

利益團體的出現，主要源於這些特定人群的權利遭受壓迫與忽視，因而它的存在實具有正面的意義。目前國內已存在或正在成立的利益團體包括婦女團體、消費者團體、環保團體、兒童福利組織、工會、教師人權協會等等。目前已有許多企業為了因應來自這些利益團體的活動，也設立了公共關係部門專責處理這類事件以及建立公司的企業形象。

行銷實務 2.2

保障消費　商品缺斤兩最重罰 50 萬

行政院會昨天通過「度量衡法」修正案，將送立法院審議。為因應科技發達、貿易自由化的時代衝擊，公布施行已經七十多年的度量衡法做了大幅修正，未來標準檢驗局將對市售「定量包裝商品」的淨含量展開抽查；如果標示與實際重量或容量不符，最高可罰 50 萬元，對消費者權益將是一大保障。

　　由於是創新業務，檢驗局特別在新條文中針對「定量包裝商品」加以定義，指販賣前已完成包裝，且非經拆封或包裝之顯著變更，其內容之淨含量不致有所增減的商品。檢驗局表示，由於時代進步及消費者需求，目前在超商、超市、量販店，「定量包裝商品」可以說觸目皆是，因此未來將採取「指定公告」的方式，該局將優先選擇經濟價值較高，影響消費者權益較大的商品加以公告，如奶粉等。

　　新條文明定，將來主管機關可以不定期派員到陳列經銷場所、生產者及運輸業者的倉庫等地抽測，業者必須配合，不得規避、妨礙或拒絕；抽測不合格時，業者可以申請複測，但需自行負擔複測費用。

　　鑑於這項新制度涉及行業相當廣泛，修正案規定，凡未標示或標示與實際誤差超過一定範圍，可以先通知改正，但一年內被抽測兩次不合格時，就要處以 10 萬到 50 萬元罰款。

　　此外，度量衡器種類繁多，與人民生活、生命息息相關，包括交易用的電子秤、瓦斯表、電表、油量計、計程車里程表等；醫療用的體溫計、血壓計等；環保用的噪音計等；公務檢測用的超速雷測速儀、酒精分析儀等。

　　未來只要經政府公告，前述產品出廠，每一個都必須檢定，新法授權業者若設備符合條件，並經審查合格，「得自行檢定」，但自行檢定如果被查出有誤，將採取重罰，最高可罰 100 萬元。檢驗局科長賴滄政表示，這是仿照日本於 1993 年實施的制度，主要精神在課以業者責任，使業者自律。

　　這些度量衡器，主管機關也會前往經銷場所、倉庫檢查，法案新增「市場監督」專章，授與主管機關檢查、封存權。

（資料來源：聯合新聞網，2002 年 5 月 30 日，陳民峰）

● 五、科技環境

　　科技對於人類的文明與未來的命運，實具有最大的影響力量。科技的發展與進步，使得人類的物質生活邁向嶄新的領域。單從科技對企業個體的影響來說，企業一旦在產品或製程科技上有重大的突破，即可能改善其在市場上的地位；相反的，若競爭對手在科技上有重大的突破，便可能大幅改變產

品市場的結構，使企業瀕臨失敗的危機。

　　每一種新科技都是一個「創造性的破壞力」，例如電晶體的發明搶走了真空管的市場，影印技術影響了複寫紙的銷路，汽車的發明搶走了火車的乘客，電視機的製造吸引電影的觀眾。凡此種種皆說明了新科技的出現，便興起了一種新產業，進而取代舊有的產業。

　　基本上，新科技將增加新市場的誕生及產生新的行銷機會。以下我們將探討幾項科技環境中重要的影響因素。

㈠科技的影響

　　行銷人員必須瞭解科技、科技的發展趨勢及其所產生的影響，以便研擬因應的行銷方案。然而科技影響是多方面的，以下將分別針對競爭本質的影響，成本與生產力的影響，行銷組合的影響及服務業行銷的影響等方面，加以介紹。

1. 對競爭本質的影響

　　科技的發展將會創造出新的競爭者。譬如醫院正面臨新型家庭式健康醫療器材之競爭，且競爭愈來愈激烈。此乃由於「電傳監控」(telemonitoring) 科技的進步，使得健康醫療專業人員可以利用電話與電腦網路系統連線而提供顧客相關的醫療協助。

2. 對成本與生產力的影響

　　新科技的採用可以降低企業的生產與行銷成本，提高生產力並取得競爭優勢。例如傳統上藥品開發的方式是以「試試看」的方法過濾數千種的化學藥品，也因此使得這項發展工作可能需耗資數十億美元。然而，目前正有一種稱為「理性藥物設計」的研究發展進行中，它是結合了生物科技與化學科技，可更新與加速藥品的發展以及為生物科技與製藥業重新開闢了一條嶄新的發展方向。事實上，許多企業界人士相信這種「理性藥物設計」的方式，將可增進製藥業的研究發展能力及降低成本。

3. 對行銷組合的影響

　　科技影響了行銷人員所能提供產品的形式，可以使得產品汰舊換新。科技也影響了產品配銷的方式，例如愈來愈多的零售商利用電子掃描器

(scanners) 建立訂貨與存貨管理系統。此外，促銷的活動亦受到科技的影響。例如企業可以利用電腦與通訊科技來確認與追蹤經常往來的顧客，並與之聯繫以維持密切的關係。當企業採用資料庫行銷 (data bank marketing) 來執行其促銷功能時，其前提條件必須企業利用電腦科技建立顧客的資料庫。最後，定價決策亦會受到科技的影響，因為新科技的採用將可降低成本，使得企業得以採取頗具價格優勢的競爭策略。

4.對服務業行銷的影響

由於新科技的推廣與應用，促使服務業的行銷方式與人們的生活方式正面臨很大的改進。尤其是以微電子科技、航空科技、生物工程科技、資訊科技、新能源與新材料的開發等，皆為最新科技成就的應用之代表範例，它們帶給企業界自動化與電腦化的革命,並全面改變了這些企業的市場行銷方式，提高了企業生產效率與經營管理效率。目前，在一些已開發國家，新科技成果的推廣與應用，已從工業領域朝向新興產業與服務業的領域來發展。

新科技在服務業的應用，促使服務業由勞動密集轉向知識密集、資本密集及技術密集。以日本企業為例，許多服務業正積極引進新科技成果（資訊與硬體），並將之與標準化軟體技術結合起來，以為顧客提供更優良的服務。在美國，電腦的發展大大地改變了金融、旅館及零售業等的行銷方式，服務業已成為新資訊科技的最大買主。例如花旗銀行 (Citibank) 為吸引顧客，一直致力於設備自動化、快捷化，發展了「顧客在家辦理業務系統」，使得顧客在家裡便可以存提款、開立新帳戶、信用卡帳目結算、票據兌付與瞭解銀行信用貸款等業務；此外，用戶還可透過此系統訂購機票、收看新聞報導等。由於實現了服務行銷現代化，為顧客提供高效率、高品質的服務，促使花旗銀行的信譽與形象一直高居首位，也提高了公司的營業額。

總而言之，新科技對服務業的市場行銷方式產生了巨大的變化。新科技將進入更多的服務行業，諸如不動產、旅館及飯店等。新科技帶給服務業行銷之變革時代，已經來臨了。

㈡科技的發展趨勢

行銷人員亦應密切地注意科技發展的趨勢，以下介紹幾項重要的發展趨勢。

1. 科技的加速變遷

科技的進展真是一日千里。在今天大家所熟知的產品，大多數在一百多年前尚未問世。例如林肯總統時代，人們就尚未見過汽車、飛機、照相機、收音機及電燈等；在威爾遜總統時代，人們亦不知道有電視機、電冰箱、冷氣機、自動洗碗機、抗生素或電腦等；在羅斯福總統時代，人們亦不知道有電子影印、合成清潔劑、錄音機、避孕藥丸及人造衛星等；而在甘迺迪總統時代，人們也不知道有個人電腦、電子錶、錄影機及文字處理機等。

由於科技的發展極為快速，企業若無法跟上科技變遷的腳步，將發現其產品已相當落伍，因而亦將錯失新產品與新市場的機會。

2. 研究發展費用與日俱增

在研究發展費用 (R&D expenditure) 的支出方面，各主要先進國家之研究發展費用佔 GDP 之比例相差不大。以 1998 年為例，美國為 2.74%，德國為 2.29%，英國為 1.83%，法國為 2.18%，日本則為 2.98%。此外，韓國為 2.52%，臺灣為 1.97%，中國大陸僅有 0.69%。臺灣於 1999 年則成長至 2.05%，首次突破 2%。

就我國研究發展費用的支出類型而言，歷年來基礎研究、應用研究與技術發展三類研究所佔的比重變化不大，1999 年之比例分別為 10.6%、31.6% 以及 57.8%；而政府部門與私人部門研究發展費用在 1999 年的支出比例為 37.9：62.1。

3. 著重漸進式的改良

近年來由於資金成本甚高，使得許多公司專注於產品的小幅度改良而不盲目於投注於重大創新的研究上。即使是從事基礎研究的公司，如杜邦化工、貝爾實驗室以及輝瑞 (Pfizer) 藥廠等，也都非常謹慎地從事創新。

對大多數的企業而言，有關科技發展的方式較喜歡採用漸進式的改良，包括產品外觀的改進、包裝方式或材料的改進、功能的改進、品質的提升、成本的降低等。此種作法風險較低，又可維持產品與技術的進步。我國企業大多數為中小企業，就現階段的研究發展之作法，似乎較適合採用「模倣改進的策略」，亦即逐漸改良式的作法。

4.科技變動的法規管制增多

　　當產品愈趨複雜之際，消費者對產品安全性的需求愈高。因此，政府機構乃逐漸大力追查並禁止一些可能有害或有副作用的新產品。如此一來，使得產業的研究發展成本提高，且產品由新構想到上市之間的時間拉長。行銷人員在提出、發展及促銷新產品的時候，應該注意和考慮到這些法規的影響與限制。

　　科技的變動亦受到衛道人士的攻擊，他們認為科技會對自然、個人隱私、生活型態，甚至整個人類可能產生威脅。例如許多團體均反對興建核能電廠、高聳的大廈及國家公園中的娛樂設施等，擔心這些建設可能危害生態環境。因此，他們提出在允許新技術商品化之前，必須對新科技進行所謂的「科技評估」。

5.資訊科技日趨普及

　　近數十年來，世界各國的電腦與通訊科技有大幅度的發展，且其應用也日趨普及。我國在政府將資訊業訂為獎勵對象的策略性工業以來，在資訊科技方面亦有快速的進展。

　　目前，資訊產品在我國整個產業中已居於重要的地位。至於有關資訊科技在國內的應用上，辦公室自動化、工廠自動化、倉儲無人化等，均在逐步地推展中。此外，資訊科技亦已逐漸融入家庭生活與工作生活中，使臺灣漸漸邁入真正的資訊社會。

　　由於新的資訊科技之發展，一些新的行銷技術也隨之出現，例如各種無店鋪銷售(包括電話行銷、電視行銷、網路行銷等)，逐漸成為現代行銷的主流。

　　綜合以上有關科技發展趨勢的討論，我們瞭解到行銷人員必須對科技環境的變遷有所注意與重視，並需知道如何利用科技來滿足人類的需求。準此，行銷人員必須與研究發展人員密切合作，以激發更多的行銷導向之研究。此外，行銷人員亦須注意創新產品可能產生哪些危害，而導致消費者對創新科技的不信任與反感，以避免產生負面作用。

第三節　行銷個體環境

　　行銷個體環境包括直接影響公司行銷活動的各種角色與力量，諸如公司本身、供應商、行銷中間機構、消費者、競爭者以及社會大眾。

　　行銷管理的任務乃在於提供能夠吸引目標市場的產品與服務，而為了達成此一目標，除了公司本身的努力外，尚須將公司與其上下游的供應商和中間行銷機構密切地合作，才能有效率地提供產品與服務來滿足消費者的需求。此外，公司尚應考慮到個體環境中的其他角色，如競爭者與社會大眾，因為他們亦會影響到公司的行銷活動。譬如競爭者所採取的行銷策略，勢必對公司造成影響；而且社會大眾的反應代表著某類社會團體的心聲，此將影響到公司的形象為何。本節將依序介紹個體環境中的各個角色成員。

◑ 一、公司本身

　　公司在制定行銷計劃時，必須考慮到其他部門的影響，包括最高管理階層、財務部門、研究發展部門、製造部門及會計部門等，因為這些部門與行銷部門和行銷活動皆有互動的關係。例如行銷經理在擬定行銷目標與決策時，必須依據高階管理當局所訂定的公司使命、目標與經營策略等為基礎，而不能相違背。

　　此外，行銷經理與公司的其他部門亦必須密切地合作。例如財務部門所關心的是，資金在行銷計劃中是否能發揮應有的效用？資金是否能有效地分配在不同的產品、品牌及其他各項活動上？投入行銷計劃的資金其投資報酬率為何？研究發展部門最關心新產品的開發是否能成功上市？新產品構想能否符合市場的需要？採購部門可能關心原物料的供應是否能適時、適量、適地的提供？原物料的品質是否會影響製成品的品質，導致產品品質不符合市場需求？製造部門關心工廠產能是否能達成生產目標？而會計部門則關心公司成本利潤的分析，以便協助行銷人員瞭解是否已達成目標？由此可知，行銷部門的行銷計劃與公司的其他部門有密切的關聯。

綜合以上所述，公司本身的個體環境除了強調行銷部門本身具有必備的行銷技能與擬定適切行銷計劃外，更要重視行銷部門與其他各部門間的密切配合。

◐ 二、供應商

所謂供應商 (supplier) 係指提供公司與其競爭者所必要的資源，以利製造產品或提供服務的一些廠商或個人。從產業分析的角度來看，供應商乃是公司上游的廠商。一般而言，公司的採購部門負責與供應商打交道，他們決定公司所需的資源應向哪些供應商購買，以及所需求的原物料之規格與功能等。

供應商關係的發展對公司的營運有相當大的影響。行銷人員必須密切注意重要的原物料在供應量、品質與價格上的變化，以免因供應來源漲價迫使產品跟著漲價，避免因供應來源的不穩定而導致產品交期延誤，降低競爭力，以及避免因供應來源品質不良而導致最終產品的品質受到影響。

由於供應來源的穩定與品質皆會影響到公司產品的品質、成本與交期，而這些皆關係到公司的競爭力；因此，與供應商保持密切的關係，甚至建立合夥的關係，已成為現代企業取得競爭優勢的途徑之一。

◐ 三、行銷中間機構

行銷中間機構 (marketing intermediary) 係指協助公司促銷、銷售或配銷產品給最終消費者的各類廠商而言。從產業分析的觀點來看，行銷中間機構實乃公司之下游的廠商。行銷中間機構包括中間商 (middlemen)、實體配銷公司 (physical distribution firm)、行銷服務機構 (marketing service agencies) 及財務中間機構 (financial intermediaries)。

㈠中間商

中間商係指協助公司尋找顧客或直接與公司交易的廠商，又可分為批發商 (wholesalers) 與零售商 (retailers)，通常亦皆稱為轉售商 (reseller)。公司之所以使用中間商，其主要原因包括：(1)中間商能以更有效率且具專業的技能，將產品銷售給消費者，而為顧客創造更大的效用；(2)中間商可以在顧客所在

地儲存所需的產品，便利顧客隨時皆可購買到產品；(3)中間商可以協助公司進行有效的促銷與廣告活動。總而言之，若說製造商與消費者之間存在差距（時間、距離、數量等），則中間商的功能便是在彌補其間的差距。

如同供應商一樣，公司亦必須與中間商維持密切的合作關係，因為公司的產品是否能夠順利地銷售至顧客手中,關鍵在於中間商是否能發揮其功能。

㈡實體配銷公司

實體配銷公司協助企業儲存與運送產品，因此它們具有「倉儲」與「運輸」的功能。倉儲公司負責在將產品運送至下一個目的地之前，提供儲存與處理產品之服務;運輸公司則負責將產品從某一個地點運送至另外一個地點，包括鐵路公司、卡車貨運公司、航空公司、航運公司以及其他收取運費的公司，公司必須考慮成本、交貨期、速度、安全等因素，以決定成本效益最佳的公司。

㈢行銷服務機構

行銷服務機構提供支援性的行銷服務給公司，如協助公司評估目標市場及促銷公司的產品等，它包括行銷研究公司、廣告代理公司、媒體公司及行銷顧問公司等。公司若必須利用這類行銷服務機構，則必須審慎地選擇，評估這類機構的創意、品質、服務、價格及專業技能等。此外，公司亦須定期考核這類機構的表現，適時更換表現不佳的行銷服務機構。

㈣財務中間機構

財務中間機構包括銀行、信託公司、保險公司以及其他有助於產品交易之融資事宜與降低其風險的公司。現代企業的經營，大多數需要仰賴財務中間機構對交易提供交易融資。由於資金成本之高低與資金的授信額度等皆會影響公司的行銷績效，因此與這些財務中間機構維持良好的關係是相當重要的。

◍ 四、消費者

行銷的主要任務乃在提供產品與服務給目標市場,以滿足消費者的需求，因此公司必須深入地瞭解其目標市場與消費者。公司的目標市場，依其顧客性質的不同，可分為下列四種類型：

(一)消費者市場 (consumer market)

消費者市場是指購買產品或服務，以供自己消費之個人或家計單位所構成的市場。

(二)工業市場 (industrial market)

工業市場是指為了再加工製造以獲取利潤或者為達成其作業上的某些目的，而購買產品或服務之組織所構成的市場。

(三)中間商市場 (reseller market)

中間商市場是指購買產品或服務以轉售謀利的組織所構成的市場。

(四)政府機構市場 (government market)

政府機構市場是指為提供公共服務或轉贈需要者，而購買產品與服務的政府機構或其他非營利組織所構成的市場。

每家公司所面對的目標市場可能遍及上列四種類型的市場，然而由於每一類市場之消費者的特性與購買行為可能有所不同，因此公司必須分別採用適宜的行銷計劃。

◗ 五、競爭者

每一家公司都會面臨形形色色的競爭者。因此，若要成功地達成任務，在滿足消費者需求與欲望方面，一定要比其競爭者做得更好。換句話說，公司不僅要滿足目標市場消費者之需求，還要考慮在同一目標市場上競爭者的策略。

然而，公司的競爭者是誰？這是公司首要確認的一件事。基本上，任何能滿足需求的代替品之公司皆可能是競爭者。茲以慢跑鞋為例，慢跑者購買慢跑鞋的目的在於運動，因此該產業的領導者耐吉 (Nike) 就應考慮到腳踏車、舉重、有氧舞蹈班、瑜珈、健身中心等，均可能構成競爭者。此時，這些都是耐吉之基本的競爭者 (generic competitors)。在這些基本的競爭者中，慢跑鞋業者已為其形式的競爭者 (form competitors)；而在這些形式的競爭者中，愛迪達 (Adidas) 與彪馬 (Puma) 等，為其品牌競爭者 (brand competitors)。此三類型的競爭者之關係，參見圖 2-2。

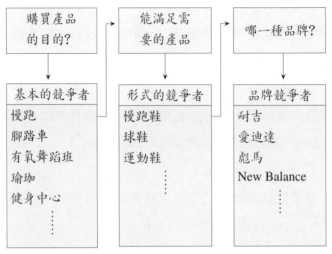

圖 2-2　慢跑鞋公司的三種類型之競爭者

　　行銷人員必須瞭解競爭者（包括基本的、形式的、品牌的）之數目與大小，並決定利用何種工具或策略去競爭。產品差異化是提高競爭優勢的有效策略；尤其是在產品進入成熟的生命週期階段，競爭頗為激烈的情況。例如義美公司推出濃度更高、小盒包裝的寶吉純橘汁，乃是產品差異化的例子。另外，企業亦可以利用有效率的製造程序，以獲得大量生產降低成本之優勢。例如 BIC 在用完即丟的刮鬍刀市場，以低成本策略來打擊舒適牌刮鬍刀便是一個例子。

　　公司在考慮其競爭者時，如果僅專注於品牌的競爭者，顯然是患了「行銷短視症」，缺乏長遠的眼光。因為對慢跑鞋公司來說，更大的挑戰是它如何擴展更大的市場，而不是在一個大小不變的市場裡彼此爭奪佔有率。在其他的許多產業中，業者只關心品牌的競爭者而未能把握機會擴大更大的市場，甚至亦未體察到市場是否已逐漸在衰退，這些都是缺乏遠見的作法。

◉ 六、社會大眾

　　社會大眾 (publics) 意指對於公司能否達成組織目標，具有實質的或潛在的影響力及興趣的任何群體。行銷的個體環境亦包含許多不同的社會大眾群體，概可分為下列七種類型：

㈠財務大眾 (financial publics)

財務大眾將會影響公司獲得資金的能力，包括銀行、投資公司、證券經紀商及股東等。

㈡媒體大眾 (media publics)

媒體大眾乃是那些傳播新聞、社論報導及評論的機構，例如報紙、雜誌、電視及廣播電臺等。

㈢政府大眾 (government publics)

政府的相關機構對公司採取任何的行銷活動可能會產生影響，例如廣告宣傳必須真實，否則可能引起公交會的干涉。

㈣公民大眾 (citizen-action publics)

公司的行銷決策可能受到消費者組織、環境保護團體、少數民族團體及其他相關群體的抗議。

㈤當地大眾 (local publics)

公司所在地的鄰近居民、社區團體等，皆可能與公司有所接觸。因此，如何建立良好的社區與地方關係，將影響到公司的經營與形象。

㈥一般大眾 (general publics)

公司應該關切一般大眾對其產品與活動的態度。雖然一般大眾看似不太會採取有組織的行動，但是公司在一般大眾心目中的形象，是否為良好的「公司公民」，將會影響他們是否光顧公司的產品。

㈦內部大眾 (internal publics)

公司的內部大眾包括藍領與白領階級的員工、管理人員以及董事會等。大公司通常會發行公司刊物，或利用其他方式來與其內部大眾溝通，以增進他們對公司的經營理念有所瞭解，並建立他們對公司的好感。

第四節　環境分析之範例

本章最後一節舉出一個環境分析的範例，此範例乃化妝品的市場分析，讀者或可藉由此一範例瞭解到如何從事環境分析，以及分析的主要內容。

◑ 一、前　言

　　化妝品市場已趨向市場成長期之後半期，並快接近成熟期，但在臺灣市場尚未達到飽和期。因此，本公司 Beauty 化妝品尚有適合生存與發展的空間。以下即針對化妝品市場之消費者與市場競爭狀態加以分析，並找出 Beauty 化妝品之市場之機會點與問題點，以備將來更進一步擬定行銷計劃之參考依據。

◑ 二、現階段化妝品市場環境分析

　　以下的市場環境分析包括市場分析、消費者分析、商品分析以及競爭分析。

㈠市場分析

1.就消費者使用化妝品之習慣而言

　　由於臺灣高度的經濟成長，消費習慣已有所改變，對日常生活的要求已趨於強調精緻化、品味化及個性化。另一個特色就是對品牌印象非常重視，而以往較重要與較敏感的考慮條件——價格，在目前的生活型態中的消費者心中已不是很重要的考慮因素，目前已進入所謂的「感性消費時代」與「個性化消費時代」。

2.就化妝品市場現況而言

　　化妝品市場在國內是一個大市場，屬開發中的市場，且尚未飽和；特別是保養、護膚系列的產品，其市場潛力尤甚。雖然消費方式受資訊影響而不斷地提高在品質方面的要求，但據市場調查結果顯示，依舊存在相當大的競爭價值與潛在市場，且化妝品消費群仍持續成長中，並從以前的高收入者擴大至今高中以上學生及少女，他們使用化妝品保養美容者比比皆是，而形成一股流行風潮。Beauty 化妝品少女系列應可迎合少女消費群與學生族的口味，而能佔有市場一席之地。

3.就現有品牌情況而言

　　臺灣化妝品市場的品牌眾多，如密絲佛陀、資生堂、佳麗寶、倩碧、蘭蔻、雅芳、美爽爽等，且各品牌皆有屬於自己的消費群，但屬於游離群及非品牌忠誠度的消費者亦不在少數，因此市場空間在整體上仍屬樂觀。Beauty

化妝品應尋求適合其生存的條件及發展優勢的市場定位。

㈡消費者分析

1.根據市場調查結果顯示,目前想使用或已使用其他品牌化妝品的消費者,具有下列的特徵:

⑴年齡層約在 16 歲至 50 歲之間的女性,尤以職業婦女、學生族、家庭主婦為典型,但仍以職業婦女居多。

⑵都市生活型態。

⑶具現代生活感覺者。

⑷十分重視社交活動,且自信心強。

⑸注重生活品質,強調品味、精緻、個性及休閒。

2.消費者行為分析:

⑴購買動機: 講求具有專業用法的特色、新品牌、價格合宜、高品味。

⑵購買資訊來源: 百貨公司專櫃介紹、TV 廣告、DM、報紙、雜誌媒體、同事、朋友的體驗證明推薦及美容院、沙龍之介紹與推銷。

⑶使用方式: 將同一品牌系列或兩種或兩種以上品牌精品交互使用,亦即同時擁有多種化妝品品牌,以搭配服飾、髮型或出入場合而交替使用。

⑷品牌忠誠度: 屬關心度高的化妝品,需常常有人提起印象,否則將使消費者開始懷疑所使用的化妝品是否為最好、最新的,由而產生記憶與興趣衰退,最後終將品牌給淡忘。

㈢商品分析

1. Beauty 化妝品系列分明,分為保養系列、色彩系列,適合不同肌膚的特定消費者選用（包括油性肌膚、乾性肌膚、中性肌膚）。

2. Beauty 品牌銷售形象 (sales image) 佳。

3.系列價位約在 5,900 元以上,價位適中。中高年紀（25 歲以上）的單身貴族或上班族皆有消費能力,可選購其一單品或購買整系列的產品。

㈣競爭分析

1.就化妝品而言,系列化的產品是必然的趨勢。Beauty 化妝品的系列正在起步中,雖是新引進的產品,但在競爭的條件上仍具有優勢。

2. 價格屬中等價位，與佳麗寶等品牌屬相同等級。

3. 市場上新品牌如 H_2O、RED EARTH、品木宣言等化妝保養品成功地進入市場，因此可仿照類似的模式。

◐ 三、問題點與市場機會

㈠問題點

1. 化妝品屬於高資訊化市場的產品，使用者需先有強烈的品牌印象，造成心中一股「熱愛」(booming)，才有可能於多種化妝品牌中被選中。

2. 商品包裝雖佳，但尚無獨特吸引消費者的商品形象 (product catch)。

3. 同級的化妝品很多，競爭勢必非常激烈。

4. 刺激印象讓消費者達到認同的階段，需要一段時間，所以先期的投資之回收時間將會較延遲。

㈡市場機會

1. 可藉 Beauty 於國人心中高級品牌的印象，切入生化科技，強調其為最流行的天然產品——「保養護膚、美容化妝品」，應可發揮印象延續的作用。

2. 化妝品市場由於最近幾年競爭特別激烈，已到了競爭白熱化的地步。在這一股激烈的競爭刺激之後，使用化妝品的人口增加了，市場亦隨之擴大。此外，有許多新一代的消費者正等待再度地刺激以極力爭取之。

3. 系列產品一次購買，全套享受化妝保養「美」的品味。

4. 利用市場區隔方法，可將 Beauty 化妝品的保養系列與少女系列，分別向其主要目標市場同時進軍。少女系列訴求對象為 16～25 歲女性消費者，而保養系列其訴求對象則為 25～50 歲女性消費者，其中有部分市場可能會同時購買保養系列與少女系列。因此，從 16～50 歲的女性消費者，皆為 Beauty 化妝品的顧客，均能接受 Beauty 化妝品。

　　經由本節前述的市場環境分析與所確認出來的問題點與市場機會，接下來便可擬定具體的行銷活動，一方面掌握市場機會的有利面，另一方面則須針對問題點加以解決與克服。由於本章僅做環境分析，故本案例僅介紹至此。

習　題

1. 行銷人員至為關切家計單位的組成數目與大小，請問家計單位的結構之改變，對行銷人員有何影響？

2. 職業婦女數目的增加乃為現今社會的趨勢之一，請問此一社會趨勢對消費者的購買行為有何具體的影響？

3. 企業的「行銷社會責任」是目前愈來愈受重視的課題；假定有某一工廠由於污染程度超過標準，但若需投資防治污染設備所費不貲，因此公司只好維持現狀。請問，從社會責任觀點來看，該公司是否盡到了應有的責任？若是關掉工廠，則又如何呢？

4. 科技的進展對行銷活動與我們的日常生活皆產生重大的影響，請就你思考所及，指出日常生活中有哪些受到科技的顯著影響？

5. 請以「黑松汽水」為例，指出其三種類型的競爭者，即基本的競爭者、形式的競爭者及品牌競爭者，並略述該公司如何運用此類的競爭者分析。

6. 請就下列的敘述加以評論之：「與供應商建立良好的關係甚至是合夥的關係，可為公司取得競爭優勢。」

7. 本章所述的總體環境因素對行銷活動都會產生影響，然而我們應該瞭解到有些環境因素可能彼此相互作用，或者其綜合性的作用而對行銷活動產生影響。請問，這種多項環境因素的交互作用，對行銷人員而言有何重要的涵義？

8. 根據有關生活型態的調查顯示，人們認為「花在準備餐食的時間愈少愈好」。請問，此一消費者的態度將如何影響冷凍蔬菜的銷售？

9. 最近國內飆車風氣又復甦，甚至比以前有過之而無不及，請你從行銷總體環境的角度來分析此一現象。

10. 請仿照第四節「環境分析之範例」，找一家公司從事 "SWOT" 分析。

第三章

行銷資訊系統與行銷研究

在邁入 21 世紀的年代,下列三種發展趨勢說明了行銷資訊對企業經營的重要:

⑴行銷活動的範圍從地方性至全國性甚至延伸至全球性;換句話說,市場涵蓋的地理區域日益擴大,因此行銷人員對於資訊的需要更為殷切。

⑵隨著消費者的所得增加,他們對產品的選購更加挑剔,行銷人員也發覺到更難以預測消費者的不同特徵,及其對產品式樣與屬性的需求,因此必須充分地運用行銷研究來收集所需要的行銷資訊。

⑶隨著廠商增加品牌、產品差異化、廣告及促銷等方法的利用,行銷人員更迫切地需要有關這些行銷工具是否有效的資訊。

事實上,不論從事行銷分析、行銷規劃、執行行銷計劃或控制行銷計劃,行銷人員幾乎隨時都需要相關的資訊,包括顧客、競爭者、經銷商以及市場上相關的資訊。在今日競爭劇烈的商場環境中,或許我們可說:「企業經營之道首在於掌握未來,而掌握未來之道便在於掌握資訊。」此句話乃道盡了行銷資訊對行銷管理的重要。至於如何掌握這些重要的資訊,則有賴於公司建立完善的行銷資訊系統,並透過行銷研究與其他有效的方法和工具,持續地收集、更新及偵察行銷資訊。

本章將介紹行銷資訊系統的涵義、行銷資訊類型與來源,以及行銷研究等相關的課題。

第一節　行銷資訊系統的涵義

行銷主管必須持續不斷地自各種不同的來源獲取正確、及時且相關的行銷資訊,以便制定更佳的行銷決策。行銷資訊系統可協助行銷主管達成此一目的,因此它是行銷主管非常重要的一項工具。

一、行銷資訊系統的意義

所謂「行銷資訊系統」(marketing information system; MIS),依據 Kotler 的定義:「它是指相互關聯之人員、設備與程序的一個連續與互動的結構,用以

收集、整理、分析、評估與分配適切的、及時的、準確的資訊，可提供行銷決策人員使用，以增進他們的行銷規劃、執行與控制等活動的效能。」依此定義，我們可具體地解析行銷資訊系統之意義如下：

1. 行銷資訊系統的組成分 (component) 包括相互關聯的人員、設備與程序。

2. 行銷資訊系統的功能包括收集、整理、分析、評估與分配適切的、及時的、準確的資訊；它不是要提供行銷主管一堆雜亂的、無關的資料，而是要把各種相關的資料結合起來，提供行銷主管整合的資訊或報告。

3. 行銷資訊系統的目的在於提供資訊給行銷決策人員，以改善行銷規劃、執行與控制等活動。

◐ 二、行銷資訊系統的特性

依據上述的定義，行銷資訊系統具有下列四個特性：

㈠系統性

行銷資訊系統乃系統觀念在各項資訊作業上的應用，這個系統首先決定所需要的資訊，然後產生或收集所需要的資訊，再利用各種統計分析、模式建立 (modeling) 及其他數量分析技術來處理這些資訊。最後，在評核所獲得的資訊後，將資訊分配給需要這些資訊的行銷決策人員。

㈡連續性

現代的資訊是日新月異的，因此行銷資訊系統的各項作業是要連續進行的，不應是間歇的、斷續的活動，如此才能夠在需要資訊時，很快地取得合適的資訊。

㈢未來導向

行銷資訊系統是未來導向的，它不只是在提供資訊，亦可用來偵測行銷環境的變化，分析行銷機會與威脅，規劃行銷策略，並作為執行與控制的基礎。換句話說，行銷資訊系統一方面在診斷企業的行銷功能，另一方面亦在協助企業預測行銷環境的趨勢；準此，行銷資訊系統是一種具有前瞻性的未來導向。

㈣整體性結構

　　行銷資訊系統所強調的是整個系統、整個過程，而不僅僅是所使用的分析技術與資訊處理設備而已。換句話說，行銷資訊系統是由人員、設備及程序等密切配合所形成的一個整體性結構。

◉ 三、行銷資訊系統的架構

　　Kotler 指出，一個完善的行銷資訊系統應包括四個次系統：內部報告系統 (internal records system)、行銷偵察系統 (marketing intelligence system)、行銷研究系統 (marketing research system) 及行銷解析系統 (marketing analytical system)，參見圖 3–1。茲分別說明如下：

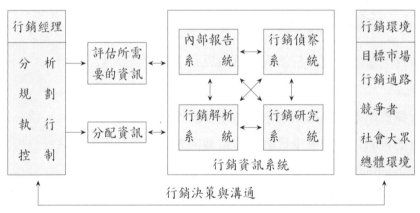

圖 3–1　行銷資訊系統的架構

㈠內部報告系統

　　行銷管理人員所使用的最基本資訊系統就是內部報告系統，此系統提供了訂單、銷售、價格、存貨水準、應收帳款、應付帳款等項目的報告，透過這些資訊的分析，行銷管理人員得以掌握重要的機會與問題。一個有效的內部報告系統並不是要隨時提供給主管大量而瑣碎的資訊，而是要能提供適時而有意義的資訊。

㈡行銷偵察系統

　　行銷偵察系統的任務在收集、監測及提供行銷環境中各項正在發展的日常資訊，行銷偵察系統與內部報告系統之區別主要在於後者提供事件發生後

的結果資料 (result data)，而前者則提供正在變動中的資料 (happenings data)。

(三)行銷研究系統

除了內部報告系統與行銷偵察系統可提供資訊外，行銷主管經常需要針對特定問題與機會加以研究。此時他們可能需要進行市場調查、產品偏好測試、各地區的銷售預測、動機研究及廣告效果的衡量等；他們本身可能不具備這種專業技巧或沒有時間來取得此類的資訊，而這類的研究工作往往需要委託行銷研究的專門人才才能勝任。

行銷研究系統特別強調針對特定的問題，有系統地收集與分析有關的資訊，並提供有用的資訊給行銷主管制定行銷決策；此外，行銷研究系統在資料的收集方面，亦非常重視透過行銷研究的程序，如此才能收集到客觀、正確的資料。有關這方面的相關課題，將於本章後半部再做詳細地探討。

(四)行銷解析系統

行銷解析系統包含許多可用來分析行銷資料與問題的統計技術與數量模式等，例如此系統中的統計庫包括迴歸分析、相關分析、因素分析、區別分析及集群分析等統計方法，而模式庫中則有產品設計模式、訂價模式、媒體組合模式及廣告預算模式等。

行銷解析系統有時又稱為行銷決策支援系統 (marketing decision support system; MDSS)，其概念如下：假定一行銷主管需要分析問題並採取行動，那麼他只需將問題與相關的資料依一定的格式輸入 MDSS 中的適當模式，於是該模式便會將接收到的資料進行統計分析與數量模式分析。接著，行銷主管便可利用某一程式，以決定最佳的行動方案。

由於電腦硬體與軟體技術的發展，促使行銷決策支援系統的功能更為彰顯，其在整個行銷資訊系統中所扮演的角色亦愈來愈重要。

四、行銷資訊系統的角色

行銷資訊系統必須配合行銷決策系統，亦即針對行銷主管的需要而設計行銷資訊系統，參見圖 3-2。基本上，行銷資訊系統乃為一資訊提供者的角色，而行銷主管則為資訊的使用者，他向資訊系統提出問題，然後由行銷資

訊系統向行銷主管提供資訊。

圖 3-2　行銷資訊系統的角色

　　由此可知，行銷資訊系統的設計應針對行銷主管的需要，以協助行銷決策為目的，因此在設計行銷資訊系統之前，應先瞭解行銷主管的需要。行銷資訊系統的功效，一方面要看其資料收集、儲存、分析及展示的能力，另一方面更要看系統本身與企業主管和環境之間的雙向溝通能力。

　　作為一個資訊使用者，行銷主管的首要責任在有效地運用資訊，充分發揮資訊的功能，使所獲得的資訊對行銷決策有最大的貢獻。同時，為了要使資訊供應者（行銷資訊系統專家）能夠提供及時而有用的資訊，行銷主管應事先預測資訊的需要，估計資訊的潛在價值，並將所需資訊的性質及使用資訊的時間，及早通知資訊的供應者。因為唯有行銷主管（而非資訊供應者），才能確知並有權決定需要什麼資訊與何時要利用資訊，這亦是行銷主管無可推卸的責任。

　　此外，為了善用行銷資訊系統所提供的服務，行銷主管最好亦能略具研究及資訊處理的技術性知識，但無須精通此道。總而言之，作為一個資訊使用者，行銷主管的職責在有效地利用資訊，並配合經驗與判斷，判定行銷策略，以達成行銷管理的目標。

第二節　行銷資訊系統所需的資訊類型與資訊來源

一、行銷資訊的類型

　　行銷管理人員為判定各項行銷決策，其所需要的資訊可謂相當繁雜。有些學者亦嘗試將各項行銷資訊加以分類，但由於分類的基礎不同，因此分類

的方式亦有所不同。茲舉其中一種較為普遍採用的分類加以說明之，包括內部資訊、環境資訊、市場地位資訊、預測資訊及決策資訊等五類，這是依據行銷資訊性質來加以分類的。

(一)內部資訊

內部資訊包括財務、人事、存貨、生產能力、技術等資訊，這類資訊可用於評估公司之現況、發掘公司本身的長處與弱點，作為提供更進一步的行銷規劃與改進行銷活動的基礎。

(二)環境資訊

環境資訊包括社會、經濟、技術、政治、法律、國際動態等資訊；行銷管理人員根據這類型的資訊，有助於發現趨勢、機會及限制條件，對於發展及修正調整行銷目標與行銷策略有很大的幫助。

(三)市場地位資訊

市場地位係指公司在市場及同業間的相對地位，這類型的資訊包括市場佔有率、獲利情形、成本結構、報酬率等。行銷管理人員根據這類型的資訊，可以從競爭者的標準中，衡量與評估公司本身各種行銷策略的效率與效能。

(四)預測資訊

預測資訊係指針對上述各類資訊的未來預測，行銷管理人員可以根據這些資訊，探討及決定公司未來的行銷目標。

(五)決策資訊

決策資訊係指與具體決策有關的資訊；這類型的資訊可利用過去已經發展出來的決策模式來分析與決定可行方案；此時只要將有關的資料投入 (input)，即可獲得產出 (output)，然後便可據以作為行銷決策的參考。

◑ 二、行銷資訊的來源

本節前述已說明了行銷資訊系統所需要的資訊類型。然而，這些資訊的取得來源亦有多種管道；圖 3-3 列示了行銷人員可資利用的各項資訊來源。包括行銷研究、會計報表以及與其他管理人員接觸的資訊與自己本身經驗的來源等。

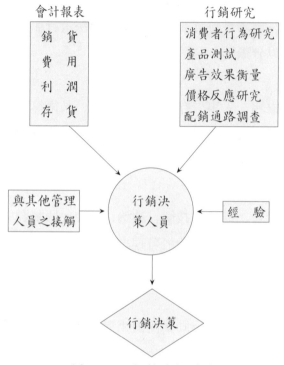

圖 3-3　行銷資訊的來源

　　這些行銷資訊來源中，行銷管理人員最能直接運用者，即為行銷人員本身的經驗。一般而言，行銷主管會自多方面的來源取得資訊，再結合其本身的經驗之後，形成一項重要的資訊投入，並據以作為行銷決策的參考。然而行銷主管在運用此項資訊投入之際，不應過度地依賴自己的判斷，導致忽略與排斥其他新的資訊。事實上，除了主觀的自己經驗與判斷的資訊外，尚有其他更客觀的資訊來源應妥加運用，諸如會計報表、行銷研究及與其他管理人員接觸等的資訊來源。

如何建立消費者資料庫?

　1.調查：一般而言，透過市場調查是最快速獲得消費者資料的方式。如東

方廣告每年一次調查 ICP 和 ICT，皆是快速瀏覽市場消費者的最佳方法。以此次大選為例，扁陣營不但以兩年前臺北市長失利的經驗，並透過調查瞭解年輕選民的成長速度（選民年齡呈金字塔型並趨年輕化），和以此族群的資料庫為策略訴求的重點，成功贏得選戰。

2.促銷活動：促銷活動的目的如果僅以短期銷售效果吸引消費者上門，則無法永續經營品牌資產；因此現今企業的促銷活動皆以培養長期或潛在消費者為主，其藉由促銷方式，深入瞭解消費者，並經營長期關係。如達美樂外送服務延遲即以 100 元折價券致歉，以折價券回收消費者姓名、年齡、地址等基本資料。

3.會員制：許多企業由交易導向觀點轉向建立關係觀點，來服務顧客，且創造並贊助使顧客回籠、購買更多與忠誠度更高的行銷計劃——會員制即為其一。會員制或會員俱樂部的做法不但與最佳顧客建立特定關係，且使其與企業直接雙向溝通，並享有特權和獎勵，完全符合柏拉圖法則，即 20% 的顧客創造 80% 的業績。如太平洋 SOGO 挾 20 萬 VIP 消費者創造百貨龍頭的業績。

4.銷售據點：消費者現場刷卡資料和銷售點電腦系統 (point of sales; POS) 可以追蹤並紀錄訂單、商品類型、顧客數或商品數和服務員等，此電腦工作站設於銷售據點，透過每天資料傳送與提供行銷回饋，可以強化銷貨的處理並減少錯誤。如大潤發量販店將每一次消費者結帳的資料掃描進入電腦檔案，便是資料庫建立的方式。

5.電子郵件和網站：電子商務的盛行，許多企業紛紛以提供資訊或聊天室等互動方式吸引消費者進入其網站，以收集消費者訊息。如之前《明日報》以免付費吸引消費者加入會員，強化其閱讀率的籌碼。

行銷的藝術在於吸引並留住顧客，建構消費者資料庫便是長期經營與消費者溝通和建立關係的工具，它可強化行銷傳播技術的開展。因此體察民意、消費者至上，是現代行銷致勝之不二法門！

（資料來源：節錄自〈資料庫行銷——消費者至上的企劃思考〉，《震旦月刊》，2002 年，369 期，許安琪）

第三節　行銷研究的目的與範圍

　　行銷研究與行銷資訊系統乃是促使行銷觀念得以實踐的基本工具。在競爭日趨白熱化的今日，如果企業先發展產品然後再去尋找有利可圖的市場，將陷入艱困的泥沼中。因為如此一來，企業侷限於將已發展出來的產品投入範圍狹小的市場，因此可能找不到有利可圖的市場，或者錯失更具獲利機會的市場。行銷研究基本上乃在提供客觀的資訊，使企業避免做出錯誤的假設與決策。

一、行銷研究的意義

　　關於行銷研究的定義，學者的說法不一。根據美國行銷協會 (American Marketing Association; AMA) 的定義：「行銷研究係透過資訊將消費者、顧客、社會大眾及行銷人員加以連結起來的活動與功能，其中資訊是用來確認與界定行銷機會與問題，進而制定、改進與評估行動，並監控行銷績效，以增進對行銷過程的瞭解。」此一定義指出了行銷研究在確認上述問題所需之資訊；設計收集資訊的方法，管理與執行資料收集過程；分析結果，以及溝通研究發現與研究涵義。

　　另外，Kotler 對行銷研究亦有更為扼要的定義：「行銷研究是有系統地設計、收集、分析及報告與公司所面臨的某一特定行銷情勢有關的資料與研究發現。」由此看來，行銷研究乃是相當嚴謹的研究程序，其與一般行銷主管所常用的主觀之「直覺」(intuition) 是頗有差異的。

　　綜合言之，行銷研究具有如下五個特點：

　1.行銷研究是具有「系統性的」，也就是說，它是依循事先就已擬訂好的行銷研究程序，按部就班且有系統地進行，而此一過程強調嚴謹的科學方法。

　2.行銷研究過程中有關收集資料的方法是「客觀的」，不應該牽涉個人的好惡偏見，或單憑直覺做判斷；換句話說，資料不因研究者或研究過程而有所偏差。

3.行銷研究的目的是在提供「有效的資訊」，以協助行銷主管制定行銷決策。

4.透過行銷研究過程所收集的資訊，乃在協助行銷主管解決「特定的問題」；換句話說，行銷研究係針對特定問題與機會而進行的，因此必須先界定研究的問題。

5.行銷研究的重點是在幫助行銷主管擬定完善的「行銷決策」。

◉ 二、行銷研究的目的

行銷研究的主要目的即在協助企業瞭解其外部的環境，使其能因應外界環境的變化，並保持企業之行銷策略的高度彈性。然而若就其具體的任務而言，則可細分為以下幾個方面：

㈠確認與評估市場區隔

從行銷研究的發展歷史來看，行銷研究最初是用來分析公司的銷售情況。然而，對於一個企業的行銷人員而言，其展開行銷研究最重要的就是要瞭解誰是公司的顧客，以及在公司的營業收入中，哪些消費者群佔較大的比例。例如許多銀行企業專為主要顧客開辦個人儲蓄服務，有些航空公司為經常光顧的旅客提供特別的服務。為了提供核心顧客群更佳的產品與服務，企業必須經常調查並瞭解他們的欲望與需求，而且要考慮如何透過更佳的方式來滿足他們的需求，藉以提高他們對公司的忠誠度，進而鞏固與強化公司的競爭地位。

㈡描述目標顧客的特徵

企業一旦確認其目標市場之後，必須進一步對其目標顧客群的特徵加以考察與描述。此外，對於目標市場範圍內的競爭者之情況與其發展趨勢，亦須做全面性的瞭解。為了進一步掌握與瞭解目標市場顧客的欲望與需求，企業必須對他們的購買動機與決策，消費者特徵及生活方式等，加以調查研究。例如有些企業為了確定其目標顧客群對哪些廣告宣傳較容易接受，因而進行顧客接觸媒體工具（電視、報紙、廣播等）習慣的調查研究。唯有企業瞭解其目標顧客的主要特徵之後，方能選擇正確的行銷策略以吸引和滿足顧客。

㈢協助企業發掘市場機會

　　企業可以藉著行銷研究來瞭解顧客還有哪些需要尚待滿足，或是市場上現有的產品與現行的行銷活動能夠滿足顧客需要的程度有多大。如果存在顧客的需要尚待滿足之處，此乃表示企業尚有可開拓的潛在市場（只要獲利夠大的話）。同樣的，如果市場上現有的產品與行銷活動不能滿足顧客的需要，這正是企業發展新產品、新品牌或是制定新決策的良機。

　　今日的企業經營環境經常在變動，而消費者的購買動機與行為亦會隨著社會的發展而改變，這些都可為企業帶來新的挑戰與機會。行銷研究能夠適時提供有關企業經營環境變遷的資訊，使企業能夠及時發現並掌握住新的市場機會。

㈣分析企業形象與地位

　　企業在顧客心目中的形象為何，以及處於何種地位等，皆會影響到企業如何選擇有效的行銷策略。此外，良好的企業形象有助於增加企業的競爭優勢，因此提升或改變企業的形象與地位，對企業經營是非常重要的。由此可見，企業形象的調查研究是任何一個企業非常關心的問題。

　　形象調查研究主要在衡量消費者對企業的看法。在市場競爭的環境中，合理地進行形象調查研究，可以使企業對自己的形象有一個基本的瞭解，從而使得企業為樹立良好的形象而採取相應的措施，努力克服不良的公眾形象，並且利用有效的手段，將企業所改變的形象宣傳出去，重新塑造消費者心目中的有利形象。

㈤協助企業制定行銷組合決策

　　行銷研究可提供各種有關的資訊，協助行銷主管制定各種有效的行銷組合決策，包括推廣活動的設計、產品設計與包裝研究、價格策略、配銷通路的選擇、零售商店地點的選擇、實體配銷決策、品牌的命名及支援性的銷售與推廣活動等。換句話說，企業在制定上述的行銷組合決策時，若能配合進行行銷研究，收集相關的資訊，將可制定出更有效的決策。

㈥協助企業評估行銷決策

　　許多公司都會花很多錢做廣告，但效果如何則不得而知。也許有人認為只要銷路增加，或市場佔有率提高，就表示廣告有效；否則，就表示廣告做

得不好。事實上，並不一定如此，因為廣告只是影響銷路的許多因素之一。廣告做得好，其他諸如產品、定價與通路決策若不相配合，則銷路不見得會好。同樣地，如果其他行銷決策做得好，則廣告即使差一點，也可能會有好的銷售業績或市場佔有率。由此可知，廣告的效果並不一定能直接從銷路或市場佔有率的升降表現出來，而必須使用行銷研究的技術才能測定出來。此外，有關產品、價格及配銷通路等行銷決策的評估，也都必須依賴行銷研究的執行。

◉ 三、行銷研究的範圍

行銷研究的範圍甚廣，凡就有關消費者購買行為或行銷活動的任何問題，進行有系統的資料收集、整理與分析，即屬於行銷研究活動的領域，幾乎沒有任何特定的限制。表 3–1 列舉 6 大類 36 項的行銷活動，這是 Kinnear 與 Root 針對美國 587 家公司所做的調查結果（1988 年），至於臺灣地區各企業曾進行的行銷研究活動，其項目大同小異，但比例則因市場環境、競爭情勢及經營理念之不同而略有差異。

表 3–1　行銷研究活動的範圍

A.企業／經濟與公司研究	9.競爭性定價分析
1.產業／市場特徵與趨勢	C.產品
2.購併與多角化研究	10.概念發展與測試
3.市場佔有率分析	11.品牌命名與測試
4.公司內部員工研究（工作士氣、溝通等）	12.市場測試
	13.現有產品測試
B.定價	14.包裝設計研究
5.成本分析	15.競爭性產品研究
6.利潤分析	D.配銷
7.價格彈性分析	16.工廠與倉儲地點研究
8.需求分析	17.通路績效研究
(a)市場潛量	18.通路涵蓋範圍研究
(b)銷售潛量	19.出口與國際貿易研究
(c)銷售預測	E.促銷

20.動機研究	29.獎金、折價券、經銷商促銷等研究
21.媒體研究	F.購買行為
22.文案研究	30.品牌偏好
23.廣告效果研究	31.品牌態度
24.競爭性廣告研究	32.產品滿意度
25.企業形象研究	33.購買行為
26.銷售人員薪酬研究	34.購買傾向
27.銷售人員配額研究	35.品牌知曉度
28.銷售人員責任區域研究	36.市場區隔研究

資 料 來 源： Thomas C. Kinnear & Annr. Root, eds., 1988. *Survey of Marketing Research*: *Organization, Functions, Budget Compensation*, Chicago: American Marketing Association, 1989, p. 43.

行銷研究也許是一項費時又正式的過程，因此有些人認為只有大公司才會做，然而許多小型企業與非營利事業組織，也逐漸採用行銷研究來取得必要的資訊，以改善其行銷決策。當然，他們的行銷研究工作可能因公司缺乏專門的人才，因此委託其他專業的公司來進行。不論如何，我們或可下結論說：「幾乎任何類型與規模大小的組織，都可利用行銷研究的技術與工具，來取得必要的資訊，以改善組織的效率與效能。」

行銷實務 3.2

在網路上對既有顧客銷售的方法

愈來愈多的企業皆能體認和重要客戶維持長期關係的重要性，傳統的企業重視「產品佔有率」，希望將產品賣給更多的人，重點在於產品的行銷與銷售。但是對於許多企業而言，也有人認為顧客的「錢包佔有率」是更重要的觀念；換句話說，就是設法賣不同的產品給同一位顧客，此時的重點在於客戶關聯需求的瞭解和分析，設法找到客戶需要，但是卻沒有被客戶察覺到需要的商品。

＊亞馬遜網路書局擅於找出顧客的關聯需求

譬如，幾年前當我第一次上亞馬遜網路書局買書的時候，我計劃只買一

本書，原本決定買完就走，結果在刷卡之前，亞馬遜網路書局告訴我：「買這本書的讀者，同時也買了以下幾本書，要不要順便看看？」對於愛讀書的我，馬上覺得網站推薦的書很吸引我，於是不由自主看了其中一本，看了之後，網站又告訴我：「買這本書的讀者，同時也買了以下幾本書。」或是「這本書的作者，也出版了以下幾本書。」因此，原本只要買一本書的我，在那一次購物中，就買了六、七本書，許多都是當初沒察覺的書。之後，我大概每一個禮拜都會收到亞馬遜網站寄給我的電子郵件，告訴我又有哪些我有興趣的書來了，讓我幾乎每一個禮拜都會向亞馬遜網路書局買書。

如果依照傳統書局的做法，我可能買了一本書之後，就不再買了，關係就結束了，導致書局與我之間的關係就是一次書籍的購買，之後就無關了，書局的銷售重點只在於書籍本身的行銷。但是亞馬遜網路書局使用的機制，卻讓我在該網路書局中一買再買；亞馬遜網路書局對我的「錢包佔有率」是一直居高不下的。原本亞馬遜網路書局只能賺我一本書的錢，結果讓我未來幾年購買書的錢，也被亞馬遜網路書局賺走。

＊資料掘礦抓住顧客的錢包佔有率

據說《哈利波特》一書賣了二十幾萬本，對於一個實體出版社或是一個實體書局而言，要收集這二十幾萬人的資料，並且輸入電腦是非常花費成本的。但是對於一個電子商務網站而言，消費者的一舉一動、購物與瀏覽逛街的過程，理論上都是可以被紀錄的。一旦紀錄了這些人的資料後，如何分析這些資料隱含的意義，以及進一步利用這些資料銷售與服務，就是很重要的議題。對於大量資料的分析，我們常常稱之為「資料掘礦」(data mining)，資料掘礦有許多不同的方法，不同的方法將導致不同的結果，因此有人花了許多錢，掘出來的是煤礦。如果資料齊全與使用方法正確，掘出來的便是金礦。本文在此以書局為例，簡單說明一種最常用的資料掘礦方法。

「關聯規則法」(association rules) 是我們最常用的方法之一。如果企業資料庫中儲存所有顧客的交易資料，我們就可以計算出「買《哈利波特》這本書的消費者，又買其他書籍或其他商品種類的百分比與排行榜」。例如如果大多數買《哈利波特》書籍的人，也買了《腦筋急轉彎》，買了《腦筋急轉彎》

的人，也常上英文課。如此一來，下一次有新客戶來購買《哈利波特》時，銷售人員的電腦螢幕便會浮現關聯法則所分析出來的相關產品排行榜，銷售人員便能主動推薦與販賣《腦筋急轉彎》或是英文課程給同一位客戶，讓這位客戶與書局的關係不是一次購書的關係，而是佔有他所有購書的錢包佔有率，這就是所謂的「交叉銷售」(cross selling)。

＊帶給顧客意想不到的驚喜

　　關聯規則法最常使用在超商的購物分析上，國外也有網站進一步用在 sales configuration 上。例如有一家賣菜的網站，當你買了一陣子的菜以後，每次上此網站，你就不需要重新訂購菜色，而是系統給你一個建議的購物清單，你只要在清單上作修改就可以了。由於關聯規則的建議，資訊科技能夠瞭解吃某品牌冰淇淋的人可能會喜歡吃某品牌蛋糕的關聯，當建議的商品出現在購物清單時，常會給購物者意想不到的驚喜。

　　在關聯規則分析的資料掘礦之下，當你上某一網站愈久，該網站就會愈瞭解你，就愈能提供你意料之外、且愈周到的服務。當網站愈掌握到網友的需求，網友就會愈忠誠。日後既有相似功能與服務的網站出現時，使用者可能不願意另外花時間重新「教導」新的網站，因而被鎖定。這種想法可稱之為「學習型商務」(learning commerce)；資料掘礦不只用在交叉銷售上，如何找到有價值的顧客，並且有效預測客戶行為也是一項客戶關係管理的重點。

（資料來源：《震旦月刊》，2002 年 4 月，盧希鵬）

第四節　行銷研究的程序

　　行銷研究人員必須利用科學方法來進行行銷研究，亦即著重整個過程的客觀性 (objective) 與正確性 (accuracy)。一般而言，行銷研究的程序可分為二個階段與五個步驟。此二階段為探索性階段 (exploratory stage) 與結論性階段 (conclusive stage)。

　　在探索性階段中，行銷管理人員與行銷研究人員共同確認與界定問題，並做初步的調查，且研究出可能的解決方法。此階段的主要目的，在於以最

小的成本與最少的時間，儘可能地獲得充分的資訊。

　　當研究問題與研究目標界定清楚之後，行銷研究人員便可知道需要收集何種資訊，於是便進入結論性階段。此時，研究人員必須發展出研究設計，從而決定收集資料的方法。由此所收集的資料進而產生所需的資訊，有助於行銷管理人員做決策與解決問題。由於結論性階段的執行需花費較多的時間與成本，因此在探索性階段時，如果決定這個問題並不重要，不值得花這麼多的成本，則結論性階段便可跳過。

　　上述二階段可細分為五個步驟，列舉如下：

　　　探索性階段
1. 確認及界定問題與機會
2. 決定研究目標
　　　結論性階段
3. 發展研究設計
4. 收集、處理與分析資料
5. 提出研究結論與報告

　　表 3-2 表示行銷研究程序的五個步驟，以及行銷主管與行銷研究人員在每個步驟中的參與程度。一般而言，行銷主管的主要角色是描述並解決所研究的問題，而行銷研究人員的主要角色是設計與執行研究計劃，以協助行銷主管解決問題。

表 3-2　行銷研究程序及行銷主管與行銷研究人員的參與程度

步　驟	參與程度	
	行銷主管	行銷研究人員
1. 確認及界定問題與機會	高度	低度／中度
2. 決定研究目標	高度	中度／高度
3. 發展研究設計	低度	高度
4. 收集、處理與分析資料	無／低度	高度
5. 提出研究結論與報告	中度／高度	高度

　　以下將依序介紹行銷研究程序的五個步驟：

◉ 一、確認及界定問題與機會

　　俗語說：「將一個問題界定清楚，即將問題解決一半」。這句話用來形容行銷研究的工作，頗為恰當；因為唯有問題已被清楚地確定出來，以及將研究目標明確地指出來，才能設計出適當的研究計劃。

　　問題的確認與界定，其重點在於找出問題的徵兆。所謂問題的徵兆乃是指問題本身所反映出來的情況，而非問題的本身。例如某地區的一家水族館發現遊客人數在迅速成長一段時間之後便會遽減。此一現象並不是一個問題，而是問題反映出來的結果（即徵兆）。真正的問題在於水族館無法吸引當地的遊客。同時，管理當局希望收集到平常與週末遊客的差異，因為這些資訊可以幫助他們安排一般節目與特別節目。如果該水族館的目的在於吸引更多的週末遊客，那麼廣告的訴求重點，必須針對週末遊客之共同的特徵。由此可知，行銷研究的結果有助於產品與促銷策略的擬訂。

　　總而言之，當有一些不尋常或非預期的事情發生時，便可能產生「問題」；這些事情乃是問題的徵兆或訊號，行銷人員與研究人員必須根據這些徵兆或訊號，深入探討問題的原因，以界定實際的問題。因為不確實的診斷，將導致無效的解決方案。

　　再舉個例子來說，「銷售下降」可能只是問題的一般特質，而非真正的問題本身，這對研究人員而言幫助並不大。研究人員與行銷人員應深入追問，以辨認及界定問題之所在，這也才是可加以研究的問題。例如銷售經理可能認為廣告效果不佳是銷售下降的原因，因此要求研究人員調查公司的廣告效果。但是在與公司的銷售人員、經銷商與零售商交談之後，研究人員發現競爭者引進新產品，而且給予經銷商較高的利潤，他們對銷售公司的產品也就不怎麼賣力了。經過深入探討之後，讓研究人員對問題有了新的發現，而且也瞭解到廣告效果並非問題的關鍵。

　　基本上，明確地形成與界定一個研究問題並不容易，但卻是非常重要的一個步驟。以下指出一些可行的方式，以利研究人員明確的界定問題（郭崑

謨，民 73)：

　　1.從時間觀點上探討問題：銷售驟減，究竟是何季、何月、何週或何日為問題的癥結所在。

　　2.從產品觀點上探討問題：究竟是產品成本問題？產品設計問題？或是品牌名稱問題等。

　　3.從地域觀點上探討問題：銷售下降可能並非整個地理區域，而是某些市場區隔出了問題，有待進一步分析。

　　4.從同業競爭上探討問題：問題的發生是否可歸為市場競爭因素，如果確是如此，則問題應在於如何因應此種競爭情勢的變化。

◕ 二、決定研究目標

　　行銷研究人員與行銷人員一旦對問題有明確的界定與確認之後，他們便可以決定研究目標。一般而言，行銷研究的目標可分為四大類，以下分別說明之，並以前述水族館為例：

㈠第一類

　　研究目標是為了探求問題，亦即收集更多有關的資料，以界定有意義的研究問題。在某些情況下，還可能提出一些假設；也就是在正式調查研究之前，找出問題的徵兆，確定研究調查的重點，此種研究亦稱為探索性研究 (exploratory research)。例如水族館的研究目標可能為探討「為何遊客人數遽減」，即是為了探求問題，尋找問題的原因。

㈡第二類

　　行銷研究的目標是為了描述問題，亦即說明某些具體的情況，針對特定的問題進行調查，並收集、整理、描述這些問題的事實情況。例如水族館想要瞭解平常遊客與週末遊客有何不同；多少遊客是來自鄰近地區或偏遠地區；遊客的年齡、性別、職業等人口特徵的統計資料。此類研究亦稱為描述性研究 (descrptive research)。

㈢第三類

　　行銷研究的目標可能是為了探索因果關係，亦即驗證某種假設或某一問

題現象的因果關係。此類的研究乃是在描述性研究的基礎上，進一步調查、分析各種現象之間的因果關係。例如水族館想探索有哪些原因導致遊客人數減少，是否因季節因素？是否因定價因素？如果是後者，那麼價格下降 10%，能否使遊客增加 5%？這類的研究重點在證實哪些原因(自變數)影響結果(應變數)，亦即探討自變數與應變數之間的因果關係，故亦稱為因果性研究 (causal research)。

㈣第四類

行銷研究的目標亦可能為了做預測，亦即為預測未來市場發展趨勢而從事的研究。這類研究亦稱為預測性研究 (predictive research)，它是根據一些相關的資料，並利用某些數量方法，對市場需求及其變化進行預測。例如水族館想要預估參觀該水族館的顧客人數、預估該公司未來市場前景如何等，皆屬於預測性研究。

◐ 三、發展研究設計

發展研究設計可能是研究過程中最重要的步驟。研究設計 (research design) 乃是實施行銷研究調查的總體計劃，在這個步驟中，必須確認所需的資料，以及資料收集、整理與分析的程序。這些工作需要研究人員豐富的創造力。當然，研究設計必須依據特定的研究目標發展而成，圖 3–4 繪示了一般研究設計的發展過程。

㈠決定所需要的資料

為了達成管理者的資訊需求，研究人員必須將研究目標轉換成特定的資訊需求。例如要達成水族館的研究目標：「瞭解平常遊客與週末遊客有何不同」，研究人員必須收集相關的資料，以回答下列的問題：

1. 來參觀的兒童，在週末是否比平常多？
2. 每週不同時間來參觀的遊客，其教育背景為何？
3. 來參觀的遊客中，來自大學生物系的學生有多少？

在決定所需要的資料時，研究人員可將資料類型區分為原始資料與次級資料。原始資料 (primary data) 是為了特定目的而透過研究人員親自調查所收

圖 3-4　發展研究設計之過程

集到的資料，這些資料乃是以前未被收集過的。原始資料的優點之一是，它們與手邊特定的問題息息相關。而原始資料的主要缺點乃是所需的成本與時間可能較為龐大。

　　次級資料 (secondary data) 乃是先前公司內部或外部人員為滿足其需求所收集的資料。如果他們的需求與研究人員的需求類似，就沒有收集原始資料的必要。次級資料的取得通常比較便宜也較為迅速，但是研究人員必須考慮這些資料的相關性、正確性、可靠性及時效性等。

㈡決定資料來源

　　次級資料一般又可分為內部次級資料與外部次級資料二種，內部次級資料是指企業內部的次級資料，包括會計記錄、銷售報告及各種統計報告等；外部次級資料則是從企業外部免費取得或花錢購買的次級資料，其資料來源相當廣，包括政府機構、同業公會、廣告媒體和代理業、商業調查研究機構以及學術研究機構等，圖 3-5 繪示次級資料的來源。

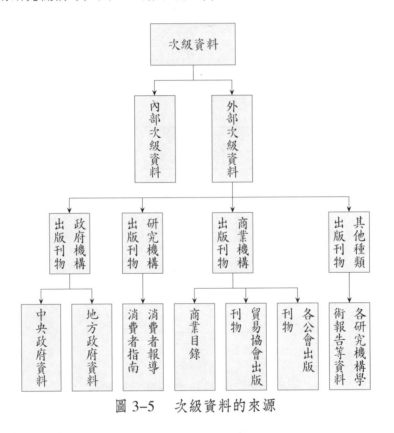

圖 3-5　次級資料的來源

　　至於原始資料亦可得自內部或外部。主要的內部來源是公司的員工，而零售商、批發商、顧客及競爭者等乃是重要的來源。在瞭解所需要的資料後，研究人員應有初步的概念，即誰會擁有這些資料。例如若想要調查消費者對公司新上市的產品之看法，則可詢問公司銷售人員、零售商或直接向消費者收集資訊。

㈢決定原始資料的收集方法

原始資料的收集方法，一般有三種：觀察研究法、實驗研究法及調查研究法。

1. 觀察研究法 (observational research)

行銷研究人員可以透過直接或間接觀察與記錄有關人物、行動及環境之情況，來收集所需要的原始資料。顧名思義，所謂「觀察」乃表示不會與受訪對象進行交談。例如研究人員為了要發現哪一個品牌的網球拍最能吸引顧客，於是他就在旁邊隱密處觀察並記錄顧客從貨架上取下各種網球拍的次數。在直接觀察技巧中，研究人員可使用肉眼或電子設備以記錄觀察到的行為。例如想要瞭解某種產品之新包裝是否能吸引消費者，於是廠商可能將照相機或錄音機放在擺設該產品的貨架後面，然後觀察者便可直接監控購買者之行為。至於間接觀察則是由觀看行為的結果，來推論行為；例如圖書館可以記錄哪些書籍被借出去最多，以判斷一般民眾或學生的偏好。

由於觀察法不問問題，所以可能比調查法更客觀。但是，觀察者只能解釋他們所直接看到的行為，而這種詮釋可能不正確或有所偏誤。例如一位選購者可能拿起一部隨身聽，看一看然後又放回去，走開了。這位選購者可能想買，但是卻沒有足夠的錢。然而，觀察者可能誤以為這位選購者對該產品並無興趣。換句話說，若僅由觀察法，我們無法確知選購者未買該產品之原因。事實上，有些事物（如動機）是無法觀察得到的。

2. 實驗研究法 (experimental research)

實驗法是藉著操作一組自變數（如廣告或價格）以觀察其改變對應變數（如銷售）之影響的一種原始資料之收集方法。在使用實驗法時，研究人員選取二組受測對象，其中一組使其接受情境一（價格不變），另一組則接受情境二（價格提高或降低），然後檢查所觀察到的二組之差異（銷售量的差異）是否具有統計意義。

例如某公司行銷經理想要瞭解：「以明星來打廣告或是家庭主婦打廣告，對房屋銷售的效果何者較佳?」此時最簡單的實驗法就是請兩組消費者分別觀看兩段不同的廣告，一段是由明星主演，另一段則由家庭主婦擔綱；然後比較兩組觀眾對二段廣告影片的喜好程度。如果對家庭主婦的廣告普遍評價較

前一組為高，則採用以家庭主婦主演的廣告。至於如何檢定此二組反應的差異，則必須使用一些統計學上的技巧，這也是實驗法的「限制」所在。

　　實驗法可在實驗室或實際市場上進行，其中在實驗室進行的研究比較能控制其他變數，但是在實際市場上之研究則比較符合真實情況。總言之，實驗法是收集原始資料中，最具結論性的一種。它是行銷研究中較具科學化的資料收集方法。近年來由於大多數研究人員都不願意接受未經證實的「因果關係」，因此實驗法在行銷研究中乃有愈來愈普遍的趨勢。

　　3. 調查研究法 (survey research)

　　收集原始資料最常使用而且最具彈性的方法便是調查研究法，它適合收集描述性的資訊；例如當我們想瞭解人們的知識、信念、偏好、滿足或購買行為等，常可直接詢問消費者而得到答案。

　　利用調查法收集原始資料，又可分為三種方式，即郵寄問卷、電話訪問及人員訪問(後面將再作說明)，而調查法所收集到的資料主要可區分為三類：事實 (facts)、意見 (opinion) 及意向 (intention)。在收集「事實」資料的調查中，研究人員所問的問題如：「你使用何種品牌的牙膏?」「你使用何種品牌的洗髮精?」等，其目的是要收集無法自次級資料來源得到的資料。在收集「意見」資料的調查中，研究人員要求受訪者提出自己的意見（雖然受訪者可能認為自己是在報告事實）。這類的問題如：「哪種品牌的牙膏對防止蛀牙最有效?」在收集「意向」資料的調查中，研究人員要求受訪者詮釋並報告其動機。這些調查將詢問受訪者「為什麼」的問題，例如：「你為什麼購買 A 品牌的牙膏?」

　　上面所介紹的三種資料收集的方法，皆有其適用的場合。一般而言，實驗法適合收集因果性研究的資訊，觀察法適合收集探索性研究的資訊，而調查法則適合收集描述性研究的資訊。

　　㈣**確定接觸的方式**

　　每一種資料收集的方法皆有其與受訪（測）者接觸的方式；由於調查法是最普遍採用的資料收集方法，因此我們以調查法為例來說明之。若採用調查法收集資料，則可透過郵寄問卷、電話訪問及人員訪問等三種方式取得所需要的資料。以下分別簡單地介紹此三種接觸方式，而表 3–3 則列示此三種

方式之優、缺點。

表 3-3　調查法之三種接觸方式的比較

比較項目　＼　接觸方式	郵寄問卷	電話訪問	人員訪問
1.單位成本	最低	如利用長途電話，則耗費較高	最高
2.彈性	需有郵寄地址	只能訪問有電話者	最具彈性
3.資料之數量	問卷不可太長	電話訪問時間不可過長	可收集最多之情報資料
4.資料之質	通常較低	通常較低	通常較正確，視訪問員之素質而定
5.無反應偏差	無反應率最高	無反應率最低	較郵寄方式為低
6.速度	最長久	最快	如地區遼闊或樣本甚大時，很費時
7.訪問員效應之控制	很好	普通	差
8.樣本控制	普通	很好	普通

1.郵寄問卷

郵寄問卷調查是在地理涵蓋區域廣、問題簡單、時間不是主要考慮因素且問卷並非很長的情況下使用。受訪者可以依自己方便作答，而且沒有訪問者誤導的情況發生。每一受訪者的單位成本較低，而且受訪者對於私人的敏感問題，可能比較願意在郵寄問卷上回答，而不願在電話中或對陌生的訪問員作答。然而，郵寄問卷調查較缺乏彈性，此時問題的文字要簡單而清楚。郵寄問卷調查的完成時間較長，而反應率往往很低。研究人員對於郵寄問卷的樣本也很難控制；即使擁有一份好的郵寄名單，但往往亦很難控制到底在郵寄住址上的哪個人填答了問卷。例如也許希望由先生來回答問卷，但結果填答者卻是家庭主婦。

2.電話訪問

電話訪問是迅速收集資料的最佳方式。例如選舉前若想立刻知道選民對候選人的偏好情形，通常會採用電話訪問。又，一般的電視臺節目收視率調查，亦常採用電話訪問。電話訪問比郵寄法更有彈性，當受訪者對問題不清

楚時，訪問員可立即解說一番。電話訪問可以有較佳的樣本控制，亦即訪問員可以要求和具有某些特性的受訪者談話，甚至指定姓名；同時其反應率亦較郵寄法為高。

電話訪問當然亦有其缺點。每次的訪問成本比郵寄法高，同時人們可能拒絕接受訪問。訪問員的偏差亦較大，例如由於訪問員談話方式、問問題方式等的差異，都可能影響受訪者的答案。此外，每個訪問員對反應的記錄可能都不同，或因時間壓力，使得一些訪問員有欺騙行為；例如根本沒問問題，卻記錄有答案。

3. 人員訪問

人員訪問是訪問員與受訪者作面對面的接觸，是一種最直接的調查方式。這種調查方式非常需要得到受訪者的合作，其時間可由數分鐘到數個小時。人員訪問頗具有彈性，它可用來收集大量的資料。訓練有素的訪問員可使受訪者的注意力維持很長的時間，並可解釋較複雜的問題。當情境需要時，他們可導引面談、發掘問題及試探受訪者。此外，人員訪問可以使用任何形式的問卷；例如訪問員可將真正的產品、廣告或包裝展示給受訪者看，然後觀察其行為或反應。

人員訪問的主要缺點包括成本、抽樣問題及訪問員效應控制的問題。一般而言，人員訪問要比使用電話訪問貴三、四倍左右。另外，由於受訪者可能難以尋覓，因此在抽樣方面可能受到某種程度的限制。最後，由於人員訪問中，訪問員有較大的彈性，也因為如此而導致訪問員偏差的問題亦較嚴重。

(五)設計資料收集工具

一般而言，行銷研究人員會使用兩種主要的研究工具來收集資料，即儀器設備與問卷。

1. 儀器設備

在某些情況下，儀器設備常為行銷研究人員所採用，包括電流計、心理測定器、聽力測定器及電子照相機等。例如在美國有一家廣告公司，為了掌握有多少觀眾收看電視節目的情況，於是該公司便選擇一些樣本進行調查，其調查方式是將聽力測定器安置在家庭住戶的電視機中，透過此儀器設備可

用來記錄被調查戶的電視在什麼時間開機、什麼時間關機、收看哪一頻道、收看時間多長等。經過一段時間監聽、收集記錄，廣告公司就可得知哪一類電視節目在什麼時間、什麼地方收看的人最多，從而研究如何安排與製作電視廣告節目，以收到最佳的廣告效果。

2.問卷 (questionnaire)

到目前為止，問卷是收集資料最常見的工具。在設計問卷時，研究人員必須謹慎決定(1)問哪些問題；(2)問題的形式；(3)問題的用詞；及(4)問題的次序。

⑴問哪些問題：此即為問卷的內容。所問的問題當然是與研究目標有關者，但是如果為了要引起受訪者的興趣，亦可以包括一些與研究目標無關但有趣的問題。此外，問題的設計尚須注意幾點：①受訪者能否答覆；②受訪者願不願意答覆；③受訪者是否要費很大的力氣去收集答案等。

⑵問題的形式：問題的形式通常可分為開放式問題 (open-end questions) 與封閉式問題 (closed-end questions)。開放式的問題是讓受訪者以自己的字眼寫下答案，例如：「你最常購買何種品牌的洗髮精？為什麼？」而封閉式的問題則每題均提供可能的答案以供選擇，例如：「你為何購買 A 品牌的洗髮精？□品質優良　□價格便宜　□包裝精美　□其他」。

⑶問題的用詞：問題的措辭必須小心使用，語句力求簡單、清楚，使得每一位受訪者對它們的詮釋都一樣。這些語句不應該有誤導作用、產生誤解或故意引導受訪者回答研究人員所想要的答案。

⑷問題的次序：問題的次序應該仔細規劃。例如如果問卷一開始就問難以回答或有關私人之問題，可能會激怒受訪者而導致拒絕回答。研究人員在決定問題的順序時，可使用問卷設計的流程圖，一方面可以看清楚問卷的結構，另一方面亦可以使問題的安排合乎邏輯的順序。

除了上述四點有關問卷設計之注意事項外，效度與信度亦是行銷研究的重點。效度 (validity) 是指衡量工具能夠測度出它所想測度事物的能力；信度 (reliability) 則是衡量工具使重複測試獲致相同結果的能力。問卷中如果所問的問題不正確，則效度與信度就可能大打折扣。舉例來說，如果問卷問的產

品是受訪者從未使用過或甚至未聽過的，而且問題的答案中未能包括「不知道」一項，那麼受訪者可能任其空白或隨便圈選，如此一來將嚴重地影響效度與信度。

㈥擬定抽樣計劃

行銷研究往往係藉由觀察或調查總消費人口中一小部分的樣本，然後對一大群消費者做成結論。理想上，研究樣本應具有代表性，如此研究人員才能正確地估計較大母體的特性與行為。因此，研究人員必須謹慎地設計抽樣計劃，使得研究結論較為精確可靠。

抽樣計劃所要解決的問題，包括向誰收集資料（抽樣單位）、向多少人收集資料（樣本大小）以及如何選擇這些人（抽樣方法）等。

1.確定抽樣單位

抽樣單位 (sampling unit) 意指調查的對象；例如要調查家庭購買汽車的決策過程，研究人員到底要訪問誰？丈夫、太太、或家庭其他成員、或經銷商的業務代表。在確定抽樣單位時，必須根據調查目的，需要哪些資訊，從誰那裡可以獲得更多、更準確的資訊等方面，來加以確認。

2.決定樣本大小

樣本大小 (sample size) 是指接受調查的人數。大樣本所得之結果通常較小樣本可信，準確度與代表性皆較高。然而，沒有必要將整個母體（目標市場）作為樣本，因為如此一來將會受到人力、財力與時間等條件的限制。樣本大小要適當，此乃統計效率與經濟效益平衡的問題。在決定樣本大小時，既要考慮量，又要考慮質的問題。如果樣本選擇合理，代表性強，那麼不到母體 1% 的樣本單位亦可得出可靠的結果。

3.抽樣方法

抽樣方法 (sampling method) 是指從母體抽出樣本的統計方法。為了獲得一具有代表性的樣本，宜自母體中抽取「隨機樣本」(random sample)。此外，隨機樣本尚可依據統計抽樣理論計算出抽樣誤差之信賴度，更可作進一步的統計推論。與此相反的是「非隨機樣本」(nonrandom sample)，此乃抽樣時加入了研究人員之主觀判斷，故其代表性較不客觀。此外，非隨機樣本之機率

無法以統計方法計算出來，因此無法衡量抽樣誤差，而且亦無法作統計推論。至於其樣本之代表性，則取決於研究人員之判斷能力。

◖◗ 四、收集、處理與分析資料

在發展研究設計完成之後，下一個步驟便是有關資料的收集、處理與分析。

㈠資料收集

在行銷研究過程中，收集資料之工作通常耗費最多的成本，而且亦是最容易出錯的階段。為了要確保研究設計能妥善執行，研究人員應監控執行的每一個步驟。例如在人員訪問調查中，監控實際的訪問工作非常重要。研究人員可以自已調查完成的問卷中隨機抽樣，並打電話給這些受訪者，以確定他們是否真的接受訪問，如此可以避免訪問員犯錯或投機取巧的行為。

㈡資料處理

資料收集回來之後便須加以處理。研究人員對於所收集的資料必須經過編輯，以利分析。編輯過程將過濾所有的問卷，挑出由非合適的受訪者所填答的問卷，並且檢查問卷答案之合理性，這些工作皆屬於初步檢查的步驟。此外，編輯工作尚包括依據研究設計事先將資料加以分類。例如在對抽煙者所做的一項品牌偏好調查中，其資料或可依如下的因素來分類：品牌、香煙種類（有濾嘴、無濾嘴、淡煙等）、城市人口大小、受訪者之家庭收入及性別等。有關資料的處理，目前皆已借助電腦來進行。因此，研究人員通常會將資料轉換成電腦可瞭解的形式，然後變成電腦檔案加以儲存。

㈢資料分析

資料的分析可用文字說明，亦可用圖表解釋。此外，資料的分析亦皆採用統計方法，計算一些統計量數並進行統計推論，然後再由此進行詳盡且深入的分析，進而解釋分析的結果。資料分析的階段，目前亦大多採用電腦的統計軟體來進行，這些軟體較常見的包括 SAS、SPSS、Minitab 及 Excel 等。

◉ 五、提出研究結論與報告

　　行銷研究程序的最後一個階段便是根據所得出的調查結果，賦予其意義（解釋結果），並據以撰寫研究報告，提出有關解決行銷問題的建議或結論。

　　研究報告的撰寫應針對閱讀者的需要與方便，力求簡明扼要且具有說服力。研究報告大致可分為兩類：一為通俗性報告，一為技術性報告。通俗性報告主要是向企業主管報告之用，應以生動的方式說明研究的重要與結論。而技術性報告的內容較為豐富，除了說明研究發現與結論之外，尚應詳細說明研究方法，並提供參考性的文件資料（參考文獻）。以下列出行銷研究報告所包含的內容，以供讀者參考：

　　　序文部分

1.題目

2.目錄

3.綱要

　　　本文部分

1.緒論（包括研究動機、研究目的、研究範圍與研究限制等）

2.研究設計與資料來源

3.分析結果

4.研究發現與結論

5.建議事項

1. 假定你想針對某品牌產品的消費者偏好進行研究調查,請問你會如何進行?請簡述你的步驟與內容。

2. 依本章對行銷資訊系統的定義,請說明行銷資訊的特性為何?

3. 從使用者與供應者的角度來申論行銷主管與資訊系統人員之間應如何相互配合?

4. 如果你的上司要求你設計或建立一套行銷資訊系統,那麼你會如何進行?以及此套系統應包含哪些內容?

5. 就你所知,行銷研究有哪些功能?

6. 舉例說明四種行銷研究目標,並加以比較之。

7. 「次級資料的收集較簡單、省時、費用低,因此寧可使用次級資料,而不另外收集原始資料。」請對此句話加以評論之。

8. 問卷設計中,有如下一道問題:「目前大多數觀眾喜歡看本土性連續劇,你也喜歡看嗎?」請評論其缺失。

9. 「知己知彼」與「掌握行銷資訊」二者的關聯為何?

10. 抽樣計劃的設計,應包含哪些重要事項?

11. 「市場調查不是萬靈丹」,請申述此句話的涵義。

第 四 章

消費者市場及
　消費者購買行為

　　行銷的目標在於迎合與滿足消費者的需要與欲望，但是想要「深知消費者」並非是件容易的事。消費者也許會道出其需要與欲望（但大多數的消費者甚至不知道他們需要什麼），但其實際的行為卻又是另一回事。他們也許並未深入思及其動機所在，有時候他們亦可能在瞬間改變心意，因而影響了最後的購買決策。

　　雖然如此，但行銷人員確實有必要去研究其目標顧客的欲望、認知、偏好以及購買行為。因為瞭解這類的資訊對行銷人員在有關新產品開發、產品設計與改良、定價、通路、訊息來源以及其他行銷活動等，該如何做決策提供有用的協助。

　　購買行為可以分為消費者市場購買行為與組織型市場購買行為，二者有很多共同之處，但亦有不同的地方。本章先探討消費者市場的購買行為，而下一章再討論組織型市場購買行為。至於本章的內容主要包括三部分：消費者行為的基本概念、消費者購買決策，以及影響消費者行為的因素。

第一節　消費者行為的基本概念

◑ 一、消費者行為的涵義

　　「消費者行為」可定義為消費者在購買與使用產品或享用服務時，所表現的各種行為與活動。而所謂消費者係指購買產品來供個人或家庭使用的人，他們購買產品並不是為了商業上的目的，而是為了滿足自己或家庭的需求。由於消費者在從事購買過程中會涉及收集資訊，評估資訊，購買、使用和處理一項產品，服務與理念 (ideas)，因此研究消費者行為就是在瞭解消費者如何將其金錢、時間與精力花費在與其消費有關的產品上，包括他們購買什麼？為何購買？如何購買？何時購買？何處購買？多久購買一次？

　　消費者行為研究的範圍相當廣泛，包括各種消費者的形式、產品的形式及欲望與需要的形式等。消費者的形式很多，從一個 6 歲的小孩，要求其父母親帶他到麥當勞吃薯條，到一家大企業的高階管理者，購買一項數千萬的

電腦設備，都可稱為消費者（後者的購買行為將於下一章再討論）；產品的形式則更多，可以從日常的飲料、餅乾、電視節目，到醫療服務、企管顧問諮詢，甚至立法委員的競選政見等，都可稱為是一種商品。至於要滿足的欲望或需求，可以從飢餓、安全、情感需求、社會地位、尊重到自我能力的實現等。

本書第一章曾提及行銷的核心就是透過交易以提供雙方的滿足。而消費者行為研究所重視的是整個交易的過程，包括在交易前消費者如何決定需要什麼產品、如何得到想要購買產品的資訊、到何種商店購買、在交易中決定如何選擇一項產品與品牌、如何付款等。當然，購買後產品使用所造成的結果，也可能對他以後的購買產生影響；如果消費者對該項產品極為不滿意，可能會警告他所認識的人，也可能會對該公司提出抱怨或控訴。

從廠商觀點來看，在消費者購買一項產品前，就要瞭解消費者對於產品的態度是如何形成、是否可以改變、他們如何判斷一項產品的好壞等。在消費者購買一項產品時，必須瞭解消費者所重視的賣場佈置、氣氛，以及如何影響消費者的購買決策。至於在消費者購買一項產品之後，必須瞭解消費者是否滿意該項產品，是否會再重複購買，以及產品能否再做何種改善等等。

以上所述，主要在讓讀者先初步地知道消費者行為研究所涵括的範圍，至於其詳細的內容則為本章其餘部分所要探討的重點。

◑ 二、消費者行為之 5W+1H

前述已大略指出消費者行為研究的範圍，以下我們再以 5W+1H 來更具體地描繪出消費者行為的輪廓，期能讓讀者有整體性的瞭解。所謂 5W+1H 係指為什麼買 (why)、誰買 (who)、何時買 (when)、在何處買 (where)、買什麼品牌 (what) 以及如何買 (how to)。

㈠為什麼買？

為什麼消費者要購買某特定產品？為什麼要買你的產品，而不買別家的廠牌？這些問題的答案應該是很明確的：「因為我的產品能夠滿足目標消費者的某種購買動機，而且比競爭品牌要好。」換句話說，我們探討消費者「為什麼買」，就必須充分掌握消費者的購買動機，然後將之轉換成適當的產品利益，

以激發消費者採取購買的動機。

　　我們必須瞭解到消費者並非在購買產品本身，而是產品所帶來的利益。此外，產品是否具有該項利益是由消費者所認定，而並不是行銷人員認為產品具有某種利益即可。行銷人員當然比消費者瞭解這項產品，能夠較客觀地比較產品的優點與缺點。這些優點或缺點雖然重要，但必須是消費者所真正關心的，如此才具有決定性的作用。行銷人員必須用消費者的眼光來看這項產品，才能真正瞭解消費者購買的動機，也才能讓此項「產品利益」激發起消費者的共鳴。

㈡誰買？

　　有關此問題的討論，我們可從兩個角度來分析：1.誰是我們的主要消費者？2.誰參與了購買決策？

　1.誰是我們的主要消費者？

　　亦即我們的目標顧客群是誰，以及他們有什麼特性。例如司迪麥口香糖的主要消費者是前衛，帶點叛逆的青少年男女，以及年輕的上班族；裕隆汽車則是追求便捷、經濟效益的薪水階級。唯有對自己的目標顧客群深入瞭解其特性，才能集中火力推展有效能的行銷活動。

　2.誰參與了購買決策？

　　購買決策是一項複雜的消費者行為，金額愈大，複雜度就愈高，且參與意見的人也就愈多。在一般的購買決策中，可能涉及許多成員，而這些成員分別扮演許多不同的角色，或一個人扮演多重角色，要視情況而定。消費者可能扮演的角色有下列五種，並請參見圖4-1：

　　⑴發起者 (initiator)：是指第一個建議進行某種購買或消費的發起人，例如兒子可能建議老爸換一部新車。

　　⑵影響者 (influencer)：是指對最後購買決策具有某種影響力的人，例如媽媽最近學會開車，很想有部舊車作為練習用，因此敦促爸爸另外買一部新車。

　　⑶決策者 (decider)：是指在一部分或整個購買決策中（包括是否購買、購買什麼品牌、如何購買、何時購買、何處購買），有權作決定的人，例如爸

爸下定決心購買，兒子挑選品牌、媽媽認為愈快購買愈好。

⑷購買者 (buyer)：是指實際從事購買行為的人，例如父親可能是最後決定要買哪一輛車，並且付錢的人。

⑸使用者 (user)：買了之後，太太覺得開新車較舒服，而父親仍舊開原來的舊車，此時太太便成了使用者。

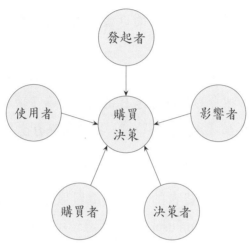

圖 4-1 消費者購買決策的五種角色

行銷人員必須對各個成員的角色與影響力有明確地認識，以便針對特定的角色設計出動人心弦的產品特徵與訴求重點。例如成長奶粉的產品利益廣告是以父母（決策者，其中尤以母親的購買者角色更重要）為主要的訴求對象；然而其促銷活動廣告（隨罐附送贈品）則是以小孩（使用者）為主要的訴求對象（贈送玩具）。

㈢何時買？

此一問題包括消費者在什麼時候購買(購買時機)、何時消費(使用場合)、多久買一次（購買頻率）以及一次買多少（購買數量）等。基本上，購買時機與使用場合有密切的關聯，但未必完全同義。例如消費者每週僅上超級市場一次，而其所購買的鮮奶（可保存 7 天）則供一週內的消費。此外，消費者往往會認定某些產品只適合在某段時間內享用。例如咖啡與鮮奶是早餐的飲料，運動飲料最適合在運動完後飲用，冬天適合吃火鍋，夏天則適合吃冰

淇淋等等。這種觀念直接影響到產品的銷售時機與數量。然而行銷人員可以運用 TPO (time, place, occasion; 使用時間、地點與場合的代稱) 的廣告方式，刺激消費者增加產品的使用量。

> 保力達 B 剛推出時，以中下階層的勞動者為目標，具有恢復體力消除疲勞的功能。公司鑑於中下階層有冬天喝米酒進補的習慣，因此打出「保力達 B 加米酒更好補」的口號，結果建立了保力達 B 的「冬天飲料」形象，銷路一直上升。
>
> 然而，由於保力達 B 的「冬天飲料」形象太強，到了夏天火氣旺熱，不宜進補，當然會影響保力達 B 的銷路。為了增加銷路，公司乃又提出「保力達 B 加冰塊」的新口號，期能將保力達 B 重新塑造成冬夏皆宜的健康飲料。

最後，我們可根據消費者的產品使用量區分為重量級使用者 (heavy user)、中量級使用者 (medium user) 及輕量級使用者 (light user)。例如有小孩的家庭，奶粉的使用量就會較沒有小孩的家庭多出許多，前者屬於重量級使用者，後者則屬於中量級或輕量級使用者（端視家庭中成員飲用牛奶的習慣而定）。

有些時候，公司會為了增加產品的銷售數量，而推出各種促銷活動。例如鮮奶產量到冬天是高峰期，有許多廠商為了增加銷路，推出買二送一或三瓶 100 元的促銷方式，但是他們忽略了許多消費者無法一次（或有效期限內）消費三瓶的鮮奶（輕量級使用者）；尤其是目前社會小家庭數目增多，而許多小家庭可能屬於輕量級使用者，因此對於這種促銷方式似乎較無動於衷。後來，便有許多廠商改採單瓶降價的方式來促銷。

㈣在何處買？

消費者購買或消費的地點，也會影響消費者對於產品的看法，因為他會認定某項產品只適合在某些地方購買或消費。因此，行銷人員應該瞭解消費者最常在什麼地方（超級市場、便利商店、百貨公司、雜貨店等等）購買何種產品，以便對通路做有效的調配。

不同的通路會造成產品形象的差異。民國 63 年初，有廠商看好臺灣的減肥市場，於是便從美國引進碧芝減肥糖。剛開始時以郵購通路銷售，但反應並不熱烈。碧芝減肥糖在美國一直走食品的銷售通路，售價低廉，只在超市或食品店才能買得到。在臺灣雖然仍強調它是減肥食品，卻透過藥房出售。如此一來，一者可突顯該糖的減肥效果，二者可配合高價策略（碧芝減肥糖每盒零售 500 元，一般糖果難與之相比）。換句話說，「把食品當藥品賣」，結果碧芝減肥糖的半年存貨量，在一個月內便被搶購一空。

(五)買什麼品牌？

消費者在從事購買行為時，一般都是由一些品牌中選擇出最適合自己的。在選擇的過程中會涉及到消費者用以判定品牌優劣的評估標準，一般稱之為購買考慮因素。就產品本身而言，考慮因素係指產品的屬性；產品的屬性中有些雖然很重要（重要因素），但在購買決策上卻發揮不了影響力（非決定因素），例如鮮奶的營養為重要因素，因為消費者都非常重視鮮奶的營養，而每一品牌的鮮奶，營養已成為必備的屬性，但在購買考慮上它未必具有決定性。因此，行銷人員在瞭解消費者的產品評估標準時，必須要將「重要因素」與「決定因素」加以區分，如此才不致誤導行銷努力的方向。

消費者在做品牌選擇時，往往會受到親朋好友的影響，亦即口碑的相傳會影響到消費者對品牌的選擇。根據研究指出，顧客轉述口碑的法則是 "3 vs. 33"；也就是說，當你的產品與服務都很好的時候，大約有 3 個人會將好的口碑轉述給親朋好友；但是當產品與服務都不好時，卻有 33 個人會將壞的口碑傳給他的親友。基本上，這兩個數字乃指出了人們較喜歡傳述負面的消息，而好壞消息傳述的比例大約是 1：10；正是所謂的「好事不出門，壞事傳千里」。由此可知，行銷人員必須重視消費者對產品的評價，尤其要讓顧客對公司的產品有良好的口碑。

除此之外，在瞭解消費者購買何種品牌時，行銷人員還須追蹤消費者上一次購買的是什麼品牌，下一次又可能購買什麼品牌，亦即瞭解消費者的品

牌忠誠度 (brand loyalty)。若品牌的忠誠度高，則表示該品牌的市場基礎相當穩固，競爭者在搶佔市場時將會備感艱辛。例如克寧奶粉與 S-26 在面對新進品牌不斷加入的情況下，仍能稱雄業界，屹立不搖；而白人牙膏雖然挾著雄厚的資源，但面對黑人牙膏強大的愛用者群，仍然是無功而返，這些例子在在都顯示品牌忠誠度的重要性。

(六)如何買？

當消費者決定要購買產品時，通常都希望以最簡單、最便利的方式來取得產品。由於現代科技資訊的發達，許多廠商都會利用一些電子系統來快速地完成交易。例如臺北車站乃利用自動販賣機來銷售短程車票，又如許多飲料與香煙等，亦都採用販賣機作為通路。

近年來流行所謂的電視購物、目錄購物、郵購及網路訂購等方式，目的亦在提供消費者更便利的購買。此外，亦有許多廠商標榜著「隨叫隨到、免費送至府上」的服務方式來爭取顧客群。例如許多比薩店，只要一通電話就有專人送達，而且享有「逾時免費」的待遇。由此可知，廠商若能提供簡易方便的銷售的方式，則對產品的銷售將有很大的助益。

有關消費者「如何買」的問題，尚包括消費者如何獲取購買資訊、如何做產品評估、如何做選擇等步驟，這些都屬於購買決策的過程，將於第二節時再做詳細的討論。

◉ 三、購買行為的類型

消費者在每天的生活當中，都會碰到很多不同的購買決策，而這些購買決策的型態可能隨著產品與其他情境因素而異。例如購買一條牙膏、一付網球拍、一輛汽車或一棟新房子等，其間的購買行為差異就很大。

有關購買行為的類型，Engel 根據消費者解決問題的過程而分成三類；另有學者 Assael 則依據消費者「涉入程度」與「品牌間差異的程度」分為四類，以下分別介紹之。

(一) Engel 的分類

Engel 依消費者在每一個購買決策中所花的時間與努力來分類，他認為

這種決策可以看成是一種連續帶。連續帶的一端是「例行性問題解決」(routine problem solving; RPS)，在另一端是「廣泛的問題解決」(extended problem solving; EPS)，而大部分的購買決策則屬於中間的部分，是一種「有限的問題解決」(limited problem solving; LPS)。這種連續帶的觀念可以圖 4–2 表示。

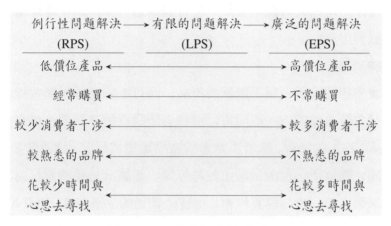

圖 4–2　購買行為的連續帶

1. 例行性問題解決

最簡單的購買行為是一種例行性問題解決，也是許多產品之購買決策，例如牙膏、洗衣粉及其他的日常用品。這類產品是屬於購買成本低，且購買次數較頻繁者。由於消費者對於產品的性質與各種主要品牌相當熟悉，而且對於品牌之間已有明顯的偏好，因此他們只會花很少的心思與時間來做購買決策。雖然消費者知道有哪些品牌，但他們對於品牌的忠誠度並不高，有時會因缺貨、特價優待或想換換口味，而購買各種不同的品牌。

在這種情況下，行銷人員負有二個任務。首先，應該讓產品的品質與價值保持一定的水準，以維持現有的顧客之滿足。其次，可利用增加產品新屬性，以店面的展示、特價及贈品等方式，來吸引新的顧客。若是產品具有特殊的性質，還可能讓消費者發展出特定的品牌忠誠度，如此對於確保消費者的購買將有更大的幫助。

2. 有限的問題解決

當消費者對購買的產品有某種程度的熟悉，但對於某些他想購買的品牌

不太熟悉時，情況就比較複雜些。例如想購買一臺手提收音機的人，他們可能聽說過新推出的三洋手提收音機。在還沒有選購前，他們會去請教別人的意見，也可能從各種廣告中瞭解這種新品牌，俾以更多的資訊作決策，降低購買時的風險。

由此可知，行銷人員應該設計一套行銷溝通方案，以便增進消費者對該品牌的認識與信心。

3.廣泛的問題解決

當消費者想要購買一種不熟悉的產品，而且不知道採用哪些標準去評估時，購買行為最為複雜。一般而言，消費者所購買的產品價格較高、不常購買、是一種高涉入的過程、購買不熟悉的產品類型或品牌、需要較多的考慮、搜尋或時間、購買所涉及的風險比較高等等，都屬於這種購買行為。

例如某個人第一次想購買汽車，他曾經聽過的品牌有 TOYOTA、福特、克萊斯勒、裕隆尖兵、歐寶等品牌，但對於各種品牌都沒有清楚的概念。他甚至不知道一部好的汽車應具備哪些產品屬性，此時該消費者所面臨的乃是廣泛的問題解決之購買行為。

此時，消費者會盡量收集最多的資訊，這些資訊可能是一些內在的記憶，或是向外搜尋，目的在於收集到新的額外資訊。如果決策的重要性很高，消費者會仔細地評估每一個相關的產品屬性，以及這些屬性與本身所追求利益的關係。在這個過程中他會學習許多與產品有關的新知識，以協助他做更正確的判斷。

針對這種購買情境，行銷人員必須明瞭消費者如何收集資訊與評估資訊，促使消費者知道這些產品的屬性，各種屬性之重要程度，以及公司的品牌在產品重要屬性中所具有的優勢。

㈡ Assael 的分類

Assael 根據消費者的「涉入程度」與「品牌間的差異程度」，將購買行為分為四種類型，如表 4-1 所示。所謂「涉入」(involvement) 係指消費者對於一項產品購買決策的關心程度，關心程度高者稱為高涉入 (high involvement)，反之則為低涉入 (low involvement)。

表 4-1　Assael 之購買行為的分類

	高涉入	低涉入
品牌間有顯著差異	複雜的購買行為	尋求多樣化的購買行為
品牌間無顯著差異	降低失調的購買行為	習慣性的購買行為

1. 複雜的購買行為

當消費者對購買過程涉入程度高，且認為品牌之間具有很大的差異時，則稱他們將經歷「複雜的購買行為」(complex buying behavior)。當消費者購買昂貴的、不常購買的，風險程度高的以及意義性重大的產品時，則消費者可能會高度地涉入。一般而言，消費者對這項產品的知識不十分清楚，需要經過一段時間的學習與比較。例如購買汽車的消費者也許不太清楚他在追尋什麼產品屬性。事實上，許多產品的屬性對一般人而言可能並不具有任何意義，諸如「最大扭力」、「燃料系統」、「懸吊系統」、「壓縮比」等等。

在這類型的購買行為中，消費者需要經過認知學習的過程，以產生對於產品的信念，然後建立對產品的態度，最後再進行一項深思熟慮的購買選擇。行銷人員對於高度涉入的產品，必須先瞭解高度涉入的消費者其收集資訊與評估資訊的方式，據以發展出相關的行銷策略，以協助消費者學習此類產品的屬性，針對各項品牌間的差異進行比較，瞭解各品牌間的利益所在，並促使商店的銷售人員與購買者的朋友來影響消費者的品牌選擇。

2. 降低失調的購買行為

當消費者屬於高度涉入（乃基於產品價格昂貴，不常購買或購買的風險高等），但視各品牌間並無顯著的差異時，此時稱為「降低失調的購買行為」(dissonance-reducing buying behavior)。在這種情況下，消費者將會學習如何選購實用的產品，且能快速的購買，因為品牌間的差異並不被重視。在一特定的時間或地點下，消費者的反應也許只重視購買的便利性與產品的價格。例如購買地毯是一種高度涉入的購買行為，因為地毯的價格昂貴且意義性重大（可表現自我的特性），但是消費者認為在一定的價格範圍內，所有的地毯都相同。

在購買之後，消費者都會經歷購後失調的階段。因此，他會開始注意這

塊地毯的缺點，且留意別人地毯的優點。消費者開始學習並尋找證據來證明他的購買決策是正確的，以降低失調的現象。因此，消費者先通過行為的階段，然後獲取一些新的訊息，最後評價其選擇是有利的。對於這種購買行為的情況，其給予行銷人員的啟示是，必須重視銷售後的溝通，提供更多與產品有關的優點，以協助消費者在購買之後對其所做的品牌選擇感到安心，亦即讓消費者更加肯定他的決定。

3. 習慣性的購買行為

　　許多產品是屬於低度涉入的行為，而且產品之間的差異並不明顯，例如購買洗衣粉或糖等，此種情況屬於「習慣性的購買行為」(habitual buying behavior)。消費者對於此類的產品所投入的關心程度不高，他們也許走入商店順手拿起白蘭洗衣粉就買了。如果他們一直在尋找某一品牌，則此純粹出於習慣性，而非是對品牌有強烈的忠誠度。

　　在這種情況下，消費者不會密集地搜尋品牌的訊息，評估其間的差異，作深入的比較，而決定購買何種品牌。相反的，他們是因為看到電視或其他媒體上的廣告，而被動地接受這項訊息。廣告重複所造成的品牌熟悉度，多於廣告品牌的說服力。換句話說，消費者並沒有認真地將態度轉向某品牌，而僅是因為品牌的熟悉而購買。此外，在購買後，消費者甚至亦不會去評估它，因為他對於這項購買行為的關心程度不高。所以說，購買過程是隨著購買行為而來，而非隨著評估行為而來。

　　行銷人員發現，對於這種低涉入且無品牌差異的產品，採用價格與銷售促進的效果最大。因為消費者不受品牌的約束，而提供一些適當的誘因是相當有效的行銷技術。對於這類產品的廣告，在一個文案中只需強調幾項重點即可，尤其是利用一些符號與形象的廣告訴求更是重要。因為它們容易記憶、且與品牌屬性相聯結。例如白蘭強效洗衣粉以阿亮「認真學、不怕髒」作為訴求，與產品利益相連，可以帶給消費者明確的印象。此外，這類產品的廣告活動之訊息內容宜簡短，但重複出現的頻率宜高。電視廣告比印刷媒體廣告來得更有效，因為它是適合於被動學習的低投入之媒體。

　　最後，行銷人員亦可將低涉入轉變為高涉入。這可藉著將產品與某些問

題牽連在一起。例如 Extra 無糖口香糖以吃完東西後，中和口中酸性，把降低蛀牙的機率聯結在一起。或者行銷人員亦可將產品與一些個人介入的情境聯繫在一起，例如高露潔全效牙膏將廣告情境塑造成在刷完牙後，只要再吃下、喝下任何東西，一般牙膏的保護膜便消失，但若使用高露潔全效牙膏後，卻會形成一層保護膜，並且在 12 小時內有效的廣告情境。或者讓消費者曝露在大量的廣告裡，而這些廣告可以使消費者沉醉在某種氣氛中，以勾起消費者的個人價值觀之認同或自我保護。或者行銷人員可將一項重要的特性加在一項低涉入的產品中，例如優沛蕾將 ABC 三益菌加入其優酪乳中，以加強消化功能。然而必須注意的是，這些作法最多只能將消費者涉入程度從低提高到中等的程度而已，很難迫使消費者進入高涉入程度的購買行為。

4.尋求多樣化的購買行為

有些購買情境的特徵是，消費者的涉入程度低，但品牌之間具有明顯的差異，此時的購買行為型態稱為「尋求多樣化的購買行為」(variety-seeking buying behavior)。在這種情況下，消費者可能會經常尋找或選購一些不同的品牌。例如消費者在購買餅乾或飲料時，雖然對於一些餅乾或飲料已有固定的印象，但是亦不排斥新的選擇。消費者之所以會尋求新的產品，一方面可能是厭倦舊有的口味，另一方面可能是想嘗試新的口味，以增加使用的經驗。換句話說，品牌的轉換可能只是為了尋求變化（多樣化）而已，並非是對品牌不滿意。

這類的產品，對市場領導者而言，他可能會採取延伸產品線或多品牌的策略，因為延伸產品線可以提供消費者更多不同的口味，或新的屬性，而讓消費者經常有新奇的感覺，以維持消費者對於這個品牌的興趣。至於多品牌策略，則可透過不同的定位，吸引不同市場區隔的消費者，佔領更多的貨架空間，以及吸引品牌轉換者的購買。另一方面，對市場挑戰者而言，他可藉助低價格策略，經銷商、贈品或免費樣品等，及強調試用新產品的廣告，以吸引這些尋求多樣化購買行為的消費者。

上述四種購買行為的類型，其特性、消費者行為趨勢及行銷人員之因應策略，彙總如表 4-2 所示。

表 4-2　四種購買行為類型之彙總

	複雜的購買行為	降低失調的購買行為	尋求多樣化的購買行為	習慣性的購買行為
特性	高涉入 品牌顯著差異	高涉入 品牌無顯著差異	低涉入 品牌顯著差異	低涉入 品牌無顯著差異
消費者行為趨勢	1.品牌種類繁多、昂貴、不常購買、風險性高 2.對產品無任何購買基準 3.積極廣泛地收集產品的資訊 4.認知學習過程 5.投入很多心力與時間在此行為	1.對於產品並非相當熟悉 2.貨比三家不吃虧的購買心態 3.並不十分重視產品品牌，且以實用與價格為選購的基礎 4.迅速完成購買行為 5.購買後仔細評估產品	1.產品屬於低價位，且經常購買多品牌 2.對產品（品牌）並不陌生 3.比較或轉換品牌是為尋求多樣化 4.對產品投入的關心程度並不高	1.不主動瞭解，而是被動地接受產品訊息 2.不在乎產品品牌，選購的品牌乃基於品牌的熟悉度 3.購後並不從事產品評估
	購買過程隨著產品評估而來		購買過程隨著購買行為而來	
行銷人員之因應策略	1.協助消費者在認知的過程中學習，以建立其對產品之信念 2.適時地加深消費者對本公司品牌之印象 3.廣告文案應精緻且具體化、詳細而精確地提供訊息給消費者	1.由於消費者較迅速地選購，且不去比較品牌。而較著重在價格上 2.採取降低消費者購後失調的行銷活動 3.讓消費者覺得其購買決策是正確的	1.建立品牌的口碑 2.推陳出新 3.重複性的廣告宣傳 4.產品線延伸策略或多品牌策略	1.不斷強化消費者對產品的印象 2.利用重複性的廣告、低價、附贈品、及經銷商促銷等方式
舉例	如：選購汽車	如：選購地毯	如：購買餅乾或飲料	如：購買鹽或糖

第二節　購買決策過程

消費者的購買決策是一連串的過程，一般包括下列的五個步驟（參見圖 4-3）：需要的認知、資訊的收集與處理、評估可行方案、購買決策及購後行為。此一購買決策的模式會受到許多因素的影響，有些人經常進行深思熟慮的購買，有些人則不太重視；有些產品的購買決策較慎重，有些則不被重視。而在資訊收集的來源及各種可行性的評估方面，也會有許多不同的作法。換句話說，購買決策過程的步驟會受到個人特性以及產品特性等因素的影響。一般而言，消費者對「高度關心的產品購買」會經歷此五個步驟，如購買汽車；而對「低度關心的產品購買」可能會跳過某些階段，如購買牙膏、肥皂、衛生紙等日常用品，可能從需要的認知階段直接跳到購買決策。此外，此一模式強調購買過程早在採取實際購買行動之前就已經開始了，且一直到購買後很長一段時間仍未結束，這提醒著行銷人員必須注意到整個購買過程，而不只是購買決策而已。

以下我們將對圖 4-3 的購買決策模式的五個步驟加以說明。

圖 4-3　購買決策過程的模式

一、需要的認知

只有當消費者認知到一個問題或需要存在之後，才開始整個購買決策制定的程序。然而消費者所意識到問題可能很大或很小，可能很簡單也可能很複雜。例如當你用完牙膏之後，會想要購買一條新的牙膏；或是在得到一份新的工作之後，覺得原有的機車已經不再適合，而想換一輛汽車；或是在存了一筆錢之後，很想由無殼蝸牛變成有屋階級了。以上這些例子，皆說明了

消費者產生了需要的認知。

更具體地說，所謂「需要的認知」(need recognition) 意指，消費者感到他的實際狀況與預期狀況之間有所差異，且當此種差異超過他所願意忍受的範圍時，就產生了需要。這種需要可由內在的或外在的刺激所觸發。當消費者的內在需要到了某一種程度之後，他就會意識到這項需要的存在。例如飢餓、口渴等生理上的需要，他會根據過去的經驗來處理這種需要。

消費者的刺激也可能來自外界。例如當他經過麵包店時，聞到剛出爐的麵包，刺激了他的飢餓感；或者，他看到鄰居購買的新車，產生了羨慕的感覺，也很想換部新車；或者電視上的影片介紹了馬爾地夫的漂亮海灘與珊瑚礁，引起他渡假的動機。凡此種種，都是因為外在的刺激而激起的需要。

需要的產生除了上述的內在與外在刺激之外，可能尚有許多其他方式。例如用完了一種產品，或是購買的產品用起來不滿意；或是因為買了錄音機之後，就開始想要購買各種不同的錄音帶；或是發現了一種新的產品具有特殊的功能，可能很好用或能解決某種需要；尤其是當一個人的環境改變之後，或是到了一個新的環境，他就會覺得需要很多新的東西。

在此一購買階段，對行銷人員而言，可以透過各種的溝通方式，讓消費者覺得他需要一項產品，當然行銷人員亦須強調其產品可以提供他一個解決的方式。行銷人員在從事溝通時，可以刺激消費者的基本需求 (primary demand) 或次級需求 (secondary demand)。當行銷人員只刺激消費者產生對某種類型產品的需求，而不是對特定品牌的需求時，是一種基本需求的刺激；但是若行銷人員告知消費者他們的產品最能解決這種需求時，則是一種次級需求的刺激。

至於在廣告中常用的手法是，告訴消費者他有某種問題存在，然後告訴他這個問題如何解決。例如一些上班族經常會為過多的應酬所苦，隔天無法上班，所以「解酒益」指出了這個問題，然後告訴消費者「解酒益」是應酬的必備用品，而且它可以使「今天的應酬，不會成為明天的煩惱」。

當然，行銷人員更要瞭解到自己的產品類別與品牌可以滿足消費者哪些內在需要，以及可以透過哪些外在的刺激，引發消費者對我們產品的需求。

例如汽車固然可以滿足人們交通便利的需要，但同時也可以滿足人們對地位、權勢、自我肯定、刺激等其他心理需要。如果一項產品可同時滿足的需要愈多，且經過適當的管道對消費者加以刺激，那麼它就愈有可能成為人們夢寐以求的產品。

◉ 二、資訊的收集與處理

如果需要的強度夠大，關心度夠高，消費者便會展開資訊收集的工作，以便作為評估比較之參考。有關此階段的問題，我們將探討消費者資訊收集的來源以及有關消費者處理資訊的過程。

㈠資訊的來源

資訊的來源可以大略分成兩類，即內部來源與外部來源。消費者面臨一個購買決策時，會先在他個人的記憶中搜尋相關的資訊，並利用這些資訊來協助作成決策。這些現存的資訊，可能是消費者有意收集的結果。例如消費者在上一次的購買經驗或收集的相關資訊，都可能成為他這次購買時的內部資訊。至於其上一次使用產品的經驗，亦可能成為未來與人交換意見時的話題。

此外，消費者也可能是在一種較為被動的狀況下，得到相關產品的知識。例如我們經常曝露在各種不同的廣告、產品以及促銷活動之下，這就是一種被動的學習。雖然這些資訊消費者可能暫時並不需要，但是在日後購買某些產品時，就可以派得上用場。

在某些情況下，消費者現有的資訊並不足以解決現有的問題，此時便可能向外面尋找更多的相關訊息。這些外部資訊的來源包括下列四類：

1. 人際來源：包括家庭、朋友、鄰居、同事或熟人等。
2. 商業來源：包括廣告、推銷人員、經銷商、包裝及產品陳列展示等。
3. 公共來源：包括大眾傳播媒體、消費者組織、學者專家等。
4. 經驗來源：包括自己曾經處理過、檢查過及使用過的產品經驗。

在這些資訊的來源中，商業性來源常扮演告知與傳達的角色，而人際來源的資訊則提供使用經驗與產品評估的訊息。對於消費者而言，商業性來源

的資訊最多，而人際來源的資訊則最具影響力。

　　行銷人員最感興趣的，當屬消費者的資訊來源，以及各項來源對消費者最後購買決策的影響力。一般而言，行銷人員可以支配的資訊來源包括廣告、銷售人員、包裝及 POP 的陳列等，而不可支配的包括公共報導、親朋好友、經驗等。若依資訊傳送的方式，又可分為面對面溝通與公共媒體等兩種，參見表 4–3。行銷人員可支配的資訊來源通常具有「告知」的功能，而行銷人員無法支配的資訊來源，則具有實質的「合理功能」或「評價功能」，亦即消費者對於這些資訊的信賴程度較高，並會以此作為最後決策中相當重要的依據。例如醫師獲得新藥品的資訊來源，通常來自業務人員，但他們往往又會轉向其他醫師尋求評價此藥品。

表 4–3　消費者外部資訊來源的分類

	面對面溝通的方式	公共媒體傳播的方式
行銷人員可支配 （告知的功能）	銷售人員、包裝、 POP 的陳列 （商業來源）	廣告 （商業來源）
行銷人員無法支配 （推理或評價功能）	親朋好友個人經驗 （人際來源） （經驗來源）	公共報導 （公共來源）

㈡資訊的處理

　　有關消費者處理資訊的過程，約可分為如圖 4–4 所示的五個步驟：

圖 4–4　消費者處理資訊的過程

1.曝露 (exposure)

　　資訊的處理始於消費者曝露於資訊中，而這些資訊必須能刺激到消費者

的感官（包括視覺、聽覺、味覺、觸覺與嗅覺等）。而這種激發的強度，也會影響消費者對該訊息的注意程度。

2. 注意 (attention)

消費者對於感官所接觸到的各種訊息，必須要能引起注意，才能夠進一步地接收與處理這項資訊。當某項資訊與個人需求具有關聯性，或該項資訊具有較高的新奇性，則較容易引起消費者的注意。當消費者想要購買汽車時，他會對報紙、電視或雜誌上的汽車廣告感到特別的興趣。因此，行銷人員若能讓這些訊息與消費者的實際需求產生高度相關，則可增加消費者的注意程度。此外，較強或有強烈對比的刺激也較容易受到注意。

3. 理解 (comprehension)

被注意與接收到的資訊，消費者會在短期記憶中加以處理，以澄清訊息內容的涵義，此一過程便稱為理解。由於短期記憶的資訊能力有限，因此消費者對所要處理的資訊具有高度的彈性。

4. 接受 (acceptance)

消費者將他所理解的資訊，拿來和長期記憶中現存的評估標準與信念相互比較，看看是否相容。如果不相容，那麼這些資訊就不再加以處理或儲存。

5. 儲存 (retention)

對於相容的資訊，消費者會進一步考慮是否要加強 (reinforce) 或者需要修改，以便儲存在長期的記憶中。

綜合上述，整個資訊處理的過程概可摘要如下：資訊曝露於消費者中，而在足夠的刺激強度下引起注意，進而對資訊加以理解，然後考慮是否接受及儲存保留；而整個過程中則與人類的記憶功能有密切的關聯，包括短期記憶與長期記憶。

㈢消費者決策的連續集合

消費者在收集資訊的過程中，將會涉及到有關產品品牌及其特性的資訊。假定我們從消費者決策鏈 (decision chain) 的角度來分析消費者如何選定其品牌，將可得出如圖 4-5 所示的消費者品牌決策的連續集合。圖 4-5 指出消費者欲作汽車品牌決策的選擇，首先他所面對的是所有汽車的品牌，稱為品牌

的「全集合」(total set)；但消費者可能只知道其中部分的品牌，這些品牌稱為其「知曉集合」(awareness set)，而有些則是他沒有印象的，稱為其「未知集合」(unawareness set)；在知曉集合中，他還會根據某些記憶中的印象而刪除其中的數項產品，例如某項品牌的口碑不佳，或者他對某一品牌一點興趣都沒有，如此所剩下的稱為「考慮集合」(consideration set)，而其他的品牌則被降至「不可行集合」(infeasible set)。

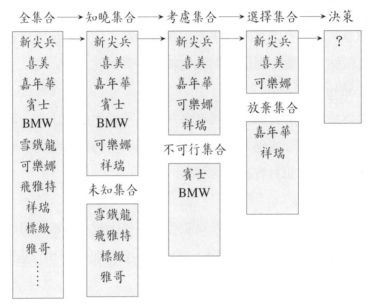

圖 4–5　消費者品牌決策的連續集合

　　在這些考慮集合中，消費者會進一步地收集資料，作更進一步的評估，於是將只會有少數的品牌被保留下來，而形成他的「選擇集合」(choice set)，而其他的品牌則淪落至「放棄集合」(nonchoice set)。最後，在這個選擇集合中，消費者再根據決策評估的過程，經過深思熟慮之後做成他的最後決策。

　　由此一消費者品牌決策的連續集合模型中，我們可瞭解到，行銷人員必須設計它的行銷組合，以便將其品牌引進目標市場中的知曉集合，考慮集合及選擇集合中。若公司的品牌不在這些集合中，則被銷售的機會將很低。此外，行銷人員也應該注意到尚有哪些品牌留在選擇集合中，以便確認競爭對手以及計劃因應之道。尤其是哪些可以使用人員進行一對一銷售的工作，更

須充分地瞭解這些資訊，以供行銷策略的調整。

　　由前述有關「資訊的收集與處理」之購買決策階段的說明，可指引出其對行銷人員的涵義。行銷人員必須瞭解消費者的資訊來源，仔細地評估它們作為資訊來源的重要性，消費者對這些資訊的處理過程，訪問消費者如何得知這項品牌，後來得到哪些資訊，以及詢問他們對各項資訊來源的重視程度，以及他們願意花多少的時間與精神來收集這些資訊。行銷人員將發現，這些情報對於他們在規劃目標市場的行銷策略很有幫助。

◉ 三、評估可行方案

　　在前一個消費者購買決策的「資訊的收集與處理」階段中，我們已討論過消費者如何利用資訊來決定品牌的選擇集合，接下來的問題便是：消費者如何在選擇集合中的各種可行品牌間進行選擇？此時消費者會先對各項品牌（可行方案）作評估，然後決定所要購買的品牌。然而，消費者的評估過程似乎頗複雜，而且每一個人的評估過程也不完全相同，甚至同一位消費者亦會隨著購買情境的不同而不同。以下我們介紹一些基本的概念，可幫助我們對消費者的評估過程之瞭解。

㈠產品屬性

　　當消費者為了滿足某些需求，便會透過購買產品或服務而尋求產品或服務的利益。此時消費者會將產品視為諸多屬性的組合，而產品屬性 (product attribute) 乃決定於利益傳送與需求滿足之程度。以汽車為例，產品屬性包括安全、耗油量、外型、行車品質、價格等。消費者認為與其具有切身關係的產品屬性會因人而異。一般而言，消費者最關心那些與滿足需求有關的屬性。

㈡重要權數

　　消費者對於產品各項屬性往往給予不同的「重要權數」(importance weight)。在此我們必須區別一項屬性的重要度與突顯度。所謂突顯的屬性 (salient attribute) 是指消費者被詢問他對該產品想到什麼產品屬性，則他能夠很快想起的即為該產品的突顯屬性。但行銷人員不應就此便認為這就是該產品的重要屬性，因為此屬性之所以顯得突出，可能由於消費者剛接觸到有關

的商業廣告，或由於不久前才面臨這些問題，因此造成這些屬性目前在消費者的心目中居於首位。此外，某些不突出的屬性可能僅是因為消費者的遺忘，待有人提醒時，這些屬性就會顯示出它的重要性。由此可知，行銷人員不僅要注意產品的突顯屬性，更要注意到重要的屬性。

(三)品牌信念

消費者對各品牌在各項產品屬性上所佔的位置，通常在其心目中皆有一定的看法，稱為「品牌信念」(brand belief)。其中消費者所認定的某一品牌具有某些產品屬性的信念，即是所謂的「品牌形象」(brand image)。由於消費者本身有其特殊的經驗，因此消費者對於產品屬性的信念與認知，可能與該項產品的真正屬性有所差距。

(四)效用函數

消費者對每一產品屬性通常都有一「效用函數」(utility function)，而效用函數乃說明了產品屬性與消費者滿足程度的關係。例如王先生也許認為一輛令他感到滿意的汽車必須具有較高的安全性、省油、行車的舒適感與較低的價格。假如我們能將各項屬性的效用最大者綜合起來，則將是王先生理想的汽車。如果市場上真有此種汽車，而且又是王先生買得起的話，那麼他必然會偏好此種汽車。

(五)評估程序

消費者經由評估程序 (evaluation procedure) 瞭解各種品牌的各項屬性，因而造成了消費者對各品牌的態度（或判斷；或喜惡）。消費者所採用的評估程序有多種模式，我們以下將以一個例子來說明各種模式的涵義與應用。

假定王先生正從事一項汽車購買的決策，在其選擇集合中有四種品牌（A、B、C、D），而且他較重視汽車的四種屬性：安全性、省油性、舒適感及價格。表 4-4 中列示王先生對四種品牌於各項屬性的評分，以及各項屬性的重要權數分別為 0.4、0.3、0.2 與 0.1。

表 4-4　消費者對汽車的品牌信念

屬性 品牌	安全性 權數 = 0.4	省油性 權數 = 0.3	舒適感 權數 = 0.2	價格 權數 = 0.1
A	10	8	6	4
B	8	9	8	3
C	6	8	10	5
D	4	3	7	8

以下我們介紹五種評估模式：

1. 期望值模式 (expectancy value model)

消費者考慮各項屬性，用不同的加權比重來衡量，然後選擇期望值最高者。例如 A、B、C 與 D 之期望值計算如下：

A 品牌 = 0.4(10) + 0.3(8) + 0.2(6) + 0.1(4) = 8.0

B 品牌 = 0.4(8) + 0.3(9) + 0.2(8) + 0.1(3) = 7.8

C 品牌 = 0.4(6) + 0.3(8) + 0.2(10) + 0.1(5) = 7.3

D 品牌 = 0.4(4) + 0.3(3) + 0.2(7) + 0.1(8) = 4.5

根據期望值大小，王先生將選購 A 品牌汽車。

2. 理想品牌模式 (ideal-brand model)

將消費者心目中的理想品牌與實際品牌相比較，實際品牌愈接近理想品牌者，則消費者愈喜歡它。假定王先生對此四種屬性之理想水準為 (6，10，10，5)，則 A、B、C 與 D 品牌與理想品牌的差異，計算如下：

A 品牌 = 0.4|10 − 6| + 0.3|8 − 10| + 0.2|6 − 10| + 0.1|4 − 5| = 3.1

B 品牌 = 0.4|8 − 6| + 0.3|9 − 10| + 0.2|8 − 10| + 0.1|3 − 5| = 1.7

C 品牌 = 0.4|6 − 6| + 0.3|8 − 10| + 0.2|10 − 10| + 0.1|6 − 5| = 0.7

D 品牌 = 0.4|4 − 6| + 0.3|3 − 10| + 0.2|7 − 10| + 0.1|8 − 5| = 3.8

式中的差異係採用絕對值來計算，經加權比重衡量後，絕對值愈大者表示差異愈大，亦即實際品牌愈遠離理想品牌。由此可知，王先生將選購 C 品牌的汽車。

3. 連結模式 (conjunctive model)

　　消費者考慮符合最低要求的有關品牌，藉以建立能夠接受的最低屬性條件來評估。假定王先生僅考慮分數高於 (7, 6, 7, 2) 的汽車，則 A、C、D 三種品牌未能符合此四種屬性之最低要求，因此王先生將選購 B 品牌汽車。

　4. 重點模式 (disjunctive model)

　　消費者僅考慮超過特殊水準之某一、二項屬性，而忽略其他屬性的表現。例如王先生僅將安全性與省油性列為重點考慮，且安全性必須超過 9，而省油性須超過 7，並忽略其他的屬性，於是王先生將選購 A 品牌汽車。

　5. 逐次考慮模式 (lexicographic model)

　　消費者排列屬性的重要性之次序，先從最重要的屬性逐次做比較。若在最重要的屬性上有二個或以上的品牌分數相同，則再就第二重要的屬性比較之。就本例而言，王先生所排列的屬性之次序依序為安全性、省油性、舒適感與價格 (即依權數來決定)，因此王先生比較安全性，發現 A 品牌汽車的得分最高，因此他將選購 A 品牌汽車。

　　依據上述的五種評估模式，可發現消費者可能因採用的評估模式不同而得出不同的結果。因此，行銷人員必須瞭解消費者是如何做品牌的評估，然後以最有效的方法來影響消費者的評估結果。以下為行銷人員數種可行的作法：

　　⑴改善產品本身：當公司產品的屬性未符合消費者所認知的重要性時，行銷人員可重新設計產品，以符合消費者的需求。

　　⑵改變消費者對品牌的信念：行銷人員可以透過產品廣告的訴求，說服其對公司品牌的重要屬性之認知。

　　⑶改變消費者對其他競爭品牌的信念：扭轉消費者對其他競爭品牌之優良屬性的認知，以有利於公司自己的品牌。

　　⑷改變各項屬性的重要權數：行銷人員可以試著說服消費者，使其對公司品牌較優越的屬性給予較大的權數。

　　⑸提醒消費者注意其他未列入考慮的屬性：當然這些屬性乃是公司所特有的。

◕ 四、購買決策

經過上述的評估階段後，消費者對於選擇集合中的產品或品牌，已排出優先順序而形成「購買意圖」(purchase intention)。通常消費者會選擇購買最偏好的產品或品牌，但是往往尚有一些干擾因素會影響他的選擇，包括他人的態度與非預期的情境因素，參見圖 4–6。

圖 4–6　影響選擇購買的干擾因素

「他人的態度」會影響消費者對可行方案的偏好，其強度乃決定於(1)他人對消費者偏好之可行方案所持反對態度的強度，及(2)消費者願意順從他人意思的動機。假如他人反對態度愈強烈，或者他人與消費者關係愈密切時，則消費者修正或降低其購買意圖的可能性就愈大。

「非預期的情境因素」包括消費者之預期收入、價格與其他更迫切需要的產品之購買等，皆構成足以影響購買意圖的一些無法預期的情境因素。

由以上可知，消費者對於品牌的偏好，甚至於購買意圖雖然皆會直接影響購買行為，但最終的購買行動之結果仍可能會受到其他因素的影響。

此外，消費者是否修正其購買決策、延緩或取消其購買決策，深受消費者個人的「知覺風險」(perceived risk) 的影響。消費者購買行為本身就是一項風險的承擔，因為消費者無法確知購買後的結果，因此會產生焦慮。知覺風險的大小乃隨著購買金額的大小、產品屬性不確定程度、消費者本人的自信心大小以及消費行為的重要性而定。消費者會採取某些行動來降低風險，例如避免做購買決策、向朋友打聽、選購知名的品牌或有保證的品牌。行銷人員基於以上的認識，可提供一些降低消費者知覺風險的作法，諸如(1)提供免費試用樣品；(2)說明產品所含成分；(3)送請具有公信力的機構檢驗；(4)提供完整的使用與操作的資訊；(5)延請專家贊助與支持；(6)邀請曾經購用者現身

說法。以上這些作法皆在於提供適當的資訊與支持，用來減少消費者的知覺風險。

◉ 五、購後行為

消費者在購買及使用產品之後，將會有一些滿意或不滿意的經驗，尤其是在高涉入的購買行為中。由於消費者對購買決策之滿意程度將會進一步形成對於這項產品的信念與態度，影響到以後的購買意願，抱怨、甚至影響其他人的購買行為。因此，行銷人員必須深入瞭解消費者之購後滿意程度與購後行動，而並非隨著消費者購買完產品之後便終止此項的購買行為；相反的，還必須延續到購後的期間。

(一)購後滿意度

當消費者在購買一項產品時，會對於這項購買有一定的期望。如果這項購買選擇的結果比預期的好或差不多時，消費者會產生滿足感。相反的，若不能達到預期的效果，則會產生不滿意。

消費者對產品期望的形成，主要是基於銷售者、朋友或其他資訊來源給他的訊息。假使銷售者對於產品誇大其詞，消費者的期望未能實現，即會導致不滿意的情況。預期的與實際的結果差距愈大，消費者的不滿意度就愈高。此外，消費者對於不滿意度的處理方式亦會有影響。有些消費者碰到產品不滿意時，會擴大此種差距，因此他們會感到極不滿意。有些消費者則會設法縮小此種差距，如此他們不滿意的程度將可降低。此一理論提醒了銷售者，在做產品宣傳時，必須忠實地報導產品實際的功能，以使購買者於購後易於獲得滿意。甚至有些銷售者還特地低報產品的功能，其目的亦在於希望消費者能經歷該產品高於期望的滿足。

過去曾有人從事消費者購後滿意度的研究，並指出：若對於現有品牌的滿意度很高，而繼續購買同一品牌時，經常會先產生一點不滿足，因為消費者往往對它會有過高的期望。相反的，若對原有品牌滿意度並不很高的產品，在繼續購買同一品牌時，滿意程度會稍微提高一些。此一研究結果，似乎可提醒我們，廠商若欲維持消費者有較高的滿意度，那麼公司必須不斷地改良

產品。

㈡購後行動

消費者對於其購買選擇的滿意或不滿意,將會影響到他以後的購買行為。如果消費者感到滿意,則再購的可能性就會很高,而且亦可能會對產品作義務的宣傳,此即所謂的「滿意的顧客,就是我們最佳的廣告」。至於不滿意的顧客,則必有不同的反應。而且,每位不滿意的顧客,其反應的方式亦有所不同。有些人可能向廠商抱怨、向消費者保護機構提出抗議;當然亦有些人不作任何反應,只是下一次不再購買,或者有些人會採取降低失調的作法,包括「放棄或退回」該項產品,以及另外尋求足以確認這項產品之價值的資訊。表 4–5 彙總了消費者滿意或不滿意之購後行動的反應。

表 4–5　消費者滿意或不滿意的購後行動

	滿　意		不滿意		
購後行動	1.再度購買此產品的機率提高 2.為產品做「不花錢的廣告」	1.可能「放棄或退回」產品,以降低失調	2.另外尋求其他足以「確認」其價值的資訊	3.到處向人抱怨對產品的不滿,或勸人別購買此產品 4.訴諸法律行動	

由於消費者不滿意時的反應,其方式較為複雜,而且不同的消費者會有不同的作法,因此以下再依「消費者的抱怨行為」與「抗議者的特徵」,分別詳加探討。

1.消費者的抱怨行為

消費者對於產品的不滿意程度,會影響他所採取的反應,而一般人的反應可分為下列三種:

⑴私下反應:向其他的人,私下反應其對該項產品的不滿,產生負面的口碑效果。

⑵向廠商反應:希望能夠從廠商那兒得到合理的答覆或解決方法。

⑶向其他團體抗議:包括採取法律的途徑來解決這項問題。

然而,會採取上述反應的,可能還不到不滿意消費者的三分之一,大部

分的人並不會採取任何行動。至於消費者是否會採取抗議的行動，受到以下幾個因素的影響：

(1)此一消費行為的重要性程度：包括產品的重要程度、價格、購買所花的時間等。

(2)知識及相關的經驗：包括過去的購買經驗、抗議的經驗、對於產品的知識、消費者抗議能力的認知。

(3)抗議成功的機會：若消費者認為抗議很可能成功，而且可獲得相當可觀的回報時，較容易提出抗議。

(4)抗議的困難程度：若抗議會浪費很多的時間、成本或是影響正常工作時，消費者較不會抗議。

2. 抗議者的特徵

大部分會採取抗議行動的消費者都是屬於較年輕的一群，所得與教育程度亦比一般的消費者高，而且喜歡追求個人化與其他人不一樣的生活型態，對於消費者運動持有正面的態度，喜歡和親朋好友分享生活的經驗，此時他們對產品的負面口碑，會影響其他人未來的購買決策。

廠商對於消費者抗議的處理方式，會影響到消費者對於此一廠商的看法以及未來的購買行為。若廠商所造成的問題不大，而又能很快地答覆消費者的抗議，並給予滿意的答覆時，消費者通常會對廠商產生正面的反應，甚至於比那些未發生任何問題的廠商好。因為消費者會認為這個廠商對於消費者的權益十分重視。對廠商而言，顧客的抱怨不可能完全沒有，但若能迅速回應，往往可以收到意想不到的效果。

第三節　影響消費者行為的主要因素

消費者購買決策過程的各個階段及購買行為的形成與其特性，皆受到許多複雜因素的影響，這些影響因素主要包括(1)外在社會文化因素；(2)個人因素及(3)心理因素，參見表 4-6。此乃因為任何一個消費者都是生活在既定的社會、文化與家庭環境之中，而且每一個消費者的個人因素與心理因素亦皆

呈現出千奇百態的變化。因此，想要研究這種異常複雜的消費者行為，就必須先從研究影響其變化的各種主要因素著手。

表 4-6　影響消費者行為的主要因素

	因　素
外在社會文化因素	文化及次文化、社會階層、參考群體、家庭、角色與地位
個人因素	年齡與生命週期階段、職業、經濟能力、生活型態、人格與自我觀念
心理因素	動機、知覺、學習、信念與態度

◑ 一、外在社會文化因素

㈠文化及次文化

文化是人類的需要、欲望與行為的基本決定因素；低等動物的行為大部分係來自其本能的反應，而人類的行為主要係來自學習。在某一特定的社會文化中成長的小孩，會從家庭、學校或其他機構，學習到基本的價值觀與行為方式。

此外，由於文化亦是由人們日常生活中的習俗、生活方式及對娛樂、運動、新聞、廣告等方面的共同興趣所組成的，所以文化對消費者的購買行為將會產生一定的影響，而這種影響係透過既定的文化價值觀念作用於人們的消費活動上。例如美國人「現在購買，以後支付」的信用卡消費觀念，與歐洲人把信用卡看作是「為了應急而不是為方便」的保守消費觀念比較起來，則是完全不相同的。

1. 文化價值觀

文化價值觀是一種被廣泛認可的信念。在經濟發展較為落後的社會，文化價值觀可能僅侷限於幾個地區；而在經濟發達的社會裡，價值觀的發展更為抽象化，並打破空間侷限，傳播於整個社會中，使人們的行為表現更為複雜化與多樣化。這種抽象的，而且有時相互矛盾對立與廣泛傳播的文化價值觀之更新與變化，在一特定的社會條件下，對各種生活方式與消費方式的產

生與發展，提供了一定的影響力量。例如近年來隨著我國經濟與社會的發展與開放，人們逐漸地拋棄那種認為參加社會保險與從事旅遊休閒活動等為可有可無，甚至是奢侈浪費的陳舊觀念。人們開始認為社會服務有助於改善生活品質，便利人們的生活。消費者在購買服務方面的支出，諸如參加旅遊、娛樂及美容等，逐年增加。

對消費者購買行為具有較大影響作用的文化價值觀主要有下列三種：

(1)適應他人的價值觀

此種價值觀乃決定了個人與群體之間的協調關係，而這些關係對企業活動產生極大的影響。例如如果社會強調重視群體活動，則消費者在判定購買決策時就會設法與他人保持一致，並且不認同「標新立異」的購買行為。因此，企業應該推出較大眾化的產品，以迎合消費者的需求。

(2)適應環境的價值觀

此種價值觀規範了某一社會與其環境的關係。例如將大自然視為不可主宰的世界，或者是可以征服改造的環境，這在不同的社會、不同的國家、不同的人們都有不同的看法。在某些國家，將某種動物視為創世主，禁止用這類動物作為商標或用作廣告宣傳。很顯然，持有這種文化價值觀的消費者是不會去購買這類的產品或服務的。

(3)適應自我的價值觀

此種價值觀決定著社會單一成員尋求理想化生活的目標與途徑。例如在對主動與被動消費關係的認知上，人們愈來愈注重參與戶外活動，而將被動地在電視機前，電影院或體育場觀看節目、娛樂與體育競賽的活動，改為主動地參與旅遊娛樂活動與體育活動。人們認為親身參與某項活動或運動，更有助於體現自我的價值觀。近年來，我國出現的旅遊熱、娛樂休閒熱及體育健身熱，與人們自我價值觀念的轉變有密切的關聯。

2.次文化

次文化是由於種族、民族、宗教及地理區域和年齡等因素不同，而在價值觀念、生活方式、愛好與行為方面所表現出來的差異。次文化對消費者購買行為構成的影響，主要是基於以下的特徵所決定：次文化強調表現在不同

行為方式上的需要。由於某一群體形成一種文化，其成員所表現的行為在與一個社會中佔主導地位的文化所表現的行為就產生了差異。因此，在膚色、民族、宗教等方面有獨特性的群體，如果他們具有與眾不同的行為方式，就會形成一種次文化。

辨認一種次文化可以依據某些特徵來進行，如年齡、地理區域、宗教、種族及民族等。行銷人員對於次文化的影響，主要在於重視其獨特的消費需求。

(1)種族次文化

世界上建立於各種族基礎之上而形成的次文化包括白種人、黃種人、黑種人等。不同的種族有其各自不同的消費習慣、愛好、文化習俗等，因此會形成不同的消費行為。例如東方的民族對於吃的東西很有研究，中國食物是一種味道很特殊的美食；而蘇格蘭人都是非常有禮貌，令人容易產生好感的民族，所以 3M 便以 Scotch 作為它的品牌名稱之一。

(2)民族次文化

民族是形成次文化的基礎；在我國有漢、滿、蒙、回、藏等五大民族，他們亦皆各自形成自己的次文化群。各個民族都具有其特殊的生活方式、文化傳統及行為方式，這對消費者的購買行為也會有深刻的影響。例如在餐館飲食服務的需求上，民族次文化所造成的購買行為之差異最為明顯。

(3)地理區域次文化

處於不同地理區域的消費者面臨著不同的問題，其中最特別的是氣候條件。氣候條件影響人們對建築、飲食、生活與公共服務的需求有所不同。另外，不同的地理區域亦有各自的風俗習慣、文化傳統等，因此便形成了各自不同的消費行為。

(4)宗教次文化

宗教對於消費行為的影響大部分屬於精神層面，但有關生活層面的影響亦有相當的程度。宗教和人格、態度、性觀念、家庭生活或生育等有關，不同的宗教群有其各自的文化偏好、禁忌與信仰，因此就會表現出不同的購買行為。例如天主教徒、新教徒及猶太教徒對於消費的觀念就有所差異。新教

徒消費時對於價格較重視，猶太教徒則希望有伴同往，而新教徒對於跳舞亦很有興趣。

　　至於在我國，佛教的影響力最大。佛教對於消費行為最大的影響就是「吃素」的觀念，這種觀念與現代人崇尚健康自然的概念相配合，造成素食餐廳林立的現象，而且也有愈來愈多的素食產品的推出。

　　⑸年齡次文化

　　由於在同一年代生長的消費者，有同樣的歷史背景、人物及流行的事物，所以可以使用同樣的訴求方式，引起他們的懷古之情。例如電影「阿爸的情人」就是使用臺灣早期的報紙、商店、桌椅、陳設，來引起消費者的思古幽情。因為在那個年代長大的人，對於這種景象特別的熟悉。

　　有些研究也顯示，消費者最喜歡的歌曲是那些當他們開始能夠接觸音樂時，第一次接觸的音樂類型，會伴隨他們度過一生。即使後來有更多不同的流行歌曲的出現，這些第一次接觸的歌曲還是他們最喜歡的。有些懷念老歌的節目，就是播放其目標聽眾在 12 到 24 歲時的流行歌曲。

　　因年齡次文化所形成的消費者市場包括青少年市場、大學生市場、兒童市場及銀髮族市場等，由於這些市場各有其不同的特徵與需求，因此行銷人員必須針對不同的市場採取不同的行銷活動。

行銷實務 4.1

2002 年青少年生活型態族群描述

臺灣青少年消費族群顯現成熟的生活態度

　　20 歲以下的 E 世代他們收入不高，但勇於消費的特性，使得青少年消費者一直是廠商與廣告行銷人不敢忽視的一群。然而，青少年生活型態族群相對於成年人而言，向來是比較不穩定的，最主要的原因是 13 歲至 19 歲的青少年正處於發展階段，很容易受到同儕、師長、媒體、流行等環境因素的影響，使行銷人員難以掌握青少年生活型態特性。

　　根據 2002 年東方廣告公司 E-ICP (Eastern Integrated Consumer Profile) 臺灣消費者行為行銷資料庫中，所抽取出的臺灣地區 226 位 13 到 19 歲青少年為樣本，以因素分析與集群分析歸納出青少年的生活型態與消費習慣後，界定出 2002 年臺灣青少年的四大生活型態族群；愛現的向日葵——自信群居族 (23.5%)、時尚的香水百合——流行活躍族 (37.6%)、退縮的含羞草——保守沈默族 (22.1%)、帶刺的仙人掌——叛逆自我族 (16.8%)。各族群的特徵描述如下：

1. 愛現的向日葵——自信群居族

　　自信族群對自己是頗有信心的，但他們同時也很重視同儕間的肯定；向日葵族群講求自我格調，認為自己有獨特的風格，但這種風格必須受到朋友的認可才好，不是刻意標新立異的特殊風格。朋友是他們生活中很重要的一部分，向日葵青少年群聚於一片向日葵花海中，每一朵都努力綻放出自我形象，卻又都仰著陽光，有著共同的擺動方向。他們和朋友一起時，可以盡情放鬆自己、享受樂趣，他們也很需要周圍的親朋好友肯定他們在生活、學業以及工作上的表現。週末假日他們多半不想待在家裡休息，總想著吆喝好友出外溜躂，到處逛逛。

　　自信群居族的自信也表現在其他層面，對於自己的能力與健康相當有把握，比一般青少年更不相信專家推薦與大量廣告的產品，他們寧願相信自己的謹慎判斷，詳細閱讀包裝上的說明，購買食品時，查看內容包裝與保存期限，價格是他們購物重要考慮因素，但並不會被特價沖昏頭，在促銷期胡亂花費。他們很重視品味，強調商店或餐廳的氣氛、佈置與格調，經常參加文化藝術活動以提升生活品質。此外，他們認為自己將來不僅要管好自己，還要對這個社會有所付出，也不認為未來工作的目的只是為了賺取用來享樂的金錢。

2. 時尚的香水百合——流行活躍族

　　在順從權威與社會潮流裡，追求商品美學與流行，展現個人的熱心與活躍，就像是都會時尚花束中的香水百合，盡情展現獨特自我格調與進口品味的風韻。時尚的香水百合——流行活躍族的青少年，在朋友眼裡是流行的表

徵，平時就會打扮以突顯自己的不同，假日出門時更會嘗試變化造型。他們喜歡買貴一點但具有特殊風格的產品或是進口產品，使用進口產品時心理會有某種滿足感，嚮往歐美日等先進國家的生活方式，偏愛西方與日本的藝術文化與流行事物，很注意能讓他們更美、身材更好或增高的產品，經常會更換日常用品的品牌以追求一份新鮮感。他們認為知名品牌的產品品質比較有保障，專家推薦的產品應該也不錯，有大量廣告的商品也比較可靠，促銷的時候他們會比平常買更多的商品。由於對流行的掌握度不錯，擁有相當多的產品訊息，朋友也經常請他們提供產品或購物意見。

流行活躍族比其他族群的青少年更相信專家或老師的話，他們相信目前的教育制度是好的，也相信愈高的學歷將來成功的機會愈大，基本上他們的信念與行為是相當服從社會常規的。

3.退縮的含羞草──保守沈默族

一觸即封閉退縮的含羞草族青少年，主要的特徵就是缺乏自信、守舊沈默、重視信仰。他們總覺得自己的能力不如他人，不如過去那麼有活力，對自己健康沒有把握，也不認為自己有任何獨特風格。即使與朋友在一起，都無法讓他們感受更愉快、放鬆、難以盡情享受與朋友相處的樂趣，甚至不抱有能被親友肯定自己表現的期望，可說是非常缺乏自信。反映在個性上，這群青少年顯得較為嚴肅拘謹與缺乏自制力。

傳統文化與信仰對保守沈默族是很重要的生活元素，這群青少年喜歡看傳統戲劇，經常到廟裡拜拜或到教堂做禮拜，他們的宗教信仰主要是一般所謂的「拜拜」，也會藉由有關心靈與潛能開發的書籍或禪坐修行，來提高自己的心靈層次，但是並不會太過於迷信鬼神之說，也不常與親友同學討論風水或算命等事。他們的價值觀也比較嚴肅、偏向傳統。例如他們不贊同女性向自己喜歡的男性主動表示好感，也不太能接受沒有小孩的婚姻生活，及在證件中不喜歡有"4"這個數字。

不過在家庭用品的購買上，他們的意見並不被父母重視，他們自己在選購商品時，比較不會仔細閱讀包裝上的說明，也比較不願意嘗試廣告中介紹的新食品。事實上，含羞草族群青少年的消費量算是四群青少年中最少的，

他們連日常買飲料的比例都不如其他族群。

4. 帶刺的仙人掌——叛逆自我族

帶點叛逆態度面對週遭事務的青少年，像帶刺的仙人掌般，不與環境妥協。叛逆自我族不太與外界互動，不喜歡參與社會的流行時尚，不在乎他人眼中的自己，也缺乏對人生的規劃與打算。

叛逆自我族的青少年認為，只要管好自己就好，不需要特別為社會付出什麼，所以他們對於學校或社區的公共事務較不熱心，也不太會自願為醫院或服務性社團作義工。假期時，他們只想在家中休息，但連家中的大小事務都很少參與，也不太想瞭解。宗教信仰在他們生活中沒有什麼地位，不太到廟裡拜拜或到教堂做禮拜。他們連買飲料都喜歡買 500cc 即飲杯或從自動販賣機購買，可說是與外界沒有什麼互動，而且他們也不在乎。

不僅如此，他們對流行事務也不怎麼感興趣。在商品選購與流行時尚上，仙人掌青少年與時尚百合族有著幾乎相反的態度與習慣，仙人掌族對於進口、特殊風格的、增添美貌、雕塑身材的產品都不會特別留意或追求；對於日常用品的品牌、流行歌曲、暢銷書排行榜、大量廣告或專家推薦的商品，都表示沒有什麼太大的興趣。

在朋友眼裡，他們絕不會是跟得上流行的人，朋友們也不會請教他們有關產品或購物的意見。此外，仙人掌族並不嚮往歐美日等先進國家的生活方式，不太會去注意日本或西方的流行事物。他們不會在規範之外，刻意打扮自己來突顯自己的不同，在假日出門時也不會刻意變換造型，不會經常更換喜歡的影歌星或卡通人物，也不常到速食店吃東西，連促銷時間也不會購買比平常更多的東西。

不過，從叛逆自我族實際消費行為來看，他們雖然表示自己不會刻意的打扮自己，可是對品牌的選擇卻明顯呈現出特立獨行的品味。例如選牛仔褲時，除了 Levi's, Lee 等大眾品牌，他們還會選擇 Big John、A&D、Guess 較少為人注意的品牌，連手機選阿爾卡特的比例都比其他青少年族群多，倒是運動鞋品牌，則幾乎非 Nike 莫屬，Just Do It 的叛逆自我精神，非常能打動仙人掌青少年的心。

臺灣青少年消費者的生活型態趨勢為：(1)購物態度更為成熟；(2)盲目追求流行的青少年減少；(3)「只要我喜歡……」，不見得可以；(4)自我價值有待建立。

（資料來源：《廣告雜誌》，2002 年 2 月，129 期，別蓮蒂・東方 E-ICP 研究小組）

(二)社會階層

基本上，所有人類的社會都有社會階層化的現象。社會階層是一種社會中比較同質且持久的劃分，每一階層的成員具有類似的經濟收入、價值觀、興趣與行為。

社會階層具有幾項重要的特徵：(1)在同一階層的人，行為大致相同；(2)人們會依其社會階層而佔有不同的地位；(3)社會階層是由一個以上變數決定，包括職業、所得、財富、教育及價值觀等因素；(4)社會階層是連續的而非間斷的，個人是否可以在階層間自由移動，要視這個特定的社會中社會階層的僵硬性而定。

在同一社會不同社會階層的消費者，由於其職業、財富、教育水準及價值觀等因素，決定了他們各自不同的消費範圍、消費偏好及消費方式。一般而言，社會階層層次比較低的消費者（如教育水準較低的藍領工人），往往講求實惠、注重物質財富的佔有與享受。他們將可支配的錢存入風險性較低、利率較低的銀行帳戶上；他們使用信用卡購買諸如傢俱、服飾等生活必需品，而他們使用信用卡的目的主要是為了購買的方便與延後付款時間。至於上階層的消費者（如那些受過高等教育，並擁有收入豐厚的職業的人），則傾向於把錢投入風險性較高的資金市場與證券交易之中；另外，他們通常向銀行貸款，使用信用卡的目的主要是用來支付旅遊與娛樂費用；他們認為信用卡的使用是為了方便省事，而不是為了延後付款時間。

不同社會階層的消費者具有不同的產品與品牌的偏好，例如對於服飾、傢俱、休閒活動及汽車等產品，各種階層的人分別有其不同的偏好，有些行銷人員因此集中全力於某個社會階層。針對不同的社會階層，決定了不同的

零售方式，某些名店可能吸引高社會階層者，而地攤可能專門吸引較低階層的人士，許多高級產品，例如勞力士手錶、賓士汽車的目標市場是高社會階層的人士，而像卡西歐電子手錶等許多大眾化產品的主要目標市場則為中下階層者。

(三)參考群體

所謂參考群體 (reference group) 是指由兩個以上或更多的個人所組成的，持有共同的行為規範，價值觀或信仰與偏好的群體。一個人的行為深受許多群體的影響，而某一個人的參考群體是指「對一個人的態度及行為有直接 (面對面的) 或間接影響的群體」。其中具有直接影響的稱為「會員群體」(membership groups)，又可分為主要群體 (primary groups) 與次要群體 (secondary groups)。此外，又有所謂的心儀群體 (aspiration groups) 與規避群體 (disociative groups)，以下簡略地說明之：

1. 主要群體

係由家庭、朋友、鄰居及同事所組成的群體，各個成員保持著經常的、非正式的關係。在服務的購買行為中，主要群體對消費者產生的影響作用最大。因為服務是一種看不見、摸不著的商品，所以在發生消費行為之前，他人的消費經驗（特別是主要群體的成員）之服務消費的認知，便成為購買者之最佳的參考對象。

2. 次要群體

諸如各種社會團體、協會、俱樂部、宗教組織等，這些成員之間保持著一種正式的、有限的個人交往關係。

3. 心儀群體

係指人們受共同志趣、理想等的影響，而形成一種非正式的，很少有關聯的群體。例如崇尚某一電影明星服飾或髮型的倣效者，他們由於共同的愛好與願望，從而形成一個不見面的心儀群體。在購買理髮或美容服務的行為中，表現出較為一致的消費需求。

4. 規避群體

是指那些想要避免與其產生任何關聯的群體。例如許多開車族雖然本身

對黃色有偏好，為了避免讓人誤以為是計程車，因此只好避免開黃色的汽車。

參考群體對一個消費者的購買行為所產生的影響主要有三方面：(1)參考群體會使自己的成員產生新的購買行為與生活方式；(2)參考群體還會影響其成員的態度與自我觀念，因為每一個成員都希望能夠獲得群體的認可，如此便會透過改變自己的態度、觀念與行為方式，以迎合群體的需要；(3)參考群體會對成員產生一種壓力，迫使他們在購買行為的選擇上與群體保持一致。

讀者必須注意的是，參考群體的影響力並不是在每一種產品上都一樣。例如當產品的複雜程度很低、風險很小、購買前可以先試用的產品等，就比較不容易受到其他人的影響。參考群體之影響力的大小與產品炫耀性程度有關。一個產品具有炫耀性的原因有二：第一，能夠擁有這項產品的人不多，所以這項產品比較容易引起別人的注意。第二，產品可以在公開的場合使用，看到的人較多，才能夠滿足使用者的炫耀心理。

事實上，擁有這項產品的人數多寡，亦與產品是屬於必需品或奢侈品有關；必需品是指那些大部分的消費者都覺得有必要擁有的產品，而奢侈品的價格通常較高，使用的次數不多，或有許多更便宜的替用品。至於可在公共場合使用的產品，可以稱為公開品。這種產品在使用時其他人會十分注意，而且可以很容易地看出使用的是哪一種品牌。相反的，私人性產品則通常是在家中或私人的場合使用，一般不太會引起別人的注意。

如果依據「需要程度」與「公開程度」兩個構面，則可把產品分類為公開性奢侈品、私人性奢侈品、公開性必需品及私人性必需品，參見圖 4-7。

參考群體會影響公開性奢侈品的產品與品牌之選擇，例如名牌汽車或高爾夫球俱樂部。至於私人性的奢侈品，則參考群體對於產品的選擇影響較大，但對品牌選擇的影響較小，如電視遊樂器或電動玩具。有關公開性的必需品，則參考群體對於品牌的選擇影響較大，對於產品的影響較小。最後，私人性的必需品，則參考群體對於產品與品牌選擇的影響力都不大，例如字典或吹風機。

上述的這種分類方式，對於行銷管理上有很重要的涵義。假如有一項消費品，可以很明確地用這兩個構面劃分，則可以採用不同的廣告內容與訴求。

	需要程度高 對產品選擇影響小	需要程度低 對產品選擇影響大
公開程度高 對品牌選擇 影響大	公開性必需品 例如：手錶、汽車、西裝、休閒服	公開性奢侈品 例如：高爾夫球俱樂部、滑雪、帆船
公開程度低 對品牌選擇 影響小	私人性必需品 例如：香皂、洗衣粉、電燈、冰箱、字典、吹風機	私人性奢侈品 例如：電視遊樂器、垃圾處理機、雷射唱機

圖 4-7　參考群體對於消費者之產品與品牌選擇的影響

例如一項私人的必需品，它的廣告應該強調產品的品質、價格等屬性；若是一項公開的奢侈品，則可以強調其參考群體的感性影響，例如某種類型的人，適合使用這種產品。

參考群體影響力大的產品與品牌之廠商，必須要設法找出有關群體的「意見領袖」(opinion leader)。在以前，大家都認為社會上的領導人物就是意見領袖，社會大眾都會上行下效。事實上，在社會的每一階層裡都有意見領袖，一個人可能是某些產品的意見領袖，卻又是其他產品的「意見追隨者」(opinion follower)。行銷人員應該找出意見領袖的個人特徵，選用他們所能接觸的媒體，並針對他們來設計廣告訊息。

㈣家　庭

家庭乃社會大多數產品與服務的消費單位，研究家庭的重要性不僅在於家庭成員之間在購買行為方面有相互影響作用，而且亦在於它對子女之趨於社會化方面產生關鍵作用。家庭是向下一代傳播文化、價值觀以及行為方式的主要機構，一個人的購買方式與消費方式的形成，在很大的程度上是由家庭所決定。因此，研究家庭的影響因素，對我們認識與分析消費者行為有很重要的意義。

大多數的人都經歷過兩種家庭生活，其一是他所出生的家庭，父母親對他們在文化、宗教、價值觀等方面的教育影響，使得他們在購買行為中會無

意地反映出來。另一種家庭生活是他自己所建立的家庭，有自己的配偶與孩子。消費者購買行為會由於夫妻性別角色、家庭角色、社會角色，以及撫養子女人數等因素不同，而表現出各自的差異。

有關家庭中夫妻在購買決策所扮演的角色，過去有許多相關的研究。一般而言，夫妻參與購買的程度，會因產品之種類而異。譬如在食品、雜貨與家常衣服等方面，傳統上妻子是主要的採購者。然而隨著職業婦女的增加，以及更多的丈夫願意參與家庭用品的購買，因此日常用品的行銷人員再也不能誤認為女性是他們產品的主要或唯一的購買者。

關於價值昂貴或是不常購買的產品或服務，通常都由夫妻兩人共同作購買決策。行銷人員需要關心的是，到底夫妻中的哪一位對決策有較大的影響力？答案是：可能是丈夫較有影響力，也可能是妻子較有影響力，或者是夫妻兩人具有同樣的影響力。當然，這與產品的類別和性質皆有關，以下乃是一些例子：

1. 丈夫支配型者：人壽保險、汽車、電視等。
2. 妻子支配型者：洗衣機、吸塵器、廚房用具、非起居室傢俱等。
3. 平等支配型者：起居室傢俱、渡假、住宅、戶外娛樂等。

(五)角色與地位

角色 (role) 是根據每一個人的地位在一定的情況下，他應該表現出來的行為方式，亦即其周遭的人期望他進行的所有活動。每個人皆處於許多群體之中，諸如家庭、工作單位、社會組織等，在各個群體之中，他擁有既定的地位及應有的行為方式。每一個人都可能在不同的場合要發揮不同的角色之作用，而且每一個消費者亦都有與自己所「扮演」的社會、家庭角色相適應而需要購買的產品或服務。例如家庭主婦經常購買的是化妝品及美容、托嬰等服務，而丈夫購買較多的服務則是金融、保險及公務旅行等。

人們通常會選購代表其社會地位的產品。例如公司的總經理坐賓士或凱迪拉克的車子、穿著剪裁合身的昂貴衣服、喝高級的洋酒等。行銷人員必須瞭解，產品可以當作社會地位的象徵，而這種象徵會因時間、空間而異。例如在紐約，地位的象徵是豢養名馬、買歌劇季票、出身於常春藤聯盟之大學；

而在臺北則是高級俱樂部或高爾夫球場的會員證。

　　此外，行銷人員亦需注意到，消費者的角色與地位並不是一成不變的。過去，有些由男女所扮演的傳統家庭及社會分工的角色，目前正有新的變化。例如女性積極地加入社會工作與活動的行列，改變了她們在生活中傳統的家庭主婦的角色，她們同樣需要購買與消費和男性同等的服務，如出入餐館、參加公務旅行等。另外，隨著消費者扮演角色的多樣化，角色之間亦產生了新的矛盾。例如有些婦女既要承擔社會角色，還要承擔妻子或母親的角色。這些有時相互矛盾與衝突的角色扮演，往往為企業提供了行銷機會。美國一些航空公司為紓緩乘客的社會角色與家庭角色之間的矛盾與衝突，改變了機票定價策略，而採用優惠價格鼓勵乘客攜伴參加公務旅行。目前，有些家庭服務代理的服務業，諸如家庭餐館、速食餐飲、托嬰服務等業態的出現，從某種角度來看，都是為了解決消費者雙重角色或多重角色之間的矛盾而應運而生。

◉ 二、個人因素

　　個人因素乃是造成消費者購買行為多樣化的最主要因素，包括購買者年齡與生命週期階段、職業、經濟能力、生活型態、人格與自我觀念等。以下分別討論這些個人特徵。

㈠年齡與生命週期階段

　　人們畢生都在不斷地改變著他們所購買的產品與服務。例如在嬰兒期吃的食物是嬰兒食品；待長大後，大部分的食物皆為其消費的東西；到了晚年，往往僅吃一些特定的食物，諸如低脂牛奶、低鹽食物等。同樣的，對服務的需求，如旅遊、美容與保險等服務，也都是與年齡有密切的關聯。

　　消費者購買行為亦因家庭生命週期之階段而有異。所謂「家庭生命週期」(family life cycle) 就是將家庭按照其發展過程，劃分成若干個不同的階段，利用家庭生命週期的概念可以發現，一個家庭的需求與消費會隨著時間而變動。

　　隨著年齡的改變，喜歡的產品與活動也會改變。在開始工作後到退休之前的所得應該會逐漸增加，所以家庭生命週期的概念，與所得有很高的相關。

此外，有許多的購買行為只在早期進行一次，重複的機會不多。例如購買一幢房子之後，可能僅進行一些小的維修，除非有特殊狀況產生，否則重購的可能性並不高。由此可知，以家庭生命週期作為分析與預測多數消費者的行為，仍不失為一有用的觀念。

家庭生命週期一般可分為七個階段：

1. 單身階段：未婚的年輕人。

2. 新婚夫婦階段：剛結婚、年輕、沒有小孩。

3. 滿巢階段 I：年輕夫婦，有 6 歲以下的孩子。

4. 滿巢階段 II：年輕夫婦，最小的孩子超過 6 歲。

5. 滿巢階段 III：年長的夫婦，尚有待撫養的孩子。

6. 空巢階段：年長的夫婦，子女已不在身邊。

7. 鰥寡階段：年老獨居。

在單身階段，人們需要基本的廚房用具、傢俱及時裝，並熱衷於旅遊及注重文化娛樂的消費；進入新婚夫婦階段，需要添購新傢俱，耐用品消費及渡假等；在滿巢階段 I 時，需要購買嬰兒服飾、食品及保健與托嬰服務等；到了滿巢階段 II 與 III，分別需要清潔用品、自行車、音樂課程、鋼琴及新型傢俱、旅行車、看牙醫等；進入空巢階段與鰥寡階段，則人們在住宿、銀行儲蓄、保險及娛樂服務需求方面，顯得比較特殊與迫切。最後，直到人們去世，還會產生對殯儀服務的需求。由此可見，在消費者的整個生命週期中，都有其既定的消費內容與範圍。

(二)職　業

一個人的職業也是我們可藉以認識與評價其消費行為的重要依據。為瞭解一個人的生活方式，就必須知道他的職業情況，此乃因為一個人的職業與其教育水準和經濟收入有緊密的關聯，而其工作性質又影響著他對商品與服務需求，以及偏好的不同。例如醫師和工人，教師和農民等，由於其教育水準、工作條件及生活方式皆有所不同，因此其購買行為自然不會一致。準此，行銷人員應該試著找出某些職業群體，而這些職業群體對公司的產品或服務有較高的興趣。此外，公司甚至可以專門產銷適合某些職業群體的產品。

(三)經濟能力

　　一個人的經濟能力基本上決定了他所要購買與消費產品和服務的範圍、水準及頻率。經濟能力是指購買者可用作支付的所得（包括平均所得、所得來源的穩定性以及時間形式等）、資產及借貸的能力等。在購買行為中，經濟能力比較好的消費者，一般傾向於購買較昂貴的產品與較高水準的服務。例如在旅館、美容及交通運輸等服務方面，皆可能要求較高的品質與服務水準。

　　行銷人員必須不斷地注意消費者個人所得、儲蓄及利率等之變化，特別是消費者對於所得反應較敏感的產品與服務時。如果經濟景氣指標預測不佳時，行銷人員就必須積極地重新設計與定位其產品，重新訂定價格、減少產量與存貨水準。

(四)生活型態

　　生活型態 (life style) 是指一個人在社會上的生存方式，並透過人類的各種活動 (activities)、興趣 (interest) 及意見 (opinion)（即俗稱的 AIO 三個層面）而表現出來。生活型態描述了一個人與他人所處的環境關係，來自於同一次文化、同一社會階層，甚至同一職業的消費者，亦可能會有截然不同的生活型態。

　　通常我們採用 AIO 變數來衡量生活型態，而 AIO 之具體的定義說明如下：

1. 活動 (activities)

　　是指一種具體的行動，如媒體的觀賞、逛街購物，或是告訴鄰近人員一項新的服務訊息。雖然這些行動都是平常易見的，但是構成這些行動的原因，卻是很少能直接衡量的。

2. 興趣 (interest)

　　是指對某些主體、事物或主題感到興趣的程度，而且持續地且特別地去注意它。

3. 意見 (opinion)

　　是指個人對於一個刺激情況的反應給予口頭或書面的答覆，也就是一個人對於事情的解釋、期望與評估。例如對他人意念相信的程度，對未來事物

關心的程度等。

　　AIO 的變數可利用一些題目來衡量，而這些題目又可分為一般化 AIO 與特殊化 AIO。一般化 AIO 即指決定一個人日常生活的型態與構面，而這些型態與構面將會影響個人活動與認知。例如對生活的滿意度、家庭觀念、價格意識、自信程度、宗教信仰等。特殊化 AIO 則指衡量與產品有關之活動、興趣及意見。例如對產品與品牌的態度、使用產品與服務的次數、尋求資訊之媒體等。一般化 AIO 與特殊化 AIO 皆可以用來描述消費者的特徵，說明生活型態與消費行為之間的關係，但特殊化 AIO 在預測消費者對產品與品牌選擇時，可能更為有效。表 4-7 列舉一般化 AIO 與特殊化 AIO 之衡量項目的例子，而在實際從事調查時，即根據這些衡量項目詢問受訪者之同意或不同意的程度。

表 4-7　一般化 AIO 與特殊化 AIO 衡量項目之舉例

一般化 AIO 項目	特殊化 AIO 項目 (以運動球鞋品牌調查為例)
1.我常把自己使用過產品的經驗告訴別人 2.我常趁大減價之際，去購買東西 3.一般而言，在參加社交活動時，我是比較活躍的分子 ⋮	1.使用名牌的球鞋，可以提高一個人的身分地位 2.當我逛街時，我喜歡穿輕便的球鞋逛街 3.身為一個現代人，必須跟上時代的流行，而穿著球鞋亦是流行生活中的一部分 ⋮

　　生活型態因素的用途十分廣泛，包括(1)用以發展廣告策略；(2)用以決定適合目標市場的產品；(3)用以作為市場區隔研究之用；(4)用以制定媒體策略；(5)用以研究零售通路之顧客；(6)作為擬定行銷策略之參考依據。上述這些用途不外都是要求行銷人員對各種不同生活型態群體之消費者的特徵有深入地認識與瞭解，然後採取合適的行銷活動。

㈤人格與自我觀念

　　每個人都有不同的人格特質，這些特質包括自信心 (self-confidence)、支配性 (dominance)、自主性 (autonomy) 及社交能力 (sociability) 等。一個人的人格乃是表現在人身上，本質的、穩定的及經常的心理特徵，這種心理特徵會導致人們對自己周圍的環境形成相對一致的、持久不變的反應，它亦是一個人的態度與習慣的組合。例如有的人其人格外向，有的人則為內向；有的人感情容易衝動，有的人則易於保持冷靜。人格是影響消費者行為的一個內在因素，在某些產品與服務的購買和消費上，人格不同的消費者會表現出迥然不同的消費需求與消費偏好。

　　人格可以說是分析消費者行為的一個很有用的變數。例如有一家啤酒公司為該公司四種新品牌的啤酒設計了四種不同的廣告，每一種廣告代表一種新的品牌，並聲稱這些啤酒是針對不同的「喝酒人格」所設計的。該公司邀請了 250 位啤酒消費者觀看這些廣告，並請他們品嚐這四種品牌，然後要求他們說出對每一種品牌的偏好。結果，絕大部分的消費者皆傾向於偏好那些能夠反應出他們喝酒人格的品牌。

　　與人格有關的另一個因素即「自我觀念」(self-concept) 或稱為「自我形象」(self-image)，其與消費者購買行為亦有很大的關聯。許多消費者的消費目的，乃是為了突顯自我的形象，例如汽車、機車、服飾及鞋子的購買等。

　　簡單地說，自我觀念就是指一個人對自己的態度。就如同消費者會對偶像明星、環保運動或可口可樂等有一種態度一樣，他也會把自己當成態度的主體一樣。通常對自我的態度都是比較正面的，即使是作奸犯科者，也往往認為本身沒有錯，而是社會錯待他，或是對他的行為有所誤解。

　　自我觀念的形成相當複雜，它是由許多要素所組成，例如人格、自我意識 (self-conscious) 及自我尊重等。當人們對自我的意識比較強時，他們會非常在乎帶給別人的形象如何，而這些人對於那些可以表達此種種形象的產品購買，也會比別人更為在意。例如他們對於衣著的興趣比其他人高，也使用較多的化妝品。另外，他們也會在意所使用的產品在他人心目中的評價。

　　至於自我尊重 (self-esteem) 是指一個人對於自我的正面態度。低度的自

我尊重或評價者，並不希望自己表現的太好，會避免面對失敗或被拒絕。相反的，具有高度自我尊重者，則希望成功，成為眾人注目的焦點，被大家所接受，認為他是非常特出的人。這種自我尊重會受到消費者比較其心目中「理想的標準」與「實際達成目標差距」的影響。例如消費者會問自己：「我是否已做到我應該做到的?」這種理想的標準是消費者想要達成的目標，它會受到文化的影響。因此，產品在廣告中會顯示出消費者想達成的成功形象，而使消費者相信這種產品確可幫助他達成這個目標。

由於許多的消費行為都和自我的形象有關，所以在消費者的價值觀、態度與購買產品之間具有一致性。依「自我形象一致」的理論指出，當產品的屬性與消費者自我形象的配合程度高時，其被選購的機會較大。因此，行銷人員必須注意到其所發展出來的品牌形象，是否能與目標市場中消費者的自我形象相互配合。

◑ 三、心理因素

消費者購買決策受到四種主要的心理因素之影響，包括動機 (motivation)、知覺 (perception)、學習 (learning) 以及信念與態度 (belief and attitude)；以下將分別說明之。

(一)動　機

動機是一種刺激性的需要，它驅使人們必須採取某些行動以滿足自己的需要。一種需要在達到一定的強度時，才能變為動機。一個人在任何時刻都會有許多種需要，有些需要是生理性的，此乃由於生理緊張狀態所引起，諸如飢餓、口渴及不舒服等原因；有些需要是心理性的，它是由心理緊張狀態所引起的，諸如被確認、受尊敬或被認同等需要。需要的滿足乃意謂著生理或心理緊張狀態的解除。由於動機的不同，使得人們在消費行為中表現出各種不同的需要。

有關消費者需要的種類之研究，曾有許多學者特別強調某類需要與行為之間的關係。例如具有高成就動機的消費者，對於個人的成就非常重視。他們對於那些可以表示出他們成就的產品或服務非常地重視，因為這些可以讓

他們更明顯地強化其成功的感覺。這類消費者乃是高價品的忠誠顧客；曾有研究指出，成功的職業婦女她們偏好那些可以顯示其為成功的職業婦女之套裝，而非偏好那些可以顯示女性溫柔、嫵媚特質的服飾。

另外，還有一些需要與消費行為有關，例如與感情有關的需要。具有這種需要的人，會喜歡那些可以與他人在一起的感覺，或降低寂寞感的產品與服務，例如橋牌、啤酒屋、卡拉 OK，或逛百貨公司等。此外，尚有一些需要與權力有關，這些人需要一些可以讓消費者覺得可以控制周圍環境的感覺，例如具有高馬力的汽車、高功率的音響、提供各種服務的餐廳或旅館等。最後，亦有一些對於獨特性的需要，以顯示出個人獨特的品味，例如名家設計的單件或限量銷售的服裝。

心理學家馬斯洛 (Maslow) 所提出的人類需要的五個層級對於動機理論的研究有很大的影響。馬斯洛將人的需要分為生理、安全、社會、受尊重及自我實現等五個層級，參見圖 4-8。他認為這種需要的先後順序是固定的，在下階層的需要尚未滿足前，不會產生更高層次的需要。消費者購買行為的變化與差異，乃由於人們的需要層次及其滿足程度不同所造成的。行銷人員可以把這些需要與產品或服務所提供的利益相結合，以滿足消費者特定的需要。

圖 4-8　馬斯洛的需要層級理論

由上述的分析我們可以發現到，有許多生理需要在一定條件下，必須透

過購買服務（而不是購買商品）才能得到滿足，特別是隨著需要層次的逐步升級，對服務的需要更顯得迫切與重要。即使是在低層次的生理需要，人們對於飲食、住宿的需要，亦促使了餐飲業、旅館業、建築業及房地產服務業的發展，並且隨著這一需要的不斷滿足，人們對上述服務業又產生了更新更高水準的要求，從而使得服務業的發展又更躍上一個新的水準。與此同時，社會保險、醫療、金融、消防公共服務，以至近幾年來興起的保全業與徵信業等的發展，這些都是在滿足消費者安全的需要，諸如人身安全、資金與財產安全的需要，提供了新的保障。此外，隨著人們生理與安全需要的滿足，對社會需要、受尊重需要及自我實現需要的不斷追求，將會促使人們從重視物質商品消費邁向以服務消費為重心，此一趨勢值得行銷人員特別重視。

(二)知　覺

　　知覺是指「個人選擇、組織與解釋各種不同的外來刺激，以產生其內心世界的一種過程」，它可分為接收、注意、解釋及反應等幾個階段，如圖 4-9 所示。

圖 4-9　知覺程序的各階段

　　我們是居住在一個充滿各種刺激的世界中，有各種不同的顏色、聲音及氣味，但我們不一定會對每一種刺激產生反應。例如窗外的汽車聲不一定會吸引你的注意力，街上的各種廣告你也可能視而不見。行銷人員在這種充滿刺激的環境中，需要使盡渾身解數，才能吸引消費者的注意。

　　每一個人都會按照自己的方式來觀察這個世界，「瞎子摸象」便是一個很好的比喻；不同的人接觸到不同的地方，作不同的解釋；即使是看到同一事件，但不同的人還是會有不同的解釋。所謂真實的世界乃是每一個人對於這個世界的知覺。每一個人按照他們對真實世界的知覺行事，而非按照客觀的真實世界。由此可知，消費者的知覺對於行銷人員而言是非常重要的；行銷

人員必須瞭解整個知覺過程以及相關的影響因素，藉此以便摸清消費者所知覺的真實世界是什麼，如此才能對消費者有更進一步的瞭解。

人們對於相同的刺激或情境，之所以會產生不同的知覺，乃由於下列三種知覺過程：選擇性曝露 (selective exposure)、選擇性扭曲 (selective distortion)及選擇性記憶 (selective retention)。

1. 選擇性曝露

每個人每天都曝露在數量龐大的行銷刺激下，而他要完全注意到這些刺激是不可能的，其中大部分的刺激皆會被過濾掉，而僅注意到那些引起他們興趣的資訊，此一觀念即為選擇性曝露或亦稱為選擇性注意。

選擇性曝露的涵義乃在於告訴行銷人員必須特別用心，才能吸引消費者的注意。因為行銷人員所傳遞的信息會被無意購買這項產品的人所忽略，甚至於有意購買這類產品的人也常會遺漏該信息，除非它能在眾多的刺激中顯得特別的突出。

2. 選擇性扭曲

即使消費者注意到外來的刺激，並不一定保證他已完全接受這個刺激所要傳達的原意。因為每一個人都有他自己的一套想法，對於外來的刺激總是會用其現有的思想模式去解釋它。所謂選擇性扭曲乃是指，人們有將資訊（刺激）扭曲成與自己想法相同的傾向。例如職業棒球場上中信鯨與兄弟象的比賽中，雙方的球迷雖然都在觀賞同一場球賽，但反應卻截然不同，一支全壘打可能是一方的期待，卻是另一方的夢魘。

3. 選擇性記憶

人們對於自己所學習到的許多事物常常會遺忘，而僅記憶那些能夠支持他們態度與信念有關的資訊。由於這種選擇性記憶，某人在選購汽車時，他可能僅保留有關 TOYOTA 汽車的優點，而遺忘 TOYOTA 汽車的缺點以及其他競爭品牌汽車的優點。

以上所述的三種知覺要素——選擇性曝露、選擇性扭曲與選擇性記憶，皆強調行銷人員必須打破一些消費者的知覺障礙，如此才能有效且正確地將所要傳遞的信息傳送給消費者；而這種情況也正說明了，為何行銷人員會使

用頗具戲劇化地與重複地出現的手法來將信息傳給目標市場中的消費者。

(三)學　習

　　一般而言，消費者係透過二種方式認識產品，即直接經驗與間接經驗。例如行銷人員通常會免費發送新產品之樣品以提供消費者實際使用產品，此即直接經驗；另外，消費者亦可從親朋好友、廣告或銷售人員處獲得有關產品之資訊，此即透過間接經驗來認識產品。

　　「學習」是指一種經由經驗所產生的永久性行為的改變之過程，亦即從過去行為改變到現在行為的過程；此種經驗並不一定要自己經歷，可能是觀察別人的經驗；也可能不是非常在意，只是流覽過去而已；也可能是專心的吸收某種知識所得到的結果。

　　基本上，消費者的口味、偏好、產品知識或購物的行為，都是透過學習過程而得到的結果。例如假定消費者的購買行為獲得滿意的結果，則相同的購買行為會再次重複，此種重複購買之過程，會使消費者的購買決策愈來愈趨向於例行性的決策。

　　一些行銷人員藉由設立俱樂部的方式，建立消費者的品牌忠誠度。人們可以免費地加入公司所成立的消費者俱樂部，並且每年收到數次的聯絡信函、海報、貼紙，及有關的消費資訊報導。例如美國的達美航空公司與玩具反斗城等，都設有兒童俱樂部。國內的一些兒童服飾公司及某些連鎖的零售商店亦皆設立會員俱樂部，提供消費者相關的資訊及優惠的待遇等。

　　品牌忠誠度可以透過正面強化與重複購買行為而建立；相反的，長久以來的購買習慣可能因為不滿意的經驗而減弱。這種減弱的過程稱為「趨減」(extinction)。雖然消費者可能不會因為一次的不滿意的經驗就轉換品牌或商品，但是不滿意的經驗愈多，消費者就愈不可能購買該品牌或到該商店去購買。

　　當然，消費者亦可能透過觀察別人而間接地認識產品。假定別人的行為可以產生強化的作用，而當消費者亦處在相同的情況時，消費者便可能會模倣該行為。基本上，模倣是消費者採用新產品的一個主要因素；這也是為什麼行銷人員常在廣告中使用公眾人物（明星），一方面在於產生消費者的偏好

及引起消費者的注意，另一方面亦是希望消費者的模倣而帶來消費者對公司品牌與商品之有利的正面態度。

(四)信念與態度

人們透過行動與學習過程之後，便形成了某些信念與態度，而這些信念與態度進而會影響消費者的購買行為。

所謂信念是指人們對事物所抱持的一種可描述的思想 (descriptive thought)。例如某人之所以願意選擇 B 飯店而不選擇 A 飯店，其原因之一便是他相信前者的品質與服務水準較後者為佳，亦即他對 B 飯店有較佳的信念。這些信念可能是基於實際的認識、意見或信心，也可能包括情感因素，而這些因素都會影響消費者的購買行為。

很顯然，製造商所感興趣的是，消費者對其產品或服務所抱持的信念。這些信念將構成消費者對產品與品牌的形象，而且他們亦將根據此一形象來行動。此外，信念是一種長期的累積，其中並攙雜著感性與理性的成分。例如黑松與金車等公司之所以會積極地從事形象廣告，而統一與崇光百貨公司等之所以會設立公關部門，都是希望藉由各種溝通方式，爭取消費者良好的印象，建立消費者正面的信念，以便成為該公司的忠實顧客。

態度與信念是相互關聯的。態度是人們對某種事物之一種持久的看法，人們幾乎對所有的事物都持有自己的態度，例如對於宗教、政治、服飾、音樂及各種食物等。態度會導致人們喜歡或厭惡，接近或遠離某些特定的事物。基本上，消費者的購買行為乃是其所抱持的態度之一種外在的表現；人們往往根據自己對某一產品、服務或某一企業所抱持的態度，來確定自己的購買決策。

本田 (Honda) 機車當初進入美國市場時，美國人對機車所抱持的「態度」相當不好，他們認為那是飛車黨、混混在騎的車子，正派的人士不騎那種交通工具。於是，本田機車公司乃發起「騎本田機車的都是好人」的廣告活動。在廣告裡消費者可以看到教授、牧師、家庭主婦、鄰家的乖女兒等，都騎在本田機車上。藉著一系列的這種親善活動，本田公司才慢慢地扭轉了美國消費者對機車的態度，也由此才打開了本田機車在美國的市場。

　　由以上的討論，我們可以發現到影響消費者購買行為的因素實在是非常地錯綜複雜。消費者的購買決策乃是社會文化、個人及心理等因素交互作用的結果。這裡面有許多因素並不是行銷人員所能控制的，但深入地瞭解卻可以讓行銷人員找出影響消費者行為的機會與方式。事實上，這也是行銷人員所必須面對的挑戰與課題。

1. 請以「錄音機」與「牙膏」的購買為例，比較此二者之購買決策的過程。

2. 購買相同的產品，不同的人可能歷經不同的購買決策過程；即使是同一個人，亦可能由於情境的差異，導致雖然購買相同的產品，但仍可能有不同的購買決策過程。請說明可能有哪些情境因素，以及這些情境因素如何產生影響？

3. 購買決策過程的類型包括 EPS、LPS 及 RPS，請簡要地比較之，並各舉例說明之。

4. 大約在民國 60、70 年代，麥當勞首次進入臺灣的速食市場。當時一般消費者的飲食習慣仍以米飯為主食；請問麥當勞如何成功地進入市場？以及麥當勞為何能成功地進入市場？（請從影響消費者購買行為的因素切入。）

5. 就心理性因素中的動機、知覺、學習及信念與態度等四個要素，請申述何者對「品牌忠誠度」有較大的關聯？

6. 消費者在某些產品的購買過程中可能存在認知的風險，請詳述其涵義。又，行銷人員應如何降低此種認知風險？

7. 超級市場正推出鮮奶的促銷活動，其中有些廠牌的促銷方法是「買二送一」，而另有些廠牌的促銷方法是降價。就此兩種促銷方法，你認為何者較有效？為什麼？

8. 「一個人將傾向於購買最符合其自我形象的產品或品牌」，請對此句話加以評述之。

9. 請依你決定選讀哪一科系為例，說明你決策過程中的五個不同參與者所扮演的角色。

10. 購後行為在整個購買決策過程中應是非常重要的一個步驟，請問對一般消費者而言，將產生哪些購後行為，以及其對行銷人員的涵義為何？

11. 本章介紹了許多影響消費者購買行為的因素，以下所敘述的事實或現象，各指何種因素的影響？

(1)使用信用卡的目的與需求不同。

(2)「什麼人玩什麼鳥！」

(3)喜歡社交的人很會喝啤酒。

(4)偶像明星的崇拜。

(5)「我覺得穿著名牌服飾，有助於提升我的社會地位」。

12.家庭購買決策中夫妻所扮演的角色具有很大的影響力，而其影響力的大小與產品類型和購買決策階段有關聯，請舉例說明之。

13.「對產品有部分認識」、「對產品完全不認識」以及「對產品有豐富的知識」，以上三種情況的消費者，何者會收集較多的資訊？為什麼？

14.產品在何種情況下，消費者的涉入程度會較高？

15.消費者購買決策過程中，包括「評估方案」此一步驟，意指消費者會依據此一標準來決定其產品的選擇。請問，此一步驟消費者所表現出來的行為，對行銷人員的涵義為何？

組織型市場及
購買行為

　　產品的購買者除了作為最終消費目的之消費者外，尚有許多為了不同目的而購買產品的個人、單位或組織。有關消費者市場及其消費行為已在前一章詳盡介紹過（此部分的行銷一般稱為 B2C 行銷），本章主要針對為了其他目的（而非個人最終消費的目的）而購買產品者的市場（稱為組織型市場）加以探討，並討論其購買程序與購買行為（一般稱為 B2B 行銷）。組織型市場所包含的範圍很廣，不論組織是一個像製造商或服務企業的組織，或是如批發商、零售商等的行銷中間機構，或是如政府機構、醫院、博物館等的非營利性組織機構，皆屬於本章所謂的組織型市場之範圍。當然，這些組織型市場的購買者其購買行為與前一章所述的消費者行為基本上有相類似的地方，但由於其購買目的與組織特性的差異，因此有必要以專章來介紹其相關的課題。

　　本章首先介紹組織型市場的涵義與範圍，接著以其中的一種主要類型的市場（工業市場），詳細地描述其市場特性；然後介紹工業市場的購買行為，最後本章將針對消費者市場與工業市場之行銷組合策略的差異做一比較。

第一節　組織型市場

一、組織型市場的涵義

　　消費性市場的購買者之所以購買產品，其目的是為了個人或家計的消費。至於組織型市場 (organizational market) 之購買者購買產品則是為了滿足其組織的需求。這些需求可依其目的不同而分為三類：

　　1.為製造其他消費品或工業品所需之產品，稱為工業市場 (industry market)，譬如可口可樂公司所購買的砂糖、福特汽車公司所購買的汽車零組件等。

　　2.為了轉售目的而購買的產品，稱為轉售市場 (resale market) 或中間商市場 (intermediate market)，譬如統一超商所購買的便利商品、萬客隆所購買的家電用品等。

3.為了組織運作的目的所需購買的產品，稱為政府市場 (government market) 與機構市場 (institutional market)，譬如醫院採購醫療設備、政府機構採購軍需用品等。

上述三種主要的組織型市場，其分類與例子可參閱圖 5–1。

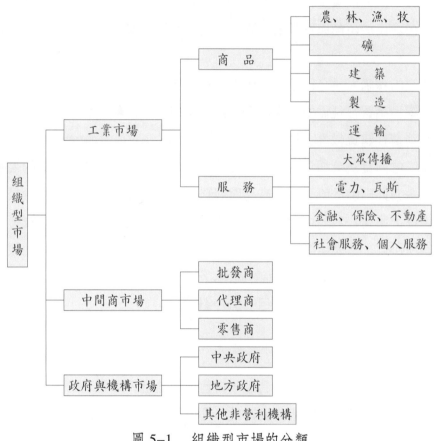

圖 5–1　組織型市場的分類

行銷人員可能同時銷售產品或服務給消費性與組織型市場。例如固特異輪胎公司不但銷售輪胎給汽車製造商（組織型市場），亦同時有自己的營業單位銷售輪胎給最終消費者（消費者市場）。我們可以說，所有不是最終消費者的購買者都是組織型購買者。組織型市場是一個很龐大的市場，產品範圍包含原料、零配件、設備、附屬設備、日用品以及企業勞務等。在美國超過一千三百多萬個組織機構，每年購買價值數兆美元的產品與服務。

一般而言，組織型的購買行為要比個別消費者的購買行為更為複雜，因

為組織要面臨更複雜的購買決策，採購時所需的知識與技術更為專業化。造成組織的購買過程複雜化的原因有下列幾點：

1. 組織購買商品與服務是為了滿足多種不同的目的：尋求利潤最大化、降低成本、符合員工的需要以及盡社會與法律上的義務。

2. 組織的購買決策過程中所參與的人數較多，而每一個人都扮演著一個特殊的角色。由於角色與責任的不同，他們在購買決策上可能採取不同的評估準則。

3. 組織的採購人員必須留意其組織的正式政策、限制及要求等。

4. 組織型購買往往需要要求報價、提出請購書以及訂立購買契約等，這些現象在消費性購買較為少見。

5. 組織的購買決策通常要花費較長的時間，一方面由於參與決策的人數較多，另一方面則由於所購買的產品與服務較為錯綜複雜，購買的風險較大。

由以上所述，我們可發現組織型購買行為在很大的程度上與消費者購買行為有所不同。雖然組織型市場約可分為三類，但其購買行為與特性較為相似，本書以工業市場為主要的探討範圍，至於中間商市場與政府和機構市場，我們僅以下列簡短的篇幅作一扼要的介紹。

◑ 二、中間商市場

中間商市場包括那些取得商品後轉售或租給他人以獲利的所有組織與個人，通常是指批發商、零售商及其他各種形式的代理商。這些轉售者所銷售的產品與其買來時往往相同，因此他們所關心的不是創造產品的形式效用 (form utility)，而是較著重在創造產品的時間、地點與佔有等的效用，當然也創造了行銷附加價值，亦即中間商所賦與產品的額外價值，其為中間商的銷售收入減去銷貨成本與服務成本。

中間商經營許多種產品，但生產者直接銷售給最終消費者的產品並不包括在內，這一類產品包括重型或複雜的機器、訂做的產品，以及直接郵購或按戶送達的產品；除了這些產品外，大部分產品皆透過中間商再銷售給最終消費者。

由於中間商的主要業務是將買到的產品轉售給顧客，所以他們必須小心地選擇所買的產品。基本上，中間商必須視自己為替顧客買東西的人，而非轉售供應商產品的人，如此才能使得中間商所賣的產品能夠符合顧客的需求；換句話說，我們所強調的乃是，中間商必須站在顧客的立場來選擇所要轉售的產品。

◉ 三、政府與機構市場

政府市場包括中央政府與各級地方政府的各有關機關單位，它們購買或租用產品與服務以執行主要的政府職能。政府的支出隨著國民生產毛額的增加而提高，且有快速成長的趨勢。近二十年來政府支出佔國民生產毛額的比例很平穩，一直都維持在四分之一左右。政府可說是全國最大的購買者，其中中央政府的支出約佔 65%，而各級地方政府約佔 35%。

政府購買決策最主要的考量是以納稅人成本極小化為追求的目標。就一般情況而言，政府採購者會選擇符合要求且成本最低的供應商。我國「中央機關財物採集中採購實施方案」明訂，中央政府各機關、學校及國營事業以及各直轄市、縣市政府、議會、鄉鎮公所等機關，得利用共同供應契約辦理採購。民國 91 年度採購之項目包含公務車輛、公務車輛租賃、公務機車、電腦設備、PC／NB／伺服器、影印機、影印機租賃、二手影印機租賃、傳真機、飲水機、電冰箱、投影機、冷氣機、彩色電視機、辦公桌、辦公椅、公文櫃及屏風等，詳如表 5-1：

表 5-1　民國 91 年度集中採購訂約機關及其採購項目

訂約機關	採購項目
一、內政部警政署	警用裝備之採購，包括員警制服、警用武器、彈藥、防彈裝備及警用車輛等
二、國防部	軍用武器、油料、物資及國防部所屬醫療機構之醫療衛材及藥品等
三、教育部	教育部所屬醫療機構之醫療衛材及藥品等
四、行政院國軍退除役官兵輔導委員會	行政院國軍退除役官兵輔導委員會所屬醫療機構之醫療衛材及藥品等

五、衛生署	1. 全國預防接種及疾病防治所需各類疫苗 2. 衛生署所屬醫療機構之醫療衛材及藥品等
六、環保署	中央機關環保設備
七、內政部消防署	1. 中央機關消防車輛及消防器材 2. 內政部消防署補助各級地方政府之消防車輛及消防器材
八、中央信託局	1. 中央機關向國外採購之財物（不含教育部所屬學校、軍品採購及國營事業之國外採購） 2. 中央機關公務用機車、公務車輛及公務車輛租賃 3. 中央機關各項事務設備，如：辦公桌、辦公椅、傳真機、影印機、投影機、冷氣機（窗型及分離式）、電視機、電冰箱、飲水機、辦公室公文櫃、屏風及影印機租賃（含二手影印機）等 4. 中央機關共通性之電腦設備用品，包括個人電腦、筆記型電腦、印表機及電腦周邊設備 5. 中央公務機關（國防部除外）及學校之油料

資料來源：行政院公共工程委員會/共同供應契約電子採購系統，http://sucon.pcc.gov.tw/。

　　機構市場則包括所有追求非企業目標的一些非營利組織機構所組成的市場，這些組織機構所追求的不是利潤、成長、市場佔有率或投資報酬率等的企業目標，而是追求服務群成員或社會大眾的其他非企業目標，諸如學校、醫院、療養院、監獄、宗教團體、慈善機構及各類基金會等機構。這些機構的特質一般而言其預算很低，因此其採購的要求一般是達到品質之最低標準以上；然後尋求能符合此一要求的最低價格的供應商。雖然這些機構的預算皆相當有限，但是對許多生產者與中間商來說，仍然是一個相當大的市場。

第二節　工業市場與其特性

一、工業市場

　　工業市場包括所有將購得的商品與服務轉用於生產其他產品與服務，然後出售、出租或供應給他人的個人與組織；其範圍一般包括農、林、漁、牧、礦、建築及製造等產業，另外服務業亦屬於工業市場的範圍，諸如運輸業、

通信業、公用事業、金融、保險及社會與個人服務業等，參見圖 5-1。

雖然對大多數人來說，消費品市場比工業市場顯而易見，但決不比工業市場大。換句話說，工業品交易的貨幣總額遠超過消費品市場的交易，此乃因為每一筆消費品之交易總是源自於工業品交易的結果。例如我們以一雙皮鞋從製造到出售而言，需有皮革商把皮革賣給皮革加工廠，再轉賣給製鞋廠，然後依序是批發商、零售商，最後才到消費者手中。由此可見，從生產至配銷的整個過程中所涉及的每一個組織，都得另外購買其他的產品與服務，這些交易皆屬於工業市場的範圍，而只有最後在零售商將皮鞋賣給最終消費者方屬於消費品的交易。因此，我們可說工業購買通常要比消費者的購買為多。

本節的另一部分將討論工業市場的特性，然欲對工業市場的本質有所認識之前，有必要先瞭解市場中組織型用戶的類型。組織型用戶一般可分為三大類：商業客戶、政府機關及非營利機構客戶，參見圖 5-2。

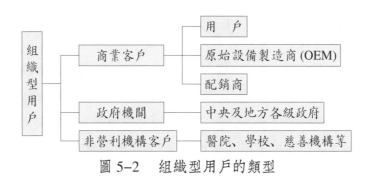

圖 5-2　組織型用戶的類型

㈠商業客戶 (commercial customers)

商業客戶又可分為下列三種：

1.使用戶 (user account)

係指購買工業產品或服務來生產其他的產品或服務，再將製成品轉售給其他公司或最終消費者，或者是移轉至公司其他部門以合併成別的產品或服務；需特別強調者，這些使用戶所購買的產品或服務，並不將其變成製成品的一部分。例如機器人與工具機的製造商將汽車製造商視為其使用戶。

2.原始設備製造商 (original equipment manufacture; OEM)

係指購買工業產品並將其變成製成品的一部分，然後再將製成品銷售給

工業購買者或消費購買者。例如汽車零件供應商可將汽車製造商視為原始設備製造商的客戶；又如黑松公司向鋁箔包裝公司購買鋁箔包用來填裝飲料，以便銷售到市面，此時黑松公司即稱為 OEM。

3. 配銷商 (distributor)

係指購買工業產品來轉售給其他工業產品的經銷商、OEM 或其他使用客戶。這類配銷商其存貨數量多，種類齊全，可使購買者在特定的地點完成一次齊全的採購。例如汽車零件的配銷商供貨給汽車維修廠，由於前者的存貨數量夠，且貨色齊全，故方便後者的一次採購。

㈡政府機關

中央或地方各級政府乃是工業品的重要客戶，例如政府機關經常購買大宗的辦公用品、辦公用傢俱設備等。

㈢非營利機構用戶 (institutional customer)

公私立機構組成了工業品用戶的另一重要之範圍，例如醫院、大學、慈善與宗教機構及療養中心等，皆為此類用戶。

針對以上各類型工業用戶進行行銷活動者，乃屬工業行銷 (industrial marketing) 的範疇。理論上，對消費者的行銷 (consumer marketing) 與對工業客戶的行銷應有相同的概念，即都在滿足顧客的需要，欲望與需求。然而，由於工業市場與消費市場本質的差異頗大，購買動機與購買行為亦有所不同，因此在實務上二者的行銷作法亦有很大的差異，表 5-2 列示工業品與消費品購買行為之比較，這些觀念將在後面部分再做詳細的討論。

表 5-2　工業品與消費品購買行為之比較

	工業品購買行為	消費品購買行為
對產品的認識	較豐富	較缺乏
採購目的	個人與組織目的	僅個人目的
主要接觸方式	人員推銷	廣告
影響購買決策之人員	較多	較少
客戶數量	較少	較多

◑二、工業市場的特性

工業市場與消費市場之特徵有一些顯著的不同點，茲分別說明如下（參見圖 5–3）：

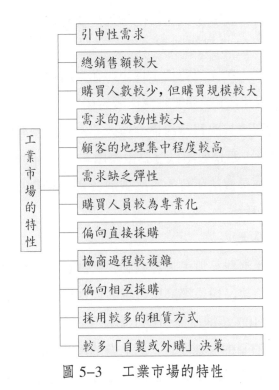

工業市場的特性

- 引申性需求
- 總銷售額較大
- 購買人數較少，但購買規模較大
- 需求的波動性較大
- 顧客的地理集中程度較高
- 需求缺乏彈性
- 購買人員較為專業化
- 偏向直接採購
- 協商過程較複雜
- 偏向相互採購
- 採用較多的租賃方式
- 較多「自製或外購」決策

圖 5–3　工業市場的特性

㈠引申性需求

對於工業品的需求乃是一種引申性的需求，且係源自於對消費品的需求。所謂引申性需求意指對某一產品之需求乃源自於對其他產品之需求。例如假定我們（消費者）對汽車（消費品）沒有需求，也就不會對輪胎與汽車引擎（工業品）有所需求。

基於引申性需求的本質，工業行銷人員必須對其顧客、顧客的顧客等（直到最終消費者）有深入地瞭解。此外，如果消費者市場不景氣，那麼工業市場亦會隨著不景氣。

㈡總銷售額較大

工業市場的總銷售額要比消費性市場來得大，此乃由於一項消費品的交易，往往會涉及許多項的工業品之交易。例如最終消費者在汽車市場購買汽車只有一次交易，但是在汽車製造過程中便發生了多次的交易，諸如鐵礦開採後便被賣到鋼鐵廠，然後再把汽車鋼製品賣給汽車製造商；由此可知，在汽車裝配完成之前，涉及到數以百計的零件之交易。

(三)購買人數較少，但購買規模較大

工業市場買方的人數比消費性市場少；在某些情況下，工業品製造商可能只有一位顧客。因此，工業品製造商比較容易辨認他們潛在的顧客。然而，這些少數的工業購買者其購買量卻極為龐大。例如以臺灣製鹽廠所生產的鹽為例，在工業市場上主要是賣給以鹽為生產原料、物料的廠商，例如食品業，而在消費性市場上則是賣給所有的家庭或消費者，前者的購買人數少但購買規模較大，後者則相反。

(四)需求的波動性較大

工業品的需求比消費品需求較易變動。當消費者的需求增加時，對新廠房設備的需求增加更快，這是經濟學所稱的加速原理之現象。譬如有些時候消費品的變動只有 10%，卻可能引發工業品下一期需求的變動幅度高達 200%。此外，依據經濟學的加速原理，愈上游的產業其波動幅度愈大。由於工業品具有此種現象與特質，使得工業行銷人員往往力求產品多角化，以降低在商業循環中營業額的變化幅度。

(五)顧客的地理集中程度較高

工業市場有趨向於集中某一特定的區域之現象，特別是集中在工業區內。臺灣地區的各種重要之製造業亦有類似這種集中的趨勢，例如新竹工業科學園區乃是許多高科技產業集中之地。這種地理集中程度較高其原因包括縮短運輸距離、直接供應顧客、便利原料的取得、生產線勞工與技術人員較容易招聘等。工業行銷人員必須注意到，工業品的購買者為減少其行銷成本，往往考慮到地理區域集中的因素。

(六)需求缺乏彈性

許多工業品的總需求其價格彈性較小，亦即價格的變動對其總需求量的

影響較小。此乃由於工業品具有引申性需求的特性，因此工業行銷人員較不可能透過價格因素來刺激需求，故價格彈性較小。譬如汽車製造商購買車燈當作汽車零件，它不可能因為車燈的價格下降而大量購買車燈。這種缺乏彈性的現象，特別在工業品佔總成本很小比例，以及短期間內更是如此。

㈦購買人員較為專業化

工業品購買人員一般會依據比較正式的方式來採購。尤其在購買比較昂貴與複雜的產品時，採購委員會（通常是由各種專家所組成）一般會參與購買決策。工業品購買人員一般是專業性的購買者。由此可知，要賣產品給工業用戶時，公司必須擁有專業的工業行銷人員，他們必須具備良好的產品銷售知識。

㈧偏向直接採購

很多工業品購買者皆是直接向生產者處購買所需要的產品。例如汽車製造商直接向供應商購買汽車零件，而不透過其他代理商。而且，當購買量愈大、產品愈昂貴且愈複雜，以及需要的售後服務愈多時，則工業購買者愈可能直接向生產者購買。

㈨協商過程較複雜

工業市場中的買賣雙方在達成交易之過程中，經過多次的協商是很常見的，特別是購買昂貴與複雜的產品。有關產品確認、運送日期、付款條件以及價格等，都可能是協商的主題。因此，從銷售人員首次拜訪潛在的顧客到顧客決定買或不買，可能耗時良多。此外，購買決策中涉入的相關人員較多，包括使用單位、採購單位、檢驗單位，乃至最高當局，都可能牽涉其中。因此，工業行銷人員必須一一打通關節，才能獲得一筆訂單。

㈩偏向相互採購

工業品購買者之所以向供應商購買產品，可能是因為該供應商亦向其購買產品，此種關係稱為互惠採購 (reciprocal purchase)。例如 A 製紙工廠所需化學原料若大多向 B 化學工廠購買，則往往亦會要求 B 化學工廠在需要紙製品時向 A 製紙廠購買。但是，如果雙方的互惠關係是以不公平的方式而削弱產業競爭時，可能會受到公平交易法的限制。

⒓採用較多的租賃方式

工業購買者逐漸地由完全購買而擁有產品所有權轉變為採用租賃的方式，亦即承租人（工業客戶）以定期付款的方式向出租人（工業品製造商）租用產品。例如企業與其他組織租用電腦、運輸卡車、影印機、汽車或重型建築設備等。之所以會產生此種現象，乃因為出租與承租雙方皆可獲得利益。承租人可享有許多好處，如可擁有更多的可用資本，得到最新的產品，受到更好的服務，以及在納稅方面享有利益；至於出租人也可得到更多的淨利，因為可銷售更多的產品。

⒔較多「自製或外購」決策

工業市場上的廠商如果不向供應商購買零件，那麼便需自己生產該零件。當然，究竟需要「自製」或「外購」必須透過成本效益的分析。這種「自製或外購」的決策，普遍地存在於工業市場的用戶。

第三節　工業購買行為

本節所述的工業購買行為之內容，包括以下的主題：工業購買決策類型、工業購買決策過程、工業購買決策之參與者，以及採購部門角色與採購決策準則。

一、工業購買決策類型

相對於消費者購買決策類型，工業購買的決策類型亦有三種，即全新採購、修正重購及直接重購，其與消費者的購買決策類型之對照，可參見圖5–4。

圖 5–4　工業購買決策類型與消費者購買決策類型之對照

㈠全新採購

全新採購亦稱為新任務購買 (new task)，係組織第一次採購的情況，通常是一公司發生了未曾經歷的困難或想藉由一個全新的方法來解決問題。此時，購買者面臨了一種全新的需要或問題，而需自供應商處收集資訊，以滿足需要或解決問題。這類型的決策不但複雜而且需要廣泛地收集資訊。譬如在成本競爭的壓力下，公司想以機器人替代人工為汽車噴漆。由於公司在需求之設備上缺乏經驗，所以他需要從供應商處獲得更多的資訊。當然，這為製造工業機器人之廠商帶來了機會與挑戰。當一家公司開始生產新產品時，即可能面臨全新採購的問題。在此種情況之下，潛在的供應商之信譽非常重要。那些可以協助廠商解決問題或滿足廠商需要的工業銷售人員，便有較大的機會。全新採購通常需要花較多的時間，尋求更多的資訊以及有更多的人員參與購買決策。

㈡修正重購 (modified rebuy)

係指一公司過去曾有過一些經驗，但由於某些情境已經改變，此時購買者可能需要修正產品規格、價格、交貨條件或供應商等，這些皆屬於修正重購的購買決策。譬如當能源成本開始上升時，建築公司會以絕緣玻璃來取代一般玻璃，以節省電力的損耗。雖然修正重購沒有全新採購來得複雜，但是仍需要有一些人參與購買決策。在工業客戶處於這種購買型態之下，能提供較佳產品與服務的供應商可以從現有的供應商手中奪走生意。也就是說，在這種情況下，可能造成現有的供應商失去顧客，而給予潛在供應商一些很好的機會。

㈢直接重購 (straight rebuy)

係指公司的採購者在例行的基礎上，再次向同一供應商採購產品（過去曾買過的產品，且供應商可滿足需要）。此種購買決策屬於一般例行性的決策，花費較少的時間且參與決策的人員較少。譬如辦公室用品、大批原料與零件等，通常屬於直接重購的購買決策。此時，只要現有的供應商能確保滿足顧客的需求，則其他的競爭供應商很難從其手中搶走生意。

● 二、工業購買決策過程

工業購買決策如同消費者購買決策一樣有其一定的程序，然而並非每種購買決策皆會歷經複雜的步驟，愈趨向於全新採購者，其決策步驟較複雜；相反的，愈趨向直接重購者，則可能從第一個步驟（問題的認知）直接跳到最後面的步驟（如下訂單）。此種情況與消費者購買決策的問題是類似的。

若以全新採購為例，則工業購買決策的過程包括以下六個步驟：(1)問題的認知 (problem recognition)；(2)確認需求；(3)尋找潛在的供應商；(4)評估供應商；(5)選擇供應商及下訂單；及(6)評估使用結果。

㈠問題的認知

問題的認知乃購買過程的起點。當公司內部人員認定了獲得某項產品或服務可解決問題或符合需要時，便產生對產品的需求。由內部發展的問題認知之情況包括(1)機器操作人員認為該機器性能不佳；(2)採購部門認為現有的供應商之產品品質或售後服務不佳；(3)機器已過時有必要換新；(4)存貨水準已降至再訂購點 (reorder point)；(5)公司需要新機器來生產新產品等等。

此外，問題的認知亦可能來自外部的刺激，包括下列的各種情況：(1)供應商的銷售人員前來進行銷售拜訪，並展示較有效率的機器設備或較佳的零件；(2)供應商郵寄產品目錄給主管，並說明該機器的性能優良且維護成本低；(3)公司採購人員參觀商展獲得某些新的觀念，或者看到某種新機器的廣告；(4)貿易期刊上發表的文章，介紹一種可以降低成本並迅速傳遞資訊的資料處理系統等等。

由以上所述，可知工業行銷人員不能呆坐在公司裡等著生意上門，他們應該協助工業客戶的採購人員確認問題，多多舉辦促銷廣告活動，並主動拜訪客戶。

㈡確認需求

一旦決定確實有採購的需要，接下來便是決定產品的特性與數量。就標準化產品而言，這些問題皆不大。但就複雜的產品來說，採購人員必須會同其他人員（包括工程師、使用人員等）一起確定產品的一般特性與規格。一

般而言，採購人員必須評估產品的耐久性、可靠性、價格以及其他屬性之重要性。

在此一階段，工業行銷人員可以對顧客提供一些必要的協助，因為購買者往往不瞭解各種產品不同特性之價值，而積極的行銷人員則可以提供適用的資訊以協助購買者確定公司的需要。例如供應商可協助採購人員避免買到不合乎標準的產品，並可藉以分析產品的優缺點，以爭取顧客的惠顧。

㈢尋找潛在的供應商

採購人員接下來便是尋找適當的供應商，他們可透過工商名錄的查閱、檢索電腦資料或者徵詢其他公司的意見，然後剔除一些品質規格不符、服務能力或態度不佳、無法足量供應、交貨不準時或信譽不佳的供應商，剩下來便是一張夠資格的供應商名單。

此一階段對工業行銷人員的涵義是，他們必須非常重視良好的聲譽，以便能藉由口碑相傳讓大家都知道。此外，他們也須將自己公司的名稱刊列在合適的商業目錄上。因為若無法為人知曉，便很少有機會可被列入客戶之可能的供應商之名單中。

㈣評估供應商

一旦確定了幾家供應商的名單之後，工業購買者便會要求這些供應商提供一些書面資料，包括報價計劃書、產品型錄等。有時供應商可能只寄來型錄或派遣銷售代表前來進行銷售拜訪。然而對於複雜且昂貴的產品項目，買方可能要求確認所有的細節，甚至要求進行產品簡報。此乃意謂著工業行銷人員必須精於書面與口頭報告，充分地讓買方知道公司具有與眾不同的能力與資源，更可滿足買方的需要。

㈤選擇供應商及下訂單

在選擇最適合的供應商及下訂單之前，工業購買者應準備一份評估表。這些評估項目可能包括(1)技術服務水準；(2)迅速可靠的交貨能力；(3)合理的信用條件；(4)適當的產品保證；(5)產品價格等等。買方依據這些標準對每位潛在的供應商加以評估，然後選擇一家或數家的供應商。許多買方可能喜歡保持多方面的供應來源，一則可避免完全依賴一家供應商，萬一該供應商出

了差錯，則後果堪慮；二則可以在價格、產品性能等方面能有所比較。

最後，買方在下訂單之前，還必須對產品之特性、價格與交貨日期等加以確認。

(六)評估使用結果

在此階段，工業購買者會對提供產品的供應商評估整個採購的結果。採購單位會與使用單位聯繫，請他們依使用結果之滿意度予以評分，所得之結論將導致買方決定繼續、修正或停止原來的供應商。因此，賣方必須持續追蹤購買使用者之績效評估的變數，以確認顧客能獲得預期的滿足。

◉ 三、工業購買決策之參與者

在典型的企業組織中，採購部門對於經常購買的產品或服務，都會設定一些標準，以期降低各種購買風險。然而，有些採購情況比較複雜，且涉及到許多的決策者。企業在購買工業品時，往往是由採購團或是決策單位來執行，此稱為採購中心 (buying center)，是由許多人或是一些單位加入採購的決策過程；採購中心的成員參與購買決策，負有共同的目標，並共同分擔決策的風險。

採購中心的成員在購買決策過程中，分別扮演下列五種不同的角色：

(一)使用者 (user)

即真正使用產品或服務的人或單位；使用者往往是產品購買的發起者，他們必須提出對產品的需求與問題，如此才能買到合適的產品。由此可知，使用者在產品規格的決定上，具有很大的影響力。

(二)影響者 (influencer)

組織內外協助制定購買決策標準的人即扮演影響者的角色，例如財務人員可能設定產品價格的上限，工程技術人員可能設定機器可容忍的精確度之下限，而組織外部的顧問工程師則可能受邀前來評估各供應商產品設計之優缺點。這類影響者的角色雖不做產品與供應商的選擇，但他們所具有的實質影響力是不容忽視的。

㈢守門者 (gatekeeper)

守門者是組織內負責控制採購資訊流程的人，他們能夠決定哪些有關促銷及賣方的資訊可以傳遞給其他各種角色人員，並且決定是否推銷人員能夠與採購中心的成員接觸。例如秘書可能將潛在的供應商之銷售人員擋在門外；生產經理可能制定政策以避免供應商的銷售人員與公司的作業員（產品使用者）接觸。工業行銷人員欲通過守門者的把關，通常需要有良好的人際關係之技巧。

㈣決定者 (decider)

係指有權決定選擇與同意哪些供應商的人。對於購買比較昂貴的產品，決定者通常是高階主管，至於比較便宜或例常性的採購品，則購買者便是決定者。

㈤購買者 (buyer)

係指擁有正式權力選擇供應商及協商購買條件的人，他們會與供應商交涉簽約的細節；這些人乃是實際執行採購行動的人。然而，當契約涉及長期的重大採購案時，他們亦必須與高階管理人員協商，或者此時高階主管即變成購買者。

工業行銷人員必須確認採購中心之各成員在整個購買決策過程中所扮演的角色，如此才能針對不同的成員採取不同的訴求方式。具體言之，工業行銷人員必須瞭解：(1)參與購買決策的主要是哪些人？(2)他們所能影響的決策有哪些？(3)他們之間的相對影響力如何？(4)他們決策的目標為何？

工業購買決策的類型從最簡單的直接重購至最複雜的全新採購，其受到採購中心之多重影響程度亦有所不同。之所以稱為多重影響，乃因為工業購買決策過程中有各種不同的採購中心之成員扮演不同的角色。在例常性採購品的購買決策中，通常只有使用者與購買者會參與決策；而在購買較昂貴且複雜的購買決策中，幾乎五種成員均會參與決策。表 5-3 列示不同的購買決策類型之各種特性上的比較。

表 5-3　工業購買決策類型之特性的比較

購買決策類型	資訊收集	決策型態	採購多重影響之程度	決策所需的時間
全新採購	廣泛	非常複雜	高	最長
修正重購	有限	有些複雜	中	普通
直接重購	例常性	例常性	低	最短

◉ 四、採購部門角色與採購決策準則

㈠採購部門的角色

隨著企業組織規模的擴大，其採購部門可能擁有無數的專業人員，這些專業人員每位可能只負責一樣或少樣的產品。工業行銷人員在拜訪這些專業人員時，必須要能提供有關成本、品質、產品性能及可靠度等詳細的產品資訊。由於大型公司逐漸體認到採購功能的重要性，因此他們愈來愈偏向採取集中採購的方式；換句話說，這些大型的公司設立集權的採購部門，負責公司內部的所有採購功能。

㈡採購決策準則

前述的工業購買決策過程中的「評估供應商」之階段，公司往往設定一些標準作為評估的依據。比較重要且普遍被採用的決策準則包括下列各項：

1.可靠性

主要是指交貨期間的可靠性，亦即公司在選擇供應商時，其重要的考慮因素乃是這些供應商能否準時地運送貨品。

2.產品品質

相對於消費品而言，工業品較重視產品品質的因素，而消費品則較重視產品價格的因素。此對於實施全面品質管理 (TQM) 的公司而言更是重要，因為公司所採購的產品之品質，足以影響到公司所生產出來的產品之品質。

3.成　本

工業品的購買者當然希望能以最低的成本購買到合乎品質標準的零件。工業購買者一般會利用價值分析 (value analysis; VA) 來設定適當的品質標

準，然後據此來尋求可能的最低成本之供應商。

4. 供應商的產能

工業購買者亦希望供應商能夠提供他們現在與未來需求的數量，否則他們可能就會更換供應商。前面曾提及有很多的工業購買者希望保持多重的採購來源，其主要的考慮因素即在於避免發生缺貨的情況。然而，目前亦有愈來愈多的廠商（特別是日本公司）追求少數幾家的供應來源。他們所持的理由是：若能與少數幾家供應商建立密切的合夥關係，則在產品品質、貨源、價格與可靠性等方面，均可加以確保。

5. 售後服務

工業購買者在作供應商的選擇時，供應商的售後服務能力往往亦是重要的考慮因素；尤其是在機器設備的購買決策，若機器在操作中故障，卻無法立即獲得修復，其所造成的損失可能相當嚴重。

6. 供應商的信賴度與誠實

工業購買者也希望供應商能滿足其對產品特性的需求，這包括供應商之生產、服務、工程與銷售人員之能力與可信賴度。換句話說，供應商能否誠實地履行其所保證的承諾，往往亦是購買者的重要考慮因素之一。

7. 相互性

相互性指的是買賣雙方相互購買彼此的產品之一種協定 (agreement)，這種相互購買的協定可以有很多方式，亦可能包括數家公司。例如甲公司可能會影響乙公司向丙公司購買產品，因為丙公司是甲公司的顧客。在很多情況下，公司之所以會選擇某一供應商，乃因為此相互性之考量。

8. 感性因素

雖然工業購買者大多數為專業人員，但他們的購買行為也一樣會受到感性因素的影響。採購中心可能包含數位成員，而每一位成員都需受到認可與尊重。因此，如何滿足這些成員在感性方面的需求，實為重要的考慮層面，特別是當各個潛在的供應商所提供的產品並無多大的差異時。

行銷實務 5.1

京元電子與聯電建立 B2B 供應鏈整合，強化企業競爭力

2001 年 2 月，國內 IC 測試廠商京元電子 (KYEC)，在 B2B 解決方案服務提供廠商太一信通公司的協助之下，利用領先全球的 B2B 軟體平臺 Extricity B2B 解決方案，與聯華電子 (UMC) 建立 B2B 供應鏈整合，透過網路即時掌握產品生產動態，積極朝建立半導體後段測試的電子商務與虛擬工廠邁進。

全球 IC 委外測試需求量每年成長二到三成之間，目前國內的 IC 測試廠商有近三十家之多，隨著 IC 產能提高，測試市場量不斷成長，為提高市場競爭力，並增進與聯電及其他廠商間的訊息溝通效率，以晶片研磨切割、測試業務與捲帶包裝為主要業務的京元電子，選擇太一信通代理的 Extricity 軟體作為導入 B2B 流程整合的解決方案，京元以不到三個月的時間，把後端資訊系統以及對外與聯電的互動訊息相整合，順利地推動即時流程的 B2B 電子商務。

導入 Extricity B2B 能夠加速京元與聯電之間的交易流程。在本系統導入之前，京元利用 FTP 作為和聯電傳輸的介面，合作廠商無法即時掌握進度。在本系統導入後，所有委工單 (Work Order) 及在製品報告 (WIP Report) 均能夠自動從京元後端系統擷取出來，傳送至聯電的 Extricity 系統後，直接進入聯電的後端系統；反之亦然，聯電的所有相關資訊亦能自動於其後端擷取並傳送至京元的 Extricity 系統。經由兩者之間百分之百的流程自動化，不僅錯誤的機會大幅降低，京元也同時藉著內部流程再造，提高對客戶的服務品質。導入 Extricity B2B 後，除了增進京元與聯電雙方的產能規劃能力外，還能彌補之前利用 FTP 傳輸的缺失，京元目前已著手規劃其餘流程的導入。

這項內外流程整合成就，大幅提升京元在全球半導體產業供應鏈上的地位，「京元重視客戶的服務品質，希望產能規劃能力增強之後，能提高客戶滿意度」。京元電子資訊技術處處長陳嘉仁表示，「京元在導入 Extricity B2B 後，不但降低傳輸上的缺失，並且有效縮短整體作業時間，生產效能大幅提升」，「日後京元將持續努力複製成功經驗，導入其餘流程，以協助更多廠商客戶

共同合作，並加強提升服務價值與品質，以提升半導體整體的產品品質，可望成為國內半導體整合性後端服務的第一大廠。」

作為 Extricity B2B 關係管理軟體臺灣總代理的太一信通，在臺灣及全球擁有強大的合作夥伴，透過推動 Extricity 所累積的 B2B 先進經驗，太一信通從 1997 年起協助建置台積電、威盛、凌陽與日月光供應鏈體系的虛擬整合，將台積電「虛擬晶圓廠 (TSMC–Direct)」的概念成功付諸實現；並成功的將 Extricity B2B 方案安裝及整合日月光集團分立的跨國事業體，實現集團內部多角化經營的加乘效果；協助同欣電子、京元電子與國外 IC 大廠的流程整合；目前亦協助多家國內高科技企業推動與國內外客戶夥伴的 B2B 整合，以大幅提升整體產業的附加價值。過去兩年太一信通除了領風氣之先，在臺灣紮根推動 B2B 流程整合與關係管理外，並積極協同全球 RosettaNet 組織及臺灣 RosettaNet 組織在臺推展供應鏈流程標準及產業應用，並先後完成世平興業與 Intel、台達電與康柏電腦、台積電與日月光、Motorola 進行 RosettaNet 供應鏈標準的實際串連，成績斐然。

（資料來源：太一通信股份有限公司，http://www.unitopia.com）

第四節　消費者市場與工業市場之行銷組合的比較

前面第二節中曾述及工業市場的特性，這些特性乃相對於消費者市場而言；換句話說，由於兩種市場之特性有所不同，故其所採取的行銷組合亦有所差異。本節乃針對行銷組合 4P，分別就消費者市場與工業市場之差異做一簡略的比較分析，期望能從比較中讓讀者對工業行銷的本質有更深一層的認識。當然，在讀者研讀完本書之後，若有興趣的話，當能對消費者市場與工業市場之行銷組合做更深入的比較分析。

◉ 一、產　品

　　消費品與工業品在產品的生產型態是不同的。一般而言，消費品較多傾向於採存貨生產的型態，亦即依據市場調查預測消費者未來的需求之質與量，然後預先製造完成，待消費者一有需要便可馬上供應至市場上（當然，消費品亦有屬於例外者）。反之，工業品較多屬於按顧客訂單來生產的型態。

　　消費者在購買某些產品時非常重視售後服務，如汽車與大型的家電用品等。對於工業品購買者而言，售後服務的能力更是關鍵的考慮因素，特別是一些機器設備的採購。此外，工業品在銷售時，往往需要在銷售前提供技術協助，並確定產品的規格。

　　至於產品特性方面，工業品購買者通常較關心產品的功能，而消費者則可能較注重產品的式樣 (style)。例如一家公司的老闆要為其公司購買公務用車時，會比較重視保養契約、哩程數及維修服務等；反之，若為個人購買自己的用車，則可能較注重汽車的式樣及其他各種感性的功能。

　　最後，對於產品包裝方面，消費品之包裝目的較多從產品促銷的功能為出發點，而工業品包裝的重點則在於保護的功能。

◉ 二、定　價

　　工業市場的購買者，特別是在原料、物料或零件的採購時，對價格往往較為敏感，但對主要設備的價格則較不敏感；換句話說，工業購買者並不全然追求最低的價格，而是在符合品質標準之前提下，再追求最低成本的供應商。此外，競價 (competitive bidding) 在工業行銷人員的定價策略上亦扮演一個重要的角色，這類似與顧客之間的討價還價之協議過程，然此種方式在消費品的定價上則很少出現。最後，工業市場的購買者相對於消費者市場，採用較多的租賃方式來購買產品。

◉ 三、通　路

　　消費者通常是到零售商店購買產品，而工業品的供應商則會主動前去拜

訪顧客。一般而言，訂單量愈大且產品愈複雜，則工業購買者愈可能直接向生產者採購。

　　由於需要較多的售前與售後服務、體積笨重或價格昂貴等各種因素的影響，工業品的配銷通路通常要比消費品短；幾乎有一半以上的工業生產者皆由自己配銷給使用戶。

◉ 四、促　銷

　　工業行銷與消費品行銷在促銷組合的應用上有很大的差異。消費品行銷人員非常倚賴大眾傳播媒體的廣告，包括電視、收音機及發行量大的雜誌等媒體；而工業品則較倚賴人員銷售、商展以及在專業性雜誌上登廣告，而且這些促銷活動通常會指向特定的使用者、影響者、守門者、決定者或購買者。

　　工業行銷亦可廣泛地使用各種銷售推廣的活動，例如舉辦電腦與人腦象棋比賽等競賽活動、折扣活動、特殊的廣告贈品等。另一種促銷組合的活動為公共報導與公共關係，亦受到工業行銷人員的重視。例如 7-ELEVEN 便利商店經常利用各種媒體來免費報導對公司有利的各種訊息，藉以改善公共關係，期能贏得顧客與社會大眾對公司的支持。

　　最後，很多工業品雖然並非是經常性購買的項目，例如銀行不會常常購買冷氣系統，但是供應商仍應與顧客保持聯繫，因為等下一次需要更換空調系統時，便可能獲得此一大宗的生意。

習　題

1. 組織型市場可依購買產品或服務的目的來分類，請詳述各類型組織市場其購買產品或服務的目的為何？並列舉各類組織市場的使用客戶。

2. 工業行銷與消費品行銷在購買行為上有何差異？請詳細比較之，並請敘述這些差異對行銷作法的涵義。

3. 為何我們說組織市場的銷售金額要比消費品市場來得大？

4. 工業市場有哪些特性？而這些特性對行銷有何重要的涵義？

5. 試比較不同的工業購買決策類型，其在購買行為上的差異。

6. 當公司開始重視全面品質管理及與供應商的合作關係之後，其對公司的採購部門之角色有何影響？

7. 一般而言，工業購買決策的評估準則為何？請簡述之。

8. 請說明消費者的購買類型與工業購買類型，然後加以比較。

9. 請簡略地比較消費者市場與工業市場之行銷組合的差異。

10. 公司在進行工業採購時，其供應來源一般包括單一來源 (single source) 與多重來源 (multiple source)；請問採用單一來源供應商與多重來源供應商之優缺點各為何？

策略篇

第 六 章

目標行銷

　　行銷策略規劃的目的之一乃在於尋找具有吸引力的目標市場，然後進而採取合適的行銷組合策略，如此才能確保行銷策略的成功。

　　具有吸引力的目標市場對企業而言是非常重要的，它有兩個涵義。其一為：整個市場是非常遼闊龐大的，企業很難通吃整個市場，必須先尋找其目標對象，然後針對其需要採取適當的行銷活動，此即目標行銷 (target marketing) 的觀念。第二個涵義為：市場上每一個消費者的特性皆有所不同，包括有不同的購買動機、偏好與購買行為等，因此企業若僅採用一套的行銷活動，勢必無法滿足所有的消費者。因此必須先找出一群具有相似的消費者特性之目標市場，然後迎合其需要，如此行銷才容易成功。由以上可知，目標市場的確認應是企業採取行銷組合的先前作業。然而，如何選擇對企業有利的目標市場，首先必須先進行市場區隔。以上乃是本章所要探討的部分內容，本章的另一個重點則是定位策略，這是確定公司的產品在消費者心目中佔有何種地位的行銷策略。定位成功與否，以及定位能否與行銷組合相配合，皆關係到企業的行銷策略是否能成功的關鍵。

第一節　目標行銷的涵義

◑ 一、目標行銷的意義與觀念

　　不論在何種產品市場，任何企業都瞭解到它不可能以單一產品或服務來滿足市場中所有顧客的需求，因為消費者人數太多，分佈太散，而且都有不同的購買需求與購買習性。因此，每家廠商都必須選擇對其最有吸引力的市場，然後迎合此一市場之顧客的需要，如此才能使其行銷活動發揮效能，此乃目標行銷的基本觀念。

　　具體言之，目標行銷係指廠商把整個市場分割出不同的市場區隔，然後從中選定一個或數個小的區隔，並發展出不同的產品與行銷組合，希望透過集中心力，而取得局部優勢。

　　就運作特性而言，目標行銷是採用「來福槍」方式，而非「散彈槍」方

式來射擊行銷標的物 (object)，因此目標行銷的採行，可以使企業達到行銷資源之有效率運用的目的，這猶如「量力而為，從中取利」的作法。

基於有限的企業資源與需求多樣化的市場，任何企業皆無法滿足市場的全部；相反的，企業應該考慮本身的能力以及市場的同質化程度，集中致力於某一或某些特定的市場來經營，如此方能達到資源充分利用之目的。此種市場配合策略的運作稱為目標行銷，它是選擇目標市場與定位策略的基礎。

◉ 二、目標行銷的步驟

目標行銷是現代行銷策略的核心，又可稱之為 STP (Segmentation、Targeting、Positioning) 行銷，包含三個步驟（參見圖 6–1）。第一步是市場區隔 (market segmentation)，其是以消費者的需求為基礎，將市場區隔成為幾個具有不同產品與行銷需求的消費族群。第二步是目標市場選擇 (market targeting)，將市場做好適當區隔之後，公司可以選擇以其中的一個或多個市場區隔作為進入市場之標的。第三步是市場定位 (market positioning)，是設計公司產品和形象的一系列行動，以期能在目標顧客心中留下深刻與良好的印象。

圖 6–1　目標行銷之實施步驟

第二節　市場區隔

◉ 一、市場區隔的基本概念

㈠市場區隔與利基市場的意義

所謂市場區隔 (market segmentation) 係將一個市場分隔成幾個不同的消

費群，每個消費群可有不同的消費習性或需求，然後再針對這些不同消費習性與需求發展出不同的產品與行銷組合，來滿足消費者的需求。

市場區隔的最基本前提乃是假設市場內的顧客並非是同質的 (homogeneous)，而是有著不同的需求或是異質的 (heterogeneous)；換句話說，市場區隔乃是企業將一個大的異質市場，依據消費者的需求基礎，分割成幾個同質性較高的小市場之過程。如果市場是同質的話，那麼企業僅需發展一套行銷組合來訴求相同的顧客即可。典型的例子是早期的「可口可樂」，以單一行銷組合打遍天下。這種行銷策略被稱為是「大眾市場策略」(mass market strategy)。

然而，由於顧客的需求漸趨多樣化，在這種分歧的需求下，即使是可口可樂，也會發展出不同的行銷組合，包括不同的產品，亦即除了傳統的可樂 (classic coke) 外，尚推出了不含糖分的健怡可樂 (diet coke)、含櫻桃口味的櫻桃可樂 (cherry coke)，並就每一種產品發展獨特的行銷組合。

這種相對於大眾市場策略的行銷策略，在美國稱為「市場區隔策略」(market segment strategy)，在日本則稱為「小眾市場策略」；而在臺灣，一般對此種市場需求分歧的時代習慣稱為「分眾的時代」。

企業可以從小市場間的異質性及同一市場內的同質性，建立該企業的利基市場 (niche)。利基市場是將顧客群做更狹窄的定義，為其提供一特殊的產品利益組合。當企業以更細緻的顧客需求特徵來分隔市場時，市場將可以更進一步的細分成為許多不同的利基市場。

通常一個市場區隔會吸引數個廠商進入市場，然而一個利基市場則是吸引一個或極少數的競爭者。由於利基市場的行銷人員對於該區隔消費者的特殊需求相當瞭解，並且能據此提供適當的產品或服務以滿足其需求，因此顧客願意支付較高的價格。例如香奈兒對於其所設計的服飾可以訂定相當高的價格，乃因為其品牌喜好者認為其他廠牌的服飾無法滿足其個人對品味的要求。一個良好的利基市場之特色是：顧客具有特殊獨特且複雜的產品需求組合，並且對於能夠滿足其特殊需求的產品與服務願意支付超額價格。

(二)企業是否該追求區隔化策略？

市場之所以需要區隔，主要原因是顧客對產品的需求具有差異性。然而，

企業是否該運用區隔化策略，最好先分析現有的與潛在的顧客，並以下列五個問題作為重要的考慮因素：

1. 潛在顧客之特性與需求是否有所差異？

2. 各市場區隔是否可依其吸引程度加以區分與比較？

3. 各市場區隔是否大到有獲利的潛力？

4. 合適的行銷組合是否可觸及這些市場區隔？

5. 這些市場區隔是否會對行銷組合有所反應？

　　如果大眾市場的同質性很高，那麼一套行銷組合就足夠了，並沒有採取區隔化策略的必要。如果市場之特性與需求只有些微差異，則或許可以採用大眾市場策略再輔以產品差異化策略即可。但是，若市場之異質性愈高，則愈需要運用市場區隔化策略。

　　例如食鹽的購買者，不論在品質、數量、價格等因素，需求與特性大致相同，因此這種產品可能不需採用區隔化策略。另一方面，例如女性服飾市場的消費者，由於她們需要不同的式樣、尺寸、顏色、質料及價格等，因此這類的產品市場有必要採用區隔化策略，以迎合不同需求與興趣的顧客。

　　在比較各市場區隔之吸引力時，行銷人員必須評估收益潛力與行銷成本。市場區隔之辨認與比較分析，可以使行銷人員決定是否至少有一個市場區隔夠大而可因此獲利。如果找不出這樣的一個區隔，當然沒有理由實施區隔化策略。即使可以找到這樣的市場區隔，行銷人員還必須設計合適的行銷組合以符合每個市場區隔的需求。此外，企業也必須有足夠的資源與能力，以達到滿意的投資報酬率；否則，亦沒有實施市場區隔化策略的必要。最後，企業還必須確定目標顧客會對所推行的行銷組合有所反應（可透過行銷研究的活動）；除非目標市場區隔的顧客能有所反應，否則企業恐怕無法達到目標利潤。

◐ 二、市場區隔的程序

　　市場區隔的程序包括四個步驟，如圖 6-2 所示；以下我們即依序來介紹各個步驟：

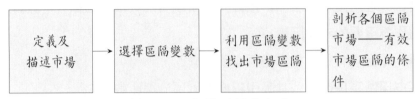

圖 6-2　市場區隔的程序

(一)定義及描述市場

在進行市場區隔之前，公司必須明確的定義及描述市場。其作法是依產品構面、顧客需求、顧客類型及地理區域等構面，先對企業所欲服務的市場給予最廣泛的定義，然後逐步地對這個市場給予更明確的定義及描述，以縮小其所服務市場的範圍與對象。例如以啤酒公司為例，它可依產品的種類（啤酒）、產品的形式（淡啤酒與一般啤酒）或品牌等方式來定義市場。假定該公司以產品種類——啤酒來定義市場，則可能太過狹義，因而忽略了其他可能的競爭者，例如其他類似的含酒精飲料之廠商。

由此可知，在有必要的時候，不僅以產品構面來界定市場，而應該再輔以顧客的相關構面來定義，如顧客所追求的利益。基本上，產品是能夠滿足某種特定需求，或者能提供某種特定利益的財貨或服務；而顧客購買產品亦是為了滿足某些需求或為了追求某些利益。假定上述的啤酒公司改以「解渴」的顧客需求來定義市場，則很顯然的應該將其市場擴充至「可以滿足解渴需求的飲料市場」。值得注意的是，市場的定義應該具體明確，方有助於市場的描述。

在定義了市場之後，接著應就市場上的顧客特徵、產品特性及競爭者特徵等加以敘述，如此對整個市場才能有更深入的瞭解，有助於日後如何擬定合適的行銷組合及做適當的定位。

(二)選擇區隔變數

可用來作為市場區隔的基礎之變數相當多，幾乎所有與消費者行為有關的變數，都可用來區隔市場；也因為如此，所以常造成行銷人員面臨了抉擇的困難。基本上，市場區隔並沒有唯一的途徑，應該嘗試各種不同的區隔變

數之單一或是聯合的區隔，以期能找出劃分市場之最有效的方法。

　　實務上較佳的作法是進行市場調查，以瞭解消費者進行購買決策時，決策的種類、步驟以及最可能影響決策的變數有哪些。例如許多消費者在購買汽車時，可能先決定他們所想要的品牌，然後再決定汽車的形式。此時，行銷人員便須設法去瞭解哪些變數最能影響消費者之品牌與形式的決策。

　　由於市場區隔的目的乃在於發掘各類具有不同特性與需求的消費群體，因此那些對於所有人都一樣的特性與需求，並不適合作為市場區隔的基礎。例如某飲料公司發現其飲料產品的購買者中有 99% 的人喜歡 200cc 的罐裝或鋁箔包裝的飲料，此時這個市場就不適合以容器大小作為市場區隔的基礎，因為容量大於或小於 200cc 的區隔所佔的人數太少了。

　　以下我們介紹幾類常用的區隔變數，包括地理性區隔、人口統計區隔、心理性區隔及行為性區隔等變數，參見圖 6-3。

圖 6-3　市場區隔變數的種類（消費者市場）

(三)利用區隔變數找出市場區隔

　　以下我們分別介紹四類的區隔變數，並盡可能舉例加以說明。

1. 地理性區隔變數

　　依照地理位置來區隔市場，如國家、區域（北部、中部、南部）、氣候、

人口密度等。因地理區域不同而導致的不同消費行為，通常會促使行銷人員發展不同的行銷組合以訴求不同區隔的人。以下我們列舉數例加以說明：

⑴氣候：如寒帶、溫帶、熱帶氣候等；此外，濕度與雨量亦會影響消費者對產品與性能的偏好。例：冷、暖氣機及除濕機等產品市場，皆會受到氣候不同所影響。

⑵區域：如北部、中部、南部等。例：臺灣北部與南部消費者對汽車的購買，北部偏好輕便、流線型的車子，而南部則選擇大型、穩重的房車。又，不同地區的父母購買童裝之口味偏好亦有所不同，北部家長一般較喜愛設計簡單、舒適、重視質料及觸感的童裝，而且亦很在意是否為純棉；而在中南部的家長則較偏愛繁複的款式、對式樣的重視程度遠超過質料本身，而且偏愛鮮麗的顏色。

⑶人口密度：如都市、市郊、鄉村及城鎮等。例：都市的空間狹小，對傢俱的選擇以小型、精緻為主。

2. 人口統計區隔變數

人口統計變數是基於統計資料（如年齡、性別、購買力、職業等），針對市場劃分不同的消費群體。人口統計變數是最常被用來區隔市場的方法，原因之一是，消費者的欲求、偏好與使用率等，皆與人口統計變數有密切的關聯；另一個原因則是，人口統計資料易於取得與衡量。以下說明數個例子：

⑴年齡：如 10 歲以下、10～20 歲、20 歲以上等。例：有些兒童服飾的製造商將市場分為嬰兒期、學步期、托兒所期、幼稚園期以及小學生期。又，統一兒童專用奶粉的市場，亦以年齡為市場區隔的基礎。此外，嬌生嬰兒洗髮精、寶鹼公司的小飛柔等，都是針對兒童髮質所設計的，強調其溫和性與不刺激。

⑵性別：許多產品經常以性別來區隔市場，如服飾、洗髮精、香煙、玩具及雜誌等。甚至各種紙尿褲亦以性別來強調男女有別的特殊造型。值得注意的是，在以性別為區隔變數時，必須以謹慎的行銷研究為基礎，並考慮傳統性別角色的改變。譬如家事與照顧嬰兒的工作等，已有許多男性參與。此外，隨著職業婦女的增加，女性擁有汽車者愈來愈多，因此汽車市場上就有

特別強調專為女性而設計的女用汽車之上市。

(3)購買力：很多市場可以購買力來區隔，例如汽車、服飾、化妝品及旅遊等產品與服務。譬如金卡與白金卡訴求於較高所得的人，他們想要更多的服務，而且也願意支付較高的費用。

(4)職業：如家庭主婦、農、工、商、軍及學生等。職業是用來衡量個人或家庭社會地位的指標之一。不同職業的人雖然有相同的收入，其消費型態經常有顯著的差異。例如中級主管與水電工的收入可能相當，但其消費方式可能相差甚大。

(5)教育程度：如國中以下、高中、大學以上等。一般而言，教育程度較高者其在產品的購買上比較會從事各種產品的選購，不在固定的商店購物，閱讀消費者報導，以及對瑕疵品與不良的服務常會有所抱怨。

(6)家庭大小與生命週期：如年輕單身、年輕已婚沒小孩及年長獨處等。譬如新婚夫婦是家用電器的重要市場，年輕離過婚又有小孩的單親家庭則是托兒所的重要市場；金融機構貸款的目標市場是年輕家庭，而存款活動則訴求於年老家庭。此外，房地產業常以家庭大小為市場區隔的基礎，如「單身貴族」、「兩人天地」、「三代同堂」等。

值得一提的是，雖然是屬於相同的行業，但不同的公司可能會採用不同的市場區隔基礎。茲以國內的速食連鎖店為例，麥當勞以兒童及年輕人（年齡層由4～30歲）為主要的目標市場；摩斯漢堡則是注重高品質、高價格，亦即以所得為區隔基礎；肯德基重視以家庭成員的定位方式；而三商巧福則以職業來區隔市場，提供上班族及學生便利的用餐環境。

3.心理性區隔變數

地理性與人口統計變數傳統上被視為區隔市場的主要因素，但是同一地理或人口統計區隔內的人，在心理性變數可能有顯著不同，例如個性。心理性區隔化是以社會階層、人格特質及生活型態來區隔市場的方法。

(1)社會階層：每個人所處的社會階層不同，其對汽車、服飾、旅遊與休閒活動、融資服務、閱讀習性、傢俱與裝飾品及零售商等之消費習性、偏好與需求等皆有可能不同。例如零售商經常使用社會階層當作市場區隔之基礎。

譬如百貨公司以中、高社會階層的人為目標市場；量販店與便利商店則以中、低社會階層的人為目標市場。

⑵人格特質：行銷人員有時會塑造產品適當的品牌個性（品牌形象或品牌觀念），以吸引相對應的消費者之個性或人格特質（自我形象或自我觀念）。一般而言，人格特質可分為衝動型、競爭型、合作型、權威型、具野心、積極性、善社交、獨立型及內外向等。譬如 Marlboro 香煙以「獨立、豪邁、喜愛自由與具冒險性」的人格特質，作為其目標市場。汽車市場上更常以人格特質為訴求重點，例如福特曾以「獨立、衝動、男性化、應變力強及自信」等人格特質來訴求，而雪佛蘭汽車亦曾以「保守、節儉、希望被尊重、較不男性化及避免極端」等人格特質來訴求。

⑶生活型態：行銷人員有時會以一份問卷，詢問消費者有關其行動、意見及興趣的問項（AIO 量表，參見第四章），要求表達同意或不同意的看法。藉著分析許多消費者的答案，可將他們區分成數類不同生活型態的消費群。由於不同生活型態的消費群，對於如何選購適合其生活型態的產品、可能選購其他何種產品，以及消費需求與特性等，皆可能有顯著的差異，因此生活型態變數亦經常被用作為區隔市場的基礎。例如福斯公司曾針對好國民型的消費者推出強調經濟性、安全性及實用性的汽車，而針對玩車的人則推出操作性能、速度及運動性的汽車；日本人也曾針對夜貓子推出提神清涼的口香糖，深具效果；且又有一種專為沒有時間刷牙的上班族設計的「刷牙口香糖」（稱為 NOTIME），具有去除牙垢、潔白牙齒的功效。此外，國內的司迪麥口香糖曾以青少年、上班族的發言人自居，推出不同顏色的口香糖作為訴求。以上這些例子，皆是以生活型態作為區隔市場的基礎。

4.行為性區隔變數

行為性區隔變數主要是依據購買者實際的一些購買行為，如多久購買一次、購買數量、使用後的滿意度等，以及其對產品的認知、態度等，將市場區隔成不同的消費群體。以下介紹幾種較常用的變數：

⑴購買動機：購買者可依照他們購買產品的動機來區別；例如買房子的動機可能包括置產、居住、投資、渡假等。

⑵購買時機：購買時機區隔法經常被廠商用來刺激產品的使用率，可區分為平時場合或特殊場合。例如重要的節慶日時，某些特定的產品之銷售量大增，如情人節時，巧克力與玫瑰花都是搶手貨。

⑶使用者狀況：將市場依使用者過去的情形區分為「使用者」、「非使用者」、「曾經使用者」、「首次使用者」等不同的消費群體。例如捐血中心應可針對「未曾捐過血」、「第一次捐血」及「曾捐過血」等狀況來區隔，並採用不同的訴求。

⑷追尋利益：不同動機的顧客追尋不同的利益，而不同年齡、所得、性別、地區的顧客，也可能追求相同的利益。因此，公司可選擇所欲強調的利益，創造具有此利益的產品，並將訊息傳達給尋求此利益的顧客。使用利益區隔法，必須先瞭解消費者使用產品所追尋的主要利益為何？然後研究追尋某種利益的消費者是哪些人？例如牙膏購買者所追求的利益包括經濟、保健、美容與味道，當然每一利益區隔皆有其特定的人口統計特徵、購買行為及心理統計特徵等。又如味全低脂鮮奶頗符合年輕女性怕胖愛美的心理，因此頗受追求此種利益之「怕胖族」的歡迎。

⑸使用率：依據顧客對某一產品的購買量或使用量，將顧客區分為「很少使用者」、「中度使用者」及「重度使用者」等消費群。在啤酒、香煙及飲料等市場上，經常採用使用率來區隔市場。此種區隔法的重要性在於，重度使用者可能僅佔市場的一小部分，但其消費卻佔相當大的比例。所謂「80/20法則」是指公司的 80% 收入來自於 20% 的顧客，亦有相同的道理。由此可知，公司只要能找出其產品的重度使用者，然後集中全力投入於此一群目標顧客，則應可獲致較佳的效果。

⑹品牌忠誠度：市場亦可依消費者對品牌與商店的忠誠度來區隔。品牌忠誠度是指購買者有長期購買某特定品牌產品之傾向。例如牙膏與啤酒市場均是品牌忠誠度相當高的市場。處在這種產品市場上的公司，須經過一段艱難的努力方有可能提高其市場佔有率；同樣的，欲進入此類市場的新廠商，更須歷經一段艱苦的奮鬥方能打入市場。

以品牌忠誠度來區隔市場，其重要的涵義如下：假定某品牌香煙之使用

者可分為忠誠與非忠誠顧客,則公司可透過研究最忠誠顧客之地理、人口統計及心理變數等,當能使公司更加瞭解該品牌之目標市場。同樣的,藉著研究比較不忠誠之顧客,公司也能更瞭解其主要的競爭者。此外,要留住忠誠顧客與要改變不忠誠顧客為忠誠顧客,二者所需採用的行銷組合策略必須有很大的不同。例如要將非忠誠顧客變為忠誠顧客,通常更須採用大量的促銷活動來打動其心,如贈品及折價券等的使用。

　　(7)對產品的態度:顧客亦可依其對產品的熱衷程度予以區隔,一般而言可分為五種態度,即狂熱、喜歡、無所謂、不喜歡及敵視。例如政治候選人挨家挨戶的拜訪選民可依據選民的態度來分配其花費的時間;他可以花較多的時間向狂熱擁護者致謝,並提醒他們去投票;另外,他也許不會花時間去改變那些對他有敵意或不喜歡他的選民之態度;至於那些喜歡他的選民可花些時間增強正面態度,以及嘗試爭取那些無所謂之態度的選民。

〔小結〕

　　從前面所述的市場區隔變數中,我們瞭解到行銷人員所能運用的區隔變數甚多。因此,如何選用適切的區隔變數,將是行銷人員的一項大挑戰。有些行銷人員採取「嘗試錯誤」(try and error) 的方式,即逐項檢閱各區隔變數的適用性。只要是適用的區隔變數便將之保留,最後將所篩選下來適用的變數構成一組合,由此而選出一個區隔變數。

　　準此,區隔變數的選用可為單變數亦可為多變數。單變數區隔化的優點是使用簡單,而缺點則是市場定義不夠明確,因此不易設計出合適的行銷組合。至於多變數區隔化則可提供行銷人員更多有關某特定區隔的顧客之資訊,有助於設計出更合適的行銷組合。然而,由於每個區隔內的人數較少,所以每個市場區隔的銷售潛能相對地也會減少。圖 6-4 為以三種人口統計變數區隔市場的例子,包括性別、年齡及所得。

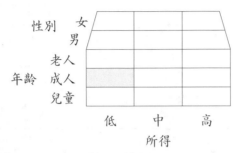

圖 6-4　以三種人口統計變數區隔市場

表 6-1 列舉一些產品可行之市場區隔的變數。

表 6-1　市場區隔的範例

產 品	可行的區隔變數
電 視	(1)價格；(2)消費者對品牌的重視程度
個人電腦	(1)價格；(2)職業：學生、專業人士、公務人員、教職
自行車	(1)地理性：都市居民騎車為了健身；(2)人口統計變數：中、小學生為了上學用；(3)功能性或非功能性（純休閒）
房屋市場	(1)地區；(2)職業；(3)家庭人口數：人數少選擇坪數小的房子；(4)所得：有錢人買較好的房子；(5)心理因素：求便利、求寧靜、為休閒
化妝品	(1)性別；(2)所得；(3)年齡；(4)職業
果汁飲料	(1)性別；(2)所得；(3)消費習性；(4)生活型態：重視健康、養顏、美容

　　另外，行銷人員在找出各市場區隔之後，必須能描述區隔內顧客的共通點，俾可應用各項行銷組合策略來滿足市場區隔內顧客的需要。一般而言，所有區隔變數均可用於描述某一市場區隔的特性，亦即無論是地理性、人口統計、心理性及行為性等變數均可採用。譬如根據某學者的研究發現，牙膏顧客可利用其追求的利益來區隔市場，區分成經濟型、保健型、美容型及味道型等，而每一類型之顧客皆具有其特定的人口統計特徵、購買行為特徵及心理特徵，參見表 6-2。

(四)剖析各個區隔市場——有效市場區隔的條件

　　利用區隔變數進行市場區隔之後，並不表示企業所得到的區隔市場一定是有效的區隔市場。一個理想而有效的區隔市場應具備下列四個條件：

　　1.足量性

表 6-2　牙膏市場利益區隔之各種特徵

利益區隔	人口統計特徵	購買行為特徵	心理特徵
經　濟（低價格）	男　性	經常使用者	獨立性強
保　健（防止蛀牙）	大家庭	經常使用者	憂慮，保守的
美　容（潔白牙齒）	年輕人	抽煙者	喜好社交活動
味　道（好味道）	兒　童	喜好薄荷口味者	自我享受，快樂主義者

指該區隔市場的銷售量夠大或獲利力夠高，值得公司為該區隔設計特定的行銷組合方案，以滿足該區隔市場的顧客。例如在多年前由於平均年齡偏低及老年人所得不高，因此國內的老年人市場根本不具吸引力。然而，隨著人口的老化，今日銀髮族市場愈具潛力，舉凡老人醫療、保健、休閒娛樂等事業，都已發展成具有足量性的市場。

2. 可衡量性

指該區隔市場顧客的多寡或購買力的大小，可以被行銷人員予以衡量的程度。人口統計變數之所以受到重視與運用，乃因其具有可衡量性；然而，心理性變數一般較難衡量。例如在對化妝品市場作區隔時，若以年齡或性別來區隔，則很容易衡量；相反的，若以追求時髦、講究個性化（皆為心理性變數）來區隔，在衡量上勢必大費周章。

3. 可接近性

指行銷人員對於所形成的市場區隔是否能有效地接觸與服務的程度。有些市場區隔很容易接近，如女性市場（性別）、學生市場（職業）、年輕人市場（年齡）等；然而有些市場區隔則很難接近，例如某公司為晚歸的女性設計防身器，則必須先瞭解這些女性經常購物的地點以及較常接觸的媒體，如此才能有效地提供其行銷服務。

4. 可行動性

指可以為所形成的市場區隔擬定有效的行銷方案以吸引並服務該市場區隔的程度。例如某一旅遊公司找出六個區隔市場，但由於人手不足，以致無法為個別的區隔市場，單獨發展一套行銷方案。

◐ 三、工業市場的區隔

　　前面所討論的市場區隔乃著重在消費者市場，然而許多消費者市場的區隔變數仍可運用在工業市場。例如我們可依地理性變數將工業市場的購買者區分為北部、中部及南部等；或者我們亦可依行為變數中的「使用率」，將某種零件的使用戶區分為「非使用者」、「很少使用者」、「中度使用者」及「重度使用者」等客戶群體。

　　事實上，基於工業市場的特性，一般尚可採用：⑴區隔重心及⑵產品——顧客等兩種方式來區隔工業市場。以下我們分別說明此二種方式的區隔法。

㈠區隔重心區隔法

　　在消費者市場上，市場區隔化的重心是最終消費者，而工業市場的區隔重心則包括企業組織、組織內的採購中心，以及採購中心內的個人。茲以列表的方式說明此三種區隔重心之區隔變數及其涵義，參見表6–3。

表6–3　工業市場之區隔重心的區隔變數

區隔重心	區隔變數與涵義
企業組織	1.組織規模：分支機構數目、運貨數量、年銷售額等 2.地理性變數：北部、中部、南部等 3.採購功能：集權採購組織、分權採購組織 4.產品的使用：使用地點（辦公室、倉庫或工廠）、如何使用（製造其他產品、存貨）、使用率（輕度、中度、或重度使用） 5.購買決策類型：全新採購、修正重購、直接重購 6.採購準則：產品績效、價格、售後服務、供應商因素等
組織內的採購中心	採購中心之成員的角色：使用者、影響者、守門者、決定者、購買者；各種角色之相對影響力
採購中心內的個人	1.人格變數：影響個人處理風險與決策的方式 2.購買者與銷售者相似之處：採購中心成員與本公司相似之處 3.冒險態度：風險承擔、風險趨避者 4.忠誠度：高忠誠度客戶、低忠誠度客戶等

㈡產品——顧客區隔法

　　工業市場的區隔亦可依⑴最終使用者；⑵產品用途；⑶顧客大小等三項

變數來作為區隔的基礎。以下舉鋁市場為例來說明之，並請參見圖 6-5。

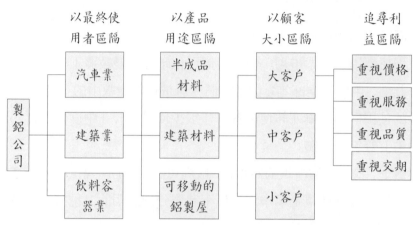

圖 6-5 工業市場區隔之範例——製鋁公司

假定某一家製鋁公司其產品可供許多產業做各項用途使用，然公司高階主管覺得資源及人力都有限，無法服務太多產業，也不適合有太多產品線，於是要求行銷人員做市場區隔以選擇其目標市場。

該製鋁公司可能先依總體區隔變數：(1)最終使用者；(2)產品用途；(3)顧客大小等三項變數來區隔，並依序選出建築業、建築材料及大客戶作為其目標市場。然而，在此一目標市場中顧客所追尋的利益可能又有所不同，因此可再依個體區隔變數（追尋利益）來區隔，包括重視價格、重視服務、重視品質及重視交期等，再作細分隔。

◐ 四、市場區隔的利益

廠商之所以對市場做區隔化，主要的目的在追求目標行銷的利益，一方面可以集中火力於特定的目標市場，以迎合顧客的需要；另一方面則可以藉此提高資源利用的效率。具體言之，市場區隔可帶給廠商下列的利益：

(一)利於發掘行銷機會

廠商若能明確具體地區隔市場，則可有效地顯示出每一區隔市場的動態，包括購買量、市場潛能、購買者滿意的程度，以及市場的競爭情勢，使得廠商能迅速地掌握機會，率先進入一個未被現有產品完全滿足的市場區隔，因

而獲得優勢的地位。

㈡可作為分配行銷預算的基礎

廠商可以依據各區隔市場的特性及其所需之特定的行銷活動，而有效地分配行銷預算。換句話說，行銷人員可以利用各區隔市場的不同情報反應，作為分配行銷預算的基礎，以便有效地控制行銷成本，使得預算分配更為合理。

㈢藉以設計行銷組合策略

行銷人員可以依據各區隔市場之顧客不同的特質，正確地設計與調整價格、產品、配銷通路及促銷組合等行銷組合活動，有效地爭取目標市場的顧客。

㈣分配公司資源及提高效率

「潛在的顧客太多，而資源卻是有限的」，因此任何一家公司都不可能吸引所有的消費者或滿足所有的消費者，所以必須配合公司的資源，找尋對公司有利的區隔市場，才能提高公司經營與行銷活動的效率與效能。

行銷實務 6.1

兒童專用手機國內市場熱賣

兒童專用手機果然有市場？目前市面上唯一標榜給小朋友用的手機在上個月搶進多家通路銷售排行榜前 10 名，其中在震旦通訊更一舉拿下銷售冠軍，令人跌破眼鏡！

當全球對於手機電磁波究竟是否傷人仍存有疑慮時，一般手機品牌多半不敢把腦筋動到對電磁波耐受度更低的兒童身上，因此摩托羅拉近來在國內推出兒童專用手機時，市場接受度不僅外界存疑，就連該公司總裁孔祥輝都坦言確實是險招。基本上，兒童手機應具備的條件除了小巧、可愛，最重要的是功能不能太複雜。以往易利信也曾提出兒童專用手機的概念，同樣是以可愛造型與鮮艷顏色吸引小朋友；在該概念機種中也加入了影像電話、藍芽等功能，不過後來並無上市量產計劃。

而摩托羅拉 T190 以寶貝的寶貝機定位，上市一個多月以來，已在各大通路傳出捷報；除了搶進銷售網站安瑟數位銷售排行榜第 9 名，在通常搭配中

華電信門號出貨的神腦通路，也以不搭門號的價格，在諸多搭配中華門號手機中拿下第 9 名。最出人意料的是，在震旦通訊連鎖通路，更超越諾基亞常勝軍 8250、8310 等機種，搶得第一名寶座。

業者指出，事實上該機種熱賣原因很簡單，只因為它的功能不複雜、價格低廉；目前不搭門號的單機價在實體通路只要 4 千元出頭，在網站通路甚至已經降至 4 千元以下。至於消費者購買該機種，震旦通訊指出，約有七成左右仍是大人自己要用，只有三成左右的消費者真的是要買給小孩用。不過也有通路業者指出，T190 使用的是鎳氫電池，除了續電力不如鋰電池，手機也較重，約有 99 公克，反而不如多花幾百元買同型的 T191。

（資料來源：大成電子報，2002 年 5 月 30 日，涂淑珍）

第三節　目標市場的選擇

在所有市場區隔中，並非每一個區隔皆是企業所願或所能進入的。企業必須根據其本身的能力、競爭者的條件及市場潛能等各方面的因素，綜合判斷後才能決定哪些市場區隔是要進入且征服的對象；這些被選為征服對象的市場區隔，便稱為「目標市場」(target market)。目標市場可以包含一個、多個或全部的市場區隔。企業必須有能力滿足顧客及企業本身之需求的市場，它是由一群具有相似需求的人群所組成的。

本節以下將分別說明選擇目標市場的策略以及選擇目標市場所需考慮的因素。

一、選擇目標市場的策略

俗語說：「弱水三千，僅取一瓢飲」，此乃行銷人員在選擇目標市場時的最佳寫照。

每一個市場區隔皆有其獨特的需求與購買習性，可能帶給公司不同的利潤，同時亦需要公司採取不同的行銷組合策略。在某些時候，由於受限於企

業本身的財力、人力或技術的不足，或者是因為競爭者太強，以致於公司必須放棄某些市場區隔，而專注在一個或幾個市場區隔上作考量。

　　所謂目標市場乃意指產品所要訴求或企業所要服務的一群顧客。一般而言，企業在作目標市場的選擇時，有下列三種策略：無差異行銷、差異化行銷及集中行銷，參見圖 6-6。

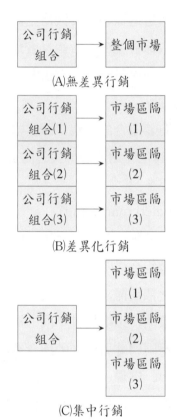

圖 6-6　選擇目標市場之三種可行策略

㈠無差異行銷 (undifferentiated marketing)

　　無差異行銷又稱為大眾市場策略 (mass market strategy)，意指公司將整個市場皆視為潛在顧客，並僅以一套行銷組合去滿足所有顧客的需求之策略。採用無差異行銷策略之企業，基本上有兩項假設：(1)市場中的所有顧客皆有非常類似的特性與需求，而且一套行銷組合即可滿足他們；(2)市場中的顧客可能有不同的特性與需求，但是不值得公司去辨認這些差異及發展二套以上

的行銷組合。公司採用無差異行銷，其作法是把行銷重點放在市場中顧客需求之共同處，並僅發展一套行銷組合，包括產品設計、使用大量的配銷通路與大量的廣告，其目的在吸引廣大的消費者。臺灣早期的速食麵，如生力麵都只有一種口味、一種包裝，並銷售給所有的消費者，此乃無差異行銷之典型的例子。

無差異行銷的優點在於透過標準化的大量生產、儲存、運輸，以及無差異的廣告方案等，可降低或節省生產、行銷及管理成本。然而，在顧客需求日趨多樣化的今日，要以單一產品行銷策略去吸引市場中所有的顧客，似乎極為困難，此乃其最大的缺點。

當然，無差異行銷亦有其適合的市場，即當市場為如下的情況時或可適用：(1)顧客的需要、偏好及其他特點皆甚為接近時或(2)公司發展一種新產品，需求量少且競爭者數目亦不多。

㈡差異化行銷 (differentiated marketing)

差異化行銷是針對不同的市場區隔發展不同的行銷組合，亦即公司推出多種產品，採取不同的行銷組合以吸引各種不同的購買者。此時乃是將行銷重點放在不同的市場區隔之個別需求上，然後分別針對各市場區隔設計不同的產品與不同的行銷組合策略，以滿足其不同的需求。例如近年來我國速食麵的廠商已大量推出各種不同口味與包裝的速食麵，來滿足不同市場區隔的顧客；在口味方面包括牛肉、肉燥、鮮蝦、香菇、素食等不同的變化，而包裝方面則有袋裝、碗裝及盒裝等，以訴求不同價位的顧客。

差異化行銷的優點在於推出不同的產品與行銷組合策略以滿足不同市場區隔之個別需求，如此將可創造更高的銷售業績，使得總銷售量提高。至於其缺點主要在於力量太過分散，因為公司採用太多的行銷組合去服務太多的市場區隔，如此一來將使得公司必須負擔較多的營運成本及各種費用。

差異化行銷適合的市場情況包括(1)市場中顧客之特質差異程度高；(2)產品差異性甚大，如汽車及家用電器等；(3)產品生命週期已進入成熟期或衰退期的階段。

挑戰通路巨人 am/pm Japan 的差異化行銷

　　Seven-eleven Japan 是日本便利商店的領導者，不僅在便利商店獨領風騷，也是日本流行商業的佼佼者。在今年（民國 91 年）2 月的決算中，營業額超過第 1 名的大榮，達到了 2 兆 466 億日圓；在利潤方面，超過大榮母公司伊藤榮堂的 9 億日圓，高達 1,455 億日圓。Seven-eleven Japan 已經是日本流通業的巨人。

　　相對於這個巨人，有一家採取完全不同的路線，確實掌握顧客的 CVS。這是由秋澤志篤社長帶領的 am/pm Japan。究竟他是採取怎樣的哲學，以及其戰略特徵是什麼？

＊兩家公司的比較

　　Seven-eleven Japan 的店鋪總數是 8,600 家店，相對的 am/pm 只有 1,250 家店。兩者相差 7 倍。不只是企業規模的不同，從下表中還能對比不同的特徵。

	Seven-eleven	am/pm
店鋪數	8,600	1,250
展開地區	全國	東京中心
地點	住宅區	市中心辦公區
顧客層	男性、年輕人	女性、粉領族、老人
商品結構	以新產品為中心	環保商品
銷售方法	以銷售商品為中心	強化服務

　　從上表可知，Seven-eleven 在全國各地開展便利商店，不過 am/pm 卻是以東京為中心。

　　在店鋪方面，Seven-eleven 是以住宅區為焦點，相對地，am/pm 是以市中心辦公區為中心，集中在東京的千代田區、中央區、港區展店的辦公地點，但是，在星期六、日平時非上班時段，收入也相對的減少。

　　在顧客層方面，Seven-eleven 以男性客層居多，尤其是以 20～39 歲的年

輕族群為主，達到 75%。相對的，am/pm 的中心顧客群是女性又以粉領族居多，達 60%。除此之外，市中心的老人們也佔了相當大的數量。

至於商品結構的特徵，Seven-eleven 是以新產品的汰換率取勝，am/pm 則是打算以 E 志向，也就是以環保商品為特徵。

Seven-eleven 以商品銷售為中心，am/pm 則強調提升服務水準。

＊秋澤篤志的戰略

am/pm 前身的母公司是 Japan Energy，早期是以石油為中心的能源供給公司，當全國開展加油站期間，Japan Energy 是一家賣籃球的體育運動公司。秋澤，即是當時籃球隊的選手。

秋澤評估無法贏過 Seven-eleven 的 6 個項目：

· 店鋪數
· 平均單店的營業額
· 總部的利潤
· 店鋪操作
· 督導 (SV) 的指導力
· 對製造商的價格交涉力

儘管上述的條件未佔優勢，am/pm 要採取和 Seven-eleven 不同的經營策略。基本策略如下：「Seven-eleven 擁有瞬間掌握回覆顧客的能力」、「這是由於 POS 系統單品管理的優勢」。在這點上 am/pm 絕對無法取勝。相對的，am/pm 尋求的是「挖掘顧客沒有反映出的問題」，這是 am/pm 相當有利的戰略之一。關於秋澤的戰略哲學，接下來看幾個具體例子：

1.急速冷凍剛出爐便當

將完全不使用防腐劑、不含合成色素的便當，一出爐就以急速冷凍方式來保持材料美味，採用在店頭接到訂購後，再加熱送到消費者手中的方法。今年 3 月，am/pm 在報紙上的廣告投入極具挑戰性的全頁廣告。其廣告標題如下：

「99% 的人們吃了防腐劑而不自知。」

am/pm 的「剛出爐便當」零防腐劑，是代表 E 志向的策略。此外還有以

「配料也安心、兩個圈」的御飯團為中心的商品系統。因為配料多，沒使用防腐劑、色素，所以被稱為「安心、兩個圈」。

2. 「Delice 便」型錄

以一通電話，am/pm 所有商品都能配送到家。這是基於 Life Live on Demand 的思考。對於寡居老人和身體不方便的人，家有幼兒不方便出門買東西的人所開發的「依賴服務」。「Delice 便」型錄每個月會散發給家庭。顧客按照型錄以電話、fax、網路訂購來訂貨，每次的使用費是 200 日圓。投遞最多的商品是「急速冷凍剛出爐便當」，而且是以微波爐解凍後再遞送的。

3. ATM 機

am/pm 店內很早就設置有現金自動提款機 (ATM)。目前 125 家店裡設置有 1,075 臺，也就是說 86% 的店裡設置 ATM。這在日本 CVS 中，達到最大的規模。第 2 名的 family mart 為 884 臺，第 3 名的 circle K 340 臺。Seven-eleven 則連 1 臺都還沒有設置，目前仍處於開始設置的階段。

由上述可知，am/pm 在不同的領域領先 Seven-eleven。

*細微的觀察與經營的堅持

在與秋澤訪談中，除了上述三點以外，他還提出細微的觀察，展現與 Seven-eleven 拉開差距的決心。

1. 不賣關東煮

Seven-eleven 大力投入關東煮，整體店鋪靠它賺了相當多的錢。am/pm 完全不賣關東煮，因為它會讓店內瀰漫著關東煮的氣味。粉領族們討厭白天聞到那個氣味，因此 am/pm 不做。同時，它也認為在安全上難以維護。

2. 不賣遊戲軟體

雖然明白遊戲軟體愈來愈暢銷，不過 am/pm 就是不賣。秋澤是這樣考慮的：「熱衷於遊戲軟體的孩子會變得無視於周遭」、「結果失去了說話能力」，因此公司沒有販賣的必要。

3. 與製造商良性互動

秋澤尊重製造商，他希望珍惜製造商的開發力。因此，公司決不自創與製造商同樣暢銷商品自有品牌。這點深獲製造商與行銷人員的好感，因此，

雖然規模比 Seven-eleven 小，不過製造商都很重視和 am/pm 的交易。

　　秋澤篤志是運動員，充滿著公平競爭的精神，希望能讓日本這個國家變得更好，也期望能更重視日本的孩子們。他認為，製造商的商品開發能力與流通的店鋪操作力，應該能連接得更好。他的經營理念是，不要成為只會追求經營數字的流通業者。

(資料來源：《突破雜誌》，194 期，水口健次)

(三)集中行銷 (concentrated marketing)

　　集中行銷乃指公司集中所有努力，專注於單一市場區隔採取行銷方案。此時公司可針對某單一市場區隔的特殊需求，發展出較適切的產品與行銷組合，以期能於此區隔市場擁有較專業化的市場地位。例如松崗圖書公司一直致力於電腦叢書的出版，在國內資訊出版業界享有頗高的專業地位；又如德國福斯公司一向集中心力於小型汽車市場的經營。

　　採行集中行銷的公司，由於對某特定區隔市場之需求情況較能掌握，因此在其所專注的市場中，往往可以提高產品與公司的知名度。而且，當生產、配銷及促銷等活動專業化之後，公司更可享受許多的作業性之經濟效益。然而很多公司在選擇目標市場時，往往期望能集中在大眾市場中人數最多的區隔，事實上此乃犯了「大數謬誤」(majority fallacy) 的嚴重錯誤。因為大家搶著較大的市場區隔，而導致市場競爭激烈；其實被忽略的小市場區隔往往可提供公司大好的機會。由此可知，只要能正確地選擇市場區隔，則採行集中行銷的公司將可獲得較高的投資報酬率。

　　集中行銷的主要缺點是所承擔的風險較大，因為公司所投注的區隔市場可能由於某些因素而突然轉壞。例如區隔內顧客的購買力下降、偏好改變以及競爭者的進入等，皆可能導致利潤下降。此時由於公司專注於某一市場區隔已發展出特定的專業形象，因此很難再轉移至其他的市場區隔。

　　至於集中行銷適用的市場情況則包括(1)公司為保持原有的市場及延長產品生命週期；(2)公司的資源有限，僅能在一開始時先採集中策略，待累積足夠的基礎與實力之後，再拓展至其他的市場區隔（差異化策略）。

◐◑ 二、選擇目標市場所需考慮的因素

上述三種目標市場的選擇策略各有其優缺點，亦各有適用的市場情況；而公司在作目標市場的選擇時，除了上述的觀點外，尚需考慮下列的四個因素：

(一)公司資源

當公司的資源相當有限時，最好採集中行銷。事實上，這也是一般中小企業在創業初期所採取的作法。相反的，若公司資源較豐富時，可考慮採取差異化行銷，因它可為公司帶來較高的投資報酬。

(二)產品或市場同質性

若產品同質性高，如葡萄、鋼鐵及其他大宗物資 (commodities) 等，或當顧客具有相近似的需求與偏好，或顧客對公司所採取的行銷組合策略有極為相似的反應等等，公司較適合採無差異行銷。當然，若公司有辦法創造出差異化的產品，如照相機、汽車等，則比較適合採差異化行銷或集中行銷。

(三)產品生命週期

產品剛導入市場時，由於是新產品且市場競爭者數目不多，故最好只推出一種產品設計，因而採用無差異行銷或集中行銷頗合適。然而，當產品逐漸進入成熟期，由於市場競爭趨於激烈，此時差異化的作法乃成為公司取得獨特的競爭優勢之一種途徑，因此最適合採行差異化行銷策略。

(四)競爭者策略

當競爭者積極地拓展各個市場區隔，採行差異化行銷時，公司若採無差異行銷，則無異是尋求自我毀滅。反過來說，當競爭者採行無差異行銷時，則公司可視自己本身的條件與實力，決定採取差異化行銷或集中行銷，皆是較為有利的。

茲將上述的考慮因素及目標市場的選擇策略之對照關係，彙總如表 6-4 所示。

表 6–4　目標市場選擇策略之考慮因素彙總表

考慮因素 ＼ 選擇策略		無差異行銷	差異化行銷	集中行銷
公司資源	有限			✓
	豐富		✓	
產品或市場同質性	高	✓		
	低		✓	✓
產品生命週期	導入期	✓		✓
	成熟期		✓	
競爭者策略	無差異	✓	✓	✓
	差異化		✓	✓

第四節　定位策略

在選定了公司所欲進攻的目標市場之後，行銷人員接下來的重要任務便是如何讓公司所擁有品牌的產品能夠於此市場的競爭品牌中脫穎而出，而成為最受消費者偏愛的產品品牌，此即「產品定位」(product positioning) 的概念。本節將較詳細地探討定位的意義與重要性、定位所需考慮的問題、定位的程序及定位策略等。

一、何謂定位？──定位的意義

行銷定位即是針對潛在顧客心理的一套「抓住顧客芳心的策略」，亦即如何將產品定位於潛在顧客的心目中，讓他們對公司品牌產品有良好、深刻的印象。簡言之，定位就是企業在潛在顧客心目中，建立起屬於品牌本身的獨特位置，也就是塑造出自己的品牌個性 (brand personality)。

由於我們處於一個過度傳播的時代，消費者面對太多不同的商品、太多的品牌，以及太多的市場噪音。每個公司雖然在廣告上的投資不斷增加，但效力卻愈來愈小，原因是消費者的認知與學習能力有限，面對太多的資訊時，他們會開始過濾與排斥大多數的資訊來源，而只留下符合他們過去經驗與知

識的部分。

　　因此，消費者的心中已經充滿了太多的情報，今天不管是要推銷一部汽車、一臺電視機或一瓶飲料，最重要的莫過於在你的目標消費者心目中建立起一個「定位」，一個能被消費者認知的地位，一個能把你的產品、訊息與他過去的知識、經驗相連結的定位。

　　由此可知，定位成功與否影響到公司產品能否佔有市場一席之地，它可協助企業在競爭激烈的市場中找出自己的一片天空。然而，何謂「成功的定位」呢？我們或作如下簡單的比方：當你的目標顧客想要購買某種產品以滿足其某種需要或獲得某種產品利益時，他便能立刻想要你的品牌與產品。例如有人想要買一部品質優、安全性高、價位合理的汽車時，假定他立即想到"TOYOTA COROLLA"，此即表示定位相當成功。

　　綜合言之，行銷定位有兩個重要的涵義，即(1)定位與市場區隔相同的地方是它們皆是有「目標性的」；換句話說，定位是要「目標顧客」而非「所有顧客」建立其心目中的地位；(2)定位所強調的是目標顧客心目中對公司品牌與產品所「認知」的地位，亦即偏重「消費者心理的定位」。

◑ 二、為何要定位？── 定位的重要性

　　一般而言，產品定位的目的乃是在消費者心目中，感覺公司所提供的品牌與競爭者的品牌有所差異。更具體的說，乃是將公司所提供的產品由無差異的產品，轉變成讓消費者覺得具有差異的產品，它與其他廠商所提供的類似產品不同。良好的產品定位或是差異化，可以獲得許多行銷槓桿 (leverage) 的利益；茲說明如下：

㈠價格槓桿 (price leverage)

　　具有良好定位的差異化產品，可以訂定較高的價格，獲得價格槓桿的利益；當然，若是以低價達到差異化的目的之產品則是例外。

㈡廣告槓桿 (advertising leverage)

　　公司的產品必須具有差異化才適合做廣告，或是必須透過廣告來製造差異化，否則這個廣告可能會對競爭者產品的銷售反而有幫助。例如以前麥當

勞曾修正「你今天值得好好大吃一頓」的廣告，加上一些麥當勞的特賣活動輔助，否則大吃一頓亦可以到其他速食餐廳吃，不是只有麥當勞才有。

(三)配銷槓桿 (distribution leverage)

　　良好的產品定位或差異化在配銷方面也會有幫助。例如在超級市場中，它必須提供消費者各種可能的選擇，否則在有限的空間中，它只能挑選著名品牌，以確保整體的利益；而具有特殊功能或定位的產品，都比較容易爭取到貨架的展示空間。

(四)銷售人員槓桿 (salesforce leverage)

　　良好的產品定位或差異化，可使得銷售人員在推銷產品時，也具有比較良好的機會。因為消費者較歡迎那些著名品牌的推銷員，也較相信他所講的話。

◉ 三、定位所必須考慮的三個問題

　　在為產品作定位時，必須思考下列三個問題：

(一)公司的目標消費者是誰？

　　產品定位的首要任務即是先釐清誰是公司的目標消費者，因為產品定位乃是消費者心理的定位。因此，公司必須清楚明確地對所欲進攻的目標市場加以描述與掌握。在描述目標消費者時，行銷人員可以運用一些區隔變數，以下舉一些例子：

　　1.嬌生嬰兒洗髮精：關心小孩子洗頭問題的母親。

　　2.海倫仙度絲洗髮精：有頭皮屑煩惱的潛在顧客。

　　3.統一兒童專用奶粉：關心 1～12 歲小孩成長的媽媽。

(二)這些顧客為什麼要來買這個產品？

　　此一問題的答案即是「公司的產品具有哪些差異性」，也由於顧客認為公司的產品確實與競爭者有差異，且符合他所需要者，因此前來購買。此種差異可能是實質的（產品的確有差異），也可能是心理的（產品差異不大，只是消費者認為其中有差異）。公司發展差異性的方法，可從找出「獨特的銷售主張」(unique selling proposition; USP) 著手；此種獨特性可能是自己有，而競爭

者所沒有，如 M&M 巧克力的「只溶於口，不溶於手」的 USP；或者是別人未曾提出的主張，而由自己先行提出，且獲得消費者認同，此時其他競爭者便很難跟進。例如，過去愛力大較大嬰兒奶粉率先提出「不含蔗糖」的 USP，且為消費者所接受。此時消費者會傾向於認為只有愛力大奶粉不含蔗糖，而其他的品牌都含有蔗糖，事實上大多數的較大嬰兒奶粉都不含蔗糖。此外，其他廠牌的奶粉亦不會刊登廣告宣稱自己的品牌不含蔗糖，因為如此一來就等於幫愛力大打廣告。

㈢目標消費者會以這個產品替代何種產品？

此問題乃在確定誰是我們的競爭對象。定位的最終目的是要塑造品牌本身獨特的品牌個性，這種「獨特性」應有別於競爭者且必須深植於消費者心目中。因此，在定位時除了考慮本身的因素之外，更須進一步瞭解競爭者，如此方能找到自己真正的競爭優勢。

◍ 四、如何定位？—— 定位的程序

行銷定位是一項具體的行動，有其一定的程序。一般而言，定位的作業可分為六個步驟，並可以六個問題來描述。茲依序說明如下：

㈠目前的市場競爭態勢，消費者心目中如何定位本公司的產品或服務？

透過行銷研究的程序，分析市場競爭的態勢及瞭解消費者究竟在想些什麼？需要什麼？因為定位所強調的是消費者的認知，而非站在公司的立場自認為是什麼。

㈡本公司希望擁有的定位如何？

在瞭解目前所處的競爭態勢中，可依據行銷研究程序所收集到的資訊加以分析，並依照目標消費者、產品差異點以及競爭者的市場定位等三要素，發展出最適合自己在長期觀點下最為有利的「定位」。

㈢如何贏得公司所希望的定位？

定位乃指出了努力的方向,而要達到目的地尚須策劃一系列的行銷活動，以落實行銷人員的想法，並贏得公司所希望的定位。

(四)公司是否有足夠的資源以攻佔並維持所定位的優勢?

　　定位是一場長期的行銷戰爭，初期的成功並不意謂著公司已贏得勝利。由於定位必須不斷地投入心力與資金，才能贏得長期的勝利；因此，公司在研擬定位策略時，必須深思：公司是否有足夠的資源攻佔所希望的定位，以及在攻佔之後，是否有能力繼續維持此一定位。

(五)對於所擬定的定位策略能長久落實嗎?

　　定位是一種對市場顧客印象與認知的長期累積。因此，一旦確立了定位之後，除非市場發生極大的變化，使得定位必須隨之改變，否則不應輕言更改方向。不然的話，定位便無法落實，顧客也會產生混淆與搖擺不定，使得以前所投資的努力功虧一簣。

(六)廣告創意是否與定位相吻合?

　　廣告是行銷活動的具體表現,定位則是廣告訴求背後的意圖與意識型態。例如對白領階級的定位與藝術家的定位顯然是不同的，因此透過廣告來告訴此二類顧客公司的定位是什麼，應有不同的訴求。由此可知，公司在推出任何廣告之前，應仔細地重視每一廣告是否都能清楚而明確地表達公司所希望的定位。切記，唯有廣告創意與定位能相結合，定位策略才能發揮其真正的威力。

◉ 五、定位策略

　　行銷人員可以採用多種定位策略，以下我們列舉一些較常使用的方法:

(一)根據產品的重要屬性來定位

　　產品可以依據消費者所認知的重要屬性來定位，如果此一屬性具有獨特性且為目標消費者所重視，則此種定位策略更佳。例如嬌生嬰兒洗髮精強調其「溫和」的產品特性，小孩洗頭不會哭泣；VOLVO 汽車強調「安全」的產品屬性，皆為此種定位策略的例子。

(二)根據產品提供的利益或滿足需求來定位

　　此與前一種策略有密切的關係,例如牙膏常以其效益為廣告訴求的重點，如防止蛀牙、潔白牙齒等；海倫仙度絲洗髮精定位為「治療頭皮屑的專家」，

解決有頭皮屑煩惱之消費者的問題；另外，新靜王冷氣機強調「靜音」，亦是此種定位策略的例子。

㈢根據產品之使用時機來定位

產品亦可以掌握消費者的使用狀況來定位，而使用時機則是最常被使用者。例如雀巢咖啡過去曾以「世界的早晨」為廣告主題，鼓勵消費者在早餐時間來一杯香醇可口的咖啡；義美冰棒夏天訴求為冰品，而冬天則宣傳其為「冬天的火鍋料」；麥斯威爾咖啡以「好東西應與好朋友分享」，以及可口可樂的廣告「任何食物的好搭檔」等等，皆屬於此種定位策略的例子。

㈣根據使用者的類別來定位

此乃以單一使用者或某一階層使用者作為定位的基準。例如德恩奈牙刷特別針對「左、右手」刷牙者來設計；百事可樂將自己定位為「新生一代的選擇」。

㈤依對抗競爭者來定位

有時公司若要成功，必須尋找其競爭對手的弱點，並發展行銷策略來攻擊對方的弱點。廣告上若採用比較性的表現手法，往往屬於這類與競爭者對抗的定位策略。例如某冬瓜茶針對 "Everyday" 冬瓜茶說明冬瓜是長條狀的，怎會是 "Everyday" 呢？

◉ 六、定位法則的彙總

綜合前述對定位的討論，或許我們會發現「定位實乃是一門藝術」；在不同的情境可能需採用不同的方法。但如何確保定位成功，或可參考過去的一些經驗。以下歸納出一些重要的法則，提供讀者參考：

1.搶先佔住第一個位置：產品定位的首要任務乃是立即填滿消費者的心，使消費者因心中已有所屬而無空隙再容納其他的產品；而第一個佔有消費者的腦海，最容易被消費者所記憶。例如每個人都記得第一個登陸月球的太空人是阿姆斯壯，但是第二個人是誰呢？世界第一高峰是喜馬拉雅山的聖母峰，這是大家所熟悉的，但是第二高峰呢？

2.行銷定位的活動並不是在產品本身，而是在消費者心裡，亦即產品定位

要「定」在顧客心裡。因此,廣告中一再強調自己的產品是「最好的」或「第一的」,可能無濟於事,而必須是顧客認為最好的或第一的,才算數。

3.告訴消費者你的產品「不是什麼」,有時候反比產品「是什麼」更為有效;例如七喜汽水 (7–UP) 的廣告訴求定位為「非可樂」,結果使其銷售量大增,迅速地使市場佔有率躍升為第三位,僅次於可口可樂與百事可樂。

習　題

1. 「以有限的時間與資源，追逐顧客無窮的需求」，此句話與目標行銷的涵義有何關聯，試評論之。

2. 何謂目標行銷？在何種情境下適合採用目標行銷？以及實施目標行銷的步驟為何？

3. 請就「化妝品」的市場區隔與定位，提出你的作法。

4. 本章表 6-1 所列舉的市場區隔之範例，請加以評述之。

5. 表 6-4 所列的目標市場選擇策略之範例，你是否有不同的觀點？又，除了表列的考慮因素外，是否尚有其他影響因素？

6. 請比較「消費品市場區隔」與「工業市場區隔」，在區隔變數選擇上與作法上有何異同？

7. 定位程序的最後一個步驟（問題）是：「廣告創意必須與定位策略相吻合」，請說明其涵義，並列舉熟悉的廣告加以說明之。

8. 「定位其實就是一種形象定位」，請評論這句話。

9. 「歡樂週末，××啤酒與你為伴」，此種訴求顯然採「使用時機的定位策略」，你認為有何缺點？

10. 為何說：「定位是一種長期的行銷戰爭」？請說明你的看法。

11. 「過去 IBM 把重點放在電腦主機時，生意興隆；今天，IBM 沒有不做的生意，卻虧損累累」。此一評論若是正確的話，則給我們何種啟示？

12. 市場區隔可採用單一區隔化及多重區隔化，請比較此二種作法的利弊。

13. 何謂「大數謬誤」(majority fallacy)？這是否意謂著廠商不應該選擇較大的市場區隔？

14. 請各列舉一個成功與失敗定位之案例，並加以說明。

第 七 章

行銷策略分析

　　行銷策略乃是企業經營策略之核心，尤其是在消費者導向的今日，它對企業經營的成敗更具有關鍵性的影響。行銷策略的本質乃是在指引企業如何善用自己本身的資源，期能比競爭者更有效地滿足目標市場顧客的需求，進而達成企業的行銷目標。由此可知，行銷策略的內容包含如下的四大要素：目標市場策略、定位策略、行銷組合策略及競爭策略，前二者主要在引導企業行銷功能的方向，而行銷組合策略的執行則可使得企業的行銷活動滿足其目標顧客的需求；至於競爭策略乃從不同的市場狀況切入，並分析競爭者的情勢，指引行銷策略該有如何的作為才能比競爭者做得更好。準此，此四要素彼此之間應有密切的關聯，參見圖7-1。

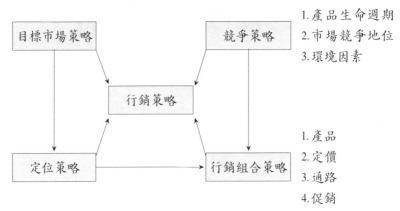

圖7-1　行銷策略之構成要素

　　本章所要探討的主題包括第一節的行銷策略概述，論及行銷策略的涵義、內容以及行銷策略的發展程序。第二節與第三節則分別依據不同的產品生命週期階段與不同的市場競爭地位，探討企業如何運用其行銷策略。

第一節　行銷策略概述

◑ 一、策略與行銷策略的概念

　　在論及行銷策略之前，必須先對策略及其相關的觀念有所瞭解。

　　有關策略的定義，不同學者有不同的說法。一般較普遍的說法是：「所謂策略乃是一組目的 (purpose) 與目標 (objectives)，並由此衍生公司的基本的政策與計劃，期能達成上述的目的與目標。」亦有人簡單地將策略定義為：「為了達到組織的基本目標之手段。」當然，此一手段包含了一套使組織協調一致的計劃，因此策略著重的是整個組織內各相關部門如何相互配合以達成綜效 (synergy)。

　　一個組織之所以需要有策略，乃基於：(1)當組織的資源有限時；(2)當組織所面臨的經營環境存在很大的不確定性時；(3)當經營活動所涉的時間幅度較長（通常為 5～10 年）時；(4)當組織內的活動與決策需依賴各部門間的協調時等原因。由此可知，就目前的企業經營環境與各產業和市場競爭情勢來看，企業若欲謀求長期成長、永續經營及贏得競爭，則必須要規劃良好的策略。

　　與策略相關聯的另一個名詞是戰術 (tactic)。此二者的區別，彼德杜拉克給予很清楚的說明：「策略是指做對事情 (do the right things)，而戰術則指做好事情 (do the thing right)。」換句話說，策略指引出達成目標的正確方向，而戰術則為執行策略的具體行動，追求有效率地完成任務。因此，實施策略的結果為效能 (effectiveness)，係達成目標的程度；而實施戰術的結果為效率 (efficiency)，係產出 (output) 與投入 (input) 之比率。例如某公司的基本目標是提高市場佔有率，則策略可能是：(1)提升產品品質；(2)制定一套新的廣告策略，以建立本公司產品在消費者心目中的優越地位；(3)修正原有的通路策略。至於其戰術則是針對上述方向，發展出細部的行動計劃；如針對廣告策略與廣告代理商擬定廣告主題、訴求方式以及媒體分配等計劃；而針對通路策略重新選擇經銷商、加強訓練計劃等。

　　策略本質上乃是達成目標的手段，而依企業組織層級不同有所謂的目標層級 (goal hierarchy)，因此策略亦有其層級 (hierarchy)，亦即各層級的策略乃是在達成其所屬組織層級的目標。一般而言，策略可分為三個層級，即公司策略 (corporate strategy)、事業部策略 (business strategy) 及功能策略 (functional strategy)，參見圖 7-2，並分別說明如下：

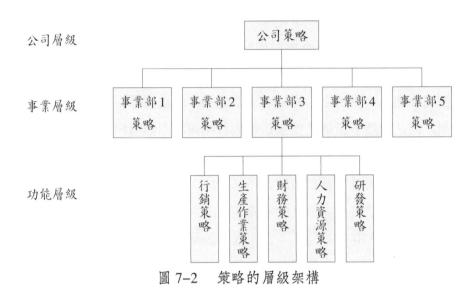

圖 7-2　策略的層級架構

(一)公司策略

公司層級的策略涉及公司宗旨、目標及界定企業所要涵蓋的範圍與決定各事業單位應分配多少資源等。公司策略的主要任務乃是將這些事業單位加以結合，使它們朝向同一個目標前進。

(二)事業部策略

亦稱為策略性事業單位策略 (strategic business unit strategy; SBU strategy)，主要用以界定該事業部在該產業或產品市場區隔內，應採取何種競爭策略。因此，事業部策略必須充分瞭解與分析市場競爭的態勢，並遵循公司策略的指導原則下，發展出事業單位的競爭優勢，以達成公司整體的目標。

(三)功能策略

功能指的是在各事業單位內部負責各種作業領域的單位，如行銷部門、生產與作業部門、財務部門、人力資源部門及研發部門等。這些部門在其事業部策略的引導下，各自制定其部門的策略。例如行銷部門制定其行銷策略 (marketing strategy)，並由此發展出執行該策略所必需的、具體的行銷方案，包括制定產品、價格、促銷及通路等活動的詳細計劃。由此可知，行銷策略乃屬於功能策略的一環。

瞭解上述有關策略基本概念的介紹之後，接下來我們即可明確地來定義

行銷策略。本書將行銷策略定義為：「為達成事業單位目標或產品市場目標，所擬訂的具體行銷計劃。」因此，行銷策略的思考方針是，如何妥善地分配行銷資源以有效地滿足目標顧客的需求。

此外，行銷策略的運用除了必須考慮目標市場上的顧客因素外，還必須考慮到市場上競爭者及企業本身等因素。例如競爭者是誰？他們的行銷策略為何？以及企業本身的優、劣勢為何？企業資源多寡？以及目前的環境對企業存在哪些機會與威脅等。

二、行銷策略的構成要素

誠如圖 7–1 所指出的，行銷策略的主要內容包括目標市場策略，定位策略，行銷組合策略以及競爭策略，這些策略彼此間有密切的關聯。茲分別介紹如下：

㈠目標市場策略

目標市場乃是公司所想要極力爭取的顧客群，因此目標市場策略乃是指引公司如何選擇適當的顧客作為公司的目標市場。由此可知，目標市場策略包含二個部分，即市場區隔與選擇目標市場，這些內容可參見本書第六章。其中，公司在選擇服務的顧客對象或目標市場時，必須考慮幾個因素，包括公司資源的多寡、目前所處的市場地位、區隔的發展潛力，以及競爭者的目標，策略與優劣勢等。具體言之，企業必須慎重地考慮下列的問題：

1. 進入此一市場區隔，對企業的獲利力有何影響？
2. 企業是否擁有足夠的資源，以執行滿足目標市場需求所必須的行銷活動？
3. 進入此一市場區隔，是否符合企業的經營宗旨？
4. 企業有無把握與競爭者相互抗衡？

㈡定位策略

定位乃是在目標顧客的腦海中，創造出一個屬於品牌本身獨特的位置，而如何達成此一目的，則有賴行銷組合的執行。因此，定位策略乃是使得每一個行銷計劃都能緊密地結合在一起，並可以告訴目標市場上的顧客，公司所要傳達給他們的訊息與形象為何，而這些訊息與形象即透過行銷組合表現

出來。

定位策略乃是形成行銷策略的起點，它將會影響目標市場上的顧客對企業及其產品的觀點。此外，定位策略亦必須透過行銷組合策略來與目標顧客溝通。最後，定位策略尚須考慮到競爭者的市場地位。

(三)行銷組合策略

行銷組合策略意指用來滿足目標市場內顧客需求之各項行銷活動的作法，這些行銷活動包括產品策略、定價策略、通路策略及促銷策略，將於本書第八章開始依序加以討論。

承接上述目標市場策略與定位策略，我們可瞭解到，企業乃依據其所選擇的目標市場不同，定位的差異，而來調整行銷組合活動的內容，使得行銷策略發揮最大的效果，進而達成行銷目標。

(四)競爭策略

企業為了獲得成功，必須發展出一套競爭性行銷策略(或簡稱競爭策略)，以有效地對抗競爭者，並維持企業長期的競爭優勢。企業的競爭策略之擬定，決定於其在產業中的競爭地位、企業目標、企業本身的資源與能力、市場機會以及產品生命週期等因素。Porter 提出三種基本競爭策略 (generic competitive strategy)：成本領導 (cost leadership) 策略、差異化 (differentiation) 策略及集中化 (focus) 策略，其中集中化策略又分成低成本集中化 (cost focus) 策略與差異化集中 (differentiation focus) 策略，參見圖 7–3。

圖 7–3　Porter 的基本競爭策略

Porter 認為任何一家欲取得競爭優勢，有二種基本途徑：成本領導與差異化的優勢。然而，若考慮公司的競爭範圍，則可分為較廣泛（較多產業與市

場）與狹窄。而當公司選擇較狹窄的競爭範圍時，便表示其採取集中化競爭的方式，當然此時公司仍然有兩種途徑可獲得競爭優勢，即成本領導集中化策略與差異化集中策略。以下我們簡述此三種基本策略的涵義：

1.擁有成本領導地位的企業，通常會以低價策略來爭取顧客。如果該企業規模頗大，其競爭範圍與顧客範圍亦較為廣泛。

2.產品有差異化的企業，通常採取高價策略，並以具有特色的產品來吸引顧客。當然，如果企業的獨特性能迎合顧客所認知的重要獨特性，則企業更能獲得競爭優勢。一般而言，差異化的途徑很多，包括產品本身、產品外型、品牌形象、品質、技術、行銷通路及售後服務等。此外，差異化的競爭策略，亦不能忽視成本地位；如果成本比競爭廠商高出太多，則差異化的效果將被抵消掉。

3.採市場集中化策略的企業，意指放棄整個市場的經營，而僅專注於一個或少數幾個特定的市場區隔或顧客群。在這些特定的市場區隔內，企業可能比競爭者擁有較低的成本優勢，或較具產品差異化的優勢。一般而言，中小企業往往會針對大型企業照顧不到小市場區隔，集中經營，並取得競爭優勢。

◉ 三、行銷策略的發展程序

行銷策略的擬定，一般包含下列五個步驟，請參考圖 7–4：

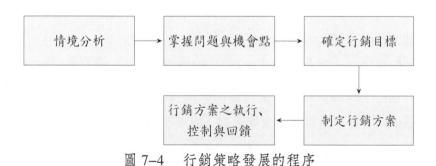

圖 7–4　行銷策略發展的程序

㈠情境分析──我們在哪裡?

行銷情境分析 (situational analysis) 乃是建立行銷策略之首要步驟，其目的是要讓行銷人員瞭解行銷所面臨的個體環境，內容包括產品市場分析、市

場區隔分析與競爭者分析等。

此階段主要在收集相關的產品市場及競爭者之資料，茲以運動飲料為例。運動飲料整個市場有多大？成長率為何？競爭品牌的市場佔有率為何？公司品牌的佔有率為何？各品牌市場佔有率之成長率為何？哪些品牌正成長？哪些品牌負成長？分析市場的變化與趨勢，可瞭解到公司目前的現況，以及將來計劃走向哪裡。

此外，有關產品分析的資料包括競爭品牌的優缺點？公司品牌的特色與優缺點？公司品牌有何獨特的差異點？這些差異點對消費者重要否？在分析產品的優缺點時，應該從品質、可靠度、價格、顧客滿意度、產品設計與包裝、品牌形象及產品特性等角度著手，並客觀地評估每一品牌，以便瞭解公司與競爭者之間的優劣勢。

㈡掌握問題與機會點

此階段乃要求行銷人員在所涵蓋的產品市場範圍與期間內，找出此產品所面臨的主要威脅與機會，以及企業本身的優、劣勢。其目的在於讓行銷人員深入瞭解到對公司有影響的重要發展趨勢。行銷人員應將這些機會與問題點，依其所能想像的盡可能列舉出來，然後逐一加以分析。事實上，本階段的工作類似 SWOT 分析的作法，讀者可參考本書第二章的內容。

㈢確定行銷目標——我們往何處去？

在分析完機會點與問題點之後，行銷人員便應該擬定未來要走的方向，也就是確定行銷目標。

行銷目標的確立乃在於解決問題及掌握機會，因此在設定目標時必須注意下列事項：⑴目標要具體，最好能夠數量化。例如「提高產品知名度」不能成為目標，因為不夠具體，應修正為「提高產品知曉度 50%」；⑵必須註明時間。例如「一年內提高產品知曉度 50%」；⑶目標必須具有可達成性與挑戰性。目標過高只會讓行銷人員感到沮喪，甚至加以放棄；而目標設定太低則缺乏挑戰性，無法激發行銷人員的潛能與鬥志。

一般而言，行銷目標包括銷售量、銷售成長率、市場佔有率、投資報酬率等，選擇哪些項目作為行銷目標，則與公司的整體目標與策略有關。

㈣制定行銷方案——如何到達該處?

知道自己要往何處去之後，接下來的步驟便是思考如何到達該處。此階段涉及誰做什麼事、如何做、依什麼先後順序進行、透過哪些行銷活動以及所需經費多少等等，凡此種種皆是行銷策略與行銷方案的範疇。

前面已提及，行銷策略包含目標市場、定位、行銷組合及競爭策略等四大要素。在此階段，公司可參考前面階段所收集的相關資料與分析，選定公司的目標市場，制定具有競爭力的定位與行銷競爭策略，並配合行銷組合的運作，以達成行銷目標。

此外，行銷策略必須轉換成具體的行銷方案，以落實策略的想法，並透過具體的細部行銷計劃來完成行銷目標。

㈤行銷方案之執行、控制與回饋——是否已到達該處?

行銷策略與行銷方案必須付諸實行，然後亦須定期追蹤、嚴密控制。例如預期的行銷目標是否達成? 一切行銷方案與活動是否按照計劃進行? 預算控制如何? 行銷策略與行銷方案是否有必要加以修正與調整? 此類的控制步驟，皆可回饋到公司之下一個計劃循環，以作為參考的依據。

行銷實務 7.1

可愛的酷兒果汁

Qoo 酷兒果汁是可口可樂公司針對亞洲市場研發的特色果汁，自 1999 年起在日本、韓國、新加坡及香港等亞洲國家陸續上市。藍身頭大的 Qoo 酷兒角色，是 Qoo 酷兒果汁的代言人也是飲料產品，同時也是 Qoo 酷兒果汁的命名由來。運用酷兒卡通角色，建構快樂、分享、樂觀的個性，比喻 Qoo 酷兒果汁的品牌精神，創造天真逗趣的生活故事。

長期經營碳酸飲料市場的可口可樂，自 2000 年 4 月起便著手進行數次大規模的市場調查，發現臺灣果汁市場的消費主力集中在 3～15 歲的兒童或青少年，卻沒有任何產品針對兒童作訴求。借鏡於 Qoo 酷兒果汁在亞洲掀起的

炫風，因此於 2001 年 10 月 25 日由可口可樂臺灣分公司引進 Qoo 酷兒果汁，並以兒童為訴求的清淡果汁為市場區隔，試圖藉由 Qoo 酷兒拓展清淡果汁市場的商機，並順利推動可口可樂在臺灣非碳酸飲料的市場經營。

可口可樂臺灣分公司對外事務總監王玲玲表示，本土化是可口可樂在拓展全球市場過程中，極欲貫徹的經營理念。各國本土公司飲品的競爭是驅策此一策略經營的直接動力。因地制宜的行銷策略，及結合大規模市調與市場觀測，幫助可口可樂精確掌握在地市場的消費特性與飲用口味習慣，順利搶佔非碳酸飲料市場，朝全方位飲料公司 (Total Beverage Company) 前進。

為了讓 Qoo 酷兒果汁符合本地飲用者的飲用習性，經由不斷的調查、研發及試喝，調製出適當比例的配方，因此在地行銷的思考策略，使得亞洲區 Qoo 酷兒果汁的產品包裝、口感及味道皆略有差異。

根據 E-ICP 針對 1996 至 2001 年臺灣生活型態與行銷環境觀察與分析顯示，兼顧健康概念與美味可口的食品將是未來消費型態的一大趨勢。Qoo 酷兒果汁上市初期，透過果汁中的健康配方，及投射在代言人物 Qoo 酷兒樂觀、分享的個性傳遞快樂，藉此「健康」、「快樂」兩大訴求滿足消費者身體、心理上的雙方面需求，建立 Qoo 酷兒果汁的知名度，傳遞品牌精神。

目前 Qoo 酷兒果汁的包裝共推出 250 毫升、330 毫升利樂包與 500 毫升小型寶特瓶、1,500 毫升寶特瓶等四種包裝，建議售價分別為新臺幣 10 元、15 元、23 元及 45 元，未來會視市場狀態推出新口味，以維持產品新鮮感。

目前臺灣通路市場已逐漸掌握行銷關鍵，Qoo 酷兒果汁不忘建立完善的通路佈建，在各大量販店、超市，以及零售的便利商店、一般零售雜貨店的開架陳列上，皆充分利用 Qoo 酷兒角色特性，製作不同的周邊商品組合，針對不同的通路特性，推出不同組合的銷售包套於店內促銷，而大型陳列貨架亦能吸引來店客的目光。另外，新產品不可忽視的是，持續定點發樣，地點深入捷運站、屏東海洋生態館及全省 25 所小學的朝會、運動會，因此在短短的兩個月內，曾接觸過或飲用過 Qoo 酷兒果汁的人數超過 35 萬人次。

除了推出限量 Qoo 酷兒周邊贈品外，在網路上建立「酷兒的家」網站 (http://www.qoo.com.tw) 進行網站行銷。舉凡留言給 Qoo 酷兒或是得知其最

新消息，或是下載熱門電視廣告、螢幕保護程式，酷兒迷皆可至網站滿足所求。結合網路行銷，不但吸引 3 到 15 歲這個年齡層的兒童或青少年的注意，透過網路無遠弗屆的傳遞，連尚未在臺灣上映的日本版 Qoo 酷兒果汁電視廣告晒黑篇，經由電子郵件的熱情轉寄，早已廣為流傳，Qoo 酷兒受到喜愛的程度可見一斑。

以兒童果汁、清淡果汁為產品差異，闖蕩果汁市場的 Qoo 酷兒果汁，在初期佔有明顯的市場區隔，也沒有任何歷史資料可供分析，且又未能正確估計市場大小的情況下，王玲玲表示，Qoo 酷兒果汁的銷售量，遠超過預估量的 3 倍。上市 3 個月以來，單月銷售量為韓國、日本市場的 2 倍，並且還出現通路供不應求的缺貨窘境。Qoo 酷兒果汁超人氣魅力，不只在亞洲地區造成炫風，相信仍會在 2002 年持續延燒。

(資料來源：《廣告雜誌》，2002 年 2 月，129 期，左恆悌)

第二節　產品生命週期與行銷策略

一、產品生命週期的概念

如同一個人一樣會歷經出生、幼兒、兒童、青年、中年及老年等不同的人生階段，產品亦有其生命階段；例如有些產品在進入市場不久之後即被淘汰，但有些產品則「活」得很久；此一觀念稱為「產品生命週期」(product life cycle; PLC)。

產品生命週期一般可依其銷售額與利潤的曲線，劃分成四個階段，且其曲線呈 S 型，參見圖 7-5。

㈠導入期 (introduction)

這是產品剛被引入市場的期間，由於消費者對此產品較不熟悉，會採用此產品及對此產品有需求的消費者人數較少，因此銷售額成長緩慢；且由於此一階段其產品導入市場的費用相當高，故此時往往毫無利潤可言，甚至是

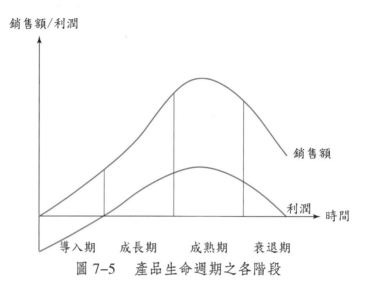

圖 7-5　產品生命週期之各階段

處於虧損狀態。

(二)成長期 (growth)

在這段期間，接受此一產品的消費者人數漸增，普及率亦快速的增加，因此銷售額呈快速的成長，而且利潤亦有顯著的增加，甚至會在此階段達到最高的利潤。也因為「利之所趨」的緣故，市場上逐漸有競爭者加入。

(三)成熟期 (maturity)

在這段期間，由於產品已為大多數的潛在顧客所接受，且幾乎想擁有此產品的人皆已擁有，而市場內的廠商家數已達最大，因此銷售額成長逐漸緩慢下來，且市場需求量幾近達到飽和。此外，市場上的各家廠商為了應付劇烈的競爭及保住產品的地位，因此會增加行銷費用的支出，致使利潤亦逐漸下降。

(四)衰退期 (decline)

在這段期間，銷售額會急遽下降，利潤亦快速降低，甚至化為烏有。之所以會衰退，其原因很多，包括新科技的發展、消費者偏好的改變以及國內外競爭的加劇等。也因為衰退的緣故，因此開始有些廠商退出市場，而仍留在市場的廠商則可能因而仍享有微薄的利潤。由此可知，進入衰退期階段，每一廠商所面臨的抉擇就是退出市場，或仍留在市場，或從事改良創新以期

能再創另一高峰或延續產品的生命週期。

● 二、不同產品生命週期階段的行銷策略

在產品生命週期各階段皆有其不同的特徵,且市場的競爭態勢亦有所不同,因此為配合這些特性與變化,在不同的產品生命週期階段應有不同的行銷策略以為因應。以下依序按導入期、成長期、成熟期及衰退期,分別探討其所適用的行銷策略。

㈠導入期

在此階段由於知悉產品的顧客人數不多,尚未被普遍採用,因此行銷的目標在於創造產品知名度及吸引更多的人來試用。此外,導入階段其銷售額偏低,而配銷與促銷的費用則甚高,因此利潤很低或甚至為負。為了吸引配銷商投入通路中,以及透過促銷活動以提高知名度與刺激更多的試用者,因此常需花費龐大的行銷支出,也因此造成單位銷貨成本偏高,這也是為何導入期之產品定價偏高的原因。然而,定價偏高卻又造成行銷上的阻礙。因此,廠商針對不同的產品與特性,未必皆願意花費大筆行銷費用及提高售價來造成推廣上的困難。準此,價格高低與促銷費用多寡,乃形成廠商之重要抉擇的變數。我們亦可以此二變數所構成的四種行銷策略,來探討廠商之可行的作法,參見圖 7–6。

圖 7–6　導入階段的四種行銷策略

1. 快速掠取策略 (rapid-skimming strategy)

廠商訂高價位並支出較高的促銷費用來推出新產品,此種行銷策略之所以訂定高價格,主要是希望能夠盡快地賺取足夠的利潤,以抵回投資成本。而廠商之所以會花費龐大的促銷成本,乃是為了加速產品的滲透力。因此,

這種策略應基於如下的假設才有意義：(1)潛在市場中的大多數消費者尚未知道有此產品；(2)知曉此產品者皆急欲擁有此項產品，而且有能力支付此種價格；(3)公司面臨著潛在競爭，而急需建立品牌偏好 (brand preference)。

2. 緩慢掠取策略 (slow-skimming strategy)

係以高價格與低促銷支出水準的方式推出新產品。訂定高價格的目的，是為了盡快獲得單位銷貨額的毛利潤；而低促銷水準則是為了降低行銷費用。此種組合乃是希望能從市場中獲取大量的利潤。這種策略適合在下列的情況：(1)當市場規模有限時；(2)市場上的多數消費者已熟知該產品時；(3)購買者願意支付這種高價格；(4)潛在的競爭威脅不是很大。

3. 快速滲透策略 (rapid-penetration)

係以低價格與高促銷支出水準的組合方式推出新產品，此種策略可為公司帶來最快速的市場滲透率及最大的市場佔有率。在下列情況，此種策略頗為有效：(1)市場規模相當大；(2)市場上的消費者對該產品尚不熟悉；(3)大多數的購買者對價格相當敏感；(4)潛在的競爭威脅很大；(5)公司的單位製造成本，會隨著其生產規模的擴大與累積的製造經驗而降低。

4. 緩慢滲透策略 (slow-penetration strategy)

係以低價格與低促銷支出水準的組合方式推出新產品。低價格可促使公司的產品能迅速地獲得市場消費者的接納；同時，公司以偏低的促銷費用來取得更多的淨利潤。此時，公司可能認為市場上對需求的價格彈性很高，但對促銷費用的彈性卻很低。此種策略適用於下列的情況：(1)市場規模很大；(2)市場上的消費者對該產品已非常熟悉；(3)市場上的大多數購買者對價格很敏感；(4)存在某種程度的潛在競爭。

(二)成長期

產品導入市場之後，若行銷策略成功，則將進入成長期。成長期的最大特色是銷售額顯著的上升，且利潤的成長亦最快速，因此堪稱是產品的黃金時期。

在成長期階段，由於早期採用者使用了產品之後感到滿意，因而訊息可能很快地傳播出去，造成產品的快速擴張及市場需求的增加。此時，即使是

少量的促銷費用，也能刺激市場消費者增加對該產品的購買。

在此階段中，由於產量增加而獲得經濟規模與學習效果，使得單位製造成本隨之下降，促使利潤增加。而隨著利潤的增加，潛在的競爭者由於利之所趨而進入市場。競爭者的加入，雖然對原已在市場上的廠商產生一些威脅，但由於整個市場的需求正處在成長的階段，因此競爭情勢可能並不會激烈。另外，隨著市場競爭與需求的快速成長，產品的價格可能維持不變或只是稍微下降。

在產品成長階段，廠商的行銷策略之主要目標應在於迅速滲透市場佔有率（甚至獲取最大的市場佔有率），以及建立更密集的配銷通路。

綜合以上所述，在成長期階段中，公司可利用下列的行銷策略以盡可能地維持其市場的長期成長：

1.公司嘗試改進產品品質，同時增加新產品的特點與式樣，以進入其他相似的市場區隔，吸引新的使用者。

2.促銷的重點在於建立消費者對品牌的特殊偏好，而不只是著重於刺激消費者對產品的基本訴求。因此，廣告的內容，其重點應強調個別品牌之獨特的性能與利益，由而達到建立消費者對品牌偏好的目的。

3.積極開拓不同的行銷通路，以使產品能順利地達到潛在顧客的手中。此外，通路的作業需注意到避免各階的通路發生缺貨的情形。

4.在適當的時機降低價格，一來可吸引更多的消費者，二來則由於降價會使產品的邊際利潤降低，因而減少了競爭者進入市場的吸引力。

處在成長階段的公司尚須注意到，由於成長的速度可能會從遞增變成遞減，因此必須密切注意開始遞減之起點，以準備另一種策略以為因應之。

(三)成熟期

當產品進入成熟階段，銷售額的成長逐漸緩慢下來，且市場需求漸趨飽和，而市場的競爭者數目亦逐漸穩定下來。此一階段通常會比前二個階段持續更長的時間。依據許多研究顯示，市場上的大多數產品均處在生命週期的成熟階段，因此大多數的行銷人員皆處於面對成熟階段的問題與挑戰。

成熟階段中，市場的大多數需求已被滿足，故此時期的購買者主要以汰

舊換新的消費型態為主。且由於銷售額成長率的逐漸下降，因此使得整個產業的生產產能過剩，因而造成競爭更趨激烈。為了應付此種局勢，有些處於邊際價格的廠商為了求生存，不惜採用降價策略，因而常引發市場上的價格戰。但有些廠商可能不會採用價格戰，而改以增加廣告支出，以期提高銷售；或者為了強化品質，而增加研究發展的費用。上述的種種現象，實乃指出了行銷人員在產品成熟階段將面臨相當大的挑戰。

雖然如此，行銷人員在此階段中仍應有系統地考慮市場、產品及行銷組合等的修正策略，以期能再創銷售的佳績。以下分別針對市場修正 (market modification)、產品修正 (product modification) 及行銷組合修正 (marketing-mix modification) 等三種類型的行銷策略加以說明：

1.市場修正策略

市場修正策略係指從市場銷售量提高的角度來考量適切的作法，而銷售量乃決定於使用者人數與使用率二項因素。因此，欲擴充市場的銷售量，或可從此二因素著手。

(1)增加產品使用者的人數

①轉變非使用者成為使用者：公司可設法讓那些未曾使用本產品的顧客轉變成其產品類目的使用者。例如航空運輸服務成長的關鍵，在於向顧客展示使用其服務確比陸上運輸服務來得有效益，由而尋求新顧客的上門。

②進入新的市場區隔：公司可以設法進入新的市場區隔（產品市場區隔而非品牌市場區隔）；例如嬌生嬰兒洗髮精便是按照此方法而將該產品成功地打入成年人洗髮精市場。

③奪取競爭者的顧客：公司亦可吸引競爭者的顧客來試用或採用公司的品牌；例如百事可樂不斷地發起一連串的攻擊，試圖奪取可口可樂的顧客，以吸引他們改喝百事可樂。

(2)增加消費者的使用率

其可行的作法亦有下列三種策略：

①增加使用次數：公司可設法鼓勵顧客增加產品使用的次數。例如原本人們只在早上起床與晚上就寢前刷牙，但如果說服人們在三餐飯後都應該

刷牙，則必然使牙膏的使用量增加。又如銷售果汁的業者若能說服消費者可以在三餐之外的任何場合也飲用果汁，那麼亦會促使果汁的飲用頻率增加。

②增加使用量：公司可以藉由廣告或是產品的設計，使得消費者在使用產品時增加使用量。例如有家洗髮精的製造廠商曾以廣告鼓勵消費者，在洗頭髮時多用兩滴洗髮精比一滴更為有效。

③尋求新的或多樣化的用途：公司可藉由研究發展找出產品之新的功用，使其用途更廣。事實上，許多消費者往往在無意間也會發現產品的新用途。當然，公司亦必須說服消費者相信產品有多種用途。例如食品製造業者經常在產品包裝上列出許多食品烹調的方法或食譜，藉以擴大消費者將產品使用於更多的場合與用途上。

2. 產品修正策略

產品修正策略係指透過對產品品質與特徵的改良，以提升產品銷售的作法。茲分別介紹如下：

(1)改良產品品質

品質改良策略的目的乃在於增加產品的功能性效益，藉此來提升產品的競爭力。品質改良的內容包括耐用性、可靠性、速度及口味等。許多公司常常以改良後的產品作標榜，並以「改良型」的產品自居，重新推出市場。例如食品雜貨商常常自稱「附加」推出，並且新增「較強」、「較大」或「較佳」等口號來推廣或作廣告。此種策略主要在加強顧客對公司品牌之信任感，而奪取其他競爭者的顧客。

(2)改良產品特性

產品特性改良策略的目的乃在於增加產品的新特性，諸如尺寸、重量、材料、添加物及附屬品等，藉以擴大產品的多樣性、安全性及方便性等。例如電腦製造商不斷地改良產品功能，包括記憶容量、處理速度以及各種更具威力的功能。改良產品特性的策略有助於建立公司積極創新的形象，以及新的產品特性可能吸引其他市場區隔內的消費者之購買。此外，增加產品的新特性亦有助於激勵銷售人員與經銷商對產品銷售的熱誠，更使得他們樂意與公司合作。

(3)改良產品式樣

改良產品式樣的策略目的在於增加產品視覺上的新感受。汽車業者每年均會有計劃地推出新款式的車型，淘汰舊型車種，以維繫企業不斷創新的良好形象，同時亦無形中鼓勵消費者提高換車的頻率。另外，在包裝食品與家用產品方面，廠商亦常推出顏色及結構有變化，且通常是更新包裝的產品。改變產品式樣的策略，可以維持消費者對於品牌的忠誠度。然而，此策略的缺點可能在於公司很難預測消費者對式樣的偏好，而且式樣翻新可能意謂著舊式樣不再生產，因此公司可能必須承擔失去那些喜歡舊式樣的顧客。

3.行銷組合修正策略

除了上述市場與產品修正策略外，處於成熟階段的公司最常採用且亦是最容易使用的策略，便是調整行銷組合中的某一個或多個要素，以刺激銷售。公司最常用的行銷組合修正之作法，在價格方面，包括降價以吸引競爭者的顧客群，訂定折扣方式、提供更優厚的付款條件及代付運費等。在配銷通路方面，包括滲透更多的配銷據點、擴大貨架陳列空間、爭取新的配銷通路等，以增加和消費者接觸的點。在廣告方面，包括增加廣告出現次數、製作新的廣告、修正廣告的時機、規模，及改變媒體的組合等。在產品售後服務方面，包括提升維修人員的素質、增加售後服務的據點及擴大對顧客的技術服務層面等。以上這些行銷組合修正的作法，對短期的銷售效果也許皆有正面的刺激作用，然而就長期而言，其延續的效果如何，實有待進一步的商榷。

㈣衰退期

處在衰退階段的產品其銷售額日漸衰退，而衰退的原因很多，包括科技的進步、消費者偏好的改變、替代品的出現等。這些因素的出現，都將導致產能過剩、價格削減及利潤受到侵蝕等。產品進入衰退期後，有些公司可能會退出市場，而那些仍留在市場內的廠商，則可能維持一個相互均衡的態勢。

基本上，面臨衰退階段的公司，其可採行的策略不外有下列三種：維持現狀 (maintain)、收割 (harvest) 或撤資 (divesting) 及剔除 (drop) 等。

1.維持現狀

管理當局在決定維持現有的品牌時，必然期望競爭者能從市場退出，然

後設法獲得或吸引已退出廠商的顧客，如此將享有銷貨與利潤增加之利益。例如寶鹼公司在衰退的液態肥皂 (liquid-soap) 產品市場中，決定堅持到底，結果在其他公司先後退出市場之後，仍獲得為數相當可觀的利潤。

當公司決定留在市場時，適當的投資水準仍是必要的，因為它必須設法主宰或取得——優勢的競爭地位。當然，此階段的投資水準，應比前面三個階段來得少。此外，有些亦可能決定採取品牌重新定位的作法，希望藉此回到產品生命週期的另一個成長階段。例如嬌生嬰兒洗髮精將其產品重新定位為「亦適合成年人的洗髮精」。

2. 收割或撤資策略

收割策略的採行意謂著公司將逐漸地降低各種成本（包括廠房設備、維護、研究發展、廣告、銷售及人事費用等），但仍設法盡可能地維持其銷售愈高愈好。收割策略在其延續的期間內，會顯著地增加公司的現金流入，而不致使銷售發生完全崩潰的窘況。尤其是在公司已成功地減低其成本，而卻仍未導致銷售遽降的情況下，收割策略的成果更是如此。

但值得注意的是，收割策略的採行，最後會使得該事業變得毫無價值。因此，有些公司可能決定採用撤資 (divesting) 的方式，此時它必須先找到一位合適的買主，並設法提高該事業的吸引力，而不致使其價值下跌。總而言之，公司必須謹慎地思考是否收割或撤資弱勢的事業單位。

3. 剔除策略

最後，公司亦可決定採取剔除的策略，亦即將產品自產品線中剔除。此時公司可將其賣給其他的公司繼續經營或者加以清算而使其自市場中消失。前者的作法即是撤資策略，必須設法提高其價值以利轉售給其他公司。但如果公司無法找到合適的買主，則必須決定是否快速地或緩慢地清償此品牌。此外，公司亦必須決定應保有多少的零件存貨與服務水準，以繼續為原有的顧客服務。

表 7-1 彙總了產品生命週期各階段之主要特徵，以及公司在各階段可採行的行銷策略，包括行銷目標及行銷組合策略。

表 7-1   產品生命週期各階段之特徵與行銷策略之彙總

		導入期	成長期	成熟期	衰退期
特徵	銷售額	低	快速成長	達於尖峰	下降
	每一顧客成本	高	中等	低	低
	利潤	負	逐漸上升	高	逐漸下降
	顧客	創新使用者	早期採用者	中期採用者	落後者
	競爭者	少	數目逐漸增多	數目穩定	數目逐漸減少
	行銷目標	擴張市場	滲透市場	保持市場佔有率	減少支出並榨取此品牌
行銷策略	行銷支出	高	高（但銷貨百分比開始下降）	下降	低
	行銷重心	產品知曉	品牌偏好	品牌忠誠度	選擇性
	產品	提供一項基本的產品	擴展產品的廣度並提供服務與保證	品牌與式樣多樣化	除去弱勢的產品項
	配銷通路	建立選擇性配銷網	建立密集性配銷網	建立更密集性的配銷網	採取選擇性的作法:去除無利潤的銷售據點
	價格	利用成本加成法	滲透市場的價格	配合或攻擊競爭者的價格	降價
	廣告	在早期採用者與經銷商之間建立產品知名度	在大眾化市場中建立產品知名度與引起興趣	強調品牌差異性與利益	減低至只要能維持品牌忠誠度的支出水準即可
	銷售促進	利用大量的銷售促進活動來吸引消費者的試用	減少對大量顧客需求的依賴	增加對品牌轉換的激勵	降低至最基本的水準

資料來源: Kotler,《行銷學原理》, 第6版, 方世榮譯, 第361頁; 並加以修正之。

第三節   市場地位與行銷策略

公司的行銷策略除了受到產品生命週期及其他因素的影響外，公司在市

場的地位與競爭的地位，亦會影響到公司所採行的行銷策略。本節將從市場地位著眼，探討公司可行的行銷策略。

◉ 一、市場競爭地位

企業在市場中的地位，可依照其在目標市場上所擁有的市場佔有率及所扮演的角色來衡量與分類，約可分為四種競爭地位：市場領導者 (market leader)、市場挑戰者 (market challenger)、市場追隨者 (market follower) 及市場利基者 (market nicher)。其中市場領導者擁有最大的市場佔有率，約 40% 以上；例如電腦業的 IBM、汽車業的通用 (GM) 及速食業的麥當勞等，在我國則以下品牌或公司可能為市場領導者，如臺泥（水泥業）、黑松（汽水）、黑人（牙膏）、白蘭（洗衣粉）等。市場挑戰者握有另外的 30% 市場佔有率，排名產業第二位，如美國汽車業的福特，及我國的亞洲水泥（水泥業）、新光人壽（壽險業）等。市場追隨者擁有另外的 20% 市場佔有率，排名在第三、四的位置，如美國汽車業的克萊斯勒 (Chrysler)、我國的力霸水泥（水泥業）等。至於市場利基者合計擁有剩下的 10% 市場佔有率，他們大都是產業內的小廠商，其產品大都是針對大廠商不注意的小市場區隔；參見表 7-2。

表 7-2　四種競爭地位之摘要

競爭地位	市場領導者	市場挑戰者	市場追隨者	市場利基者
產業內排名	第一	第二	第三、四	小廠商
市場佔有率	40% 以上	30%	20%	合計約 10%
主要的策略重心	防禦	正面攻擊	側翼攻擊	游擊戰

上述競爭地位的分類，往往並非用於整個公司，而僅指其在某特定產業中的地位。例如 IBM、通用食品 (General Mills) 等多角化的大公司（甚至於其個別的事業部或產品）可能在某些市場上是領導者，而在某些市場是利基者。例如寶鹼公司在許多的包裝消費性產品市場區隔擁有領導者的地位，諸如洗碗精、洗衣清潔劑及洗髮精等市場；但它在香皂市場區隔中，可能成為挑戰者。

以下我們先描述此四種競爭地位之特質，藉以瞭解其適合採用何種行銷策略，然後再針對不同競爭地位之廠商的行銷策略加以探討。

(一)市場領導者

領導者係指該企業在相同的產品市場上，擁有最大的市場佔有率，因此它在產業界具有影響其他競爭者的強大力量，而這些影響力量可能表現在價格的訂定上、產品標準或規格的判定上、配銷通路結構等。市場領導者由於是業界的龍頭老大，因此對於其他較小廠商的小規模競爭行動可能不予理會，但是若其他廠商提升競爭行動的層次，可能動搖其領導地位時，則可能促使領導者採取報復的行動。

(二)市場挑戰者

挑戰者的實力雖不如領導者，但仍握有很大的實力，並隨時可能因正面攻擊成功而躍居領導者的地位。例如可口可樂與百事可樂之「可樂戰爭」，此二家公司在領導地位上各有千秋。挑戰者攻擊的對象可能是領導者，亦可能是其他廠商，但主要目的都是同為獲取更大的市場佔有率。

(三)市場追隨者

市場追隨者通常採取追隨領導者的方式來擬定其策略，若果，則我們可以由市場領導者的行動來預測追隨者的行動。然而，市場追隨者亦有可能採取攻擊領導者的方式（此時較偏重側翼攻擊，即攻擊對方的弱點），以爭取更多的市場佔有率。例如日本山葉機車公司 (YAMAHA) 曾採取明顯的攻擊策略，而招致領導者（日本本田公司 Honda）的激烈報復行動，結果慘敗。

(四)市場利基者

產業內的一些小廠商，它們的市場佔有率不高，公司規模小，但卻仍可生存在各大廠商之間，且各大廠商之行動不致對它們發生太大的衝擊，主要原因有下列幾項：(1)這些小廠商實施專業化，只提供某一特殊性能或特色的產品，或僅服務於特定的顧客；(2)利基市場 (nich market)，亦即小廠商尋找大公司忽略或放棄的小區隔市場，並提供有效的服務而能佔據安全又可獲利的市場利基；(3)小廠商在這些特定的顧客群之心目中的印象與知名度，有時候遠大於市場領導者。市場利基者對於市場上非關其專業領域的競爭行動並不

太注意與理會，但是若其他競爭者進入其專業領域時，則市場利基者往往為了保衛其利基市場而與之作殊死搏鬥。

◉ 二、市場領導者的行銷策略

市場領導者居有主宰市場的地位，為其他競爭者的導向點 (orientation point)，競爭者可能會向它挑戰、模倣或迴避。因此，領導者必須隨時保持警覺，因為其他廠商隨時會向它挑戰或攻擊。若稍有不慎，則領導者很可能失去其優勢而淪落至第二或第三的地位。尤其是，當市場上有產品創新時，更容易傷害到市場領導者的地位。此外，相對於充滿活力的競爭者而言，市場領導者往往顯得老邁過時。最後，市場領導者亦可能因過度膨脹而損及其利潤。

居主宰地位的領導廠商要想維持住第一位的寶座，則有三種策略可以採行：(1)整體市場拓展策略 (expanding the total market strategy)；(2)保護市場佔有率策略 (protecting market share strategy)；及(3)拓展市場佔有率策略 (expanding market share strategy)。

(一)整體市場拓展策略

當整個市場的規模擴大時，獲利最多的乃市場領導者，此乃因為市場領導者握有最大的市場佔有率，因此一旦市場擴大，自己將是最大的受益者。例如 IBM 一直宣揚電腦的用途與好處（而非只是宣傳 IBM），柯達軟片鼓勵消費者多拍照等等，皆可使 IBM 與柯達的銷售量提高。至於如何拓展整體市場，其可行的作法有三種：發掘新使用者 (more user)、發展產品新用途 (new uses) 及刺激更多的使用量 (more usage)。這些觀念在第二節產品生命週期成熟階段之市場修正策略中，已有詳細介紹。

(二)保護市場佔有率策略

這是一種典型的防禦策略，亦即防禦其目前的事業，以對抗競爭對手的攻擊。即使領導者不想發動攻擊，但它至少必須嚴守城池，並且不能曝露任何缺點。例如領導者必須不斷地在產品創新、顧客服務、配銷的效能及成本的降低等方面領先同業。換句話說，領導者必須「堵塞所有的空隙」，使得攻

擊者無法越雷池一步。譬如對消費性包裝品而言，領導者可生產各種大小形式的品牌，以滿足各類消費者的偏好，並儘可能地爭取其在經銷商與零售店面的展示空間。

一般而言，領導廠商可採行的防禦策略有下列六種：

1.陣地防禦 (position defense)

防禦最基本的概念是在領土的周圍構築一座敵人難以攻堅的碉堡，但這種靜態的防禦其風險很高，因為它僅對現有的地位與產品線加以防衛，很容易導致產品過時，失去市場，最後則可能導致全盤的失敗。因此，最好能夠同時兼採機動防禦與保持優勢的策略，亦即除針對現有的品牌繼續改善以適應環境的變遷外，還必須不斷地開發新產品，使得「前線」不斷向前移動，而得以繼續保持優勢。

例如在國內飲料市場上，黑松公司似乎傾向於採取陣地防禦，並以不變應萬變，如可口可樂與百事可樂侵入國內市場，伯朗咖啡、金車麥根沙士及香吉士等相繼加入市場，而且運動飲料亦不斷侵入飲料市場，但黑松公司似乎都在最後才慢慢地推出類似的產品，藉以維持領導者的完整產品線；這種作法似乎過於被動，不太積極。

2.側翼防禦 (flanking defense)

市場領導者在保衛其領土時，應特別注意其較弱的側翼，因為競爭者可能會針對領導廠商的弱點加以攻擊。例如金車公司以年輕人為目標市場而推出金車麥根沙士，而黑松公司為了防禦自己的側翼，因此亦推出全球麥根沙士以為對抗，並藉以保衛黑松公司的領導地位。

3.先發制人防禦 (preemptive defense)

這是一種更為積極的防禦作戰行動，亦即在尚未受到競爭者攻擊之前，便採取行動以先發制人。這種先下手為強的作法，一方面可以嚇阻對手的攻擊，迫使其放棄原先的計劃；另一方面則可能重創對手，使其無功而退。例如民國 70 年代中期，舒潔衛生紙知道美國第一品牌可麗舒即將登陸臺灣市場，於是便馬上採取降價與優厚的經銷商條件，及大量的廣告以強化顧客的忠誠度與指定購買等措施，使得可麗舒在第一次進攻臺灣市場時，無功而退。

4.反擊防禦 (counteroffensive defense)

意指當市場領導者遭受到攻擊時，反過來對敵人採取反攻的行動，其目的在於扭轉情勢，削弱攻擊者的優勢。採取反擊防禦策略的公司，也許最初會先承受一些攻擊，讓攻擊者完全曝露其攻勢及缺點後，再等待適當時機予以有效且迅速的反擊。例如民國 64 年間，百事可樂在臺灣市場推出華年達加味汽水，且頗受消費者喜愛。當時國內汽水市場的領導者黑松公司在瞭解華年達只是百事可樂的副品牌之後,乃籌劃亦以創新的個別品牌吉利果汽水(果汁加汽水）來反擊。結果吉利果於民國 66 年即後來居上，壓倒華年達而取得加味汽水的領導地位。

5.機動防禦 (mobile defense)

機動防禦不僅是積極防衛領導者目前的市場，而且更把戰場推移到新的產品與市場上。此時領導者可透過市場擴大化 (market broadening) 與市場多樣化 (market diversification) 等兩種策略，以期在競爭者站穩之前即先發動創新的行動，以便瓦解對方的攻擊，進而鞏固自己的地位。由此可知，機動防禦基本上就是讓競爭者永遠摸不清領導廠商的底細，畢竟移動靶比固定的靶難打多了。

所謂市場擴大化乃是將公司的焦點由目前的產品，轉移到更廣泛的消費者需求的基礎上。例如新力公司從電視機開始，不斷地發展出錄放影機、攝影機、隨身聽、CD、立體音響及其他視聽系統等，這些都是在擴大消費者對「視聽」享受的需求，使得新力公司一直在「視聽」產品市場上居於領導地位。

至於市場多樣化則指公司進入無關的行業中。例如美國 Reynolds 與 Philip Morris 等煙草公司，體認到逐漸抬頭的反煙勢力時，它們並不以防禦現有的市場或尋找香煙代替品為主要任務；相反的，它們迅速地進入新的產業，如啤酒、軟性飲料及冷凍食品等行業。

6.緊縮防禦 (contraction defense)

領導廠商可能認為無法防衛所有的市場領域，因為它可能造成防禦力量太過分散而顯得薄弱，此時最佳的防禦行動似乎是採取有計劃的緊縮（又稱

為策略性退縮，strategic withdrawal)。這種計劃性的緊縮並不是放棄所有的市場，而是放棄較弱的領土，並重新佈署力量於較強的市場領域上。例如美國西屋公司 (Westinghouse) 將其冰箱的式樣從 40 種減為 30 種，而此 30 種冰箱佔公司之總銷售額的 87% 左右；通用汽車公司將其汽車引擎標準化，並提供較少汽車款式的選擇。這些都是典型的緊縮防禦策略之例子。

(三)拓展市場佔有率策略

當市場領導者之市場佔有率尚未達到絕對的優勢時，仍需設法提高自己的市場佔有率，以期保持領導者的地位。至於如何拓展市場佔有率呢？其作法相當多，以下列舉數端：

1. 塑造獨特的形象與定位

市場領導者可為自己塑造獨特的形象與定位，來突顯自己的地位，並拉開與其他競爭者的距離。例如 70 年代的萬寶路香煙以「萬寶路牛仔」來樹立獨特的形象；而國內的理想牌熱水器則以「夏天洗澡，要洗熱水，不洗熱水，洗不乾淨」的廣告詞，亦為自己奠定良好形象與地位。

2. 推出新產品或新品牌

領導者不斷地推出新產品或新品牌，一方面可維持顧客的忠誠度，另一方面可佔據更多的貨品展示空間；此外亦可提供消費者更大的滿足。例如許多清潔劑廠商，不斷地推出新品牌或新配方，藉此來爭取消費者的愛護及奠定成長的基礎。

3. 掌握配銷通路

在今日的商場上，誰能握有強勢的通路便將成為贏家。因為有了強而有力的通路，才能夠使產品在適當的時機，以適當的數量，在最佳的陳列位置與消費者接觸。黑松公司之所以能夠在飲料市場上屹立不搖，實乃拜其過去所奠定的通路實力所賜。另外，光泉鮮奶過去為何能保持一枝獨秀，其原因乃是其他競爭者的通路結構尚不夠堅強。

除了上述的拓展市場佔有率之策略外，公司亦可藉由改善產品品質、增加行銷費用、優良的顧客服務等方法，來提高市場佔有率。

● 三、市場挑戰者的行銷策略

　　在產業中位居第二、第三或更低地位的公司，有些握有相當大的勢力，它們可能會採取攻擊市場領導者及其他的競爭者，以攫取更大的市場佔有率，這些公司稱為市場挑戰者；但有些公司則採取安於現狀，與競爭者相互協調而不去擾亂市場競爭局勢，它們則稱為市場追隨者。

　　市場挑戰者在選擇攻擊對象時，必須依據其策略目標及分析競爭者的實力。挑戰者的策略目標大多在於增加自己的市場佔有率，並認為增加市場佔有率將可獲得更大的獲利率。當然，有些挑戰者的策略目標可能在於擊垮競爭者。然而，不論其策略目標為何，都應該考慮競爭者是誰。基本上，挑戰者在選擇攻擊對手時，有下列三種競爭者可資選擇：(1)市場領導者；(2)與自己規模相當，但營運不佳且財務狀況亦不好的公司；(3)地方性或區域性的營運與財務狀況均不佳的小公司。至於選擇何者為攻擊對象，最主要的必須配合其策略目標。例如攻擊對象如果是市場領導者，則其目標可能取而代之或掠奪某一特定的市場佔有率；而如果是挑戰地區性的小公司，則其目標可能是要將其逐出市場。

　　市場挑戰者應如何有效地攻擊競爭對手，以達成其策略目標？以下介紹五種可行的攻擊策略：

(一)正面攻擊 (frontal attack)

　　意指挑戰者將其所有的力量集中，直接攻擊競爭對手的主力，亦即選擇競爭對手最強的部分發動攻擊，而非選擇弱點來攻擊。勝負如何，乃決定於雙方的資源、優勢大小與耐力。換句話說，正面攻擊要能成功，挑戰者必須非常清楚對手的底細，並確認自己比競爭者有更強的優勢。

　　正面攻擊又可分為三種：第一種是挑戰者以「產品對產品、價格對價格、促銷對促銷」等手法，與競爭者直接較量。這種仗打下來，將會耗費雙方龐大的資源，因此值得挑戰者三思而後行之。國內養樂多稱霸酵母乳市場多年，而此一市場的銷售量相當龐大，吸引了統一與味全兩家大廠投入市場，各自推出「多多」與「亞當」來挑戰養樂多。但由於養樂多基礎穩固，顧客忠誠

度相當高，結果在這場正面攻擊戰，多多與亞當皆敗陣下來。

第二種正面攻擊乃是攻擊者藉著產品改良，創造出對手所沒有的產品特性，而以產品的價值獲得差異化的優勢；此種策略乃是以價格以外的因素作為競爭的基礎。例如東元冷氣機於民國 75 年推出三機一體的機型，使得其他廠商紛紛跟進。東元的這種產品（價值）差異化的作法，直攻得業者毫無招架之力。

第三種正面攻擊則是以價格為競爭基礎，亦即挑戰者以價格的優勢進行攻擊。如果競爭對手不以削價來報復，或者它無法讓消費者相信其產品所提供的價格（即產品相同，但價格較低），那麼挑戰者的正面攻擊將可奏效。此外，這種以價格為攻擊的武器，最需注意到避免陷入割喉式的惡性價格競爭，否則雙方皆會得不償失的。例如 IBM 在個人電腦市場取得第二位時，再度挾持成本優勢而發動第二波攻擊，它宣稱「降價 20%」，逼得許多廠商無力接招因而退出市場。

(二)側翼攻擊 (flank attack)

挑戰者往往會集中力量，全力攻擊對手較弱的部分，其成功的機率亦較大。這種「以己之長，攻人之短」的作戰策略，乃由於攻擊者的資源可能較競爭對手為少，其目的則在於待建立足夠強大的市場地位之後，再伺機發動更大的攻擊。例如寶健以「每包 12 元，還多 25cc」的鋁箔包裝，對運動飲料發動低價側攻，造成市場相當大的震撼。另外，可麗柔綠野香波則以每瓶 120元的高價位，對洗髮精市場發動高價側攻行動亦獲得相當的成功。最後，這種側翼攻擊亦可以配銷通路（如雅芳採挨家挨戶的銷售方式來側攻化妝品市場）、產品型態（如波蜜果菜汁、香吉士柳橙汁之側攻飲料市場）、市場區隔（如金車飲料專以年輕人為目標市場）以及技術創新等方式，來執行側翼攻擊的策略。

(三)圍堵攻擊 (encirclement attack)

圍堵攻擊乃是針對好幾個據點同時攻擊，讓競爭者必須同時保護其前方、側方及後方，亦即提供競爭者所擁有的每一項產品，並比競爭者提供的更多、更好，以及所提供的服務完全符合顧客的需要。採圍堵攻擊者應比競爭者有

較豐富的資源,且相信圍堵策略能迅速地一舉完全殲滅對手。例如精工錶在美國手錶市場上採取圍堵攻擊的策略,它在每一個主要的手錶市場均擁有配銷通路,且提供許多不同款式的手錶壓倒競爭者,並吸引消費者。

(四)迂迴攻擊 (bypass attack)

迂迴攻擊是一種避免直接與競爭者衝突的間接攻擊策略,亦即迂迴繞過敵人,並攻擊較易取得的市場,以擴大其資源基礎。迂迴攻擊有三種途徑可供採行:發展不相關產品的多樣化;在現有的產品下,進入新地理性市場的多樣化;及開發新技術以取代現有的產品等。其中技術革新特別適用於高科技產業,挑戰者耐心地研究及發展更進步的技術,而非一味地模倣對手的產品或發動勞民傷財的正面攻擊。例如 Minolta 推出更高科技的自動對焦 Maxxum 照相機,使得佳能 (Canon) 公司的照相機市場之領導地位搖搖欲墜,市場佔有率滑落至 20% 左右;並使得佳能公司花了三年的時間才推出技術相當的照相機。

(五)游擊攻擊 (guerrilla attack)

當挑戰者的規模與資金皆較小時,可能採用游擊攻擊策略,它會針對競爭對手之各個不同的領域,發動小型的間歇性攻擊,其目的在干擾與瓦解敵方的軍心士氣,以達到鞏固本身之永久性的立足點。例如挑戰者可以使用選擇性的降價,加強促銷活動(短期的),以及配合法律行動等。一般而言,游擊戰乃是小公司用來對抗大公司所採用的策略;但嚴格說來,游擊戰乃是戰爭的一種準備,而非戰爭本身。假如攻擊者希望在最後能擊倒競爭對手,則仍需發動一次較強烈的攻擊。經年累月持續地發動游擊攻擊,仍需耗費一筆可觀的支出。因此,就資源的觀點來說,游擊戰未必是一種便宜的作戰方式。

◑ 四、市場追隨者策略

許多位居次位以下的公司都偏好追隨,而非向市場領導者挑戰。因為一方面擔心本身的力量不夠強大,另一方面唯恐遭到市場領導者的報復。此外,追隨者亦可獲得許多利益。市場領導者通常須負擔鉅額費用於發展新產品與新市場、擴張配銷通路,及告知與教育市場大眾;而對這些努力與風險所獲

得的酬勞必然相當可觀，而且亦可使其繼續擁有領導者的寶座。但是，追隨者若能很快地跟進、模倣或修改，則由於他們無須投入鉅額經費，因此雖無法藉此取代領導者地位，但其獲利力亦是相當的可觀。

市場追隨者必須瞭解如何掌握其現有的顧客，並且在新的顧客群中爭取更多的顧客。因此，每一個市場追隨者皆應設法為其目標市場帶來實質的利益，如地理位置、服務及融資等。再者，由於追隨者往往是挑戰者的主要攻擊目標，因此追隨者必須隨時保持低的製造成本、優良的產品品質與服務，以免遭到攻擊。此外，一旦有新市場出現時，追隨者更應積極地進入該市場，但它不應該僅是被動地模倣領導者，而應該為自己決定出一條不會引發競爭者報復的成長路線。

一般而言，追隨者可採用下列三種追隨策略之一：

㈠緊密追隨者 (closer)

亦即盡可能地模倣領導者的產品、配銷通路、廣告及其他行動等，但它不會發動任何攻擊而只是期望能分享市場領導者投資的成果。

㈡模倣者 (imitator)

係指模倣領導者的某個部分，但在廣告、包裝及訂價等方面，仍與領導者保持若干差異，因此有時又稱為「保持距離的追隨者」。只要這些模倣者不做積極的攻擊，市場領導者一般不會太在意他們。

㈢適應者 (adapter)

係指追隨領導者的產品與行銷方案，但會作一些調整與改良。適應者可能選擇不同的市場區隔，以避免與領導者直接發生衝突。這類的公司會透過不斷的學習，而逐漸茁壯成長，有朝一日可能變成市場挑戰者。例如許多日本公司便是藉由適應與改良別人發展的產品，然後累積一些實力之後便開始在其他領域求發展。

◉ 五、市場利基者的行銷策略

每一個產業裡皆會有一些較小的廠商，由於其資源有限，因此僅專門服務於某一部分的市場利基。它們不會追求整個市場或是市場中的某一個大區

隔。相反的，其目標皆放在區隔中更小的區隔，或稱為利基 (niches)。這些利基一般是大公司所忽略或放棄的小區隔，只要能提供有效的服務，符合特定顧客之需求，那麼仍是有利可得的。

市場利基者皆會嘗試尋找一個或多個安全而有利可圖的市場利基，然而一個理想的市場利基，應具有下列的特徵：

1. 利基應具有足夠的規模與購買力，才有利可圖。
2. 利基應具有成長的潛力。
3. 利基對主要的競爭者而言，不具有吸引力。
4. 廠商擁有足夠的能力，可以有效地服務此利基。
5. 廠商可以透過其已建立的顧客商譽來保衛自己，以對抗競爭者之攻擊。

市場利基者其主要的任務有三，即創造利基、擴展利基，及保護利基。至於利基者最適合採用的策略乃為游擊戰，以下介紹幾種游擊戰型態：

㈠產品型態游擊戰

市場利基者可能以獨特性產品專攻小市場區隔，而其銷售額絕不致大到令其他大型廠商眼紅的地步。例如美國汽車公司推出吉普車，每年銷售量約僅在 10 萬部上下，相對於大型公司通用的汽車銷售量，實在微不足道，因此通用汽車並未重視這種吉普車型的產品。

㈡高價位型態游擊戰

有些產品適合訂定高價，例如化妝品及一些炫耀性的產品。這些產品市場往往亦是很小的區隔，未受大廠商的重視，因此便給予利基者大好的機會。然而，利基者必須要能搶得先機，最好能第一個佔領高價位的領域，否則可能面臨一場苦戰。幾個典型的例子包括皇家威士忌（定位為高價位的品牌）；世界上最昂貴的香水，只有一個嬌伊 (Joe) 等。

㈢機動型態游擊戰

市場利基者可以機動性地發動間歇性的小型游擊戰，聲東擊西，使競爭者顧此失彼，疲於奔命。此外，利基者亦可以不斷地騷擾競爭者，施以偷襲，發動局部性的游擊攻擊。例如日本公司進攻美國市場時，最擅長此種作法。他們會舉辦特殊的促銷活動、在選擇性的地區採取降價措施，以及對某些特

定的通路給予極優厚的條件要求合作等方式，使得美國的公司感到難以招架。

(四)蠶食型態游擊戰

市場利基者由於資源有限，無法與競爭者正面衝突，因此只能小心謹慎地經營，逐步侵蝕競爭者的地盤，等待實力雄厚，時機成熟，再發動較大的攻勢。例如 VO5 洗髮精當初進入臺灣市場時，亦僅以高級美容院與髮廊為進攻對象；但它同時大量打廣告以提高產品知名度，待知名度打開，消費者逐漸接受之後，VO5 便對綠野香波發動「pH 值試紙測驗」的正面攻擊，結果一下子搶佔了很大的市場佔有率。

(五)特定市場區隔型態游擊戰

市場利基者常會從市場中切出一塊不大不小的市場區隔，大到有利可圖，而小到不會引起大廠商的注意。例如戀咖啡鮮奶油是以咖啡廳、西餐廳、速食店等特定餐飲市場為「小」區隔的目標市場。由於國人對於咖啡與奶茶的產品逐漸偏好，因此這種小東西其市場逐漸成長，使得公司有利可圖，但對於鮮奶的大廠商（如味全、統一）而言，可能不是一個值得費力去爭取的小市場。

〔小結〕

本節首先介紹市場競爭地位的分類，共可分為市場領導者、市場挑戰者、市場追隨者及市場利基者，並說明各類競爭地位的特徵。接下來，分別探討它們的行銷策略。由於每一公司的市場地位、資源、策略目標等的不同，因此應該有其不同的行銷策略。表 7-3 係四種競爭地位之廠商可採行的行銷策略之彙總。

表 7-3　四種競爭地位廠商可採行的行銷策略

行銷策略 競爭地位	行銷策略	可行的作法
市場領導者	整體市場拓展策略	1. 發掘新使用者 2. 發展產品新用途 3. 刺激更多的使用量
	保護市場佔有率策略 （防禦策略）	1. 陣地防禦 2. 側翼防禦 3. 先發制人防禦 4. 反擊防禦 5. 機動防禦 6. 緊縮防禦
	拓展市場佔有率策略	1. 塑造獨特的形象與定位 2. 推出新產品或新品牌 3. 掌握配銷通路 4. 改善產品品質、增加行銷支出、優良的顧客服務等
市場挑戰者	攻擊策略	1. 正面攻擊 2. 側翼攻擊 3. 圍堵攻擊 4. 迂迴攻擊 5. 游擊攻擊
市場追隨者	追隨策略	1. 緊密追隨者 2. 模倣者 3. 適應者
市場利基者	游擊策略	1. 產品型態游擊戰 2. 高價位型態游擊戰 3. 機動型態游擊戰 4. 蠶食型態游擊戰 5. 特定市場區隔型態游擊戰

1. 行銷策略屬於功能策略，而所有功能策略中，行銷策略與公司策略的關聯最密切。你認為如何？

2. 請任選一項家用電器及一項消費性包裝食品，分別擬定其行銷策略，並請比較分析。

3. 在制定行銷策略時，會受到哪些因素的影響？並請各別說明如何影響？

4. Porter 所提出的三種基本競爭策略中，採集中化策略的作法與前一章所述的目標行銷有何差異？請比較分析之。

5. 請你依據行銷組合 4P，分別比較產品生命週期四個階段的作法差異。

6. 就產品生命週期的四個階段，你認為差異化行銷較適合哪一個階段？為什麼？

7. 產品的生命週期「導入、成長、成熟」三階段，其所對應的消費者購買行為階段為何？從消費者行為分析的角度來看，應如何應用產品生命週期各階段的特性？

8. 你認為國內目前的保產業（人壽保險），應屬於產品生命週期的哪一階段？應如何擬定其行銷策略？

9. 一項面臨衰退期的產品，你對其未來的前途有何可行的作法？

10. 若以目前國內的政黨態勢來分析，它們是否可適用市場領導者、市場挑戰者、市場追隨者及市場利基者的行銷策略？如何分析？

11. 為何有些不大不小的廠商，寧願扮演市場追隨者的角色，而不想當市場挑戰者？

12. 市場挑戰者如何選擇其攻擊的對象？必須考慮到哪些因素？

13. 大廠商是否有可能扮演利基者的角色？為什麼？

14. 市場追隨者的主要任務為何？市場利基者的主要任務又為何？

15. 為何麥當勞的廣告，有時候僅強調「漢堡、可樂亦相當適合國人的飲食」？

戰術篇

第 八 章

產品策略

本章開始探討行銷組合策略，首先介紹產品策略。產品乃是公司滿足顧客需求之最重要的工具，如果公司的產品無法滿足顧客的需求，則公司的營運將極為艱困。因此，行銷人員在作產品決策時，一定要考慮到市場顧客的需要、市場上競爭產品的優劣與地位、市場上所慣用的通路與可能創新的通路等因素，如此才能真正比競爭者更能滿足顧客的需求，也才能確保公司的持續成長與永續經營。

此外，產品策略乃是行銷組合策略中重要的一環，它與其他的行銷組合策略，如定價策略、通路策略及促銷策略，皆有密切的關聯，而且產品策略亦是所有企業功能與活動的核心。尤其是在今日市場佔有率之競爭愈趨激烈的時代，公司之所以能擴大市場佔有率，主要有二個原因：其一是以新技術開發新產品為主的行銷策略成功；其二是促成這種成功的大量生產技術與品質管理所帶來的成本降低及競爭力提高所致。由此可知，創新策略與新產品管理亦是產品策略中重要的主題。

本章所介紹的內容包括產品的概念與產品的分類、產品的各項重要決策，諸如產品組合決策、產品線決策、品牌決策、包裝決策、標籤決策等，最後本章將討論新產品的行銷策略。

第一節　產品的概念

產品是指用以滿足現有或潛在顧客的需求，以換取貨幣或任何有價值東西之有形或無形的屬性。有形商品在銷售時，通常會輔以無形之服務；例如汽車與音響系統的製造商通常皆會提供品質保證（無形服務）。本節將探討產品的意義及產品觀念的層次。

◕ 一、產品的意義

首先我們對產品採用廣泛的定義：「產品係指可提供於市場上，以引起注意、購買、使用或消費，並滿足欲望或需要的任何東西。」由此定義我們可解析出產品的幾個重要意義。第一，產品是市場作為交易的對象，亦即它是行

銷活動的標的；第二，消費者購買與使用產品的目的乃在於滿足其需要與欲望，換句話說，產品必須能提供給消費者某些利益，以滿足消費者購買產品的目的；第三，只要能滿足消費者欲望與需要的任何東西都可稱之為產品，因此產品可能包括實體的產品（如汽車、音響設備等）、服務（如理髮、音樂會等）、人物（如劉德華、黎明等明星）、地點（如屏東墾丁、臺北陽明山等旅遊地區）、組織機構（如消基會、慈善機構等），及理念（家庭計劃、南向政策等）。

除此之外，我們對產品意義的探討尚須瞭解到:「同一項產品對行銷人員、目標顧客及社會大眾，可能會有不同的意義。」例如從生產導向來看，個人電腦對製造商而言，可能只是一些塑膠盒子、主機板、鍵盤、電線及監視器等之組合的東西。然而，目標顧客的看法則可能視其為可以幫忙解決問題的一組利益與滿足感的組合。因此，生產導向的公司，其產品可能無法滿足目標顧客的需求。所以，公司應該具有市場導向，亦即從目標顧客的觀點來看待產品。他們必須瞭解到，產品是滿足顧客的主要條件，一旦顧客不滿意該產品，公司就沒有必要再進行定價、促銷與配銷的工作，因為產品不可能賣得出去。

綜合言之，瞭解產品意義的關鍵在於從目標顧客的角度來看產品。因此，化妝品公司所製造的唇膏乃是讓消費者變成漂亮與有魅力的東西，照相機製造商其產品乃是讓消費者保存過去與現在的工具，而維他命丸則是讓消費者獲得健康與活力的希望。

◉ 二、產品觀念的層次

一般而言，產品觀念可分為三個層次，包括核心產品 (core product)、有形產品 (tangible product) 及引申產品 (augmented product)，參見圖 8–1，以下我們分別就此三種層次的產品觀念加以介紹：

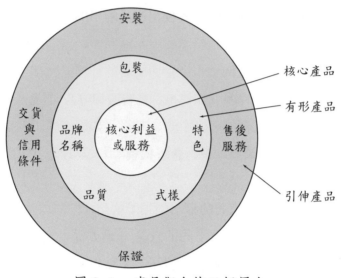

圖 8-1　產品觀念的三個層次

(一)核心產品

　　產品觀念的最基本層次就是核心產品，意指這項產品將帶給消費者什麼利益；也就是在於回答如下的問題：「消費者真正購買什麼?」「產品真正要滿足的是什麼樣的需求?」以電信服務為例，顧客真正購買的是「無障礙的通信品質」；就唇膏這項產品來說，婦女所真正購買的是「漂亮與美麗」。由此可知，消費者購買任何一項產品，並不是為產品而購買產品，其根本目的就是為了獲得核心利益。

　　行銷人員的任務就是要把隱藏在每一種產品內的核心利益給揭示出來，使得核心利益（而非產品特徵本身）能夠透過廣告及促銷活動表達出來；利用核心利益突顯企業的產品特色與經營優勢，提升企業的競爭力。同時，企業必須努力提高核心產品品質，擴大及善用核心產品所能帶給顧客的根本利益，以增加企業產品對消費者的吸引力。此乃行銷人員制定產品策略所需考慮的一個重要層面。

(二)有形產品

　　核心利益必須透過一些有形的或可以感覺到的形式顯示出來，以提供給顧客。例如唇膏、電腦及音響設備等，都是有形的產品。假定有形的產品是

實體的物品，則它應包括包裝、特色、形式、品質水準、品牌名稱等物理性質或化學性質。它們是企業核心產品的外在表現形式，消費者往往把這種可感覺到的產品看作是他們購買產品時所要追求的核心利益。而且，許多消費者在選擇與評估產品時，也經常是利用這些可感覺到的產品形式作為依據。所以，行銷人員在制定產品策略時，除了要突顯核心利益之外，還必須重視產品特色、包裝、品質水準、式樣設計及品牌名稱等決策，以吸引及滿足更多的潛在顧客。

(三)引申產品

行銷人員為目標顧客提供超出有形產品範圍之外的額外服務與利益，即構成所謂的引申產品。例如電腦公司為顧客提供安裝、運送、優惠的付款條件及零件維修的保證書等，都屬於引申產品的範圍。

在今日競爭頗為劇烈的市場上，僅為顧客提供有形的產品似乎已經不夠了。在產品品質相同的條件下，顧客會根據企業所提供的引申產品之項目及條件來決定取捨。由於所需要的不僅僅是核心產品與有形產品，事實上顧客對於圍繞核心產品與有形產品四周的一些額外服務，即引申產品所帶來的額外利益，亦非常感興趣。特別是在經濟發展程度比較高的市場條件下，由引申產品所帶來的額外利益，往往成為消費者判定購買決策之一個重要的參考因素。例如旅行社所提供的遊客財產生命的保障，成為遊客選擇旅行社之一項重要的參考依據。

一個企業能否為顧客提供盡可能多的引申產品，已成為企業吸引潛在顧客及增強競爭能力的一個重要手段。例如航空公司曾想不提供任何引申產品，而以降低票價來吸引乘客，結果發現這是一項錯誤的行銷策略。事實上，顧客並不會因為票價的降低而放棄其對額外利益的追求；相反的，旅客對於旅途中安全、舒適及便利的引申產品其重視的程度與核心產品是一樣的。

由上述對產品觀念三個層次的介紹，我們作如下的總結：行銷人員在發展產品或作產品規劃時，首先必須確認該項產品所要滿足的顧客核心利益是什麼，然後再設計出有形的產品，並附加一些引申產品的項目，以便創造出最能滿足顧客欲望與需要的產品利益。

第二節　產品的分類

　　產品的種類非常多，若能將產品分成不同的類別，將有助於行銷人員之產品規劃的工作及發展出適當的行銷組合策略與之配合。產品分類的方法亦很多，常見的幾種分類方法，包括(1)依產品購買的目的可分為消費品與工業品；(2)消費品可依產品的耐用程度與有形或無形，分為非耐久財、耐久財及服務；(3)消費品又可依購買習慣區分為便利品、選購品、特殊品及冷門品；(4)工業品可依如何進入生產過程與其相對的成本，分為材料與零件、資本項目及物料與服務。以下我們依序介紹這幾種產品分類的觀念及其行銷策略的涵義。

一、非耐久財、耐久財及服務

　　此為一種頗為粗劣的產品分類方法：

㈠非耐久財 (nondurable goods)

　　非耐久財為一種有形的產品，通常僅能使用一次或幾次；例如啤酒、肥皂與餅乾等。由於這類產品消耗快，且需經常購買，因此其適當的行銷策略是使它們隨處可以買到，利潤加成要低，以及使用大量廣告來吸引消費者的試用，並建立對產品的偏好。

㈡耐久財 (durable goods)

　　耐久財亦是一種有形的產品，通常可使用多次，耐用年限較長；例如電冰箱、汽車及大型傢俱等。這類產品通常需要較多的人員推銷、利潤加成較高，且需要較多的售後服務與保證。

㈢服務 (service)

　　服務包括可銷售的活動、利益或滿足；例如美容、餐飲及修理服務等。服務是無形的、不可分割的，變異性（品質）大且為易逝的（不容易儲存）。因此，公司更應注意品質管制、信譽以及一致的服務水準等。有關服務的行銷策略，本書第十四章有詳盡的介紹。

◐ 二、便利品、選購品、特殊品及冷門品

　　此為消費品之最常使用的分類方法，它是根據消費者的購物習慣來分類。

㈠便利品 (convenience goods)

　　係指消費者經常購買、不願花太多時間去選購，且價格較不昂貴的產品或服務。例如口香糖、香皂、衛生紙及書籍等。由於消費者不願花很多時間去選購，因此這類產品的行銷相當重視廣泛鋪貨，使消費者在很多的銷售據點都能買到，以免顧客順手改買較易獲得的替代品。

　　便利品可再進一步分為三類：日用品、衝動性購買品及緊急購買品。

1.日用品 (staples goods)

　　指消費者習慣例行購買的產品，如麵包、牛奶及搭公車等。

2.衝動性購買品 (impulse goods)

　　係指消費者在沒有預先計劃的情形下，由於感到強烈需要而購買的產品。這類產品大都是消費者在店內看到時，才激起購買欲望，因此它們必須擺在很容易看到的地方。例如口香糖及雜誌常被放在收銀機櫃檯附近。

3.緊急購買品 (emergency goods)

　　係指急迫需要時立即購買的產品，例如下雨天購買的雨傘。緊急購買品應廣泛地鋪貨在許多零售據點，以免顧客在需要這些產品時失去銷售的機會。

㈡選購品 (shopping goods)

　　這類產品消費者會花較多的時間去選購，包括比較各種品牌、出售的商店、產品的價格、品質及服務等。這類產品通常是價格稍為昂貴、可以使用很久、不必經常購買，且其風險較高。例如機車、音響及傢俱等。這類產品的零售商通常會與同業聚集，形成所謂的「商店街」，如「傢俱店」、「電器用品店」、「服飾街」等，以便利顧客的選購。

　　選購品亦可再分為二類：同質選購品與異質選購品。

1.同質選購品 (homogeneous shopping goods)

　　係指顧客認為品質基本上類似但價格可能有很大差異的產品，因此會以價格作為選購的比較基礎。這類產品的製造商也會強調其產品設計及售後服

務，與其他競爭者是有差別的，以突顯自己產品的優點。例如電冰箱與傢俱的零售商可能以較優惠的付款條件或較低的價格來競爭。這類產品的顧客其基本心態是「貨比三家不吃虧」，總希望以較低的價格買到相類似的產品。

2. 異質選購品 (heterogeneous shopping goods)

係指顧客認為產品間彼此有差異，而希望去檢視品質與適用性的產品。因為這類產品（如衣服、珠寶、汽車及公寓等）的樣式與品質都不同，光是比較價格並不一定能達到最佳的購買決策。例如一位婦女購買服飾時，剪裁、式樣與是否合身，可能比微小的價格差異來得重要。又如一對想租公寓的夫婦可能會比較各公寓的室內裝潢、地板及到公車站的距離等等；一旦他們找到「理想」的公寓之後，價格才可能變成重要的考慮因素。

㈢特殊品 (specialty goods)

係指消費者對品牌、樣式及類型有特殊偏好的產品或服務。由於消費者對於產品之品質及其他利益有特殊偏好，因此他們願意花時間，甚至長途跋涉去購買這些產品。例如醫師、律師及稅務專家都可能有忠實的病人或客戶；他們所銷售的就是特殊品。特殊品的購買者通常不再做比較，他們只是單純的到經銷商處購買所要的產品。因此，經銷商並不需要擁有便利的地點，但必須讓潛在的購買者知道他們所在之處。

㈣冷門品 (unsought goods)

係指消費者不知道或者已經知道但通常不會去購買的產品；前者如電漿電視等創新產品，這些產品必須一直等到消費者經由廣告知道它們為何；後者如保險、墓地預售及癌症檢驗等，這些都是消費者所知道的，但不會想去購買者；也許最後可能會購買這些產品，但都仍然抱著「敬而遠之」的態度。行銷人員對於這類產品的任務是，一方面讓目標顧客知道此類產品的存在，另一方面是刺激需求以使該類產品脫離冷門品的類別。表 8-1 為上述四種消費品類別的彙總。

上述的消費品分類係以消費者的購買行為來區分，然而消費者的購買行為會隨著情境因素而有所差異；因此，就同一產品而言，對不同的消費者或者相同的消費者在不同的情境下，可能會有不同的歸類。例如看牙醫對某些

表 8-1 消費品之分類——依購買習慣區分

第一層分類	第二層分類	涵 義
便利品	日用品	例行性的習慣購買
	衝動性購買品	未規劃之下，臨時起意的購買
	緊急購買品	需要急迫的情況下購買
選購品	同質選購品	在意價格比較的選購（產品之間無差異）
	異質選購品	著重品質比較的選購（產品之間有顯著的差異）
特殊品		對某些品牌有特殊偏好者，長途跋涉在所不辭
冷門品	未知的	完全新的且不熟悉的產品
	已經知道的	消費者不會想去購買的產品

顧客來說可能是特殊品，因為他們非給同一位醫師看不可；但是對於價格較敏感的顧客，看牙醫則可能屬於同質選購品。類似的，看牙醫對某些人而言，可能又變成冷門品。

由以上的討論可知，行銷人員應該從目標顧客的角度來看產品，真正去瞭解消費者對產品的認知以及其購買行為，然後針對不同的目標消費群設計出適當的產品與行銷策略，以迎合他們的需求。

三、工業品的分類

工業品係指個人或組織為用於未來的生產過程或經營活動上，所購買的產品。工業品可以如何進入生產過程及其相對的成本來分類；參見圖 8-2。

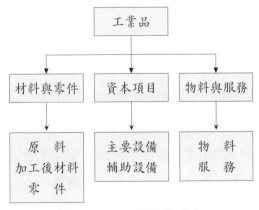

圖 8-2 工業品的分類

㈠材料與零件 (material and parts)

係指完全進入產品生產過程的工業品，它們經過生產過程而成為製成品的一部分。這類產品又可再分為原料、加工後原料及零件三類。

1. 原料 (raw materials)

原料包括農產品（如煙草、大麥、大豆及棉花等）與天然礦產（如漁牧、林產及礦藏等），其行銷方式有些不同。農產品係由許多農戶所生產，再由中間商加工處理與經銷。天然礦產通常數量大、單價低、運銷的過程十分繁重、生產者的規模大且家數少。由於工業用戶需要長期供應，因此都與生產者訂有合約，由生產者直接運交給工業用戶。

2. 加工後材料 (manufactured materials)

加工後材料包括鋼鐵、棉紗、水泥等已經加工過，但仍需進一步製造的材料。例如生鐵要鑄成鋼，棉紗要再製成布。這類材料通常具有標準化的性質，此乃意謂著其價格與供應商的可靠性是最重要的採購因素。

3. 零件 (parts)

零件係指諸如馬達、輪胎及鑄件等各種可以組合成產品的一些組件 (component)，它們是直接進入最終產品之中，而無須在形式上作任何改變；例如小馬達裝入電風扇之內，而輪胎安裝在汽車中。價格與服務是此類產品之行銷的主要考慮因素，而品牌與廣告變得較不重要。

㈡資本項目 (capital items)

係指部分進入最終產品之內的工業品，又可分為主要設備與輔助設備兩類。

1. 主要設備 (installations)

主要設備包括建築物（如廠房與辦公室）與設備（如發電機、鑽床、電腦及升降機等）。主要設備乃是公司之主要的採購項目，通常是直接向生產者購買，但往往要經過一段相當長的議價協調期間後才會定案。生產者往往以銷售工程師與高級銷售人員來進行業務拓展與銷售，而且亦須為顧客提供設計設備的規格與售後服務，所以廣告相對於銷售人員而言顯得較不重要。

2. 輔助設備 (accessory equipment)

係與主要設備相較之下較不重要的資本項目，如手工具、打字機、影印機、收銀機及室內裝潢等。這類設備的壽命較主要設備為短，而且大多數皆由製造商直接銷售，但亦有透過中間商來配銷者。產品的品質、特性、價格與服務等，乃為選擇供應商的主要考慮因素。雖然廣告可有效的運用，但人員銷售仍較廣告來得重要。

㈢物料與服務 (supplies and services)

係指完全不進入最終產品的工業品。

1. 物　料

物料又可分為作業物料 (operating supplies)（如潤滑油、煤炭、打字紙張、鉛筆等）與維修用物料 (maintenance and repair item)（如油漆、釘子、掃帚等）。物料相當於工業品中的「便利品」，廠商通常只花費極有限的心思來採購，因此大多屬於「直接重購」的工業購買類型。由於顧客多、地理區域分散、且單價低，因此製造商皆透過中間商來配銷。此外，由於物料通常已標準化，且品牌忠誠度低，故價格與服務乃是行銷的考慮重點。

2. 服　務

主要包括維修服務，如清潔辦公室、機器設備維修等，及商業服務，如法律、金融、廣告等服務。服務是屬於無形的工業品，亦不包括在最終製成品的一部分。其中維修服務通常是以合約的方式由供應商所提供，而商業服務之購買通常是屬於新任務購買類型。此類型的工業購買者往往是以供應商的聲譽及人員素質為基礎，以選擇合適的供應商。

第三節　產品決策的內容

本節主要介紹產品策略中可能必須制定的產品決策有哪些，而在探討此一問題之前，有必要先瞭解產品組合 (product mix) 的意義。所謂產品組合亦稱為產品搭配 (product assortment)，係一製造商之所有產品線 (product line) 與產品項目 (product items) 的集合；也就是說，製造商可能同時產銷許多產品線，而每一產品線又包含數個產品項目。除此之外，每一產品項目亦有數種

品牌，而每一品牌則可能採數種不同包裝與標籤。由此可知，產品組合包括
四個構成要素，即產品線、產品項目、品牌及包裝與標籤，其間的關係可參
見圖 8-3。

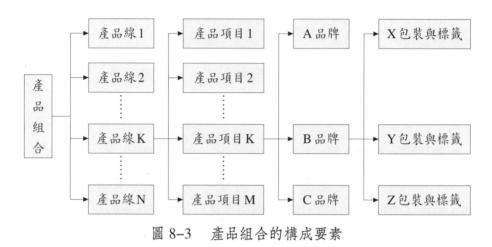

圖 8-3　產品組合的構成要素

因此，有關產品決策的內容至少包括產品線決策、產品項目決策、品牌
決策及包裝與標籤決策。本節先介紹產品線決策與產品項目決策，而另兩項
產品決策則分別於第四、五節再專節討論。而在探討產品線決策與產品項目
決策之前，有必要再對產品組合的相關觀念加以釐清。

◑ 一、產品組合

前已述及，產品組合乃一製造商之所有產品線與產品項目的集合，亦即
一製造商所提供的所有產品。所謂產品線意指一群密切相關的產品，它們可
能是功能相似、銷售給相同的顧客群、經由類似的通路來配銷，或在相同的
價格範圍內。而所謂的產品項目，則指同一產品線下的個別產品，彼此可能
因大小、價格、外觀或其他屬性不同而有別。公司之所以產銷數條產品線（或
產品組合）而非單一產品線，其可能的原因包括(1)抵銷單一產品生命週期之
不同階段的產能；(2)平均各產品之季節性銷售；(3)更有效地運用公司的資源；
(4)掌握機會推出中間商與消費者喜歡的產品；(5)分攤生產與行銷的成本；(6)
提高在中間商與消費者之間的知名度等等。

　　產品組合包括二個層面，即寬度 (width) 與深度 (depth) 或長度 (length)。產品組合的寬度是指公司有多少條不同的產品線數目；而產品組合的深度則指每條產品線中產品項目的多寡。圖 8–4 指出雀巢公司之產品組合的寬度與深度，例如雀巢公司共有 8 條產品線，故其產品組合的寬度為 8，而就奶粉這一條產品線共有 4 個產品項目，故其深度為 4。一般而言，深度愈高，表示公司愈專精於某個特定的市場；而寬度愈大，則表示公司所提供的產品類別愈多，亦即其所進入的市場也就愈複雜。

產品線1 奶粉	產品線2 研磨式咖啡	產品線3 即溶咖啡	產品線4 奶精
嬰兒奶粉 成長奶粉 普通奶粉 低脂奶粉	雀巢咖啡	雀巢醇品咖啡 雀巢金牌咖啡 卡布奇諾咖啡 雀巢冰咖啡	三花奶精 三花低脂奶精 三花奶水

產品線5 飲料	產品線6 巧克力飲品	產品線7 嬰兒麥片	產品線8 煉乳
雀巢奶茶 雀巢檸檬茶	美祿	雀巢向陽麥片 (豆奶) (高鈣) (原味)	雀巢鷹牌煉乳

圖 8–4　雀巢公司的產品組合

　　有關產品組合之另一個重要的觀念乃是產品組合的一致性 (consistency)，意指不同產品線在用途、生產技術、配銷通路或其他方面相關的程度。一致性愈高乃表示公司在某一領域愈專精，可以塑造專家的形象；而一致性愈低則表示公司邁入數種不同的領域，以追求市場領導者的地位。

　　一般我們所說的產品組合決策，即公司如何決定產品組合的寬度、長度及一致性。譬如說公司可以(1)增加新的產品線，因而加寬了產品組合；或者(2)加深其產品線的項目，可使產品線更為完整；或者(3)追求更一致的產品線，以期能在單一領域建立強有力的聲響。

◐ 二、產品線決策

公司可能擁有多條不同的產品線，然而每一條產品線由於產品特性或市場特性不同，因此各有一位不同的主管來負責，且需要有不同的行銷策略。例如奇異電器公司的家用電器事業部有數位產品線經理，分別負責電冰箱、烤箱、洗衣機、乾衣機及其他家用電器。行銷人員所面臨的產品線決策包括產品線長度決策、產品線延伸決策、產品線填補決策、產品線現代化決策、產品線特色化決策及產品線刪減決策等。

㈠產品線長度決策

產品線經理通常必須決定產品線的最適長度（即前面所述的深度）。如果增加產品項目可提高利潤，那麼表示目前的產品線太短；相反的，如果剔除產品項目可以提高利潤，則表示現有的產品線太長。產品線長度基本上由公司的目標來決定。例如若想成為一個產品線很完整 (full line) 的公司，或者要求較高的市場佔有率與市場成長，那麼公司就應該有較長的產品線，此時即使公司所擁有的某些產品項目之利潤未達預定的水準，也在所不惜。相反的，如果公司比較重視獲利力，則產品線可能會較短一些，因為那些不賺錢的產品項目可能就會被刪除掉。

一般而言，公司產品線長度皆有加長的趨勢，其理由如下：⑴生產產能過剩，迫使產品線經理開發新的產品項目；⑵銷售人員與經銷商通常會要求產品線經理增加產品項目，以滿足顧客的需要；⑶產品線經理為了追求更大的銷售與利潤，往往亦會增加其產品線中項目。

然而，產品項目一增加，數種成本亦將伴隨著提高，諸如設計與工程成本、存貨持有成本、製造轉換成本、訂單處理成本、運輸成本及新產品項目的促銷成本等。在這種情況之下，公司管理當局可能考慮凍結產品項目的繼續增加，或者甚至刪除某些無獲利的產品項目。

至於公司最後究竟會加長產品線長度或縮短產品線長度，一方面決定於公司的目標，另一方面公司亦會從事產品線分析，包括分析每一條產品線的銷售與利潤，以及每一條產品線其在市場上競爭的地位。但不論如何，公司

皆會以有系統的方式來加長產品線長度（如產品線延伸或產品線填補）或縮短產品線長度（如產品線刪減決策）。

㈡產品線延伸決策

一般而言，每一家公司所提供的產品線，大都只涵蓋產業中的某一部分市場而已。當公司跨越原有的範圍，開始填補其產品線，以期能在整個產業中接觸更多的市場區隔時，公司便是在做產品線延伸的工作。產品線延伸 (line-stretch) 乃是公司以有系統的方式來增加產品線的長度，包括三種方式：向下延伸 (downward stretch)、向上延伸 (upward stretch) 及雙向延伸 (two-way stretch)，參見圖 8–5。

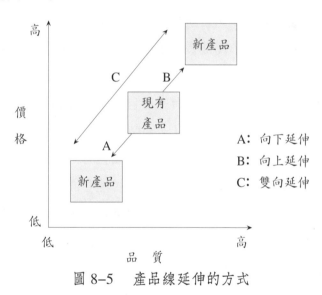

圖 8–5　產品線延伸的方式

1.向下延伸

許多公司起初皆將產品定位在市場之中高級的一端，然後在建立起不錯的品牌形象之後，便將其產品線向下延伸，以期能在中低級的產品市場佔有一席之地。公司之所以決定向下延伸的作法，其可能原因包括⑴公司的高級品受到攻擊，因此決定以牙還牙，發展較低級的產品；⑵公司發現高級產品的市場成長緩慢，為了開拓市場與追求成長，因此決定向下延伸；⑶公司一開始發展高級產品只是為了樹立品質形象，一旦時機成熟便準備向下延伸；⑷公司增加一些較低級的產品，藉以彌補防線上的漏洞，避免吸引新的競爭者。

　　例如普騰電視機一直給人一種高品質、高價位的形象。然而公司在後來亦開始藉著這塊招牌，逐漸從高價位市場往下延伸（中價位市場），一方面希望能獲得更大的市場佔有率，另一方面則避免被泰瑞、先鋒等價位更高的電視品牌，與新力、聲寶等中價位電視品牌的兩面夾攻。此外，日本企業在進入美國市場之初，由於美國的廠商基於利潤較差與市場不夠大等因素，而不願意向下延伸，因而給予日本企業有機可乘；例如全錄不願生產小型影印機、通用不願生產小型汽車，結果讓日本的理光、豐田及日產等公司發現市場的大缺口，終於在美國市場立足生根，並茁壯成長。

　2.向上延伸

　　位於市場低端的公司，也可能會朝向較高級的產品市場發展，其可能的原因包括⑴較高級產品的市場成長率或邊際利潤較高；⑵公司可能希望自己具有低、中、高級之完整的產品線；⑶公司希望提高產品形象。例如統一企業已在速食麵市場經營多年，當初有鑑於包裝的速食麵食用不便，以及國民所得與生活水準的提高，因此依序推出碗裝速食麵及高價位的「滿漢系列」，將產品線往上延伸，結果受到相當的歡迎，而且有效地擴大了速食麵市場。

　　然而，公司在決定產品線向上延伸時，可能會面臨一些風險：⑴原先佔據較高端產品市場的公司其根基已穩固，可能會採取反擊，甚至侵入低端市場加以報復；⑵潛在顧客可能會對公司進入高端產品市場的能力與品質，產生懷疑；⑶公司的銷售人員與配銷商可能缺乏足夠的能力與訓練來銷售這些高級的產品。

　3.雙向延伸

　　原先在市場中間範圍的公司，在掌握足夠的市場優勢之後，可能會基於上述類似的考慮因素，而決定朝產品線上下兩個方向延伸，以便串連成更完整的產品線及爭取更廣大的顧客群。當然，前述的向上延伸與向下延伸所可能面臨的問題皆仍然存在，因此值得行銷人員在決定雙向延伸時所必須事先加以考慮的。

　　有關雙向延伸的作法，茲舉精工錶的例子來說明。70年代晚期，精工錶開始藉著進入較高級與較低級的鐘錶市場，以延伸其產品線。在當時，低成

本且高準確度的數字錶開始風行,精工錶便以 Pulsar 為品名(而不用精工錶),推出一系列價值較低的手錶,往下滲透價位較低的市場。而且在同一個時期,精工錶亦往上延伸,滲透到高價位與高格調的鐘錶市場。於是,一系列由瑞士子公司所生產的較高價位手錶,便陸續進入市場。不久,該公司又推出如剃刀那麼薄的手錶,售價大約在 5 千美元左右,以進軍極高價位的手錶市場。精工錶為了避免消費者對品牌形象所造成的混淆與疑慮,它乃針對不同的市場推出不同的品牌,並以整體的良好企業形象為基礎,成功地向高、低價位鐘錶市場加以延伸。

⒆產品線填補決策

　　產品線填補 (product line filling) 決策亦是一種有系統的加長產品線長度的手段,它是就目前所佔據的市場範圍內,增加產品項目。公司採行產品線填補決策,主要的動機包括⑴增加利潤; ⑵滿足經銷商與消費者對產品多樣化的需求; ⑶利用淡季中過剩的產能; ⑷成為具有完整產品線的領導廠商; ⑸自行填補產品線的缺口,以防競爭對手的乘隙而入。例如新力公司推出太陽能、防水隨身聽,以及一種方便運動人士（如慢跑者、騎腳踏車者、網球運動員及其他運動人士等）攜帶的防汗之高頻率隨身聽。

　　在此,須特別注意的是,如果公司的產品線過滿,可能會使得產品線上的產品項目互相殘殺,且使得顧客無所適從。因此,公司必須要讓各產品項目在顧客心目中有所差異; 換句話說,各產品項目之間的差異,要大到足以讓顧客感受到確有差異存在。

　　例如統一速食麵過去不斷地推出新產品,如「肉骨茶麵」、「粿仔條」、「香辣牛肉麵」、「酸菜鴨冬粉」等等; 然而問題是,這些新口味的成長來源,是開創了新市場、或是搶奪了競爭者的市場,或只是取代了自己原有的市場? 如果是前兩者,則公司的這種填補決策確實是有益的; 但是,如果是後者的話,那麼公司應該要慎重地思考與檢討。由此可見,當公司推出新產品、新口味後市場反應良好,先不要以為成功在望,而應該仔細分析公司旗下的其他類似產品之銷售量是否受到影響,是否發生自相殘殺的窘況,然後才能判斷整體的行銷活動是否成功。

㈣產品線現代化決策

隨著時代的進步，公司的產品線也必須加以調整，以因應現代化的需求，尤其是高科技的產品更應如此。例如當使用者紛紛使用彩色螢幕手機時，若公司仍停留在只生產黑白螢幕的手機，則很顯然會被市場所淘汰。

產品線現代化的決策，重點在於公司應採逐步現代化或是全面現代化的問題。逐步現代化的作法，可使公司便於掌握顧客的脈動及經銷商對新式樣的看法，俟有利的時機再將公司的產品線做全面的革新；而且，這種逐步現代化的作法，亦可緩和公司現金的流動。然而，逐步現代化亦有其缺點，例如競爭者對公司所採取的更新行動瞭若指掌，因此亦會著手修正其產品線，以為因應；也就是說，給了競爭者一個緩衝的與喘息的機會。

在快速變遷的產品市場中，不斷地從事產品線現代化或更新，更是不可或缺的。至於公司的產品線更可由三個方向來進行：(1)品質修正 (quality modification)：即提高產品現有的功能；(2)特色修正 (feature modification)：即增加產品的新特色，以使產品更安全、更方便，具有更多的用途；(3)式樣修正 (style modification)：即增加產品的審美吸引力，例如汽車每年皆會有新款式的問世，藉以吸引那些喜歡追求新款式汽車的消費者。

㈤產品線特色化決策

產品線經理通常會選擇產品線中一項或少數幾項的產品項目，作為產品線的特色 (product line featuring)，以為號召。有時公司會促銷一些產品線上較低級的產品，作為「創造人潮之產品」(traffic builder)，以製造銷售聲勢。例如百貨公司常常以特價推出「每日一物」，招徠顧客；當顧客走進百貨公司，往往亦會購買一些高級的產品。

當然，公司亦可能會以高級產品項目為號召，藉以提高公司產品線的等級。雖然這種價格昂貴的產品可能很少人買得起，但它卻有如「旗艦」(flagship)似的帶動整條產品線，吸引大批顧客來購買該產品線中的其他產品。

㈥產品線刪減決策

產品線經理亦須定期地評估其產品項目，以決定是否要刪除某些產品項目。一般而言，公司會刪減產品項目，其可能原因有二：(1)產品線中存在一

些沒有希望的產品項目，而且亦會拖垮公司的利潤；⑵公司的產能無法應付所有產品的生產需求。無論如何，當公司決定刪減產品項目時，必須對產品項目做完整的銷售與成本分析。

由以上所述，可知行銷人員所面臨的產品線決策相當複雜，茲以圖 8-6 來指出其各項決策間的關係。

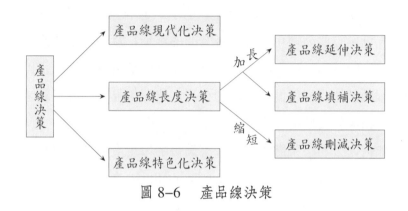

圖 8-6　產品線決策

三、產品項目決策

每一項產品皆有其有形的屬性，包括品質水準、產品特徵及產品形式（設計）等，這些屬性將會影響產品提供給消費者之利益。因此，如何決定產品項目應具何種水準的屬性，乃產品項目的重要決策。以下我們分別介紹此三項產品屬性的決策。

㈠產品品質

品質包括二個構面，即水準 (level) 與一致性 (consistency)。在開發一項產品時，行銷人員應當選擇一個可以支持其在目標市場之定位的品質水準 (quality level)。品質是產品定位的工具之一；產品品質代表產品展現其功能的能力，包括產品整體的耐久性、可靠性、精確性、操作與維修的簡易性，以及其他有價值的屬性之總合。雖然其中有些屬性是可以客觀地衡量，但從行銷的觀點來看，品質應該是以消費者的認知來衡量。

此外，在公司所選定的品質水準之下，公司尚應努力於追求高度的品質一致性 (quality consistency)；換句話說，高品質亦意謂著傳送給顧客之品質水

準必須能夠完全一致。就此層面的意義來看，品質乃意謂著「沒有不良品且沒有變異 (variant)」。

有關產品品質決策，公司尚須決定隨著時間的變化，應如何管理產品的品質。一般而言，有下列三種策略：

1. 品質改善：公司必須不斷地從事研究與發展，以改善產品品質。

2. 品質維持：除非有顯著的錯誤發生，否則公司始終維持其最初的品質設計。

3. 品質降低：有些公司可能會隨著時間的經過，逐漸降低其產品的品質，期能彌補日增的成本；也有些公司則有計劃地減低其產品品質，以增加現有的利潤。很顯然的，採用此種策略的公司，皆假設品質的降低顧客並不會發現，否則將損害其長期的獲利力。

不論如何，公司必須體認到，未來競爭的市場上將逐漸以品質作為潛在的策略性武器。所謂策略性品質 (strategic quality)，意指提供一種比競爭者更能滿足消費者需求與品質偏好的產品，由此而取得競爭優勢。甚至有人亦認為，未來品質將成為競爭性的必要條件，因為大多數的公司皆已達到某一高水準的品質，屆時公司若無法達到此一品質水準，則根本毫無成長的機會。

㈡產品特性 (product feature)

每一項產品都可賦予不同程度的特性，從最原始的陽春型開始，公司可以加上一個或數個特性，以創造出更高層次的產品。例如電腦的購買者可以訂購硬碟機、軟碟機、印表機及液晶螢幕等，而電腦製造商則必須決定要建立自己產品具有哪些特性，並且決定哪些特性是可由顧客自行選擇。不容否認的，公司要在諸多競爭性產品出人頭地，則產品特性是一項有力的武器。只要能首先生產出具備顧客需要且有價值的特性，則將會是最具競爭力的產品。

然而，並非是產品特性愈多愈好；一方面當特性愈多，則代表著成本愈高；另一方面，這些特性不見得都是顧客所想要的。因此，公司在決定產品特性時，應該思考如下的問題：(1)顧客喜歡此一產品嗎？(2)顧客喜歡此一產品的哪些特性？(3)在顧客心目中，添加哪些特性會使產品更好？(4)顧客願意支付什麼樣的價格來獲得這些特性？透過對這些問題的思考與分析，有助於

公司的產品特性決策。

㈢產品設計 (product design)

產品的形式或設計亦是產品項目決策之重要一環，它也是增加產品差異性的手段之一。有些公司在產品形式的設計上，表現得非常傑出；然而大多數的公司卻都忽略產品設計決策的重要性。事實上，良好的產品設計可為公司帶來許多利益：(1)它能為新開發的產品創造個性，使產品能在眾多的競爭性產品中脫穎而出；(2)它能使那些處在產品生命週期成熟或衰退階段的產品，創造出產品的「第二春」；(3)它也能向消費者傳遞更高的價值感，使得產品更具吸引力。

然而，在從事產品設計決策時亦須注意一些事項：(1)產品設計必須考慮到消費者的需求與偏好，例如「輕、薄、短、小」的產品設計乃迎合了目前人類的嗜好；此外，50 與 60 年代的汽車製造商著重「汽車馬力」的高性能，而 70 年代則處於能源危機的恐慌，因此成本(省油)成為消費者注意的重點。公司的產品設計，基本要求便是要能洞察這種趨勢的變化；(2)產品設計亦需考慮生產原料的來源與成本，而且原料的選擇將會影響到產品的吸引力；因此，原料將是產品設計決策之重要的考慮因素。例如由於原料短缺及有關的安全、健康與環保問題等，均可能迫使公司另尋其他的替代品；(3)最後，產品設計決策亦需考慮到中間配銷商之利益。例如零售商店不希望包裝太龐大，因為它可能佔用太多的擺設空間。

第四節　品牌決策

行銷人員在制定產品策略時，品牌是一個重要的決策。一方面，良好的品牌決策可以增加產品的價值；另一方面，發展一產品的品牌需做大量的長期投資，特別是在廣告、促銷與包裝等方面的支出。此外，公司亦逐漸瞭解到，唯有擁有品牌的產品才能掌握權力，也才能贏得顧客的忠誠度。

本節將先介紹與品牌相關的一些重要觀念，然後再討論行銷人員如何進行品牌決策。

◑ 一、與品牌相關的重要觀念

(一)何謂品牌?

根據美國行銷學會 (AMA) 對品牌所下的定義:「品牌是指產品的一個名稱 (name)、符號 (symbol)、標記 (sign) 或設計 (design),或是以上幾種的組合;品牌可用來辨認某一個或某一組產品與服務,以便與競爭者的產品與服務有所區別。」根據此一定義,品牌是一個綜合體,品牌可以是一個名稱,即品牌名稱 (brand name),也可以是一個符號、標記或設計,即品牌標誌 (brand mark)。以下我們再對一些相關的名詞加以說明:

1.品牌名稱

品牌的一部分,係可以用口頭或語言表示者,是可以叫出來的一部分。例如麥當勞、迪士尼樂園、新力、臺灣銀行、普騰及裕隆 March 等,都屬於品牌名稱。

2.品牌標誌

亦是品牌的一部分,是可以辨認但卻無法叫出口者,包括一項符號、標記或設計等。例如麥當勞的金色拱門「ｍ」、賓士汽車的「三星形」、萬金油的「老虎」及 TOYOTA 的「⊕」等,都屬於品牌標誌。

3.商　標

係指獲有法律保護,別人不得模倣的部分,它可能是品牌的一部分,亦可能是品牌的全部。當公司擁有商標,便擁有保障的專用權,有權使用品牌名稱或品牌標誌。

4.版權 (copyright)

係法律保障下,對一項文學、音樂或藝術作品等,享有出版、複製及銷售的專利權。

(二)品牌意義的層次

品牌基本上乃是銷售者提供一組一致性且特定的產品特性、利益及服務給購買者的允諾。一個良好的品牌應該傳遞下列四個層次的意義給購買者:

1.屬性 (attribute)

品牌最先留給消費者的第一印象便是它的某些屬性；例如人們一想到「賓士」汽車，便認為是昂貴的、建造良好的、耐久性的、高轉售價值的及快速的……等等。公司可利用其中一種或多種的屬性來做廣告，亦可作為定位的基礎。

2. 利益 (benefit)

消費者所購買的並非產品的這些屬性，而是購買其利益。因此，屬性必須能夠轉換成利益，包括功能性利益與情感性利益。例如「耐用的」屬性可轉換成「我不希望沒幾年就換一部車」的功能性利益；或者「昂貴的」屬性可轉換成「這部汽車可讓我感覺到崇高的地位與令人羨慕」的情感性利益。

3. 價值 (value)

品牌亦可傳達產品的某些價值；例如賓士汽車代表著高性能、安全性及高聲望等價值。值得注意的是，品牌行銷人員必須指出產品購買者所正在尋求的價值，並強調該品牌確能提供這些價值。

4. 個性 (personality)

品牌亦可反映出購買者的某些個性。例如如果品牌使用一個人物來描述，那麼消費者希望他是何種類型的人物？此時賓士汽車所塑造的品牌個性便是讓人聯想到，開賓士汽車的人必是一位富有的、中年的企業主管。事實上，品牌之所以能吸引消費者，最大的因素在於該消費者之實際的或期望的自我形象與品牌個性（形象）相吻合。

由上述可知，品牌是一種很複雜的表徵。如果公司僅僅以一個名稱來處理品牌決策，則會漏失掉許多更重要的涵義。基本上，品牌決策的重大挑戰，即是為此品牌發展出一組可傳達給消費者之更深入的涵義。

上面所述的四種品牌層次的意義，告訴了行銷人員在制定行銷策略時，究竟要對哪一層次（構面）來加以突顯。但要注意的是，不能光以屬性來推廣品牌，其理由如下：(1)購買者所感興趣的可能不是品牌屬性，而是品牌利益；(2)屬性很容易為競爭者所模倣；(3)購買者目前所重視的屬性，在不久的將來可能就沒有價值了。由此可知，不能光靠強調屬性來推廣品牌，而應多加入一種或多種品牌利益。當然，若僅從利益來著手，亦可能遭遇上述類似

的問題。因此，行銷人員在使用品牌屬性與利益時，必須在策略上有更大的自由度，以便能彈性地因應環境的變化。

最後，品牌之最持久不變的意義，乃是其價值與個性的層次，它們界定了一個品牌的本質。例如賓士汽車代表著「高成就者與成功」等的涵義，這也表示賓士汽車必須在其品牌策略上創造與保護此種品牌的個性。如果說，賓士汽車要在市場上推出一種便宜的汽車，且掛上「賓士」的品牌，則此舉可能是一項嚴重的錯誤。因為這將稀釋與瓦解賓士汽車多年來所建立的品牌價值與個性。

行銷實務 8.1

品牌國家　擦亮形象招牌

＊新加坡笑臉迎人、愛爾蘭人的綠色島嶼都與全球消費者建立情感共鳴

打開各國家觀光宣傳品，會發現每個國家呈現自己的方式各有不同。新加坡給人的印象總是一張笑臉迎人，在客機上奉上美味佳餚。愛爾蘭則是一座多風綠色島嶼，處處可見紅髮雀斑小孩。不過，這些形象真正忠實描述了當地人文風貌嗎？或者這些廣告只是利用文化刻板形象來銷售產品？

荷蘭國際關係研究所研究員范漢 (Peter van Ham) 最近在《外交事務》期刊發表以「品牌國家崛起」為題的文章，提出「品牌國家」的論點。他指出過去二十年來，直接行銷已經由品牌建立所取代，讓人對產品和服務產生可供辨別的情感特質。於是，新加坡和愛爾蘭就不再只是地理上的國家，它們成為「品牌國家」。比起它們在全球消費者心中建立的情感共鳴，地理和政治的角色已顯得微不足道。

眾所皆知，「美國」和「美國製造」代表的是個人自由和繁榮，寶馬 (BMW) 和賓士 (Mercedes-Benz) 讓人聯想起德國的效率和可靠。事實上，在全球消費者心中，品牌和國家常混為一談。舉例來說，微軟和麥當勞已成為美國最醒目的代言人，諾基亞 (Nokia) 打響芬蘭的知名度。當今資訊爆滿的世界中，強勢品牌足以吸引外國直接投資並發揮政治影響力。

　　范漢認為，名聲不佳或毫無名氣，對於在國際舞臺積極維持競爭力的國家而言，構成相當大的障礙，無品牌國家不易引人注意。

　　因此，形象和名聲成為一個國家在戰略上的重要資產。正如品牌產品，品牌國家也要建立消費者的信賴感和滿意度。

　　這個形象重於實質的理念，漸漸在歐洲政治版圖形成，甚至影響北大西洋公約組織 (NATO) 和歐盟 (EU)。范漢認為儘管保守派政論家不以為然，但這確實是一個正面進展，因為品牌逐漸取代國家觀念。

　　品牌國家利用其歷史、地理和族群主題塑造特色，少了水火不容的國家認同感，堪稱良性的進展。藉由淡化國家沙文主義，品牌國家對歐洲和平貢獻卓越。

　　品牌能取得權利，因為好的品牌能凌駕實際產品，成為一家公司中心資產。精明的公司把大部分資金投入提升品牌形象，重視消費者對於產品的價值觀和情感，產品本身的品質反倒其次。

　　由於市場充斥大量生產的無特色產品，業者無不積極藉由品牌認同來區隔自己的產品，像 T 恤、飲料或球鞋就不僅是產品，也是一種生活方式獲得認同的形象。

　　全球化和媒體革命使每個國家更在意自己的形象、名聲和態度，一言以蔽之，此即品牌。譬如比利時總理伏賀斯塔便聘請一個形象塑造團隊，洗刷比利時多年來受政府醜聞、兒童色情、雞隻受戴奧辛污染的惡名。比利時已決定採用網際網路語言 ".be" 作為國家新標誌。比利時行銷專家表示，打造國家形象的目標是「不大，但隨時可見」。

　　其他歐洲國家也搶搭品牌建立列車。愛沙尼亞不甘被貼上「後蘇聯國家標籤」，也不甘被貼上後波羅的海三小國之一。愛沙尼亞外交部長伊爾維斯形容它們是「準歐盟」或「斯堪地那維亞」國家。

　　不像芬蘭有諾基亞，瑞典有富豪 (VOLVO)，愛沙尼亞也可能營造「綠色國家」的形象，吸引重視環保的個人和外資前往投資。

　　精明的國家建立品牌手法與精明的企業如出一轍。全球化和歐洲整合的融合效應，形成歐洲各國開發、管理並發揮品牌資產的壓力。儘管隨美國經

濟走下坡，全球經濟持續走緩，導致品牌建立的開發銳減，但大部分國家仍視品牌為未來長期推動的目標。

范漢的論點值得政府深思：國家的政治疆界逐漸泯滅，品牌國家將取而代之。因此，就維持國際競爭力、促進和平的角度來看，推動品牌國家才有利國家的發展。

「中國臺北」也好，「中華臺北」也罷，都將隨著時局而改變，但 "Made in Taiwan" 的招牌永遠不變。

(資料來源:《經濟日報》, 2001 年 11 月 4 日，劉忠勇)

(三)品牌權益

品牌在市場上具有多大的威力與價值，乃依品牌不同而有很大的差異。一般而言，消費者對於品牌的熟悉程度從一種極端的情形：品牌概化 (brand nonrecognition),到另一種極端的情形:品牌堅持 (brand insistence)，參見圖 8-7。

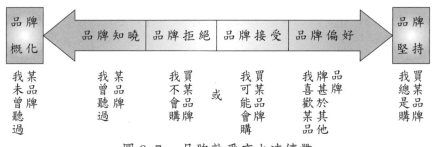

圖 8-7 品牌熟悉度之連續帶

所謂品牌概化指的是消費者不知道某品牌的存在，因此認為所有品牌的產品都相同。品牌知曉 (brand awareness) 指的是消費者聽過或知道某個品牌，而且記得它。接下來便是消費者知道某品牌，但不會購買 (可能對其印象不佳)，稱為品牌拒絕 (brand rejection)；或者可能購買 (至少列入考慮)，稱為品牌接受 (brand acceptance)。至於品牌偏好 (brand preference) 則指某品牌不但為消費者所接受，而且比其他品牌更為偏好。最後，品牌堅持指的是，在同樣的產品中，消費者認為只有某品牌是可接受的，而且總是購買該種品牌。此時，我們亦可說，消費者對該品牌有極高的品牌忠誠度 (brand loyalty)。

　　由此可知，公司若能建立一個強而有力的品牌，對公司將有很大的利益，此即品牌權益 (brand equity) 的觀念。品牌權益愈高乃隱含著品牌忠誠度、品牌知曉度、認知的品質、強勢的品牌關聯性，以及其他的資產（諸如專利、商標及通路關係等），也就愈高。品牌權益的觀念，其所強調的是「一個強勢的品牌權益是一項很有價值的資產。」換句話說，可將品牌權益列入會計資產負債表上的資產項中，它亦可以某一價格來購買或銷售某一品牌。

　　實質的品牌權益之衡量頗為困難，且亦無一通用的方法；也因為如此，使得大多數的公司皆未將品牌權益列入其損益表中。然而，它是公司一筆很大的資產，這是毋庸置疑的。例如雀巢公司支付了 45 億美元購買 Rowntree，此數目為其帳面價值的 5 倍。根據一項估計，Marlboro 的品牌權益為 310 億美元、可口可樂為 240 億美元、柯達為 130 億美元。另外，根據一項調查指出，全球最具威力的前十大品牌包括可口可樂、凱樂氏 (Kellogg's)（玉米片）、麥當勞、柯達、Marlboro、IBM、美國運通 (American Express)、SONY、賓士及雀巢。

　　高品牌權益可提供公司許多的競爭優勢：(1)由於頗高的品牌知名度與忠誠度，使得公司的行銷成本可大為降低；(2)公司在與配銷商及零售商議價談判時，掌握較有利的局勢，因為顧客皆期望它們能夠擁有該品牌；(3)公司可以比競爭者訂定較高的價格，因為品牌具有很高的品質認知；(4)公司可以更容易地從事品牌延伸，因為該品牌享有很高的信賴度；(5)該品牌亦可提供公司對抗價格競爭之攻擊的防禦武器等等。

　　當做一項資產來看，一個品牌名稱必須妥善地加以管理，使其品牌權益不會遭到折舊。這需要公司不斷地維持或改進品牌的知曉度、品牌的品質認知或功能、正面的品牌聯想等。有些公司甚至已設立「品牌權益經理」，專責確保品牌形象、關聯性及品質，並防止一些短程的戰術行動損害了品牌。它們告誡品牌經理，不要為了獲得短期利潤，而對品牌過度的推廣，以致犧牲了長期的品牌權益。

　　有些分析家指出，品牌可以延長公司某一特定產品與設施的壽命，因為他們認為品牌乃是公司之一項主要持久的資產。然而，每一個強而有力的品

牌實際上代表一群忠誠顧客的集合。因此，以品牌權益為基礎的資產，實際
上是一項顧客權益 (customer equity)。此一觀念主要在提醒我們，公司必須適
切地專注於行銷規劃活動，利用品牌管理作為一項主要的行銷工具，期能延
長忠誠顧客的壽命 (loyal customer life value)。

◉ 二、品牌決策的步驟

　　品牌決策對行銷人員而言，乃是一種很大的挑戰，它包含圖 8-8 所示的
一系列步驟，以下分別討論這些步驟：

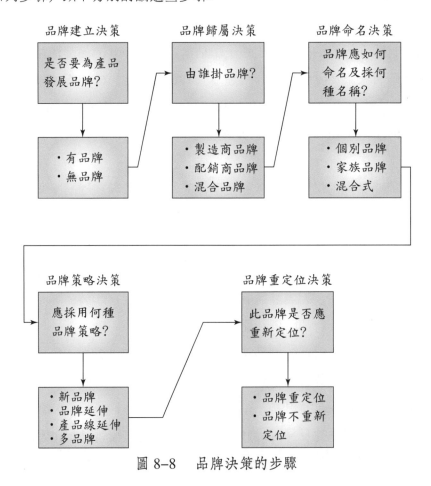

品牌建立決策

> 是否要為產品
> 發展品牌？

品牌歸屬決策

> 由誰掛品牌？

品牌命名決策

> 品牌應如何
> 命名及採何
> 種名稱？

- 有品牌
- 無品牌

- 製造商品牌
- 配銷商品牌
- 混合品牌

- 個別品牌
- 家族品牌
- 混合式

品牌策略決策

> 應採用何種
> 品牌策略？

品牌重定位決策

> 此品牌是否應
> 重新定位？

- 新品牌
- 品牌延伸
- 產品線延伸
- 多品牌

- 品牌重定位
- 品牌不重新
  定位

圖 8-8　品牌決策的步驟

㈠品牌建立決策

　　品牌決策的第一個步驟便是決定是否要使用品牌。產品之所以考慮不掛

品牌，其主要的原因在於廠商決定採用「一般性產品」(generic products) 來銷售。所謂「一般性」是指無品牌、包裝簡單樸素、價格便宜的普通商品，諸如通心粉、紙巾、食鹽、罐裝水蜜桃等。這些一般性產品其價格之所以較低，乃因為它們採用低品質的原料、低成本的包裝以及較低的廣告成本（甚至不做廣告）。這類無品牌的產品，在經濟不景氣，消費者購買力較低時，也許頗受歡迎。

然而，今日大多數的產品皆掛有品牌，甚至一些水果亦皆採產地來掛名，諸如「加州葡萄」、「巨峰葡萄」、「麻豆文旦」、「斗六文旦」等等。考其原因，主要的是品牌可為銷售者帶來一些利益，茲說明如下：

1.易於確認

品牌名稱能幫助公司更易於處理訂單及追蹤問題。例如某超級市場向供應商訂貨 50 打幫寶適、100 箱罐裝可口可樂等；而且當產品品質出了問題，銷售者很容易知道是哪些品牌的產品，進而採取因應的措施。

2.法律的保障

銷售者的品牌名稱與商標亦能提供產品獨特性的法律保護，否則很容易為競爭者所模倣。

3.建立顧客的忠誠度

品牌能使公司吸引一群忠誠度高的顧客，而品牌忠誠度更可使得公司在競爭上佔有優勢，且又有助於行銷組合的規劃與控制。

4.市場區隔

公司可在不同的市場區隔推出不同的品牌，一方面可以擴大市場的範圍，另一方面品牌之間不致發生相互殘殺的情形。

5.建立形象

好的品牌有助於建立公司的形象；而且有些品牌也附有公司名稱，因此有助於替公司的品牌與規模打廣告。

㈡品牌歸屬決策

公司一旦決定要掛品牌之後，接著便要決定掛誰的品牌。品牌可依所有權區分為製造商品牌 (manufacturer brand)（有時亦稱為全國性品牌，national

brand) 與配銷商品牌 (distributor brand) (有時亦稱為私有品牌，private brand)
兩種。製造商品牌是由製造商所擁有的品牌，如味全、統一等；配銷商品牌
則是由中間商委託製造商代工（即所謂的 OEM），再冠以中間商的品牌，如
屈臣氏、家樂福等。當然，製造商也可以一部分以自有品牌，而另一部分以
私有品牌出售。對製造商而言，推出自有的品牌可以直接掌握市場，賺取較
高的行銷利潤，然而亦負擔龐大的推廣費用與風險。至於利用配銷商品牌，
則一方面可以擴大產能的運用，發揮規模經濟，以降低成本；另一方面，則
可以坐享製造的利潤，不用承擔行銷成本與市場風險。然而此一作法卻可能
為自己製造潛在的敵人，而且隨時有被更換的風險（即中間商可能另尋其他
代工的製造商），甚至可能淪落為任人宰割的地位。因此，製造商在此三者之
間的取捨，實有必要謹慎地權衡其利弊得失。

對中間商而言，大多數的中間商只銷售製造商品牌，因為此時製造商會
促銷自己的品牌，所以中間商不用擔負這方面的成本，而且亦不需承擔市場
的風險。然而，當中間商在配銷體系逐漸壯大，且握有足夠的資源與實力時，
可能會基於對價格的控制權，對市場的掌握力，對製造商與品質的談判力，
以及對利潤的追求等，而採用配銷商品牌策略。如果中間商的力量夠強，訂
單量大而穩定，則製造商通常會願意以優惠的價格為其代工，尤其是一些小
型的製造商為求生存與消耗產能，更願意代工。

就國內的情況來看，中間商品牌有逐漸蓬勃發展的趨勢，例如
7–ELEVEN、家樂福及麗嬰房等，隨著通路力量的強化，連鎖體系經營的興
盛，國內的中間商品牌將會逐漸增多，其影響力與重要性亦將逐漸增強。

㈢品牌命名決策

品牌命名 (branding) 乃是品牌決策的重頭戲，而此一步驟包括兩個重要
部分：如何取名字及掛牌的方式。

1.如何取名字？

品牌名稱是否恰當，對產品的銷售與發展有相當大的影響。因此，在為
產品命名時，必須要慎重，力求周延，並把一些重要的因素考慮進去。以下
我們列舉說明品牌命名的注意事項：

⑴要易唸、易記、易懂

品牌名稱是用來溝通的，因此唸起來一定要順口，避免找一個拗口難唸的名字。所以，品牌名稱以簡短有力為佳。例如「海倫仙度絲」（洗髮精）顯得太長，而「普拉瑪瓜拿那」（汽水）既長又拗口難唸。品牌名稱還要讓消費者容易記住，因此，應力求突出而不落俗套，以期消費者能過目不忘。例如「紅鷹」海底雞、「白熊」洗碗精及「噴效」殺蟲液等，這些令消費者耳目一新的名字，通常都能讓消費者留下深刻的印象。基本上，易唸的名字不一定易記，但易記的名字通常都是唸起來蠻順口的。至於「易懂」則是品牌名稱之必要條件，因為品牌名稱是用來溝通的，如果消費者必須揣摩老半天，才能約略猜出其中的意思，則反而變成溝通的障礙。

⑵盡量避免不好的諧音

不好的諧音雖未必會阻礙產品的發展，但我們亦無法預料它的殺傷力。例如「洋洋」洗髮精雖打出「不一樣就是不一樣」的響亮口號，但還是敗陣下來，這可能是「洋洋」與「癢癢」的發音很近似。其他如「泡舒」與「包輸」有諧音存在，似乎應該避免。當然，好的諧音可能會有正面的效果，如味王的「包種茶」，在聯考期間的銷售量似乎相當不錯，因其諧音為「包中」。由此可知，行銷人員在命名的時候，諧音的問題必須加以注意。

⑶與產品利益相結合

品牌名稱若能以明示或暗示的手法，表現出產品的利益，使消費者能望文生義，則有助於提高溝通效果。例如「克蟑」、「傷風克」、「全錄」、「一匙靈」等，皆屬於明示的手法；而「媽媽樂」洗衣機、「母嬰寧」紙尿褲、「好自在」及「靠得住」等，則屬於暗示的手法。

⑷要與產品定位相吻合

品牌名稱可說是產品個性的具體表現，因此產品的定位如何，品牌名稱必須與之相配合。例如「可樂」給人一種年輕、動感、歡樂的時髦飲料之感覺，而黑松公司過去給人的印象就是「老氣橫秋」、「歲月的痕跡」，因此當它推出「黑松可樂」之後，一直無法與可口可樂和百事可樂一較長短。

此外，品牌名稱亦必須迎合目標消費者的偏好與感覺。因此，行銷人員

必須瞭解目標消費者的生活型態、購買行為，以及心理需求與偏好等因素，找出一個最能打動消費者芳心的品牌名稱。例如針對婦女同胞的「媽媽樂」洗衣機，及符合新青少年需求的「戰痘」洗面乳，針對男性市場的「豪門」子彈型內褲，以及針對兒童市場的「乖乖」等，均能吻合目標消費者的需要。

(5)防止品牌成為一般化的名詞

品牌固然愈有名愈好，但一個品牌真的變成家喻戶曉之後，它將面臨到「一般化」(generic) 的問題；也就是說，此一品牌名稱將從一個代表某廠商產品的「專有名詞」，變成代表某一類別產品的「普通名詞」。此時，在一般人的心目中，已經全然忘記它代表某公司的產品，而只要看到這一類別產品，就直接用這個品牌名稱來稱呼。例如早期的速食麵市場是由「生力麵」所開發出來的，但到後來由於生力麵與速食麵變成了同義詞，使得消費者要購買「生力麵」時，可能買到的是味王「生力麵」或統一「生力麵」，而非真正的「生力麵」。於是，生力麵一打廣告，等於是幫所有速食麵品牌做免費的宣傳。類似這類「一般化」的例子，還包括「阿斯匹靈」代表頭痛藥的一般化名詞，「養樂多」代表活菌酵母乳的一般化名詞。由此可知，廠商必須避免這種現象的發生，一定要把自己的品牌名稱與產品類別的名稱劃清界線，並不斷地提醒消費者，某一品牌名稱乃是經過註冊的，希望大家不要濫用。

2.掛牌方式

製造商在決定採用自有的品牌之後，尚須決定掛牌方式。這有三種可能的方案，即個別品牌（創立一個新品牌）、沿用公司既有的品牌（家族品牌）或者混合方式。

(1)個別品牌

每種產品使用不同的品牌，如金車公司的伯朗、金車、健酪及奧力多等，以及南僑公司的肥皂，包括象牙、佳美、快樂及親親等，皆是採用個別品牌的例子。

(2)家族品牌

家族品牌 (family brand) 的作法與個別品牌剛好相反，它又可分為二種：

①單一家族品牌：即公司所有的產品都使用同一家族品牌名稱，例如

統一、味全及臺糖公司等，皆採取這種策略。

　　②分類家族品牌：即公司有數個家族品牌，分別用於不同類別的產品。例如若統一的食品全掛「統一」的家族品牌，而飼料產品全掛「統二」的家族品牌（假想者），則屬於這種例子。

　⑶混合式

　　此乃家族品牌與個別品牌之混合，亦即每一項產品其品牌名稱前面皆冠上家族品牌名稱，然後再掛上個別品牌。例如黑松「綠洲」芭樂汁、聲寶「美滿」電冰箱、三洋冷氣「健康」、三洋洗衣機「媽媽樂」等。

　　個別品牌策略的優點在於新產品的成敗，與公司的聲譽是獨立的；換句話說，即使個別品牌失敗，對公司的聲譽與其他既有的品牌不會有太大的影響。例如過去洋洋洗髮精的失敗，並未傷害到南僑公司與其旗下的其他品牌。此外，公司亦可針對產品定位與目標消費者的偏好，發展出最適合產品個性的品牌名稱，以便塑造獨特的品牌形象。至於個別品牌的缺點則在於成本高、風險大；因為要將一個嶄新的品牌推出市場，讓消費者由認知到接受，是一個漫長且耗費甚鉅的過程，而其風險亦相當高。

　　家族品牌的優點在於新產品導入成本低、風險較小。如果公司既有的良好品牌形象與知名度，則可以迅速移轉到新產品身上，使消費者在短期內便能接受新產品，因此可降低推廣與廣告費用，而且新產品失敗的風險亦較低。然而，家族品牌的缺點在於新產品的成敗與既有品牌息息相關，萬一失敗則對品牌形象將會有不良的影響。此外，家族品牌未必符合新產品之定位與消費者的需求；例如統一汽水與黑松可樂，基本上就存在著品牌形象與產品個性之間的不協調。

　　最後，採用混合式的掛牌策略乃是一種折衷的作法。一方面期能受到家族品牌的庇蔭，另一方面又希望能以個別品牌來兼顧到產品的個性與消費者需求。因此，上述的優缺點，皆仍存在，端視其中的重點為何。如果以家族品牌為主，則家族品牌的特性就會比較明顯，如聲寶「轟天雷」電視機；如果是以個別品牌為主，則個別品牌的特性就會比較突顯，如統一「寶健」運動飲料。

市場最新命名狀況

　　產品名字如果取得好，一看就可以立刻傳達一種意念。

　　尤其剛起步的品牌，或是一些名不見經傳的新公司，都應該慎選名稱，所謂「好的開始是成功的一半」，取個容易記、簡單明瞭、朗朗上口，最好在名稱上吐露出產品的特性及優點，甚至在產品中點出產品所處的地位，強調產品品質是值得消費者信賴。

　　最近市場中出現不少新產品，大致可分為下列幾項：

　　(1)英文名字或數字：之前泰山公司旗下花巷草弄以門牌 7、9 號數字作命名後；最近亦開始有化妝品 UP2U、JUST@100 的出現，突破傳統中文命名方式，令人耳目一新。

　　(2)日本風：統一超商推出的湯種麵包，這是繼 Wagamama 之後，又是另一個沿用日本文字的力作，還有岩茶、生茶的陸續出現，臺灣的飲料市場很日本。

　　(3)功能面：光泉繼晶球優酪乳（以及曾以人名為品牌失敗）後推出新的品牌衛樂，這次命名的思考方式似乎把優酪乳朝藥品方向思考，乍聽之下，像是賣某種藥品。

　　(4)諧音：這類的命名方式是近來最熱門的命名方式，續攤的臺語是繼續下一場的意思，當成為泡麵的品牌名稱，是不是可以增加消費者注視度？

　　不只一般產品命名的重要性與日俱增，房地產的廣告若能取個好案名，有時是個案銷售成功一大因素，不但如此，還可以藉此增加銷售人員的信心。早在民國 60 年代的房地產命名多以「××家園」或「××新城」為主，直到民國 72 年天母甲桂林一案創下佳績後，建案的名字愈來愈活潑，大致可歸為下列幾項：

　　(1)辭典名稱：如桃花源記。

　　(2)新辭：如歐洲共同市場、OPEC、台北 e-go。

(3)人名：如林肯大郡、阿亮的家。

(4)地理名稱：如天母羅丹、竹城箱根。

(5)企業名稱：如新光經貿天下。

(6)英文名稱、數字：如 A 計劃、小雅 No. 2。

(7)功能名稱：如不夜城、青年守則、科學城。

(8)商品類型名稱：如電通市、魯班造鎮、百年大鎮。

（資料來源：《突破雜誌》，202 期）

㈣品牌策略決策

當品牌推出上市相當成功後，公司往往會再以相同的品牌推出修正過的或新產品出來，以分享該品牌的成果；此外，公司也許基於某些因素的考量而以新的品牌上市。這些可能的策略，稱為品牌策略 (brand strategy)。一般而言，品牌策略約有四種作法，參見圖 8-9：(1)產品線延伸 (line extension)，將現有的產品類別加以延伸，包括改變大小與味道等，但仍沿用現有的品牌名稱；(2)品牌延伸 (brand extension)，即沿用現有的品牌名稱至新產品類別；(3)多品牌 (multibrand)，即新品牌名稱引用至現有的產品類別；及(4)新品牌，即新的品牌引用至新的產品類別，以下分別討論這四種品牌策略：

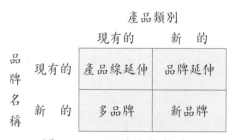

圖 8-9　四種品牌策略

1. 產品線延伸

當公司在某一既定的產品類別中引進額外的產品項目，並採用相同的品牌名稱，稱為產品線延伸品牌策略。公司之所以採用此種策略，可能的原因包括(1)生產產能過剩；(2)迎合消費者多樣化的需求；(3)配合競爭者的產品線

延伸而跟隨採取產品線延伸；⑷佔有零售商之更多的貨架空間等等。

至於公司採產品線延伸的品牌策略，其可能的作法包括：

⑴新包裝：如可口可樂推出曲線瓶裝，光泉推出健康包包裝等。

⑵新容量：如可口可樂推出 2,000cc 的加大容量；青箭口香糖的分享包；波卡與孔雀餅乾的隨手個人包，以及針對兒童市場的小兒傷風克與小兒利薩爾等的減少容量。

⑶新款式：如舒適牌烏爪刮鬍刀、吉利牌用後即丟的刮鬍刀以及大時別的電視與汽機車的新款式等。

⑷新口味：如 Air Wave 的蜂蜜檸檬口味口香糖、可口可樂的櫻桃可樂等。

⑸新配方：如普拿疼伏冒錠、白蘭強效洗衣粉等。

2. 品牌延伸

當公司現有的品牌成功之後，往往會將此一品牌名稱用於改良或所推出的新產品上，此稱為品牌延伸策略；此種策略可縮短消費者教育的時間與成本。例如統一企業有統一租賃、統一製罐；三商百貨有三商巧福、三商電腦；寶島鐘錶有寶島眼鏡、寶島皮鞋等。

公司若要採取品牌延伸策略，最好是有一個強而有力的延伸基礎，如共同的目標顧客群及一貫的主張或經營特質。如此一來，品牌的魅力才能延伸，成功的機會也比較大。例如可口可樂是以年輕人為目標市場，而它所延伸出來的產品，幾乎也是以年輕人顧客群為訴求對象；而寶島公司則是以服務為其延伸的基礎。

3. 多品牌

當公司在相同的產品類別中，發展額外的產品項目，並採用不同的品牌，謂之多品牌策略。例如早期的國聯曾擁有「水仙」、「玫瑰」、「奇異」及「白蘭」四個品牌的洗衣粉；金車公司的「伯朗」與「金車」咖啡等，都是多品牌策略的例子。公司之所以採用多品牌策略，可能基於如下的動機：

⑴搶佔更多的貨架空間：類似以「人海戰術」，使得零售商貨架上的產品，看來看去都是公司所擁有的品牌，而競爭者品牌相對地減少。

⑵捕捉品牌轉換者：對於一些喜新厭舊的消費者而言，公司如果不推陳

出新，他們便可能轉換到競爭者品牌，使得公司的市場佔有率逐漸下降。

(3)刺激內部的良性競爭：寶齡公司為每一品牌設置一品牌經理，目的在激發組織內部的員工士氣，提高工作的挑戰性與成就感。如此一來可以提升公司整體的戰鬥力，增加公司整體的市場佔有率。

(4)進佔不同的市場區隔：以不同的品牌形象與特性，吸引不同市場區隔的目標顧客，使公司的銷售量提高。

然而，多品牌策略的一個主要陷阱，在於各品牌可能僅佔有市場的一小部分，而且可能無一特別獲利者。如此一來，將使得公司之有限資源分散到許多品牌上，而無法集中建立有較高獲利力的少數品牌上。此外，公司的多品牌應該能奪取競爭者品牌的顧客，而非自相殘殺；否則，將不適合採用多品牌策略。

4.新品牌

當公司發展新產品出來，發現現有的品牌並不合適，於是便可能採用新品牌；謂之新品牌策略。例如黑松為迎戰加味汽水華年達，覺得若沿用黑松的品牌，則可能會傷害原有的品牌形象，於是採用新品牌「吉利果」。此外，當公司認為現有的品牌岌岌可危時，於是便建立新品牌名稱。

在決定是否引進新品牌名稱或使用現有的品牌名稱之際，公司可能要考慮下列的問題：(1)新品牌的風險是否太大？(2)可否維持足夠長的時間？(3)需藉由原有品牌名稱之影響力來推動嗎？(4)建立新品牌所涉及的成本是否可由銷售與利潤來回收？

㈤品牌重定位決策

即使品牌一開始在市場上的定位相當成功,但隨著一些情境因素的改變，於是便有重新定位的必要。這些導致需重新定位的因素，包括(1)競爭者的品牌定位可能接近公司的品牌，而且搶走了一些市場佔有率；(2)消費者的偏好已經改變，對公司品牌的需求漸減；(3)導入新品牌之前，公司應該考慮是否只要將既有的品牌重新定位即可，因為如此一來便可利用過去的行銷努力所建立起來的品牌認知與消費者忠誠；(4)原有的市場已達飽和，有必要以現有的產品推廣到新的市場時。

　　有關重新定位成功的例子，包括七喜 (7-UP) 的「非可樂」(uncola) 重新定位，避免與可口可樂在可樂市場上的競爭，並創造該公司在非可樂市場的領導地位；另一個例子為嬌生嬰兒洗髮精與潤膚油等，鑑於嬰兒用品市場呈現萎縮，因此乃將這些產品訴求「溫和而不刺激」的特性，重新定位為成年人亦可適用的產品。最後，柯尼卡 (Konica) 軟片的重新定位亦相當成功，它藉由強大的促銷活動與邀請「李立群」所呈現的「它抓得住我」的廣告訴求，造成很大的轟動，這個重新定位的例子較特殊的地方在於它同時改用新品牌，原先的品牌名稱為「櫻花軟片」。

行銷實務 8.3

萊雅公司的多品牌策略

　　你知道嗎？媚比琳指甲油、蘭蔻化妝品、萊雅美髮用品，不論它們看起來像美國產品或法國產品，這些全球知名的化妝品品牌，全是來自一家歷史悠久的法國公司：萊雅公司 (L'Orèal)。

　　過去幾年來，萊雅公司以八十五種化妝產品，成功的擄獲世界各地女性的芳心，並持續十年創造高達兩位數字的成長。最近出版的《美國商業》週刊，分析萊雅的成功策略指出，集團內不斷增加國際品牌，讓這個法國公司在已趨成熟的化妝品市場，仍能夠創造令人艷羨的成長。

　　論起今日萊雅的成就，該公司最高主管歐文 (Lindsay Owen-Jones) 可說是幕後最主要的推手。這位出生於英國、受教育在法國，而後娶了義大利老婆的英國人，本身就受到多國文化的薰陶，非常具有國際觀。

　　因此，在他的領導下，萊雅積極的併購各國知名品牌。過去五、六年之內，萊雅共計完成了五件併購案，逐步拓展至美國、亞洲等市場。

　　但併購只是開始，萊雅為併購進來的品牌，進行改頭換面，發展獨特的品牌特色，成功地吸引新的市場。媚比琳就是一個明顯的例子。1996 年，萊雅以 758 萬元併購媚比琳，便開始積極進行改造，希望將它塑造為一個典型的「美國城市」品牌。

首先，歐文將媚比琳的總部從田納西州遷往紐約，讓整個公司感染一些城市氣息。接著，開始發展一些顏色大膽的眼影、腮紅等產品，讓整個品牌呈現年輕化、流行化與都市化。

為了迎合都市女孩忙碌且追求效率的需求，媚比琳甚至發展出一分鐘快乾的指甲油。這些改變都讓媚比琳從原來的「鄉下品牌」，脫胎換骨為「都會品牌」，甚至成為全球女孩心目中，具有「美國紐約」特色的品牌。

當然管理一個美國品牌，對於一個法國公司必然帶來文化上的衝擊。歐文的對策是，同時擁抱兩種文化。除了巴黎之外，他在紐約也設立創意中心、研發和行銷部門。兩個體系除了共享基礎研究之外，在行銷上則互相競爭。歐文認為，這種競爭可以同時激發兩個團隊，避免過於自滿和僵化。

除了研發不同品牌，萊雅也進入通路產業，開始設立美容用品中心。目標顧客是比萊雅原來的客層更年輕、追求時髦的女性顧客。

對萊雅來說，如何讓每個不同品牌都有鮮明的特色區隔，是它的一項重大挑戰。但從另一個角度來看，正因為流行趨勢的不斷改變，消費者的口味難以捉摸，掌握不同形象和品牌，也是萊雅確保未來成功的重要策略。

（資料來源：《世界經理文摘》，156 期）

第五節　包裝與標籤決策

實體產品在銷售時，必須注意包裝的問題，特別是消費品更重視包裝。此外，銷售者亦須在產品上貼上標籤，以說明產品的主要內容、功能、用途、製造日期等。本節將依序介紹包裝的涵義，包裝的目的，包裝的重要性，包裝決策之注意事項以及標籤等相關課題。

一、包裝的涵義

包裝 (packaging) 的定義為：「有關一項產品的容器或包裝材料之設計與製造。」在此，容器或包裝材料即稱為包裝 (package)。包裝可分為三個層次的材料：(1)主要包裝 (primary package)，係與產品直接接觸的容器，例如化妝品

的玻璃容器；(2)次要包裝 (secondary package)，係指保護主要包裝，並在使用產品時即將之丟棄的材料；如化妝品玻璃容器外的紙盒；此一層次的包裝除了有保護作用外，尚且提供促銷的機會；(3)運送包裝 (shipping package)，係指更進一層的包裝，供作產品的儲存、辨認與運輸目的之最外層的包裝；如為了運輸與保護目的，每 12 瓶化妝品裝成一箱所使用紙箱。

　　包裝在過去的行銷活動中，可能僅是扮演無足輕重的角色，但今日由於消費者所得、消費者認知、科技發展及市場競爭等環境因素發生重大的變化，使得包裝變成重要的行銷決策。有些人基於包裝有逐漸成為重要的行銷工具之趨勢，因此認為應該將包裝獨立出來，成為行銷組合的第五個 P。究竟包裝為何日趨重要及包裝的功能或目的為何，將於下面陸續討論。

◉ 二、包裝的目的

　　包裝之最明顯的目的就是容納產品；此外，包裝可以保護產品於運送中免於受損及使用安全。包裝亦可以延長產品在貨架上的壽命，保護產品免於腐敗、擠碎、揮發、發霉及竊盜等。另外，包裝的另一項重要目的即在於促銷產品，特別是自助式服務的零售業。精美包裝的產品擺在貨架上，扮演著「沈默的推銷員」之角色，可發揮很大的促銷作用。

　　綜合以上所述，我們可以把包裝的功能彙總如下：

1. 保護功能：此乃包裝的第一要務；包裝的保護功能包括運輸中的保護及儲存的保護，此時其所需的包裝材料有所不同。

2. 辨認功能：可藉由包裝來辨認不同的產品，易於產品管理之相關作業的執行。

3. 促銷功能：一個精美的包裝可吸引消費者的注意與興趣，進而刺激其購買慾。

4. 便利功能：包裝可增加產品攜帶、使用上的便利，如面紙隨身包、咖啡隨身包等。

5. 經濟功能：良好的包裝可以降低運輸費率，節省運輸成本。

◑ 三、包裝的重要性

包裝之所以逐漸成為一項重要的行銷工具,乃基於如下的一些因素:

(一)自助式服務業 (self-service industry) 的興起

隨著經濟發展,人民生活水準提高及人工成本日漸昂貴等因素,促使自助式商店蓬勃發展,而產品採「自助」式銷售者愈來愈多。因此,產品的包裝必須執行多項的銷售任務,特別是包裝必須足以喚起消費者注意,能介紹產品的特點,能增加消費者的信心,及給予消費者整體產品之良好的印象。

(二)消費者日益富裕

消費者的所得日漸提高,結果消費者為了產品精美包裝的便利、外觀、獨特性及名氣等,而樂於多支付一些錢。

(三)公司與品牌形象

大多數的公司皆已體認到,設計良好的包裝有助於消費者一眼即可辨認公司的品牌,提高對公司與品牌的認知。例如柯達軟片的包裝是大家所熟悉的黃色包裝。

(四)創新機會

具有創新的包裝一方面可給消費者帶來利益,另一方面亦為公司帶來豐碩的利潤。例如第一家採用易開罐的包裝 (創新),吸引了許多的消費者。

(五)產品日趨同質化

由於產品日趨同質 (標準化),使得廠商在產品差異化方面,愈難發揮其功效。然而,包裝可提供公司一項有力的差異化工具,亦即可藉由獨特而有創意的包裝,將公司的產品與競爭者的品牌有所區別。

(六)衝動性購買激增

衝動性購買的產品一般是不在消費者事先擬好的「購物單」上,且與外界刺激有密切的相關。因此,凡是具有吸引力、能引起消費者興趣,並具有說服力的包裝,便很容易刺激消費者之衝動性的購買。

◉ 四、包裝決策之注意事項

在包裝設計的決策過程中，必須注意下列事項：

(一)發展包裝觀念

首先必須建立包裝觀念 (packaging concept)，指出包裝本身的發展目的與方向，並由此建立行銷人員與包裝設計人員之間的共識。例如包裝要發揮什麼功能、要強調什麼重點以及要以何種方式來跟消費者溝通。決定包裝觀念之後，尚須對包裝的一些相關要素做一決策，諸如包裝的大小、形狀、材料、顏色、文字說明以及品牌標誌等。

(二)具有消費者導向

包裝設計必須以消費者導向為依歸，亦即先確認產品的目標顧客群，然後瞭解他們對產品的態度與認知，最後再設計出與他們的生活型態和心靈感受相契合的包裝。換句話說，包裝設計必須迎合目標消費者的口味，提供消費者最大的滿足。例如易開罐、寶特瓶等，便是消費者導向下的包裝設計。

(三)塑造產品的個性

在包裝設計的過程中，亦須考慮到包裝給消費者的感覺與印象，是否與公司所希望建立的產品個性相一致？例如若是標榜天然健康的食品，則在包裝上應讓人有「健康的」、「戶外的」的聯想。事實上，我們可以說：產品個性是定位的具體表現，而包裝則是產品個性的溝通媒介。

(四)包裝的重新設計

隨著環境的變遷及消費者偏好的改變，包裝亦需做相應的調整。例如現在的消費者頗重視環保問題，因此許多業者乃紛紛推出所謂的「綠色」包裝，包括使用可再回收的包裝材料及減少包裝的浪費。

(五)再使用與多量包裝

再使用的包裝設計係指產品用完之後，包裝可以再做其他用途。例如咖啡瓶或塑膠罐可以用來當杯子；至於再使用的包裝設計其另外的目的，亦可能在刺激再購買。例如原子筆用完，可購買相同的筆蕊即可再次使用。另外，多量包裝的目的在增加總銷售量，而它經常與促銷活動並用，例如買一送一

的包裝。這種多量包裝的好處之一是，減少了單位處理與存貨控制成本。當然，對消耗緩慢的產品（如耐久財）而言，就不適用多量包裝。

㈥安全設計

包裝設計亦須考慮安全性的問題，特別是可能對兒童造成危險性的產品。例如兒童無法打開的藥瓶與殺蟲劑，乃是安全包裝的例子。

◐ 五、標籤決策

標籤 (labeling) 是附在產品包裝上的印刷資料，或是經過精心設計的圖案，它亦是包裝的一部分。標籤具有數種功能：⑴有助於辨識產品與品牌，例如香吉士柳橙汁盒子上面的香吉士標籤，連不識字的小朋友都知道那就是代表香吉士；⑵可將產品加以分級，例如可藉由英文字母 A、B、C……或數字 1、2、3……或特優、優……等來辨認產品之品質與等級；⑶可以描述有關產品的一些訊息，包括公司名稱、製造地點、製造日期、所使用的原料、使用方法、用途及使用期限等；⑷可經由精心設計的圖案來吸引消費者，而達到促銷的效果。依據上述的四項功能，我們可以把標籤分為辨識標籤、分級標籤、描述性標籤及促銷標籤等四類。

標籤決策與包裝設計決策一樣，也需因應環境的變遷而重新設計。此外，法律對標籤的使用也有所限制。例如不良的標籤會使消費者產生誤解，或是無法說明產品的重要成分，或是無法提供充分的安全警告。我國的標籤法中，對於食品、藥品、化妝品等各種商品的標籤之標示內容，皆有詳細的規定。例如香煙之包裝必須註明「吸煙有害健康」之警告標語。此外，不真實的標籤與包裝，亦會觸犯法令。例如速食麵之包裝上面畫了好大的一塊肉，而消費者吃到的只是一小丁點的肉。於是公平交易委員會裁定，必須在圖案註明：「本圖案僅供參考」等字樣。

第六節　新產品的行銷策略

本章前述的產品策略較偏於現有的產品之探討，至於新產品的一些重要

觀念將於本節介紹。本節首先介紹新產品的意義與分類，然後討論新產品的採用與擴散過程，並著重在相關的行銷策略之涵義的探討。

◉ 一、何謂新產品？

產品創新的速度愈來愈快；在美國，每家超市平均陳列超過一萬種不同的產品，而根據《華爾街日報》報導指出，每天約有七種新食品上市，且目前陳列的產品或品牌，有一半以上在 10 年前未曾出現。事實上，如何有效地管理新產品，保持企業的競爭能力，已成為管理人員目前一項重要的任務。

近年來，新產品的發展對企業的營業額與利潤都有很高的貢獻，新產品佔總銷售額的比率，在國內大約介於 30～40% 之間，對高科技產業來說，此比率更高，介於 70%～90% 之間。由此可看出，新產品的有效開發與管理，對一企業的經營是相當重要的。然而，何謂新產品呢？

(一)新產品的意義

新產品的「新」是如何判斷？以下有三種不同的標準：

1.比現有的產品新

此種標準認為，新產品一定要與現有的產品有所差異。但是這種新的標準在哪裡很難判斷，因為幾乎所有的產品都是從現有的產品修改而來。例如噴射客機可以說是從傳統的螺旋槳飛機修改而來。

2.從時間來區分

從上市的時間來區分則是另一種判斷新產品的觀點；然而，有些廠商在產品上市二、三年之後，又重新包裝或在廣告及銷售訴求上創新，便稱為一種新產品。依據美國的聯邦交易委員會的定義，上市六個月之後，便不能稱為新產品。

3.從消費者的認知來劃分

若消費者認為這個產品對他而言是新的，便可以稱為新產品。不過，這種區分方式相當的主觀，因為不同的消費者其對新產品的界定可能有很大的差異。

由以上所述的三種判斷新產品的標準，似乎仍未給予吾人很明確的「新

產品定義」，而且新產品的判定似乎可以從不同的角度來區分。因此，如何去界定新產品，則視公司對新產品（或產品）所要達成的任務為何而定。例如公司欲將此產品推出市場，則應從消費者的觀點來判定；因為該產品對公司而言是新產品，但對市場上的消費者來說，可能不是新產品而已經是普遍被接受的產品。此時，公司所擬定的行銷策略不應再將其視為新產品來看。另一方面，如果公司對新產品的任務是著重在新產品之開發技術與成本，則即使是市場對該產品很陌生，但對公司而言只是某項小技術的修正而已，此時對公司來說該產品之「新」的程度並不是很高。

綜合言之，新產品的界定可從不同的觀點來判定，一般較常採用的觀點為消費者的觀點與生產者的觀點，此即下面所要探討者；另一方面，新產品應僅是程度上的區分，而並非是「完全的新」或「舊的」之二種截然不同的分法。

⑴新產品的分類

依前述，新產品一般可依消費者的觀點與生產者的觀點來判定。以下茲將此兩種觀點之新產品的分類，予以探討。

1.消費者的觀點

新產品的新穎程度，可依據它們對消費者的行為產生多大的改變來區分，一般可分為三種類型：連貫性創新 (continuous innovation)、動態性創新 (dynamically innovation) 及非連貫性創新 (discontinuous innovation)。圖 8-10 繪示了此三類創新程度之連續帶 (continuum)，並說明其對消費者行為影響的程度，以下分別介紹此三類的新產品：

⑴連貫性創新

係指現有產品的小幅度修正，例如在冰淇淋中加入各種新的不同添加物，使得它的口味與現有產品不同。此外，這種創新類型亦可以和原有的其他競爭者來區分，例如原來茶飲料中只有統一的麥香紅茶，後來光泉亦推出了花茶系列，與原有的紅茶口味不同。此種創新類型是屬於一種逐漸演化的改變，通常可用來從事產品定位、產品線延伸或讓消費者覺得有一點新鮮感等的行銷活動。

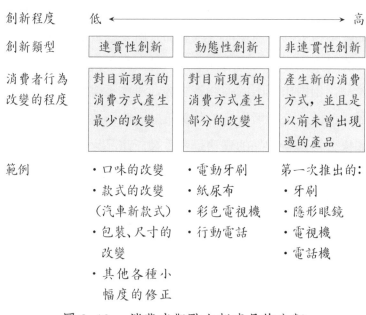

創新程度	低 ←——————————→ 高		
創新類型	連貫性創新	動態性創新	非連貫性創新
消費者行為改變的程度	對目前現有的消費方式產生最少的改變	對目前現有的消費方式產生部分的改變	產生新的消費方式，並且是以前未曾出現過的產品
範例	·口味的改變 ·款式的改變（汽車新款式） ·包裝、尺寸的改變 ·其他各種小幅度的修正	·電動牙刷 ·紙尿布 ·彩色電視機 ·行動電話	第一次推出的： ·牙刷 ·隱形眼鏡 ·電視機 ·電話機

圖 8-10 消費者觀點之新產品的分類

在此類創新的產品中，消費者可能受到新產品的吸引，而且消費者行為不需要做大幅度的改變，而僅是讓消費者覺得使用上更為方便，或者是有更多不同的選擇。例如在電燈開關上加了一個小的發光電晶體，使得消費者在黑暗的房間中，可以很容易地找到電燈開關的位置。

連貫性創新的成本相當低，而非連貫性創新的成本則非常高。因此，市面上大多數的新產品都屬於連貫性創新；一方面，廠商在推出非連貫性新產品之後，很快地又推出其相應的連貫性創新產品，以求加速回收創新的成本及加速消費者對新產品的接受程度。例如 SONY 在推出 V8 攝錄放影機時，乃一次便發表了五種不同功能的機型；另一方面，廠商推出非連貫性新產品之後，其他的競爭廠商則可能很快地模倣並略加修正，而推出其連貫性創新的產品。

(2)動態性創新

此種創新對於消費者行為的改變比較大，例如「傻瓜相機」的上市，改變了傳統上消費者對於照相機的看法，並使得非專業的人員亦可以拍出高品質的相片。此外，此類型的創新，其創新程度要比連續性創新來得高，通常

需要發掘一些消費者的新需求，或改變消費者的消費習慣，或是社會的價值觀念。例如當雀巢咖啡在推出即溶咖啡時，忽略了消費者對於使用研磨式咖啡與即溶咖啡的家庭主婦之看法不同，結果消費者的接受程度不高，而等到消費者去除對即溶咖啡之不利的印象之後，即溶咖啡的銷售量才開始上升。

(3)非連貫性創新

此種創新對於消費者的生活與消費行為造成相當大的改變，例如當第一部汽車、電視機、飛機、電話機及音響等的發明，都改變了人們的生活方式與生活型態。而且，在這些主要的創新之後，往往在市場獲得接受後，便會不斷地有些較小的連貫性創新出現，使得這些產品不論是在產品品質，或是使用方便程度上，都比原有的產品來得好。例如電話機發明後，逐漸地有無線電話機、多組號碼自動重撥的功能或是電話答錄機、行動電話等的問世，使得消費者在使用上更為便利。

2.生產者與市場的觀點

另一種亦較為廣泛使用的新產品分類方式，是以兩個構面來界定產品創新的「新穎程度」，即：

(1)對公司的新穎程度：雖然其他公司可能有生產與銷售，但對某公司而言，一直缺乏製造與銷售這種產品的經驗。

(2)對市場的新穎程度：指對整個市場而言，是屬於第一次上市的產品創新。

不論是對公司的新穎程度或對市場的新穎程度，都是一種相對程度的連續帶。例如對公司而言，若為了製造該新產品，而必須使用新的技術或對整個生產線做相當大的改變，甚至需要一套新的完全不同的生產設備與技術，則此種新穎程度可說是最高者。相同地，對市場的新穎程度而言，若需改變消費方式的程度愈大，則新穎程度愈高（此即前述消費者觀點之新產品分類的觀念）。

根據此二構面，可將產品創新的程度分為六大類，參見圖 8–11。以下將分別介紹此六類的產品創新：

1.新問世的新產品 (new-to-the-world product)

圖 8-11　產品創新的類型

意指對公司與市場而言，皆是全新的新產品。例如第一臺電腦、錄放影機等。對公司而言，這類型新產品在推出時最為困難，風險亦最高，然而卻可能創造了一個全新的產業，不但利潤的回收相當豐碩，而且亦徹底地改變了消費型態。

2.新產品線 (new-product lines)

對公司而言，是首次進入的產品市場；但對市場而言，可能已經不是非常地新穎。公司在推出這類型新產品時，已經有了學習參考的依據，對於投資報酬可以較準確地預估。例如國內的企業有許多新產品線可能是參考國外業者的創新而引進者。當然，企業在自國外引進時，還必須考慮文化或習性上的差異。

3.現有產品線所增加的新產品項目 (additions to the existing product lines)

意指補充公司現有產品線的新產品項目，此即公司之產品線延伸，主要目的可能在於增加產品線之完整的程度，但對市場而言，並非是全新的。這類型新產品可以加強公司現有產品線的競爭能力，提供更完整的產品選擇。當公司是市場的領導者時，通常可彌補產品線的空隙，避免競爭者伺機而入。

4.現有產品的改良或更新 (improvements in revisions to the existing products)

此類型新產品主要在取代公司現有的某些產品，以提高個別產品的競爭能力。由於早期推出的產品，在功能或品質上往往有若干缺陷，因此有必要進一步加以修正與改良。所以，許多公司的新產品乃屬於這一類型者。

5.重新定位 (repositionings)

　　意指將現有的產品在新的市場或市場區隔推出；例如嬌生公司將其嬰兒洗髮精，重新在女性成人市場中推出。對於原來的市場區隔中消費者不足或逐漸減少的情況下，這種重新定位的方式更顯得特別重要。例如 Marlboro 原先是女性使用的香煙，銷售量一直無法突破，直到它改以牛仔作為男性氣概的定位之後，才成為著名品牌的香煙。

　6.降低成本 (cost reductions)

　　指產品的重新設計，但其所提供性能與效用類似，而成本卻較低的新產品。此類型的創新，對於一些高價位的產品而言，更為重要。例如許多日本的廠商，他們非常重視成本的降低，並藉以提高產品的價格競爭能力。

　　以上所述的新產品分類，似乎是較佳的方式。因為它既考慮到生產者（公司）的觀點，同時也考慮到消費者的觀點。

◐ 二、新產品的採用與擴散過程

　　新產品開發上市之後，公司所重視的是新產品為消費者接受並採用的過程，以及新產品如何在消費者之間普及的擴散過程。以下我們分別探討新產品的採用過程與擴散過程。

㈠採用過程

　　消費者決定是否要接受一項新產品的決策，類似第四章所述的消費者購買決策過程。當一位潛在的購買者在決定購買及使用新產品時，一般會歷經五個階段，即知曉 (awareness)、興趣 (interest)、評估 (evaluation)、試用 (trial)及採用 (adoption)，參見圖 8–12。以下簡述此五個階段：

　1.知曉：消費者第一次知道新產品的存在，但缺乏有關新產品的用途、功能等資訊。

　2.興趣：消費者開始尋求有關新產品的進一步資訊。

　3.評估：消費者考慮是否值得嘗試該項產品。

　4.試用：消費者嘗試購買該產品，以決定該產品是否有用。

　5.採用：消費者決定繼續使用該項新產品。

　　上述五階段之採用過程模式，給予行銷人員很大的啟示。基本上，行銷

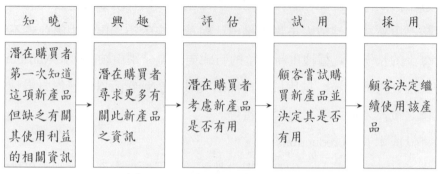

知　曉	興　趣	評　估	試　用	採　用
潛在購買者第一次知道這項新產品但缺乏有關其使用利益的相關資訊	潛在購買者尋求更多有關此新產品之資訊	潛在購買者考慮新產品是否有用	顧客嘗試購買新產品並決定其是否有用	顧客決定繼續使用該產品

圖 8-12　新產品的採用過程

人員必須瞭解到，目前公司的新產品究竟處在何種階段，以便採取適切的行銷策略。例如若是產品的知曉度不夠，則很顯然的，公司的行銷目標從首先設定為提高知名度，並透過促銷與廣告的手段來達到此一目標。如果已進入試用階段，則行銷人員盡可能設計合適的方案，讓消費者藉由此機會來減少其認知風險並鼓勵其購買。例如可採用免費樣品贈送，或試車、試操作等等的方式。

㈡影響採用過程的因素

採用過程的每一階段，其重要性與消費者對於該項產品的原有知識，以及購買的涉入程度等，都有很密切的關係。然而，影響一項新產品之採用速度尚有其他重要的因素，包括公司的行銷力量、消費者特性及產品特性等；茲分別說明如下：

1.公司的行銷力量

公司的行銷力量必然會加速新產品購買決策過程；例如在產品剛上市時，行銷人員通常會透過促銷活動（如廣告與宣傳報導等），使消費者知道新產品的存在，刺激潛在的購買者尋求更多有關產品資訊的欲望，並評估該項產品。接著，如果產品單價不高且簡單，則公司可以考慮贈送樣品讓消費者試用，以減少購買產品的認知風險。總體來說，如果公司能隨時注意消費者在新產品購買決策過程各階段需求的變化，並使消費者的需求得到滿足，那麼新產品的購買決策過程必然會加速。

2.消費者特性

消費者的特徵會影響到其決定採用新產品的速度，以下分別從人口統計變數、人格變數、溝通行為及使用行為等四個構面，來探討消費者特性對新產品採用速度的影響：

(1)人口統計變數

一般而言，創新的使用者具有所得較高、教育程度較高、社會階層較高，以及年紀較輕等的特徵。這種情況在服飾的購買上更為明顯。但是，若對於價格並非主要的考慮因素之新產品而言，此類特徵的影響可能就較低。

(2)人格變數

一般而言，創新採用者的冒險傾向較高，對於創新產品抱有正面的態度，而且在購買新產品時所認知的風險較低。

(3)溝通行為

創新採用者比較喜歡從印刷媒體及非正式的溝通管道中獲得資訊。此外，他們在社交生活中較活躍，有些人可能是意見領袖，對於同儕的影響力較大。

(4)使用行為

創新產品的採用者通常已是這類產品的重度使用者，品牌忠誠度較低，因為他們對於這類產品的需求較高，而且經常使用，因此對於產品的功能及品牌的要求較為嚴格，對於現有產品與服務的滿意程度較低，所以會尋求新的替代品。

3. 產品特性

影響新產品採用速度的產品特性因素，包括下列幾點：

(1)相對利益

意指新產品是否具有一些更佳的產品屬性或產品利益，包括價格、便利性及用途等方面；如果消費者認為新產品比現有產品擁有愈高的相對利益，那麼他們採用新產品的速度會愈快。

(2)相容性

係指新產品是否與消費者的文化價值觀與生活型態相一致。產品愈能符合消費者的價值觀與消費習慣，則消費者所認知的風險便會大為降低，因而也願意及早採用新產品。例如有一家廠商引進一種男用的去除鬍鬚藥水，以

代替刮鬍刀與刮鬍水，其原理也與女性去毛藥水差不多，而且非常簡單並容易使用。但結果卻失敗了，因為男性並不喜歡這種太過女性化的產品，認為使用這種產品會影響他們的男性氣概。

(3)複雜性

意指消費者是否易於瞭解或使用新產品。愈複雜的新產品，其接受的時間亦愈長；例如複雜的微波爐及家用電腦，消費者在學會使用這些產品之前，可能須花費較多的時間。

(4)可試用性

如果新產品在還沒有正式購買之前，可以先試用，將會提高它的接受程度。因為如果不能試用，則消費者會認為其風險很大。例如有些公司提供免費用品試用、試閱二週再決定，以及試用新車等，都是可以增加新產品的試用性，進而加快其採用速度。

(5)可觀察性

如果新產品所提供的產品利益，具有很高的可觀察性，則其被採用的速度亦會加快。例如國內引進大哥大的行動電話，由於其可見性很高，又可帶給經常在外工作的人很大的便利性，因此它在國內的市場之擴散速度很快。此外，這種可觀察性亦有助於口碑相傳的效果，因而也可加速產品的採用速度。

(三)擴散過程

新產品在進入市場之後，一直到其被整個市場大多數的消費者所接受，必然會歷經一段時間，而整個過程包括如下的情況：首先都是先由少數的一些人接受，然後再逐漸為更多的消費者所接受，漸漸地到達飽和的狀況，而這種飽和的狀況可能很快地結束，或再持續一段時間，然後又被新的產品所取代。此一過程稱為新產品的擴散過程 (diffusion process)。

購買者對新產品的採用速度與市場接受新產品的速度，有某種程度的關聯性。如果採用速度快，則整個市場的接受程度亦較快。然而，產品使用的結果亦會影響市場的接受程度，但使用結果往往不易觀察，此時市場的接受程度可能就決定於產品的擴散過程。

　　在擴散過程中，有些購買者比較願意承擔使用新產品的風險；而有些購買者則會倚賴上述購買者之經驗與建議，以決定是否購買新產品。此外，如果產品價格昂貴，則降低價格將有助於擴散之速度。

　　擴散過程之形成，主要係新產品的購買者扮演不同的角色，以及透過獨立採用、口碑傳播或模倣等行為而構成整個擴散過程。至於這些扮演不同角色的購買者，我們可依其接受新產品的速度（或期間長短），區分為幾個不同的群體，包括創新採用者、早期採用者、早期大眾、晚期大眾及落後者，這些群體的人數比例大略呈一個常態分配，參見圖 8-13。

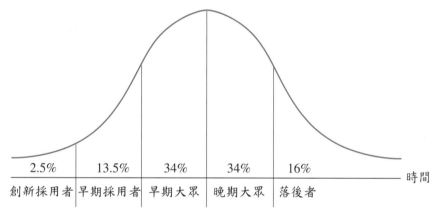

2.5%	13.5%	34%	34%	16%
創新採用者	早期採用者	早期大眾	晚期大眾	落後者

時間

圖 8-13　依據接受新產品先後時間所劃分的消費者群體類型

　　由此一常態分配來看，大約有六分之一是屬於創新採用者與早期採用者，這些人較快地接受新產品；另外，約有六分之一是屬於落後的採用者，他們很慢才接受一項新產品；至於其他的三分之二之大多數人，則屬於早期大眾與晚期大眾。

　　此五種類型的採用者，其價值觀可能有很大的差異。一般而言，創新採用者乃是喜歡冒險的，他們願意在某種程度的風險下嘗試新事物。早期採用者一般是受到尊敬的心理而引導其使用新產品；他們往往是某一領域中的意見領袖，較早接受新觀念，但較為小心謹慎。早期大眾是屬於深思熟慮型者，他們雖非意見領袖，但喜歡在一般社會大眾之前採用新產品。晚期大眾則屬於懷疑論者 (skeptic)，他們非等到大多數的人都試用過後，才敢採用新產品。

最後，落後者乃屬於傳統保守型的人，他們懷疑任何改變，且由於他們較侷限於接受傳統的觀念，因此當他們開始接受新產品時，可能只是因為該項新產品已為傳統所接受，亦即該項產品已成傳統的產品了。

◖◗ 三、新產品的發展策略

新產品的發展乃是企業為了滿足顧客的新需求，以追求成長，並為保持競爭優勢而所必需執行的作業。近年來，由於科技創新的加速，以及消費者接受新觀念的意願增強，使得企業執行新產品發展的策略更顯得重要。

執行新產品發展的策略，一般有三種途徑：產品改良策略、產品模倣策略及產品創新策略。以下我們分別介紹這三種新產品發展策略。

㈠產品改良策略

企業之所以採取產品改良策略，乃因為在產品步入某一成熟階段後，常需對產品做一些改良或修正，如此才能繼續保持產品的吸引力或銷售活力。產品改良策略的作法，係引進產品的新型號或改良模型，通常都是對現有的產品加以修正，增加產品特性、功能、式樣、流行，或以新的製造方法與程序，或新的成分加以改進。

產品改良策略之主要目的在於更有效地滿足消費者的需求，一方面它可以恢復與維持產品原有的吸引力，另一方面亦可以使企業在競爭廠商中，創造產品優勢差異化的效果。

㈡產品模倣策略

產品模倣策略係引進市場上已經存有的新產品，而這些新產品則為競爭者開發上市成功者，此時公司便採取追隨領導廠商的產品模倣策略。例如寶僑公司（領導廠商）在推出洗髮潤髮雙效合一的飛柔洗髮精之後，便有許多其他廠商亦推出雙效合一系列的產品。

由於許多廠商在產品發展上，畏懼創新的風險，寧可採取老二策略。等待競爭廠商先行創新，俟其成功之後，再行模倣。當然，如果創新廠商具有專利保護，則需等待專利保護到期。如果不具專利保護，則模倣型廠商即全力開發與創新者相類似的產品，以與之相競爭。

一般而言，廠商在新產品發展策略上，之所以採取產品模倣的最主要理由有三個：

1. 模倣型廠商可以規避新產品創新的風險，亦可節省相當龐大的研究發展費用，這對於資源財力較弱的中小企業尤其適合。由於對研究開發的投資有限，因此模倣型廠商常可因低廉的成本，在市場上較領導廠商易於獲得價格競爭的優勢。

2. 模倣型廠商可以將其在某一產品上所具有的競爭優勢或特長，移轉到所模倣的產品上，進而運用此一特長而在模倣的產品市場取得優勢。例如 IBM 公司在電腦業中具有強大的行銷優勢，當它模倣蘋果電腦而發展個人電腦之後，即以其特有的優勢而很快地超越蘋果電腦的市場地位，成為新的霸主。

3. 由於消費者偏好改變，且創新產品又為競爭者捷足先登，此時廠商則可能被迫採取產品模倣策略，否則無法生存。此外，對於想要進入新市場，而又不想耗費（或沒有能力）鉅額的研究發展費用的廠商，其可行的途徑便是採取產品模倣策略。

㈢產品創新策略

產品創新策略乃是在市場上推出嶄新的產品，以滿足顧客的新需求。例如數位照相機、彩色螢幕手機及 PDA 的推出等，均屬於產品創新策略的運用。

產品創新的工作極為艱鉅，不僅要花費鉅資，管理人員又需付出龐大的時間與精力，而且亦必須協調各組織部門，其結果上市的成功機率又不大。因此，大部分的產品創新，均由較大型的企業來執行。當然，若產品創新成功上市，則其所獲得的報酬相當可觀。

一般而言，產品創新的發展必須經過如下的幾個階段：新創意的產生、創意篩選、新產品觀念的開發、商業分析、產品模型（雛型）開發、市場測試以及上市商品化等各階段。由此可知，產品創新的發展過程是極其浩大的工程，所需的人力、財力與時間亦相當大，而風險亦相當高。因此，採取產品創新策略的公司，必須建立嚴格且正式的管理控制系統，而其重要的考慮事項包括：企業的財務資源、經營能力以及承擔創新風險的意願等，這些因素皆足以影響公司之產品創新策略的決策。

習題

1. 請就便利品、選購品與特殊品各舉一個例子，並指出其核心產品、有形產品及引申產品。

2. 依消費者購買習慣可將消費品區分為便利品、選購品及特殊品等；而依影響消費者購買行為與習慣的大小，可將新產品區分為連貫性創新、動態性創新及非連貫性創新等；請問此二種分類基礎有何關聯？

3. 為何我們說：某類產品對某些人而言可能是選購品，而對其他人來說，則可能是特殊品？請詳細說明其意義。

4. 如果你是某一「冷門品」的行銷經理，請問你的最主要任務為何？

5. 如果你是某公司的產品經理，你可能面臨哪些產品決策？並就每一項產品決策簡述其內容。

6. 賓士汽車看好小型汽車的市場，因此亦進入此一市場。請問，賓士汽車如此的作為是屬於何種策略？這種作法恰當嗎？如果決定這麼做，則賓士汽車應該注意哪些問題？

7. 何謂產品組合的一致性 (consistency)？公司是否一定要採取一致性的產品組合？

8. 統一企業曾推出保險業務，並以 "7-ELEVEN" 為通路，請問其產品組合的一致性為何？你贊同此一作法嗎？

9. 在產品線長度決策中，有加長與縮小產品線長度的作法。請問，如何加長及如何縮小？其個別的適用場合又是如何？

10. 請比較「產品線延伸」與「品牌延伸」兩者的差異。

11. 何謂「旗艦」產品？請舉例說明之。

12. 品牌權益 (brand equity) 的觀念為何？其對公司的行銷策略有何涵義？

13. 品牌層次包含哪些構面？當公司要對品牌加以訴求時，對於不同層次意義的構面，應注意哪些事項？

14. 何謂「顧客權益」(customer equity)？其與品牌權益有何關聯？

15.品牌決策的內容包含哪些？請簡述之。

16.近年來中間商品牌（如屈臣氏、家樂福等）有逐漸抬頭的趨勢，請問其可能的原因為何？又，此一趨勢將對製造商品牌產生何種影響？

17.品牌命名時，必須注意到哪些事項？又，對裕隆汽車的 "Cefiro"、"Sentra"（尖兵）及 "March" 等三種品牌名稱，提出你的看法。

18.國內的統一與味全企業慣用家族品牌策略，你認為它有何優缺點？

19.公司可採行的品牌策略決策約有四種，請簡述之，並說明其個別的適用場合。

20.何謂多品牌策略？使用多品牌策略的時機為何？寶鹼公司 (P&G) 是最積極倡導多品牌策略的公司，但近年來它一改過去的作法，大量地刪減其品牌個數，請問其可能的原因為何？

21.在哪些情況下，公司可能要採取品牌重定位策略？並請舉例說明有哪些成功的案例。

22.請說明為何包裝決策對現代的行銷管理來說非常重要，也因為如此，有些人甚至認為它應該獨立成第 5 個 P。又，包裝的功能有哪些？請簡述之。

23.如何發展包裝設計？必須考慮哪些因素？

24.何謂標籤 (labeling)？其對行銷的功用為何？

25.公司對新產品加以分類，有何行銷涵義？

26.請比較新產品的「採用過程」與「擴散過程」之差異，並說明它們對行銷人員的涵義為何。

27.下列數項產品請比較其被市場接受的速度之快慢，並說明理由：(1)麥當勞速食；(2) 3M 貼紙；(3)微波爐。

28.公司可採行的新產品發展策略有哪幾種類型？請簡述之，並說明其適用場合。

第 九 章

定價策略

　　定價是行銷組合策略中重要的一環；企業可能因價格訂得好而獲得很高的利潤；相反的，亦可能因不當的定價而使得企業失去競爭力。此外，定價亦是行銷組合中最具彈性的一項活動，因為(1)短期間內要改變產品的品質、式樣及功能等，並非易事；(2)配銷通路之關係的建立，亦需花費長久的一段時間；(3)促銷活動的推行往往亦要較長的時間才能看出效果，例如廣告促銷。然而定價卻可在很短的時間發揮其效果。例如當消費者普遍認為進口彩色電視機價格過高時，艾德蒙彩色電視機率先大幅降價，結果一夕之間銷售量立刻大幅增加，造成很大的轟動。

　　同時，定價也是一個常令行銷人員困擾的問題，因為究竟要訂定一個怎麼樣的價格水準，有時頗難以拿捏。如果訂定較低的價格，固然可為企業帶來「薄利多銷」的有利情勢，但可能因此被消費者認定為「廉價品」；同樣的，如果訂定較高的價格，雖有助於品質形象的提升，但可能又超出消費者的購買力而無法為市場所接受。因此，何種價格水準才是合理，應是行銷人員最需關切的一個問題。

　　本章所介紹的定價策略，簡單地來說，便是先透過定價程序決定出一個合理的價格範圍，然後再依據定價所需考慮的因素，以及配合適當的定價方法來決定一個較精確的價格水準。此外，價格變數如同其他行銷組合變數一樣，必須考慮各種環境因素的變動而做相應的調整，此乃價格管理的課題。以上所述，即為本章所要探討的內容。

第一節　定價程序

　　廠商應該如何為產品定價？有系統的定價程序一般包含六個步驟：(1)選擇定價目標；(2)估計成本；(3)分析競爭者的產品與價格；(4)考慮定價影響因素；(5)決定合理的價格範圍；(6)選定最終價格。參見圖9–1。

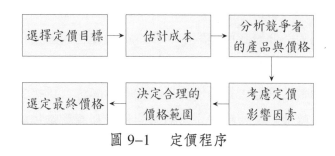

圖 9-1　定價程序

◐ 一、選擇定價目標

定價目標的確立乃是公司執行定價策略與選擇定價方法的首要考慮因素。然而，定價目標必須與公司的整體目標與行銷目標相互配合，因此在決定定價目標之前，行銷人員必須先深入瞭解產品的目標及公司的行銷目標。此外，定價目標的確立，亦有助於行銷人員縮小可能的價格範圍；因此，若行銷人員發現某項產品不符合定價目標，則該產品可能會自產品成本中剔除。

每一公司可能皆有其不同的定價目標，但一般而言，定價目標可分為如下四種：(1)利潤導向；(2)數量導向；(3)形象導向；(4)穩定導向。然而，這四種定價目標彼此之間可能有相互關聯；表 9-1 列示定價目標之類型。

表 9-1　定價目標的類型

定價目標的類型	目標項目
利潤導向	(1)利潤最大化；(2)目標投資報酬率；(3)目標盈餘
數量導向	(1)銷售量最大化；(2)市場佔有率最大化
形象導向	(1)品質形象；(2)價值形象
穩定導向	(1)求生存；(2)維持現狀

㈠利潤導向目標

係指定價目標在於追求利潤最大化、達到某一水準的投資報酬率或追求目標的盈餘。在利潤最大化的目標下，公司必須估計產品在各種價格下的需求與成本，然後訂定可以使利潤最大的價格〔利潤＝銷售收入（＝需求量×價格）－成本〕。然而利潤最大化往往不是一個可行的目標，理由如下：(1)要準

確地預估在各種不同價格下的需求量，並不容易；(2)在獨佔的市場下，政府的法律因素會規範一個廠商可獲取的利潤；(3)縱使利潤最大化的目標可加以衡量，但其為短期的目標，而且往往會犧牲掉長期的利潤目標。

因此，一個較普遍且可行的作法是，在一個滿意（可接受）的利潤水準下，追求目標盈餘或目標報酬率。目標盈餘是以利潤對銷售額之比來表示其產品的利潤目標；例如公司可能設定 20% 的目標盈餘，以此來決定價格水準。另外，公司亦可能希望能使其投資達到某一特定的報酬率。例如通用汽車過去皆維持一個投資報酬率為 15%～20%（稅後）的定價目標。

(二)數量導向目標

數量導向的定價目標包括銷貨量最大化目標與市場佔有率最大化目標。

1.銷貨量最大化目標

有些公司可能選擇能使銷售量最大化的定價目標，此時為了達到此一目標，往往採用「薄利多銷」的手段，亦即訂定較低的價格，來追求較高的銷售量。公司之所以決定此一目標，乃因為較高的銷售量有助於公司很快地建立市場地位及充分地利用生產產能。例如航空公司之定價政策往往反應此一銷售量導向的目標，因為坐滿乘客與只坐滿一半乘客飛機之營運成本相差不大，所以各航空公司都會設法出售空下的機位。

2.市場佔有率最大化目標

有些公司寧願犧牲短期利潤，而制定可以使其市場佔有率達到最大化的價格，期能享有最低的成本與最佳的長期利潤。為了使市場佔有率提高，公司往往將價格盡可能地壓低。這種定價的手法，有時又稱為市場滲透定價法 (market penetration pricing)。日本企業在當年侵入美國市場時，最擅長採用此種定價方法。

(三)形象導向目標

形象之建立也可藉著價格來達成。有些公司將產品價格定得很高，以便建立或維持高級品質的形象（因為消費者一般會認為高價格意謂著高品質）。例如 IBM 公司與賓士汽車公司，皆信守此種品質形象的定價目標。

至於「價值形象」的目標乃在讓顧客購買公司的產品時，可獲「物超所

值」的感受。這些公司通常會強調「保證最低價」，藉以吸引對價格較敏感的顧客。例如國內的「屈臣氏」連鎖零售店號稱其所銷售的價格絕對比一般商店的價格還要低，當然其品質亦維持在一定的水準以上。

㈣穩定導向目標

　　穩定導向的定價目標包括求生存與維持現狀二種目標。當市場的供給大於需求，市場競爭激烈或消費者需求變化迅速，皆可能促使公司以「求生存」作為定價目標。在此種情況下，公司的生存要比獲得利潤來得重要。而為了讓公司能夠繼續經營下去，價格皆會定得比較低。此時，只要價格高於變動成本並可彌補部分的固定成本，公司即可繼續經營，而免除關閉的厄運。

　　有些時候，公司可能已擁有最有利的競爭地位，並對現狀感到滿意，不希望再有任何改變，此時公司會制定維持現狀的定價目標。所謂維持現狀，包括維持市場佔有率、配合競爭者的價格，以及保持價格穩定等。此外，當市場可能爆發價格競爭時，許多公司皆希望能維持價格的穩定，因為這種殺價競爭的結果，每一公司的利潤皆可能大為降低。

　　上述的定價目標皆有其適用的狀況，重要的是，行銷人員必須視公司所處的情況與條件，選擇恰當的定價目標，以便在價格訂定的過程中能有所依循，且能依環境的變動而機動地加以因應。

　　此外，不同的定價目標對公司的行銷策略，皆有其重要的涵義。例如若公司選擇利潤導向的目標，則意謂著公司將忽略競爭者的價格；公司之所以如此，可能因為根本就沒有競爭者，或可能是公司正以最大產能營運，也可能是因為價格與其他產品屬性比較起來微不足道。相同的，公司若選擇數量目標，則可能是想攻擊其他競爭者；若選擇穩定目標，則可能是想迎合競爭者以求生存與穩定；在上述的二種情況下，行銷人員必須評估競爭者的行動。

　　最後，當公司選擇形象目標時，可能是想藉著品質或價值來突出自己的產品，或集中某一市場區隔以避開競爭。

◐ 二、估計成本

　　基本上，價格會影響需求量，而需求量會影響成本及利潤；行銷人員在

制定價格決策時，必須考慮到這些關係。換句話說，需求與成本是影響價格的二個重要因素，其中需求乃為價格水準的上限，而成本則為價格水準的下限。

公司的營運成本可分為兩大類，即固定成本與變動成本。所謂固定成本係指公司營運成本中不隨生產量或銷貨收入變動而改變的部分；例如公司每個月所支付的租金、利息、能源費用、主管薪資等，不論生產水準如何，此些固定成本一定會發生而且是一固定不變的金額。

變動成本則隨生產量而改變，例如生產線上的直接人工成本及直接原物料等，均屬變動成本。每單位的變動成本是一樣的，之所以稱為變動成本，乃因為它會隨著生產量的改變而作等比例的變動。

至於總成本則為在特定的生產水準之下，固定成本與變動成本之和，將總成本除以生產數量便可得出平均單位成本。瞭解成本結構之後，公司便可利用成本加成法 (mark-up pricing) 與損益兩平法 (break-even pricing) 來決定價格的一個範圍。

(一)成本加成法

成本加成法乃是一成本導向的定價方法，它是將利潤率直接加到成本上，由而決定價格的方法。例如產品的單位成本為 30 元，若公司希望利潤率為 20%，則其價格為 36 元 (=30 × (1+0.2))。

(二)損益兩平法

損益兩平分析 (break-even analysis) 是分析成本、數量及價格之間的關係，由而找出損益兩平點 (break-even point; BEP)，藉此可以瞭解價格的底限。簡單的說，損益兩平點乃是銷貨收入等於成本時的銷售量，當銷售量超過 BEP，則公司開始有利潤；相反的，當銷售量未達 BEP，則公司便將發生虧損。

以上兩種定價方法，將於第三節再做詳細的討論，此處的重點僅在瞭解公司如何分析成本結構，以及其對價格的可能影響。

◉ 三、分析競爭者的產品與價格

分析競爭者的產品與價格有助於公司決定將價格定在何處，因此行銷人

員必須詳細地分析競爭者產品的特性與品質，以作為公司定價的指標。如果公司的產品與競爭者的產品類似，且在品質上沒有太大的差異，則價格應定在競爭者的價格附近，否則公司的定價可能會受到消費者的排斥。如果公司的產品較差，則價格應定得比競爭者稍低，以便吸引消費者的購買；相反的，如果公司的產品較佳，則公司可以訂定較高的價格，以強調公司的產品優於競爭者的產品。

當然，影響價格訂定因素很多（將於第二節再做詳述），除了成本、需求及競爭者的價格外，尚需考慮公司的定價目標、公司的品牌形象、市場地位及利潤要求等。由此可知，定價是一個複雜的過程，必須綜合許多影響因素，才能定出一個合適的價格。

但不論如何，處在競爭激烈的商場上，有關競爭者的分析與比較，在定價策略上實是重要的考慮層面。例如國內的家電用品市場之競爭非常劇烈，往往某一家廠商宣佈調降價格，便會引起其他許多廠商的重視，它們必須立刻做出因應的決定，否則很可能受到很大的傷害。

◉ 四、考慮定價影響因素

要為產品訂定一個能為消費者所接受且符合公司利益的價格，並非容易的事，必須站在整體的角度，考慮許多影響因素，才能擬訂出一個具有競爭力且為各方所接受的適當價格。然而，究竟要考慮哪些影響因素呢？除了前述的定價目標、成本結構、市場需求及競爭態勢以外，消費者的消費行為與態度、通路結構以及產品本身等，亦皆為重要的影響因素。有關此部分的討論，將於第二節再詳述。

◉ 五、決定合理的價格範圍

定價程序接下來的步驟便是找出消費者心目中的價格範圍，這可藉由市場調查、零售據點的訪談或實際觀察等方式；有了消費者心目中的價格範圍，便可作為定價的依據。

對於消費者來說，此一價格範圍乃是讓他在從事購買時，便於區別與選

擇。而對於公司來說，此則有助於讓自己瞭解在消費者心目中，自己的競爭者是誰。茲以禮品市場為例，500元以下可能是一個價格範圍，500至1,000元又是另一個價格範圍，至於1,000元以上則可能是更高的價格範圍。如果這種價格範圍劃分得切合實際，則禮品行銷人員便能夠掌握市場的狀況，並瞭解自己與競爭者之間的相對位置，以便擬定適當的因應措施。

此外，瞭解消費者心目中的價格範圍，還可讓行銷人員找出「可乘之機」，例如寶健運動飲料以每罐12元的低價出擊，當時的價格範圍約在15～20元之間，因此而獲得市場很熱烈的反應。

◉ 六、選定最終價格

定價程序的最後一個步驟，公司必須確定一最終的價格。在此一步驟中，如何決定一最終的價格，尚須考慮下列的一些因素。

㈠消費者心理因素

公司在訂定價格時，不應僅考慮價格的經濟面，尚須考慮消費者的心理層面。一般而言，消費者可能基於虛榮心的因素，會認為高價格的產品其品質較高，這對化妝品與汽車等產品來說，確實是曾有研究加以實證的。因此，如果公司所追求的目標是高品質的形象，則必須訂定較高的價格。此外，對於價格敏感度較高的消費者而言，定價299元要比300元來得好，因為前者會讓消費者有屬於200元價位水準的感覺，而不會有300元價格水準之昂貴的感覺。此外，亦有人認為，這種有零頭的價格會讓消費者感覺到有打折或特價的味道。

㈡公司定價政策

最終價格的訂定亦需審視其是否與公司的定價政策相一致，以確定行銷人員所訂定的價格是否既能被消費者所接受，又能滿足公司的利潤目標。

㈢價格對其他相關團體的影響

管理當局亦須考慮其他相關團體對公司訂定的價格之反應。例如配銷商與經銷商對此一價格的看法如何？公司的銷售人員是否願意在此價格水準下熱心地推銷產品，或者他們抱怨價格太高？競爭者對此價格的反應如何？供

應商會因公司定高價而提高他們的價格嗎？政府部門是否會干涉或禁止此一價格？有關最後一個問題的思考時，行銷人員必須瞭解到有關定價之相關的法律，以免牽涉到違法的情事。

第二節 價格訂定的考慮因素

公司在訂定價格時所需考慮的影響因素相當多，以下我們分別對各個影響因素加以討論。

● 一、定價目標

通常，公司訂定價格之後常會遭遇如下的問題：銷售額衰退；價格比競爭者過高或過低；通路成員（中間商）無利可圖不肯進貨；整批產品線的價格不平衡；與顧客對公司的定位認知不符而發生扭曲；以及未深入瞭解當時環境而輕率地定價等。此時公司必須確立明確的定價目標，以決定究竟要解決上述的哪些問題。有關定價目標，請讀者參閱第一節，在此不再贅述。

● 二、成本結構

公司的成本結構乃決定價格的下限，亦即價格定得再低，至少應能彌補變動成本。而成本結構中，固定成本與變動成本乃是其中的重要變數，但是其他諸如機會成本、重做成本、增量成本及可控制成本等，也都需要加以考量。

此外，在討論成本因素對定價的影響時，下列的三個層面也應列入考慮：

㈠固定成本對變動成本的比例

如果固定成本佔總成本的比例很高，則增加銷售量對公司的收益有很大的貢獻。因為銷售量增加，固定成本可由更多的數量來分攤，因而導致單位成本下降。例如國際觀光旅館業的固定投資佔總成本的比例很高，只要固定成本回收，則任何增額的住房率對利潤都有很大的貢獻。另外，若變動成本較固定成本佔總成本的比例為高，則只要稍微提高價格對利潤便會有很大的貢獻。

(二)公司可能達到的經濟規模

若公司可能達到的經濟規模很大時，應該盡可能地增加市場佔有率；因為長期的平均成本可因銷售量的增加，而使成本大幅下降。如果長期成本可能持續下降，則更可利用低價策略來進一步擴張市場佔有率。

(三)公司與競爭者之成本結構的比較

當公司的成本較競爭者為低時，可考慮維持較低的價格以獲取增額的利潤，而且又可運用此一增額的利潤來大力促銷，更進一步地擴大市場佔有率。相反的，如果公司的成本較競爭者為高，則採取降價策略就沒有意義，因為公司的降價行為可能激發價格戰爭，而導致公司的加速滅亡（因為公司的成本高於競爭者）。

◉ 三、市場需求

公司所訂定的不同價格，將會有不同的需求水準。價格與需求水準之間存在一函數關係，稱為需求函數 (demand function) 或需求曲線 (demand curve)。在一般的情況下，價格愈高，需求愈低；相反的，價格愈低，需求則愈高。

事實上，決定市場需求的因素很多，價格只是其中的一個重要因素，其他的因素尚包括消費者的購買能力與意願、產品對顧客所提供的利益、替代品的價格、潛在市場的規模以及非價格競爭因素與市場區隔等，這些因素彼此間亦有密切關聯。

因此，在做需求分析以從事定價時，行銷人員必須收集下列相關的市場資訊：顧客對產品的價值分析、各個市場區隔的價格接受水準與期望水準、產業循環特性、未來的經濟景氣、景氣對需求的影響、顧客與通路關係，及各個通路層的價格水準等。

基本上，所謂的市場需求分析，即在預測價格水準與需求變動之間的關係。這種價格與需求的關係，又稱為需求價格彈性 (price elasticity)，亦即在不同的價格水準下，對產品需求的變動狀況。換句話說，如果價格下降一點，而需求即大量增加，則稱之為具有價格彈性；相反的，如果價格上漲或下跌，

對需求影響很小,則稱為不具價格彈性。需求的價格彈性可以下列的公式表示之:

$$需求的價格彈性 = \frac{需求量變動的百分比}{價格變動的百分比}$$

由此可知,當公司能夠分析產品的價格彈性,則可藉以掌握其可能的市場佔有率。例如若需求較具彈性,則公司可考慮降低價格以增加更多的銷售量,獲得更高的收益。尤其是在增加生產或銷售時,成本所增加的比例不變的情況下,這種作法更是有效。

◑ 四、競爭態勢

市場的需求水準與產品的成本結構,分別界定了價格的上限與下限,而競爭者的價格及其可能的價格反應,則可輔助公司界定其市場的價格水準。事實上,成本、需求與競爭態勢,乃構成決定價格的三個主要影響因素。在此所指的競爭態勢包括市場上競爭者的數目,競爭對手之間的相對市場佔有率及產品相互差異化的程度以及市場進入障礙的大小等。以下我們分為幾點來說明:

1.市場上若僅有一家廠商獨佔,則無所謂的競爭,此時廠商定價的自由度相當高。例如自來水公司與臺電皆為獨佔的廠商,其定價的考慮乃完全依據營運成本、期望利潤及政府的政策而定。

2.若市場為少數廠商所寡佔,且其產品相互差異化很小,則市場領導者(即市場佔有率最大者)即為設定價格者 (price taker),其他廠商則僅屬於價格跟隨者。換句話說,市場佔有率最大的廠商,最能主動地決定價格,而不虞競爭者的反應;蓋此時其規模最大,相對的其成本亦較低,因此不用擔心競爭廠商的反擊。

3.如果市場上的產品差異化程度很高,則各個廠商均較有能力設定與控制自己的價格,也較不受外部因素的影響。此外,若市場的開放程度很高,且進入障礙很小時,則廠商較無力量設定自己的價格。相反的,當市場的進入

障礙很高時，廠商即較有能力操控價格。

4.如果廠商能建立較高的進入障礙，防止潛在的競爭廠商之進入，則市場上現有的廠商就較容易操控價格。而足以構成市場進入障礙的因素，包括資本投入的規模、技術的需求、基本原材料的取得、現有廠商的經濟規模，及行銷專業技術的深度等。

由以上所述，我們瞭解到公司在訂定價格時，必須深入分析市場的競爭態勢，以及確認自己的市場地位，如此才能找出一具有競爭力的價格。

◉ 五、消費者層面

公司為產品訂定價格，而對購買產品的消費者亦應多加瞭解，才能定出消費者可以接受的價格。以下我們亦分為幾個方面來介紹。

㈠消費者的需求強度

當消費者的需求強度愈高，公司就可能訂定較高的價格，尤其是在需求大於供給的賣方市場上。相反的，若是處在買方市場（供給大於需求），則由於消費者可選擇的機會很多，因此廠商在價格的設定方面便受到一些限制。

㈡消費者對產品價值的認知

消費者的認知價值 (perceived value) 會對其所認為的合理價格，產生很大的影響。第一節曾述及，消費者對於任一產品其心目中可能都存在一個可接受的價格範圍，亦即只要價格落於此一範圍內，消費者都會認為是合理的價位。例如左岸咖啡館上市時，以高於當時市場價格之 25 元推出，並以「沿著左岸到巴黎、世紀初文人常聚的地方」之人文氣息作為廣告訴求，以與當時競爭激烈的鐵罐裝咖啡做區隔。左岸咖啡館所營造出來的人文形象，順利地建立起消費者心中的高度認知價值並接受其所訂定之價格，因此成功地奠立其市場地位。

㈢消費者行為與態度

消費者對於價格與價值的看法（包括要求物美價廉或認為值得為品質多花一點錢）、消費能力，以及對生活品味的要求等，都會影響定價的高低。總而言之，行銷人員對消費者購買行為瞭解得愈透徹，則在價格的訂定就愈能

趨向合理與準確。

◑ 六、通路層面

大多數的定價法則都是以最終顧客對價格的反應為準，但在實務上，生產廠商多半是透過中間商將產品轉售給最終顧客。因此，中間商對價格的反應，也是生產廠商必須考慮的因素。

有關中間商對價格的反應，公司最主要考慮的事項為，中間商的利潤是否合理，此乃涉及公司批給中間商的價格以及中間商賣給消費者的價格。此時，公司所獲得的利潤與中間商的獲利，兩者之間可能存在相互衝突。因此，如何讓中間商滿意於其所獲得的利潤，而公司本身又能維持足夠的利潤，此乃定價問題的一項大考驗。

◑ 七、產品層面

產品的定價理所當然地必須考慮產品本身的各種影響因素，以下我們分成幾個方面來探討：

㈠產品生命週期

對於剛上市的產品，由於其銷售量不大，公司通常以銷售量與市場佔有率作為定價目標，因此訂定較低的價格。但是，對於高科技的產品與耐久財（如錄放影機、碟影機等），則可能一開始訂定較高的價格，以快速回收研究發展的鉅額投資。到了成長期，銷售量急速上升，公司也希望能夠隨著產業而成長，因此銷售量與市場佔有率仍可能為主要的定價目標，但是此時公司亦開始重視投資報酬率。產品進入成熟期後，銷售量只呈平穩的成長，公司開始重視淨資金的流入，同時也要求有適當的投資報酬率。等到產品步入衰退期，公司可能無法維持銷售量的成長，同時投資報酬率亦可能趨於下降，因此公司所重視的可能是如何退出市場而收回部分的資金。由此可知，產品生命週期處於不同階段，會影響公司的定價目標，進而影響公司之價格的訂定。

㈡品牌形象

公司產品之品牌形象在消費者心目中的地位如何，亦將影響產品的定價。

公司的品牌究竟是被歸屬何種類型，是平價品、高價品亦或是顯示身分地位的特殊品，這將大大地影響到公司將訂定何種價格。例如大同公司的品牌過去皆列於一般價位品，如果它想推出一種高價位的產品，恐怕一時很難為消費者所接受；選手牌原本是屬於高價品，但由於經常舉辦打折促銷活動，使得其高價品的形象受到破壞；另外，勞斯萊斯、皮爾卡登、都彭打火機等，屬於特殊品，一般人可能不會輕易或沒有能力購買，其客層乃屬於特定的消費者。由此可知，只要公司能將自己塑造成「名牌」，則自然可以訂定較高的價格；但如果被視為「普級品」，則想要訂定高價位恐怕不容易成功。

㈢產品價值

前面曾提及消費者心目中的認知價值會影響到產品的定價，因此公司若能提升自己產品的價值，則可訂定較高的價格。至於公司如何創造產品價值呢？其可行的作法很多，諸如增加附帶的服務、設計高性能的產品、改善產品的式樣、提高購買產品的便利程度、獨特的創新及提高產品的象徵意義（如象徵地位、財富）等。

行銷實務 9.1

迎接動態定價的新收費時代

最近出版的 *OUTLOOK* 期刊中，Accenture 顧問公司資深顧問指出，企業要贏在網路時代，應該要採取動態定價 (Dynamic Pricing)，充分利用網路低廉成本、變動容易的特性，動態定價包括三種策略：

1.以時間基礎的定價策略

在不同時間，顧客可能願意支付不同價格。例如流行服飾剛上市時，消費者常願意支付較高的價錢購買，喜歡追求科技時尚的消費者，也願意花較多的錢買電腦和電子用品，享受早一步掌握科技的快樂。相反的，最後才訂機票或旅館的人，常常只為求一個空位，而不願意付出較高代價。

以時間為基礎的定價有兩種，一是尖峰時間定價，二是清倉定價。尖峰

時間定價適用在功能沒有彈性，可以預期何時需求會增加的產業。例如電器、長途電話產業，就適合訂定尖峰時間，收取較高的價格費率。清倉定價則是當需求不確定時，時間一過，產品或服務在顧客眼中就沒有價值的產業，例如流行服飾、週期短的資訊科技產品。例如美國大型零售店 JC Penny，固定在網站上拍賣過季服飾和家具，這個機制甚至已成為該公司的特色。

2. 區隔和配額定價

很多顧客願意在不同通路、不同時間，因為花不同力氣，付出不同價錢。要運用這種策略，企業必須創造不同的包裝或組合，然而根據不同的通路或組合，有不同的定價。

以航空業來說，可能同一個位置可以有高達 15 種不同的定價。舉例來說，如果你上網瞭解從紐約到西雅圖的來回機票，在不同的網站上，你會看到價格從 263 美元到 2,015 美元不等，相差將近 10 倍。當然定價愈便宜，對旅客使用上限制愈多。但是這種差別的定價方式，卻普遍獲得顧客的接受。

3. 動態商品

由於在網路上，可以根據你的供應或庫存狀況，快速調整價格或組合，因此，企業不需要每次都靠犧牲利潤出清存貨。例如亞馬遜網站只要舊顧客光臨網站，就會根據其過去購買經驗，建議購買的項目。這種作法可以根據顧客的興趣來出清庫存，而不至於會降低原有的利潤。

經理人如果靈活結合這三項動態價格策略，可以讓價格成為公司的競爭優勢，創造出競爭者意想不到的佳績。然而要注意的是，定價策略應該配合公司的品牌策略。此外，切記過與不及，企業應該只對核心產品時常改變價格，而不是在所有產品上都採取多種價格策略，造成顧客困擾。例如戴爾電腦的網站上只有電腦和新產品才以動態定價，至於其他較次要的周邊產品很少改變價格。

有時候，對一種產品採用動態定價，可以支持其他產品獲得更高利潤，特別是當顧客不願意再花時間搜尋更低價格時。例如亞馬遜和邦諾網站 (Barnesandnoble.com)，是銷售書籍的兩個主要競爭網站。仔細觀察，會發現在暢銷書方面，兩個網站都追隨對方的定價，彼此不會相差太遠，但在專業的書

籍方面，定價就差異很大。

　　要以動態定價作為公司的競爭優勢，公司必須結合第一線人員和後勤系統的能力，並且清楚掌握庫存。此外，還必須建立可以追蹤市場、迅速反應的能力，才能預測顧客未來需求模式，以及顧客是否願意為不同時間或通路，付出不同代價。

　　例如一家消費性產品零售商曾經利用簡單的線上調查，決定如何回應競爭對手的低價策略。結果發現，只有 5% 的消費者表示，低價是他們向其他競爭者購買的原因。所以，該公司決定，不參與競爭者的價格戰。結果在數個月後，一些廠商紛紛結束營業，競爭對手果然開始調升價格。

　　在充滿不確定的網路時代，企業必須拋棄傳統「一種價格走天下」的心態，採用靈活動態的定價模式，才有可能成為新經濟真正的贏家。

　　　　　　　（資料來源：節錄自《工商時報》，2001 年 10 月 4 日，余美貞）

第三節　定價方法

　　在整個產品定價程序中，行銷人員必須選擇一套定價方法，以決定產品的價格範圍。另外，前一節我們介紹了影響價格訂定之三個主要因素為成本、需求及競爭，若以此三個主要因素作為重要的參考基礎，便可由此衍生出三種基本的定價方法，此即成本導向定價 (cost oriented pricing)、需求導向定價 (demand oriented pricing) 及競爭導向定價 (competition oriented pricing)。最後，有關新產品的定價亦是一個比較特殊的定價方法，因此亦將於本節一併討論。

一、成本導向定價

　　成本導向定價主要是以成本為計算的定價方法，由於它可能採用某個百分比的加成或設定一個目標利潤額，因此又可分為成本加成定價法 (mark-up pricing) 與目標利潤定價 (target profit pricing) 兩種。

㈠成本加成定價法

　　此種定價方法乃是公司依據產品的成本，再加上某一標準比例之利潤來定價。例如某一產品的生產成本為 20 元，若再附加 50% 的成本為利潤，則產品的定價為 30 元，此即為成本加成法。成本加成法之最重要的問題在於「加成的百分比」為何？此一問題的答案乃視產品的種類而定，例如一般超級市場的零售價格，不同的商品有不同的加成，如麵包約 20%、服飾 40%、女用帽 50%；而諸如咖啡、罐頭、奶粉及糖等商品，其加成平均較低。

　　至於，依據成本加成法來定價是否合理呢？一般而言，此種定價方法無法達到很準確的地步。因為定價若未考慮當時市場的需求與競爭情勢，則很難定出適當的價格。舉個例子來說，當初公司所估計的成本 20 元，可能是以銷售量 5,000 單位來計算平均成本，但如果最後賣出去的僅有 2,000 單位，則由於固定成本僅由較少的數量來分攤，因此平均成本勢必增加，如此將可能導致公司所獲得的百分比有縮水的情形。因此，唯有價格確實可帶來預估的銷售水準，則加成定價才有意義。

　　然而，成本加成法在實務界的應用上頗為普遍，例如一般的零售業、營建業及律師與其他專技人員的收費，都採用此種定價法。考其原因，可能有下列數端：(1)一般而言，產品的成本要比產品的需求較容易估計，因此將價格釘住成本(而非需求)，將可簡化定價的作業；(2)當同業皆採取此種定價法，則各廠商所定出的價格必然較為接近，因此將可促使價格競爭的程度降至最低；(3)成本加成法可讓購買者與消費者覺得比較公平，因為當顧客的需求強度較高時，公司不至於趁機哄抬價格，但它們仍然可獲得適當的投資報酬；(4)當通貨膨脹期間，由於生產者的原料成本經常波動，因此採用此種定價方法較能反映生產者的成本結構。

㈡目標利潤定價

　　目標利潤定價係指公司依據某一利潤目標來訂定其價格。此種定價法常用於公用事業，如臺電公司，它們通常會制定一個合理的報酬率，而此一報酬率亦須經過政府或議會的同意。

　　有關目標利潤定價，我們可以利用損益兩平分析來說明。圖 9–2 (a)的例子中，假設固定成本為 4,000 元，單位變動成本為 8 元，而單位售價為 28 元，

此時公司的損益兩平點為 200 單位，亦即公司必須銷售 200 單位，才能使得收入與總成本相等（平衡）；損益兩平點的公式為：

$$損益兩平點 = \frac{固定成本}{價格-單位變動成本} = \frac{4,000}{28-8} = 200（單位）$$

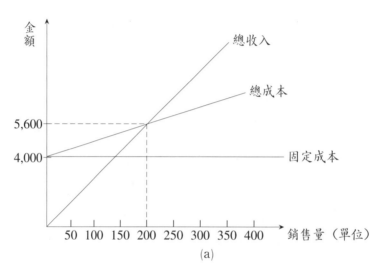

(a)

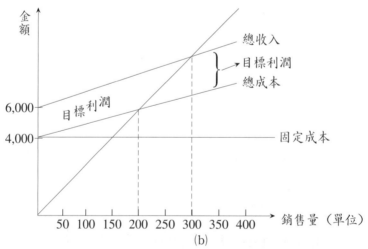

(b)

圖 9–2　利用損益兩平分析來決定價格

此時公司的總收入為 28 × 200（單位）=5,600（元）。如果公司的目標利潤為 2,000 元，則其銷售量應達到 300 單位，參見圖 9–2 (b)，其計算公式如下：

$$目標利潤點 = \frac{固定成本 + 目標利潤}{價格 - 單位變動成本} = \frac{4,000 + 2,000}{28 - 8} = 300（單位）$$

我們亦可將上述公式略加調整，可得：

$$價格 = \frac{固定成本 + 目標利潤}{目標利潤點} + 單位變動成本$$

$$= \frac{4,000 + 2,000}{300} + 8 = 28（元）$$

為了達到目標利潤，而在價格為 28 元下，公司必須銷售 300 單位；換句話說，若銷售量未能達到 300 單位，則公司亦將無法達到目標利潤。當然，公司亦可提高價格來降低損益兩平的銷售量，但是價格提高是否能使總收入增加，則視需求的價格彈性而定。當需求不具彈性時，價格提高才會使總收入增加。因此，欲藉由價格的變動來達到目標利潤，不見得是一個可行的方法。一般而言，為了達到目標利潤，公司最好能從降低固定或變動成本下手，如此便可使得損益兩平點下降。

二、需求導向定價

需求導向定價乃是公司根據消費者對產品所認知的價值來決定價格，此種定價方法與行銷觀念頗為脗合。因為它是站在消費者的角度來思考產品的價值，由此來瞭解消費者心目中的價格範圍，從而訂定出消費者能夠接受的最終價格。

一般而言，消費者所認知的價值愈高，產品可訂定愈高的價格，此種定價方法稱為認知價值定價法 (perceived-value pricing)。然而，有些公司可能以高價值的產品訂定較低的價格（相對於其他同級的競爭者之價格而言），而讓消費者有物超所值的感受，此種定價方法稱為價值定價法 (value pricing)。以下我們分別介紹此兩種定價方法。

(一)認知價值定價法

產品價格的確定與兩個概念有密切的關聯，即效用與價值。效用是指產

品能滿足消費者的能力,它是以消費者心理滿足程度為基礎的一種主觀衡量。基本上,效用決定了價值,也同時決定了某種產品的競爭能力。消費者根據主觀經驗、感覺以及滿足程度來衡量一種產品的效用大小,也由此而產生了根據消費者對產品價值的認知,此即認知價值的觀念;依據此種認知價值(而非根據產品的成本)來定價,即所謂的認知價值定價法。

消費者通常傾向於購買他們認為值得的產品,即使這種產品實際耗費的成本很低,但定價卻很高,他們也願意購買。相反的,如果消費者認為某種產品定價過高,則他們便可能放棄購買。舉個例子來說,同樣一杯咖啡在不同的地點出售,其價格可能有所不同:自動販賣機售價 25 元,在普通餐飲店為 50 元,在咖啡專賣店賣 100 元,而在更豪華的餐廳一杯可能要賣 180 元。此乃因為不同的地點與氣氛,消費者對於所認知的價值不同所致。

採行認知價值定價法的重要關鍵,在於公司必須將自己的產品與競爭者的產品作一比較,或透過市場調查的方法,如詢問「消費者在不同的地點他們願意花多少錢喝一杯咖啡」,以正確地決定公司之產品在消費者心目中的認知價值。如果公司將認知價值估計過高,則產品價格的訂定也將偏高。相反的,如果公司估計的認知價值偏低,則所訂定的價格亦將偏低。此二種情況對公司想要訂定較準確的價格而言,皆有不利的影響。

(二)價值定價法

價值定價法與認知價值定價法並不相同,基本上後者屬於「高級訂定更高的價位」之定價哲學,而前者乃屬於「物超所值」的定價哲學。換句話說,在認知價值定價法下,公司可能認為訂定較高的價格水準,可以讓購買者感覺到購買該產品是值得的;相反的,價值定價法則認為價格的訂定應該讓消費者感覺到購買該產品確實是物超所值。

目前國內一些廠商與零售業者(甚至服務業公司),常以「物超所值」來作為促銷的號召(事實上,物超所值的觀念類似以打折的方式來銷售);例如 B&Q 特力屋及一些汽車廠商,皆以「物超所值」的口號來讓消費者心動。讀者必須注意的是,這種價值定價法並非僅是對某一產品訂定比競爭者還要低的價格而已,它實際上應是透過改善公司的作業效率,以實質地成為低成本

的廠商，而且亦不會使品質下降。此外，此種定價法之顯著地降低產品價格，主要是為了吸引更多有價值意識的潛在顧客。

◐ 三、競爭導向定價

　　競爭導向定價係以競爭者的價格作為定價的依據，而不是以公司的產品成本或市場需求變化或消費者的認知為基礎。根據公司的定價目標，行銷人員可以按照產業的平均價格或其主要競爭對手的平均價格，來決定自己的價格水準：或者較高、或者較低、或者與競爭對手保持相同的價格水準。此種定價方法的特點乃是，即使成本結構或市場需求發生變化，公司的定價仍然是隨著其他主要競爭者之定價的變化而變化。簡單地來說，即使公司的成本結構或市場需求未變，但如果競爭者的價格改變了，那麼公司的定價也會隨著作出相應的變化。

　　依據產業或競爭者的價格水準來定價，一方面可使公司獲得合理的利潤（因為此一價格水準乃是產業中許多業者之集思廣益的結果），一方面又有利於公司與其他競爭者和諧相處，避免破壞市場上的行情，導致一連串的惡性競爭。

　　競爭導向定價主要有兩種定價法，即現行水準定價法 (going rate pricing) 與投標定價法 (sealed-bid pricing)。現行水準定價法即公司大體上按照競爭者的價格作為定價基礎，而較不考慮到公司本身的成本結構或市場需求，此乃上述的觀念。至於投標定價法則是在許多競爭者想爭取到某一投標的訂單，此時公司會以競爭者可能訂定的價格作為自己定價的基礎，而非一成不變地以公司的成本結構與市場需求來定價。公司若想爭取到合約，則必須訂定比競爭者更低的價格。當然，公司所訂定的價格也不能低於某一水準以下；如果公司將價格定在低於成本以下，則長期來說將有害公司的地位。

　　由以上所述，採競爭導向定價必須具備兩個前提條件：⑴公司必須掌握競爭對手準確的定價水準；⑵消費者能夠瞭解到競爭者彼此之間的價格差異，而且他們對這些差異有所反應。

◑ 四、新產品定價

　　新產品開發乃是公司維持創新與競爭能力的重要行銷活動，而新產品成功與否，定價決策則是一重要的關鍵，所以公司為新產品定價應是一項重要的定價決策。尤其當新產品與市場上現有的產品有很大的差異時，新產品定價更是重要。因為在這種情況下，要在業界中取得一比較的基礎，有其困難，此時公司在設定價格方面通常有較大的空間。

　　在為新產品訂定價格時，公司必須考慮到許多的問題，諸如產品生命週期的長短？是否要盡快地回收產品的研究發展成本？競爭者加入市場的速度有多快？競爭者的促銷能力是否很強？競爭者加入後是否會擴大市場的規模？以及公司的定價目標為何？在考慮這些問題之後，行銷人員可依據公司所想要解決的問題有哪些，以及如何解決，然後訂定一合適的價格水準。一般而言，新產品定價有二種策略，即榨脂定價法或吸脂定價法 (skimming pricing)與滲透定價法 (penetration pricing)。

㈠榨脂定價法

　　意指在新產品推出之初，公司訂定一個消費者能接受的高價格，以吸引對價格不敏感的購買者，其目的之一乃在盡快地回收新產品開發的成本。例如雷射唱機、電視遊樂器及個人電腦等高科技的產品，其早期的行銷人員皆採用此種榨脂定價法。

　　榨脂定價策略之適用時機，包括市場需求不確定時、產品的研究發展費用龐大、產品的創新度頗高以及到達市場的成熟階段仍需很長的一段時間。此外，下列的情況亦適合採用榨脂定價法：⑴有足夠多的消費者對該商品有高度的需求；⑵大量生產的規模經濟對公司而言並不重要；⑶公司擁有專利或存在市場進入障礙,使得公司即使訂定很高的價格亦不會吸引競爭者進入；⑷高價格可以塑造高品質的產品形象；⑸需求的價格彈性缺乏，不致因高價格而導致需求量減少。

　　榨脂定價策略一般皆會先訂定較高價格,如果市場消費者覺得價位太高,則公司可以降價調整。相反的，如果起初價格訂得太低，往後再漲價調整就

很困難；因為後來的漲價，可能較無法為消費者所接受，而且亦可能讓消費者望而卻步。例如 IBM 公司亦採用此種策略，它先推出一種昂貴的新型電腦，然後再逐步地推出一些較便宜、簡單的機型，以便利用在開始時所建立的產品形象，然後再來爭取新的低價之市場。

就榨脂定價策略而言，其重要的基礎在於能否以高價位獲得足夠的銷貨收入，以支付新產品的促銷與發展的成本。有關榨脂定價法採行的準則，整理彙總於表 9-2，讀者亦可將其與滲透定價法做一比較。

表 9-2　榨脂定價與滲透定價之考慮因素的比較

考慮因素	適用情況	
	榨脂定價	滲透定價
需求彈性	不具彈性	具彈性
經濟規模	不重視	重視
科技改變速度	快	慢
投資成本回收	快	慢
市場進入障礙	高	無（低）
產能供給	受到限制	高（大）
口碑傳播	不重視	重視

㈡滲透定價法

滲透定價法乃是公司在導入新產品時訂定一個較低的價格，以期吸引大量的購買者，並迅速地擴大市場佔有率以達滲透市場的目的。與榨脂定價法相較之下，其適用的情況可參閱表 9-2，以下列舉數端說明之：(1)市場對價格相當敏感，亦即需求具有彈性，能以低價刺激市場快速成長；(2)累積的生產經驗可以獲得經濟規模，而使得成本降低；(3)低價格可以打擊現有的與潛在的競爭者；(4)薄利多銷可以爭取大量的顧客。

至於滲透定價法其缺點，包括公司最初的獲利較小，難以迅速回收投資的成本；可能因低價格而引起消費者對公司產品品質的懷疑；公司若想再漲價調整，往往比較困難，亦即往上調整價格的空間受到限制。

滲透定價策略大都集中於追求低價位、低利潤，但較大的市場佔有率之產品。它反映出公司之長期的前瞻視野，亦即暫時犧牲短期的利益，以求能

建構持續性競爭優勢的策略動機。

清涼啤酒　土洋熱戰

　　天氣炎熱又鬧水荒，帶動啤酒銷售量也節節升高，較去年同期大幅成長兩成。為突破入會後，中、臺啤酒大戰窘境，一直居於價格競爭劣勢的其他進口品牌啤酒業者，目前打出副品牌策略，或引進大陸產製啤酒以降低成本，全方位搶攻 30 元以下平價罐裝啤酒市場。

　　繼大陸青島啤酒推出 30 元罐裝啤酒，積極搶食台啤每年 200 多億元的平價啤酒市場，引發中臺大戰後，一向隔山觀虎的進口啤酒業者，5 月起也加入戰場。

　　進口啤酒龍頭老大——麒麟啤酒，將以副品牌的策略，引進澳洲生產的 BAR Beer（麒麟霸啤酒），企圖以甘甜清爽類似台啤口感，以及每瓶 29 元售價，攻入平價啤酒市場。計劃 6 月中全面進入五大超商系統。統一南聯引進的美國百威啤酒，為降低生產成本，增加市場競爭力，月底亦將引進特別包裝的大陸製百威 600cc 瓶裝啤酒。

　　根據公賣局銷售數字顯示，4 月份台啤銷售量較去年成長二成多，連進口啤酒業者 3、4 月進口量，也出現一成成長，顯示今年乾旱天氣，確實帶動國人啤酒飲用量。台啤旗下經銷商更強調，市場一好、水貨也會跟著進來，目前已有一家貿易商，私下向盤商推銷月底將入臺的青啤水貨。

　　臺灣麒麟啤酒公司總經理小部敏夫指出，臺灣市場啤酒銷售量確實大增，麒麟 4 月銷售量也增加一成五。為搶攻市場，一向在臺推廣一番榨高品質生啤酒的日本麒麟啤酒公司，為區隔市場，首度讓台灣啤酒公司和 45% 隸屬於日本麒麟啤酒公司的澳洲 Lion Nathan 酒廠，共同針對臺灣人的口味，研發出 KIRINBAR Beer。

　　小部敏夫進一步表示，目前國內啤酒市場有九成為 30 元平價市場，銷售低於 30 元的產品，卻只有 26 元的 0.345 公升罐裝台啤、美樂花旗啤酒售價 29 元及青啤和百威啤酒旗下副品牌雪山啤酒，每罐售價 30 元。因此麒麟霸啤酒售價刻意定在 29 元。

　　　　　　　　　　　（資料來源:《工商時報》，2002 年 5 月 8 日，陳碧華）

第四節　價格管理

　　價格管理 (price administration) 即是調整定價的過程；前面各節我們探討了定價程序、考慮影響定價的因素及數種基本的定價方法，然而由此所決定出來的最終價格或基本價格，往往尚須參酌某些市場情況、顧客的差異以及環境的變動而調整其基本價格，以作為產品的實際售價。由此可知，定價應是一項動態的決策過程。以下我們所要介紹的價格調整與修正的策略，包括折扣與折讓、地理性定價、促銷定價、產品組合定價、差別定價以及心理性定價等。

一、折扣與折讓

　　折扣與折讓 (discount and allowance) 是在不改變現行的價格下，允許顧客以低於標價的若干金額付款，因此吸引潛在的購買者。折扣與折讓包括下列的各種形式：

㈠數量折扣

　　數量折扣 (quantity discount) 是公司為了鼓勵顧客多購買，而依據其購買的數量給予不同金額的折扣。折扣的計算可依據購買的金額或數量。典型的數量折扣條件如下：「消費 500 元以下 9 折，500 至 1,000 元 8.5 折，1,000 元以上 8 折等。」換句話說，消費者購買的數量或金額愈多，則所得到的折扣就愈大。此種折扣形式稱為非累積數量折扣 (noncumulative quantity discount)，其目的在鼓勵顧客一次大量購買。另一種數量折扣方式為累積數量折扣 (cumulative quantity discount)，即購買者在某一特定期間內每次所購買的數量或金額皆予以加總，當到達某一額度時即給予優惠折扣，其目的在增進顧客的忠誠度。

㈡功能或交易折扣

　　因通路成員提供行銷支援性服務而給予的價格折扣，稱為功能折扣 (functional discount) 或中間商交易折扣 (trade discount)。例如假設某製造商希

望的零售價為 200 元，並分別提供 30% 與 10% 的折扣給零售商與批發商，則

$$零售商應付給批發商 (200 - 0.3 \times 200) = 140 \text{ 元}$$
$$批發商應付給製造商 (140 - 0.1 \times 140) = 126 \text{ 元}$$

因此，批發商給零售商的價格是 140 元，而製造商給批發商的價格是 126 元。由此可知，由於不同類型的中間商所執行的功能不同，因此製造商給予不同的折扣。

(三)現金折扣

現金折扣 (cash discount) 是公司為了鼓勵顧客迅速付款所給予的價格折扣；例如典型的現金折扣條件「2/10，30 天」，係指付款期限為 30 天，但顧客若能於 10 天內付款，則享有 2% 的折扣；亦即提早 20 天付款的話便享有折扣，假定一年有 18 個 20 天，則換算成年利率便為 36%。許多行銷人員可能為了促銷、減少呆帳損失或加速應收帳款之回收，因而採用現金折扣。

(四)季節性折扣

季節性折扣 (seasonal discount) 是公司對那些在淡季也購買商品或服務的購買者，所給予的價格折扣。公司採用季節性折扣，可使得其全年維持穩定的銷售量。此種方法頗適合具有季節性需求的產品，例如冷氣機製造廠商在冬季提供季節性折扣,而遊樂區與渡假旅館也經常在旅遊淡季時提供折扣。

(五)折 讓

折讓 (allowance) 乃是一種減價的方式；例如抵換折讓 (trade-in allowance) 允許顧客以舊型產品抵換新型產品時，給予價格抵減；這種抵換折讓的方式經常為汽車業與其他耐久財貨所採用。另外，促銷折讓 (promotion allowance) 則為公司提供參與廣告或銷售支援計劃等活動的經銷商，給予付款或價格上的優惠，甚至給予津貼補助。例如製造商給予零售商的貨架上架費或廣告補助津貼等。

◉ 二、地理性定價

地理性定價係指在定價時，考慮產品的運費是由買方或賣方來承擔，以

便對基本價格加以調整。公司之所以需要考慮這類問題，乃因為它對市場的涵蓋區域、利潤、競爭力等方面，皆有重大的影響。例如公司是否應向偏遠地區的顧客訂定較高的價格,而冒著損失銷售的風險以收回較高的運輸成本?或者，公司是否應對各地區的顧客一視同仁，訂定相同的價格呢? 這些問題都是公司面對產品運費的歸屬，必須慎重考量的。以下我們介紹一些常見的地理性定價法。

㈠起運點定價法 (F.O.B. origin pricing)

係指當賣方以工廠或倉庫為起運點時，買方在貨物一離開起運點之後，即對產品具有所有權並負擔所有運送的風險與費用；而 FOB 表示 free on board，意指產品的所有權由指定的起運點移轉給買方。

採用起運點定價法之優點是，對賣方而言，不論產品銷售至何地點，只要銷售數量是相同的話，則其總收益是一樣的。而此種方法的缺點是，對賣方而言，由於遠地的潛在顧客可能因需負擔較大的運費而寧願找當地或附近的供應商，因而限制了賣方的市場涵蓋範圍。另外，對買方而言，距離較遠的顧客將認為須負擔較高的運費。

㈡一致的交運價格定價法 (uniform delivered pricing)

此種定價法又稱為郵票定價法 (postage-stamp pricing)，因為無論顧客所在地的遠近，賣方對所有的顧客都提供相同的報價，此一報價已包括一固定的運費，而此一運費通常是廠商根據所有顧客之平均運費而訂定。因此，這種定價方法對鄰近的買方不利 (因為付出比實際還高的運費)，而對較偏遠的買方則是有利的。由此可知，採用一致的交運價定價法，其目的可能在吸引較遠地的潛在顧客，由而擴大其市場範圍。在實務上，當運費成本相對於產品總值較低時，此種定價方法是可行的，而且它也可使廠商在做全國性廣告時標示出統一的價格。

㈢分區定價法 (zone pricing)

此種定價法是介於 FOB 法與一致的交運價格定價法之間,它是對同區內的顧客索取相同的運費，但不同區域 (zone) 的顧客則需支付不同的運費。當運費成本相對於產品總值較高時，分區定價法比純粹的一致交運價格定價法

（單區定價法）更切合實際。圖9–3乃是分區定價法的圖例。

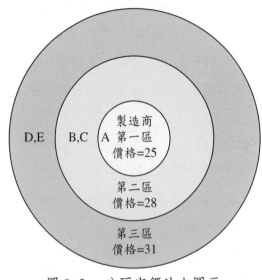

第一區顧客A,價格=25
第二區顧客B,C,價格=28
第三區顧客D,E,價格=31

圖9–3　分區定價法之圖示

㈣基點定價法 (basing-point pricing)

此種定價方法之運費的計算乃自選定的地點（基準點）起算，而非自產品的起運地點起算；亦即製造商的報價是其基本價格再加基點至買方的運費。如果選定多個地點為基點，則稱為多基點定價法，其運費的計算是採距顧客最接近的基點作為起算點。鐵公路的運輸計價方式，即屬此種基點（單或多）定價法。

茲舉一個例子來說明，讀者可參閱圖9–4。假設製造商位於高雄，其產品的基本價格為2,000元。先說明單一基點定價方法，臺南的顧客A須支付2,200元（比高雄到臺南的實際運費多出50元），而臺北的顧客B須支付2,400元（比高雄到臺北的實際運費少了350元，此部分由製造商來承擔）。至於就多基點定價法來說，臺南顧客A仍然相同，但臺北顧客B僅需支付2,100元，更為節省了，因為此時的運費是從基點2新竹起算，當然製造商所需承擔的運費更高，為650元。

基本價格 2,000　　　　臺中至臺南運費 200　　　新竹至臺南運費 300

高雄至臺南運費 150　　臺中至臺北運費 400　　　新竹至臺北運費 100

高雄至臺北運費 750

圖 9-4　基點定價法之圖示

五運費補貼定價法 (freight absorption pricing)

當公司想滲透遠地方的市場，以維持或增加市場佔有率時，可以採取運費補貼定價法，此乃賣方藉著運費補貼以與遠方競爭者競價的一種定價方式。此種定價法又稱為不計運費定價法，很顯然它對購買者有利，因為他們可不必再受限於只向附近的廠商購買。

採用此種定價方法的廠商，期望能藉此所增加的銷售量，可使產品所分攤的固定成本降低，導致平均單位成本下降。因此，只要所降低的成本能夠彌補公司所補貼的運費成本，則採行此種定價方法是有利的。

◐ 三、促銷定價

在消費者的購買決策上，價格往往是一個很重要的關鍵。因此，行銷人員有時會利用價格來促銷，發揮補上臨門一腳的作用，以促使消費者做成購買決策。促銷定價亦有數種形式，茲說明如下：

一犧牲打定價 (loss-leader pricing)

意指公司以一、二項價格特別低廉的犧牲品作為號召，以吸引消費者前來搶購，造成人潮，同時亦希望消費者能順便購買其他產品，或轉而購買比犧牲品更高級的產品，從而使公司獲利。一般而言，百貨公司與超級市場經常使用此一招術，以吸引人潮上門。需注意的是，採用此一手法時，公司必須明確地聲明：「數量有限，售完為止」或「僅優待前 100 名」，否則當顧客上門買不到東西便會產生受騙的感覺。

㈡上市特惠定價

在新產品剛上市之初，以特惠價鼓勵消費者前來購買，以便加速新產品的擴散速度。書報、雜誌等出版品經常採取此種方式；例如新書推出預約 8 折。同樣的，此種定價亦須標示特惠期間，否則易造成消費者的誤解。

㈢現金回扣 (cash rebates)

公司有時亦會在某一特定期間內，提供消費者現金回扣，亦即消費者在經銷商購買產品之後將回扣券寄回給公司，則公司會直接把現金回扣寄給顧客。現金折扣的方式可使公司在不減價的情況下，可達到削減存貨的目的。然而，當回扣金額太少時，消費者可能懶於將回扣券寄回以兌現，致使此一招式的刺激效果不大。

㈣打　折

打折是最常被用來吸引消費的工具之一，尤其是在一些特殊的事件之下，諸如開幕誌慶、週年慶、父親節、母親節以及換季等，皆是打折的良好時機。國內的百貨公司及其他零售業，幾乎一年到頭都會以特殊的名目進行打折促銷的活動。然而，打折用得太過頻繁，可能會造成消費者的彈性疲乏，而且亦容易損及品牌形象。

㈤分期付款

分期付款的銷售方式，一方面可以解決消費者購買力的問題，另一方面亦可克服價格上的障礙，讓原本買不起的消費者，透過分期付款的方式，購買價格比較昂貴的產品，諸如汽車、電視機及其他耐久財等。如果分期付款的貸款利率低，則其效果更佳。例如汽車製造商的廣告經常出現諸如下列的廣告宣傳：「3 萬元輕鬆開回家」、「6.6% 超低利率」或「零利率」等。

◉ 四、產品組合定價

公司的產品組合中通常包括很多的產品，因此各種產品的價格尚須依整個產品組合之考慮而加以調整；其調整的依據是獲得整個產品組合的利潤最大化。產品組合定價可分為下列五種情況，參見圖 9–5：

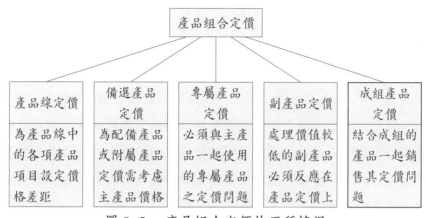

圖 9-5 產品組合定價的五種情況

㈠產品線定價 (product-line pricing)

一條產品線往往包含很多產品項目,而每一產品項目可能在性能、特性、款式、附件或品質等方面有所差異,此時公司可能需設定幾個價格點 (price point) 來表現這些差異,亦即以價格點來表示不同的等級。例如男士服飾店可能以三種不同的價格水準來銷售其西裝:1,000 元,5,000 元,10,000 元;此時顧客亦會將低、中及高品質的西裝與此三個「價格點」相連結。即使這三種價格水準略為漲價,顧客仍會依其原先認定的品質(或等級)來選購西裝。由此可知,行銷人員的任務乃在於設法建立品質認知的差異,以使得產品價格的差異在顧客心目中認為是合理的。

㈡備選產品定價 (option-product pricing)

許多公司除主產品外,亦提供可供選擇的配備或附屬產品(這些備選產品可有可無)。例如汽車購買者可以自由決定是否要裝設安全氣囊、除霧器、電動窗等。汽車公司必須決定哪些項目要列入主產品的定價範圍(基本配備),而哪些列入可供選擇的配備。陽春型的汽車,其基本配備較少,但其價格較低;相反的,若將所有的配備都列入主產品,其價格當然較高。基本上,消費者購買產品時,不只考慮其價格而已,他們亦會依據主產品所包含的配備項目來選擇。因此,主產品的定價與備選產品的定價,皆是行銷人員所須重視者。

除了汽車外,餐廳經營者亦面臨類似的定價問題。餐廳的顧客可以在主菜外,另行點用沙拉、酒類飲料等。公司或可將備選的項目訂定較高的價格,

以使其成為獨立的利潤來源；或者亦可將其價格定得較低，藉以招徠顧客。

(三)專屬產品定價 (captive-product pricing)

　　某些產品必須與主產品一起使用，如刮鬍刀與刀片、照相機與軟片，及電腦與磁碟片等。公司可能將主產品（如刮鬍刀與照相機）的價格訂得很低，以刺激消費者的購買然後再藉由高價格的專屬品之銷售來賺取利潤。例如拍立得照相機頗為便宜，只要照相機相當普遍，則拍立得的軟片之銷路必然提升；然而，那些不生產軟片的照相機製造商，通常會將照相機的價格訂得很高以獲致合理的利潤。

　　此種定價方式在服務業的例子中，稱為兩段定價 (two-part pricing)；亦即，服務業除了收取固定費用外，常會再依服務的內容收取變動使用費。例如電話用戶除了每個月必須支付一基本費外，還須按使用次數繳交電話費。另外，遊樂園一般收取固定的入場費，提供一固定數量的遊樂設備之使用，若欲再使用更多的遊樂設備時，則需另外購買遊樂券。原則上，固定費用亦不宜訂得太高，以吸引足夠多的顧客使用，如此一來公司便可從變動使用費用中獲取利潤。

(四)副產品定價

　　公司在整個製造過程中，常會有副產品產生；例如肉類加工、石油製品，及其他化學品的製造過程。如果副產品毫無價值，且處理成本很高，則將影響到產品的定價，因為必須將副產品的處理成本考慮進去。另外，若副產品對某些顧客群具有價值，則可將這些副產品依一般的產品定價銷售出去。此時，由於副產品銷售的收入，可使得公司將其主要產品的價格訂得較低，以便提高主要產品的市場競爭力。

(五)成組產品定價 (product-bundle pricing)

　　意指公司將其產品組成一套，再訂定較低的價格整組（套）銷售出去。例如刮鬍刀與刀片整套出售，其價格較個別購買刮鬍刀與刀片來得便宜。另外，遊樂場、戲院及咖啡店等，亦常以較便宜的價格銷售整本的票券，以吸引使用量較大的顧客，如此亦可促使顧客的再度光臨及建立其忠誠度。但需注意的是，由於顧客原先未必想購買全套的產品，因此成組產品定價必須注意到其所提供的價格節省，是否足以吸引顧客來購買此成組的產品。

◖ 五、差別定價

公司往往會依據顧客、產品及地區等方面的差異來修正與調整其基礎價格；此即所謂的差別定價 (discriminatory pricing)，它是以兩種以上的價格來銷售同一產品或服務，而且這些不同的價格不一定完全反映成本上的差異。差別定價有下列數種不同的形式：

㈠顧客區隔定價 (customer-segment pricing)

指因顧客群體的不同，雖是相同的產品或服務，但所訂定的價格不同。例如公共汽車與戲院的學生票、軍警票等。

㈡產品形式定價 (product-form pricing)

指同一產品但形式不同，訂定不同的價格，但價格並不一定與所增加的相關成本呈比例的增加。例如酒類或飲料常因不同的包裝而訂定不同的價格，此時其成本的差異並不太大。

㈢地點定價 (location pricing)

指即使每一地點的成本沒有很大的差異，但卻將相同的產品訂定不同的價格。例如因顧客對位置的偏好不同，因此對戲院、棒球賽、音樂會等，依其不同的座位訂定不同的價格。

㈣時間定價 (time pricing)

指價格可因季節、日期甚至是時段的不同，而訂定不同的價格。例如旅館對淡、旺季的收費不同；電信局之日間與夜間的電話費用不同；遊樂場所會因假日或非假日訂定不同的價格等等。

公司欲實施差別定價，必須具備某些條件：(1)市場必須是可以區隔，且不同的市場區隔具有不同的需求強度；(2)享有低價格的顧客無法轉售給不同市場區隔的顧客；(3)在公司定價較高的市場區隔中，競爭者無法以較低的價格出售其產品；(4)市場區隔的成本不會超過因差別定價而獲得的額外利益；(5)差別定價不會引起顧客的反感而影響銷售收入；(6)差別定價的作法應不致產生違法的情事，例如違反公平交易法。

◉ 六、心理定價

定價與消費者的心理之間有密切且微妙的關係，因此行銷人員有時會依據消費心理的需求來定價，以激起其情緒上的反應，進而鼓勵消費者購買。心理定價包括下列幾種方式：

㈠畸零定價 (odd-even pricing)

又稱奇數定價；此乃認為消費者偏好奇數的價格（非數字上的奇數，而是心理上的奇數），此時價格比某個整數還低，讓消費者覺得「比較便宜」而購買。例如一件衣服定價 990 元而非 1,000 元，或者一本書定價 390 元而非 400 元，這些都是奇數定價的例子。例如肯德基外帶全家餐一桶 399 元，中華電信 HiNet 的 2 個月無限上網包價格為 499 元。

㈡習慣定價 (customary pricing)

意指消費者對某些產品會有習慣性的價格，此一價格深植消費者心中，若改變價格可能使得消費者難以接受，因此公司仍依循這樣的習慣來定價，以避免可能發生的風險。此外，這種習慣性價格可能會持續很長一段時間。例如十幾年前國內的速食小麵包價格普遍皆為 5 元，即使在物價略微上漲時，廠商寧願將麵包做小一點，也不敢輕易提高價格，以免遭到顧客的抗拒與抵制。這類的產品可能要等到物價上漲的程度非常大，才將產品價格做大幅度的調整。例如很早以前報紙價格維持在 5 元，而且持續一段相當長的時間；之後隨著物價上漲一段時日後才調漲為 8 元，不久感覺尚須找 2 元的零錢頗為不便，因此再度調為 10 元或 15 元兩大類，至今亦已維持相當長的一段時間。

㈢聲望定價 (prestige pricing)

意指有些產品會利用高價位來顯示產品的地位、聲望及品質。所謂名牌服飾及用品，即為典型的代表；例如勞力士錶，YSL 襯衫，皮爾卡登服飾與皮飾品、香奈兒香水及一些高級的洋酒等。

一般而言，外顯性 (visibility) 高的產品，都會採用聲望定價。因為這類產品除了帶給消費者產品功能的滿足以外，還提供消費者相當大的心理滿足。如果這類產品定價不高，則反而不易引起消費者的購買慾，因為這些消費者往往會將價格作為品質、聲望與地位的指標。

1. 試列舉與說明影響定價的因素為何？並請針對「電視機」與「牙膏」此二種產品之定價，分析與比較上述之影響因素。（例如電視機較著重在哪些要素，而牙膏又如何？）

2. 「有行無市」這句話對定價策略的涵義為何？請提出你的看法。

3. 經濟理論往往強調最大化利潤是唯一的定價目標，但行銷人員卻認為有許多不同的定價目標。請先評論「利潤最大化」的定價目標，然後簡述其他的定價目標之涵義。

4. 當競爭者將價格往下調降，此時你是公司的行銷經理，你將如何因應？依據你所設定的前提，然後提出各種可行的方案。

5. 「以成本為基礎的定價方式要比以需求為基礎的定價方式來得容易」，請評論你對此句話的看法。

6. 在定價程序的步驟中，必須先確定一合理的價格範圍；請問你會如何執行此一步驟？

7. 為何說中間商會影響到公司的定價？請詳加說明之。

8. 青箭口香糖的廣告：「多了兩片，價格不變」，請問這是何種定價策略？其目的何在？

9. 請說明成本加成定價法的優缺點，及其適用的場合。

10. 請比較「認知價值定價法」與「價值定價法」的差異。

11. 請比較新產品定價的兩種策略，並說明在何種情況適合採用搾脂定價法，而何種情況適合採用滲透定價法。依據上述的分析與瞭解，請說明最近一項新產品「全平面電視機」上市，其定價策略為何？

12. 何謂功能折扣？何謂促銷折讓？此二者的差異為何？請加以比較。

13. 電信局對於電話的收費及郵局的郵寄收費，此二種定價方式屬於何種類型的地理性定價？

14. 臺北、臺中、高雄三個地區的舒跑定價一般皆為 15 元，請問，就地理性定

價而言，其涵義為何？當然，在超級市場的價格可能為 15 元，而在便利商店的價格可能為 18 元或 20 元，請問為何會有差異？

15.分期付款是屬於促銷定價的一種，請問其效果為何？請就你本身的經驗加以說明之。

16.備選產品定價與專屬產品定價，此二者有何差異，請說明之。

17.「穀賤傷農」，這句話對定價的涵義為何？

18.何謂差別定價？其實施的要件有哪些？

19.本章曾提及，「消費者對某一產品在其心目中皆存有一價格範圍」，另外我們亦提及「消費者對某些產品可能存有習慣性價格」，請分析與比較此二者的異同。

20.遊樂場的定價可能採用「一票玩到底」的定價，亦可能採用二階段定價，即基本的門票，另外入場後依消費項目再支付訂定的價格。請問，站在公司與消費者的立場，此二種定價方法各有何考量因素？

第 十 章

通路策略

　　在今日的商業體系之下，大多數的生產者仍然使用中間商來將產品銷售給最終購買者，這些中間商皆為行銷通路的成員之一，且各有不同的名稱，並擔負不同的行銷功能，例如批發商、零售商、經紀商 (broker) 及代理商 (agent) 等。而行銷通路決策乃公司之重要的行銷組合政策之一，蓋通路決策與其他的行銷決策有密切的關聯。例如公司的定價決策決定了產品應透過何種類型的通路（百貨公司、便利商店或一般雜貨店等）來銷售；廣告活動的推廣，其成效與通路成員的配合有關。由此可知，唯有透過整體的行銷運作，企業才能獲得最大的行銷綜效 (synergy)，而其中的通路功能亦扮演一相當重要的角色。

　　基本上，通路運作的主要任務乃是在適當的時間，把適量的產品送到適當的銷售據點，並以適當的陳列方式，將產品呈現在消費者面前，以利消費者方便選購。此一系列的過程涉及通路的規劃、通路的管理與控制等通路活動。而在競爭日益劇烈的行銷環境裡，通路的重要性實與日俱增。在實務界曾有句名言：「誰能掌握今日的通路優勢，便將是明日的贏家。」

　　本章首先介紹行銷通路的基本概念，瞭解通路的涵義、功能及其結構類型；其次探討公司在發展通路策略時，所必須考慮的影響因素；接著則為通路規劃與通路控制的課題，然後討論如何管理通路間的合作、競爭與衝突的關係；最後，本章亦將簡述我國流通業的發展現況與趨勢。

第一節　行銷通路的涵義

　　行銷通路 (marketing channel) 又稱為配銷通路 (distribution channel)，係由介於生產者與消費者之間的行銷中間機構 (marketing intermediary) 所構成，其較普遍為人使用的定義是：「生產者將產品或服務移轉至消費者的過程中，所有取得產品或服務之所有權或協助所有權移轉的機構與個人所形成的集合。」本節我們將探討這些中間機構的功能與重要性，以及行銷通路的類型等課題。

一、行銷通路的本質

生產者通常是藉由中間機構來配銷產品給消費者，因此生產者、中間機構與消費者三者構成了產品的行銷通路，而其中中間機構是行銷通路中位於製造商與最終消費者之間的個人或組織，如批發商或零售商等。中間機構除了買賣商品之外，亦從事其他各項功能，包括運輸、儲存、處理商品、融資、風險承擔及提供市場資訊等。當製造商與最終消費者之間無法建立與維持交易關係時，中間機構便可提供必要的協助。

然而，當製造商直接銷貨給最終購買者，通路中可能就不需要中間機構，但製造商與最終購買者仍須執行各項交易功能。換句話說，各項交易功能可由行銷通路中不同的組成分子來執行，但交易功能並不會因而消滅。由此可知，行銷通路必然是存在，但未必需要有中間機構。然而，為何很多生產者（製造商）仍然會使用中間機構（中間商）呢？此即下面所要探討者。

二、為何要使用中間商？

生產廠商為何要將部分或全部的通路功能交由中間商來執行呢？因為此舉將造成生產廠商放棄將產品銷售給誰及如何銷售等的控制力。其理由如下：

㈠創造效用

使用中間商可創造產品的形式、地點、時間及佔有等效用。例如農產品運交給運銷中心，再送至超級市場或物流中心，由它們加以處理與加工再賣給消費者，由而創造了形式效用。又如各類型的中間商（如便利商店、零售店）創造了時間、地點與佔有效用。

㈡改進交易的效率

圖 10-1 說明了中間商加入交易過程後，減少了交易次數及改進交易效率。在缺乏中間商的情況下，每位生產者皆須與每位消費者直接接觸，共需要 9 次接觸。然而，在加入了中間商之後，每位生產者只需與中間商接觸，而中間商再與每位消費者接觸，如此則僅需 6 次接觸。

此外，前面曾述及，無論生產者是直接與消費者接觸或透過中間商，在

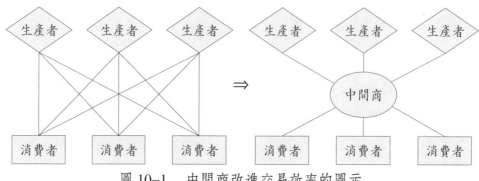

圖 10-1　　中間商改進交易效率的圖示

整個行銷通路中仍存在著各項行銷功能。這些功能可在通路成員之間相互移轉，但並不會因而消失。例如即使某製造商廣告說:「沒有中間商從中剝削，因此利益回饋給消費者」，但行銷通路的功能仍然存在。此時若由中間商來替代製造商執行這些功能，基於它們所具有的接觸面廣、專業化及規模經濟等優勢，因此效率會比製造商還要高。

(三)調節供給與需求

　　中間商扮演製造商與消費者之間的橋樑，一方面自製造商處取得產品配銷工作，另一方面將商品再轉售給消費者。而「生產」與「消費」之間在「時間」、「空間」、「數量」與「種類」等方面存在差距 (gap)；例如生產者製造出來的產品可能並非為消費者所購買，因而產生了「時間」差距。中間商的角色即在消弭這些差距的存在，例如消弭「時間」與「空間」之差距，即前述的中間商可創造「時間效用」與「地點效用」。至於中間商消弭「數量」與「種類」之「生產」與「消費」的差距，其觀念分別說明如下:

1.數量差距

　　生產廠商的生產數量動輒上千上萬,而個別消費者的需求數量則很有限,此時則可透過中間商來將產品配銷給不同的消費者。圖 10-2 說明了中間商消弭數量差異的過程, 圖中罐頭食品公司將整卡車的罐頭食品銷售給數家批發商, 批發商再以整箱的罐頭食品運銷給零售商（超級市場）, 最後, 零售商則以單罐或整打的罐頭食品銷售給消費者。由此可知, 中間商（批發商與零售商）在中間配銷的過程中, 調節了「生產者的供給」與「消費者的需求」

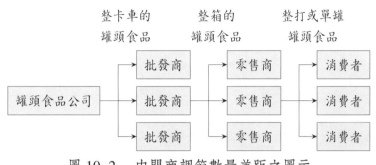

圖 10-2 中間商調節數量差距之圖示

之間的數量差距。

2.種類差距

生產廠商基於專業分工的原則,所生產的產品種類相當有限,但消費者所需要的產品種類相當多,而且他們亦希望能在同一地點(如零售商)一次購齊所需要的商品。於是生產者與消費者之間便存在產品種類的差距。

此時可藉由中間商來調節該種類差距;例如超級市場會向不同的生產廠商採購各種不同的產品,以因應消費者所需。此時,若僅考慮數量差距的問題,則超級市場可直接向生產廠商進貨;但在考慮種類差距的情況下,則未必可行。因為如果要直接向生產廠商進貨,則超級市場需要向數百家的生產廠商購買所需的產品,但這是一件極為費時的工作,因此超級市場會透過批發商來採購所需的大宗商品。上述的觀念,可參見圖 10-3。

㈣財力與投資報酬率

生產者的財力可能不夠雄厚,無法直接配銷產品給消費者。例如黑松公司的飲料大約透過數萬家的零售店來銷售,即使像黑松這麼大的公司,也無法自行經營這麼多家的零售店。然而,即使生產者擁有足夠的財力可以自行發展行銷通路,但其投資報酬率往往不如其他方面的投資(因為配銷的工作非其專業)。例如假定一家公司在產品製造方面可以有 20% 的報酬率,而若投資在配銷方面,則所得的報酬率僅有 10%,那麼它便沒有理由要自行執行配銷的工作。

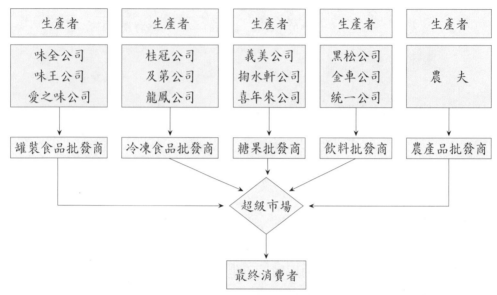

圖 10-3　中間商調節種類差距之圖示

三、行銷通路的功能與流程

行銷通路本質上是要消弭生產者與消費者之間在時間、空間、所有權及產品數量與種類等方面的各種差距。之所以能達到這些目的，乃因為行銷通路的成員可執行下列的功能，而其相對應的流程則參見圖 10-4。

㈠實體流程 (physical process)

係指實體產品由原料型態流至最終顧客手中的流程，亦即由供應商提供原料給製造商，製造完成的實體產品透過中間機構轉售給最終顧客。

㈡所有權流程 (ownership process)

係指產品所有權在各行銷機構間的實際移轉，經由此一流程創造了佔有效用 (possession utility)。

㈢付款流程 (payment process)

係指顧客透過銀行或其他金融機構，付款給予賣方的一連貫流程。

㈣資訊流程 (information process)

係指行銷通路中各組成分子之間資訊的交換與流通。

㈤促銷流程 (promotion process)

係指行銷通路中發展與傳播產品的說服性溝通訊息，由一方向另一方加以推廣，試圖影響對方。

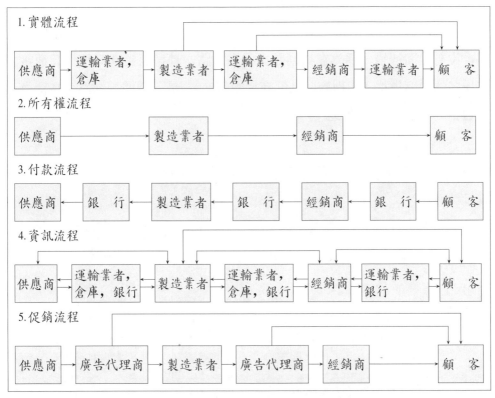

圖 10-4　行銷通路之功能與流程

上述這些功能皆是行銷通路所必須執行的，它們有三個共通點：⑴所能使用的資源是有限；⑵因此必須透過專業化的途徑來執行，方能獲得較佳的成果；⑶這些功能皆可在通路成員之間相互移轉。假定由製造商來執行上述的功能，則其成本會增加，因而導致其產品售價會提高。而如果某些功能交由中間商來負責，則製造商的成本會較低，但中間商必然會增加費用來抵償該項工作的支出。如果中間商比製造商較有效率，則消費者所需支付的價格將較低。因此，各項通路的功能究竟應由誰負責執行，則端視誰的相對效率 (efficiency) 與效能 (effectiveness) 較高而定。

◑ 四、行銷通路的階層

行銷通路可依其階層數目加以描述，並可藉此來確認其通路的長度及直接通路或間接通路。例如圖 10-5 中，通路 1 僅有製造商與消費者二個通路成員，沒有中間機構，稱為直接通路或零階通路，其通路長度為零。而通路 4 有最多的中間機構（代理商、批發商及零售商），是一種間接通路，亦稱為三階通路，其通路長度為 3。

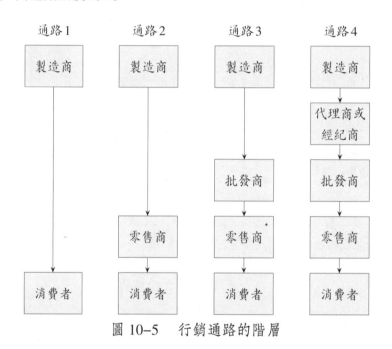

圖 10-5　行銷通路的階層

㈠直接通路

意指生產者與最終購買者之間並沒有中間機構，而是由生產者直接銷貨給最終購買者。例如郵購、目錄行銷及電視行銷等無店鋪銷售，皆是屬於直接通路的例子。服務業大多由生產者直接向消費者提供服務，然而在航空業與保險業則會透過旅行社銷售機票與保險；當然，航空公司與保險公司亦可直接提供服務給消費者。

生產者之所以採用直接通路，可能基於如下的理由：(1)生產者認為自己做得比中間機構要好；(2)生產者希望掌握產品的配銷控制力；(3)生產者希望

與消費者做直接的接觸，藉此來掌握消費者的行為與消費者的需求之改變，以採取合適的行銷組合方案來滿足消費者。

㈡間接通路

在間接通路中，生產者委託一部分的通路功能由中間機構來執行。然而，生產者與中間機構亦必須密切配合，才能有效地滿足消費者的需求。例如有些製造商常會提供免費服務電話給消費者，使消費者能向就近的授權經銷商要求提供服務。

在消費品行銷中，便利品一般有較長的通路，因為消費者希望能很容易地買到這些產品；因此，生產者必須鋪設許多的據點（包括不同類型的中間商）來銷售這些產品。至於工業品中，除了應顧客要求的特殊規格產品之外，有時亦會採用間接通路。但一般而言，工業品所使用的間接通路通常較消費品所使用的間接通路為短。最後，生產者之所以採用間接通路，其理由可參見本節前面所述「為何使用行銷通路」的部分。

㈢多重通路

有些公司會同時採用直接通路與各種不同階的間接通路，來配銷其產品，此乃稱為多重通路 (multi-channel)。例如三洋公司的家電產品，大部分是透過各地的零售商（一階）或批發商（二階）來銷售；然而亦有一部分產品是由各地分公司的門市部來銷售，或由業務員直接推銷給機關行號等購買量大的客戶（零階）。究竟公司應採何種通路，以及通路的長短與寬窄（同一階層之通路成員的數目），則有許多要考慮的因素，此即第二節的主要內容。

零階銷售通路之比較

電視購物	1.具影像聲音等互動，媒體豐富性高，具強烈收視的作用較網路強。 2.多採主持人介紹示範、真人試用、演藝人員推薦代言等方式推銷產品。

	3.藉由電視畫面各種拍攝角度,使消費者可在購買前看清楚產品外觀。 4.現場錄影方式,觀眾可隨時打電話詢問以獲得較完整的產品資訊,作為購買決策的參考依據。 5.消費者以電話訂購,業者提供送貨到家的服務,具方便性與時效性。 6.價格比店鋪通路具有競爭力。 7.缺點是消費者無法觸摸產品。
網路購物	1.業者依據網站消費者資料庫,從事分眾行銷。 2.透過網站內容的編製,呈現產品的實物照片、規格、功能等。 3.藉由超連結無限延伸以提供更詳盡的產品資料。 4.提供商品搜尋、比較、競標等功能,以方便消費者購物。 5.網上瀏覽及訂購流程是否符合顧客採購過程的思考模式為行銷關鍵。 6.互動性強,提供24小時虛擬購物空間。 7.缺點是消費者無法觸摸產品。
店鋪零售	1.銷售人員可隨時協助顧客購物。 2.商店的聲、光、氣氛營造,刺激消費者的購物衝動。 3.可依消費者的需求,提供差異化的服務。 4.消費者具有議價空間。
郵　購	1.最早無店鋪購物通路。 2.利用報紙、雜誌、商品型錄等來介紹產品,並透過彩色照片、詳細文字來說明產品規格、功能等。 3.消費者可透過信函、電話、廣告、廣播等媒體訂購產品。 4.較適合販售消費者已有使用經驗的產品。 5.當消費一定金額,多免收郵寄費用且有現金折扣。 6.缺點是消費者無法觸摸產品。
直　銷	1.多層次傳銷的直銷商集消費者、零售者及管理者於一身。 2.採上下線互助合作的組織戰,提供高額佣金。 3.講求情感關懷,提供客製化的服務。 4.藉由人際關係與口碑拓展業績,有時採取陌生推薦的銷售方式。 5.購物地點多發生在直銷公司或家中,所販售的產品不會曝露在競爭的品牌中。

(資料來源:節錄自〈銷售天后利菁90分鐘創下八千多萬業績〉,《突破雜誌》,202 期,呂雅惠)

第二節　影響通路發展的因素

在發展通路策略時，公司必須評估每一個通路方案所能達到的目標與相對成本，同時也必須考慮每一個通路對掌握行銷商品與最終消費者的影響。有時，在某些通路中，製造商必須給予中間機構一些長期保證，例如給予中間機構在某特定地區擁有獨家銷售權若干年。

影響通路發展的因素很多，但約可分為五大類：產品特性、市場因素、消費者特性、公司特性及中間商特性。表 10-1 彙總一些細項因素，並指出長或短通路所適用的情況；以下分別就這些影響因素加以介紹。

◎ 一、產品特性

產品特性包括重量、易腐性、價格、標準化、複雜度、上市時間及產品線長度等。這些產品特性對通路發展的影響，可參見表 10-1。以下僅舉數端來討論。

產品不易儲存、容易損壞、腐敗或具有時髦性者，應縮短配銷時間，故通路宜短。產品重量與體積龐大（如石灰、煤礦等），需要較短的通路來減少運輸與搬運成本。技術複雜度高的產品（如電腦）也需要較短的通路，因為這類產品需要由製造廠商提供特殊的訓練與其他的售後服務，另外，高度標準化的產品相對於特殊規格化的產品，需要較長的通路。

除此之外，產品單價高，則配銷成本佔總成本比例低，故可自行配銷，通路可較短。而若製造廠商的產品線長，則自行執行通路功能將可享受規模經濟，故通路可較短。

◎ 二、市場因素

市場因素包括市場規模、顧客訂單大小及顧客的地理性分佈，茲說明如下：
1.市場規模大、潛在顧客數量多，則市場範圍愈大，故愈需中間商提供服務，因此通路可較長。

表 10-1　影響行銷通路發展的因素

	影響因素	長通路適用情況	短通路適用情況
產品特性	產品重量	輕	重
	產品易腐性	不易腐壞	容易腐壞
	產品價格	便宜	價格高
	產品規格	規格化	無規格化
	產品技術度	低技術性	高技術性
	產品推出時間	推出已久	推出不久
	產品線長度	短	長
	產品消費時間	短時間內消費	長時間消費
市場因素	市場規模	大	小
	顧客訂單大小	小	大
	顧客的地理性分佈	廣且分散	狹小且集中
消費者特性	消費品/工業品	消費品	工業品
	消費者購買季節性	隨季節變化	無季節性
	消費者購買頻度	高	低
	消費者購買涉入程度	低	高
公司特性	公司財務狀況	財力弱	財力強
	公司對通路管理能力	管理能力低	管理能力高
	公司對通路控制之取向	低	高
中間商特性	利用中間商的便利性	容易	困難
	利用中間商的成本	低	高
	中間商提供的服務水準	高	低

2.顧客訂單大且交易金額高，便可利用交易金額中的經濟毛利自行培養業務人員，此時利用中間商來配銷，較不符合經濟效益，因此通路要短。

3.顧客地理性分佈愈密集，則一次銷售所接觸的顧客數目也愈多，因此通路可較短。

◉ 三、消費者特性

消費者特性包括消費品／工業品、消費者購買季節性、消費者購買頻度及消費者購買涉入程度等，以下分別說明之。

1.相對於消費品使用者，工業用戶除了購買輔助設備與零件外，大都喜歡

直接與生產者交易。此外，工業用戶在地理位置上較集中，且某些特定的工業品只有少數工業用戶會使用；以上這些特性都促使工業品的通路較短。相對地，消費品的通路較長，主要是因為消費者人數眾多，地理位置上較分散，所購買的數量也較少。

2.產品之生產者若具有季節性（如農產品），而消費無季節性，則須使用中間商調節之；同樣地，若產品之生產無季節性，但消費有季節性（如冷氣機），則亦須使用中間商來調節之；以上兩種情況皆適合使用較長的通路。

3.消費者購買頻度高，表示該項產品較為消費者經常使用，應屬便利品，此時製造廠商應廣為鋪設較多的銷售據點，才能便利消費者的購買，因此通路宜較長。

4.消費者購買涉入程度類似前一個因素，當涉入程度低，表示屬於例行性購買一些便利品，因此消費者希望到處皆可買到，所以通路長度較長。

◉ 四、公司特性

公司特性包括如下的影響因素：財務狀況、管理通路的能力及對通路控制的取向；以下分別說明之：

1.公司財力愈雄厚，則愈有能力自行執行通路功能，較少運用中間商，因此通路較短；例如統一企業往往藉由其所有龐大的財力來縮短通路。相反的，若公司財力不足，則往往須藉由中間商所支付的訂金或期票，以幫助公司的資金週轉。

2.許多公司雖然在生產製造方面，表現卓越的知識與技術，但在配銷通路方面卻一籌莫展，因此必須妥善地利用中間商來代為執行通路功能，故其通路較長。相反的，若公司具有良好的行銷能力，優秀的中間商管理能力，則許多中間商所承擔的功能皆可自行為之，亦即較不依賴中間商。

3.當公司希望對其通路有良好的控制，使通路成員能夠與公司的一切促銷活動與定價活動等有良好的配合，則應縮短通路。因為，若通路太長，則愈往下層愈不易受到公司的直接控制。此外，公司的行銷目標，亦將會影響其對通路成員的選擇。例如當公司的目標著重在品牌與企業形象的建立，則必

須藉由選擇高級的通路來提高其形象。

◉ 五、中間商特性

在選擇行銷通路時，中間商的特性也必須加以考慮，這些特性包括可利用的中間商之容易程度，利用中間商所需的成本，以及要求中間商提供服務的水準等。以下分別說明這些影響因素：

1.市場上中間商的數目與可用性如何，會影響公司的通路決策。假定市場上缺乏可用的中間商，則大多數的通路功能必須由公司自行承擔，因此通路較短。但是，當中間商數目多且可用性高，則公司應如何決定長、短通路，必須考慮前面所述的四大影響因素。

2.使用中間商的成本若愈高，對公司而言可能無法負擔，因此會盡量縮短通路長度。

3.中間商提供的服務水準愈高，且效率亦愈高，則公司傾向於採用較多與較長的通路，來協助公司執行通路的功能。相反的，若中間商所能提高的服務之水準與效率平平時，此時不如縮短通路而由公司自行執行。

此上本節所介紹的一些影響通路發展的考慮因素，我們較著重於長、短通路決策的探討。至於通路寬度決策的討論，將於下一節再作說明。在此，我們做一個總結：當公司決定採行較短的通路（極端的情況為直接通路），則必須支付較高的通路成本，但對通路的控制力也較高，對顧客的熟悉度亦較大，且可能享有較佳的企業形象。相反的，若公司決定採行較長的通路（間接通路），則所須支付的通路成本較低，但對通路的控制權也較小；當然，公司所需承擔的通路管理責任亦較小。

第三節　行銷通路的規劃

依據前二節所述，可知行銷通路是公司的重要行銷決策。然而，公司如何設計與規劃其行銷通路，才能使行銷通路發揮最大的功能，並協助公司執行整體的行銷策略？以下我們依據圖 10-6 所示的行銷通路規劃程序，介紹如

何規劃行銷通路。

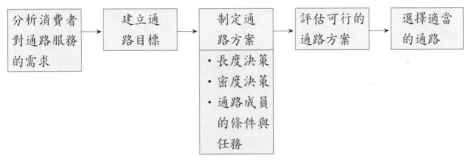

圖 10-6　行銷通路規劃程序

◑ 一、分析消費者對通路服務的需求

　　有效的通路規劃,首需瞭解不同目標區隔市場內的消費者,對通路所提供的服務有哪些需求。這亦可從消費者行為分析的 5W+1H 著手(參見第四章):購買什麼 (what)、何處購買 (where)、為何購買 (why)、誰購買 (who)、何時購買 (when) 及如何購買 (how) 等,由此著手行銷通路的規劃。

　　一般而言,消費者對通路服務的需求包括(1)消費者對產品組合的長度與寬度之需求;(2)對交貨與等待時間的容忍度;(3)對購買之空間便利性的要求;(4)對售後服務的需求等。不同的消費者對於上述這些服務有不同的需求水準,有些人可能希望較少的服務而價格便宜些;另有些人則寧願多花一點錢,而享受較高水準的服務。因此,行銷人員必須瞭解目標顧客對這些服務的需求,才能設計出適宜的通路方案。

◑ 二、建立通路目標

　　如同定價策略一樣,必須先確定定價目標才能擬定合適的定價方案;通路的規劃與設計,亦須先確立通路目標,當然定價目標與通路目標應能相互配合,並以達成行銷目標與公司目標為要務。此外,通路目標應以滿足消費者對通路服務需求為主要考慮重點;而欲有效地達成此一目標,則需在競爭的環境下,各通路成員應該調整彼此的功能任務,以期能在滿足特定的服務

水準下，使整個通路的成本維持最低。

　　一般而言，通路目標包括經濟目標、控制目標、彈性目標及形象目標，說明如下：

　　1.經濟目標意指以最低的配銷成本來達成既定的銷售額與市場佔有率。

　　2.控制目標意指生產廠商能掌控其他通路成員的程度，以與廠商合作配合，並維持穩定的關係。

　　3.彈性目標意指因應環境的變動而調整與修正通路方案的能力。

　　4.形象目標意指公司透過其行銷通路來塑造與維持產品形象。

　　在設定通路目標時，必須考慮公司所面臨的各項限制條件與影響因素(參見第二節)。例如當公司想對產品的配銷活動擁有較大的控制力時，它所追求的是控制目標；又如當公司想要更熟悉消費者的購買行為與習慣，及其可能產生的變動，則公司所追求的應是彈性目標。此外，上述的這些通路目標，有時可能彼此衝突。例如名牌服飾廠商為了建立產品的高級形象，勢必不能利用一般服飾店，而必須透過高級服飾店與高級百貨公司，此時可能須犧牲部分的經濟目標。同樣的，一般的日常用品廠商為了普及鋪貨率，必須利用所有的通路，此時對這許多的通路成員勢必很難嚴密地加以控制。

◐ 三、制定通路方案

　　當公司瞭解消費者對通路服務的需求及確立通路目標之後，接下來便須制定通路方案，以達成通路目標。一般而言，通路方案主要包括如下三項決策：通路長度決策、通路密度決策及通路成員之條件與任務決策等，以下分別討論之。

(一)通路長度決策

　　公司所制定的通路方案，必須決定使用零階通路（直接通路）、一階、二階或三階等間接通路，此乃通路長度的選擇。至於決定多長的通路所需考慮的因素，本章第二節已有詳盡介紹，在此不擬贅述。

(二)通路密度決策

　　所謂通路密度 (channel density) 又稱為市場涵蓋面 (market coverage)，意

指公司為了達成行銷目標所需使用的中間商數目。依據中間商數目多寡及市場涵蓋的範圍，公司可採行的策略有下列三種：密集式配銷 (intensive distribution)，選擇性配銷 (selective distribution) 及獨家式配銷 (exclusive distribution)。

1. 密集式配銷

密集式配銷所採取的方式就是全面鋪貨，其目的在於讓消費者處處可以買得到，亦即滲透到消費者可能購買的每個場所，以便消費者因需要而產生購買行動時，就能夠買得到。例如口香糖及軟性飲料這類便利品的生產廠商，大都會採用密集式配銷。對這類商品而言，大多數消費者都會有幾個相互替換的品牌。例如我們要買多芬洗髮精，如果買不到，就以飛柔洗髮精來替代，否則，潘婷洗髮精也可以；很少消費者會死忠到這家店買不到多芬洗髮精，會再到另外一家店找。由此可知，與消費者保持最大的接觸面，便成為這類產品之通路的重要課題。其他諸如速食麵、牙膏、可樂、洗衣劑等產品，都屬於這類密集式配銷的例子。

一般而言，消費者經常購買而單價較低的產品，或是品牌忠誠度低，顧客不太要求服務，競爭性產品之間的差異性不大；且市場的規模較大的產品，均適合採用密集式配銷。

2. 選擇性配銷

選擇性配銷是公司在所有的銷售據點中，重點式地選擇一些銷售能力強與銷售績效佳，及配合意願高的中間商。通常一些價格稍微昂貴、購買頻率不高、產品壽命稍長、且消費者較具品牌偏好與品牌忠誠度的產品，比較會採用這種配銷方式。因為消費者在購買這類產品時，比較重視品牌與品質，寧願多跑幾家，多打聽與多比較，以便找到更合適的產品，而比較不會草率行事，看了就買；在這種「貨比三家不吃虧」的心態下，公司可以不用家家鋪貨，而只要能掌握重要的銷售據點，自然就能夠掌握顧客。一般而言，選購品大都採用這種選擇性配銷方式，諸如電視機、汽車及名牌服飾等。

3. 獨家式配銷

獨家式配銷乃是選擇性配銷的一種極端，亦即生產廠商在一個地理區域

僅使用一個中間商。對於某些特別注重品牌形象的高價位產品，或顧客具有特殊偏好與極高品牌忠誠度的產品而言，獨家式配銷不但在通路運作上易於控制，而且「只此一家，別無分號」的作法，更會造成消費者「物以稀為貴」的認知心態，頗能滿足部分「高級」消費者的虛榮心。因此，高價位進口車、高級服飾及名牌化妝品等，都可能會採用此種配銷方式。一般而言，特殊品比較可能採取這種獨家式配銷策略。例如 BMW 在臺乃由汎德獨家經銷。

　　獨家式配銷對經銷商而言，亦較具有吸引力。因為廠商所採取的任何促銷努力，都會使得每一地區的獨家經銷商受惠。在每一地區內，由於沒有其他的經銷商可與唯一的經銷商競爭，因此經銷商的存貨週轉率較高，而且經銷商在維修服務及設施上的投資，也可以創造商譽及更多潛在的利潤。

　　以上所討論的三種通路密度策略，在作選擇時其可考慮的因素相當多，包括產品購買頻率、價格、品牌忠誠度、顧客要求服務的水準、競爭性產品間的差異性，以及銷售潛量（市場規模）等。如果產品價格低、購買頻率高、品牌忠誠度低、所需服務水準低、競爭性產品之間差異小及市場規模較大等，則公司可能會傾向於採用密集式配銷；反之則可能採選擇性配銷，甚至是獨家式配銷。表 10-2 乃三種通路密度之影響因素的彙總。

表 10-2　通路密度的三種策略

	密集式配銷	選擇性配銷	獨家式配銷
通路的中間商數目及所採取的配銷方式	數目最多，採全面鋪貨	數目中等，採重點式選擇能力強、配合意願高的中間商	在特定區域內，只此一家，別無分號
影響因素			
1.購買頻率	高	中	低
2.產品單價	低	中	高
3.品牌忠誠度	低	中	高
4.顧客要求的服務水準	少	中	多
5.競爭性產品之間的差異性	小	中	大
6.市場規模	大	中	小
產品種類	便利品	選購品	特殊品
例　子	牙膏、可樂、速食麵、日常用品	電視機、汽車、名牌服飾	進口汽車、高級服飾、名牌化妝品

(三)通路成員的條件與任務

生產廠商除了確定通路的長度與密度外，亦須決定各通路成員所需具備的條件與相互間的責任，使製造商與通路成員能更有效地配合，以達成銷售與配銷的目標。這些條件與任務主要包括價格政策、銷售條件、經銷範圍及相互之間的責任。

1. 價格政策

生產廠商對於不同型態的中間商與不同的購買數量，通常會給予不同的價格條件與折扣，此時生產廠商必須注意到下列的事項：(1)避免折扣太低而無法引起中間商的興趣；(2)避免折扣太高而導致公司毛利降低；(3)避免各中間商認為條件與折扣不公平或不合理，而導致惡性競爭或越區銷售，以致破壞了配銷的整體秩序。

2. 銷售條件

銷售條件係指中間商的付款條件及生產廠商所提供的保證。例如經銷商若能提前付款，則給予現金折扣；以及生產廠商對產品的瑕疵與產品價格的下跌，向經銷商作某一程度的保障。其中對產品的跌價提出保證，可以鼓勵經銷商購買比他們目前所需更多的貨，而且買得多就會愈積極。

3. 經銷範圍

生產廠商必須明確訂定每一家中間商之責任地區範圍；此外，這些中間商亦希望獲得生產廠商的承認,在其配銷地區的銷售實績全係其努力的成果，藉此保障其所應得的報酬。

4. 相互的責任

係指生產廠商與中間商彼此之間應負的責任，例如生產廠商所應負的責任包括提供足夠數量的產品、技術服務及促銷協助等；而中間商所需負的責任可能包括保證對顧客提供服務、完成銷售配額及不違反公司的銷售政策等。舉個例子來說，統一麵包的加盟店必須支付權利金、銷售特定的產品及配合公司的推廣政策等，而統一麵包公司則提供各加盟店之裝潢、服務人員訓練及推廣活動等。有關生產廠商與中間商彼此間的責任，最好能明文規定於所

訂立的契約上。

◎ 四、評估可行的通路方案

假定生產廠商已經確認數個可行的通路方案，並想要決定哪些通路方案最能滿足公司之長期目標，此時評估方案的標準包括經濟性、控制性及適應性等項標準。

(一)經濟性標準 (economic criterion)

經濟性標準是指各行銷通路方案之成本與效益。因此，生產廠商所須考量的問題可分為兩方面，即效益面與成本面。

1.效益面

係指判定公司的銷售人員創下的業績高，或者經銷商所能達到的業績高。一般說來，使用公司的銷售人員可能基於以下的理由：(1)會全力推銷公司的產品；(2)在公司產品的銷售上已有較佳的訓練與經驗；(3)由於銷售人員的前途繫於公司未來的發展，因此會有較積極的工作態度；(4)有時顧客比較喜歡與公司直接進行交易，因為較有保障，因此生意亦較容易談成，例如電器產品等。

另一方面，使用經銷商也有以下的好處：(1)經銷商數目多，可以擴大銷售業績；(2)經銷商的銷售人員亦可能與公司銷售人員一樣的積極，此乃與產品特性及報酬率的高低有關；(3)有些顧客則喜歡與代理多種品牌的經銷商交易，因為有較多的選擇機會；(4)經銷商多年來已與顧客建立了良好的關係，而公司的銷售人員則須從頭開始建立此種關係，而此乃一項艱困、昂貴且長期性的工作。

由以上可知，使用公司的銷售人員與經銷商皆各有其優點，因此如何評估以做選擇，行銷人員必須慎重地加以考慮。

2.成本面

同樣的，行銷人員亦可自使用公司的銷售人員與使用經銷商二者來就成本面加以評估。若由公司自行銷售，則須負擔設置營業處所、人事及水電等固定費用，因此其固定成本較高。相對地，使用經銷商其單位銷售變動成本較高，因為公司一般係按經銷商的銷售量來給予佣金。

　　一般而言，小廠商或大廠商在較小的目標市場中，通常會選擇採用經銷商的方案，此乃因為銷售額尚未大到足以自行成立公司的銷售人員與銷售部門來銷售產品。當然，若再考慮其他的控制性與適應性標準，則可能將有不同的決策。

㈡控制性標準 (control criterion)

　　公司若使用直接通路（即沒有中間機構），則對通路會有較大的控制力。相反的，如果使用經銷商，則在通路控制上將會遭遇較多的問題。一方面，銷售代理商為了追求其利潤最大化，因此只會專注於那些重要顧客所購買的產品搭配，而不一定會對製造商的產品特別有興趣；另一方面，銷售代理商對於公司產品的技術細節可能不甚瞭解，因此亦無法有效地處理公司的促銷活動。

　　就控制性標準而言，目前一些大型的企業頗有走上垂直行銷系統 (VMS) 的趨勢，藉以強化其對行銷通路的控制。有關 VMS 的課題，將於第五節再做詳細的探討。

㈢適應性標準 (adaptive criterion)

　　所謂適應性乃意指公司對通路成員之彈性因應環境變動而做適度調整的能力。假定生產廠商決定與銷售代理商合作，則雙方可能會簽訂一紙長期的合約，給予彼此較長期的承諾。然而，在這一長期時間內，也許其他配銷通路更為有效，但此時基於合約的規定，無法任意取消該代理商的銷售權，導致公司無法擁有充分的彈性以因應環境的變動。因此，生產廠商必須尋求有效的通路結構與政策，並特別注意通路彈性的問題，以使公司有能力可迅速地改變行銷策略。

◉ 五、選擇適當的通路方案

　　公司依據對消費者的通路需求分析，然後建立通路所欲達成的目標，接下來便開始擬定可以達成這些通路目標的通路方案，包括通路長度決策，通路密度決策以及確立通路成員之條件與責任；接著，依據經濟性、控制性與適應性等標準來評估各種可行的通路方案。最後，根據評估結果選擇適當的

通路，至此整個通路規劃的工作告一段落。然而，在公司選擇出通路成員之後，應該加以管理，此即下一節所要探討的行銷通路之管理的課題。

選對地點　才有利潤

「我要面紙和蔬菜油，嗯……換成面紙和醬油膏好了，」剛加油完的王小姐站在印有數十種贈品的海報前猶豫該兌換什麼贈品。

油槍與收銀臺間，一箱箱盒裝面紙、礦泉水高高疊起，放眼望去，全國加油站羅斯福路總部內，除了車道淨空，加油區、辦公室都堆滿了裝有日用贈品的大紙箱，場面可比超商進貨時還要壯觀。

去年臺灣油品市場正式開放，油品通路促銷戰隨即展開，贈品從面紙、礦泉水到樂透彩券應有盡有，為的是拉攏顧客，衝高市場佔有率，與油商合作的談判籌碼才高。

到去年為止，擁有五十六座加油站的全國，平均每天出油量 1,800 公秉，市場佔率 40%，超過台糖加油站的 500 公秉，統一精工的 450 公秉，是目前發油量最大的民營加油站連鎖店。

在油品通路全都身陷促銷混戰的 2001 年，全國加油站仍衝出 94 億營收、2.5 億純益，三年內成長超過兩倍，在《天下雜誌》五百大服務業中名列七十二名。

*統一選點策略　決定勝出

最早執行統一的專業管理，決定了全國加油站的勝出。

在油品市場未開放的年代，所有的加油站都是中油經銷商，彼此競爭意味不濃，當時「只要家裡有地就能開加油站，沒人管怎麼選點，」全國加油站總經理蔡佳璋說。

以「交通曝光率高」為佈點策略，是全國加油站所做的一個統一專業規劃。「油品是一種品質差異不大，沒有特殊品牌的商品」，49 年次頂著微微捲髮，全國加油站第一位專業經理人蔡佳璋分析，「在商品沒有差異化的情況下，

選點策略決定了通路能不能生存」。

觀察全國加油站的地點，幾乎全都落在都會區，且以鄰近交流道為首選。交通流量大、發油量也高。

正確的選點策略，讓全國加油站佔盡地利之便。

臺灣每天發油量超過 50 公秉的加油站僅五十座，其中全國加油站就擁有十五座，而且同時囊括了發油量最大的前三名，其中發油量最穩定的全國加油站臺北交流道站，平均一天發油量就高達 120 公秉左右。如此的成績讓全國加油站有能力不斷擴張，形成具規模經濟的連鎖經營。當油品市場開放時，中油、台塑便爭相拉攏，甚至上演黑金收購全國加油站股票的情形。

蔡佳璋特別指出：「規模建立後，領先者和追趕者的競爭很像龜兔賽跑，」油商會以提供更低廉的進油價格、付款方式爭取大通路，於是領先的大通路經營成本壓低，跑得更快。

今年全國加油站便以優惠的條件與台塑簽約，大者恆大效應正在發酵。「而且，全國絕不是中途會打盹的兔子」，他的笑中透著得意。

五十六座加油站都屬直營的全國，促銷辦法是由總部統一決定行銷方式，再從各據點同步推出。

* 一條鞭行銷　各個擊破

消費者不論到全國加油站哪一個據點，享受的活動與促銷都是相同的。「五十六個點、一條鞭式行銷，才能讓顧客不斷加深全國的印象，」蔡佳璋說。

維持各據點統一促銷力，除了對直營店充分的掌控外，以全國加油站的規模壓低促銷成本也是主因。

然而贈品促銷並非長久之計。尤其，「加油站現在的成長，主要是油品市場開放的效應，」匯豐中華投信行銷企劃部副總經理林志明分析，油商現在都要抓緊通路，讓通路需求一下子變大，但市場大餅並不會跟著擴充，最後必然得走向整併。蔡佳璋也看到了這一層，今年全國的經營重點在透過購併擴大規模，並提升管理系統。

「通路走到最後只有少數幾家活下來，」他非常清楚未來的經營挑戰：「到時候要拼的不再是促銷，而是管理。」

(資料來源：《天下雜誌》，2002 年，218 期，陳慧婷)

果農自產自銷　擺脫中盤商抽成

　　為了擺脫傳統由中間商轉手的產銷模式，近來不少年輕一輩的果農開始利用新科技，打開新通路，自產自銷；有人結合便利超商，利用宅急便，將水果送達全國；有人則開發觀光果園，也是另一種形式的自產自銷。

　　屏東果農曾振源從父親手中接下蓮霧園，才一年的時間，但他卻已經擺脫了中間商，建立起自己的行銷網絡，靠著親朋好友在全臺架起據點，再給些佣金，這種方式聽起來很像直銷。

　　而宅急便這項新興行業，結合遍及全臺上千家的便利超商，也提供給蓮霧果農王瑞雄另一個快速便捷的通路。農民直接面對消費者，對農民最大的好處就是價格可以掌控。

　　對消費者而言，少了中間商，價錢也比較便宜；從產地直接拿貨，品質新鮮度也比較好，可說是雙贏；或者，有時間親自到果園裡採果，既能吃到新鮮水果，也能體會不同於都市的鄉村野趣。

　　網絡行銷、電視購物頻道、宅急便，新的運銷系統正逐漸改變農業的產銷生態，但這只是少部分有生意頭腦的果農，絕大部分的果農並沒有這樣的能力，學者建議組織成一個大農業團體，集合大家的力量，也是另一種自立。

　　只是這方面的人才要到哪裡去找？尤其是在臺灣加入 WTO 之後，迎戰全球市場，不再只是水果種得好，就能賣得好，比的可是誰最先搶佔國際市場。

（資料來源：民視新聞，2002 年 5 月 23 日，洪明生）

第四節　行銷通路的管理

　　公司決定出最適當的通路之後，就須有效地管理其通路，一般包括下列四項工作：甄選通路成員、激勵通路成員、通路衝突的處理及評估通路成員。

◑ 一、甄選通路成員

在選定的通路中，公司必須根據一些標準來甄選優秀的中間商。這些標準包括中間商在該行業的經營歷史之長短、所銷售的產品組合、成長與獲利力狀況、償債能力、合作意願、人力資源素質、提供顧客服務的能力以及經銷商的信譽等。

在甄選合適的中間商之過程中，有些公司可能輕而易舉便可找到；例如統一公司的產品由於具有極高的知名度，因此其各種產品要找到合適的中間商並不困難。有些公司可能必須費盡心思才能找到足夠數量且合格的中間商。例如某些經銷利潤較低的產品或市場需求不大且知名度不高的產品，想要找到有意願的經銷商就有些困難。此外，在某些情況下，獨家式配銷或選擇性配銷，由於其對經銷商有某種程度的承諾，也會吸引相當數量的中間商加入其通路行列。

◑ 二、激勵通路成員

許多生產廠商往往只想到對公司的銷售人員予以激勵，但卻忽略了通路中的其他中間商的激勵。事實上，這些中間商的激勵亦十分重要，因為他們乃是將公司的產品再轉售給最終消費者的重要功臣。試想，即使顧客前往零售店指定購買公司的產品（因為公司的產品知名度頗高，或者公司正舉辦促銷活動），但如果零售商不夠熱心推銷公司的產品，或者甚至大力稱許競爭品牌的產品，則公司的產品未必能銷售出去。此外，這些中間商畢竟是獨立的企業單位，對公司若缺乏認同感，且未施以有效的激勵，則將不可能積極地推銷公司的產品。

生產廠商與中間商建立密切的合作關係，乃是通路功能能否有效發揮的關鍵。因此，生產廠商對中間商採取有效的激勵手段，期使能與公司密切的合作，是一項非常重要的課題。然而，不同的中間商對各種激勵方式可能有不同的偏好，因此生產廠商必須先瞭解中間商的需求、面臨哪些問題、強處與弱點為何等等，如此才能訂出有效的激勵辦法。

　　過去，生產廠商僅依賴銷售經理與銷售人員來與中間商建立良好的關係。然而，目前有愈來愈多的廠商頗重視短期促銷活動的運用；例如以較優惠的價格銷貨給中間商，讓中間商能獲取合理的利潤。此外，生產廠商也經常採用促銷獎金、合作廣告、銷售競賽、贈品等方式，來激勵代理的中間商。但必須注意的是，這類的促銷活動其效果都是短期性的；一旦促銷活動結束，中間商的被激勵之作用可能便消失。因此，生產廠商有必要提供經常性的協助，以幫助中間商提高其銷售能力。換句話說，長期友好關係的建立亦是非常重要的。有些生產廠商為了達成此一目的，甚至設立專門的部門來處理與協調公司和中間商及其銷售人員之間的各項事宜。

◐ 三、通路衝突的處理

　　每一個通路系統內的成員，或多或少都會發生一些衝突。由於通路成員彼此間的利益與目標不同，或無法認同彼此間的角色與功能，因此通路衝突 (channel conflict) 往往是無可避免的。以下我們分別介紹通路衝突的類型，衝突的來源以及通路衝突的管理。

(一)通路衝突的類型

　　通路衝突包括垂直通路衝突 (vertical channel conflict) 與水平通路衝突 (horizontal channel conflict)。所謂垂直通路衝突係指在同一通路體系內，不同階層 (level) 間的利益衝突。例如製造商經常會抱怨批發商所經銷的產品種類與品牌太多，以致無法進行有效的鋪貨銷售活動以及市場資訊的收集與回饋；而經銷商則抱怨製造商的配合不夠、利潤不好以及市場價格混亂等。此乃因為彼此間的立場與利益並不一致，由而導致垂直通路衝突。此外，有些製造商想要縮短通路、直接與顧客接觸，因此自行設置一些零售商店，以便直接提供消費者更多的服務，並收集市場資訊，此時自然會引起其他零售商店的抗議，甚至抵制。有些零售連鎖店由於勢力強大，遂直接與製造商洽談交易條件，甚至還會要求製造商代為製造私有品牌（中間商品牌）的產品。凡此種種，都可能造成製造商、批發商以及零售商之間的垂直通路衝突。民國77年間，裕隆公司與結褵多年的國產汽車公司分手，而重新建立自己的經銷網

路；此一事件乃典型的垂直通路衝突之案例。

所謂水平通路衝突係指發生於同一通路階層中，各成員之間的衝突。例如經銷商之間的削價競爭、越區銷售，或是公司之直營單位與經銷商之間的糾紛，都是屬於水平通路衝突。這種水平通路衝突最常發生在不同類型之零售商之間（如百貨公司、便利商店、超級市場與量販店）以及連鎖體系內的各加盟零售店。例如量販店以薄利多銷的方式來經營，通常會使得一般的零售商受到衝擊，諸如家電用品、軟片、飲料等產品，在量販店與一般零售店的價格有很大的差異。又如同一連鎖體系下，部分的加盟店會抱怨其他的加盟店服務態度不佳、產品品質惡劣，有損整體連鎖體系的形象。

(二)通路衝突的來源

通路衝突的原因，可歸納為下列幾點：

1. 角色差異

通路衝突的主要來源乃是通路成員之間，對彼此的角色有不同的看法。例如生產廠商常認為批發商與零售商應站在製造商的立場來執行其任務；相反的，這些中間商卻認為他們應站在消費者的立場來考量。此乃由於製造商與中間商有兩層關係，其一為製造商透過中間商來轉售產品給消費者，其二為製造商銷售產品給中間商，二者成為買賣雙方。

2. 執行通路功能的爭議

通路衝突也可能發生在誰應該執行某項通路功能的爭議上，例如誰該負責售後服務或促銷活動。擁有多條產品線的製造商會要求批發商儲存與促銷該公司所有的產品；但批發商在經銷許多製造商之不同產品的情況下，可能僅願意儲存週轉率高的產品,而不願意對週轉率低的產品多做儲存與促銷活動。

3. 溝通不良

製造商與中間商之間的溝通不良也會引起衝突；中間商一般皆希望能及早知道有關式樣及價格改變的消息，因為新款式的產品會使得原有的舊式產品變成存貨，若中間商能夠及早被告知便可以出清存貨或降價出售。由於此一問題的溝通不良，往往造成製造商與中間商之間的衝突。

4. 目標不一致 (goal inconsistence)

通路衝突的發生可能由於製造商與中間商之間的目標不一致所造成的。例如製造商想透過低價格政策來追求快速的市場成長，但另一方面中間商卻只重視透過較高的利潤，來追求高的獲利力目標。

5. 認知差異 (difference in perception)

衝突亦可能源自製造商與中間商之認知的差異。例如製造商可能對短期內經濟情勢持有樂觀的看法，因此要求中間商囤積貨品；另一方面，中間商卻持著悲觀的態度，因而難與製造商配合而造成衝突。

6. 高度倚賴 (great dependence)

中間商對於製造商高度的倚賴，也會造成衝突。例如獨家的經銷商，其利益深受產品設計與製造商的價格政策所影響；因此，在這種情況，其潛在的衝突機會很高。

(三)通路衝突的管理

某種程度的通路衝突是具有建設性的，它可導致通路成員對變動中的環境作更有彈性的適應。例如一家製造商與一家批發商在運輸問題上有所衝突；多年來製造商是以大規模的鐵路運輸產品給批發商，然而近年來由於顧客所下的訂單愈來愈小，而且頻率愈來愈高，使得批發商的存貨與相對的營運資金增加。此一衝突促使雙方研擬新的運輸方法，即採用更具彈性的小規模卡車運輸，如此一來，除了可降低批發商的存貨外，更可調整製造商的生產計劃與排程。

然而，若衝突過甚，則反而有害。因此，行銷人員努力的目標並不在於完全消弭衝突，而是如何透過有效的衝突管理與控制，使得有限度的良性衝突能夠刺激通路體系整體的成長。至於通路衝突的管理的重點，一方面在於有效的解決衝突，另一方面則更重視衝突的預防。

在解決已發生的通路衝突問題方面，或可透過談判、調解或仲裁，以尋求一合理的解決程序。當然，若這些方法都無效，則最後可能須走上法院訴訟裁決的途徑。以上這些解決衝突方法都是在衝突發生之後；然而預防衝突的發生更是重要。預防的方法包括公司與通路成員平時即建立良好的關係；與中間商訂立合約時，雙方的權利與義務要明確規定；製造商與中間商以雙

方互益為合約與合作關係的基準等等。

◉ 四、評估通路成員

製造商必須定期地評估中間商的績效，俾作為修正中間商與提供協助的參考。有關評估的項目，包括⑴銷售配額的達成度；⑵平均存貨水準；⑶顧客送貨服務時間；⑷損壞與遺失貨品之處理能力；⑸對公司促銷與訓練計劃的合作情形；以及⑹提供顧客之服務等等。

一旦中間商無法達到製造商的期望，則製造商應立即瞭解實際狀況，並設法提供必要的協助與輔導。製造商唯有與中間商保持密切的合作，隨時關心中間商，才能獲得雙方共存共榮的共識。如果中間商實在無力配合或者無意願與製造商合作，那麼或可考慮終止與其合作的關係，而另闢其他的通路。

第五節　通路控制系統

以整個系統觀點來看，通路系統應是強調通路成員之間的相互依賴或關係。當這層關係被忽略時，通路系統只是包含了一群組織鬆散的獨立公司（製造商、批發商，及零售商），此時每一個通路成員均只專注於其本身的行銷目標，並不關心通路系統中其他成員的因素或影響。在這種通路型態中，沒有任何一個公司能夠有效地控制其他通路成員的行為，也缺乏一個結構完整的通路系統之存在。

本節即在介紹如何建立一有效的通路控制系統，此即垂直行銷系統(vertical marketing system; VMS) 的觀念，亦即透過垂直行銷系統的建立，將可使整個通路系統獲得有效的控制。以下將先討論垂直行銷系統的觀念，然後再介紹垂直行銷系統的類型。

◉ 一、垂直行銷系統的觀念

傳統的行銷通路之觀點只是強調買賣雙方直接接觸的交易，而在交易的過程中，當產品形式改變時，通路也跟著改變。茲以皮鞋製造與銷售為例，

討論其通路的起點與終點。製革廠向獸皮商購買獸皮，然後製造成皮革；製鞋廠則向製革廠購買皮革，然後製造成皮鞋；這些製造完成的皮鞋將透過批發商與零售商，銷售給最終消費者。傳統上，有關皮鞋的通路可能係指從製鞋廠開始，但從上面所述，我們卻可發現尚有獸皮商至製革廠、製革廠至製鞋廠等二種通路。

　　以整個系統的觀點來看，通路系統應該強調天然資源與消費者需求相互配合。此種配合過程必須透過一個整合的行銷系統來達成目標，而不是透過一連串的獨立生產者與中間機構。因此，上述有關皮鞋的例子，其通路是從獸皮商開始而至最終消費者為止。在整個通路系統中，每一個成員皆負有其任務與功能，而且只要任一項任務與功能提高效率，則整個通路系統即可獲益。

　　這種整合性通路系統的觀念，乃是近年來垂直行銷系統快速成長的關鍵。垂直行銷系統 (VMS) 的建立，其主要目的乃是將通路視為一整合性通路系統，並以此來追求通路內各個成員的合作與協調。換句話說，垂直行銷系統乃是通過規劃，使得零散而獨立的各個公司，整合成具有一致目標的系統之一種通路設計。

　　垂直行銷系統除了源自整合通路系統的觀念外，事實上它是由於過去傳統的行銷通路缺乏有效的控制所演變出來的。基本上，為了成功地經營一個通路系統，使它發揮最大的效益，則對通路的適度掌握是非常重要的。其理由說明如下：

　　第一，有效的掌握通路，對廠商的利潤有正面的影響，因為通路作業的缺乏效率，可以即時加以掌握與修正。例如市場上愈來愈多的連鎖加盟通路的發展，其關鍵即在於能有效地掌控通路，並提高作業效率。

　　第二，對通路的適度掌控，亦可使通路系統在經驗曲線上的成本效益得以實現。例如配銷、倉儲及資料處理等之活動能夠集中作業，即可以產生規模經濟的效益。換句話說，經由對整體通路系統的規劃，並以整合一致的型態，主導各個通路成員致力於追求共同的行銷通路之效益，而其效益必然遠大於通路內各個成員個別努力的加總。

　　通路控制權集中的觀念，近年來已蔚為一種趨勢，其中「垂直行銷系統」

的發展正逐漸取代傳統的行銷通路，而成為配銷系統的主流。美國學者 McCammon 曾將垂直行銷系統 (VMS) 描述為：「一種專業化管理且集中規劃的行銷網路，其設計之目的在於能達成經濟規模之運作及最大的市場。」由此可知，VMS 的設計是為了控制通路成員的行為，以及消除因個別通路成員在追求他們本身目標時所產生的衝突。VMS 由於規模龐大，談判力量強，而且可以避免重複的通路作業，因此在運作上能夠達到經濟規模。綜合來說，垂直行銷系統的主要功能，包括強化通路系統的控制、提高效率以及創造利潤等。據估計，垂直行銷系統在消費品市場中，已成為最主要的配銷模式，而由其所服務的市場範圍約佔總市場的 70% 至 80% 之間。由此可知垂直行銷系統在通路活動中所扮演的重要地位。

◐ 二、垂直行銷系統的類型

誠如前述，垂直行銷系統的主要觀念在於通路系統的控制權集中，而此一控制權可以集中於通路系統中的任一成員，如製造商、批發商或零售商。就行銷理論而言，並未明顯地指出哪一特定的通路成員擔任通路的掌握者，可以比其他的成員獲得最佳的效益。就實務上來看，各類型的通路成員皆有掌握整個通路的案例。例如美國 Sears 百貨公司以零售賣場掌握了其產品的通路系統之控制權，美國寶齡公司身為一製造商，它亦掌握了其產品通路的主控權。至於國內的 7-ELEVEN 統一超商亦有類似的情形。

因此，由哪一通路成員來掌握整個通路系統並不是重點，重要的是誰有能力可以承擔通路領導權的大任，且又可以帶給整體行銷通路長期的經濟效益，則它就適合出來掌控通路系統。根據掌控通路系統者的角色及系統中各通路成員之間的合作關係，垂直行銷系統可以區分為三種類型：管理型 VMS (administered VMS)、公司型 VMS (corporate VMS) 及契約型 VMS (contractual VMS)，參見圖 10-7。

(一)管理型 VMS

傳統行銷通路與管理型垂直行銷系統最主要的差別是，後者擁有一個較高層級的跨組織管理系統。管理型 VMS 中最重要的成員乃是通路領導者

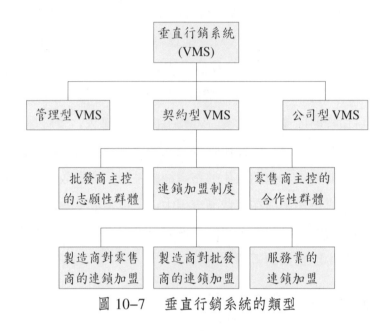

圖 10-7　垂直行銷系統的類型

(channel leader)，它具有強勢的市場權力且可影響其他通路成員的決策與行動。這些與通路領導者相依的通路成員必須與通路領導者維持一個良好的關係，以達成共同的目標。通路領導者會協助解決通路成員間的衝突，並在必要的時候善盡領導者的角色。

通路領導者可能是製造商，也可能是中間商。例如美國寶鹼公司與通用食品公司皆為製造商，K-Mart 公司則為大型的零售商，它們皆以「通路領導者」的姿態，引導整個通路系統增進作業的經濟性與效率，但其實質上可能並未擁有其他成員的所有權。

㈡公司型 VMS

當通路系統中有二個或以上階層的成員是同隸屬於一家公司時，便構成了公司型的垂直行銷系統；其極端的情形即是，通路中的每一階層都是同一家公司所擁有。此種通路系統又稱為所有權式垂直行銷系統。例如美國石油公司從開採石油、精煉、運輸及加油站的經營，都是公司一手包辦，此即所謂的公司型垂直行銷系統。又如美國 Sears 百貨公司雖為一大型的零售商，但是在財務上（股權）對其大多數的供應商握有很大的控制力，亦類似這種公

司型的垂直行銷系統。

製造商、批發商或零售商往往會藉由垂直整合或內部擴張等方式,來建立公司型垂直行銷系統。例如法國米其林輪胎公司,可為製造商內部化垂直行銷系統的一個例子。又如美國的 Kimball 公司原本是一家鋼琴製造商,但目前該公司的主要銷售與收入則來自辦公傢俱產品。該公司擁有自己的鋸木工廠,負責生產所需的木材與夾板,同時該公司亦擁有自己的林木場,並擁有製造公司產品所需的塑膠附屬品之工廠,以及擁有龐大的卡車運輸工具,執行必須的運輸功能;此乃透過垂直整合方式所建立的公司型垂直行銷系統。

㈢契約型 VMS

契約型垂直行銷系統係由生產與配銷等不同階層之多家公司所組成的,通路成員之間彼此藉著契約的基礎來執行與整合其行銷計劃,以求達到比個別成員之行動更具經濟效益與銷售潛力的成果。契約型垂直行銷系統在近年來的發展頗為迅速,已成為今日經濟體系中一項重要的發展。基本上,契約型 VMS 可分為三種主要的型態,參見圖 10-7。

1.批發商主控的志願性群體

此乃批發商為協助獨立零售商對抗大型連鎖店,所發起的志願性群體(組織)。此種類型的契約型 VMS 一般是由批發商先擬定一套行銷計劃,讓自願加入的零售商在經營上有一致的作法,同時採聯合採購以達到進貨上的經濟規模,期使各通路成員有能力與一些大型的連鎖店作有效的競爭。例如國內以農產蔬果運銷公司所主導的蔬果運銷體系,屬於此種類型的契約型 VMS。

2.零售商主控的合作性群體

此乃由零售商自行發起共同組織一個新的企業個體(合作性聯盟),以經營批發甚至是生產的業務。參與的會員皆由此一合作性聯盟統籌辦理進貨與採購事宜,且廣告作業亦採共同規劃的方式。整個組織所獲得的利潤則依會員們的採購比例予以分配。另外,非會員的零售商亦可透過合作性聯盟來進貨,唯其無權分享利潤。此種類型的契約型 VMS,通常在雜貨業、西藥業、眼鏡鐘錶業及化妝品業較為常見。例如民國 73 年間,由全省 33 家零售業者合組的模範眼鏡公司,共同採購貨品及共同廣告,以與寶島眼鏡公司全省 43

家分公司相對抗，此即為一種零售商所主導的合作性聯盟之一例。

　　以上所述的二種契約型 VMS，由於其可以集中採購力量、結合共同的廣告、共同促銷、選擇合適的商店位址、提供良好的店鋪佈置與設計、訓練員工、提供財務融資與會計服務等各項優點，遠非獨立經營的零售店所可比擬的。因此，其未來的發展預期將會更為顯著。

　3.連鎖加盟制度

　　此乃生產與配銷各階段的通路成員，由某一廠商授權其他廠商，在某一地理區域內及依特定的條件與協約下，使用授權廠商之品牌商標販售產品。連鎖加盟體系已成為近年來成長最快速且最吸引人注目的一種零售業的發展趨勢。過去的連鎖加盟制度較集中在速食業或食品業，如國內的「小豆苗」之連鎖銷售體系及美國的麥當勞速食連鎖經營體系。然而，此種連鎖制度的觀念已擴展至各行各業都有，諸如金融業、會計師業、婚紗攝影業、美容業、補習班、禮品業、西點禮餅店、托兒所、便利商店、超級市場、錄影帶店以及服飾業等。連鎖加盟制度依其性質又可分為三類，參見圖 10-7。

　⑴製造商對零售商的連鎖加盟

　　盛行於汽車業，例如裕隆汽車公司，授權經銷商代銷公司的產品，經銷商本身仍為獨立的事業機構，但須遵循授權人有關產品銷售與服務的規定。

　⑵製造商對批發商的連鎖加盟

　　飲料業最常見此種型態的連鎖加盟，例如可口可樂、百事可樂、七喜汽水等，銷售軟性飲料之濃縮液至各地加盟的批發商，再由其稀釋裝瓶配銷至各零售商。

　⑶服務業的連鎖加盟

　　此乃由服務業的公司所組成的一個聯合系統，藉以將其服務項目有效率地提供給消費者。例如美國汽車租賃業的 Hertz、Avis 等公司；速食業的麥當勞、肯德基炸雞等。其他如汽車修理業、觀光旅館業、餐飲業等等，亦都屬此類。

　　綜合本節所述，垂直行銷系統乃建構了傳統行銷通路所未能獲致的通路經濟效益，並可建立中小規模廠商之有利的發展機會，以使其獲得更大的生

存空間。然而，採行垂直行銷系統的通路控制與整合，並非百利而無一害。其主要的缺點在於必須投入鉅額的資源，因此除非這個產業的市場潛力很大，或可因而節省大量成本（經濟規模），否則並不一定值得如此經營。事實上，此乃為何仍有甚多的獨立營運的公司並未參與任何垂直行銷系統的原因。

第六節　零售與批發

　　零售業是與消費者關係最密切的行業，目前形形色色的零售業，滿足了消費者不同的購物需求。至於批發業則是促使零售業能更有效率地提供銷售服務的重要功臣。本節將主要探討零售與批發之下列重要的課題：(1)零售與批發的本質與功能；(2)零售與批發的類型；及(3)連鎖經營的探討。

一、零售與批發的本質與功能

(一)零售的本質與功能

1. 零售的本質

　　零售 (retailing) 的範圍之定義非常廣，包括所有直接銷售產品或服務給予最終消費者，以供其作個人與非營利用途的各種活動。因此，任何進行這類活動的公司，不管其為製造商、批發商或零售商，不管此種產品或服務以何種方式出售（用人員、郵寄、電話或自動販賣），也不管此產品或服務在何處出售（商店、街角或顧客家中），均屬於零售活動的範圍。而依據我國工商普查對零售業的定義則為：「包括所有有形商品之零售商、製造業設置之獨立門市部、日用品消費合作社，以及零售店等均屬之，但不包括個人服務業內之飲食業。凡兼營零售與批發而以零售為主者亦屬之。」

2. 零售的功能

　　零售是消費品的行銷通路中最重要的一個階段，而零售業則是連結製造商與最終消費者之不可或缺的重要一環。零售商因執行行銷功能以提供各式各樣的產品與服務給最終消費者，而且它亦可增加地點、時間、佔有甚至是形式等效用；此外，零售商的服務亦可創造產品的形象，如 7-ELEVEN。具

體言之，零售業的功能，我們可概括為下列二點來說明：

(1)對消費者的服務

零售商最重要的功能是盡可能地提供消費者購物的便利性，實際上，零售商的行為相當於消費者的代理人。基於此種觀念，零售商應有責任供應適當品質的商品與合理的價格。零售商的另一項功能是提供產品配銷的服務，譬如大量購進貨品，而加以改裝、處理等，以迎合消費者的需求。

零售商亦可提供運輸與儲存的功能（針對消費者而言），可隨時供應消費者的需求，因此它創造了時間與地點的效用。此外，有些零售商又可能會提供送貨的服務，以及保證消費者的某些風險，諸如保證所出售的貨品品質優良，顧客不滿意時包退包換；而一些較大型的零售商又有提供分期付款與售後服務等服務項目。

(2)對製造商與批發商的服務

對於製造商與批發商而言，零售商有如其銷貨員。由於零售商提供實體的設施與人力，使得製造商與批發商有與消費者接觸的銷售據點。此外，零售商會利用廣告、商品陳列，及人員銷售等方法，使產品自製造商或批發商處移向消費者；而且，在決定消費者的需要與欲望時，零售商乃扮演著消費者的發言人。

(二)批發的本質與功能

1.批發的本質

批發 (wholesaling) 乃包括所有將產品或服務銷售給轉售者或為營利用途而購買的各種活動。因此，任何人或公司將產品銷售給其他個人或公司，作非私人用途的所有相關活動，都可稱之為批發。一般而言，我們不應以產品的售價來判斷其是否為批發商（雖然批發的價格一般要低於零售的價格），而最好以銷售對象來作為區別的基礎；亦即銷售給組織型購買者（主要包括轉售者）佔公司銷貨收入的一半以上，即可謂批發商。此外，在此所指的批發商 (wholesaler) 主要是指從事批發活動的公司而言；因此，製造商與農人既不是批發商也不是零售商，因為他們主要從事的是生產活動。

批發商基本上與零售商有下列幾點差異：(1)由於批發商銷售的對象主要

是商業客戶而非最終消費者，因此對於促銷活動、商店氣氛及地點的選擇等問題較不重視；⑵批發商的交易數量通常比零售商大很多，且涵蓋的地理區域也比零售商來得廣；⑶政府在法律與課稅的措施上，對待批發商與零售商不盡相同。

2.批發的功能

事實上，製造商可以不經由批發商，而將產品直接銷售給零售商或最終消費者。然而，為什麼有批發商的存在呢？因為批發商具有下列的功能，其對製造商與零售商都有某種程度的貢獻。

⑴採　購

批發商為其顧客（零售商或商業客戶）的採購代理人，它會先預估其顧客的需求，先行購買儲存，以隨時供應其顧客。由於批發商之提供此項服務，可節省零售商與商業客戶許多時間、精力與費用。而對製造商來說，因為批發商每次購買的數量甚大，間接地亦可節省許多行銷成本。

⑵銷售與促銷

批發商能夠提供銷售人力，使製造商能以相對低的成本接觸到分散各地的顧客。此外，批發商經常與顧客接觸，較易獲得信任；相對的，製造商與顧客間的距離就較遠。基本上，此項功能類似零售商所扮演的角色。

⑶分　配

通常，製造商基於運輸與管理成本的關係，不願意小量出售；而零售商則限於資金的緣故，無力大量購買。唯有批發商可以擔任這種「整買零賣」(bulk breaking) 的功能，亦即批發商可以整批的將產品購入，再以較小的單位零賣給零售商。

⑷運　輸

批發商可為其顧客提供運輸服務；對製造商而言，可節省其運輸成本；對零售商而言，可不必持有大量存貨，因而可節省存貨、保險與倉儲等方面的費用。

⑸倉　儲

批發商經由倉儲活動而創造時間與地點的效用，此點與零售商的功能類

似。此外，批發商的此項倉儲功能對製造商的貢獻是，可以降低製造商的存貨；而對零售商來說，亦可降低其存貨，且可協助其避免多買或少買的情形發生（如果批發商的存貨是充裕的）。

(6)財務融資

零售商或商業客戶向批發商購貨，通常可以不必立即付現，只要在一定的期間付清即可；亦即批發商可以提供信用條件予其顧客融資。此外，批發商亦可能藉著提早下訂單給製造商，並準時付款（可享受優惠），以作為製造商融資的管道。

(7)風險承擔

批發商由於擁有產品所有權，故它可為製造商承擔有關產品之失竊、損毀、腐敗及過時的風險；另一方面，批發商又會向零售商提供產品保證，亦即對所出售的產品不滿意時包退包換。

(8)管理服務與諮詢

批發商亦可提供管理服務與諮詢給其顧客，尤其是對於小零售商。批發商所提供的管理服務範圍甚廣，包括訓練零售商的銷售人員、協助商店的裝潢設計與陳列、建立會計制度與存貨控制系統，以及聯合廣告等，這些服務皆有助於改善零售商的營運績效。

◖◗ 二、零售與批發的類型

㈠零售商的類型

零售商的類型相當的多，而且新的零售方式又層出不窮，因此很難以某個原則來作適當的分類。以下我們僅依據店面的有無，分為兩種，即店鋪零售與無店鋪零售。

1.店鋪零售

所謂店鋪零售 (store retailing) 係指透過固定的店面來銷售其產品或服務，而從事此種零售活動的公司便稱為店鋪零售商。以下我們介紹國內幾種主要的店鋪零售業，包括百貨公司、超級市場、便利商店及量販店。

(1)百貨公司 (department store)

百貨公司所銷售的產品線相當廣，而每一產品線所包括的產品項目亦相當多，因此其產品線長度與寬度既深且廣。國內的第一家百貨公司為高雄的大新百貨公司，創設於民國 47 年，而歷史頗為悠久的遠東百貨公司則創設於民國 56 年。目前國內較大規模的百貨公司幾乎在全省各地皆有連鎖店，包括遠東、新光三越及太平洋崇光等。

百貨公司具有如下的幾點特色：①商品種類繁多，顧客可以在同一店內一次採購多種不同的商品；②百貨公司具有高度公關的性質，鼓勵顧客自由參觀而未有被強迫購買的壓力；③百貨公司的規模頗大，業主的資金雄厚，因此可以網羅一些優秀的人才，以提升經營管理的能力；④百貨公司相當重視產品品質，給予顧客高級形象的感覺；⑤百貨公司無論櫥窗裝飾、內部裝潢與陳列，皆相當美輪美奐，往往能吸引大量的顧客與人潮；⑥現代的百貨公司擴大其服務範圍，以吸引更多顧客的購買，包括信用卡付帳、分期付款及送貨到家等項服務。此外，大多數百貨公司皆設有餐飲、咖啡廳、兒童遊樂場所等，以吸引顧客逛百貨公司的興趣。

然而百貨公司近年來面臨很大的競爭。包括同業以及其零售業的威脅。例如全省各地原本僅有幾家百貨公司，但近年來成長極為快速，而消費人口的成長卻是有限的，因此同業間的競爭愈演愈烈。此外，更由於其他零售業的成長相當快速，對百貨公司亦造成相當大的威脅，包括折扣商店、大型購物中心、超級市場，以及郵購、網路購物等的發展。面臨上述的各種競爭，百貨公司有必要重新檢討其各項經營政策，包括價格政策、商品差異化、形象定位與訴求以及提供更廣泛的服務等，以鞏固自己的市場佔有率。

⑵超級市場 (supermarket)

超級市場係指一個大型、低成本、薄利多銷、採自助式服務，並滿足顧客對日常用品與生鮮食品一次購足的大型賣場；有些超級市場甚至引進藥房、速食、麵包、小型書店等特區，以提供消費者更多樣化的服務。

超級市場在國內的發展，已有二十餘年的歷史。然而，早期大多數的超級市場都是附屬在百貨公司的旗下，少有專業超級市場的獨立經營。不過，隨著國民所得的增加，生活水準的提升，以及雙薪家庭的日漸普及，現代人

對於超級市場的清潔、衛生、陳列整齊、商品豐富、一次購足等特性，愈來愈有需要，甚至已發展成與消費者日常生活有非常密切的關係。因此，它對過去傳統的菜市場已構成很大的威脅，甚至許多傳統菜市場已逐漸沒落。

我國的國民所得已超過 1 萬多美元，人們的消費潛力頗強，更造就超級市場的快速成長。鑑於如此大的市場潛力，超級市場紛紛走向連鎖店的經營方式，甚至有些外商企業集團也已與國內的一些廠商合作開設更大規模的超級市場。經過多年來的發展，國內的超級市場已逐漸分割為三大體系，此即①日商體系，包括雅客、多福、松青、惠陽、裕毛屋及丸九等；②港商體系，包括惠康與百佳等；③國產體系，包括遠東百貨、興農超市及美村生鮮等。

超級市場具有以下的特色：①自助式服務，使得超級市場迅速發展成大規模的零售商店；②由於沒有售貨員，因此不著名的品牌商品很難銷售出去，所以廠商必須要更加重視產品的推廣；③超級市場經常採取價格競爭，以吸引更多的顧客；④超級市場經常保持大量的存貨，比一般的食品店之存貨量多出三、四倍以上；⑤消費者對於所欲購買的商品，時常中途改變意見，而在自助式的超級市場購貨未付帳以前，隨時可以調換其他品牌或改買其他商品；因此，超級市場可滿足消費者的此項需求。

國內的超級市場，隨著競爭日益激烈，業者乃在地點的尋覓、開店速度、價格定位、商品組合、賣場規劃、以及服務品質等方面，多下功夫，以便建立自己的競爭優勢，樹立自己的市場地位。

(3)便利商店 (convenience store)

便利商店 (C.V.S.) 一般俗稱超商，係指社區內較小規模的商店，它可提供消費者如下的便利性：時間便利 (24 小時營業，全年無休)、距離便利 (社區內往往即有數家便利商店)、商品便利 (少量多樣商品，多為消費者最需要的商品項目與品牌) 及服務便利 (結帳速度快且服務親切)。由於這些便利性，因此其商品雖然比較貴，但仍頗受消費者的喜愛。

國內的便利商店之發展過程，統一企業公司可謂具有舉足輕重的地位，雖非起源最早，但卻是早期發展至今最成功的一家。自民國 68 年與美國南方公司 (Southland Corporation) 技術合作以來，經過多年的努力，終於成為國內

便利商店的領導者。民國 75 年，統一企業的第一百家 7–ELEVEN 門市開幕，在民國 78 年則突破三百家店。自此以後，統一企業在經過多年的經驗累積，再度跨出一大步，大力徵求加盟店，更加快 7–ELEVEN 的擴展速度。

有鑑於便利商店已為大多數消費者所接受，於是民國 77 至 78 年之間，各體系的便利商店便開始大舉入侵，改寫由 7–ELEVEN 一家獨佔的局面，包括由味全與美國 am/pm 合作開設的「安賓超商」，豐群企業與美國 Circle K 合作的「富群超商」（簡稱 OK 便利商店），統一企業麵包部推展的「統一麵包加盟店」（屬自願加盟連鎖體系），以及國產汽車與日本 Family Mart 合資的「全家便利商店」等等，一時之間群雄四起；截至民國 89 年，臺灣便利商店家數已達 6,357 家。而便利商店的經營，亦從量的搶攻逐漸地提升到質的求精。臺灣目前便利商店的分佈狀況如表 10–3。

表 10–3　　2000 年臺灣主要連鎖便利商店

連鎖系統	主要投資者	合作對象	店數	佔據率
7–ELEVEN	統一企業	美國南方公司	2,690	42.2%
全家	泰山、光泉	日本 Family	1,011	15.9%
萊爾富	光泉	自創品牌	750	11.8%
OK	豐群集團	美國 Circle K	610	9.6%
福客多	泰山	日本 Niko	250	3.9%
		全臺灣合計	6,357	100%

資料來源: 2000 連鎖年鑑。

綜觀整個便利商店大環境之演變，我們彙總國內便利商店之未來的發展趨勢如下：

①連鎖體系的發展

便利商店是屬於小型店的經營，若為獨立店經營而缺乏「強人領導」，且缺乏強勢的開發及管理能力，則在面對激烈的競爭時，必然遭到迅速淘汰的命運。因此，獨立店為求生存，應該尋求更具效率化的運作，因而加入連鎖，善用其資源乃是最佳的途徑。近年來，許多獨立店紛紛選擇加入連鎖行列，即印證了此一趨勢之演變。

②極大與極小兩極化的發展

國內便利商店的發展空間雖仍大有可為，但競爭日趨白熱化，現階段只有兩個方向可做選擇：其一是朝向極大的連鎖發展，其二是走向極小的個別連鎖。目前國內極大的連鎖如 7–ELEVEN、OK 及全家等，皆有一套完整的經營技術，資源極為雄厚，欲想超越它們極為困難。因此，大多數便利商店選擇加入連鎖陣線聯盟，充分運用其體系下的資源，發展屬於自己的小連鎖王國，創造利基。

③由都市中心走向衛星城市再走向鄉鎮

以往便利商店的開設都圍繞在消費水準高、人潮稠密的都會區；而在店數漸趨飽和、獲利有限的影響下，近年來便利商店開設的地點已轉移至都會區周邊的衛星城鎮。然而當都會區、衛星城市皆相繼達飽和之際，鄉鎮地區開設便利商店已成一趨勢，而且成功者時有所聞。

④營業坪數愈來愈大

國內便利商店在滿足消費者即刻需求方面的產品，過於薄弱，未來在此仍有極大的發展空間。但是，放眼目前便利商店的坪數普遍不大，可以擺設新產品的空間自然不大，於是四處陳列以至於犧牲商店的美觀。由此可知，商店的坪數愈大者，愈有可能創造較高的生產力，並可為消費者營造愉悅的購物環境。以國內環境而言，便利商店的坪數，以 35 坪較為合適。

⑤商店效率化亟待提升

為使商店運作更具效率化，且又能精簡人力，商店自動化是必然的趨勢。其步驟如下：首先利用標價紙做好商品管理，並以不同的顏色作為識別，予以汰舊換新。接著，利用貨架卡協助店家掌握缺貨的正確性。做好標價紙與貨架卡之後，方可進行精確的盤點。一般而言，便利商店做到盤點的步驟，即已頗具競爭力。此外，銷售時點情報管理系統 (POS) 之運用與商品的陳列擺設管理亦日趨重要。上述的商店效率化乃是便利商店欲求永續經營所必須遵循的作法。

⑥複合店應運而生

所謂複合店乃是客層相近，可以一起使用相同資源的兩個不同行業之結

合。典型的複合店，如加油站結合便利商店。近年來，政府開放加油站民營，可以預見的是加油站與便利商店的結合將快速發展。此外，錄影帶租售店將來也極有可能與便利商店合作，頗值得業者多加留意。

　　⑦高附加價值便利商店出現在都會中心

　　儘管都會地區因房租飆漲，競爭激烈，導致獲利率下降，使得都會區的便利商店之營運愈形困難。然而，便利商店業者改弦更張，針對都會區的商圈特色以及消費潮流，開發出高附加價值的便利商店，可能亦是生存之道。

　　由於都會區的「單身貴族」頗多，其共通特色是收入高、重視生活品味。因此，若要吸引這群「貴」客光臨，顯然地在商品結構上要有所調整。他們並不在乎商品價格的高低，而注重提供服務的滿意度。因此，開發更為精緻、高級的即刻需求產品，才能符合其高標準的需求，如女用手帕、耳環、口紅，及男用的領帶、鞋襪、錄音帶、CD、鮮花及現烤麵包等。

　　總而言之，提供高附加價值的商品，毛利方面自然也相對地提高。因此，在都會區便利商店競爭白熱化之際，高附加價值便利商店的發展潛力與前瞻性，不容忽視。

　　⑧重視市調與事件行銷

　　便利商店的競爭非常激烈，因此不能停留在以往坐以等待顧客光臨的靜態運作模式。此外，亦需瞭解顧客真正的需要是什麼，而非貨架上有什麼就賣什麼的被動經營。為了達到主動的及動態性經營，市調與事件 (EVENT) 行銷是頗為重要的。亦即透過市調瞭解顧客真正需要什麼，並設法開發這些商品來滿足他們，使商品的結構更具彈性。此外，EVENT 的造勢成功，乃是吸引顧客的焦點所在。而 EVENT 背後存在許多與顧客溝通的環境，推動EVENT 行銷時，可讓顧客在無形中受到吸引。如何將它巧妙地運用，則有賴經營者多加深思。

　　⑨文化出版品與速食品的快速成長

　　目前國人的國民所得水準 1 萬多美元，在衣暖食飽之餘，心靈上的空虛可藉文化出版品得到慰藉。因此，便利商店日後在雜誌、書籍、錄音帶或錄影帶等方面的成長會相當快速。目前一個書報架勢必不夠，加以擴充則是必

然的趨勢。

此外，國內目前的外食人口一天約有 500 萬人，相當於總人口數的四分之一。這些人口肚子餓或口渴時的即刻需求如何解決，對便利商店的經營有重大的影響。例如 7-ELEVEN 所推出的御便當、國民便當，全家便利商店推出定便當，即是瞄準了廣大的潛在外食市場。速食品屬於高毛利、回轉快，且可滿足顧客的即刻需求；而就過去美國、日本的速食消費發展來看，臺灣仍有相當大的發展空間。因此，速食類的快速成長，將可為便利商店帶來可觀的利潤。

⑩即刻需求品的開發

便利商店與超級市場定位不同的地方就是，便利商店乃在滿足顧客即刻需求的商店，而超級市場則是滿足顧客每日生活所需的商店。由此可知，便利商店開發即刻需求品的重要性。業者亦皆瞭解到，即刻需求商品仍然存在很大的發展空間。例如停電時找不到保險絲、手電筒，或是水龍頭漏水等，這類與人類生活息息相關的商品，都值得業者動腦筋去開發，考慮其引進的可能性，但需注意的是，即刻需求商品必須考慮季節性的變化，以做適當的調整。

⑪環保意識抬頭

在消費者環保意識逐漸抬頭之際，每每有身體力行的環保活動出現。如果反對聲浪高漲，消費者常會不明就裡地一窩蜂為反對而反對。因此，假定主張環保的意見領袖盯上便利商店，謂其供給顧客購物的塑膠袋有違環保之虞，或是使用發票數量過多，造成資源浪費，或者是販賣的食品過度包裝污染環境，等等。諸如此類的問題一旦爆發，則會憑添便利商店經營上頗多的困擾。因此，便利商店應該先未雨綢繆，擬定因應的措施，以防患未然；此外，開發具有環保意識的產品，似乎亦是便利商店經營者的當務之急。

⑷量販店

量販店 (general merchandise store; GMS) 係指大量進貨、大量銷售，且因進貨量大可以取得比較優惠的進貨價格，而得以平價供應消費者，藉以吸引顧客上門的零售店。軍公教福利中心可說是國內最早且最龐雜的量販店，而

高雄大統集團以「便利、便宜、品質、大量」為經營目標的大統快速店,唯王食品所推出的唯王大量超市等,所走的路線也都是趨向量販店的經營。此外,在量販店的經營型態中,家電量販店亦佔有相當重要的一部分。國內目前的家電量販店,包括全國電子、燦坤3C、泰一、聯晴(與日本上新合作)等。

量販店的經營有下列幾點特色:①商品豐富化,亦即商品種類相當多,且在家電產品方面,進口品與國產品並重;②價格大眾化,此乃因為量販店標榜著大量進貨,薄利多銷,如此可以加快商品的流動速度;③促銷靈活化,量販店經常印製精美的廣告傳單,配合夾報以及店內宣傳品,甚至以特價犧牲品為釣餌,以吸引顧客上門;此外,量販店亦經常不定期地推出促銷活動與贈品攻勢,使得整個賣場隨時都熱鬧異常;④賣場現代化,量販店走的是大型賣場的路線,店面顯得比較空曠,而且經過精心的設計與陳列,使得整個賣場相當明亮,提供消費者一個相當舒適且現代化的購買環境。

當然,量販店亦有其缺點存在,諸如①銷售人員專業知識不足,尤其是家電量販店;②無法提供完善的售後服務與維修服務;③人情味與服務熱誠不足。

2.無店鋪零售

無店鋪零售 (nonstore retailing) 最大的特色在於不需要經由店鋪,仍然可以把商品銷售至消費者手中。從通路階層來看,它是屬於零階通路,亦即是直接銷售;亦即製造商透過種種運作方式,直接把產品銷售給消費者,以避開中間商的層層剝削。這種無店鋪零售的方式,可以節省通路成本,故能以較優惠的價格回饋給消費者,可以說是一種彼此互惠的銷售方式。由於此種零售方式逐漸為國人所接受,因此頗值得行銷人員密切注意其發展趨勢。以下我們討論幾種主要的無店鋪零售方式。

(1)人員直銷

係透過銷售人員以面對面的方式,將產品直接銷售給消費者的方式。此種方式在我國古代即已存在,當時社會中常可見到挨家挨戶推銷的小販。然而,人員直銷之較有系統的經營方式,首推美國的雅芳 (Avon) 公司,該公司

的業務代表稱為「雅芳小姐」，她們使用沿門推銷的方式來銷售雅芳化妝品。國內在民國 71 年以後，陸續有國際知名的直銷公司進入市場，掀起國內的一股直銷熱；而國內的統一、中國信託及新光等大型企業紛紛加入，更使得直銷的運作方式逐漸步上正軌。

國內目前較著名的直銷體系，可依產品別來區分：

①化妝品：美系的雅芳、日系的佳麗寶。

②日用品：以美系的安麗 (Amway) 為主。

③電器產品：瑞士怡樂智公司銷售各種清潔機器設備，如吸塵器等。

④套書：國內的台英社。

人員直銷的方式因推銷人員的佣金佔了成本的 20～50% 的比例，且各項推銷人員之僱用、管理、訓練及激勵成本亦相當可觀，故直銷的產品一般都是高價位（高品質）的。

⑵自動販賣機

自動販賣機 (automatic vending machine) 乃是美國二次大戰後新興起的大規模零售業，通常是販售低單價且體積小的一般日常用品，包括香煙、飲料、糖果及面紙等；此外，具有私密性的產品亦可採用自動販賣機，如保險套等。

國內近年來自動販賣機亦逐漸流行，目前國內到處都可看到自動販賣機，尤其是在百貨公司、加油站、體育館、戲院、學校、補習班、火車站等處。裝設這些自動販賣機的公司，只要租用一些位置適中的地點，便可開始營業。

自動販賣機之如此盛行，可從廠商與消費者的觀點來瞭解。就廠商的觀點，其利益包括①可爭取更多的零售據點，進而提高銷售量；②可節省日漸高漲的人工成本，尤其是單價低的產品更沒有必要僱用太多的人員來推銷；③每一部販賣機都是一立體的活廣告，可提高產品的知名度。

而就消費者的觀點來說，其吸引人的理由包括①自動販賣機是 24 小時營業，較為方便；②只要是知名的品牌，消費者不致對產品產生戒懼心理，而敢在任何場所毫不猶豫的選擇自動販賣機；③選定自動販賣機購物可避免與店員接觸而無須等待時間，更可避免店員推銷不實的產品。

　　然而，從事自動販賣機銷售的廠商，必須注意到以下幾點事項：①地點的選擇攸關自動販賣機營運的好壞，最好選在人潮往來頻繁的地點；②定期地巡迴維修機器、機動地補充貨品，維持機臺的正常運作，以防止缺貨、機器故障等問題的發生；③維持整體的服務品質，留下顧客抱怨處理電話，以便機器吃錢或故障時，消費者投訴有門。

　　⑶郵　購

　　郵購 (mail order) 乃是歷史相當悠久的無店鋪零售方式，其經營作業是：首先收集與整理顧客名單，篩選出符合目標顧客群的條件者；然後利用型錄、直接信函 (DM) 或傳單等媒體，主動將訊息傳達給消費者，並經由視覺上與溝通訊息上的刺激，激發消費者的購買慾，進而產生購買行動，完成交易行為。

　　利用郵購的產品通常是較時髦、新奇的。國內利用郵購的企業其成功的比例很小，其中三商行雖以郵購起家，但推展得不是很成功。其可能的原因是：①臺灣地理區域很小，很容易接觸到商品；②中國人常有「眼見為憑」的習慣與觀念；③顧客如不滿意郵購的商品，退貨或退換手續相當麻煩。基於這些原因，郵購在國內的風氣遠不如美國盛行。雖然如此，國內的一些出版業常視郵購業務為開發顧客的主要管道。例如《讀者文摘》進入國內市場時，即採取郵購方式爭取到許多讀者；又如日本福武書局於民國 78 年在國內推出《巧連智》兒童用書時，亦採用了郵購方式，使其在短期內即有相當豐碩的業績。

　　此外，國人目前使用信用卡的人數成長極為快速，因此一些發卡公司便以其現成的顧客名單，推出郵購的業務，成果亦相當輝煌。例如中國信託成立了中誌郵購，而花旗銀行亦相當熱衷此種郵購業務。另外，中興百貨與崇光百貨亦加入郵購陣營，其目的在於開拓新的顧客群，提供消費者另一種方便購物的服務。甚至連法國最大的郵購公司 La Redoute 也透過香港代理商進軍國內市場，打出「法國時裝、郵購快捷」的宣傳口號，企圖吸引希望以較合理的價格享受與法國同步流行的消費者。由以上可知，郵購的零售方式在國內應將會持續發展下去。

　　⑷媒體行銷

　　媒體行銷 (media marketing) 包括透過電視、廣播、報紙及雜誌等大眾傳播媒體，將商品的銷售訊息傳遞出去，並誘使消費者利用劃撥或打電話的方式訂購，以完成交易的程序。例如長久以來，調幅 (AM) 廣播電臺乃被許多廠商（尤以藥商居多）包下時段，由主持人以現場推銷方式，鼓勵聽眾來電訂購；這其中若主持人具有說服力與吸引力，且頗受聽眾信任，則效果相當不錯。

　　民國 78 年日本福武書局進軍國內的兒童讀物市場（《巧連智》月刊），亦採用電視與報章雜誌，大力做廣告，鼓勵消費者打電話訂購或郵購，結果成績輝煌。另外，菲仕蘭優酪乳亦採用類似的手法來推廣其新產品，成效亦相當不錯。

　　然而，採用媒體行銷最重要的是，必須掌握目標消費群的媒體特性，才能適當地選擇正確的媒體及安排適合的時程。此外，媒體的選擇及訊息的表達與訴求，亦是相當的重要，它們必須能充分地展現出產品的特色與吸引力，以刺激消費者的購買意願。

㈡批發商的類型

　　批發商 (wholesaler) 意指所有從事批發活動的中間商；國內的批發商種類不很多，一般較為常見的乃是各行各業在每一地區所設立的經銷商、代理商及中盤商。例如傳統的食品、中藥材、布疋及生鮮食品批發商等。以下我們先介紹理論上所討論的批發商類型，然後再來探討國內一些大型的專業批發商之發展。

1. 批發商的類型

　　批發商的種類一般可依是否擁有商品所有權分為商品批發商 (merchant wholesaler) 及代理商與經紀商 (agent and broker)，其分類情形可參見圖 10–8。

　　商品批發商是自賣方買斷產品，再將產品銷售給組織型購買者（包括轉售者）的獨立企業體，亦即它們擁有商品的所有權。商品批發商佔整個批發商的比例最高，又可分為完全服務批發商與有限服務批發商。

⑴完全服務批發商 (full-service wholesalers)

完全服務批發商是對供應商與顧客提供大部分或完整行銷功能的商品批

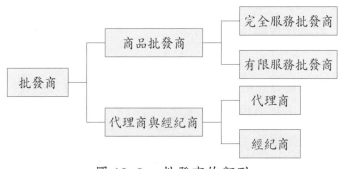

圖 10-8　批發商的類型

發商，這些功能包括儲存存貨、推廣商品、提供融資、運送貨品以及提供管理上的協助等。完全批發商又可依其批發的對象而區分為二種：①批發商人 (wholesale merchant)，意指主要銷售給零售商並提供完全服務的批發商，一般又稱為中盤商。如批發黑松飲料的經銷商或中盤商，必須提供倉儲、運送、空瓶回收及賒售等項服務；②工業品配銷商 (industrial distributor)，意指將產品銷售給製造商而非零售商，所提供的服務包括囤儲存貨、信用融資以及運送貨物等。

⑵有限服務批發商 (limited-service wholesalers)

有限服務批發商乃是指對供應商或顧客提供有限的服務，由於其所提供的服務較少，故一般能以較低的價格銷貨給顧客。由此可知，它必須在顧客本身能提供該有的服務下，才能運作。有限服務批發商之典型的代表為付現自運批發商 (cash-and-carry wholesalers)，亦即業者將商品陳列在貨架上，由顧客採自助方式選購，且支付現金並自行取回。由於此類型批發商不提供送貨及其他服務項目，可節省費用支出，因此其產品定價可較低。國內的萬客隆、家樂福等皆屬於這類的批發商。

⑶代理商

代理商或經紀商與商品批發商有二個不同的地方：①它們不擁有商品所有權，所提供的服務比有限服務批發商還要少；②它們主要的功能在促進商品的交易，並藉此賺取佣金。

代理商的功能在於代表製造商或下游的中間商，從事採購零件原料或機

器設備的服務，它們所代理的期間相對比較長。代理商又可分為製造代理商、銷售代理商、採購代理商及佣金商等。

(4)經紀商

幾乎各行各業都存在經紀商，其主要功能在於將買方與賣方湊在一起，協助雙方議價，而由此過程中獲取佣金的收入。經紀商不擁有商品，不牽涉任何財務融通或負擔風險。比較常見的經紀商包括房地產經紀商、保險經紀商及證券經紀商。例如近年來國內出現許多房地產經紀商，成立房地產仲介公司，對整個房地產的交易發揮了很大的功能。

2. 我國大型專業批發商的發展

由於國內連鎖體系的日漸發展，市場競爭日趨激烈，而且整體環境從賣方市場走向買方市場，導致企業的利潤逐漸下降，此時如何開源節流乃成為經營的重要課題。其中物流成本由於通路要求增多而提高（每一零售據點要求少量多樣的產品，以及多次送貨等），而且通路的運作亦日益重要，因此物流問題即成為焦點。所謂「物流」乃意指從生產到銷售的過程中，商品流動的情形，其作業內容包括運輸、倉儲、配送、裝卸貨、包裝及加工處理等。

在此種環境的變遷之下，許多廠商於是成立一些大型的專業批發商，它們是介於廠商與零售商之間扮演橋樑角色的中間商，希望能藉由降低運銷成本、提高行銷效率，使廠商、零售商及消費者三者皆同蒙其利。其中對製造商而言，由於透過專業批發商，可以大幅節省本身的通路成本、運輸費用以及人員費用等，使得製造與配送可以專業分工。對於零售商而言，由於專業批發商大量進貨，且縮短了通路長度，使得它們可以獲得比較優惠的進貨價格，促使其進貨成本得以降低。至於對消費者而言，由於零售商進貨價格較低，且節省各階層中間商的層層加價，因此消費者可以享受到更便宜的產品。

目前國內的大型專業批發商，可依合作對象、經營方式及銷售的產品種類來區分，參見圖 10-9。

(1)依合作對象區分

依合作對象區分，包括美國系、歐洲系與日本系，參見圖 10-9。這些專業批發商大多是國內的企業與外國公司合資經營的。

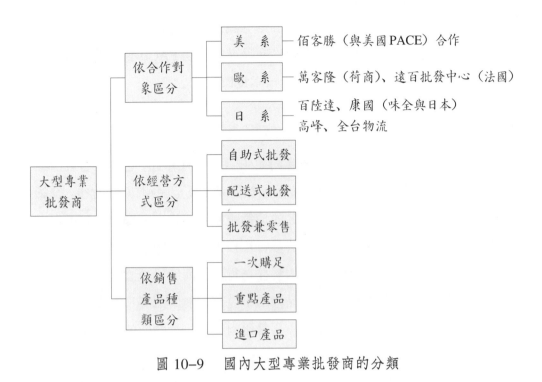

圖 10-9　國內大型專業批發商的分類

(2)依經營方式區分

①自助式批發商：採會員制，顧客付現並自行將貨品載走，例如萬客隆、高峰批發世界及家樂福等。

②配送式批發商：依據零售商所需的產品種類與數量，作定時定點的配送，例如康國行銷公司、百陸達批發中心及全台物流等。

③批發兼零售：除了批發業務外，同時亦經營零售生意，亦即它也招收個人會員，例如萬客隆、家樂福及遠百批發中心等。

(3)依銷售的產品種類區分

①一次購足式：如萬客隆的產品項目包括生鮮、食品、百貨用品及電器產品等，種類繁多，顧客可以一次買齊其所需要的產品。

②重點產品式：有些專業批發商依據產品專業分工與市場區隔的觀念，選取某種產品線作為經營的重點，而且強調產品線之深度。例如百陸達以化妝品、衛浴用品為主；高峰以服飾為主；而康國、全台則以食品與日常用品為主。

　　③進口產品式：有些專業批發商則強調以經營進口品為重點，藉以號召此一特定的顧客群。例如佰客勝 80% 商品來自美國 PACE 公司的全球統一採購；百陸達則 95% 以上的商品是由日本進口。

◐ 三、連鎖經營的探討

　　受到國外連鎖店蓬勃發展的影響，國內自民國 64 年起，也在社會經濟結構的轉變下，陸續出現一些頗具規模的連鎖體系。及至民國 70 年之後，連鎖店的發展更蔚為風潮，加以國外著名的連鎖體系紛紛進入我國市場，不但在國內造成示範效果，更刺激了國內許多行業投入連鎖的陣容。準此，各行各業已皆體認到連鎖的重要性與連鎖的勢在必行，因而紛紛成立連鎖體系，以搶佔市場及獲取利潤，諸如休閒食品業的小豆苗、翁財記等；餐飲業的我家牛排、故鄉魯肉飯、鬍鬚張魯肉飯、嘉義雞肉飯等；速食店的麥當勞、肯德基、儂特利等；建築業的太平洋房屋、住商不動產、信義房屋等；甚至鐘錶業、鞋業及服飾業與美容業等，都建立了連鎖體系。我們可說，大至百貨業連鎖，小至路邊的檳榔攤、薑母鴨、東山鴨頭等，都朝連鎖經營，以獲取更多的利潤並鞏固市場。

　　在一片商業升級的熱潮中，零售店是最典型的營業型態，因此商店連鎖化乃成為時勢所趨。然而，一個連鎖體系的運轉，務必要使營運品質與管理能力達到一定且一致的水準，並充分發揮其功能，如此才能達到連鎖所產生的效益。本節下面將探討連鎖經營的優缺點，以及國內目前連鎖經營的類型。

(一)連鎖經營的優缺點

　　首先我們討論採連鎖經營有哪些好處，接著再探討其缺點與限制。

　1.連鎖經營的優點

　　(1)集中採購及大量採購，可降低進貨成本，因此商品毛利比一般獨立店為高。

　　(2)連鎖總部提供所有經營系統、商標及經營技術，比自己獨立創業摸索，在時間及資金上都可減輕不少負擔。

　　(3)可運用大規模促銷活動（電視、廣播、報紙及海報之製作等），以提升

各項促銷企劃方案的知名度及迅速告知消費者，進而提高業績。

⑷由於連鎖經營的經驗與專業人員的評估及市場調查，風險較低，獲利穩定，因此其成功機率比一般獨立店經營為高。

⑸連鎖對商品組合及情報資訊，較易掌握且快速。

⑹由連鎖總部提供完善的教育訓練，從開幕之前的基礎實務訓練工作、店鋪營運，以至開幕後派遣督導人員定期到店指導，協助解決疑難問題，可讓沒有經驗的加盟者，亦能輕鬆開店創業。

⑺差異化商品不斷推陳出新，包括服務性商品及設備器材等，並以產品差異化來區隔市場，可在同業間取得競爭優勢。

⑻整個連鎖體系可作有效的稽查管理，以便維護整體的形象。

⑼連鎖總部在適當的時機，對市場環境及客層型態之變化，能加以深入瞭解與分析，並提出有效的因應對策。

2.連鎖經營的缺點與限制

雖然連鎖經營有總部提供協助與輔導等項優點，但仍需瞭解到連鎖經營的缺點與限制。

⑴由於連鎖體系對各加盟店之一致性的要求較為嚴格，因此各加盟店較缺乏獨立自主的空間。

⑵連鎖體系重視各加盟店之一致的行銷策略，可能無法因應各地方的需要，在彈性配合的應用上較為困難。

⑶連鎖企業的形象若無法維持或稍有疏失，則整個連鎖體系的各加盟店將受到影響，致使業績遭受波及。例如某餐廳食物的中毒事件或某飲料公司的黃樟素事件等，均將使得整體連鎖體系受損。

⑷由於連鎖加盟有合約的約束，因此加盟店若想將店鋪轉讓給第三者，則須獲得連鎖總部的同意，不得擅自轉售，構成退出的障礙。

⑸連鎖商店對於地區性不同的需求，所販賣的商品組合，其在調整彈性方面較差。

⑹連鎖商店經理人員不容易發掘與栽培，而對一些熟練優秀的人才則經常轉業至其他企業，或改為經營自己的事業。

　　總而言之，連鎖經營雖有上述的優缺點，但基本上它們是由於相互利益的結合所構成的經營方式；因此除了應瞭解其特性之外，彼此之間應該相互的溝通，合作無間，相輔相成，如此才能互蒙其利。

㈡我國連鎖業的類型

　　國內連鎖店經營經過長期的發展，目前主要的連鎖體系有下列四種類型：直營連鎖 (regular chain; RC)、合作連鎖 (cooperation chain; CC)、自願連鎖 (voluntary chain; VC) 及授權加盟連鎖 (franchise chain; FC)。

1. 直營連鎖

　　直營連鎖又稱為所有權連鎖 (corporate chain)，意指總公司擁有各連鎖店的所有權，並由總公司集中負責採購、業務、人事、經營管理、推廣等各項活動，且由總公司承擔各連鎖店的盈虧。

　　此種型態的連鎖體系其特點在於控制力強，執行力佳，且易於掌握所屬各店的一切（即指揮統一化），包括進貨、銷貨等情況，以及指派專門人員至店巡迴督導，並定時給予員工教育訓練，讓所屬各店在企業識別系統 (CIS)、銷售管理、營業時間等方面，均有一致性。如果該連鎖企業頗具知名度，則很容易讓消費者接受，因而對各連鎖店的業績有相當大的幫助。然而，直營連鎖最大的缺點在於投資成本頗高，尤其在房租居高不下的情況下，開店的速度較為緩慢。國內目前屬於直營連鎖的例子包括遠東百貨、三商巧福、金石堂書局、科見美語及全國電子等等。

　　此外，在國內的直營連鎖體系裡，另外發展出一種變通的型態，即由公司與員工聯合投資，共同經營連鎖店，諸如寶島鐘錶眼鏡、天仁茗茶、喬麗攝影禮服及香港貝詩燙髮店等。此種鼓勵員工內部創業的作法，一方面能夠留住人才，另一方面亦可激勵員工士氣，結果提高了員工的參與感與向心力，進而可維持或提升連鎖店的服務水準。此外，藉由此種方式，總公司亦可在投入較少資金的情況下，加快開店的速度，可謂一舉數得。

2. 合作連鎖

　　合作連鎖乃是以區域性或數家性質類似的獨立商店，為追求共同的利益而加以結合的連鎖體系。此種型態，各連鎖店的企業識別系統不一定相似，

它們只是投資設立一個中央機構，負責聯合採購、促銷、廣告等活動，藉由集中眾人的力量，共同對抗強大的連鎖體系的競爭。因此，合作連鎖興起的原因，通常是基於強大的連鎖體系之入侵，各獨立商店在產生危機意識之下，共同攜手合作以對抗連鎖體系，由而強化本身的競爭力。例如國內早期的青年商店之前身，或目前小區域若干獨立商店的結盟，純粹是為採購而串聯。另外，眼鏡業的模範眼鏡、美髮業的波菲爾等，亦皆屬於合作連鎖的例子。

合作連鎖的缺點是，容易陷於「連而不鎖」的困境。因為經營主權與營業利益完全是獨立的，總部（中央機構）並未具有強制執行的權威，很難管制各加盟店。特別是在面臨利益衝突時，各連鎖店往往產生意見紛歧的現象。由此可知，合作連鎖體系其成員間的凝聚力較差，組織結構亦較鬆散，因此連鎖的功效不彰，威力也無法完全發揮。

3.自願連鎖

自願連鎖乃是一些經營能力較弱的獨立商店，自願依附在較強或較具知名度的現有連鎖體系之下，接受其輔導或協助，並在加盟的契約下履行規定的義務。自願連鎖的特點是，擁有大部分自主的經營權，營業利潤歸店主所有，而連鎖總部提供經營技術、管理技術及企業識別設計，但投資準備金須由加盟者負擔。例如統一麵包、波菲爾（由合作連鎖發展至接受自願加盟體系）等，皆屬於自願連鎖的例子。

自願連鎖的優點在於經營上投資資金較少，發展迅速，而且風險較低。此外，它亦可滿足中國人喜歡自己當老闆的心態。然而其缺點則在於各加盟店均是不同的老闆，人多意見多，且總部對各加盟店的約束力有限，因此欲達整體規劃、管理、促銷之一致性，較為困難。此外，各加盟店的素質不一，因此整體的連鎖企業形象也較不容易維持。

基本上，自願連鎖的加盟者若能共體時艱，摒棄私利，維護整體形象，配合連鎖總部的行銷策略，則應有頗佳的成果。此外，加強連鎖總部的約束力與管制力，使得總部可以在照顧到個別利益的前提之下，追求連鎖體系的整體利益，並以降低成本，增加經營效率與利潤。總而言之，自願連鎖經營成功與否，關鍵在於各加盟者的素質、合作意願及彼此間的共識。

4.授權加盟連鎖

授權加盟連鎖的型態乃衍生自直營連鎖體系，此時授權者 (franchisor) 提供一套完整的經營管理制度與技術、商品、商標及企業識別系統，而加盟者或被授權者 (franchisee) 則支付加盟金與保證金，並與授權者簽訂合作契約，全盤接受其硬體設備與軟體技術、訓練與指導，並按期繳交這類服務的指導費或稱為權利金 (loyalty)，使加盟者自己不必從頭摸索，一切營運即能步上正軌。因此，只要選定知名度高且有獲利的授權廠商之加盟特許權，則相當於買下了生財的店面。例如麥當勞、必勝客、7–ELEVEN、全家便利商店及 OK 便利商店等均屬之（全家與 OK 便利商店的連鎖型態有兩種，即直營連鎖與授權加盟連鎖）。

基本上，授權加盟連鎖與自願加盟連鎖最大的不同點在於，前者不能有獨立的自主權；其表面上雖是加盟店主，但並不是真正的老闆，大部分皆要遵守總部的指令行事，而且加盟者亦必須支付一定的金額給總部。

在授權加盟連鎖體系中，各連鎖店的經營方式與營業利益分配方面，都以授權契約詳加規定。連鎖總部可收取加盟權利金，分享連鎖店的部分利潤。因此，總部可藉由連鎖店的擴張而延伸自己的勢力與利益，並可藉由契約的約束力而緊密地控制連鎖店的營運，以維持整個連鎖體系在各方面的一致性。例如麥當勞的各家加盟店，其店面的裝潢佈置、提供的服務 (QSCV)、銷售的產品組合、作業程序與規定等，在全省各地所看到的都是完全一樣的。此外，7–ELEVEN 亦有類似的情況。

最後，國內的統一麵包，其加盟店有兩種型態，即授權加盟連鎖與自願連鎖；前者的一切作業與營運皆須遵循總部的規定，而後者則有較大的自主權，包括可自行決定商品的種類，商品的貨源，及陳列方式等。因此，讀者也許會發現國內的某些統一麵包店所銷售的商品完全一樣，但有些店則銷售不同的商品，前者乃屬於授權加盟連鎖，而後者則屬於自願連鎖者。

臺灣人愛上現代通路

　　臺灣都會民眾經常上現代商店消費，平均每月來店購物達 41 次，明顯地比香港人、新加坡人的 28 次還多。其中以到便利商店的次數最多佔 4 成，遠高於超市 (11%)、量販店 (6%)。

　　如果從通路的依存度來看，臺灣都會消費者每月必去便利商店的人高達 96%，其次必去量販店的 (67%) 比超市 (62%) 要多，必到個人商店的最少 (30%)。這個現象在東南亞算是異數，像在新、港的消費者都是每月必去超市的比例最高。

　　至於傳統菜市場，在臺灣還有 2/3 的人必逛，主要是新鮮的食物吸引他們。對想要買新鮮食物的人來說，上菜市場主要是為了買蔬菜 (88%) 及海鮮/肉類 (85%) 和水果 (78%)，會想到超市、量販店的比例不到一成。

　　不同地理區也有不同的商店消費型態，大臺北地區消費者將近五成每月逛量販店一次，每天去便利商店的為 53%，後者近三年來已少有變化；臺中消費者上量販店的頻率更甚於超市，而且有愈來愈頻繁的現象，尤其是每週去一次以上的人大幅增多。

　　臺南和臺中恰好相反，民眾到量販店的頻率減少，每天到便利商店的頻率略增，高雄消費者也是到量販店的頻率比超市高，此外必定到個人商店的比例更少。

　　想知道消費者選擇去哪個通路的理由為何？舉今年上半年為例，臺北人因為價格較低、停車方便、促銷優惠多和新品多，去量販店的比例比去年增加許多。相對的，由於超市的商品新鮮（含存貨更換快）、離工作或上學地點近，因此愈來愈吸引他們；個人商店主要是促銷優惠多、離家近可招來更多顧客。

　　臺灣目前不同零售通路型態的競爭激烈，此消彼漲的情形日益明顯。AC 尼爾森零售服務處資深副總監賴建宇透露，截至今年 6 月，超市 (34%)、一般

傳統商店 (27%) 佔有最大的二個市場,兩者開店數目雖多,單一業者營業額卻有限。

　　反觀排名在後的量販店 (15%)、便利商店 (15%) 和個人商店 (6%),正出現少數品牌獨大的局面,如家樂福開店數已佔全體的兩成以上,7-ELEVEN統一超商店數更佔有 44% 的市場,兩者擠壓超市的情形嚴重。

　　超市的定位不清楚是最大問題;拿商品來說,便利商店在一般包裝品,特別是飲料的品類管理做得好,以及量販店在生鮮食品上積極卡位,大大影響超市這些類別商品的銷售。再就行銷策略來看,便利商店強調便利、量販店訴求低價,也使超市難有施展空間。為今之計可能朝社區型發展、轉型為硬體產品的雜貨店會較有機會。

(資料來源:節錄自〈現代通路全面入侵亞太市場〉,《工商時報》,邱莉玲)

1. 一般而言，工業品行銷大多採用直接通路；相對的，消費品行銷，則較多採用間接通路。為什麼？又，服務業行銷呢？

2. 一家製造商為什麼要使用通路（中間商）？又為什麼不使用中間商？

3. 使用中間商與否，對公司的行銷組合之決策將會產生何種影響？

4. 通路設置的決策，其步驟為何？並請說明每一步驟的重要考慮因素。

5. 有關通路密度決策的考慮因素有哪些？有哪些通路密度的策略？其意義為何？BMW 汽車想打入臺灣汽車市場，你認為它適合採用何種通路密度策略？為什麼？

6. 「無衝突的通路系統未必是最佳的」，請評論此句話。

7. 某家電用品製造商，其產品透過百貨公司、電器行及直營經銷商來銷售；請問，此三種通路成員之間可能發生哪些衝突？又，該製造商應該如何解決衝突？

8. 在甄選通路成員時，公司應考慮哪些標準？在評估通路成員時，公司又該考慮哪些標準？

9. 「適應性」的通路對劇烈變動的環境而言是相當的重要；何謂「適應性」？其重要性如何？

10. 請比較傳統行銷通路系統與垂直行銷系統；為何說垂直行銷系統更接近整合行銷的觀念？請解釋之。

11. 相對而言，哪一種垂直行銷系統最具控制力？為什麼？

12. 製造商與零售商之間相對實力的大小，將會如何影響通路結構？

13. 麥當勞於桃園南崁設立「低溫碼頭」發貨中心，這對其通路的發展有何涵義？

14. 零售與批發的涵義各為何？能否以商品的價格來判定何者為零售商或批發商？為什麼？

15. 試比較「便利商店」與「超級市場」的差異。

16. 郵購乃是一種無店鋪零售，其與一般零售商店的銷售方式有何差異？你認為依臺灣地區目前與未來的環境趨勢而言，此種郵購方式是否會普遍？

17. 國內曾興起「將垃圾食品趕出校園」的運動；你認為這對自動販賣機業者帶來哪些衝擊？業者又該如何因應？

18. 就你所知，國內便利商店之未來的發展趨勢如何？請做摘要式的說明。

19. 連鎖體系乃是未來國內零售業發展的主流，請問為何會有此一發展趨勢？

20. 是否任何一種零售業皆適合採用連鎖經營？為什麼？

21. 連鎖體系有哪幾種類型？請簡要說明之，並各舉一些例子。

22. 就授權加盟連鎖而言，授權者為何要授權？被授權者為何要加盟？

23. 請比較「授權加盟連鎖」與「自願連鎖」的差異。

第十一章

促銷策略 (I)
——促銷組合要素與廣告

公司的行銷活動不僅是發展符合顧客需求的產品，訂定合理且吸引人的價格，以及使目標顧客很容易地可以在市面上買到該產品而已，還必須有效地與顧客溝通，包括告知顧客有關產品的訊息，激勵顧客多購買公司的產品，以及與顧客建立良好的關係等，這一切都需依賴有效的溝通策略或促銷策略。本章與下一章將介紹行銷組合的最後一個 P，即促銷策略。本章先介紹促銷組合的涵義，再討論廣告決策的相關課題。至於其他的促銷組合要素（包括公共報導、銷售推廣及人員銷售），將於下一章再介紹。

第一節　促銷組合要素

促銷的本質乃是以訊息與目標顧客溝通，而此溝通過程所做的一切努力即為促銷 (promotion)，至於溝通的活動則包括廣告、公共報導、銷售推廣及人員銷售等，稱為促銷組合 (promotion mix)。換言之，促銷的主要涵義乃在「溝通」(communication)；甚至有些教科書以行銷溝通策略 (marketing communication strategy) 取代促銷策略 (promotional strategy)。本節首先將介紹溝通的過程，然後再討論促銷組合要素。

一、溝通過程

溝通是藉著與他人分享觀念、資訊或感覺，以影響其行為之過程。溝通過程中有二種主要的參與者，即傳送者（來源）與接收者（目的地或視聽眾）。當傳送者有一些意念想與一個或多個接收者分享時，便會使用訊息 (message)與通路 (channel) 當作工具。綜合言之，當(1)傳送者傳送訊息；(2)接收者接收到訊息；及(3)傳送者與接收者有共同分享的意念時，便產生了溝通。圖 11–1繪示溝通過程與其基本的要素。

(一)傳送者 (sender)

訊息的傳送者可能是個人、企業或非營利組織，此即溝通的來源(source)。來源的可信度 (source credibility) 對溝通效果有很大的影響；例如當接收者對傳送者愈信賴，則對接收到的信息愈覺得可靠。這也就是為什麼某

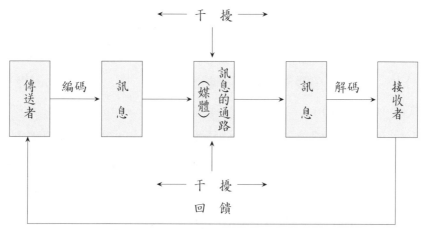

圖 11-1　溝通過程與其基本要素

些產品會使用非常值得信賴的發言人來做廣告的緣故。

(二)編碼 (encoding)

由於意念或思想無法直接傳遞，因此必須先轉換成可傳遞的符號，包括語言、文字、圖形等。換句話說，所謂編碼乃意指在溝通過程中將意念或思想轉換成符號的動作或過程。值得注意的是，為提高溝通效果，符號必須是傳送者與接收者所共同認可的。

(三)訊息 (message)

訊息乃是傳送者傳送給接收者的一些符號之組合，前者希望藉由訊息來影響或改變後者的行為。如同前述，傳送者所選擇的訊息必須是接收者所熟悉的，而且盡可能以最簡單的方式來傳遞。在溝通的過程中，訊息的發展非常重要，行銷人員必須決定發展何種訊息內容及採何種表達（訴求）方式，才能有效地改變或影響接收者的行為。

(四)通路 (channel)

訊息必須藉由溝通的通路才能傳遞給接收者，訊息的通路一般又稱為媒體 (media)。媒體主要可分為兩種，即人員溝通媒體 (personal communication media) 及非人員溝通媒體 (nonpersonal communication media)。人員溝通媒體是指傳送者與接收者的一種直接接觸之傳遞方式（工具），例如銷售人員與客

戶之溝通及口頭溝通等。非人員溝通媒體顧名思義乃是非使用人員來傳遞訊息的溝通方式，一般又稱為大眾傳播媒體 (mass communication media)，此時接收訊息的接收者可能有限。例如報紙、雜誌 (印刷媒體)、收音機與電視 (廣播媒體) 等，皆是一般較常見的大眾傳播媒體。

㈤**接收者** (receiver)

即接收訊息的一方，一般又稱為視聽眾 (audience)，它可能是潛在的顧客。接收者通常會基於本身之經驗與知識，賦予所收到的訊息某些意義 (此即稱為解碼)；而且他可能藉著提問題、建議、決定購買或不購買等方式，對訊息作出反應 (response)。有關接收者會賦予所接收到的訊息何種意義，此乃受到許多因素的影響，包括接收者的態度、價值觀、過去的經驗、場合，及需求的迫切性等。

因此，傳送者必須瞭解接收者之需求與特性，包括他們是現有的顧客或潛在的顧客，以及他們在購買決策過程中所扮演的角色 (諸如發起者、決定者、守門員、影響者及購買者)。簡言之，欲瞭解目標視聽眾，則必須對所有會影響消費者的購買行為之因素，都要深入地探討。由此可知，當一項購買決策會受到很多人影響時，此時溝通過程較為複雜，因為傳送者此時很難決定誰應該收到訊息，以及如何傳遞訊息給他們。

㈥**解碼** (decoding)

解碼意指接收者對所接收到的訊息賦予意義的動作或過程。由於接收者的特性與背景不同，因此對於同一訊息，可能因接收者不同而有不同的解碼方式。當然，亦可能受到噪音的干擾，而使得相同的接收者對同一訊息在不同的場合，會賦予訊息不同的意義。

㈦**回饋** (feedback)

回饋乃是接收者對所收到的訊息向傳送者所表達的看法與反應。在使用人員溝通通路時 (如人員銷售)，回饋通常是比較直接且迅速。相反的，藉由大眾傳播媒體的溝通，其回饋通常是較間接、緩慢，甚至沒有任何回饋。然而，在整個溝通過程中，回饋的有無乃決定溝通的成敗。因此，若使用大眾傳播媒體來溝通時，如何提高回饋的效率乃是非常重要的問題。例如有些公

司會提供免費電話號碼、意見信箱及小型的問卷調查表等，其目的皆在提高回饋的效率。

㈧干擾 (noise)

足以影響溝通過程的每一步驟之因素，皆可稱之為干擾或噪音。干擾可來自許多不同的來源，接收者必須盡量控制並降低干擾，如此才能提高溝通的效果。干擾的情況很多，例如電視螢光幕接收不良、雜誌廣告的彩色印刷模糊，致使視聽眾無法收到正確的訊息；此外，電視觀眾在廣告時間用遙控器轉臺，或離開座位上洗手間、至廚房拿東西吃等，都會構成干擾的來源。

二、行銷溝通與行銷組合

前述提及「促銷組合」的每一要素（廣告、公共報導、銷售推廣及人員銷售），皆可作為與潛在顧客溝通的活動。事實上，「行銷組合」中的每一要素（不只是促銷而已，還包括產品、價格與通路），亦皆可用來作為溝通的重要訊息。以下說明產品、價格與通路等三方面與溝通的關係。

㈠產品方面

包裝是產品中的一部分，而包裝在貨架陳列上同時也扮演著「沈默的推銷員」之角色，因此亦可說是促銷組合的一部分；包裝可以⑴提高產品附加價值；⑵塑造產品獨特的個性；⑶突出陳列的效果等，尤其衝動性購買的產品之包裝更為重要。

㈡價格方面

各種的價格促銷手段（包括上市特惠價、打折、免費試用、分期付款等），皆可用來吸引大量的顧客，進而帶動其他產品之銷售。由此可知，價格亦可作為促銷的工具之一。

㈢通路方面

購買地點的方便與否，亦是促成銷售成功的一項重要因素。一般而言，消費品較重視鋪貨的廣度，而工業品則以人員推銷的方式為主。例如7-ELEVEN以「你方便的好鄰居」及全家便利商店以「全家就是你家」等作為訴求重點。由此可知，通路亦可用來作為促銷的手段。

綜合以上所述，整個行銷組合必須經過仔細地規劃，各要素之間要求協調整合，如此才能使得溝通效果達到最大。

◐ 三、促銷組合要素

促銷組合意指為達成促銷目標所必須執行的活動，包括廣告、公共報導、銷售推廣及人員銷售等，這些活動的組合即稱為促銷組合，亦可簡稱促銷，其與行銷組合的關係，參見圖 11–2。

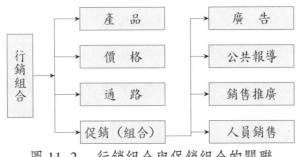

圖 11–2　行銷組合與促銷組合的關聯

整體而言，促銷是為了要告知、提醒與說服目標顧客有關公司及其產品的訊息。促銷的最終目的之一乃在將潛在顧客轉變成實際的顧客，但在達成此一目的之前，公司必須先贏得潛在顧客的注意 (attention)，然後引起他們的興趣 (interest)，喚起他們的欲求 (desire)，最後並能促其採取購買行動 (action)，此一整個過程稱為理性的購買過程 (AIDA)。換句話說，在顧客所經歷的各個購買階段 (注意、興趣、欲求與行動)，應該選用哪些促銷組合要素，才能獲致最佳的促銷效果，此乃促銷策略所必須考慮的重點。

以下我們分別簡要說明各項促銷組合要素的意義、目的、適用場合等 (參見表 11–1)，至於其詳細的內容將於本章後半部與下一章再做探討。

(一)廣　告

廣告是由特定贊助者付款，透過大眾傳播媒體介紹產品、服務或觀念的一種非人員溝通方式。當公司想與很多人溝通，而這些人又無法以人員方式作經濟性、有效的溝通時，廣告是一個很好的選擇。廣告所使用的媒體包括報紙、雜誌、直接信函、廣播、電視及看板等，其與公共報導最大的區別在

表 11-1　促銷組合要素彙總

要　素	定　義	目　的	適用場合	範　例
廣　告	透過大眾傳播媒體促進產品的銷售，並經由廣告案提出審核意見	使消費者對公司與其產品有所認識，並刺激其購買的欲望	價格合理且可迅速購買的產品	電視與廣播廣告、廣告信函、報紙與雜誌廣告等
公共報導	以各種活動方式樹立公司的良好形象	使消費者產生好感，並確立一個明確的形象	音樂會、體育活動、公益活動及其他促銷活動亦可加強公司的形象	贊助社區公益活動、全民體育活動，以及刊載新聞報導
人員銷售	以面對面直接接觸的方式，促成與潛在顧客達成交易	提供產品與服務，並對產品作出保證	價格相對較高且非迅速購買的產品	公司銷售人員或業務人員，推銷產品給顧客
銷售推廣	除廣告、公共報導與人員銷售之外的刺激消費者需求的努力方式	在交易的賣場中向購買者提供直接的激勵	為消費者購買產品提供各種便利性，在銷售據點製作廣告促成直接購買	獎品、競賽、展售會等

於它是以付費的方式宣傳訊息。

(二)公共報導

　　藉由大眾傳播媒體以建立並維持公司的良好形象與信譽，並闡釋公司的目標與宗旨。公共報導是公司不必付費，而透過大眾傳播媒體報導公司之產品、政策、人事或其他各種經營活動；它可以是大眾傳播媒體主動報導，亦可能是公司公關或行銷部門所刻意安排的。當然，公共報導可能是正面，也可能是負面的。行銷人員應與大眾媒體建立長期良好的關係，盡量爭取對公司的正面報導，而避免負面的結果。

(三)銷售推廣

　　銷售推廣（sales promotion；簡稱 SP）乃是在一特定期間內，提供激勵活動以刺激顧客、公司銷售人員或通路成員，期能獲得公司所預期的回應。銷售推廣可以達到其他促銷組合要素所無法達到的目的，但它是一項短期的促

銷活動。銷售推廣的活動，一般包括許多形式，諸如優待券、贈獎、競賽、回函贈送，及折價優待等。

㈣人員銷售

公司使用專業的推銷人員或業務人員，以直接面對面的方式與顧客接觸和溝通；因此，它是一種人員溝通的方式。銷售人員藉由溝通的過程，可更瞭解潛在顧客的需求，並期望透過銷售來滿足他們。

以上簡單地介紹促銷組合要素,在此必須特別提出三點值得注意的重點: (1)促銷活動的採行，可能主要使用某一最適當的組合要素，但可能亦須配合其他要素的使用，如此可以更增強促銷的力量。例如抽獎活動的舉辦，配合大量的廣告，可以讓更多的潛在顧客知悉此一銷售推廣的活動；(2)無論採用何種促銷組合要素，皆必須與公司經營的目標相一致；(3)促銷組合必須與行銷組合的其他三項要素（產品、定價、通路）相互配合，以獲致整合性行銷之綜效。

第二節　影響促銷組合決策的因素

大多數的行銷人員皆會結合使用各種促銷組合要素，而且每一要素彼此間皆有相互增強的效果。因此，行銷人員應選擇哪些促銷組合要素，以構成最佳的搭配，實乃重要的決策之一。然而，不同的產品類型、生命週期階段、目標市場特性等，皆會影響到行銷人員的促銷組合決策。對於影響促銷組合要素之選擇的重要因素，可歸納為如下四大類: 產品攸關因素，顧客攸關因素，組織攸關因素及促銷工具的特性，參見圖 11-3。

一、產品攸關因素

影響促銷組合決策的產品攸關因素包括(1)產品資訊數量與產品複雜性; (2)產品所處生命週期的階段; (3)產品類別與單價。

㈠產品資訊數量與產品複雜性

圖 11-3　影響促銷組合之四大類因素

如果消費者購買的產品需收集較多的資訊，且產品的使用與操作較為複雜，則通常採用人員銷售，因為透過直接接觸，能傳遞較多與複雜的訊息；相反的，可採用廣告，因為廣告所傳遞的訊息通常需要較簡單且易於瞭解。

㈡產品所處生命週期的階段

各種促銷組合要素在不同的產品生命週期所能產生的效果互異。在導入階段，促銷的目的在於告知，此時廣告與公共報導於打開知名度與引起消費者的興趣方面，最能奏效，而銷售推廣則有助於促使消費者提早試用。當然，公司亦可以透過人員銷售與爭取中間商合作，以確保配銷能加以配合。

在成長階段，促銷的重點乃轉到突出自己的品牌以與競爭者品牌有所區別。為了要建立與維持品牌忠誠度，促銷必須愈來愈具說服力。此時廣告與公共報導仍須維持猛烈的火力，但由於不再鼓吹消費者試用產品，故可減少銷售推廣的活動。

在成熟階段，競爭通常達到最激烈的情況，因此促銷活動與支出，也在此階段達到最高點。此時，促銷必須更具說服力，因此廣告亦仍相當重要。然而，銷售推廣與廣告相較之下，前者的活動更為增加，而廣告一方面著重在說服力上，另一方面提醒式的廣告亦相當重要。

在衰退階段，各項促銷組合要素亦逐漸減少。但是，對一些忠誠的顧客群仍可能持續地積極促銷，此時較多採用銷售推廣活動。

㈢產品類別與單價

就消費品與工業品來說，二者所採用的促銷組合要素並不相同。消費品一般使用較多的廣告，其次為銷售推廣、人員銷售，最後則為公共報導。至

於工業品則較多採用人員銷售，其次為銷售推廣、廣告與公共報導；參見圖
11-4。此外，產品的價格亦是重要的影響因素。對於便宜的消費品，促銷的
重點在廣告；而對於單價高的產品，由於消費者需要更多詳細與個人化的資
訊，因此採人員銷售比較合適。

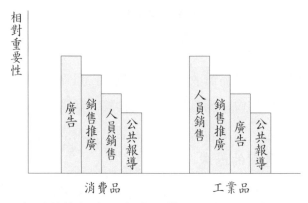

圖 11-4　各項促銷組合要素的相對重要性──消費品與工業品

● 二、顧客攸關因素

　　與顧客有關的三種因素會影響到促銷組合的選擇，即目標市場的特性與
購買決策的類型及購買準備階段。

(一)目標市場的特性

　　目標市場的大小、地理分佈及社會經濟特性等，皆會影響促銷組合的選
擇。當目標市場的規模較小、購買者人數較少時，採用人員銷售的方式，可
以很有效地來接觸這些購買者。相反的，市場規模較大，購買者人數較多時，
由於廣告具有經濟規模的特性，故採用廣告較為有效率。

　　在購買者的地理分佈方面，如果顧客集中在一個較小的區域內（如工業
品），則使用人員銷售的方式，將可提高效率。相反的，消費品的顧客，由於
其地理分佈較廣且較分散，此時較適合採用廣告。

　　目標市場中顧客的社會經濟特性，諸如年齡、所得、教育程度等，對促
銷組合要素的選擇，亦會有影響。例如教育水準與社會階層較低者，則採用
人員銷售似乎比較有效。

㈡購買決策的類型

　　購買決策類型若屬例行性購買者，由於消費者並不積極去收集資訊，故對此類型的購買者之促銷重點應集中在購買點（或銷售據點）上，以喚起其對公司品牌之注意，並提醒他們，公司的品牌仍比其他品牌好，以及用以對抗其他新引進的品牌。相反的，如果這些消費者已是其他品牌的顧客，則促銷的訴求重點可以強調：「如果你已厭惡了所使用的品牌，請試試我們的，因為它可以帶給你更大的滿足。」

　　當購買決策屬於複雜型，則促銷所溝通的訊息必須較為詳盡且能符合購買者的需求，此時採用人員銷售的方式較能發揮效果。

㈢購買準備階段

　　當消費者對一產品的購買處於不同的階段時（包括知曉、瞭解、偏好及確信等），各項促銷組合要素所能發揮的效果亦有所不同。一般而言，廣告與公共報導最適合用於打開產品的知名度，消費者教育與贈送產品手冊（廣告與銷售推廣）最能增進顧客對產品的瞭解，廣告與人員銷售較容易改變消費者對產品的態度，至於消費者的最後購買行動，主要是由人員銷售與銷售推廣活動來促成（即補上臨門一腳）。

◑ 三、組織攸關因素

　　組織攸關因素包括與公司有關的下列幾項：促銷策略、品牌策略、定價策略及促銷資源等。

㈠促銷策略

　　公司可能採取推式或拉式的促銷策略，其對促銷組合的選擇頗有影響。所謂推式策略 (push strategy) 意指由製造商直接向中間商促銷，再由中間商將產品推銷給最終消費者的促銷策略。因此，採用此種策略的消費品製造商將會積極地促銷產品給批發商，批發商積極地促銷產品給零售商，再由零售商促銷給最終消費者；換言之，每個通路成員皆促銷產品給垂直行銷通路的下一階層之成員，參見圖 11–5。推式策略通常較倚賴公司的銷售力（銷售人員）與各種促銷活動；例如銷售人員業績競賽與經銷商銷售業績之比賽等。

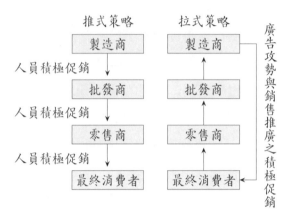

圖 11-5　推式與拉式的促銷策略

　　拉式策略 (pull strategy) 則著重在直接向最終消費者促銷,而不透過中間商的促銷策略。拉式策略的目的在於刺激消費者向零售商主動詢問公司的產品 (指定購買),如果成功的話,零售商向批發商以及批發商向製造商,亦會主動詢問。換言之,拉式策略乃是製造商將消費者拉向通路成員。

　　拉式策略通常較倚賴大量的廣告及各種直接針對最終消費者的銷售推廣活動,諸如折價券、贈品或摸彩券等。拉式策略可以讓製造商控制產品促銷給消費者的方式;因此,當公司想塑造較強烈的公司形象時,拉式策略比推式策略更為合適。基本上,拉式與推式的促銷策略各有其優缺點,而在大多數的情況下,公司可能會綜合使用推式與拉式策略。

(二)品牌策略

　　公司使用個別品牌策略時,每一品牌皆要有自己獨特的形象,如此才能為行銷通路中的各成員所接受。而銷售推廣、集中力量的人員銷售及大量的廣告,皆是建立品牌形象的有效工具,因此廣告支出可能相當龐大。

　　至於使用家族品牌策略的公司,由於消費者對家族品牌已有印象,因此可能僅需少量的廣告,以告知消費者有新產品的推出即可。

(三)定價策略

　　購買者在購買價格較高的產品時,通常會有較大的風險,因此採用人員銷售的方式可藉著直接溝通而降低其風險。至於較為便宜的產品,一般使用

成本較低的廣告。此外，想要讓零售商依照所建議的價格銷售產品，製造商便需要使用大量的廣告，以建立需求與品牌忠誠度。此舉亦意謂著，零售商不須倚賴減價即可達到高週轉率的銷售。

㈣促銷資源

公司在促銷活動方面所擁有的資源，對其選擇促銷組合當然會有影響。在此所指的促銷資源包括促銷預算與促銷人力素質。就促銷預算而言，公司在選擇促銷組合要素時，應該考慮觸及每位消費者之相對成本。例如以可觸及人數為準，則人員銷售的成本要比廣告多。此外，就促銷報酬率而言，人員銷售較容易衡量其促銷成果，而廣告的效果較不易衡量，因此人員銷售較容易計算報酬率，公司也較容易依報酬率來控制促銷預算。最後，就每人觸及成本而言，人員銷售與銷售推廣通常要比廣告與公共報導來得高。

至於公司的人力資源方面，當公司缺乏可用的銷售人力時，顯然會選用較高的其他促銷組合。

◉ 四、促銷工具的特性

每一種促銷工具（包括廣告、公共報導、銷售推廣與人員銷售），本身都具有其獨特的性質，所需的成本亦不相同。因此，行銷人員在作促銷組合選擇之前，必須先對這些特性有所瞭解。以下我們分別針對各個促銷組合要素的特性作一簡要的介紹，其較詳細的內容與涵義，後面將會再做說明。此外，讀者亦可配合表 11–1 來探討。

㈠廣　告

廣告具有下列的一些特性：

1.公開表達性：廣告通常是公開地表達公司的產品所具有的利益，大多數的人所接收到的訊息是相同的，因為它是透過大眾傳播媒體來傳遞的。

2.滲透性：公司可以重複相同的訊息，滲透為數眾多的目標視聽眾。

3.誇大渲染：透過印刷、音響及色彩巧妙的運用，廣告可以利用較具戲劇性的手法來表現公司的產品。

㈡公共報導

公共報導所具有的特性，包括：

1. 信賴度高：新聞稿相對於廣告而言，消費者對公共報導較為相信其真實性。

2. 觸及面廣：此特性與廣告類似，皆是透過大眾傳播媒體來傳遞訊息，當然其訊息是以「新聞」的形式來溝通。

3. 具戲劇性：此特性亦如同廣告一樣，可將公司或產品戲劇化，特別是公司可藉由某些特殊的事件來加強效果。

㈢銷售推廣

銷售推廣活動的形式非常多，但這些工具基本上皆具有下列的一些特性：

1. 溝通：可吸引消費者的注意，並提供相關的訊息，以促使消費者試用該產品。

2. 激勵：銷售推廣活動中經常結合一些減讓、降價、誘因或贈送，帶給消費者實質利益，因此在激勵消費者的購買行動上頗具效果。

3. 邀請：銷售推廣活動往往會以獨特的方式邀請消費者參與，因此往往可以創造人潮以及造勢。

㈣人員銷售

在建立消費者的偏好，增強對產品的信任態度及促使其採取購買行動等方面，人員銷售是較有效的促銷工具。人員銷售與廣告相較之下，它具有以下的特質：

1. 互動性：人員銷售可以使兩個人或更多的人之間產生互動關係，銷售人員皆能深入地瞭解對方的需求與特性，從而作適度的調整。

2. 建立關係：人員銷售可以與顧客建立各種不同的關係；例如從最普通的公事往來到很深厚的私人友誼都有。然而，銷售人員必須隨時顧及顧客的利益，如此所建立的關係才可能長期而穩固。

3. 消費者通常比較願意參與或有所反應，儘管所獲得的反應也許只是一聲禮貌性的謝謝而已。

第三節　促銷組合活動的管理

公司為了達到某特定的目標會採行一系列相關的促銷活動，而這些促銷活動彼此間有相輔相成的作用，因此擬定促銷策略時，必須將各種不同的促銷活動作整體性的考量。至於促銷活動管理之目的，亦在於確保促銷組合各要素間能相互補足以完成整體的促銷目標。因此，促銷活動必須加以妥善的規劃與管理，如此才能發揮最大的效果。促銷活動的管理包括以下幾個步驟（參見圖 11-6）：(1)設立促銷目標；(2)規劃促銷活動；(3)決定促銷預算；(4)分配促銷預算；(5)執行促銷活動；(6)評估促銷活動。

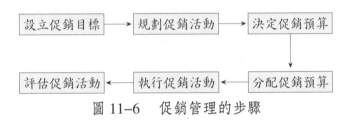

圖 11-6　促銷管理的步驟

一、設立促銷目標

促銷管理的第一個步驟便是設立促銷目標，以為後續的促銷活動之規劃與促銷預算之決定與分配的參考依據。促銷目標與其他行銷目標一樣，應該要具體明確，且有評估的標準（包括執行的時間表）；此外，促銷目標必須與其他行銷組合目標相一致，且能配合公司整體的行銷與企業目標。舉個例子來說，假定某公司設定其企業目標為獲致 10% 的投資報酬率，而為達成此一目標，在某一產品方面，公司要求達成 15% 的市場佔有率（此為行銷目標）。同樣的，為達成此一行銷目標，公司亦必須設立各項促銷組合要素的目標，參見圖 11-7。

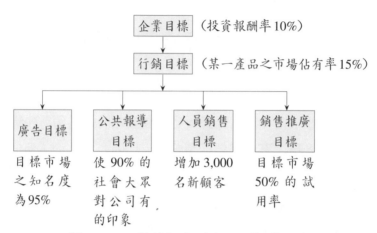

圖 11-7　促銷組合要素之目標的示例

促銷目標非常多，我們可依「層級效果」(hierarchy of effect) 模式來發展，參見圖 11-8。此一模式描繪出短期與長期的促銷目標；由於促銷組合要素特性的不同，訊息接受者的層級效果亦會有所不同，其層級依序為知曉 (awareness)、理解 (knowledge)、喜歡 (liking)、偏好 (preference)、確信 (conviction) 及購買 (purchasing)。換句話說，要獲得消費者的購買，常須歷經這些層級之漸進的步驟。運用此一層級效果模式，企業能因應所希望的不同促銷目標，選擇不同的促銷組合。換句話說，各種促銷工具就是以不同的組合方式，來達成公司所期望的促銷目標。

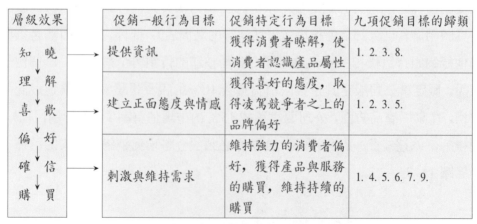

圖 11-8　促銷目標的層級效果模式

除了上述依層級效果模式所區分的促銷目標外，一般企業的促銷目標大致包含以下九項：

1.創造知名度：可藉以促進零售店陳列商品與顧客購買的意願。

2.提供資訊：複雜的產品通常需要特定的資訊，以減少購買的風險。

3.解釋公司之行動：解釋公司採取某行動的原因，否則可能引起誤解、不信任或公開敵對。

4.引發中間商進貨：以促銷來刺激需求，使中間商同意進貨。

5.留住忠誠顧客：防止顧客轉換到其他品牌以及遺忘了公司的品牌。

6.增加用量與次數：透過促銷來增加顧客的使用量及次數，亦可提高對產品的需求，此乃很多促銷活動的目的。

7.引發試用產品：可進而刺激顧客採取購買行動。

8.瞭解目標顧客：以直接信函 (DM)、免費電話或銷售訪問方式，增加對顧客的瞭解。

9.減少銷售波動：利用促銷活動，減少氣候、季節及假期等因素對銷售的影響。

以上九項的促銷目標與層級效果模式的三大類促銷目標是相對應的，例如：1. 2. 3. 8.是與資訊提供或溝通有關的目標；1. 2. 3. 5.與建立公司形象有關的目標，而 1. 4. 5. 6. 7. 9.則與刺激和維持需求有關的促銷目標。

◖ 二、規劃促銷活動

促銷目標一旦建立之後，接下來便是規劃促銷活動，其內容包括⑴決定最合適的促銷組合要素，亦即決定需要哪些 (what) 促銷活動，以及如何 (how to) 組合或搭配；⑵決定每一項促銷活動所要達成的功能及負責的人員 (who)；⑶協調各項促銷活動並確定各個步驟完成的時間表 (when)，以為實際執行時的參考依據；⑷提供回饋的管道，以瞭解各項促銷活動的成效。

◖ 三、決定促銷預算

愈來愈多的公司皆已瞭解到促銷的重要性，但公司究竟要編列多少的預

算來做促銷呢? 有關公司如何決定其促銷預算, 方法很多, 一般較常見的方法包括下列四種:

㈠量入為出法 (affordable method)

此一方法係公司依其本身的財務能力來決定促銷預算; 簡言之就是能花多少就花多少。以這種方法來決定預算, 不但完全忽略了促銷活動對銷售的影響, 而且亦忽略了促銷其實亦是一種投資。此外, 如果每年的促銷預算皆不能確定的話, 則對於公司市場的長期規劃亦有很大的困難。

㈡銷售百分比法 (percentage-of-sales method)

此方法係公司依據銷售額的某一百分比或售價的一定比率來決定其促銷預算。至於百分比或比率的高低, 則依據公司的傳統、政策及產業的平均水準來決定。此方法的優點包括⑴促銷費用的多寡乃依公司的支付能力而定; ⑵促使公司考慮促銷成本、售價與單位利潤之間的關係; ⑶若各競爭者皆以近似相同的比率編列預算, 則可促使同業間的競爭趨於穩定。

然而, 銷售百分比法最大的缺點在於, 誤視銷售為促銷的「因」, 而非其「果」; 如此可能導致下列的現象: 銷售額低, 則促銷預算少; 但從另一個角度來看, 銷售不佳更應增加促銷預算, 以提高銷售額, 但結果卻恰好相反。

㈢競爭對等法 (competitive-parity method)

此方法係依競爭者的促銷支出水準來決定公司的促銷預算, 亦即促銷預算與競爭者的水準是一致的, 以與競爭者維持對等的地位。採用此方法的觀點有二: ⑴競爭者的預算大致代表了整體產業的智慧結晶; ⑵各競爭者若維持相同的預算水準, 則可避免發生促銷戰爭。

然而, 競爭對等法的最大缺點是, 各公司的背景、政策與目標皆不盡相同, 因此沒有理由要求公司設定與競爭者相同水準的促銷預算。此外, 即使預算相同, 誰也無法保證促銷戰爭一定不會發生。

㈣目標任務法 (objective-and-task method)

此為最有效的預算決定方法, 它是根據公司特定的目標來發展預算, 亦即先決定達成這些目標所需完成的任務,再估計執行這些任務所需要的成本, 而這些成本的加總即可視為促銷預算。

使用目標任務法可讓公司瞭解到所想要完成的事項（與目標）以及每一已投資的報酬率。其他方法皆有其缺點，例如量入為出法缺乏完整的市場與促銷規劃；銷售百分比法可能造成過度浪費（在市場擴增時）或支出不足（在市場衰退時）的情況；競爭對等法乃是假設競爭者的決策是正確的，而且公司本身與競爭者有相同的需求。至於目標任務法皆無上述的缺點，而且它可讓公司明確地指出促銷預算與促銷成果之間的關係。然而此方法在執行上卻較為困難，因為公司有時很難知道哪些任務可以達成哪些目標，以及達成的程度為何。

◉ 四、分配促銷預算

企業通常藉著變更各項促銷要素，以求在有限的預算下提高促銷的效果。理論上，當花在各項促銷要素上之最後一元的報酬率皆相同時，則預算之分配可達到最佳的效果。此乃利用經濟學中邊際利益的觀念來分配促銷預算。然而，問題就在於報酬率與邊際利益在實務上是很難估算的。此外，促銷預算的分配亦需考慮第二節所述的「影響促銷組合決策的因素」，包括產品攸關因素、顧客攸關因素、組織攸關因素及促銷工具的特性等。

◉ 五、執行促銷活動

一旦促銷目標已設定、預算亦已分配，接著便必須執行促銷活動。此一步驟重點在於需同時實施控制，如此才有利於促銷活動之執行與修正。在執行促銷活動時，必須考慮其時間進度 (time schedule) 的安排。例如贈品的選購、促銷輔助物的印製、負責人員的安排等，都須事先予以安排其預定達成的日期，如此於促銷活動推展的過程中，行銷人員才能做有效的控制與修正。

◉ 六、評估促銷活動

促銷活動結束之後，行銷人員應該審慎地對其效果加以評估，以作為將來規劃促銷活動的參考。在評估的過程中，應該注意到「存貨效果」(inventory effect) 的現象。所謂存貨效果係指於促銷活動期間，雖然銷售量或市場佔有

率有顯著的增加，但於促銷活動結束後，銷售量較未採行促銷活動時短少，而此短少的部分乃表示消費者或中間商正在消化之前活動所提前進貨的存貨，此部分即為所謂的存貨效果。由此可知，在估計促銷活動的效果時，應將此部分的存貨效果予以扣除。

此外，在評估過程將會有一些回饋的資料，公司必須重視與檢討這些回饋的資訊。例如根據某些回饋資訊，公司可能必須修改促銷活動，諸如(1)引起超過公司所能提供的需求量；(2)使中間商或最終消費者產生混淆；(3)損害公司或品牌形象；(4)未觸及到目標市場等。

第四節　廣告的本質

本節開始及至下一章，將分別討論促銷組合的各項要素。本節先介紹廣告，而公共報導、銷售推廣與人員銷售等三項要素，將於下一章再做介紹。

一、廣告的意義

「廣告」一詞是由拉丁文 "advertere" 衍生出來的，意指「將（某人）的想法傳播出去」。廣告是一門藝術，它吸引眾人的注意，使人產生興趣並記住某一公司及其提供的產品或服務，進而導致購買行動。廣告過去以來被視為一種銷售的技術，在各種促銷組合要素中，是一個非常重要的部分。

廣告是透過預先選定的媒體，使一則訊息傳播出去。在中國古代，酒店使用旗幟或大葫蘆吸引人們的注意；在古希臘城裡，商人使用吹響號角來招攬顧客。在近百年來，廣告變得更為重要，而且已有愈來愈多的媒體可使用，包括報紙、雜誌、廣播及電視等。

然而，廣告真正的意義為何？一個較完整且普遍被接受的廣告之定義如下：「廣告是以廣告主付費的方式，針對特定對象設計訊息，並經由適當的媒體傳遞出去，期能達到廣告的目的，並有助於整體的行銷運作。」依此定義，廣告的意義有下列幾個重點：(1)廣告是廣告主付費投資的；(2)以非人員方式，對觀念、商品或服務所做的陳述與推廣；(3)廣告是有特定的對象，即有其特

定的目標視聽眾; 因此, 廣告並非「廣而告之」; ⑷廣告是透過大眾傳播媒體,
與消費者溝通; ⑸廣告亦有其特定目的, 一般包括告知、說服與提醒。

　　廣告對行銷人員而言, 亦是一項完整的溝通活動與過程, 其所包含的內
容與範圍, 可由廣告的 6 個 "C" 來瞭解: 廣告最先要瞭解誰是我們的最佳「消
費者」 (consumer), 即目標視聽眾, 而對這些消費者進行「溝通」
(communication), 並瞭解到影響溝通或傳播的「限制」(constraints), 接著發
展廣告「創意」(creativity)、設計傳播訊息, 透過適當的「媒介」(channel) (媒
體) 傳送出去, 最後綜合以上各步驟規劃完整的「廣告活動」(campaigns)。

◉ 二、廣告的種類

　　廣告的分類方式繁多, 沒有一個標準的分類原則, 茲討論最常見的廣告
分類, 即產品廣告 (product advertising) 與機構廣告 (institutional advertising)。

㈠產品廣告

　　產品廣告係指公司為了告知或刺激市場所做的產品或服務之促銷或溝通
活動。行銷人員利用產品廣告以推廣產品或服務的特徵、利益與使用。由製
造商與零售商分攤費用的合作性廣告, 亦是產品廣告的一種, 這可用來刺激
零售商進貨並促銷該產品; 而且, 零售商亦可自地區性的媒體獲得較佳的廣
告效果。

　　產品廣告亦可依其所欲達致的廣告目標, 而區分為下列三種: 先驅式廣
告 (pioneering advertising)、競爭性廣告 (competitive advertising) 與提醒式廣告
(reminder advertising)。

1.先驅式廣告

　　先驅式廣告是為了要讓消費者認識、瞭解產品, 並發展主要需求的產品
廣告, 其目的乃是在產品採用過程的早期階段, 或產品生命週期的導入階段,
告訴潛在的顧客公司有新產品上市。因此, 這類型的廣告必須讓消費者認識
新產品、教導潛在的購買者如何使用, 以及引發通路成員進貨。

2.競爭性廣告

　　競爭性廣告的目的在於刺激選擇性的需求, 亦即是對某特定品牌 (而非

針對某產品種類）的廣告。在產品生命週期進入成長階段時，公司可採用競爭性產品廣告來創造品牌形象；增進消費者對品名與商標的認知；展示公司品牌之特性、價格與利益優於競爭品牌；以及增加輕度使用者的使用率並吸引新的使用者。一般我們可由廣告中有濃厚的「說服性」訴求，來辨認其為競爭性產品廣告，它會特別強調購買某品牌之利與理由。競爭性廣告可以採直接的方式，也可以採間接的方式；直接式的廣告在於促使顧客立即採取購買行動，而間接式廣告則在於突顯出產品的特性，以影響其日後的購買行動。

另一種與競爭性廣告很類似的，稱為比較性廣告 (comparative advertising)，二者所強調的主題是不相同的。比較性廣告乃是利用真實的品牌名稱，對某特定的品牌做一比較。例如宏碁電腦公司刊登的廣告：「IBM 應該不會告訴你，美國海軍官校的投標案，它們向宏碁康瑟系列俯首稱臣」，此即屬於比較性廣告的一種；另外，豬油業者以「植物油才是真正的隱形殺手」來指責競爭者，此種並未以特定的品牌做比較的方式，是屬於競爭性廣告的一種。

3. 提醒式廣告

當產品之品牌已為多數目標顧客所偏好甚至成為品牌忠誠者，此時所做的廣告即為提醒式廣告。在產品生命週期的成熟階段，經常使用提醒式廣告。提醒式廣告亦可藉著提及品牌之利益而強調說服性的目的；此外它亦可以向已購買此產品之消費者訴求，以協助他們降低認知失調。最後，提醒式廣告有時用來引進既有產品之新的使用方法，以維持既有的銷售水準。

廣告與生活　中國概念的文化意象

Mountain Drew 山果露最近在美國三大電視網，ABC、NBC 和 CBS，密集打出的一支廣告影片，借用「臥虎藏龍」的劇情，武打場面、中國庭園、中國演員和中文旁白等「全中國」式演出，可想見李安、臥虎藏龍和中國輕功的柔美，已取代和區隔了美國人早期對中國連結——李小龍、精武門與雙

節棍的剛強。

　　近來，美國傳媒興起一波又一波的中國風。Cisco（思科）的廣告以跳街和音樂的形式，將中國文字、中國人的高科技公司場景，和東方面孔的各種職業使用者融入，呈現所謂「現代中國意象」；在成龍 (Jacky Chen) 電影「尖峰時刻 2」(Rush Hour 2) 的中國武打喜劇蔚為一股旋風，連帶廣告影片也出現中國、韓國、美國和西班牙四種面孔的少年，馬步姿勢穩健、拳腳功夫了得的伊、哈運氣聲不斷，介紹的是健康飲料。

＊廣告表現商品概念

　　一般而言，行銷者必須將產品概念（技術面）轉化為商品概念（行銷面），而後發展出容易被消費者接受的廣告概念（表現面），此即為創意，也是廣告最吸引人的重要一環。廣告概念以連結消費者，或形成消費者易於接受的訊息呈現，大致可分為四種形式：情感連結、文化概念連結、實證機能性連結和生活型態，前兩者屬感性 (emotional)，後兩者則屬理性 (rational)。

　　情感連結表現印象概念，多借用心理學理論，以滿足消費者欲望為主。例如統一左岸咖啡館表達了目標對象──都會女子的城市疏離和出走心情，以歐洲、賽納河、咖啡館角落、異鄉女子和侍者等作為陳述；文化概念連結則為一種象徵性概念，以符號學理論為架構，表達文化意義和圖騰，如本文所提及之中國概念。機能性連結以主張概念，配合經濟學理論之實證基礎，將商品效用真實說明，以阿亮代言的白蘭強效無磷洗衣粉，說明「凡洗過，必不留下痕跡」即為一例；而生活型態連結則是將商品導入生活提案概念，以社會學理論應用，譬如新一代的好媽媽味道不再是金蘭醬油有「媽媽的味道」，而是「不會太甜、不會太鹹」的醍醐味。

＊象徵性的文化概念

　　中國概念一直是重要的文化意象，中興百貨在意識型態廣告公司的操作下，使用綠色提袋、黑色唐式銷售制服和中國臺灣本土設計師專櫃等，導入小而美且精緻的社區型百貨公司定位，顛覆日式或歐式百貨在臺灣的優勢；可口可樂在中國以長城上的年輕人，這是中國人眼中的中國概念，簡單而具象。1995 年美國百事可樂，在「讓日本人放心大膽喝美國人的可樂」概念下，

創造 "Pepsi man"，除具有日本傳統娛樂的特質，還反映了社會現象徹底與日本文化結合。再則，近來臺灣本土的區域型文化，自歌手伍佰唱出臺灣啤酒「臺灣最青」之後開始形塑，而在競爭廣告中常使用廣告歌曲「春天的花蕊」，襯以故鄉、親情、朋友等故事入境和剪接，不但令人動容，更使臺灣文化意識油然而生。

＊廣告是濃縮距離的有效利器

　　廣告是一種最即刻、也最快速反應的文化現象、生活型態、流行趨勢等的產業，也是在全球化 (globalization) 風向球中，濃縮國與國、地方與地方、文化與文化、社會與社會間交流的首要利器。臺大城鄉所教授夏鑄九指出，全球化的意義，一來是國界消失，二來則是以重要城市作地標，吸引企業及人才。所以，不管是中國、美國或是北京、紐約，身為一個廣告人或是地球村人，別忘了下次旅遊時，先瀏覽一下當地的廣告。

　　　　　　　　　　(資料來源：《震旦月刊》，2001 年，364 期，許安琪)

㈡機構廣告

　　機構廣告的目的在建立與維持公司的商譽與形象，使消費者對公司本身產生有利的態度，它並非直接廣告某特定產品或品牌，此種廣告有時稱為企業形象廣告 (corporate image advertising)。仿照產品廣告的目的來分類，機構廣告亦可分為下列三種類型：

1.先驅式機構廣告

　　先驅式機構廣告有助於建立與維持公司想獲得之形象；此外，當某些媒體對公司有錯誤的報導或公司有新經營方向時，皆可使用此種機構廣告來修正錯誤的報導及提供投資人有關公司之新的發展趨勢之相關資訊。永慶房屋所刊登的廣告訴求：「永慶房屋『宅速配』，把 PDA 列為仲介服務的標準配備，房屋仲介經紀人員隨身攜帶載有完整買屋賣屋資訊、可連線更新的 PDA，人手一臺，在任何場合皆可依客戶需求迅速配對。」用以強調其所提供服務之速度、品質、技術均領先同業。

2.競爭性機構廣告

當不同的產品競爭相同的市場區隔時，可使用競爭性機構廣告。此類型的廣告其目的可能在於引起顧客的立即購買行動，亦可能在訴求某類工業品的優點，或者刺激中間商成為公司的通路成員。

3.提醒式機構廣告

作為忠告或呼籲社會大眾重視某些公益活動或者鼓勵參與投票等的廣告謂之。例如在廣告中呼籲社會大眾「酒後勿駕車」、「檢舉黑槍」、「投下神聖的一票」，及「響應捐血」、「輸血一袋，救人一命」等。

表 11-2 彙總產品廣告與機構廣告之三種類型，並作一比較。

表 11-2　產品廣告與機構廣告之比較

廣告目標	產品廣告	機構廣告
先驅式 (告知)	・介紹新產品 ・宣佈調整價格 ・產品改良的說明	・建立公司形象與商譽 ・訂正媒體有關公司之錯誤的報導 ・發佈公司新的經營方針
競爭性 (說服)	・建立品牌偏好 ・鼓勵品牌轉移 ・強調公司品牌的優點	・建立顧客對公司（非特定品牌）的忠誠度 ・以有利的方式將公司與競爭者做比較 ・鼓勵中間商成為通路成員
提醒式 (提醒) (說服)	・使公司品牌永居領導地位 ・維持既有的銷售水準 ・降低購買後的認知失調	・競爭活動中，提醒選民注意重要的課題 ・呼籲社會大眾參與公益活動 ・回憶公司過去曾贊助參與的公益活動

行銷實務 11.2

比較廣告效力強

依照廣告學的定義，比較廣告是一種技巧，在廣告文案中明文指陳競爭者或競爭品牌，其具有三種特質：

1.兩個或兩個以上的品牌被比較。

2.就產品之單一特質或多重特質作比較。

3.產品之事實或客觀資訊在廣告訴求中被暗示、明白指陳或示範宣傳。

一般來說，利用比較廣告的技巧，基本上是希望達成相關性，也就是藉力使力把市場領導品牌的優質特性引導到自家產品上，或是相異性的效果，透過比較手法重新在消費者認知上作比較。

前陣子，最熱門的比較廣告非汽車業莫屬，肇因是源自 TOYOTA 推出新款 CAMRY，甫推出就成為眾矢之的，引起福特 MONDEO (METROSTAR) 以及 NISSAN CEFIRO 的側目，並掀起一場三大品牌爭奪戰。其他兩家競爭品牌為防堵 TOYOTA CAMRY 搶奪市場大餅，紛紛作出一系列廣告，其中不乏直接攻擊對方的弱點，藉此突顯自己的差異，甚至玩起文字遊戲（追隨者）與統計學（銷售數字），讓消費者丈二金剛、根本摸不著頭緒，到底誰才是真正的領先者？

首先發難的是 TOYOTA CAMRY 推出背影篇，廣告中以模特兒、拳擊手、醫生、賽跑選手和企業家的背影傳達「追隨者只能看到領先者的背影」。隨後 CEFIRO 推出四缸與六缸引擎的品牌差異，廣告中 CEFIRO 與 BENZ 和 AUDI 歸為同等級，CAMRY 與 METROSTAR 和 ACCORD 歸類成另一個等級。廣告一出，火藥味愈來愈濃厚，戰火一觸即發。當然，福特 MONDEO (METROSTAR) 不甘示弱，立刻推出追隨者篇，明白指出 CAMRY 才是真正的追隨者，廣告中還明白指出二者之間在德國、英國、法國等地銷售數量的差異，甚至在報紙廣告中還用驚人的長條圖比較兩者的差距，並用文字註明：「很抱歉，由於 MONDEO 的銷售數字實在超出 CAMRY 太多，即使我們用了這麼大的篇幅，依然無法完整呈現兩者之間的極大落差。」此時，戰況進入非常緊張時刻。

從比較性廣告中可以歸納出業者的投機之處：(1)片面擷取不具代表性的部分交易，或特定人士的見解，通常只是對自己有利的才作比較；(2)以新舊產品或等級不同的產品相互作比較；(3)比較的基準或條件並未相等，或甚至列舉不為人知的資料；(4)非一般可接受的科學或公正方法可以作測試比較；(5)只強調測試的一部分而不是全部，或是不重要的差異比較，剛好此部分足以誤導消費者；(6)所引用的比較資料來源並不具備客觀性或代表性；(7)未經實證的資料就以懷疑、臆測、主觀陳述作比較。

　　CAMRY 這次引爆的汽車廣告戰不是第一次，比較廣告過去經常出現在奶粉類、電池類，現在幾乎各類都可能以此作為廣告表現手法之一，根據所有比較廣告的表現方式，可歸納成下列幾種：

　　批判比較：在廣告中，對被比較者產生貶低效果，突顯自己商品的優越性，但原則是批判內容應符合真實性，來源要有根據，如公認檢驗報告、完整轉載或引述資料，否則有可能構成侵害商譽的攻擊性廣告，將會受到罰責懲戒。

　　依附比較：依附在被比較品牌之下，即使是廣告中提到該品牌的商標也不忌諱，目的不外乎想要攀附知名度高的品牌，藉此提升知名度，給人「搭便車」之嫌。比如說，METROSTAR 在最早推出之時，利用盲人聽到關車門聲誤以為是 BENZ 車系，影射自己車子的品質與 BENZ 同級。4月中又推出家犬聽到車子行駛的聲音，誤以為是主人回來，叼著鞋子開啟電動車門等候主人回家。

　　暗示比較：通常業者為了規避正面衝突，不直接表明競爭者的名稱，依消費者想像力確定特定的競爭對手，這類競爭者屬於市場佔有率居於明顯地位或市場上具有威脅性的品牌。

　　數據比較：利用特定的統計數據作比較，加深消費者印象，但其統計數據的調查是否公正、統計方法、採樣及調查範圍是否符合公平合理原則，都是重要參考依據。

　　另一種比較廣告的形式是在廣告中宣稱自己的產品是「世界排名第一」或「世界領導」、「傑出」、「優良」等類似用語。通常這類廣告是在廣告上標明其產品為「世界排名第一」，因為這類廣告具體程度足以引發一般消費大眾特殊的認知，進而產生購買決策。公平會有條文明白表示應附帶提出足以證明該產品為世界第一之具體數據資料，證明其廣告之真實性，使交易相關人知悉。否則，其使用「第一」等最高級形容文詞而缺之具體佐證，其廣告即涉有虛偽不實，而有引人錯誤之虞。

　　但若在廣告上稱「世界領導」或「傑出」、「優良」等類似用語，不論是否涉及特定競爭者，僅須提出本身商品某一項事實或特定比較同類商品優劣

點所作評估之資料，而能解釋有此事實存在即可。

　　層出不窮的比較廣告，的確容易讓消費者產生注意力，因為從比較中出現一些平常不為人知的資訊，但不能忽視消費者知的權利，尤其現今資訊漸漸透明化，聰明的消費者會用放大鏡來檢視產品的優缺點，不是業者說的就算。

　　其實，比較廣告並非萬靈丹，當廣告中出現褒己貶人或侵害他人信譽時，仍會受到公平法的規範，不但如此，對形象的受損也相當大，不可不慎！

　　　　　　　　　　　　（資料來源：節錄自《突破雜誌》，202 期，范碧珍）

三、廣告的功用

　　廣告的功用很多，除了能達成上述的三個廣告目標：告知、說服及提醒外，它還能發揮以下數項的作用：

(一)支援推銷人員

　　當產品已有廣告時，顧客看了廣告將對產品與公司有了印象，因此有助於推銷人員上門求售或可以提高人員推銷的效率。此外，銷售人員亦可因而增強對公司與產品的信心。

(二)提高經銷商配合的意願

　　經銷商通常希望經銷有廣告的產品，因此廣告可以提高經銷商進貨的意願，而且在發展通路時可節省鋪貨時間與減少阻力。另外，與經銷商合作的聯合廣告，更可建立彼此間密切的關係。

(三)擴大整個產業的銷售量

　　廣告可以刺激基本的需求，進而擴大整個產業的銷售量，並使得產業內的本公司亦可增加銷售量。這也就是為什麼有些時候，整個產業會聯合起來做廣告的緣故。例如國內的養雞公會，製作廣告告訴消費者雞肉與雞蛋含有豐富的營養，請大家多食用雞肉與雞蛋；肥皂公會刊登廣告，提醒消費者多用肥皂洗手。

(四)抵消競爭產品的廣告效果

　　此乃防禦性廣告的主要目的，避免競爭品牌掠奪市場佔有率。換句話說，

當競爭者大打廣告時，公司若能適時提出適當的廣告，則有助於抵消競爭者的廣告效果。

㈤增加與維持銷售量

透過產品廣告，推介新用途，建議增加購買及使用頻率與數量，以及增長使用時機（如冬天亦可以吃冰淇淋、夏天洗澡要洗熱水、冬天喝鮮奶更有營養等），皆可能使銷售量增加。此外，在產品生命週期的成熟階段，推出提醒式廣告，可促使消費者對公司的產品不會遺忘，而繼續購買，如此將可維持產品的銷售量。

㈥減少銷售波動

產品的銷售量若存在季節性因素（如氣候、習俗與假日等）的影響，則其銷售量將呈現極大的波動。為了平衡產量與銷售量，公司可以在淡季開始前後，利用廣告使淡季的銷售量提高。例如東元冷氣機在冬天冷氣機銷售的淡季時，利用廣告強調其冷氣機具備冷氣、暖氣及除濕的「三機一體」之功能，希望藉此來提高冬季的冷氣機銷售量。

㈦加強顧客信心與修正偏見

公司利用增強性的廣告，可使剛購買產品的消費者，確信他們的購買決策是正確的，以減少其購後的認知失調。此外，廣告亦可用來澄清某些事實，以避免顧客或社會大眾對公司或其產品產生誤解。

除了上述的廣告功能外，當公司欲進入新市場或推出新產品，以及告知公司新的經營理念時，都會使用廣告來達成其任務。

第五節　廣告管理

廣告管理是促使廣告效果最大化的過程，此一過程所包含的內容可用五個 M 來瞭解，即(1)廣告的目標與使命 (mission) 為何？(2)廣告預算要花多少錢 (money)？(3)廣告要傳達何種訊息 (message)？(4)廣告要使用何種媒體 (media)？(5)廣告效果如何評估與衡量 (measurement)？此外，整個廣告管理的過程亦包括五個決策，其步驟請參見圖 11–9，以下即分別探討此五項決策。

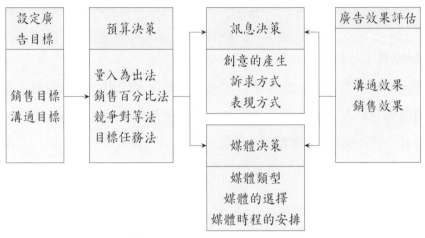

圖 11-9　廣告管理的過程

◑ 一、設定廣告目標

　　每一個廣告活動皆須有明確的目標，而這些目標必須根據公司的目標市場（目標視聽眾群）、市場定位及行銷組合決策來判定。換句話說，在設定廣告目標之前，必須很清楚地瞭解到目標顧客群、公司的定位策略以及其他的行銷組合決策，如此才能使得廣告目標符合整體行銷策略的需求。廣告目標基本上在引導整個廣告活動的進行，諸如預算的編列、訊息決策與內容、選擇媒體，甚至如何衡量廣告效果，皆要依據廣告目標來進行。因此，廣告目標的設定是非常重要的一個步驟。

　　至於廣告目標包含哪些呢？前一節我們已略微談到告知性、說服性及提醒性的廣告目標，茲再彙總如表 11-3，以供讀者參考。

　　事實上，廣告的最終目標乃是為了「幫助銷售」。但是，廣告效果是長期累積的，而非立即可見；而且，銷售的好壞，除了受廣告的影響外，尚有許多其他因素。因此，廣告目標不僅著重「銷售目標」──提高銷售量，尚須注意「溝通目標」──提高溝通效果。廣告的銷售目標一般包括銷售量、銷售額、銷售量（額）成長率及市場佔有率等；而廣告的溝通目標則包括知曉度、品牌的知名度、品牌的回憶率、理解度及品牌偏好度等。

在設定廣告目標時，應該具體明確，可衡量，而且要有完成的時間表。例如「協助市場佔有率的提升」、「提高知名度」等，都是不夠明確的廣告目標，應修正為：「六個月內提升市場佔有率 20%」、「三個月內使 80% 的目標視聽眾知道公司的品牌」。

表 11-3　廣告目標列舉彙總

廣告目標類別	目標列舉		產品生命週期階段
告知性	・告知新產品上市 ・減少消費者的不安 ・告知所提供的服務 ・告知價格的變動	・說明產品如何使用 ・建議產品的新用途 ・建立與維持公司的形象 ・訂正錯誤的印象	導入期
說服性	・建立品牌偏好 ・說服顧客接受銷售拜訪 ・改變顧客對產品屬性的認知 ・說服顧客立即購買 ・鼓勵轉用公司的品牌		成長期
提醒性	・提醒顧客可能需要某一產品 ・在淡季時使消費者仍記得公司的產品 ・提醒顧客購買產品的地點 ・維持最高的產品知曉度		成熟期

◑ 二、預算決策

廣告目標確定之後，公司便可以為個別產品與所有的廣告活動編列廣告預算。廣告預算乃是整體促銷組合預算的一部分，因此在編列廣告預算時，應同時考慮到其他的促銷組合要素。至於廣告預算的編列方法，本章第三節所介紹的四種方法（量入為出法、銷售百分比法、競爭對等法、目標任務法）亦可適用，在此不擬贅述。在此僅特別提出需注意的一點，廣告預算的編列應具有彈性，應視情況而酌予調整。例如預算應視產品所處的生命週期階段來作適度的調整；一般而言，產品生命週期處於導入階段其廣告預算要比成熟階段的預算還要多。

　　另外，有關預算分配的問題在編列預算時亦應同時列入考慮。廣告預算的分配，一般可依下列幾種方式：(1)按地區分配；(2)按顧客群分配；(3)按事業部或產品別分配；(4)按媒體（或媒體成本）分配；(5)按月別分配等等。

三、訊息決策

　　廣告最主要的目的是要把正確的訊息，在正確的時間，傳播給正確的消費大眾。其中「正確的訊息」乃屬於廣告的創意，而「在正確的時間傳播給正確的消費大眾」，則屬於媒體的功能。在此我們先介紹創意決策(訊息決策)，至於媒體決策則於第四小節再作介紹。

　　有關訊息決策主要包括兩部分，即訊息說些什麼 (what to say) 及訊息如何表達 (how to say)，而訊息說些什麼即指創意的產生 (creativeness generation)，至於訊息如何表達又可分為訴求方式與表現手法。

(一)創意的產生

　　廣告的「創意」係指「讓過去從未有過的事物顯現出來」，亦即具有「創新突破」或「空前創舉」的意境，但是絕非「無中生有」。因為廣告乃是在說明產品提供了某些利益或解決了消費者某些問題，這些都不可能是「無中生有」的。廣告應該是以出奇、獨特、創新、令人難忘或至少能引人注意的手法，向消費者溝通產品的利益；而對消費者來說，真正具有「創意」的應該是產品利益本身，廣告則是更有效的方式將這個利益表現出來。綜合言之，具有創意的廣告應該是能夠有效地達到與消費者溝通的目的，進而促使消費者採取購買的行動。

1.有效創意策略的條件

　　然而，如何發展或產生這些創意呢？首先我們必須瞭解有效的創意策略必須包含下列四個因素：(1)提供消費者利益或解決問題的方法；(2)必須是消費者所期望的或需要的；(3)與品牌合而為一；(4)可以透過媒體傳達給消費大眾。以下我們分別簡述之：

(1)提供消費者利益或解決問題的方法

　　所有的廣告幾乎都會有如下的承諾：「購買此一產品，你就可獲得某項利

益。」這是很平常又簡單的作法，但不幸的是，有許多的訊息都被裝飾得很好看，並以廣告的姿態出現，但由於沒有或不願意做這樣的承諾，因此導致失敗。創意策略必須明顯、完整，並且能夠提供利益或解決問題的方法給消費者。因為消費者通常會從他們所使用的產品中，尋求不同的利益，或解決日常所遭遇到的問題。因此，公司必須發展各種不同的產品，來滿足這些不同的消費者需求與欲望。而創意策略便是用來傳達這些不同品牌或產品之利益與特點。

綜合以上所述，創意策略必須根基於下列各點：

①確認需求某項產品利益的市場區隔。

②以明確、簡單的創意策略，傳達產品的利益。

③實現所承諾的產品利益，讓消費者繼續購買該產品。

⑵必須是消費者所期望的或需要的

製造商或廣告代理商所發展出來的產品利益，往往都是他們自己覺得很重要的，但很少是消費者真正關心的利益。事實上，有效的創意策略必須先從潛在的消費者心理開始著手，然後再逐步地檢視產品的利益點，並分析這些利益是否符合消費者的需要。蓋唯有將產品特性轉化成對消費者有意義的利益，該項產品才會令消費者產生興趣與期望。

⑶與品牌合而為一

創意所提供的產品利益或解決問題的方法，必須和廣告的品牌緊密地結合，讓競爭者無法有效地做同樣的訴求。例如寶鹼公司的一項產品品牌Coast，是一種香味很重且具有防臭作用的香皂，公司所使用的創意策略是「享受清爽舒適的沐浴」，此一策略的表現則使用如下的標語「Coast 重現你的活力」。此即公司所強調的，使用 Coast 香皂洗澡，可帶來清潔舒適、提神爽身的利益。Coast 以明顯、精確的方法，將它的創意策略與品牌直接連結在一起。

創意策略成功與否，很大的關鍵在於其能否與品牌合而為一。簡言之，成功的創意，應該是消費者想要追求某種產品利益時，便會想到某一品牌。例如香吉士的廣告訊息為「純純果汁，我們叫它做『香吉士』；香吉士儼然就是純純果汁的代言人。

(4)可以透過媒體傳達給消費大眾

好的創意策略必須是可以透過媒體來做廣告，傳播有關的訊息。有些事物是做不出來的，或無法透過媒體做有效的傳播；例如人員示範表演便是屬於這一類。此為不佳的創意策略。由此可知，在發展創意策略時，對媒體的限制條件亦須加以考量。

2.如何發展創意策略

瞭解上述的有效創意策略之條件後，接下來我們介紹如何發展創意策略。其方法很多，但以下列三種最為廣泛使用：(1)獨特的銷售主張；(2)品牌形象；(3)定位。

(1)獨特的銷售主張 (unique selling proposition; USP)

具「獨特性」(uniqueness) 的廣告，才能令消費者印象深刻。每一個廣告都應該能夠提出其特有的「獨特的銷售主張」(USP)，並且必須不斷地重複用在廣告上，並將產品的 USP 傳播給消費者。至於獨特的銷售主張應該包括下列三個部分：

①每一個廣告必須對消費者聲明一個主張；例如向消費者說：「購買這個產品，你可以獲得這項利益。」但請注意，廣告並不只是賣弄文字，或虛誇產品。

②所強調的主張必須是競爭者做不到或是無法提供，否則便不是「獨特的」。

③所強調的主張必須強而有力，足以感動消費大眾，也就是能夠吸引顧客來購買產品。

USP 的發展可以是實質的產品差異，也可以是心理層面的認知差異。例如高露潔 (Colgate) 牙膏所強調的 MFP(美氟寶)之「防止蛀牙」的功能；M&M 巧克力之「只溶於口，不溶於手」等，皆直接指出了產品之實質的優點。另外，有些廣告是從消費者的生活型態切入，將產品與消費者的情感作一聯結，此即心理層面的利益。

(2)品牌形象

廣告界大師歐格威 (Ogilvy) 主張以「品牌形象」作為發展創意策略的方

法，他認為廣告應該為品牌塑造並維持一個有利且高知名度的形象。此一論點乃特別強調長期的觀點，亦即就長期而言，廣告必須盡全力去維護一個令人激賞的品牌形象，甚至在必要時亦不惜犧牲可獲短期利益的一些訴求重點。尤其是，當品牌差異不大時，對品牌個性的塑造更為重要。

　　創意策略最主要的觀念是要為每一項產品建立一個形象；根據這個形象，消費者並不是在購買這項產品，而是在購買該產品所帶來的實質上與心理上的利益。所以，「形容產品是什麼」，遠比強調實質產品的特性更為重要。因為基於「品牌形象」的創意策略之利益點，通常都是心理層面的。例如勞斯萊斯汽車過去皆給人有「尊貴感」的品牌形象。

　　利用品牌形象發展創意策略時，有時雖不容易明顯地表現產品利益（因為它大都屬於心理層面的），但仍必須設法提供消費者利益，或解決消費者的問題。特徵或形象的應用，即使只是心理上的利益，也必須在某些方面與產品有直接關聯。

　　由於科技不斷地在進步，而且競爭者仿製產品的能力亦不斷地在提升，因此「獨特性」愈來愈不容易建立，所以許多廣告主都趨向於發展品牌形象作為創意策略。

　　⑶定　位

　　發展創意策略的另一種方法是「定位」(positioning)，意指使用廣告促使產品進入消費者心目中。換句話說，廣告是使產品在消費者的心目中，獲得一個據點或佔有一席之地。此地位一經建立，無論任何時間，當消費者需要產品所提供的利益，或產品所提供的解決問題的方法時，就會想到該產品。定位法並不直接廣告產品的具體特定利益，而是要使產品能滿足消費者在特定方面或領域內的所有需求。

　　過去以定位法發展創意策略之有名的例子，包括美國 Avis 汽車出租公司的「我們是老二」的定位，以及七喜 (7–UP) 汽水的「非可樂」(uncola) 之定位。此二例子，至今皆仍膾炙人口。以定位來發展創意策略，如同 USP 與品牌形象的方法一樣，亦必須提供消費者利益，或解決消費者的問題。除非定位能做到此種境界，否則廣告便談不上是成功的。

㈡廣告訴求方式

訊息決策的另一重要內容乃是「如何表達」,這包括訴求方式與表現手法。所謂訴求方式係指,公司欲將訊息作何種「包裝」,此為整個廣告表現的基本架構。不同的訴求方式會給予目標視聽眾不同的感受與衝擊。一般而言,廣告的訴求方式可以分為理性訴求 (rational appeal)、感性訴求 (emotional appeal)、道德訴求 (moral appeal) 及恐懼訴求 (fear appeal) 等四種。

1. 理性訴求

係指廣告中提供給目標視聽眾有關「產品之實際效用或利益」之訊息;因此,理性訴求的廣告通常指述產品的品質、功能、特性、價格及其他各項優點等,著重的是事實、邏輯與思考,期能讓消費者相信他所選購的產品品牌乃是最佳的選擇。例如白蘭洗衣粉使用證言式的表現手法,期能引起目標視聽眾的共鳴,並進而採信訊息上的說法,此即理性訴求的一種。

值得一提的是,理性訴求有時會同時指出產品的優點與缺點,即「兩面論點」(two-side argument) 的作法,此種「誠實」而不「藏拙」的方式,可能更易為顧客所接納,因而更具說服力。例如李施德霖漱口藥水的廣告:「人們討厭的味道——一天兩次」。

2. 感性訴求

理性訴求乃是「說之以理」,而感性訴求則是「動之以情」;亦即盡量引起人們的情感認同,以刺激目標視聽眾的採取行動。感性訴求通常亦會以某些事實作基礎,再訴諸顧客的「愛與被愛、歸屬感、友誼、尊重」等情感感受,所著重的乃是「自我、個性、品味與感覺」。例如化妝品廣告「給你渴望所擁有的肌膚」、可口可樂的「擋不住的感覺」以及黑松汽水強調「陪你成長的好朋友」等等,都是企圖從情感切入,以引起消費者的好感,進而認同該品牌。

3. 道德訴求

道德訴求主要的目的是告訴與提醒人們什麼是正確而該做的,以及什麼是錯誤而應該避免的;亦即它乃是訴求符合社會化規範的行為基準。此種訴求方式較多用於公益性廣告、社會與政治活動廣告,而較少用於一般性的商

品廣告。例如「推廣乾淨的選舉」、「拒吸二手煙」、「捐血一袋，救人一命」，以及「為子孫留下一片淨土」等，皆屬於道德訴求的方式。

4.恐懼訴求

恐懼訴求是指威脅消費者若不改變行為或態度，將會有不良的後果產生。在許多的公益性廣告中，也經常使用這種訴求方式；例如告誡年輕人不可使用毒品或安非他命，或者警告消費者減少吸煙等。恐懼訴求方式在恐懼程度不是很高的時候頗有效，因為此時消費者態度改變的程度會隨著恐懼程度而增加；但是當恐懼程度超過某一特定的程度之後，反而會有反效果；因為此時消費者為了能取得心理上的平衡，可能乾脆忽視它的存在。

另外，當消費者對於恐懼訴求中的主題早已有所害怕時，廣告的效果會最好，此時廣告中的威脅性不應太高，而且應該告訴消費者如何解決這個問題。例如綿羊霜曾以「消除黑斑、雀斑」、「戰痘」作訴求；南山人壽保險公司也曾以「找不到爸爸該怎麼辦?」、「孩子再也不能開心地笑了」等廣告文案，訴求人們投保人壽險，以保障下一代。

(三)廣告表現手法

訊息可以透過多種不同的表現手法 (presentation)，將之呈現給目標視聽眾。表現手法種類繁多，一個廣告可以僅採用一種，亦可以融合數種不同的手法，相互配合使用。以下僅介紹數種較常見的表現手法：

1.幽默式 (humor)

利用有趣、輕鬆的表現手法，來吸引注意，並使目標視聽眾留下深刻的印象，進一步引起購買，以達促銷的目的。例如泛亞電信 2U 卡的「這是一定要的啦！」便是一個極著名的幽默表現手法的廣告。然而，對於幽默感的使用，必須選擇時機與場合。例如對某些行業（銀行、保險等），由於性質較嚴肅，故不宜使用此種表現手法。

2.生活片段式 (slice-of-life)

描繪消費者所認知的真實生活情況之片段，可很自然地將產品的特色與利益介紹給目標視聽眾。例如舒潔面紙的廣告，描寫一個小孩偷吃蛋糕，把嘴弄髒了，母親則使用舒潔面紙將其臉上的蛋糕擦拭掉。

3.生活型態 (life-style)

強調產品或品牌極為適合某種生活型態的消費者，以爭取其認同感。例如藍山咖啡的廣告中，有一位氣質憂鬱的青年人，一手握著一罐藍山咖啡，其背景是大海、夕陽與海鷗，而標語則是「藍山品味，卓然出眾」。

4.證言式 (testimonials)

藉由某個人的現身說法來介紹產品，以期能引起目標視聽眾產生共鳴。這個人或許是一般社會大眾所知曉的名人、所信賴的專家，或許為電影或運動明星等，藉著大眾對他們的認同，來保證與肯定產品的價值。此種表現手法最重要的是，務必力求真實自然，以免給人「作戲」的感覺。這類例子頗多，諸如楊貴媚為四季醬油做廣告；信義房屋邀請一些客戶於電視廣告中告訴大眾，信義房屋的仲介服務是多麼令人滿意；柯尼卡軟片邀請李立群、SK–II 青春露請蕭薔、三洋維士比請周潤發、海倫仙度絲洗髮精請王菲等等，皆屬於證言式的廣告；由於其所使用人物對象往往是一些名人或明星，因此又可稱為名人式廣告或明星廣告。

5.示範式 (demonstration)

直接展示產品的功能或示範產品的用法；當產品本身的商品力很強，更適合使用此種表現手法。依其示範的內容，示範手法又可分為產品說明、比較性及事前事後等三種。例如國際牌夢鄉冷氣機的廣告中，一對老夫婦在冷氣房中輕輕下棋，唯恐吵醒酣睡中的孫兒，此即產品說明式的廣告，因其在展示該品牌「靜」的功能；金頂電池則直接與其他品牌做比較，以突顯金頂電池更為耐用的優點，此即屬於比較性示範式手法；潘婷洗髮精示範使用前與使用後不同的髮質情況，以說明該產品的使用效果。

6.解決問題式 (problem solution)

在廣告訊息中提出顧客所面臨的問題，然後再以本品牌的產品為「對症下藥」的良方，可解決顧客的困擾與問題。例如海倫仙度絲的廣告中，先指出消費者可能有掉頭皮屑的困擾，而後再使用海倫仙度絲洗頭髮後，便不再有此煩惱；另外，護髮乳可以解決頭髮分叉的煩惱，而體香劑可以去除令人討厭的狐臭等，都是這一類的例子。

7.音樂式 (musical)

利用流行音樂來引起消費者注意其產品；使用此手法時，必須特別注意慎選音樂，如果是對年輕人的廣告，便須採用適合年輕人口味的音樂。例如三陽機車的廣告，引用一首很暢銷的歌曲「你知道我在等你嗎?」，聽到這首歌，又配合創意訴求，可以在人們的心目中留下很深刻的印象。

8.幻想式 (fantasy)

此種表現手法的重點在於製造消費者理想的自我形象，並將產品本身與其所創造出來的意境聯結在一起。例如露華濃公司的香水廣告，描述一個穿著薄紗、打著赤腳的女郎從老式的法國穀倉走出來，穿過一片草地，然後邂逅了一位騎著白馬的英俊青年，帶著她一起離去；此則廣告即為幻想式的表現手法。一般而言，香水、醇酒（美人）、化妝品及香煙廣告等，經常採用此種表現手法。

◖◗ 四、媒體決策

廣告的兩個主要部分即創意（訊息）與媒體；即使所撰寫的訊息非常卓越與具有創意，但是若媒體把訊息傳播給錯誤的消費大眾，或消費大眾沒有接收到訊息，或傳播的時間不對，則廣告的效果必大打折扣。例如治療青少年青春痘的產品，撰寫了一份優良的訊息，但因為不瞭解他們的媒體習性，而選擇了有關退休生活的雜誌來刊載，則很顯然此訊息要能發揮功能，似乎是不可能的事。由此可知，媒體的選擇與媒體的規劃非常重要。以下先介紹媒體的種類與特性，然後再來討論媒體的選擇與媒體的規劃等重要的媒體決策。

㈠媒體的種類與特性

所有能夠展露廣告訊息給目標視聽眾的工具，均可視為媒體 (media)。媒體的種類非常多，臺灣當前的五大媒體為有線電視、報紙、無線電視、雜誌與電臺，其 1997 至 2001 年的有效廣告量參見表 11-4。

表 11-4　　1997 至 2001 年臺灣五大媒體有效廣告量

單位: 新臺幣/千元

媒體別	2001 年	2000 年	1999 年	1998 年	1997 年
無線電視	11,559,542	13,001,710	17,676,064	22,135,096	18,871,895
有線電視	16,143,669	17,668,074	14,558,776	12,697,043	6,813,350
報　　紙	16,414,195	18,745,551	18,858,303	21,157,218	18,063,130
雜　　誌	6,509,508	7,200,213	6,099,264	5,886,786	4,837,189
電　　臺	2,219,508	2,310,490	2,146,309	–	–
合　　計	52,846,424	58,926,039	59,338,716	61,876,144	48,585,565

資料來源: 利潤公司。

　　各類型的媒體基本上皆有其優點與缺點，在作媒體選擇時，必須考慮到媒體的特性，包括下列的主要考慮因素 (表 11-5 則彙總各主要媒體類型之優、缺點):

　1. 產品特性

　　不同的產品適用於不同的媒體; 例如服飾類的產品適合以彩色雜誌廣告刊出; 錄影機產品以電視廣告的效果較佳; 對需要示範以追求較大說服力的產品而言，電視媒體為一較佳的選擇，因為此一媒體同時結合了聲、光效果，說服力較強。

　2. 目標視聽眾的媒體習性

　　廣告的目的在於傳播訊息給目標視聽眾; 因此，如何能「找對人、說對話」，媒體的選擇極為重要。例如廣播與電視為接觸青少年的最佳媒體; 婦女雜誌較難接觸到男性視聽眾。

　3. 訊息特性

　　例如宣佈特價活動希望顧客立即購買，則必須使用廣播或報紙媒體; 含有許多技術性資料的訊息，必須使用特殊的雜誌媒體或直接信函的方式。此外，有些媒體具有地區選擇性，如報紙、第四臺、直接信函等; 而有些媒體具有觀眾選擇性，如雜誌、廣播、直接信函等。

　4. 成本差異

　　各種媒體的成本不盡相同; 例如電視媒體較昂貴，而報紙媒體相對較便

宜。然而，考慮成本因素的同時，亦需考慮媒體的效果，如此才能作出適當的媒體選擇。

表 11–5　主要媒體類型之優、缺點的比較

媒體類型	優　點	缺　點
電　視	兼具聲、光與動作效果；有吸引力；觸及率高；商品說明力強	成本較高；易受干擾；展露時間短暫；製作時間長；不具觀眾選擇性
報　紙	具有彈性；有時效性；普及性；信賴度高；具有地區選擇性	有效期間短；廣告效果受篇幅影響；印刷品質不佳
雜　誌	有效期間較長；有傳閱效果；印刷品質佳；可靠度高；具觀眾選擇性	前置作業時間長，時效性差；刊登位置不確定，會影響廣告效果
廣　播	成本相對較低；較為普及；具地區選擇性與觀眾選擇性	只能以聲音傳播，吸引力較電視差；展露時間短暫
直接信函 (DM)	具彈性；有顧客選擇性；具「個人化」；不受其他競爭者廣告的干擾	觸及成本相對地高；觸及率有限；「垃圾信件」，不受讀者重視
戶外廣告	有地區選擇性；具彈性；可重複展露；有效期間長；成本較低	無法選擇目標視聽眾；訊息傳達受到限制

㈡媒體的選擇

廣告媒體的選擇需特別注意到各項媒體的特性，除了上面所述以外，我們再歸納出一些重要的考慮因素。

1. 地區範圍

媒體的涵蓋區域多廣？是否具有地區選擇性？普及率如何等，皆是重要的考慮因素。

2. 目標視聽眾的特質

媒體的選擇需注意到目標視聽眾對媒體的習性，亦即公司所使用的媒體是否能接觸到所設定的目標視聽眾。

3. 媒體觸及率與頻率

所謂觸及率 (reach rate; R) 係指在特定期間內，廣告所能傳達給目標視聽眾之人數佔總發行量的百分比；一般又稱為廣告的「廣度」。例如某種報紙發行量 50 萬份，其中有 40 萬份的訂戶為目標視聽眾，則觸及率為 80%。

所謂頻率 (frequency; F) 乃指在特定期間內，接觸到廣告訊息之目標視聽

眾平均收到訊息的次數；一般又稱為廣告的「深度」。例如 50 萬份的廣告中，有 10 萬份只被接觸一次，20 萬份有二次，三次的有 20 萬份，則其頻率為 2.2：

$$\frac{1 \times 10 \ 萬 + 2 \times 20 \ 萬 + 3 \times 20 \ 萬}{50 \ 萬} = 2.2$$

另外，觸及率與頻率相乘，即可得出所謂的毛評點 (gross rating point; GRP)，或俗稱的總收視率，它可作為評估媒體效果的指標，亦即 GRP=R(%)×F。例如上例中，GRP=80×2.2=176。若能計算出各種媒體的毛評點，再配合其成本的計算，則可供作媒體選擇的參考依據。傳統四大媒體與網路之廣告量和接觸情形，請參見表 11-6。

表 11-6　傳統四大媒體與網路之廣告量與接觸情形

電　視	2001 年	2000 年	1999 年	1998 年	1997 年
電視媒體有效廣告量（億元）	277	306	322	348	257
過去 7 天看電視(%)	99.3	99.1	98.8	98.7	98.3
昨天看電視(%)	95.7	93.1	90.1	90.0	88.0
週間日平均一天看電視（小時）	2.81	2.74	2.69	2.61	2.46
週末日平均一天看電視（小時）	3.29	3.23	3.16	3.09	2.90
報　紙	2001 年	2000 年	1999 年	1998 年	1997 年
報紙媒體有效廣告量（億元）	164	187	188	211	180
過去 7 天看報紙(%)	68.6	72.8	74.6	78.6	77.9
昨天看報紙(%)	55.2	59.4	61.6	66.0	65.8
週間日平均一天閱報（分鐘）	22.8	23.4	24.6	27	—
週末日平均一天閱報（分鐘）	21.0	22.8	24.0	28.2	—
雜　誌	2001 年	2000 年	1999 年	1998 年	1997 年
雜誌媒體有效廣告量（億元）	65	72	61	59	48
上週看週刊(%)	19.3	15.9	16.5	20.4	14.1
上個月看月刊(%)	27.9	28.4	27.8	34.1	28.9
廣　播	2001 年	2000 年	1999 年	1998 年	1997 年
廣播媒體有效廣告量（億元）	22	23	21	—	—
過去 7 天聽廣播(%)	51.6	49.5	52.7	53.2	49.5
昨天聽廣播(%)	31.9	32.5	31.5	32.6	29.8
週間日平均一天聽廣播（分鐘）	71	71	74	79	—
週末日平均一天聽廣播（分鐘）	52	53	51	54	—

網　路	2001 年	2000 年	1999 年	1998 年	1997 年
曾經使用過網路(%)	42.7	33.3	23.3	19.6	10.4
最近一個月內上網(%)	37.8	26.4	15.7	11.8	6.6

資料來源：利潤有效廣告量 /AC Nielsen 媒體大調查。

4.媒體成本效益的估算

媒體的成本效益一般採用每千人展露成本（cost per millenary exposure; CPM; 或 cost per thousand exposure; CPT）來估算，亦即廣告訊息傳達到每千人所需的成本。例如某種報紙刊一則廣告需要 500 萬元，而其發行量為 50 萬份，且毛評點為 176，則其 CPM 為：

$$\frac{500 \ 萬元}{50 \ 萬 \times 176} = 0.057 \ 元 / 千人次$$

然而，在以 CPM 作為媒體選擇的依據時，尚必須考慮許多因素，諸如(1) 1 百萬個母親看到了廣告與 1 百萬個少女看到了廣告，其展露度皆為 1 百萬次，但哪些才是公司所要的目標視聽眾；(2)不同的媒體，相同的視聽眾卻可能對廣告有不同程度的注意率，例如《時報週刊》的讀者可能比《讀者文摘》的讀者更注意廣告；(3)各種媒體給予視聽眾的信賴程度不同，例如也許有些人較信賴甲報，而較不信賴乙報，因為甲報的企業形象較佳。以上這些都是在作媒體選擇時，除了以 CPM 為依據外，尚須加以考量的。

(三)媒體規劃

在比較與評估各種媒體之後，廣告主可能選擇一些媒體組合；接下來重要的任務便是廣告時程 (scheduling) 的安排，包括廣告出現的時間及頻率。媒體時程的規劃受到一些因素的影響，諸如季節性、競爭者廣告時段及預算多寡等。當廣告出現在銷售旺季期間或之前，其效果最大。譬如學生用的文具用品，大多在八月底和九月初開始打廣告。

廣告主亦須考慮到競爭者的廣告安排，其策略可能是使用類似的媒體在相近的時間與之對抗，或利用不同的時段在不同的媒體做廣告以避開競爭者的廣告。此外，預算多寡亦會影響廣告時程的安排。就電視媒體來說，黃金

時段的成本相當高 (當然效果最佳)，但由於公司的預算有限，因此可能無法選用較多的黃金時段來做廣告。

　　有關媒體的時程規劃，一般可行的策略有下列四種：持續策略 (continuity strategy)、階梯策略 (fighting strategy)、脈動策略 (pulsing strategy) 及集中策略 (concentrated strategy)，參見圖 11–10。

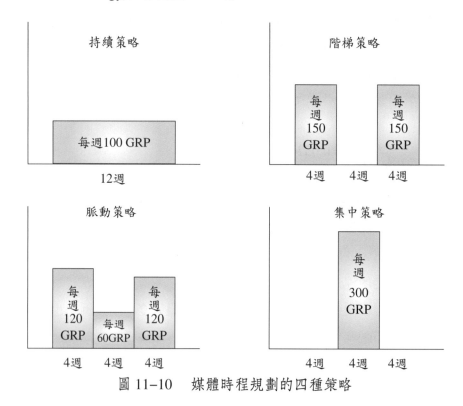

圖 11–10　媒體時程規劃的四種策略

◉ 五、評估廣告效果

　　廣告效果的評估可協助廣告主：(1)判定廣告是否達成目標；(2)評估廣告與其他促銷組合和行銷組合之相互配合的情況；(3)依據各廣告的訴求方式與表現手法，評估其相對效果；(4)評估各種不同媒體組合選擇與媒體規劃之相對效果；(5)作為改善往後廣告管理活動的參考依據。

　　廣告效果一般可依廣告目標的「銷售目標」與「溝通目標」，而區分為「銷售效果」與「溝通效果」。銷售效果是以銷售情況的好壞來評估其廣告效果，

　　然而此種效果指標並不一定公正、客觀，因為影響銷售量的因素不只是廣告本身，還有許多其他因素，諸如經濟景氣、公司的行銷組合政策、競爭者策略，以及消費者購買行為的改變等。在評估廣告的銷售效果時，可利用統計方法找出過去的銷售與過去的廣告支出之間的關係；此外，亦可採用實驗設計方法，找出廣告支出百分比的改變對銷售百分比改變的影響。

　　另一種就是廣告溝通效果，其評估的目的在於瞭解廣告是否能夠有效地達到其溝通之任務，包括廣告的收視（聽）率、品牌知名度的建立、產品訊息的瞭解、記憶、喜歡及偏好等態度的建立與維持。廣告溝通效果之評估，最常見的方法包括事前評估與事後評估。事前評估是在廣告尚未正式製作完成之前，所做的各項測試，有助於瞭解所設計的廣告是否適合播出；如果適合的話，那麼是否還可以再作進一步的改進。事後評估則是在廣告製作完成，並在展露之後，所進行的各種測試，包括注意率、品牌聯想率及讀半率 (read-most) 等，有助於決定目前之廣告是否該繼續、改變或停掉。

　　雖然存在一些主觀與客觀上的因素限制，使得廣告效果很難正確地衡量與評估。但是，廣告效果的評估仍是不可或缺的，因為它可以讓行銷人員瞭解到廣告策略是否成功，然後據此做修正，或是作為將來的參考依據。

1. 行銷組合與促銷組合二者的關聯如何？請詳述之。

2. 為何促銷策略有時又稱為行銷溝通策略？

3. 行銷溝通可分為人員溝通與非人員溝通（大眾傳播），在促銷組合要素中有哪些是屬於人員溝通？有哪些是屬於非人員溝通？並請就此二種溝通方式作一比較。

4. 請從溝通過程所包含的要素來比較與分析，人員銷售與廣告此二項溝通活動的異同。

5. 行銷溝通過程中何謂干擾？為什麼會產生這些干擾？

6. 影響促銷組合決策的因素有哪些？若純就產品生命週期來看，則不同階段的生命週期之促銷重點各為何？請加以比較之。

7. 銷售量是否為一項適當的促銷目標？還有哪些促銷目標？請簡述之。

8. 何謂促銷的層級效果模式？如何應用此一模式？

9. 促銷預算的編製方法有哪幾種？並請比較各種方法的優劣點。

10. 「要使促銷推式策略奏效，必須輔以促銷拉式策略」，請評論此句話，並解釋拉式策略與推式策略。

11. 是否每一種商品皆需要做廣告？我們亦經常聽到如下的一句話：「某商品因為有廣告，所以其價格較高」；請就此句話加以評論，並回答前一項問題。

12. 何謂產品廣告？何謂機構廣告？並請加以比較之。

13. 本章曾提及廣告的 6 個 C 及廣告的 5 個 M，其所指的涵義各為何？

14. 何謂廣告的創意策略？有效的創意策略包含哪些條件？請詳述之。

15. 請說明產品之定位與廣告之間的關聯為何？

16. 廣告的訴求方式有哪幾種？並請就選購品、特殊品、便利品來說明它們各適合採用何種訴求方式？且說明理由。

17. 廣告的訴求方式與表現手法，二者之間的關聯為何？幽默式的表現手法適合採用理性訴求嗎？

18. 就廣告主來說，較喜歡「叫座」或「叫好」的廣告？

19. 媒體決策包含哪些內容？又，媒體決策與訊息決策之間的關聯為何？

20. 當你在選擇媒體組合時，會考慮哪些因素？以及如何做選擇？請詳述之。

21. 參考行銷實務 11.2，指出你所看過的比較廣告，其表現手法有何特殊的地方。

第十二章

促銷策略 (II)

——其他的促銷組合要素

　　本章延續前一章的促銷策略，介紹其他的促銷組合要素，包括公共報導、銷售推廣及人員銷售。

第一節　公共報導

　　公共報導 (publicity) 雖與廣告有些類似，但在功能效果與表現方式等方面，仍是有區別的。對行銷人員來說，媒體上的公共報導是一般消費者較不會設防且頗具潛力的行銷利器，若能善加利用，則其所能達到的宣傳與溝通效果是相當大的。

一、公共報導的本質

(一)公共報導的意義

　　所謂公共報導係指，在所有媒體上，以不付費的方式，將公司或其產品的訊息，以新聞報導的形式，對外進行溝通。公共報導可以是大眾媒體的主動報導，亦可能是公司行銷部門之刻意安排。然而，公共報導可能並非完全免費，行銷人員必須支付準備公共報導的材料及與媒體維持良好關係等，所需花費的成本。

　　公共報導可以用來宣傳公司的產品與品牌、人物、地點、理念、活動、組織，甚至是國家，這些都是公共報導的題材。例如國內的產業公會便曾利用公共報導的宣傳技術，來鼓舞社會大眾對植物油、魚類、雞蛋與雞肉，及稻米等製品的興趣；有些名氣不大的企業利用公共報導來提高知名度；公眾形象不良的組織，利用公共報導改善與提高形象；甚至有些國家也常利用公共報導，以吸引更多的觀光客及外人投資與爭取國際上的支持等。

(二)公共報導與廣告的比較

　　公共報導雖與廣告一樣，皆是透過大眾媒體來傳播其所要溝通的訊息，但二者之間仍是有很大的差異，以下就主要的幾個方面來做比較：

1.訊息來源的可靠度

　　公共報導係由企業以外人士或機構來擔任「訊息來源」的提供者，因此

在一般社會大眾的心目中，這種訊息來源是客觀公正的，也較具真實性；至於廣告其商業味道較為濃厚，故其可靠度比公共報導差。

2.視聽眾接觸訊息的方式不同

廣告係將「激素」做具有創意性的包裝，然後期望目標視聽眾做出適當的反應，因此其成功通常為「可遇而不可求」。相反的，公共報導係將所要傳達的訊息直接放入視聽眾所尋求的媒體上，亦即當讀者在收視媒體時，並非在找尋廣告，而是找尋媒體所提供的內容。簡言之，視聽眾視廣告為廣告，而視公共報導為「新聞」。

3.防衛心態的差異

一般而言，消費者常有拒絕推銷員與廣告的心理，而公共報導則可解除消費者此種防衛的心態，因此公共報導的穿透力較廣告為強。亦即公共報導的訊息乃包裹了一層外衣，而此層外衣就消費者而言認為那是新聞，而不是一項以銷售為目的的訊息。

4.贊助者之確認

在公共報導中往往看不出誰是「贊助者」，但是廣告則會很清楚地知道誰是「廣告主」；此外，廣告主常須為媒體的時間與空間付費，但公共報導則不須付費。

5.影響力的持久性

根據前述對公共報導之特性的瞭解，可知公共報導是一種自然的傳播工具，可被人們較為廣泛地接受，甚至形成輿論，因此有可能在人們的心目中留下長久的記憶。相對地，廣告縱使重複地出現，能否普遍為人接受是一個問題，而且能否進一步地深入消費者的心坎裡則又是另一個問題。

(三)公共報導的技術

公共報導乃是另一個範疇更廣的公共關係 (public relation) 的一部分；所謂公共關係（簡稱公關；PR）係指藉由傳播媒體以建立與維持公司（或組織）的良好形象與信譽，並闡釋公司的經營目標與宗旨。事實上，公共報導的目的亦是如此，只不過已強調透過新聞媒體把這些溝通的訊息報導出來，而公共關係的範圍更廣，包括機構廣告、與公眾直接接觸及公共報導。其中直接

接觸的方式是指公司開放工廠以供參觀、拜訪社區內的大專院校與團體，並舉辦演講與贊助各種活動等，透過這些方式與公眾直接接觸。

本書著重在公共報導的介紹，但其觀念與公共關係很類似，只是範圍較小而已。至於，企業執行公共報導時，可用的技術與工具很多，包括新聞媒體，公司對外刊物及公益活動等，以下做一簡要的介紹。

1.新聞媒體關係

新聞媒體是公共報導的重要工具；新聞媒體具有傳遞訊息迅速、廣泛與真實的特點，而且其輿論的製造力極強。利用新聞媒體做好公共報導時，可將公司有新聞價值的訊息寫成新聞稿投寄給新聞媒體，或請新聞記者到本公司採訪，或在合適的時間與地點召開記者會。然而，最重要的是，公司必須與新聞媒體維持良好的關係，如此才有可能得到新聞媒體的合作與正面的報導。

(1)新聞發佈

新聞發佈是公共報導工作中的一種基本技巧，係由公司分派代表將一件新聞資料發給新聞機構，如此便可以把一件新聞大規模地發到許多新聞編輯的手中。一般而言，可構成新聞的事項包括公司的週年紀念、參與社區活動、舉辦展覽、藝文活動及體育競賽活動等。公司若能善加利用新聞的發表，則對知名度的提升方面，會有顯著的成效。

(2)記者招待會

邀請新聞編輯與記者當面聽取一項重要新聞的詳細報告，並接受記者的詢問。要使記者招待會能夠成功，須注意下列一些事項：選對時機、選對對象、資料準備齊全以及善待記者（留給他們好的印象）。

(3)特寫文章 (feature articles)

針對某特定刊物或媒體，將公司某項專題報導寫成文章的格式，然後刊載出來。此類特寫文章必須符合媒體或刊物之編輯形式，如此才有被接受的可能。例如有關公司之經營政策與方針，新產品研發對社會的貢獻，公司歷史與背景的介紹，以及公司其他特殊的事蹟且具有新聞價值者，皆可利用特寫文章的方式報導出來。

2. 專題活動

公共報導的任務之一乃是創造「公共報導」，而公司可藉由舉辦一些專題活動，爭取媒體報導的機會。

(1)週年慶祝

公司可利用週年慶舉辦一些慶祝活動，包括剪綵、促銷及義賣等活動，構成新聞事件以吸引新聞界的注意。此類活動常為百貨公司所採用；例如有些百貨公司常會邀請世界小姐，國際名人及演藝界紅人等參與週年慶活動，藉以提高知名度，另一方面亦給新聞界提供一個很好的報導題材。

(2)公益活動

公司藉由公益活動的參與和贊助，往往可獲得新聞媒體的主動報導，並可由此提升公司的良好形象。統一超商在這方面做得非常成功，經常有其所贊助的活動出現，諸如「把愛找回來」、「別讓離家的孩子走太遠」、「給雛菊新生命」及「飢餓三十」等公益活動。事實上，統一超商所贊助的活動有四大類型，包括慈善活動、藝文活動、體育活動，以及社區活動等。

(3)展覽與示範

公司舉辦展覽或產品發表會可將人們吸引到會場，並可刺激大眾的興趣。例如在迪士尼樂園的東方航空公司展覽館內，便陳列了與當地民俗有關的一些物品；某些醫院會定期邀請著名的氣功師傅當眾表演氣功治病的絕技，從而達到推廣該項服務的目的。

3. 社區關係

公司想要擁有良好的社區關係，首先要做一個優良公民，並在社區內主動地承擔與履行一些責任與義務。其次，做好社區關係還必須依賴公司全體員工的努力；公司的員工乃是社區關係計劃活動成功的關鍵因素，因此公司應該鼓勵員工經常參加社區活動，並在經濟與其他條件上給予員工某程度的支持。

一般而言，公司要創造良好的社區關係，其可行的途徑包括下列各項：

(1)主動提供資助與服務給當地的學校與政府機構。

(2)積極參加社區內的各種活動，遵守社區內的各項規章制度。

(3)創造和諧的社區與良好的文化環境。

(4)增進與競爭對手的友誼，改善與當地社團的關係。

(5)主動協助增進社區的一般福利，參加慈善事業的贊助活動。

二、公共報導決策

公司在從事公共報導活動時，可依循下列的決策步驟：(1)確立公共報導目標；(2)選擇適當的宣傳訊息及報導的工具；(3)執行公共報導的方案；(4)評估公共報導的成效。

㈠確立公共報導目標

與其他任何促銷組合活動一樣，公共報導決策的首要步驟乃是確立公共報導所要達成的具體目標，這些目標很顯然地必須配合行銷組合目標與整體的行銷目標。例如提升公司的形象（80% 以上的社會大眾對公司有良好的印象）、提高公司知名度（90% 以上的大眾知道本公司），以及改善社會大眾對公司之不良的態度等。

㈡選擇適當的宣傳訊息及報導的工具

行銷人員應該找出與公司有關且具趣味性與新聞性的題材，以供媒體的報導。此時公司可採「發掘新聞」的方式，逐一從公司的各項活動來探索，盡可能地找出可供報導的題材。例如公司員工對社會的優良事蹟，公司採取的某些經營活動與環保概念相符合等。

如果公司能夠發掘的題材不夠多，此時可改採「創造新聞」的方式，來增加公共報導的機會。例如前述的專題活動之舉辦，此乃公司主動創造出來的新聞事件。國內目前許多大專院校經常會舉辦一些學術研討會、企業經營座談會等等，乃屬於學校之公共報導所創造出來的題材，藉以提高知名度。

在此一階段中，公司如何善用公共報導的技術與工具，是非常重要的。公司若能製造一些重大的事件，則可獲得媒體的報導，此乃其重要的任務之一。此時，一般所謂的「事件行銷」(event marketing) 之技巧便可派上用場。當然，此處所指的事件包括所「發掘」出來的及所「創造」出來的事件，而且這些事件基本上要具有新聞性與輿論性。

㈢執行公共報導的方案

　　執行公共報導方案時，必須結合公司行銷人員、大眾傳播媒體及公關公司等各方面的努力，才能發揮其成效。此外，從事公共報導必須非常謹慎小心。就新聞的刊登來說，只要被編輯認為是重大的新聞，那麼不管是由誰發佈的，都很容易被新聞媒體刊登出來。相反的，大多數的新聞事件並非都那麼有分量，因此未必會被忙碌的編輯所採用。此時，行銷人員的重要任務之一便是與媒體編輯和記者之間，建立密切的私人關係，瞭解這些人員的需求，並盡力地配合他們，期使新聞媒體能樂意地將行銷人員所提供的新聞報導出來。

㈣評估公共報導的成效

　　評估公共報導的效果頗為困難，因為它通常與其他行銷工具合併使用，因此難以單獨衡量出其貢獻。但是，如果公共報導在先，其他的行銷溝通工具之運用在後（例如推出一項新產品時便有類似的公共報導活動），則比較容易評估其效果。但無論如何，評估公共報導的效果是重要的，一方面可瞭解公共報導的目標是否已達成，另一方面則可作為修正公共報導活動的參考依據。

　　至於公共報導的評估方法，最常見的是計算其在媒體上曝光的次數，例如有多少新聞報導、特寫文章、照片與影片在某段期間內發表或播放的次數等。

　　一般而言，公司可委託廣告代理商與公關公司為其剪下刊登在印刷媒體上的公共報導資料，並記錄廣播電臺及電視播放有關公司在公共報導上播放的時間。廣告代理商與公關公司也可能將這些印刷媒體版面及播放時間，換算成廣告成本以讓其客戶對公共報導之價值有所瞭解。

行銷實務 12.1

掌握事件，免費行銷

　　經濟不景氣，消費者荷包縮水，影響企業收益，如何「以最少成本，吸引消費者上門」，變成所有企業經營者及主管最關心的話題。利用「事件行銷」(event marketing) 或「公共報導」(public report)，成為業者在度小月時期，最

容易也最可能考慮之行銷手法。

* 善用事件，發展行銷

　　例如福特汽車在臺北市敦化北路和南京東路的鬧市路口，將新推出的休旅車掛在大廈十三樓高的外牆上，另外再加上輪胎痕跡劃過整棟大樓的「假象」，確實引起來往車輛駕駛和行人的注意。網路上也引起討論和廣泛的訊息散播。除了交通警察開出違規停車的罰單外，最後主管機關以「商業區的招牌廣告不得設置在第十二層以上，且自地面算起不得超過三十六公尺」的規定，且依行政執行法規定，此件「違規廣告物」有妨礙公共安全之虞，因此依法派出人員予以拆除。

　　不論是量販業的促銷活動或是汽車業的實體廣告招牌，能夠引起媒體免費大幅報導，甚至連續性刊登討論，就已達到「廣而告知」，讓所有目標顧客群，或是全體社會大眾都能知曉的目的。

* 緊抓主題，不同凡響

　　引起媒體注意，免費為企業行銷的活動，應該注意：

　1.主題明確，抓住趨勢

　　企業的活動，應有明確主題，焦點清楚，且要不同以往，才能引起媒體關注。所謂「狗咬人不是新聞，人咬狗才是新聞」、「不一樣」、「不尋常」、「不常見」，能為記者所青睞，進而深入報導。

　　以福特汽車外牆廣告為例，汽車停在地上，或高速行駛於崎嶇路面都不能算是新聞，但是掛到大樓外牆，顛覆一般人「汽車應在地面上」的傳統思維，自然會引起注意了。尤其又有網路的討論和散播，媒體自然不會放過此則消息。

　2.掌握話題，增加傳播

　　大凡公共報導的運用，主要掌握在企業，而非媒體手上。因此，不管事件的擬定、新聞稿的發放，都是企業可以主動操之在我的，只要新聞性夠，能夠引起各方爭議，媒體縱使忽視，但在「無法獨家，也不能獨漏」的媒體精神引導下，也不得不跟進報導！

　3.設計活動，延續火力

　　一個事件的塑造,「創意」最為難得,而難得的創意,只用一次就丟,不啻是暴殄天物。因此,事件行銷最好能在推出前,即有系列性的規劃,環環相扣,一波接著一波,才能有效帶起討論,擴大影響面,增加知名度。

　　福特汽車有異曲同工之妙,本質上就是一個「廣告招牌」,但是,以一輛「實車」(雖然內部引擎、零件、座椅都在掛上前就已拆卸)掛在建築物外牆,其新奇性和顛覆性就引起注意;而後媒體報導、網路流傳,再加上民眾檢舉、主管機關查勘,廣告主預先就已預知事件的發展,到了最後拆除階段,各大電視頻道都有報導,但一個「完美的 ending」則是公司發言人出面說明:「車子以鉚釘鎖於大樓,並無掉落危險性」,表示公司在事前就已注意安全,而非漠視公共與民眾安全,以維護公司信譽。

　4.立體思考,創意無限

　　要能有免費的公共報導,或一件成功的事件行銷,「創意」是其中最關鍵的推動力。因此,前述以「以前都如此,現在毋需變」的模式經營企業,就很難有足夠「創意」塑造一次事件行銷,來增加公司知名度或免費報導了!

＊逆向操作,創意無限

　　面對新競爭,要有新思維,遭遇不景氣,要有新作法。如何能有效運用媒體為你免費報導,將是企業度過此段苦日子的首要行銷原則。

　　　　　　　　　　　　(資料來源:《震旦月刊》,2002 年,368 期,鄭紹成)

◉ 三、7-ELEVEN 之公關活動的案例

　　民國 82 年 3 月 7-ELEVEN 曾獲得公關基金會所主辦的傑出公關活動之獎項──最佳形象獎;事實上,7-ELEVEN 早在八年前即已投入公關活動,並秉持著所謂的「取之於社會,用之於社會」的經營理念。

　　7-ELEVEN 認為企業形象之於企業體,就如同個人給予他人的印象一般,需長期地由各種活動加上相互地觀察才能逐漸深植腦海中;同樣的,企業形象的塑造不僅要靠各類形式的形象廣告之堆砌,更需經常舉辦或贊助各種能引起社會共鳴的公益活動。因此,7-ELEVEN 自民國 75 年首先參與社區活動、民國 77 年開始贊助公益活動,以迄今日為止,皆熱心地投入公關活動;

使其不僅在營收方面大有斬獲，而且在企業形象上的提升與鞏固方面，更是樹立了企業界「模範生」的典範。

(一)致力公關活動的緣起

　　目前的便利商店已在無形中成為現代消費者不可或缺的好鄰居；演變至今，已不再單純的滿足消費者的物質需求，亦同時扮演著消費者的「生活守護神」與「生活經紀人」的角色。雖然消費者有幸在便利商店獲得愈來愈多的「便利」，但對經營者來說，在「便利」之背後卻埋伏著「統一」與「同質」的危機；也就是說，原先各零售系統所獨具的特色已逐漸消失，進而導致偶發性消費者取代習慣性消費者的危機發生。便利商店在角色扮演愈見多樣性的今日，便產生了藉由參與公益活動來提升與維持整體的企業形象，以贏取社區居民的信任。因此，企業的贊助活動乃間接地達到了促銷的效果，而7–ELEVEN之所以能夠轉虧為盈的整個過程，亦支持了此一論點。

(二) 7–ELEVEN 之力求理念商品的新鮮度

　　7–ELEVEN 明白地指出「公益活動為一商品，且為一理念商品」。而且，7–ELEVEN 堅持理念商品必須講求一定的新鮮度，如此才容易深入消費者內心，進而刺激其光顧及對商店的忠誠度。

　　就此方面來說，7–ELEVEN 已累積了十餘年舉辦或贊助公益活動的經驗，該企業已設計出一套勝算頗大的行銷哲學，亦即以家喻戶曉的活動名稱作為每年活動的主題，但是活動內容則年年更新。譬如說針對國內援助對象，於是便把主題定為「把愛找回來」，而內容則依據當年社會最迫切需要的援助，鎖定為「別讓離家的孩子走太遠」、「給雛菊新生命」等。至於對國際上的支援則以「飢餓三十」為固定的主題名稱，然後再依迫切需要的程度選擇不同的國家，擴及飢餓以外標的國的需求，作為援助的對象。例如民國 91 年以「幫他們再活一次」為訴求，協助嘉義基督教醫院癌症治療中心的愛心募款活動，以推動更完善的癌症預防及治療的工作，讓癌症治療充滿更多愛與溫暖。有關 7–ELEVEN 歷年來所贊助舉辦的公益活動名稱、內容、目的及成效，可參閱表 12–1。

表 12-1　　7-ELEVEN 歷年贊助舉辦公益活動一覽表

91.01	你的一元天使的家園	共募得 862 萬元(募集中)
90.11	把愛找回來　零錢也可以虎虎生風	共募得 674 萬元
90.10	納莉風災緊急救援	共募得 477 萬元
90.7	飢餓 30　一塊來救命	共募得 2,332 萬元
90.4	震動大愛重建校園	共募得 933 萬元
90.1	為臺灣老人蓋一個家	共募得 986 萬元
89.10	把愛找回來　愛有勇氣夢未來	共募得 1,064 萬元
89.7	2000 飢餓 30	共募得 1,203 萬元
89.3	重建～給東基一個未來～	共募得 1,167 萬元
88.11	921 震災希望工程	共募得 1,281 萬元
88.10	921 集集大地震──重建殘破家園	共募得 1,711 萬元
88.6	1999 飢餓 30──帶走絕望、帶來希望	共募得 1,011 萬元
88.2	搶救臺灣尾、點燃希望的燈	共募得 1,502 萬元
87.10	把愛找回來──用愛累積希望籌募 0～6 歲遲緩兒早期療育基金	共募得 1,099 萬元
87.7	1998 飢餓 30	共募得 1,311 萬元
87.4	治療傷痕乘愛而飛──籌募兒童性侵害治療基金	共募得 959 萬元
87.1	兒福聯盟──搶救生命棄兒不捨	共募得 1,414 萬元
86.10	把愛找回來──為殘障娃娃儲蓄希望	共募得 1,320 萬元
86.5	1997 飢餓 30	共募得 1,961 萬元
86.2	婦女救援──婚姻有愛、暴力遠離	共募得 458 萬元
85.11	把愛找回來──給患重症的喜願兒圓夢的力量	共募得 767 萬元
85.8	向拾荒者致敬	共募得 529 萬元
85.5	1996 飢餓 30	共募得 1,555 萬元
85.4	小零錢救地球	共募得 350 萬元
84.10	把愛找回來──關懷原住民布農族	共募得 866 萬元
84	1995 飢餓 30	共募得 1,095 萬元
83.11	把愛找回來──給雛菊新生命	共募得 804 萬元
83	1994 飢餓 30	共募得 1,319 萬元
82.11	把愛找回來──給雛菊新生命，促使兒童及青少年性交易防治條例誕生	共募得 994 萬元
82	1993 飢餓 30	共募得 2,310 萬元
81.10	協尋失蹤兒	共協助尋得多位兒童

81.5	1992 飢餓 30	共募得 834 萬元
80.10	用愛心擋寒冬大陸賑災活動	共募得 1,600 萬元
78	美化臺北我的家	100,000 多人參與掃公園
78.9	歸我們所有——關懷流浪少年	共募得 397 萬元
77.10	把愛找回來——別讓孩子走太遠	收到超過 200 封信，8,000 多通電話

資料來源：http://www.7-11.com.tw/。

(三)結　語

在傳統的行銷觀念中，廠商幾乎都認為欲促使商品的銷售，非得大力廣告不可。但事實上，隨著社會分工的細分化，消費市場也變得更加支離破碎且複雜。因此，原有的大眾傳播媒體在有效瞄準目標顧客，傳達正確與正面的廣告訊息方面，已經顯露出力不從心的窘態。相反的，借助公益活動的公共報導之行銷型態，表面上雖看不出對廠商商品的銷售會產生多大的助益，但此種細水長流式的行銷手法，實則具有不可忽視的爆發力。

例如像 7-ELEVEN 在所贊助的「飢餓 30」之活動期間內，便獲得了媒體報導超過 72 篇，電波媒體 10 次以上的宣傳，連帶地亦帶動了商店人潮的進出。因此，不論是來客數或媒體曝光率，都改寫了 7-ELEVEN 本身及業界的歷史。

第二節　銷售推廣

「戲法人人會變，各有巧妙不同」，此點最適合用來說明銷售推廣 (sales promotion) 的靈活性。銷售推廣在整體行銷的功能上，有日漸重要的趨勢，其專業化的特性亦逐漸受到肯定。本節先介紹銷售推廣的意義與重要性，然後再討論銷售推廣決策的步驟，最後則舉出幾個銷售推廣的實例，提供讀者參考。

一、銷售推廣的意義與重要性

(一)銷售推廣的意義

所謂銷售推廣（簡稱 SP）意指「在短期內，除了廣告、人員銷售及公共

報導之外，所有能刺激消費者的購買意願與激發銷售人員和中間商之推銷熱忱的促銷活動與工具」。依此定義來看，SP 有一特定的期間（通常是短期性的），提供一些特定的激勵物品或稱誘因 (incentive) 來誘發消費者的購買動機或中間商與公司業務人員之推銷的熱誠。換句話說，銷售推廣有如下幾點特色：

1.SP 是短期性的，它主要目的在促使被激發的對象馬上採取行動，而其作用基本上可視為一劑「強心劑」。

2.SP 的激發對象包括消費者、中間商及公司的銷售人員。

3.SP 可選擇的工具種類繁多，基本上亦可依其激發對象來分類；有關 SP 的工具將於後面再詳述。

㈡銷售推廣的重要性

行銷人員在銷售推廣上的支出往往比廣告還要多。因為行銷人員過去幾年在差異性不大的產品中激烈競爭，因此銷售推廣的費用也一直上升。有些行銷人員為了要在非常競爭而且已面臨成熟期之市場上達成行銷目標，皆已將銷售推廣視為一種持續不斷的技巧。

銷售推廣與廣告是不同的，廣告乃是為了要建立長期的品牌形象與品牌忠誠度，希望能夠讓品牌及有關產品的知識能夠深植於顧客心目中。至於銷售推廣則是希望能在最短的時間內，激起消費者的購買反應。甚至有人批評：長期而言，持續不斷的銷售推廣活動將使高品質產品之品質形象下降。然而，銷售推廣活動仍被許多行銷人員視為重要的行銷工具，考其原因有下列幾點理由：

1.由於經濟的不景氣，使得消費者更會精打細算。因此，只要廠商提供贈品或誘因（如降價、打折），都有可能打動消費者，促其採取購買行動。

2.市場中由於多數產品幾近同質，因此購物誘因往往成為消費者選購品牌的決定因素。

3.因為愈來愈多的廣告訊息的干擾及相關的法規限制，使得廣告效果日益不彰，因而採用銷售推廣作為主要的促銷工具。

4.產品經理大多面臨短期銷售成果的壓力，而銷售推廣特別具有短期的效

果，且他們皆已嫻熟銷售推廣的技巧，因此銷售推廣使用得愈來愈多。

5.競爭愈來愈激烈，為了提高通路成員之間的合作意願，因此亦對中間商大力採用銷售推廣。

6.價格彈性較大的產品，採用銷售推廣頗為合適；亦即只要價格稍有下降，對價格敏感的消費者，往往馬上會有購買反應。

然而，我們必須注意的是，銷售推廣絕非是萬靈丹，它亦有其限制與缺點。基本上，在制定銷售推廣決策時，亦須同時考慮到價格、競爭情況、目標視聽眾的特性、配銷通路及產品特徵等因素，而且銷售推廣往往與廣告相互配合使用，可獲得更大的效果。

◑ 二、銷售推廣之決策步驟

欲使銷售推廣活動更有成效，公司在制定銷售推廣決策時，可依循下述的步驟，參見圖 12-1。

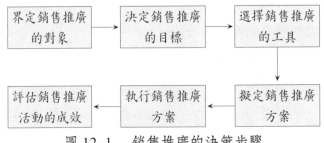

圖 12-1　銷售推廣的決策步驟

㈠界定銷售推廣的對象

首先決定銷售推廣活動的對象為誰，可能是消費者、公司銷售人員或者是中間商；因為對象不同，其所設定的銷售推廣目標與所使用的銷售推廣的工具，皆會有所不同。

㈡決定銷售推廣的目標

銷售推廣的目標係來自上一層的行銷溝通目標，而後者又來自行銷組合目標及公司目標。具體的銷售推廣目標視其推廣的對象不同而有所不同，表12-2 列示一般化的銷售推廣之目標，其中依據銷售推廣的對象來分類。

表 12-2　一般化的銷售推廣目標之列舉

推廣的對象	銷售推廣目標
消費者	1. 鼓勵消費者一次多量採購 2. 讓消費者或組織型購買者熟悉產品改良 3. 收集顧客名單 4. 建立顧客忠誠度 5. 鼓勵顧客改用公司的品牌 6. 創造購物人潮 7. 吸引新產品的試用
中間商	8. 鼓勵中間商增加訂貨量 9. 鼓勵中間商的銷售人員努力地推銷成熟期的產品 10. 鼓勵零售商給予更多的上架空間 11. 鼓勵零售商在淡季期間多進貨 12. 削減競爭對手之促銷活動的效果
公司銷售人員	13. 鼓勵公司的銷售人員努力推銷新產品 14. 鼓勵達成一定的業績水準 15. 鼓勵銷售人員開發新的銷售據點 16. 刺激淡季的銷售

㈢選擇銷售推廣的工具

行銷人員在選擇銷售推廣工具時，必須考慮到下列的因素：

1. 銷售推廣的目標

例如若是要刺激中間商的銷售力，則提供競賽獎品給中間商的銷售人員比給消費者還要有意義；若銷售推廣的目標在於鼓勵消費者試用，則免費樣品便是適當的銷售推廣之工具。

2. 目標顧客的特性

例如顧客的年齡、教育程度、性別、所得等，皆會影響公司決定採用何種銷售推廣工具。一般而言，所得較低者，對於贈品與獎金的提供有較大的偏好。

3. 產品的特性

例如產品的大小、包裝、可保存期限、重量及成本等，都會影響到郵寄

免費樣品的可行性。

4.配銷通路的特性

例如是否要選擇購買點展示 (point-of-purchase display) 或店內產品展示，則可能要視通路是直接或間接，以及中間商數目與差異性而定。

5.環境因素

包括競爭環境及法律、經濟環境，這些環境因素皆會影響到銷售推廣工具的選擇。例如在某些國家中的法律禁止廠商採用摸彩活動；又如當經濟衰退與通貨膨脹期間，「折價」與「退款保證」的銷售推廣工具可能更為合適。

至於銷售推廣的工具種類相當多，表 12-3 依據推廣對象作一彙總與分類，而表 12-4 則針對消費者之幾種銷售推廣工具的優缺點作一比較。

表 12-3　銷售推廣工具之彙總

推廣對象	銷售推廣之工具
消費者	(1)免費樣品；(2)折價券；(3)特價品；(4)贈品；(5)競賽與抽獎活動；(6)贈品點券；(7)購買點陳列；(8)示範；(9)現金退款
中間商	(1)購買折讓；(2)推銷獎金；(3)隨貨贈送（免費的產品）；(4)廣告補助活動；(5)銷售競賽；(6)直接折扣；(7)廣告特贈品；(8)商品展示會；(9)經銷商會議；(10)教育訓練
公司銷售人員	(1)業務競賽；(2)教育訓練

表 12-4　消費者銷售推廣工具之比較

銷售推廣工具	優　點	缺　點	可適用之產品
免費樣品	容易吸引顧客	成本過高	如新產品、洗髮精等
折價券	提高銷售量	商店配合意願不高，國內使用情況不普及	如超商用於食品、日用品的抵用券
贈　品	刺激消費者產生立即購買行為	成本太高	產品組合採用較受歡迎的產品搭配銷售，以及銷售較差或下降的相關產品
特價品	容易吸引顧客購買	容易給顧客廉價品牌的印象	百貨公司的週年慶

競賽與抽獎活動	引起消費者購買欲望	費用龐大	如汽車
特製促銷用品	具宣傳效果	效果較難確定	如飲食業

㈣擬定銷售推廣方案

有了明確的銷售推廣目標之後，行銷必須擬定可達成這些目標的銷售推廣方案。銷售推廣的方案其內容不僅是決定銷售推廣的工具與活動的多寡，尚應包括激勵的大小、參與的條件、傳送的方式、活動期間以及時程的安排等。

1.激勵的大小

行銷人員應該找出最經濟有效的激勵程度；若激勵程度太小則銷售推廣活動起不了任何作用；相反的，若激勵程度過高，雖可達到預期的銷售效果，但其報酬卻可能是遞減的現象。至於如何決定最合適的激勵水準，公司可參考過去的銷售推廣活動之水準與其所產生的銷售成果之記錄，找出激勵程度與銷售反應之間的關係，然後再據以決定最合適的激勵水準。

2.參與的條件

參與銷售推廣活動的對象其資格條件必須予以確定，防止消費者或相關人員之投機的行為。例如限制贈品僅送給那些有寄回盒蓋、回函或其他購買證明的消費者；摸彩活動不允許公司員工或負責承辦的人員參加。銷售推廣活動舉辦期間，必須有類似此種管制程序，以力求客觀公正，取信消費者。

3.傳送的方式

行銷人員尚須決定如何將銷售推廣活動的訊息傳達給目標視聽眾。例如面值 10 元的折價券，其可能的傳送方式是置於包裝盒內、夾在報紙或雜誌內，以及可郵寄給潛在消費者。每一種傳送方式，其成本與效果可能皆有所不同，因此需加以評估。

4.活動期間

銷售推廣活動的期間必須適當；如果過短，則可能有許多的潛在顧客無法獲得這項利益，因為他們不一定會在這段期間內重新購買產品，或根本無暇顧及。相反的，如果活動期間太長，則又可能讓顧客認為它是一種長期性

的削價求售，此時乃失去了其「敦促馬上購買」的促銷意義。

此外，銷售推廣活動的舉辦，必須說明起迄時間，否則往往會帶給行銷人員極大的困擾。例如來函索取贈品的銷售推廣活動若未註明活動截止日期，則廠商可能於所有的贈品皆已贈送出之後，仍會陸續地收到索取的信函，屆時在處理上極為麻煩。

5.時程的安排

銷售推廣活動的時程安排，必須與生產、銷售與配送部門密切地協調，此外還必須有一些備用的銷售推廣方案，以供緊急時使用。

(五)執行銷售推廣方案

銷售推廣方案在實際執行之前，應盡可能地先實施預試，以確定銷售推廣的工具是否適當、激勵的程度是否合宜，以及時機是否恰當。此乃因為銷售推廣活動一旦正式開始，除了促銷費用外，尚須許多人力的配合；因此若能先做預試，針對活動的一些缺點加以修正，如此將可降低風險。

預試後的銷售推廣方案必須妥善地執行，並須判定控制的計劃，以利活動的執行與修正。此時最重要的是須考慮其時間進度 (time schedule) 之安排；例如贈品的選購、存貨的規劃、輔助物品的印製與準備、發送人員的安排等，都須事先予以安排妥當，如此於銷售推廣活動推展的過程中，行銷人員方能作有效的控制與修正。

(六)評估銷售推廣活動的成效

銷售推廣活動的成效如何，必須加以評估，以供未來擬定推廣方案的參考。可用以衡量銷售推廣活動效果的方法很多，其中最常使用的是，在銷售推廣活動之前、之中及之後，衡量其銷售績效。假定行銷人員可以取得市場佔有率的資料，且經衡量結果如下：在銷售推廣活動之前，公司的市場佔有率為10%；在銷售推廣活動期間，市場佔有率升至14%；當銷售推廣活動結束之後，市場佔有率降至11%，但是在數週之後，市場佔有率又升至12%。

很顯然，此一銷售推廣活動於活動期間確實產生了一些效果。這些活動可能吸引了新的使用者或現有的顧客購買了更多的產品。然而，銷售推廣活動之後，市場佔有率的下降則顯示，在活動期間購買過多產品的顧客正使用

囤積的產品而不再購買；此即所謂的銷售推廣活動之「存貨效果」(inventory effect)。數週之後，市場佔有率上升至 12%（比活動之前的 10% 上升了 2%），此乃顯示銷售推廣活動的確吸引了新的顧客。如果市場佔有率終究又回到原來的 10%，則此乃意謂著銷售推廣活動只是改變了需要的時間，並未能增加產品的總需要。

除了上述的評估方法外，尚有其他評估銷售推廣活動效果的方法，包括消費者固定樣本訪問群法 (consumer panels)、消費者調查法 (consumer survey) 及實驗設計法 (experimental design) 等。透過消費者固定樣本之訪談，可以瞭解他們對銷售推廣活動之偏好的程度，以及這些活動是否促使他們轉換品牌；如果是的話，那麼他們持續購買該品牌的意願如何。而透過消費者調查法，可對較多的消費者評估並衡量觸及目標視聽眾的比例，以及多少人參與且有多少人獲益等。最後，利用實驗設計法則可同時推出二種銷售推廣活動，並比較結果。例如可比較報紙與雜誌的折價券之使用的比率。

三、銷售推廣活動的一些實例

前面我們曾述及銷售推廣活動的方法很多，以下將列舉其中幾種方法的實例。

㈠贈品的銷售推廣活動

此乃推廣方式中最簡單且亦使用最多的一種。贈送的目的，大都是利用一般人貪小便宜的心理，以實惠的利得為餌，刺激消費者採取購買行動。贈送的東西一定要符合實用、新奇的原則，才能夠引起消費者的興趣。當然，贈品最好還要能與原產品之間具有某種聯想關係，如此更有助於產品未來的銷售。

例子 1：華航公司為促銷其頭等艙及商務艙，並平衡淡旺季的需求，採用贈送「黃金」的方式來增加旅客的訂座；其口號為「華航贈金，歡迎搭乘 747–400 頭等艙或商務客艙」。

例子 2：國聯公司的白蘭洗衣粉經常將贈品，如洗碗精、漂白劑或洗髮精等，隨貨附贈於其產品中。

㈡舊換新銷售推廣活動

中古機車換新機車、舊鍋換新鍋、舊手機換新手機等「舊換新」的銷售推廣活動，一向深受消費者的喜愛。此乃廠商協助消費者將捨不得丟棄的東西處理掉，並給予若干折價以交換新產品的作法。

例子：奇士美曾舉辦舊換新大贈送的活動，不論任何廠牌的舊口紅或粉餅盒，均可折現 50 元，換購奇士美口紅或粉餅。這對既愛漂亮又想獲得便宜利得的女性來說，的確是很具吸引力的推廣活動。事實上，此類活動一直是化妝品用來推廣的捷徑之一。

(三)免費樣品試用銷售推廣

食品、化妝品或清潔劑等產品上市時，為求短期內為消費者所接受，免費樣品試用可說是一條捷徑。

例子 1：歐蕾在新推出新的洗面乳產品時，以贈送歐蕾洗面乳試用包完成市場資料的收集。不論是透過通信或電話，廠商皆可以得到較可靠的資料，更可以打響品牌的知名度，可說是一舉數得。

例子 2：寶鹼公司在推出任何一種新產品（如幫寶適紙尿褲、好自在蝶翼衛生棉等）的同時，往往會配合採用大量的樣品贈送活動。

(四)競賽遊戲推廣活動

含有競賽意義的銷售推廣活動，其成功的關鍵在於是否具有新奇性及創意，要能掌握住此一要點，才能吸引消費者參與的興趣與參加的動機。不論是為提高知名度、增加對產品的瞭解或智力競賽，最好是不帶任何附加條件，愈簡單愈好。

例子 1：嬰兒奶粉的市場相當大，每一家廠商都希望創造其品牌之健康寶寶的形象。於是明治奶粉乃推出寶寶逗笑經驗的競賽，在今日父母普遍注重寶寶的美麗回憶同時，此項銷售推廣活動除了能使父母融入明治公司的活動中，更能透過參加寶寶逗笑的資料刊登中，轉移消費者對快樂寶寶與產品的聯想。

例子 2：百貨公司的週年慶活動中，常以購物滿千元即可換取一張抽獎彩券，抽中便有機會出國旅遊或獲得汽車等大獎，藉以吸引消費者於週年慶活動期間前來購物。

(五)產品組合銷售推廣活動

　　產品種類多的廠商，在有新產品上市或滯銷品無法處理時，即可採用產品組合銷售推廣的活動。此外，為新產品開拓市場，或為滯銷品出清存貨，或為全套產品增加銷售，採用產品組合銷售推廣活動，皆是極佳的方法。

　　例子：買耐斯荷荷葩洗髮乳贈送耐斯荷荷葩護髮露即是一例，其中耐斯荷荷葩護髮露乃是新產品，而為了鼓勵消費者的使用，便以它作為贈品，使消費者的使用習慣養成之後，它的市場便逐漸開展出來。

(六)經銷商銷售推廣活動

　　針對經銷商的銷售推廣活動，其方式與工具亦相當多，然而多半未透過大眾傳播媒體。此外，不同的行業、不同的廠商，其作法亦有所不同。不過，對經銷商的銷售推廣活動，主要目的不外乎是提高其經銷意願與熱忱、保障經銷利潤，以及增進對廠商的忠誠度等。

　　例子 1：柯達相紙的價格與市場佔有率，在同業中一向最高。為維持這種優勢，柯達軟片公司對沖印業的掌握與控制皆不遺餘力。因此，柯達公司經常以提供獎品給經銷商的銷售推廣活動，藉以達到對經銷商激勵的目的。

　　例子 2：其他諸如「舒潔產品」、「高露潔牙膏」及「可口可樂」等產品，亦經常針對中間商舉辦陳列競賽活動，提供龐大的獎金，以激勵經銷商購進一些產品，創造更佳的銷售業績。

(七)消費者服務銷售推廣

　　完善的售前與售後服務，是耐久性消費財掌握顧客的戰略之一，諸如家電、汽車、房地產等，大多強調服務以招徠顧客。但是近年來似乎有一種趨勢，許多消費品與便利品的廠商，為增強競爭力，亦紛紛強調服務。此一戰略對於培養品牌忠誠度與擴大市場佔有率，似乎有很大的助益，值得廠商嘗試推行。

　　例子：信用卡的服務在工商繁忙的社會中，確實提供了一項安全方便的服務，花旗 VISA 卡更以多項會員獨享的服務內容，作為銷售推廣其產品的一項利器。

行銷實務 12.2

行動電話簡訊盛夏五至六折降價促銷

　　愛發簡訊的拇指族們有福了！延續世足賽期間創造的簡訊熱，多家行動電話業者趁著暑假消費旺季推出簡訊降價活動，平日一則新臺幣 3.5 元簡訊，如今已有業者打出五至六折的低價，搶攻青年學子市場。

　　根據泛亞電信針對 21 至 35 歲族群所做的問卷調查發現，九成三受訪者表示「知道」簡訊服務，有七成八受訪者曾經使用過簡訊，且每逢推出簡訊促銷贈獎活動，固定使用簡訊用戶的使用量可成長數倍之多。

　　東信電訊企劃處處長黃文華表示，調查顯示，未來全球無線遊戲產業將以每年 162% 的成長率成長，西元 2006 年無線遊戲產業市場規模將達到 28 億美金。

　　泛亞電信行銷處長劉玉蘭認為，簡訊是最不受手機功能限制的加值服務，因而成為語音之外，成長最快速的業務。黃文華更樂觀指出，由於簡訊的高普及率，簡訊遊戲已成為無線遊戲最佳原型，促銷活動正是希望提高年輕族群的忠誠度和使用習慣。

　　泛亞電信在服務推向全區同時，今年暑假推出簡訊降價活動，無需添購簡訊卡，8 月 31 日以前，泛亞用戶不限使用本網或漫遊網路，一般文字簡訊用戶對傳每則 1.5 元、傳給其他用戶每則 2 元。下載罐頭簡訊寶典及「Send 給我 118」簡訊抽獎活動也是每通 1.5 元。

　　東信電訊針對簡訊族，推出月租型的「飛訊 100」與「飆訊 300」簡訊費率。「飛訊 100」月租費 100 元，可折抵 135 元簡訊費，相當於傳送四十五則簡訊，平均每則費用 2.2 元；「飆訊 300」月租費 300 元，可折抵 450 元簡訊費，相當於傳送一百五十則簡訊，平均每則費用 2 元，且適用於一般簡訊及簡訊加值服務。

（資料來源：中央社，2002 年 7 月 8 日，馮昭）

第三節　人員銷售

人員銷售 (personal selling) 亦是促銷組合的重要一環，因為優秀的銷售人員可為公司帶來可觀的利潤，且銷售人員的服務態度直接影響到消費者的滿足。就各項的促銷組合要素來說，唯有人員銷售是與顧客最接近的功能，它能協助解答顧客的疑問，甚至銷售人員有可能成為顧客的好朋友。尤其是銷售單價較高的產品之廠商，特別重視透過人員銷售的活動來提高業績。

本節首先說明人員銷售的涵義，然後介紹人員銷售的過程，最後再討論銷售力的管理。

一、人員銷售的涵義

所謂人員銷售乃是以人為媒介，藉由人員（銷售人員）的運作去影響消費者行為，進而促使其購買產品。人員銷售可說是自古以來即已存在的行銷手段；沿街叫賣的小販、待在店裡出售商品的人員，皆在從事人員銷售的工作。此外，不論是何種行業，不論企業規模的大小，都會使用人員銷售的功能，因為它主要是靠著銷售人員的溝通技巧，而不受技術、資本或規模大小的限制。

相對於其他的促銷組合要素（廣告、公共報導及銷售推廣）而言，人員銷售的功能具有以下的特性：

㈠較具彈性

其他的促銷組合要素大都是公司對顧客的單向溝通，而人員銷售則具有雙向溝通的效果。銷售人員可在現場獲知顧客的反應，並配合顧客的需要提供適宜的產品與服務，且可有彈性地調整與採取因應的措施。

㈡可選擇銷售的對象

採用人員銷售時，銷售人員可挑選最可能購買的顧客逐行推銷，不像廣告等的其他促銷組合要素，其對目標對象的選擇較缺乏效率。

㈢較具完整性

　　人員銷售可以將銷售過程中的每一階段皆加以完成；例如從尋找顧客開始，以至接觸、介紹與示範產品、處理狀況，以及達成交易等步驟，均能由銷售人員來執行。相反的，廣告及銷售推廣活動等，大都僅能促成顧客的購買意願而已。

㈣具多重功能

　　銷售人員除了從事銷售達成交易外，還可能擔負顧客服務、收款及調查顧客反應等額外的功能。因此，人員銷售具有多重的功能。

㈤親身接觸

　　人員銷售涉及兩人或多人之間的互動關係，任何一方皆可親身體察他方的需要與特質，從而立即地作出適當的反應。

　　人員銷售雖具有上述的一些特色，但就每一位（或每一筆訂單）的銷售成本而言，相對地較高。這是公司在決定促銷組合決策時，所必須考慮的事項。

◖◗ 二、人員銷售的過程

　　採用人員銷售的活動，雖然有不同的銷售人員或者不同的銷售情境，但一般的人員銷售活動可能皆會歷經某些步驟，包括(1)尋找潛在的顧客；(2)事前準備工作；(3)接近潛在的顧客；(4)進行銷售報告；(5)處理反對的情況；(6)達成交易及(7)售後追蹤。這些過程參見圖 12-2。

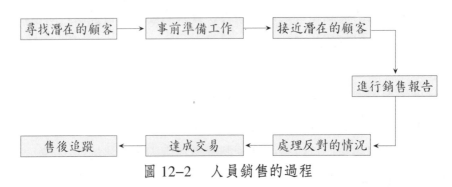

圖 12-2　人員銷售的過程

㈠尋找潛在的顧客 (prospecting)

　　人員銷售過程的第一個步驟就是尋找潛在的顧客，亦即確認哪些消費者

是公司產品的潛在顧客。事實上，尋找潛在的顧客亦是人員銷售的首要目標，因為這些是公司產品的目標對象。當確認出潛在的顧客之後，人員銷售接下來的目標便是「將潛在顧客變成顧客」及「維持顧客滿足」，而後面二個目標的達成，則有賴完善的人員銷售過程之實施。

在尋找潛在顧客方面，公司可能會提供一些「銷售名單」(sale leads)，但銷售人員亦應自己具有發掘潛在顧客的能力。發掘潛在顧客的方法，包括(1)徵詢公司現有顧客，請求他們提供新客戶的名單；(2)透過各種管道取得潛在顧客的名單，諸如供應商、經銷商、非競爭同業的業務人員、銀行界以及同業公會等；(3)參加各種社團，擴大接觸面，以增加認識潛在顧客的可能性；(4)參與各種演講與社交活動，擴大人際關係，亦有所助益；(5)查閱各項資料來源，搜尋潛在顧客名單，諸如商業期刊、工商名錄、報紙商業版以及公會出版的刊物等；(6)利用電話或信函，發掘潛在顧客；(7)直接到各機構辦公室，作不速之客的拜訪等等。

事實上，尋找潛在顧客乃是尋找、確認及過濾潛在顧客的過程。換句話說，銷售人員在尋找的過程中，尚需要知道如何篩選可能的潛在顧客，免得浪費無謂的時間在不合格的顧客身上。這些篩選的準則包括潛在顧客的購買力、是否有權決定購買，以及其將來能夠持續往來的可能性等。

(二)事前準備工作 (prepairing the preapproach)

事前準備工作乃是銷售人員在與潛在顧客接觸之前,所必須完成的作業。這包括收集有關潛在顧客之背景、產品需求、個人特徵及購買決策類型與過程等，以便在從事銷售報告時，便能很快地確認出及滿足潛在顧客的需求。例如工業品銷售人員可能必須收集有關潛在顧客之訊息，包括其所生產的產品、製造過程及採購實務等等。此外，銷售人員亦可能需瞭解到潛在顧客在購買過程中所扮演的角色 (影響者、守門者、決定者、使用者及購買者)，及所偏好的接觸方式 (電話交談、個人拜訪或信函溝通等)。最後，瞭解到接觸潛在顧客的最適當時機，亦是相當重要的。

(三)接近潛在的顧客 (approaching the prospect)

銷售人員為了要接近潛在顧客、與其建立關係，並引發其注意與興趣，

必須採用適當的接觸方法。例如如何製造良好的第一印象，以及如何吸引注意力與引發興趣的開場白，皆是很重要的接觸方法之注意事項。

接觸方法的選擇，主要取決於對方是公司既有的顧客或新顧客。若為公司之既有的顧客，則可能只需一通電話約個時間就夠了。但對於新顧客，則較困難的地方可能是如何通過其秘書或助理那一關。因此，銷售人員必須有技巧地說服守門者，譬如說告訴秘書或助理說是該潛在顧客之朋友所引薦的。

(四)進行銷售報告 (sales presentation)

在取得潛在顧客之注意與興趣之後，銷售人員便進入人員銷售過程的核心階段，即進行銷售報告及建立潛在顧客對產品的需求。所謂的銷售報告即向潛在顧客介紹、解說產品及示範產品的使用與操作方法。整個銷售報告的重點應強調產品能為顧客帶來什麼利益，或者產品能為顧客解決什麼問題。但不論強調什麼，前提應該是先瞭解顧客對哪些利益有需求，以及面臨什麼問題，然後再強調產品能滿足顧客在這些方面的需求。換句話說，銷售人員在執行人員銷售的工作時，亦應該具有行銷觀念。

銷售人員在介紹產品的過程，或許可以依據 AIDA 模式的四個步驟來進行，亦即引起注意 (attention)、產生興趣 (interest)、激發購買欲望 (desire) 及促成購買行動 (action)。此外，在整個銷售報告過程中，若能配合各種輔助性的示範工具一起使用，其效果更佳；這些輔助工具包括小冊子、圖片、幻燈片、錄影帶及實際的產品（或產品的模型）等，它們皆有助於將產品的訊息傳達給潛在的顧客。

最後，銷售人員最好採用「解決問題銷售法」(problem solution selling) 的報告方式，亦即銷售人員必須先找出顧客的需求，然後再以顧問的方式協助潛在顧客滿足其需求。此時銷售人員的主要任務在於協助顧客列出所有可能的解決方案，然後再建議最佳的解決辦法。採用此種方法，需要銷售人員具備相當的技巧及時間的投入；而此方法的優點在於可贏得潛在顧客之信任並與之建立長久良好的關係；在銷售技術性之產品與服務時，此方法特別適用。

(五)處理反對的情況 (handling objection)

潛在顧客在整個人員銷售過程中都會有一些反對的意見，這是很平常的

事。銷售人員應該預期到會有這些反對意見的發生，並設法在銷售報告中加以討論與解決。銷售人員也應該鼓勵反對意見，然後加以回答。因此，在這個階段中，重要的關鍵在於銷售人員必須仔細聆聽，然後以真誠、有益的態度加以回答，以協助潛在的顧客作成明智的決策。

此外，銷售人員在處理異議時，應該避免直接的拒絕，而採用「是的……不過……」或一些較婉轉的表達方式，如此比較具有效果。例如一個不動產的銷售人員在面對顧客所提出的異議：「你這塊地離市中心太遠了。」此時銷售人員可以如此回答：「要是在兩年以前，大多數的人會同意您對這塊地的看法。但是，現在這塊地的價值已經倍增了，而且在未來這塊地仍是大有發展的潛力，值得您加以考慮一下。」

㈥達成交易 (closing the sale)

達成交易乃是在銷售報告中，銷售人員嘗試去獲取訂單的時刻。由於有些銷售人員不想讓潛在顧客感到壓力，因此他很難去達成交易。或者銷售人員信心不足，以致認為自己的表現不佳；也可能是銷售人員不知道何時應該要求潛在顧客下訂單，以致錯失良機。

由此可知，銷售人員必須學會如何辨識潛在顧客所發出的成交訊號，這些訊號可能包括對銷售人員所強調的產品性能與利益點頭示意、詢問有關融資或付款條件，及詢問運送日期等問題，以及作正面的建議。此時銷售人員便可以嘗試使用各種達成交易的技巧；例如在介紹與展示完產品之後，銷售人員可以問潛在顧客希望的運送日期；如果潛在顧客說出希望的日期，那麼銷售人員便知道已經成交了。如果潛在顧客提出反對意見，那麼達成交易的時點可能就會延後，直到顧客所關心的問題獲得解決。成功的銷售人員在「達成交易」的這個階段中，應避免使用欺騙手段或施加壓力；他們應該瞭解到與潛在顧客建立信任與長期關係的重要性。

此外，銷售人員尚可利用一些達成交易的技巧，以使得顧客在決定是否成交之際，補上「臨門一腳」。

1.縮小選擇範圍：例如「你想要有 ABS 或無 ABS 配備的汽車?」

2.提供特別誘因：此乃強調購買時機的重要性。例如「若您今天購買，將

可立即獲得 10% 的折扣優待。」

　　3. 立即要求購買：例如「我真希望你現在就買下，這樣，今天晚上我們就可大肆慶祝了。」

　　最後，在人員銷售的過程中，愈來愈重視「協商」(negotiation) 的功能。整個銷售過程中需要協商的因素很多，包括價格、額外服務、上架空間、存貨水準、運送條件、特殊包裝、顏色選擇、配備選擇及付款條件等。協商的關鍵應該在於「雙贏的策略」(即雙方均獲利)，如此則可以建立良好的長期關係。要成為成功的協商者，銷售人員必須具備創造力、耐心、規劃能力及樂觀的態度。因此，愈來愈多的公司皆會加強銷售人員在「協商」這方面的技能，此乃成為銷售人員訓練之重要的課程。

㈦售後追蹤 (following up the sale)

　　在達成交易之後，銷售人員應該繼續從事售後追蹤，以確保顧客的滿意度。這包括確認產品是否準時且完整地送達，確認是否安裝妥善，以及檢視產品購買後之性能等，皆有助於確保顧客的滿足及建立良好的信譽，而且亦可促使顧客重複購買。基本上，售後追蹤的執行乃是行銷觀念之落實。

　　愈來愈多的公司已逐漸體認到售後追蹤的重要性，因為售後追蹤是確保達成交易及爭取老顧客的關鍵。它所能發揮的功能有下列數項：

　　1. 保持與顧客持續的溝通

　　銷售人員應該要促使顧客對公司的產品與服務感到滿意，而要做到這一點，銷售人員必須使顧客經常瞭解有價值的、新的產品項目與訊息，必須定期對顧客的需求進行分析，進而確定符合顧客實際的需要。例如通信行業需求的成長，及通信設備在技術上的進步，促使顧客對這些產品與服務有需求，此時銷售人員對這些產品與服務的提供就顯得更切合實際了。

　　2. 處理顧客的抱怨

　　在顧客購買與使用產品之後，可能會因不滿意而有所抱怨，此時銷售人員應將其視為首要問題來處理。換句話說，銷售人員一旦得知顧客有不滿意的地方，就必須迅速採取行動，以確保與顧客維持友善的關係。此外，迅速有效地解決顧客的抱怨，有時亦是爭取顧客好感的良好契機。

3. 交叉銷售

所謂交叉銷售係指銷售人員不僅銷售單一產品或服務，而是要銷售多種產品。例如服飾店的銷售人員除了推銷西裝之外，通常亦會展示與之相配的領帶、襯衫，甚至皮帶等；換句話說，銷售人員在達成交易（顧客決定購買一套西裝）之後，可能還須進一步地銷售其他相關的產品，可發揮引導與教育的作用。

4. 降低購後失調

執行售後追蹤有助於減少顧客購後失調的情況；尤有甚之，它亦有助於銷售人員瞭解顧客將來的產品需求以及與顧客建立長期良好的關係。

◉ 三、銷售力管理

所謂「銷售力」(saleforces) 係指一個公司中負責對顧客與潛在顧客接觸、溝通及銷售工作的人員；例如銷售人員即銷售力中重要的一分子。有關如何做好銷售力（人員）的管理，其所包含的步驟如圖 12-3 所示。

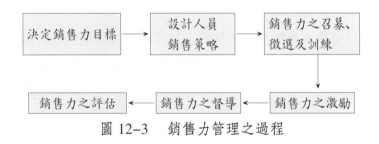

圖 12-3　銷售力管理之過程

㈠決定銷售力目標

如同執行其他促銷組合要素一樣，有關人員銷售管理的首要步驟亦是先確立銷售力的目標，而此一目標必須與其他促銷組合要素的目標相一致，且亦應配合行銷組合目標及公司整體的目標。而在討論銷售力目標之前，也許有必要先瞭解銷售力（銷售人員）的任務，然後再衍生出執行這些任務所要達成的目標為何。一般而言，銷售人員所擔負的任務有下列數項：

1. 發掘顧客 (prospecting)

銷售人員必須尋找與開發新的顧客。

2.溝通訊息 (communicating)

　　銷售人員應將有關公司產品或服務的訊息，透過有技巧的溝通方式傳遞給現有的與潛在的顧客。

3.推銷產品 (selling)

　　銷售人員應有效地應用推銷技術，包括接近顧客、進行銷售報告、應付反對情況及達成交易等。

4.提供服務 (serving)

　　銷售人員應提供各種服務給顧客，諸如問題諮詢、技術協助、安排融資事宜、迅速交貨及其他售後服務等。

5.收集資訊 (gathering)

　　銷售人員亦須從事必要的市場調查與情報偵察的工作，並就銷售訪問的經過作成記錄與報告。

6.銷貨分配 (allocating)

　　當產品發生缺貨時，銷售人員應向公司建議較佳的產品配銷方式，此外亦須針對市場的需求加以調節。

　　上述乃是銷售人員所擔負的任務，然而如何執行這些任務以及比重大小如何，則視其所訂定的目標而定。有關銷售力目標，項目亦非常多，茲彙總如表 12–5。

表 12–5　銷售力目標的彙總

銷售力目標	可能的衡量項目
利潤	公司利潤、營業毛利、毛獲利率、淨獲利率
客戶數	原有顧客數、新顧客數
時間分配	新舊顧客拜訪之時間分配、新舊產品推銷時間分配
顧客滿意度	顧客抱怨數、退貨率
顧客拜訪次數	依新舊顧客區別、依新舊產品區別
市場佔有率	公司產品在同業銷售量（金額）所佔的比例

　　必須注意的是，銷售力目標應以明確且可衡量的方式來設定，而且亦須確認其完成的時間進度。在設立銷售力目標時，一般先設立整體的銷售力目

標，然後再分派每一位銷售人員之目標。整體的銷售力目標可能以總銷售金額或量、市場佔有率或利潤來設定，然後再以配額的方式分配給個別銷售人員，其結果可能是銷售量（金額）配額，或銷售活動配額。

㈡設計人員銷售策略

　　企業在設立銷售力目標之後，接下來便是設計銷售力策略，包括下列的重要決策：1.銷售人員人力規劃決策；2.銷售區域分配決策。

1.銷售人員人力規劃決策

　　人力規劃決策主要在決定銷售力的規模（人數多寡），此乃決定於公司銷售力的結構、生產力及其他因素。一般可採用的方法乃是「工作負荷法」(workload method)，其觀念是將每一位銷售人員分派到相同的銷售工作時間與努力。下面的公式可約略算出所需要的銷售人員數：

$$SFS = \frac{T \times N \times L}{S}$$

其中 SFS(sales force size) 代表銷售力多寡；T 代表總顧客人數；N 代表每年每位顧客的拜訪次數；L 表示銷售拜訪時間的長短；S 表示每年每位銷售人員可供使用的銷售時間。有關每年每位銷售人員可用的銷售時間，實際上已包括了非銷售的時間，例如旅途往返時間、等候拜訪顧客的時間等。在使用此一公式時，尚須考慮到許多其他因素，諸如(1)現有顧客與電話訂購之顧客，所需拜訪的次數少於新的顧客；(2)必須評估增加或減少拜訪顧客對銷售與利潤所造成的影響；(3)每一位銷售人員的能力與效率不盡相同；(4)每一位顧客對公司的重要性不同，重要性愈高的顧客所需投注的心力應愈多；(5)銷售力目標不同亦會影響到銷售力之多寡。

　　由此可知，此種工作負荷法之人力規劃，僅是一種粗略的規劃工具，在正確的決定銷售人員數目時，尚須將上述的因素列入考慮，再作精確的評估。

2.銷售區域分配決策

　　銷售人員的責任區域如何分配，這是一個重要的策略，因為它會影響到銷售人員的士氣與其銷售訪問的效果。一般而言，銷售人員可依三種方式來

編組，即地區、產品與顧客等三種編組方式。

(1)地區編組

此即每一個銷售人員均分別指定負責一個地區，推銷公司的所有產品。這是一種最簡單的銷售人員編組方式。當公司擁有少數相互關聯、非技術性產品時，適合採用地區編組的方式。此時公司可以評估每一個銷售地區之銷售成本，並確保銷售人員有足夠的應變能力；此外，它亦有助於銷售人員與顧客發展長期的關係。

(2)產品編組

此即公司將產品分為數條產品線，然後指派每一銷售人員負責某一產品線內產品的推銷工作。此種編組方式的優點在於每一銷售人員對於其所負責的產品更加專業化；但其最大的缺點在於，顧客可能同時購買公司的不同產品線的產品，便可能發生重複拜訪顧客的情形，造成資源的浪費。

(3)顧客編組

亦即將銷售人員按顧客的不同來作專業性的編組。例如公司可以按大客戶與普通客戶來劃分，也可以按公司的現有顧客與新顧客來劃分責任區域。此種編組方式的最大優點在於每一位銷售人員皆可對某一特定的顧客之特性與需要，瞭若指掌。相對的，此種編組方式的最大缺點則為，如果各類型顧客地理分佈區域甚廣，則可能造成銷售力的地區重複，因而使成本偏高。

上述的幾種銷售區域劃分方式，最需考慮到以下兩方面的均衡，即①工作負荷量要均等；②銷售金額的多寡要均衡。

㈢銷售力之召募、徵選及訓練

召募與徵選優秀的銷售人員乃強勢銷售力的基礎，因為僱用不適任的銷售人員除了導致人員流動率的增加外，也會提高人員訓練的成本，從而使得銷售人員之人事成本大增。因此，完善的召募與徵選制度，對確保有效的銷售力是相當重要的。

公司可使用的召募方法很多，包括透過現有員工的推薦、刊登報紙求才廣告、在商業刊物上登徵人啟事、利用公私立勞工僱用機構，以及從商業或技術學校尋覓優秀的人才。

　　當召募方式運用得當，通常可以吸引較多的求職者前來應徵；接著，公司必須再從中徵選出最佳的人選。然而每一公司徵選的方式都不相同，但歸納其徵選方式不外是面試、口試及筆試等，其中最需注意者，公司必須決定一套最合適的徵選標準，而此一標準乃與銷售人員往後的表現有關聯。例如智力、興趣、人格、人際關係技能及推銷的態度等。公司可行的作法是，根據過去表現卓越的銷售人員找出其特質，然後再依此些特質來作為設定徵選標準的依據。

　　最後，銷售人員的訓練亦相當的重要。愈來愈多的公司視銷售人員為重要的策略性資源，並且大力投資以訓練與培養這些銷售力。銷售人員的訓練與發展，對新的或有經驗的銷售人員都是必要的，而且必須持續不斷地進行。

　　近年來有關銷售訓練內容的發展趨勢，包括(1)重視聆聽的能力；(2)以知識為基礎的銷售技能，使銷售人員對產品與顧客更瞭解，以便建立合作關係；(3)優良的人際關係技能；(4)授權銷售人員彈性運用的原則；(5)教導不負責銷售但卻參與銷售過程之員工基本的銷售技巧。

　　有關銷售人員所應具備的知識與技能，皆應包含在銷售人員的訓練活動中，諸如產品的知識、公司的道德規範、購買者行為與決策過程、自我評鑑與檢討、溝通理論、人際關係技巧、規劃與解決問題的技巧，以及協商的能力等等。

㈣銷售力之激勵

　　由於銷售人員的工作性質與環境比較特殊，一方面其所遭遇的挫折與打擊比公司的其他員工要大，另一方面外勤銷售人員經常在外奮鬥，監督困難且對團隊的認同感較缺乏，因此如何通過有效的激勵手段來管理銷售力，使其願意努力達成銷售目標，這是很重要的。根據一般管理之理論，激勵手段可分為財務性激勵與非財務性激勵兩大類，以下我們亦依此來探討銷售人員的激勵。

1.財務性激勵

　　財務性激勵主要是指銷售人員之薪酬，一般有三種方式，即(1)純佣金制；(2)純薪水制；及(3)混合制。

(1)純佣金制

資源有限或銷售單價較高的工業品之公司（如建築、電子保健設備、工廠自動化機器與設備等），通常都採用純佣金制。其他諸如保險、房地產及挨家挨戶販賣消費品的銷售人員，通常也都以佣金制為主。

至於佣金的多寡，一般皆以銷售額的固定百分比計算。然而有些公司為了反應各產品線或各銷售區域所創造的利潤不同，因此會採用變動百分比。純佣金係根據銷售人員之生產力而給予報酬，但卻無法達到公司想要的平衡銷售力量。因為銷售人員大都想集中在大客戶身上，高佣金產品及立即銷售的產品，而較不願意花費長時間去提供服務、追蹤及發掘新顧客。採用此種薪酬制度，銷售人員的流動率通常亦較高，導致公司投資於新進銷售人員之資源遽增；此乃因為銷售人員沒有底薪，因此銷售主管對他們的掌握也較困難。

(2)純薪水制

相對的，純薪水制的薪酬方式，使得銷售主管對銷售人員可有較大的控制力。此外，由於銷售人員係依工作時間支薪，因此他們比較願意花費時間從事於可平衡銷售力量的非銷售活動，亦即銷售人員比較願意與顧客發展長期的良好關係。

(3)混合制

事實上，使用最為普遍的薪酬方式乃是結合薪水、佣金與其他薪酬。各個公司在薪酬結構的細節上可能有所差異，但大都提供足以支付生活費用的底薪，而佣金則以超過某配額的銷售百分比來計算。至於其他的報酬則可能包括公司的車子、費用補貼、醫療與人壽保險，及特殊成就的獎品與獎金等。採用混合制的薪酬，可使銷售人員免於擔心日常生活費用，因此亦較願意從事可以平衡銷售力量的非銷售活動。

2.非財務性激勵

非財務性的激勵可能沒有財務性激勵來得直接，但其激勵效果可能較具持久性。非財務性激勵包括銷售競賽、在休閒渡假地區舉辦銷售會議、工作豐富化以及吸引人的生涯規劃等。

有效的激勵制度可以鼓勵銷售人員慎重地進行銷售預測，而且對於減少銷售準備時間的銷售記錄與報告制度，亦皆有所助益。此外，為激發銷售人員的努力，公司亦會運用各項積極性的激勵因素；例如公司定期召開銷售業務會議，對銷售人員即是一種機會，因為它可提供銷售人員社交，暫離平日的例行公務，與公司高級主管交談，以及增進彼此相互認識的機會。其他諸如榮譽表揚、利潤分享制度以及休假制度等，亦皆為積極性激勵常用的手段。

(五)銷售力之督導

公司對於銷售人員除了施以必要的訓練與給予激勵外，還必須加以督導。督導的主要目的，在於協助銷售人員對時間的支配能更有效率與效能。時間運用更有效能乃表示銷售人員能有良好的決策，使顧客的時間花費覺得更有意義。至於時間運用更具效率則表示銷售人員能妥善地規劃其顧客拜訪，使銷售活動的時間與非銷售活動的時間之比例，能達到最適的水準。

銷售人員的督導另一個重點是，銷售人員之訪問路徑與時程安排的督導。因為銷售人員之訪問路徑與時程的安排，對其推銷的效率有很大的影響。安排路徑與時程可由銷售人員自己負責規劃，但是銷售主管必須負有督導之責。此時督導的目的在於減少銷售人員之不具生產力的時間；換句話說，就是減少銷售人員花在旅行與等候顧客的時間，以盡量使得銷售人員之具有生產力的時間增加。此外，有關銷售人員之交通旅行、住宿等各種費用，亦應加以監督，以減少不必要的浪費。

(六)銷售力之評估

銷售力管理之最後一個步驟即銷售力的評估，一方面對於銷售人員之績效加以考核，另一方面亦在提供良好的回饋，作為修正管理過程中各項活動的依據，並可提供下一次設定銷售力目標、銷售力策略設計及銷售人員之召募、徵選、訓練及激勵與督導制度之參考。

有關銷售力的評估，一般可用下列的三種方式：

1.銷售人員之間的比較

這是一種較為常用的評估方法，亦即將各個銷售人員的銷售績效相互比較，然後評定其等級。然而，這種比較很容易產生誤解。唯有在各銷售地區

之間，彼此沒有市場潛量的差異、工作負荷量的差異、競爭程度的差異，以及公司促銷活動多寡的差異等，此時比較個別銷售人員之績效方有意義。此外，銷售業績未必是公司之重要的評估標準，因為公司比較重視的是每個銷售人員對公司淨利的貢獻。因此，尚須分析各銷售人員的銷售組合與銷售費用，然後再評估其對公司之淨利的實際貢獻，如此才合理。最後，有些公司可能更重視開發新顧客的績效，此時若僅從銷售績效來評估，顯然無法達到公司的目標。

2.前後期績效的比較

此亦為常見的評估方法，亦即將銷售人員當期的銷售績效，與其過去的績效加以比較。根據此一比較結果，可以更清楚銷售人員之進步的情況。

3.銷售人員之定性評估

銷售人員之定性因素的評估亦應列入考核項目，雖然數量因素（如前述的二種方法）較易衡量，但定性（或質的）因素對公司的貢獻亦有很大的影響。有關質的因素之評估項目，包括銷售人員對公司、產品、顧客、競爭同業、銷售地區以及對本身職責的認識等。此外，銷售人員的人格特質，亦可列入評估的項目，包括態度、儀表、談吐及性情等。事實上，凡是銷售主管認為有關銷售人員的行為動機或是有關守紀律與守本分的問題，均可列入評估的項目。當然，有關公司所採用的評估標準，應該讓銷售人員瞭解，以使他們知道自己的績效是如何被評估的，並由此知道如何改進自己。

習 題

1. 請說明公共報導的涵義，並請比較其與廣告的異同。

2. 有些公司經常遭到同業的惡意中傷，例如十幾年前開喜烏龍茶曾遭謠言說「工廠製茶槽內有工人自殺的屍體」；結果該公司連忙闢謠，立即開放與公開製造過程並懸賞 100 萬元獎金找出造謠者。請就公共報導的角度來評論該事件對公司的影響，以及公司的處理方式。

3. 公共報導可採用的技術與工具，其與「事件行銷」的關聯為何？請詳述之。

4. 公共報導與「環境保護主義」和「消費者主義」二者之間有何關聯？請舉例說明之。

5. 請說明「銷售推廣」(SP) 為何愈來愈重要？

6. 請就廣告與銷售推廣二者的特性加以比較；並請說明公司在其促銷組合決策中，二者應如何配合？

7. 銷售推廣的工具與活動相當多，請問公司在作選擇時應考慮到哪些因素？請詳述之。

8. 某鮮奶製造商於冬季推出促銷活動，其方式可能為(1)買一送一；及(2)單瓶打折。請問哪一種促銷方式較佳？所要考慮的因素是什麼？

9. 如果你是一位行銷經理，正想要擬訂一份公司新產品的銷售推廣計劃；請問此項計劃應包含哪些內容？以及該如何作？最好以舉例方式來說明。

10. 人員銷售活動與其他促銷組合要素比較起來，它具有哪些特性？

11. 請問服務業行銷中，人員銷售是否比一般消費品行銷的人員銷售更重要？為什麼？

12. 優秀的銷售人員是否具有哪些人格特質？是否須具備哪些條件？請提出你的看法。

13. 試著回想你過去購買產品時與銷售人員接觸的情景，你認為要達成交易，銷售人員是否需具備某些銷售技巧？有哪些銷售技巧？

14. 銷售人員之薪酬制度有哪幾種？並請比較其優缺點。

15. 何謂「銷售力」？並請簡述銷售力管理的過程。

16. SP 是一種短期激勵銷售的活動與工具，請問 SP 能否建立顧客的忠誠度？為什麼？

17. 兩家以上的公司共同舉辦促銷活動，稱為聯合促銷 (joint promotion)。請問，聯合促銷有何利益？如何尋求合作的夥伴？有哪些聯合促銷的實例？

專題行銷篇

第十三章

國際行銷

　　臺灣地區是海島型的經濟，數十多年來臺灣之經濟發展一直高度仰賴著對外貿易的成長。國際貿易對我國而言，一直是相當重要的經濟活動。然而，隨著時代的演變及環境的變遷，傳統的國際貿易觀念已不足應付現階段國際市場的需求。企業經營者必須運用國際行銷的觀念，強調以國際市場上消費者之需求為重心，如此才能有所突破，也才能在國際市場上取得競爭優勢。

　　近年來，企業國際化的速度更不斷的加快，而此一現象亦促使「國際行銷」(international marketing) 成為行銷領域中逐漸受到重視的一環。本章將針對國際行銷中重要的相關課題加以討論，包括國際行銷的本質、國際行銷的動機、國際目標市場的分析、如何進入國際市場、國際行銷組合策略以及國際行銷組織等內容。

第一節　國際行銷的本質

　　本節首先對國際行銷的一些基本概念加以介紹，讓讀者對於國際行銷的涵義與特質、國際行銷之重要性及國際行銷的主要決策等，有一通盤的認識。然後，從第二節開始，則依序介紹整個國際行銷架構之各項主要決策。

一、國際行銷的意義與特質

　　所謂國際行銷乃是企業進行各項經營活動，將企業的產品與服務引進到多個國家的顧客或使用者。簡單的說，國際行銷係指跨越國界而包含一個或兩個以上國家之行銷活動。因此，本質上，國際行銷的基本原理原則與一般行銷學並無差異之處，所不同的是國際行銷跨越國界，因此更重視國際企業如何在不同的國際行銷環境及複雜的國際市場中，規劃其國際行銷策略，發展其國際行銷組織，以達成其國際行銷的目標。當然，國際行銷環境較諸本國行銷環境要來得複雜許多，加上企業經營者可能有語文溝通上的障礙，使得國際行銷遠比國內行銷在實務工作上更加困難。

　　此外，企業在從事國際行銷時，勢將面臨來自世界各國的強大競爭對手，他們的實力一般都比本國的同業要強，因此將使得國際競爭更形劇烈。在此

要提醒讀者注意的是，並非僅有從事國際市場行銷的廠商才稱為國際行銷。事實上，假定一家國內的廠商雖未跨出國際市場，但其在國內市場上亦將面臨國外來的競爭對手，因此其所擬定的定價、配銷、通路及促銷等行銷組合策略，亦需具有國際觀。所以我們說，該廠商本質上亦是一個國際行銷者。

根據以上所述，我們可歸納出國際行銷的幾個特質：

1.國際行銷與國內行銷的基本功能相似，但國際行銷的活動範圍在一個以上的國家。此外，由於所面對的環境不同，因此在行銷活動的執行過程有所差別。換句話說，國際行銷與國內行銷的管理方式應有所差異。

2.國際行銷強調各國行銷環境的差異，行銷人員必須根據各個國家或區域的特性，調整其行銷策略。

3.國際行銷強調各國市場間的行銷策略之協調與配合，以產生公司之整體績效的綜效 (synergy)。換句話說，公司必須具有全球策略的視野。

◑ 二、國際行銷的重要性

近年來，國與國之間的距離已因科技、通訊及運輸工具等的發達而縮短，距離早已不是限制因素。此乃意謂著國際化的來臨；而現代的企業，一方面不應把自己侷限在本國市場內，另一方面也要應付來自國外的競爭者。因此，身為現代的企業經營者，必須具備國際化的行銷眼光。

然而，我國的許多廠商仍侷限於傳統國際貿易的作法，未能成功的轉化為整體性的國際行銷，此乃當前我國企業的隱憂。我國的外銷廠商其業績雖年年有成長，但很容易受到世界經濟景氣變化的影響，而且外銷廠商所賺的只是加工費等的蠅頭小利；他們對國際市場動向無法掌握，且對外國行銷通路缺乏通盤的瞭解，因此在經營體質上實屬相當脆弱。因此，為了克服目前這種困境，廠商唯有迅速採用國際行銷導向，才是根本的解決之道。

整體的國際行銷是未來發展的趨勢。不論是已開發國家或是開發中國家的企業，都積極地在開拓海外業務，擴大國際市場。就已開發國家的企業來說，它們為了充分利用科技的發展，迅速回收研究發展的龐大投資，提高利潤維持成長，莫不積極地在發展國際行銷的活動。此外，就開發中國家企業

來看，它們也必須努力地進軍國際市場，以追求更高的外銷收入來維持企業的成長，並換取所需的機器設備與技術。由此可知，國際行銷對現代企業的經營，確實是相當重要的。

◗ 三、國際行銷的決策架構

國際行銷人員從事國際行銷決策時，必須考慮下列幾個問題：

1.公司是否要進入國外市場？動機何在？

2.若決定要進入國外市場，則如何選擇合適的國際目標市場？

3.選定目標市場之後，公司考慮以何種方式進入這些市場？

4.進入各個不同的國外市場，公司應如何調整其行銷方案，以符合國外市場的需求？

5.公司應如何發展其國際行銷組織，以發揮整體性國際行銷活動的功能？

以上這些問題乃是國際行銷的主要決策，其架構參見圖 13-1。此外，第二節開始，我們將依序介紹每一項重要的決策。

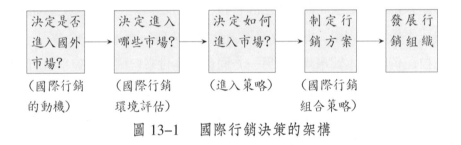

圖 13-1　國際行銷決策的架構

第二節　國際行銷的動機

國際行銷決策的第一個步驟便是決定企業是否要進入國外市場？雖然有許多公司寧願留在國內市場，因為也許國內市場已夠大，而且其對企業的經營風險較小、經營業務又較容易；然而，亦有許多公司皆想進軍國際市場，其理由很多，而這些理由多和公司本身的利益有關，其最終目的均在「創造利潤」。公司唯有透過創造利潤，才能長久生存。具體言之，公司進行國際行

銷的動機可分為下列幾類：

㈠增加公司的收益

當國內市場的成長已相當緩慢，甚至進入成熟期或衰退期階段時，國外市場的需求也許正為殷切。因此若將產品導入國外市場，等於為產品開拓另一個新市場，而且往往可以使公司獲得更快的成長。許多多國性企業，其國外市場的銷售甚至大於國內市場的銷售。例如以下的多國公司其海外的銷售比例皆超過國內市場銷售比例，高露潔 (68%)、吉利刮鬍刀 (64.1%)、固特異輪胎 (56.2%)，及通用汽車 (52.9%) 等。對這些公司或其產品而言，如果不進入國外市場，則其成長必然受到限制。

㈡增加利潤

當國內市場由於競爭過度激烈或者由於其他因素的影響，而使得利潤降低時，許多公司便會考慮將產品移往競爭較不激烈的國外市場，以提高獲利水準。美國的許多多國性大企業，從國外所獲得的營業利潤也都佔總營業利潤的很高比例。例如可口可樂公司特別強調海外市場的重要性，其在海外營運所得佔總收入的比例從 1985 年的 53% 升到 1990 年的 77%；若以邊際營業利潤來計算，國內少於 15%，而國外則超過 30% 以上。例如以每加侖飲料算，其在日本平均可賺 37 分美元，而在美國則只有 7 分美元。

㈢為過剩的生產產能尋求市場

當國內市場對某項產品的需求小於供給時，即出現所謂「生產過剩」的現象。此時，公司為了銷售這些過剩的產品，往往把目標移至國外市場。有時公司出現長期生產過剩的現象，為了使生產設備不致閒置，並維持生產之規模經濟起見，則公司更有必要從事長期的國際行銷活動。

有關產能過剩的現象，亦可能由於受到景氣循環與季節因素所影響。例如寒冷的氣候可能會降低軟性飲料的消費量，但並非所有的國家皆同時處在寒冷的季節，此時公司可利用此種季節性因素尋求合適的國外市場，可為多餘的產能找到出路。至於景氣循環的因素亦類似，例如歐洲的景氣循環通常比美國晚一些時間，因此通用汽車與福特汽車在國外的營運由於經濟循環的時間不同，剛好可以互相彌補；而克萊斯勒由於在海外並沒有營運事業，所

以無法緩和美國市場所受到的景氣循環之衝擊。

(四)維持銷貨及生產的穩定

透過外銷或其他方式之國際行銷活動,可以穩定一個企業之銷貨與生產活動。例如前述的季節性因素與景氣循環因素,有時可能造成公司的產能過剩,此時若有從事海外的營運活動,將可解決此一問題。

由此可知,若企業在海外各地設置分支機構,從事生產與銷售,則整個企業的營運將更具彈性。換句話說,從事國際行銷活動乃符合「市場多元化」的原則,因而可以分散經營的風險。

(五)利用國外之原料與資源

企業從事經營活動往往需依賴國外的原料、零件及各種資源等,一方面可能是國內欠缺所致,另一方面則可能基於成本因素的考量。因此,為了穩定產品生產及零件之供應,有些公司甚至到海外工資較低廉的國家設立工廠,並將之製造完成的零件或產品運回國內銷售。例如美國的許多勞力密集產品之製造廠商,往往將工廠遷至美國與墨西哥邊界附近,另外在墨西哥境內投資子公司。美國境內的公司以資本密集的機器生產零組件,然後運往距離不遠的子公司裝配,然後再回銷美國。

就我國而言,由於資源缺乏,許多重要的工業原料皆需依賴國外輸入,因此,此種作法更屬必要。例如我國的合板業、籐器業等,已紛紛赴印尼設廠,可獲得在當地取材與人力資源的便利。另外,我國的一些高科技產業從民國 73 年起紛紛在美國矽谷投資設廠,它們的動機主要是想獲得科技與管理新知等。

(六)保護市場

有些公司乃是追隨國內競爭對手而進軍國外市場,藉以抵銷競爭對手國際化所帶來的優勢。此外,公司為了因應國外競爭者進入國內市場,因此本企業亦可能進入該競爭之母國市場,藉以牽制其競爭力量與行動。

(七)服務業國際化

服務業的公司可能為了追求營運的綜效,因而進軍國際市場;例如一些提供資訊服務的行銷研究公司。此外,某些服務業係隨著所服務的顧客公司

打開了國際市場，而跟在其後繼續提供服務；例如銀行、金融、廣告公司等即是。

　　除了上述企業從事國際行銷的動機外，在決定進入國外市場之前，公司必須考慮一些風險因素。包括⑴公司能瞭解國外消費者的偏好與購買行為嗎？⑵公司能夠提供具有競爭力的產品嗎？⑶公司能充分瞭解國外的企業文化，並能有效地在國外建立商務關係嗎？⑷公司是否具有富國際經驗的管理人員？⑸公司管理當局有考慮過國外法規與政治環境的影響嗎？以上這些問題的考量，意謂公司在進入國際市場之前，必須先進行國際行銷環境的分析與評估，然後才能決定要進入哪些市場。

第三節　國際行銷環境的評估

　　公司在決定要進入哪些國外市場之前，勢必先深入瞭解國際行銷的環境，以作為評估與選擇目標市場的依據。以下我們分別依經濟、政治法律及文化等環境，一一加以介紹。

一、經濟環境

　　一個國家之經濟發展的程度，與該國家人民的購買能力和需求有密切的關係，因此必然會影響到國際行銷機會的好壞。依據經濟發展的程度，約可把國家分為三種類型：低度開發、開發中及已開發國家。

　　低度開發國家係一些國民所得較低的國家，包括許多亞洲、非洲及南美洲國家。這些國家人民的生活水準相當低，其購買力也小，因此市場交易量很少，配銷通路亦較為單純，僅有一些較原始的促銷活動。當然，這些國家極需工業化國家的產品與服務，但卻支付不起價格。此外，這些國家所生產的產品無法在國際市場中競爭，而且又背負高額的外債，因此使得這些國家與先進國家的差距益為懸殊，形成所謂的「貧窮的惡性循環」(vicious cycle)。

　　開發中國家的國民所得水準較高，購買力亦較大，亦有某一程度的生活水準。此外，這些國家的市場活動範圍擴大，配銷通路趨於複雜，廣告與其

他的促銷活動迅速發展。這些國家有些已達到「成熟」的發展階段，由於工業化的結果，不但可生產各種耐久性消費品，甚至有能力可生產重機械類，因此其工業品的輸出佔相當大的比例,而由此更進一步地促進國內經濟發展。同樣的，由於國民所得的不斷提高，亦促使貿易進口量增加。例如臺灣、韓國及一些亞洲新興的工業國家，皆屬於這類的經濟發展型態。

至於已開發國家，其人民有更充裕的所得來購買所需的物品。消費者不但希望滿足基本的需求,而且更希望進一步地滿足選擇性的需求。換句話說，消費者不但希望擁有某種產品,而且更要求有選擇的機會(即選擇不同品牌、式樣與質料等)。此類國家的市場活動範圍不但很廣而且很複雜，配銷系統及促銷活動亦相當興盛。這些國家包括美國、大多數的西歐國家、加拿大及日本等。

另有一類的經濟型態屬於共產世界，這些國家包括解體前的蘇聯、東歐、中共及古巴等。雖然在這些國家從事行銷活動，可能會碰到政治與法律的限制與干擾，但它們擁有尚待開發的廣大市場。例如中國大陸已成為許多自由國家嚮往的國際市場；如今已有許多國際性的產品充斥中國大陸市場，例如肯德基炸雞在北京天安門廣場開設了一家擁有 500 多個座位的餐廳，而可口可樂與百事可樂等軟性飲料在中國大陸市場上的競爭已日趨白熱化。

在評估國際行銷的經濟環境時，除了上述的經濟發展程度為一重要的考慮因素外，其他一些重要的相關因素亦應受到重視，包括市場潛力、所得分配、都市化程度、通貨膨脹、經濟基礎結構 (economic infrastructure)、基本公共設施以及行銷支援服務機構（如金融、廣告代理商、行銷研究公司等）等。

◉ 二、政治法律環境

國際行銷的政治法律環境非常複雜，而且對於國際行銷活動亦有很大的影響。因此，國際行銷人員在評估是否要在一個國家從事商業活動時，必須考慮到一些重要的政治法律因素，包括下列幾項：

㈠地主國政府對國際經營活動的態度

有些國家對於國際資本及貨物移動等國際經營活動，都採取積極鼓勵的

措施，但有些國家卻採取管制的態度。例如我國與墨西哥等國家，多年來一直採取積極鼓勵的作法，提供獎勵外人投資的辦法，包括稅捐的減輕或免除，採取保護措施以對抗進口物品之競爭、便利資金與盈餘的移入或移出；以及種種優惠措施來吸引外商投資。而另一方面，有些國家（如印度）卻要求各國的出口商接受進口配額、凍結通貨及僱用大量當地居民擔任公司管理人員的規定與限制。例如 IBM 與可口可樂公司之所以決定自印度撤資，實乃這些管制所造成。

㈡政治穩定性

國際行銷人員最關心的問題，就是一個國家的政治是否安定。許多國際行銷決策者都會考慮國家政治是否長期安定？若政策搖擺不定，將使得國外投資裹足不前，甚至由該市場撤退。所謂政治穩定性的程度，並沒有一個絕對的標準，但下列數項可藉以判斷一國之政治是否安定：(1)政權更迭的頻率；(2)文化的分裂；(3)宗教信仰的衝突；(4)暴力、分裂、示威事件的多寡等。

㈢行政效率與清廉程度

此項因素是指，地主國政府是否建立了有效的制度，來協助外人投資，包括簡化海關手續、提供市場資訊，以及其他有助於發展貿易的措施。此外，政府機關的清廉程度亦是國際行銷人員所重視的一項因素。例如有些國家的政府機構關卡重重，凡事刁難，但若行賄得當，則一切通行無阻。這種賄賂的概念可以遠溯至古代的埃及與以色列，而且有其宗教的根源。給予他人某種形式的好處，以換取某種協助，在某些國家是一種習慣，而在某些國家即構成賄賂行為，嚴重破壞公平的商業活動。由此可知，國際行銷人員對於此一問題，必須明察，否則可能觸犯法令，或者可能處處受到刁難。

㈣地主國法律與國際行銷

地主國的法律對國際行銷有很大的影響，例如美國經常引用「貿易法」中的 301 條款以及「新綜合貿易法案」中的「特別 301」與「超級 301」來制裁外國的不公平貿易行為及保護智慧財產權不周的國家。

由於各國的法律制度均不同，且對國際行銷的影響重大，因此國際行銷人員在規劃行銷方案時，必須對各個國外市場的法律環境，仔細而明確的加

以剖析。以下分別就技術移轉、產品、價格、通路及促銷等行銷活動受到國外法律環境之影響程度，作一簡要的介紹。

1. 技術移轉

開發中國家會將促進技術輸入視為達成國家發展目標的一個主要手段，而工業化先進國家對於國際間的技術移轉就較少管制。

2. 產品策略

許多國家的法令規章為了保護消費者,會要求產品的物理性與化學特性，諸如純度、安全性、性能等，均需符合法令之要求。特別有關藥物、食品及兒童玩具等，當然每一個國家的要求標準可能有所不同。例如美國與歐洲的汽車製造商，經常遭受到日本政府對汽車安全要求及其他嚴苛標準條件的困擾。也就是說，這些製造商必須修改它們的產品以符合特殊市場的需求。

3. 訂價策略

對於產品項目的價格管制，有些國家可能採全面性的，而有些國家則可能僅針對某些項目加以管制而已。例如法國曾經對全部的物價予以凍結，而日本則只有對稻米這一項民生物資的價格加以管制。一般而言，價格管制主要是針對民生必需品，如食品、日常用品等，但製藥業亦常使用價格管制。例如比利時對藥品訂有最高價格限制，而且對於批發商與零售商亦分別予以利潤率的限制。

4. 通路策略

通路受到法律限制的程度，在所有的行銷組合中可說是最輕微的。然而慎選代理商或配銷商則是相當重要的，因為與代理商或配銷商簽訂合約後，可能會有許多法律上的問題，因此國際行銷人員必須熟諳當地的法律規定。

5. 廣告促銷策略

在國際行銷的法律環境中，廣告是行銷組合中最常引起爭論的問題。每個國家對廣告的規範與管理，大多訂有相關的法令，這些法令規章約可分為下列三類：(1)對廣告的產品加以管制，例如英國禁止煙、酒在電視上打廣告，芬蘭則嚴禁政治團體、宗教訊息、酒類、減肥藥及非法文學在報紙或電視從事廣告活動；(2)對廣告訊息與其真實性的管制，例如在德國廣告用語禁止使

用比較級的用語，例如「較佳」、「最佳」等字眼；(3)對於在特定媒體從事廣告活動的限制及對廣告課稅，如秘魯政府對於戶外活動廣告課稅 8%，而西班牙政府只對電影院的廣告課稅。

　　除了廣告，對於某些促銷活動亦有些法令會有所限制。例如有關贈品的大小、種類以及價格促銷等活動的規範。我國的公交法上，對於獎金與贈品的價值有某一特定比例的限制。

◉ 三、文化環境

　　人們的消費行為，對需要的優先順序，以及用來滿足需要的方法等等，皆決定於其特有的文化。文化亦會薰陶與塑造人們的生活風格。文化乃是社會眾人的信仰、藝術型態、道德、法律與風俗習慣的總和。因此，若想到國外市場做生意，則須對當地的文化環境有所認識。所謂「入境隨俗」，用來描述此一問題，更為貼切。至於國際行銷人員所必須加以探討的文化因素，有下列幾個重要的構面：

㈠宗教信仰

　　若想真正瞭解一個國家的文化，則對其文化的內在行為或精神行為應有充分的體認。一般而言，由宗教、信仰與態度的瞭解，可洞悉這些內在精神的文化。國際行銷人員不但要瞭解消費者的行為，而且更要知道消費者產生這些行為的內在精神。

　　全世界有許多的宗教信仰及宗教團體，包括佛教、天主教、基督教、印度教及回教等。例如清教徒非常重視潔淨，故沐浴及衛生用品相當暢銷；反之，天主教徒認為過分重視肉體與使用過多的衛生用品是不宜的。因此，在天主教徒較多的法國，有關牙膏的廣告不強調經常刷牙，而強調刷牙是現代化的生活方式。又，印度教崇拜牛，故不吃牛肉；而回教與猶太教則對豬肉有所禁忌。此外，天主教對避孕丸與各種避孕技術，都有某種程度的反對。

㈡態度與價值觀

　　人類的行為主要決定於其所抱持的態度與價值觀。由於文化的差異，其價值觀念與對事物好壞的判斷就會有所不同。價值觀念主要是社會對是非、

善惡判斷上所持的共同標準觀念。例如北美洲人民追求個人的成就，佛教徒強調憐憫等，由於宗教信仰及文化的差異，所下的價值判斷也就不同。

另外，一國人民對工作、成就、財富、風險的態度，也會因文化的不同而有所不同。例如中國人崇尚勤儉，而非洲、中南美洲的土著大多是懶惰；這也將造成各國或各地區的經濟活動有很大的差別。

(三)語言文字

語言往往反應文化的本質與價值，它與其他的文化概念是密不可分的，所以不同的文化環境，其語言會有明顯的差異。舉例來說，在外國語言中描述雪景，英語只有一種說法，但住在北極圈的愛斯基摩人卻有三十多種用語。由於語言具有很明顯的文化差異，所以要瞭解語言，必須先從文化探討著手。

基本上，人類是透過語言文字來表達內心意念與思想，並透過語言文字來進行溝通。行銷活動當然非常重視溝通的工作，因此國際行銷人員若能精通地主國語言文字，則其與顧客間的溝通障礙必能減少。例如當可口可樂到中國大陸開發市場時，將「可口可樂」的品牌譯成中文之後，意思變成「蠟狀蝌蚪的餌」。可口可樂公司花了鉅額研究費對 4 萬多個中國家庭進行調查研究後，才解決這個問題。又如雪佛蘭汽車曾試圖將它的 NOVA 汽車引進西班牙語系的國家；但在西班牙文中，NOVA 意謂著「開不動」(It doesn't go)。結果雪佛蘭公司因為這個錯誤，遭受到很大的損失。

(四)藝術與美感

人類的藝術與美感內涵包括美術、戲劇、音樂、舞蹈、建築及對色彩的鑑賞。各國民族對藝術與美感（審美感）的偏好，存在顯著的差異，因此這些文化因素也將影響到行銷組合策略的制定。

就音樂偏好而言，音樂有世界共通之處，也有文化上的差異，因此國際行銷人員可能會使用不同的音樂來表達廣告訊息。就色彩而言，同一種顏色在各個國家可能代表不同的涵義。例如西方國家大多以黑色表示哀傷、不吉利，而東方國家卻以白色來表示。因此，行銷人員在設計產品、包裝及廣告時，應該瞭解到這些文化型態的差異。再就美術設計而言，當公司在設計產品的造型、圖案、符號及包裝時，必須配合當地國家對藝術的偏好。不同的

偏好，需要不同的產品設計與包裝。

(五)教　育

一個國家人民的教育程度與識字率，對於國際行銷策略的選擇，具有重大的意義。舉個例子來說：如果在瑞典行銷嬰兒食品，因為這個國家人民有99%以上的識字率，因此行銷人員可以在各種不同的雜誌與報紙刊登產品的廣告。但是，如果在識字率僅33%左右的葉門，使用視覺的媒體，如海報或電視，可能會更適當。相對的，若在非洲落後的地區行銷嬰兒食品，最好在產品包裝上貼上印有來自當地部落一個聰明伶俐嬰兒的照片，消費者的反應可能相當好。然而，這恐怕會事與願違。因為在識字率幾乎為零的這種地方，消費者可能認為包裝上的照片就是代表著實際的產品；因此，恐怕他們會以為裡面真的裝了一個經過加工的嬰兒。

(六)風俗習慣

不同國家有不同的文化，更由此衍生出不同的風俗習慣。以下列舉出可能影響國際行銷的一些風俗習慣之案例：

1.在義大利，小孩喜歡以兩片麵包夾巧克力棒當作點心，但是在德國則不然。

2.坦桑尼亞的婦女怕小孩將來會禿頭或性無能，所以不給他們吃雞蛋。

3.法國男性所使用的化妝品數量，平均幾乎是女性的兩倍。

4.德國人與法國人所消耗的有品牌之義大利通心粉，比義大利人多。

此外，各國人民在商場的禮儀與習慣亦有很大的差異，茲舉例數端如下：

1.南美洲人洽談生意時，通常坐得很近，幾乎鼻子都要碰在一起；而美國人則是保持距離。

2.日本人很少當面作出拒絕的表示，而美國人則喜歡開門見山，直截了當地表示意見。

3.法國的批發商只負責送貨，不負責促銷產品。因此，若外國公司冀望法國批發商負責促銷活動，則很可能遭到失敗的厄運。

4.美國主管交換名片時，彼此都會對對方的名片做禮貌性的一瞥，然後裝入皮夾子裡；而日本主管在相互問候時，即研究對方的名片，想探悉對方的

階級，而且他們總是先將名片遞給最重要的人物。

　　國際行銷的文化環境因素相當複雜，各國之間的差異性相當大。因此，從事國際行銷的人員，不應該以本國的情況來推論外國的作法，而應該事先有深入的瞭解。表 13-1 彙總一些國家之文化的差異。

表 13-1　一些國家的文化差異

國家或地區		顏　色	數　字	形狀符號
日　本	喜歡	暗淡	1，3，5，8	松、柏、梅
	討厭	黑、灰	4，9	佛像形陶瓷
印　度	喜歡	紅、綠、黃、橘	常以數字為品牌	常以動物名稱為品牌
	討厭	黑、白	－	性感的象徵
歐　洲	喜歡	白、藍	3，7	圓形代表圓滿
	討厭	黑	13	
拉丁美洲	喜歡	鮮紅、黃、綠、藍	7	宗教符號
	討厭	－	13，14	避免使用國旗顏色
中　東	喜歡	棕、黑、紅、深藍	3，5，7，9	圓形、方形
	討厭	粉紅、紫、黃	13，15	避免六角星號

資料來源：引用自余朝權，《現代行銷管理》，民國 80 年初版，p. 891。

行銷實務 13.1

本土化？全球化？

　　目前大多數國際品牌在廣告活動的操作上，逐漸傾向於由企業總部發展品牌定位，制定全球性廣告策略，甚至將廣告內容具象化之後以國際標準版本行銷全國，至多就是由當地的廣告代理商依照國際版本，換成當地的場景與演員複製出當地的版本。

　　或許這是市場國際化之後，力求品牌形象一致性的正常現象，同時也點出經營國際性品牌的全球視野之重要性。但是也有許多品牌力求行銷策略本土化，或許是希望更貼近當地的消費者，在廣告活動中大量使用本土素材，從演員特質、使用語言、故事場景，無不卯足全力，但求貼近當地的生活型

態，爭取本土消費者的認同感。

這兩類不同操作模式的應用其實與品牌的國籍無關，反倒是與產品的特性與訴求對象息息相關。

例如國產房車廣告為了強調其品質與格調，往往以國外優美的街道作為背景，再由金髮碧眼的演員擔綱演出，全力打造舶來品的形象。而進口洋酒品牌的廣告則反而選擇本土小生或是鄉土氣息濃厚的公眾人物作為代言人，原因也是因為其商品訴求的對象正是具備這些特質的群眾。所以對於創意的發展該是全球化或本土化比較好，其實沒有一定的答案，應用之妙，存乎一心。

＊市場變化主導創意方向

反過來看臺灣的經驗與操作能力，要談本土化並沒有什麼問題，因為創意素材俯拾即是，有的模仿本土政治人物、有的運用選戰議題，有的只要口音使用臺灣國語，就能做出鄉土味十足的廣告作品。談全球化？也沒有問題，負責規劃客戶品牌全球策略的老外都想好了，照著腳本執行，就有全球化的本土版，不過現在要談的可不是全球化的本土版，而是本土品牌的全球化策略。

過去只有華航或是宏碁這類經營國際市場的本土品牌，其負責規劃與執行創意的人員才有機會面對大格局的思考挑戰，但是隨著企業西進的腳步到近日發燒的 WTO 議題，或許已經讓大多數的創意人員都開始思考如何因應變局。

無論如何，亞洲市場相對於全球市場的份量逐漸加重，尤其是加入 WTO後不只是更多的外商加入本地戰場，反之本土品牌也有機會、也必須跨出腳步競逐全球市場。這樣的趨勢演變下，同時具備本土化操作經驗及全球化的宏觀視野，以及巧妙地在二者間取得平衡並創造優勢，就成了亞洲地區的企業與廣告商必須正視且面對的問題。

從臺灣到中國工作的行銷人都感受到在中國操作行銷活動與臺灣經驗的不同之處，中國遼闊的地理範圍涵蓋著多樣化的種族風貌、地方語言以及各地不同的媒體環境，因而增加了行銷活動規劃與執行的複雜度。

同樣的狀況若再擴大至整個亞洲甚至全球，並加上國際通用的英語能力，多少人能有十足的把握可面對這樣的挑戰？長期在地狹人稠的臺灣這個南北

差異不大的環境中操作著策略與媒體，難免讓我們對許多事情習以為常，但也多少造成跨出這個環境的心理障礙。

反過來看，一旦突破這樣的障礙，跨出腳步面對陌生而新鮮的學習環境，臺灣的廣告人都能很快在更大格局的競爭中，創造出一番不同的局面。同樣地，這也是本土行銷人才，未來面對環境變遷與外來挑戰時，最大的生存條件。

＊創意全球化來自企業需求

臺灣企業主的腳步一向很快，過去臺灣經濟以外銷為導向，企業必須跨到國際市場爭取訂單。當發現臺灣某些產品的製造優勢逐漸喪失時，也能以最快速度，找到下一個更有競爭力的生產基地或是供應商。

對於陌生的商業環境，臺商一向應付自如。但是過去的經營型態，大多是以製造業為主的原場委製品 (original equipment manufacture; OEM) 和原廠委託設計 (original design manufacture; ODM) 訂單為主，隨著臺灣產品設計與品牌行銷能力的提升，也由於品牌大者恆大的現象，連帶著身為協力廠商的製造商也出現同樣的情形，一部分對市場趨勢較為敏感的製造業者便急思轉型，試圖以自創品牌走出另一條路。對這些業者而言，中國市場的開放是一個機會，而兩岸加入 WTO 的事實卻是一場不容迴避的戰爭。

本土廣告代理商如何利用這個機會躍上世界舞臺？百帝廣告創辦人伊安‧百帝 (Ian Batey) 有個既直接又幽默的答案，他說答案只有一個，就是「天份」。當然事情並沒這麼簡單，所以本土的廣告公司可以學習企業客戶的作法。舉例來說，電腦產品可以是臺灣品牌、但是硬體可能在大陸製造而軟體由印度研發，善用每個地區的專長與資源，成就一個國際性的事業。同樣的道理應用在廣告界的身上，廣告代理商可以積極學習、甚至偷取西方廣告界長期操作國際性品牌的經驗，來縮短學習的時程。

在第 22 屆亞洲廣告會議中，百帝提出了一項大膽的預測，他預估到了西元 2020 年，亞洲地區可以有機會將 20 個品牌躋身於全球前五十大品牌之內，這樣的機會必須來自本土策略與創意人才通過艱鉅的挑戰與成熟發展，也來自市場開放帶來的龐大商機與全球化經營的必要性。但是如何以大格局的創

意思考能力協助客戶建立起可跨越區域經營的品牌文化，也成了亞洲代理商的最大挑戰。

＊結　語

　　策略要全球化，但是創意可以本土化。若只是為了提供一致的視覺印象與品牌效果，全球策略本土化的空間有限。所以很現實的一件事實，就是有愈多客戶跨出腳步成為全球品牌，廣告從業人員就有愈多操作全球性創意策略的機會。因此協助客戶贏得全球市場、並培養出跨國際經營的實力，相對也協助廣告創意人員本身獲得操作全球化創意的機會。

（資料來源：《廣告雜誌》，2001 年，128 期，陳維農）

第四節　進入策略

　　不論一個國家的經濟發展程度及其他的國際行銷環境如何，都可能存在著市場機會。如果假設僅在已開發國家中才存在市場機會，則無異是犯了所謂的「多數之謬誤」(majority fallacy)。一個有潛力的市場應該是在相對於消費者人數與購買力下，潛在的需求與市場的大小，或者是競爭的程度。譬如說在開發中國家，可能由於競爭的程度較小，所以不太需要複雜的行銷活動，因此投資報酬率也就較高。

　　行銷人員在評估市場時，應該有一些篩選的標準，例如市場潛力、經濟成長、政治風險、可獲得的資源、勞動力的供應以及貿易障礙等。例如拉丁美洲擁有相當豐富的資源與眾多的人口，但是卻存在著極大的貿易障礙以及缺乏強勢貨幣，因此使得此一地區的市場吸引力就大打折扣。由此可知，評估市場機會，應該採多項標準為基礎。

　　不論如何，當公司發現某一特定的國外市場頗具發展潛力，接著就必須決定進入該市場的最佳方式（進入策略）。此一策略關係到整個行銷作業，以及伴隨而來的各項問題。事實上，當公司選定了進入國外市場的策略時，可以說也大致決定了公司在該市場的行銷計劃。例如公司決定經由當地配銷商

或被授權者來拓展它在某一國外市場的行銷作業,此時其各項行銷組合策略,諸如產品決策、定價、通路及促銷等等都受到了某種限制。由此可見,進入策略的選擇,對公司有重大的影響。一般而言,進入策略包括間接出口 (indirect exporting)、直接出口 (direct exporting)、授權 (licensing)、合資 (joint venture) 以及直接投資 (direct investment) 等。愈是後面的策略,公司涉入國際行銷活動的程度愈深,且其風險、控制程度與利潤潛力也相對愈大。圖 13-2 繪示此五種進入市場的策略,以下則依序討論之。

圖 13-2　進入國外市場的五種策略

◑ 一、間接出口

進入國外市場之最普遍的方式就是透過出口,而出口有兩種方式:間接出口與直接出口。這兩種出口方式之差別在於,公司與國外進口者或者購買者之間執行交易之流程。在間接出口的方式中,公司利用在母國當地的獨立行銷機構之各種形式的服務;此時執行國外銷售工作的責任亦被轉移到其他機構。至於公司若採直接出口的方式,則執行國際銷售活動的責任完全由自己承擔,而這些活動公司往往會成立專責部門 (如出口部門) 來執行與管理。

簡單的說,所謂間接出口係指,公司將商品銷售到國外時,本身並未從事任何實際的出口作業。由於公司未涉足任何出口作業,因此在間接出口的方式下,公司能夠予以控制的非常有限。此外,經由此種拓展方式,公司亦無法學習到任何國際行銷的作業。一般而言,公司可以使用的中間商機構包括國內出口貿易商、出口經紀人 (export broker)、合作機構 (同時辦理多家公司的出口業務) 及外銷管理公司 (exportmanagement company; EMC) 等。

間接出口的方式有二個優點:第一,所需的投資金額較少,公司無須設置出口部門;第二,風險較小,因大部分的活動已移轉給負責的中間商機構。

也由於此二項優點，大部分公司在涉及國際行銷作業初步階段，通常都會先從事一段時間的間接出口作業。

◉ 二、直接出口

相對於間接出口而言，採直接出口的公司其所有的出口業務都是由自己來執行，而不是委由出口代理商代勞。公司採直接出口亦有多種方式：(1)設立國內出口部門負責出口業務；(2)設立海外分支機構，以處理銷售、配銷及促銷等工作，海外分支機構比較能使公司身臨其境，對國外市場的動態也較能及時掌握，而且它亦可作為商品的展示中心與顧客服務中心；(3)公司可以派遣若干銷售人員到國外爭取生意；(4)透過國外經銷商或代理商來處理出口業務。

一般而言，直接出口都會比間接出口有更大的銷售量，而且可以使得公司增加對出口作業之控制能力，市場情報，以及國際行銷經驗之獲得好處。然而，出口成本會增加，所需投資與風險亦會提高，相對的其投資報酬也較為可觀。

◉ 三、授　權

授權是指公司授予國外廠商某種有商業價值的權利或技術，然後授權者再向被授權者取得報酬；授權的項目包括製造方法、商標、專利，及其他有價值的項目等，採授權方式進入國外市場的公司，其本身並不會投入實際的資金，便可以較小的風險進入市場，而被授權者也不必從頭做起便能擁有現成的生產技術或著名的產品品牌。例如可口可樂一直是以授權方式進入各個國外市場，它授權各地的裝瓶商或所謂的裝瓶特許商 (franchising bottler)，供應它們製造可樂所需的濃縮糖漿，以及給予必要的訓練，以生產、配銷及銷售產品。

綜合以上所述，授權的方式對公司有其優點與缺點。優點包括(1)拓展國外市場時不需作實質資金的投入；(2)可向被授權者取得權利金或費用，成為公司營收的一部分；(3)進入國外市場速度較快；(4)節省產品作地區性的修正

成本；(5)迎合各國政府的期望；(6)免除關稅障礙與運輸成本。至於缺點則包括(1)被授權者可能由授權者處獲得許多技術與商業機密，因此可能成為未來強勁的競爭對手；(2)相較於自行設廠的方式，公司對被授權者的控制程度較小；(3)相較於直接出口或國外設廠，授權者所能取得的權利金報酬較少；(4)可能由於環境的變動及各種可能無法預測的事件發生，因此授權者不易在事前完全規範所有可能的行為，例如品管水準及被授權者的所有義務等。

與授權方式很類似的一種作法是契約生產 (contract manufacturing)，此乃公司並不願意授權外國廠商產銷其產品，而希望由自己來負責外銷的工作，但又不準備在國外投資生產設備，此時公司可與當地的製造商簽訂契約，由其生產所需的產品。例如 Sears（美國公司）就曾以這種方式，在墨西哥及西班牙等國設立了數家百貨公司，而委由當地合格的契約製造商負責生產許多它所需要的產品。

◐ 四、合　資

合資係指公司與當地廠商聯合投資建立一新公司，並共同享有該公司的股權與控制權。例如美國寶鹼公司與南僑公司共同出資成立寶僑公司。

國際間合資的發展可能有兩種情形；第一種為「自然的」，而非政治性的投資過程。一個技術導向的廠商為在外國市場上立足，此時需借重當地合夥人對地主國之熟悉程度與行銷技巧；一旦能夠掌握市場情況，則可能就買下所有的股權或脫離合資。第二種情形是地主國合資人獲得當地政府的輔助而逐漸併吞原合夥者，此為政治性的因素合資之案例。

採行合資作為進入策略，其理由有以下幾點：(1)由於合資人共同投資，所以可減少各自資源（人力、資金）的投入；(2)當政府限制外國公司的投資方式時，合資乃為唯一的可行之道；(3)對於合資公司的行銷與生產作業擁有較多的控制權；(4)能夠獲得較多的市場情報，及吸收較多的國際行銷經驗。

當然，合資亦有其缺點：(1)相較於授權方式，合資必須投入較多的資金與管理資源，因此必須承擔較高的風險；(2)合資的雙方免不了會有衝突的發生，因為存在文化差異、目標不同、生產與行銷策略的歧見，以及合夥人的

貢獻等；(3)有關控制的問題，即依據合資的情形，若是所佔股權少於 50%，則應由持有多數股份的合資者做決策。若是 50–50 的相等合資之情形，便無法快速地做成決策。

◎ 五、直接投資

進入國外市場之最後的一種方式是直接前往國外投資，設立裝配或製造工廠，或銷售公司。理論上，這種直接投資的方式意謂著公司擁有百分之百的股權，但實際上，只要擁有百分之九十五就可以達到與獨資完全相同的效果。當公司從事出口業務獲有相當的經驗之後，且如果國外市場規模夠大；則在國外設廠生產將享有明顯的利益：(1)公司可以透過各種方式降低其生產成本，如廉價的勞力或原料，外國政府的獎勵投資措施，以及節省運費等；(2)公司可因創造就業機會而在地主國建立較佳的企業形象；(3)公司可與當地政府、顧客、供應商及配銷商等，建立更密切的關係，因而使其產品更適合當地的行銷環境；(4)公司對整個投資掌握有全部的控制權，故能依據其國際行銷的長期發展目標，擬訂有效的生產與行銷策略；(5)當地主國堅持採購的商品必須以國內的產品為主時，則公司確定可更有利地接近市場。

公司採用直接投資的方式進入國外市場，有兩種途徑：(1)直接收購地主國現有的公司或買下原屬合資的對方之股份而成為獨資經營者；(2)自行在國外建立廠房等全部設備。例如荷蘭的菲利浦公司在我國投資電子事業，其成果相當卓越；又如最近許多以 OEM 起家的臺灣公司，紛紛買下原來給其訂單的國外公司，使這些直接投資的臺灣公司能夠直接掌握國外市場的銷售。

當然，直接投資亦有其潛在的缺點：(1)必須投入鉅額的資金，並承擔外匯管制、貨幣貶值、市場萎縮或被當地政府沒收等的風險；(2)可能較容易缺乏國際行銷人才；(3)必須花費較長的時間與財力瞭解當地市場環境，配銷通路及建立知名度等。

全球 7–ELEVEN 思考進軍中國的淘金方案

中國大陸 7–ELEVEN 的未來不是夢，中國大陸日益富裕的城市，消費者愈來愈多樣化，導致零售商跟著升級。這對諸如 7–ELEVEN 之類以行銷整套潔淨經營方式為關鍵銷售重點的商店是個大好消息。許多海外便利零售商也深感目前正是對大陸展開攻勢的時機；目標是在大陸廣設傳統雜貨店式，但具有品牌和西方式的版本。

賭注高昂。雖然難以判斷大陸便利商店的最終潛力，不過，觀察全球排名僅次於日本和美國的臺灣 7–ELEVEN，可見端倪。臺灣 7–ELEVEN 2,845 家連鎖店所形成的網路總計服務二千三百萬人民，相當於一家服務七千七百位老百姓。大陸兩大主要城市，上海與北京，服務的對象更多。產業界估計大陸最終能容納逾兩萬家便利商店，約為 7–ELEVEN 全球總數的二分之一。香港摩根史坦利區域性消費者分析師 Angela Moh 表示，「我們未來數年將見到大陸 7–ELEVEN 蓬勃發展。」

領導這股風潮的是香港 7–ELEVEN。8 月底，在香港擁有 435 家連鎖店的 Dairy Farm Group 宣佈，北京已通過讓其在南中國的據點，由 50 家再增加 300 家。緊追在後的是競爭對手 Circle K 的母公司——便利零售商亞洲公司 (Retail Asia)。便利零售商亞洲公司是香港大貿易商利豐集團旗下事業之一。已在南中國地區獲准經營 110 家連鎖店，預期年底前還會開設第一家大陸 Circle K。

這才剛剛開始。除香港兩家業者，臺灣、泰國和日本的 7–ELEVEN 也覬覦大陸欣欣向榮的大城市如上海與北京，這些大城市將來可作為進軍大陸十三億消費人口的跳板。沒有一位競爭者會輕易失去可能是有史以來零售業者最偉大的致富地帶。

這是一場重量級的戰鬥。7–ELEVEN 競爭者包括泰國卜蜂集團，日本獲利最佳的零售業者伊藤洋貨堂，以及香港最大零售商 Dairy Far 7–ELEVEN

Farm 和臺灣統一集團 7-Eleven 連鎖店。臺灣統一集團總裁高清愿表示，「我們非常高興即將進入，我們都是中國人，我們信心來自臺灣的專業知識，我們認為目前是時候。」卜蜂是由中泰家族所經營，在大陸經營已逾二十年，大半投資為養雞場，目前已在大陸建立最大的採購廣場。

臺灣統一集團僅在十年內便成立連鎖商店，該公司還在上海經營星巴克咖啡，並擁有大陸第二大速食麵品牌。日本 7-ELEVEN 去年銷售總額為 168 億美元，泰國 7-ELEVEN 希望在 2008 年前在本土開設 3,000 家連鎖店，只要市場有利於初次公開上市 (IPO)，即計劃籌集現金。

7-ELEVEN 最後決定採取何種決策，仍掌握在美國 7-ELEVEN 手中。位於達拉斯美國 7-ELEVEN 總部乃是日本最大伊藤洋貨堂的附屬公司，伊藤擁有逾 70% 的股權。1980 年底，7-ELEVEN 陷入債務危機，要求伊藤緊急援助。但伊藤洋貨堂將營運權交由美國，也就是便利商店發源之地。

美國人似乎並不確定大陸目前是成熟或快速擴張階段。達拉斯總部對於香港 7-ELEVEN 所作進展始終很小感到非常失望，香港 7-ELEVEN 自 1992 年已獲得許可在南中國大陸經營。香港主管們承認，大陸商店從未賺錢，香港 7-ELEVEN 表示，在大陸獲利比預期艱難，法律規定仍令人窒息。大陸消費者希望更多中國式產品，而非如香港偏好西方式的產品。美國 7-ELEVEN 總部執行長基斯 6 月訪問臺灣時曾表示：「我們犯下許多錯誤，也學習到許多，7-ELEVEN 將不會躁進中國大陸。」

隨著大部分新的商業在大陸萌芽，幾乎無人懷疑，便利商店會有獲利的一天。儘管進入大陸將需要一些創造性的解決方案才能因應大陸市場的限制。臺灣一名西方投資銀行零售分析師表示，「今天沒有一家外國便利連鎖商店在大陸賺錢，因為它們缺乏關鍵性大量的連鎖店。大陸大半地區，至今並未完全適合或擁有應有的道路、運輸系統和配銷中心以支持便利商店網的營運。」

香港所羅門美邦消費者研究員羅森費德表示，「不要忘記，零售在於以高度複雜的方式，讓食品由生產中心運輸至各個店內。」

克服大陸消費者根深蒂固的觀念是另一挑戰。許多中國人寧可逛傳統市場，以便可以討價還價。結果事實是，「湖南或湖北典型的中國人認為需要穿

件最好的衣服時，才會走進 7-ELEVEN。」

　　在大陸首要城市，不會有人在狂飲一晚後仍搖搖晃晃進入 7-ELEVEN 買些泡麵。但自我陶醉的資本家似乎仍認為將會成功。泰國 7-ELEVEN 執行長謝雷薩米薩克回憶道，他必須在大陸開設 200 家 7-ELEVEN 才能達到損益平衡。臺灣統一集團總裁高清愿表示，7-ELEVEN 在臺灣營運前六年都虧損，但計劃在大陸只要三年可望轉虧為盈。

（資料來源：《工商時報》，2001 年 10 月 22 日，余慕薌摘譯）

第五節　國際行銷組合策略

　　當企業已進入國外市場，此時如同國內行銷一樣，必須發展一套合適的行銷計劃（行銷組合方案）。但所不同的是，企業可能同時面對許多不同的國外市場，此時企業可能使用世界性標準化行銷組合 (standardized marketing mix worldwide)，亦即將公司的產品標準化，甚至廣告、配銷通路以及其他行銷組合要素亦然，這是一種極端的情況；因為此時行銷組合一成不變地運用到各國市場，故可使得成本降至最低。另一種極端的情況是，採取適應性的行銷組合 (adapted marketing mix)，亦即針對不同的目標市場調整其行銷組合要素，此時公司將擔負更多的成本，但可能獲得更大的市場佔有率及利潤報酬。

　　然而，究竟是採行標準化或適應化的行銷組合策略，此乃是國際行銷人員在擬訂行銷計劃所面臨的挑戰。事實上，全球標準化並非是「全部是」或「全部否」的主張，而只是程度上的問題。有愈來愈多的跡象顯示，在標準化與適應化之間作一個平衡的選擇，似乎是較正確的作法。例如麥當勞基本上對其目錄單上所提供的食品幾乎是完全標準化的，但它仍允許各國的授權加盟店作部分的變化，以適應當地顧客的偏好。又如可口可樂公司，它在全世界銷售相同的飲料，並且在大部分的市場做電視廣告，然而為適應各地方的不同需求，會對廣告內容與訴求重點做些修正，目前至少有 21 種不同版本的廣告在全球各地市場播放。

　　以下我們將探討公司在進入國外市場時，其對產品、促銷、價格以及配銷通路等策略，所應具備的適應潛力。

◑ 一、產品策略

　　國際行銷的產品策略中，產品是否要加以修改乃是一項重要的決策。產品修改決策會對公司的銷貨、成本及利潤造成直接的影響。如果再加上促銷的調整策略，則公司可採行的策略有下列五種方式，參見圖 13-3。以下我們暫時不考慮促銷方面的問題，而僅著重探討與產品有關的三種因應策略。

圖 13-3　五種國際行銷之產品──促銷策略

㈠直接延伸 (straight extension)

　　意指將公司的產品，不做任何修改即導入國外市場。此時管理人員的經營理念是：「就現有的產品設法尋找顧客」。直接延伸策略在某些產品是很成功的，例如可口可樂公司以直接延伸的方式，將其產品銷遍全球各地。然而，直接延伸亦有失敗的例子，如通用食品公司曾將其標準粉狀的 Jell-O 果凍引進英國市場，結果卻發現英國消費者喜歡片狀或塊狀的果凍。儘管如此，直接延伸仍是一種頗具吸引力的策略，因為這種方式並不需要額外的研究發展費用、重新調整生產設備，或修正促銷方式。

㈡產品調適 (product adaptation)

　　係指依據當地情況或偏好而適度地修改產品。例如麥當勞在德國供應啤酒，在香港銷售椰子、芒果及熱帶薄荷果汁，而在中國則曾推出中式早餐。某些產品適合採用產品調適的策略，特別是當產品的使用條件與偏好會因不同地區作修正時。例如電腦製造商往往為因應主要國家的語言文字而修正其

鍵盤的設計。

(三)產品創新 (product invention)

意指發展一些新的產品，其中所謂的向後創新 (backward innovation) 係將適合當地需要的公司早期之產品重新推出；例如一些在已開發國家已進入產品衰退階段的產品，引進較落後的國家，可能正屬產品成長階段。此一觀念說明了國際性產品生命週期 (international product life cycle; IPLC) 的存在。另一種所謂的向前創新 (forward invention)，則指發展出嶄新的產品，以迎合國外市場的需求。這種產品創新的策略，其成本可能相當高，但其成功的報酬亦最大。

◐ 二、促銷策略

國際行銷的促銷策略，公司亦同樣地面臨兩種選擇：其一是採用與國內一致的促銷策略；其二是配合當地的環境而修正其促銷方式。有些公司喜歡採用一致的廣告主題與訴求方式，以創造全球性品牌的良好形象。例如艾克森公司 (Exxon) 多年來以「在你的油箱裡放一隻老虎」(put a tiger in your tank) 的訊息為其世界性的廣告主題，以期在國際上獲得廣泛的認識。

然而，由於產品的用途或使用方式不同，廣告訴求也應隨之調整。例如在許多國家做廣告時，色彩可能需要加以修正，以避免觸犯各國的禁忌。有些時候，甚至連產品的名稱也要更改；例如雪佛蘭汽車的 "NOVA" 在西班牙文譯為「開不動」(It doesn't go)；一則香皂的廣告宣稱「可以清洗真正髒的部分」，而此在法語系的魁北克卻被譯成「清洗私處的香皂」。

廣告媒體的選用，也須依各國可供使用的媒體之不同，而必須作若干必要的調整。例如在挪威與瑞典兩個國家中，並不允許使用電視廣告；比利時與法國不允許在電視上廣告煙與酒；澳大利亞與義大利對於使用兒童來做廣告有所限制；而沙烏地阿拉伯則不准婦女出現在廣告上等等。

最後，國際行銷人員的銷售促進技術，亦需視地區之不同而作適當的調整。例如在美國最盛行的方式是折價券的使用，但在德國及希臘則禁止使用；法國禁止舉辦抽獎活動，而且贈品或禮物必須不超過商品的 5% 之價值。

◉ 三、定價策略

國際行銷的定價策略亦是相當地複雜，而且一般會面臨某些問題，包括價格階升 (price-escalation)、移轉價格 (transfer price)、傾銷 (dumping) 及水貨市場 (gray-market) 等問題。

㈠價格階升

在反映國外市場的價格時，行銷人員將會遭遇到外銷價格之階升現象。例如一件法國化妝品在法國的售價為美金 100 元，而在美國售價為 200 元，此乃因為須將運輸成本、關稅、進口商毛利、銷售商毛利，以及零售商毛利等，加到出廠價格。根據這些附加成本，以及匯率變動風險，產品在另外一個國家可能要賣到 2 倍以上，製造商才會有相同的利潤。此一問題促使廠商面臨，應如何在不同的國家訂定產品的價格。一般而言，公司可能會採用下列三種方法之一：

1. 設定一個適用各地的統一價格 (uniform price)：這種價格對貧窮國家而言可能過高，而對富有國家可能過低。

2. 制定一個各個國家皆能負擔的價格：此種定價忽略了在各個國家之間階升現象的差異。

3. 在各國設定一個標準化的成本加成法：此種定價可能使得公司在成本階升較高的國家，訂出一個偏離市場需求的高價。

㈡移轉價格

當公司將產品運往國外的分支機構，此時定價決策將面臨移轉價格的問題。移轉價格的決定，最主要考慮的問題是，如何使公司整體利潤最大化。例如若母國的稅率高於地主國稅率，則適用於較低的移轉價格；相反地，則適用較高的移轉價格。另外，海關關稅的高低，亦是值得考慮的因素。若關稅較高且屬於依價格課稅，則適用較低的移轉價格；相反地，可能適用較高的移轉價格。

㈢傾　銷

製造商在國外市場的定價低於國內市場，甚至低於成本價格，則可能被地主國控告「傾銷」。例如增你智公司 (Zenith) 就曾控訴日本電視機製造商在美國傾銷電視機。如果經由美國海關查證屬實，則日本公司將被課徵傾銷稅。為了避免自己國內生產者的抗議，工業化國家傾向於處罰以傾銷價格輸入產品的外國公司；而大部分未開發國家卻相當歡迎，因為此舉將可造福國內消費者，當然該國未有生產此種類似的產品。

㈣水貨市場

所謂水貨商品係指未經授權而進口的產品；一般而言，此類產品的定價較低，因而很容易造成市場的混亂。水貨商品的取得管道有二個途徑：⑴中間商直接下訂單給製造商，但隱藏其目的；⑵在海外購貨然後運回銷售地點。水貨市場之存在的理由，最大的原因在於價差的因素。例如香港經銷商發現到某一商品（美國製造商）在香港的售價為 170 美元，而在德國為 270 美元，此時該經銷商可能會向美國的製造商訂購超過他在香港所能銷售範圍的數量，然後再將這些產品轉運到德國，並以低於德國的售價（270 美元）銷售，由此賺取價差。國際性公司為防止這種水貨市場的存在，可採取一些措施，諸如提高低成本配銷商的價格、拒絕與不誠實的配銷商往來、修改不同國家的產品、提供品質保證（水貨一般無品質保證）等方法。

◉ 四、配銷通路策略

國際行銷與國內行銷最大的差異之一，在於從事國際行銷時，應採「整體通路」(whole-channel) 的觀點，來處理產品從製造商一直到最終購買者的配銷通路。此一觀念如圖 13-4 所示，製造商有三種間接方式及一種直接方式，可將產品送達最終購買者手中。然而，許多廠商多半會利用間接的方式，因而很容易忽略了通路末端的商品流通之問題。

在不同國家，其行銷通路的結構（如通路的長度、寬度）通常有很大的差異。例如日本這個國家擁有世界上最複雜的配銷體系，當寶鹼公司的產品進入日本市場時，須先銷售給雜貨批發商，再銷售給日用品批發商，再銷售

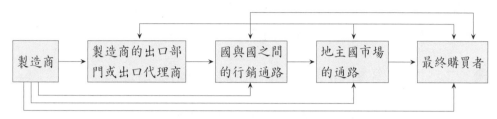

圖 13-4　國際行銷之整體通路的觀念

給特定產品（如香皂）批發商，再銷售給地區批發商，然後各地中盤商，最後才銷售給零售商。經過如此長的通路，消費者所支付的價格往往是進口價格的二至三倍。

　　此外，各國的零售商之規模與特色，亦有很大的差異。例如美國的零售商大多數的規模皆很大，而在其他國家則可能多數為小型零售商。以印度為例，由於其零售店大多為小規模商店，達數百萬家以上，且當地人民的所得較低，每次購買數量較少，不願為包裝多付額外的費用，而消費者又喜歡親自挑選商品，因此包裝商品不易找到合適的通路。

第六節　國際行銷組織

　　一個公司之資源分配及行銷活動，必須有系統地加以組織，而國際行銷活動亦需如此。公司在管理其國際行銷活動時，依其涉入國際經營活動之程度，至少有下列三種組織型態。

◑ 一、出口部門 (export department)

　　當國內的市場逐漸飽和且確認國外市場有未被滿足之需求時，公司可能會開始走向國際行銷。最初，公司可能只是單純的裝運貨品出口，但若公司的國際業務逐漸擴展，則可能會設立一個出口部門，並由一位銷售經理及數名助理人員負責整個出口的業務。此時的出口部門仍只是公司的一個功能而已，必須遵循公司的策略與程序。然而，隨著公司的海外業務繼續地擴張，出口部門也會繼續地擴大其規模，涵蓋幾個不同的行銷部門，以便能更積極

地擴展業務。最後，若公司想進一步地變成合資或直接投資等的經營型態，則其出口部門將不再適用於管理國際行銷的業務。

◐ 二、國際事業部門 (international division)

有些公司到後來可能會同時參與不同的國際行銷活動，例如公司可能將產品外銷至某一個國家，授權給另外一個國家的廠商，在第三個國家採合資型態，以及在第四個國家設立子公司等。在此階段，由於公司的國際業務更形龐大且複雜，因此可能會成立一個國際事業部門專門負責。對於此部門，公司通常會設置一位總裁，以設定其營運目標與預算，並負責公司在國際市場上的擴展。

國際事業部門的組織方式有多種型態，但其總部的幕僚通常是由行銷、製造、研究發展、財務、企劃及人力資源等專家所組成，以便為各營運單位提供必要的支援與服務。至於營運單位則可依下列三個原則來組織：(1)依據地理性組織，每一地理性組織設置一位副總裁，管轄自己的銷售人員、銷售分支機構、配銷商及被授權的國外廠商等；(2)依據產品組織，此時各類產品均設置一位副總裁負責其全球的銷售業務；當然副總裁有時仍需要依賴公司幕僚區域專家提供各種專業性的支援與服務；(3)各營業單位可以是海外子公司的型態，此時每一子公司設置一位總裁，直接向國際事業部門的總裁負責。

◐ 三、全球性組織 (global organization)

許多公司最後可能會更進一步地超越國際事業部門的組織階段，而實際進入設立全球性組織的階段。此時公司基本上已開始走向全球行銷的經營型態，而非僅是視為一個向海外發展的多國性公司而已。換句話說，公司的最高管理階層與幕僚人員，皆已具有全球性遠見來規劃生產設施、行銷策略、財務調度以及配銷體系等工作。此外，公司所擁有的遍佈世界各地之營運單位也不再向國際事業部主管負責，而是直接向公司的最高主管或執行委員會負責。此時公司會從全球各地招募具有處理全球性業務能力的管理人才，向價格最便宜的國家購買零組件與原料；而投資也在經過審慎評估之後，選擇

預期報酬最高的市場來進行。

　　由於國際化的腳步日益加速，國際市場的競爭日益加劇，因此處在今日的公司若想不斷地成長，勢必要走向全球化的經營型態。換句話說，也就是把以一國為中心的營運活動方式，蛻變成以全球為中心的經營型態，並把全球視為一個市場。

1. 請詳述一個企業為什麼會想到走向國際市場？不同的產業可能會有不同的動機，你能否列舉二個不同的產業，比較其進入國際市場的動機？

2. 請就行銷管理的原理原則、行銷規劃及行銷組合方案的執行等方面，比較國際行銷與國內行銷的異同。

3. 國際行銷的法律環境對行銷組合有何影響？請簡述之。

4. 國際市場進入策略有哪幾種類型？請簡述之。另外，在決定採用何種策略進入國際市場時，重要的考慮因素有哪些？

5. 國際行銷的 4P 決策，涉及標準化或適應化的問題，請問：

   (1)標準化與適應化的優缺點各為何？

   (2)僅就產品層面來考量，產品策略有哪幾種類型？請簡要說明，並舉例。

6. 國際行銷環境中，文化因素對促銷組合的影響最大，請提出你的論點。

7. 「外銷價格必然比內銷價格高」，請評論此句話。

8. 國際行銷人員可能頗關切「水貨市場」的存在，請說明：

   (1)水貨市場的意義。

   (2)水貨市場存在的可能原因。

   (3)水貨市場的預防之道。

9. 假定你是一位國際行銷的經理，那麼你將可能做哪些決策？請簡要說明之。

10. 假定公司想拓展法國市場與越南市場，請問就此二個不同的國外市場，其有關的國際行銷活動主要面臨的問題有何差異？

11. 何謂全球性行銷？其主要的特質為何？請詳述之。

12. 產品來源對消費者購買決策是一個重要的影響因素，你認為在哪些條件下，此影響因素更為顯著？(提示：請參閱行銷實務 13.1)

第十四章

服務業行銷

　　隨著時代的進步，社會的變遷已由一級產業（農業）進入到二級產業（工業），到了 90 年代更朝向三級產業（服務業）發展。一方面由於生活水準的提高，經濟發展不斷地提升，人們逐漸重視休閒生活；另一方面由於科技不斷創新，機器大量生產的方式取代了人工，彈性的製造系統，工作站的自動化等，更使得人力資源轉向以人為主的服務業。此外，經濟先進的國家其服務業所得佔 GNP 的比例愈來愈高，例如 1984 年美國勞工中有 77% 是從事服務業的工作，而 1990 年美國 GNP 中已有 71% 是來自服務業的貢獻。就我國而言，根據行政院主計處之統計，製造業佔 GDP 的比重，從 1981 年的 35.58% 降至 2001 年的 25.31%；服務業的比重則是從 47.23% 提高為 67.20%。以就業人口來看，製造業的就業人口佔總就業人口的比重，從 1981 年的 32.40% 降至 2001 年的 27.57%；而服務業的就業人口則從 38.77% 提高為 56.47%。由此可見，服務業將是我國未來發展的重要產業。

　　本書前面所介紹的行銷概念，雖著重在有形的商品或財貨 (good)，但亦可適用於無形的服務。例如兩者所重視的都是「如何有效地滿足消費者的需求」，因此勢必先行瞭解消費者的特性、偏好與購買行為。然而，基於服務業市場特性與消費者市場特性不同，因此服務業在規劃、設計其行銷活動時，勢必有不同的考量因素。本章乃是以服務業市場的特性為著眼點，探討在不同的市場特性下，服務業的行銷策略及一些相關的觀念與課題。具體言之，本章的內容包括服務業的特性、服務業行銷受重視的原因、服務業的分類、服務業的行銷組合策略及服務業行銷策略之重要構面等。

第一節　服務業的特性

　　本節先對「服務」下一個定義，並由此延伸服務業的範圍，然後再介紹服務業的特性。

◉ 一、服務的定義

　　依據 Kotler 對服務的定義：「服務係指一個組織提供另一群體的任何活

動或利益，服務本質上是無形的且無法產生事物的所有權。服務的生產可能與某一項產品有關，也可能無關。」此一定義似乎是目前較廣為接受的說法，而且它亦指出了，即使是製造業的公司，其提供給市場的產品中通常也包含某些服務在內。事實上，任何公司所提供的產品可以是一項單純的實體產品，也可以是一項單純的服務，當然亦可能是兩者兼而有之（只不過是所佔的比重大小不同而已）。準此，我們可將公司的提供物區分為以下五類：

㈠**單純的有形商品** (pure tangible goods)

例如香皂、牙膏等日常用品，此時公司並無附加任何服務於商品上。

㈡**附加服務的有形商品** (tangible goods with accompanying services)

公司所提供的商品包括一項有形的商品，並附加一項以上的服務，以增強其對消費者的訴求。例如汽車製造商在銷售汽車時，一般都附有產品保證、售後服務及維修手冊等。

㈢**混合的** (hybrid)

公司的提供物包含等量的產品與服務。例如餐廳同時提供顧客食物與服務。

㈣**重要的服務附加次要的商品與服務** (major service with accompanying minor goods and service)

公司所提供的產品包括一項主要的服務，並附加某些額外的服務或支援性的商品。例如航空公司所提供的主要服務為運輸服務，此外尚提供飲料、餐點、書報雜誌及一些體貼的服務等。

㈤**單純的服務** (pure service)

例如心理治療及個人投資服務等。

上述乃依產品之組成可分為有形與無形元素來加以區分，而本章所討論的「服務業」行銷乃偏重於後面的三項㈢、㈣與㈤之提供物的行業，亦即我們所強調的服務業是，「以服務為主要銷售目的的行業」。事實上，服務業的定義與所包含的範圍，各學者間有不同的看法。有人認為服務業是指非製造業及非農、林、漁、牧、礦業等，其範圍包括了交通、郵電、資訊、金融、保險、觀光、保健、醫療、教育、法律、會計、企業顧問、零售、批發及速食業等。另外，依據中華民國行職業標準分類的定義，服務業包括(1)商業：

批發業、零售業、國際貿易業、餐飲業；⑵運輸、倉儲及通信業；⑶金融、保險、不動產及工商服務業：金融、保險、經紀、法律及工商服務、機械設備租賃；⑷公共行政、社會服務及個人服務：公共行政及國際事業、環境衛生服務、文化及康樂服務、個人服務、國際機構或外國駐區機構。

二、服務業的特性

服務業行銷之所以受到行銷領域的重視與探討，主要在於「服務」與一般有形商品相比較之下，有其特異之處。一般而言，服務業具有與製造業不同的四個特性：無形性 (intangibility)、不可分割性 (inseparability)、異質性 (heterogeneity) 及易逝性 (perishability)；每一種特性對行銷策略的設計皆有其重要的涵義，而且也因為這些特性而引發出特殊的服務業行銷問題。

㈠無形性

服務是「無形的」(intangible)，它看不見，亦不可觸知；基本上，其他的服務特性乃源自於此一「無形性」。例如旅客在未住進旅館之前，並無法預見其服務的效果。

消費者在購買服務時，並不是購買任何實體；相反地，消費者所購買的是過程（如心理治療）、經驗（如參觀博物館）、時間（如租車）或其他無形的服務等。

由於服務是無形的，所以顧客要在購買之前評估其價值並不容易。因此服務業者通常會花費很多時間與精力去提供顧客所想要的利益，以建立良好的信譽與口碑。此外，基於服務的無形性，在向顧客溝通與展示服務時有其困難；而且提供服務的成本亦頗難精確衡量（構成定價的問題），以及無形的服務亦難申請專利權來加以保護，故很容易為競爭者所倣效。

㈡不可分割性

一般有形產品是先進行生產然後銷售，繼之消費或使用；但服務則是先銷售然後再進行生產及消費，而且往往是生產與消費同步發生，例如理髮或美容等。也因此一特性，使得在大多數的情況下，消費者必須參與生產過程，此時服務提供者也就是銷售人員，因此服務人員與消費者之間的互動

(interaction) 相當頻繁。這種互動關係將會影響服務的品質水準與顧客的滿意度；例如病患對病歷及症狀描述的清晰、周全與否，將影響醫師的醫療效果；又如顧客上美容院在髮型指定上，明確地說明與指示將有助於顧客對於該項服務的滿意程度。換句話說，生產與消費的不可分割性，不僅影響服務的產出品質 (output quality)，也會影響消費者對服務的過程品質 (process quality)。

有關此一特性所衍生出來的服務業行銷問題包括(1)由於服務的不可分割性，消費者必須接近提供者，或服務提供者必須接近消費者，使得服務的範圍受到地區的限制；(2)由於消費者與服務人員之間具有高度的互動性，且生產與消費同步發生，故服務不易大量生產；(3)由於生產與消費的同步發生，因此就服務業的配銷通路而言，交易通常是直接的，不需透過中間商或第三者，所以服務業公司對於這種交易雙方之接觸地點（營業地點）的選擇，頗為重視。

㈢異質性

服務是一種由人來執行的活動，因此在服務的提供過程必然會涉及「人性因素」，使得服務的品質不易維持一定的水準。具體言之，服務品質的異質性（或不穩定性），可能因不同的服務人員而互有差異，但即使是同一個服務人員其所提供的服務也可能因時、因地、因人而異。例如上課教學品質，同一科目不同老師授課品質不同；即使同一老師而學生不同時，各學生之吸收程度亦有所不同。

由此可知，服務的異質性可能造成如下的服務業行銷問題：(1)服務的品質標準不易建立；(2)服務品質缺乏一致性；以及(3)服務品質亦受到不同顧客之特性的影響，例如不同學生之專業知識與素質不同，而影響其學習效果。

㈣易逝性

服務本身是無形的，無法儲存，因此不似製造業一樣可預先生產與儲存，以備將來之用。也許服務業者可在需求產生之前，備妥各項服務設備或服務提供人員，但所產出的服務具有時間性，若不即時加以使用或消費，即形成虛擲或作廢。例如旅館、醫院的產房、飛機起飛後的空位、戲院開始放映電影之後的空位等，皆無法儲存以供往後所需，一旦當時未充分利用，則其效

用將立即消失。

　　由於不可儲存性（或易逝性），服務業者發現市場需求波動很大時，要使服務的供給與需求相互配合並非容易的事。從行銷的觀點來看，此種特性使得服務的需求管理與規劃方面，面臨很大的困難。例如當服務需求處於尖峰時，服務業者的產能很難即時增加，結果可能導致顧客的流失或顧客的滿足感降低；然而在服務需求呈淡季或非尖峰時段，服務的作業設備及人力資源將呈現閒置的現象，造成資源的浪費與損失。

　　綜合以上對服務業特性的討論，以及由其所衍生出來的服務業行銷問題，皆會影響到服務業公司之行銷策略的研擬。表 14-1 彙總服務業特性與其所衍生出來的服務業行銷問題，可供讀者參考比較。

表 14-1　服務業特性及服務業行銷問題

服務業特性	服務業行銷問題
無形性	(1)服務缺乏專利權的保護 (2)服務的定價決策頗為不易 (3)服務難以表現在推廣媒體上 (4)服務不易加以差異化 (5)服務無法展示，不易具體向消費者說明
異質性	(1)服務的品質標準不易建立 (2)服務品質缺乏一致性 (3)顧客特性不同，會影響服務品質
不可分割性	(1)服務無法大量生產 (2)服務營業範圍受到地理區域的限制 (3)營業地點的選擇，頗為重要
易逝性	需求與供給難以配合

第二節　服務業的分類

　　行銷人員通常會根據產品特性而發展出產品分類的原則，以便於發展適當的行銷策略。例如消費者行銷與工業行銷即依據產品特性劃分，並分別探討其行銷策略。同樣地，當我們在探討服務業行銷時，有必要先對服務業加

以分類,除了有助於我們對服務業特性與觀念的瞭解以外,更有助於瞭解服務業如何應用行銷原理與原則。

然而,有關服務業的分類基礎,到目前為止尚無一致的標準,且極為分歧。也許是這個原因,導致服務業行銷在理論與實務的發展,受到嚴重的限制。以下列舉幾種較常見的分類方法,並加以說明。

一、依服務的標的與有形或無形來分類

此乃根據兩個構面對服務業加以分類:(1)服務的標的為人或物;(2)有形或無形,參見圖 14–1。

	人	持有物
有形 (可見的)	(1)對人體服務 美容、醫療、保健、餐飲、航運	(2)對實體物服務 貨運、汽車修理、清潔公司、洗衣、庭園美化、室內裝潢設計
無形 (不可見的)	(3)對人心服務 教育、廣播、戲院、影劇、藝術	(4)對實體物服務 金融業務、保險、會計、法律服務

圖 14–1　依服務標的與有形或無形的分類

此種分類的行銷涵義說明如下:(1)消費者與服務提供人員可能必須同時存在,故服務地點與服務時間的安排至為重要;(2)顧客可能不在服務現場,因此顧客與服務設施的接觸較少,但遞送程序頗為重要;(3)此類型的服務業者應設法使無形服務有形(具體)化,如服務場所的裝潢與氣氛,及公司的信譽;(4)地點的便利性與專業知識頗為重要。

二、依顧客化程度與互動關係來分類

顧客化 (customization) 服務雖更能滿足消費者的需求,但其成本亦相當高,故服務業者可能亦會考慮服務全部或部分標準化;此時行銷人員必須瞭解消費者對價格與價值之間如何作取捨 (trade-off)。有些消費者願意犧牲顧客

化服務以求較低的價格，同時亦可能認為服務一致性遠比顧客化服務來得重要。雖然如此，服務業者亦應考慮提供低成本的顧客化服務，如旅館之免費咖啡、送開水，及早上叫醒服務等，皆會使消費者認為是顧客化的服務。參見圖 14-2。

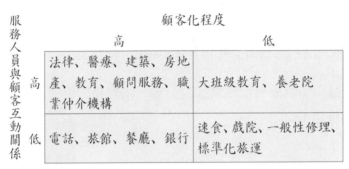

圖 14-2　依顧客化程度與互動關係的分類

◐ 三、依提供服務以人或設備為主來分類

此種分類乃依提供服務時是以設備或以人為主來區分，以設備為基礎者又可分為由「自動化設備」、「由技術人員操作的設備」及「由非技術人員操作的設備」等三類設備來提供服務，此類服務有時亦稱為「設備服務」。另一種係以服務人員與顧客的互動為主，這類的服務人員可以是非技術人員、技術人員或專業人員；參見圖 14-3。

◐ 四、依服務傳遞的方法分類

服務乃是生產與消費同步發生的,因此消費者與服務人員必須同時存在。然而，究竟是顧客接近服務人員、服務人員接近顧客、亦或兩者同時在另一地出現,此三種傳遞服務的方法乃視服務本身的特性及公司的服務策略而定；參見圖 14-4。例如顧客可能必須親自前往美容院或餐廳接受服務；計程車或郵件快遞服務則為服務人員前往顧客的地點；另外，顧客與服務人員可能均不需到達對方地點，如航空公司訂位、購票服務等，皆可透過電腦網路而完成服務過程。然而，服務行銷人員在設定與改變公司的傳遞政策時，必須具

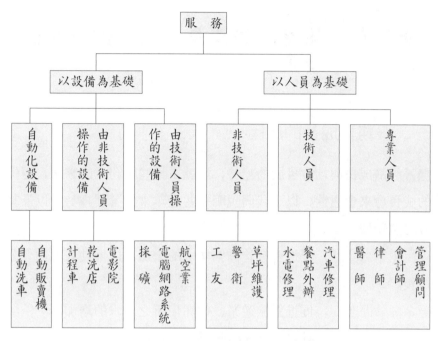

圖 14-3　以人或設備為基礎的分類

有彈性，例如美國聯邦快遞 (Federal Express) 公司就因為能在顧客需要的時候，迅速地提供服務，由而取得競爭優勢。

	提供服務的據點	
	單一據點	多重據點
顧客走向服務公司	戲　院 美容院	公車服務 速食連鎖店
服務公司走向顧客	草坪維護 計程車	郵件運送 汽車拖吊
顧客與服務人員均 不必到達業務地點	信用卡公司 區域性電視臺 航空公司訂位	廣播網路 電話公司

（表格左側縱排標題：顧客與服務公司互動的本質）

圖 14-4　依遞送方法分類

第三節　服務業的成長與服務業行銷的發展

● 一、服務業成長的原因

隨著經濟成長與社會發展的趨勢，造就了某些服務業的繁榮，更促使服務業的成長愈來愈迅速。以下我們說明一些近年來的發展趨勢，以及其所帶動的服務業類型。

1.人民愈來愈富裕：促進對家管僱傭需求的增加，以促使人力仲介公司行業的成長。

2.更多的休閒時間：促進對旅遊業、休閒場所之需求的增加。

3.壽命延長：促進對養老院及醫療保健需求的增加。

4.產品愈來愈複雜：促進對技術性專業人員需求的增加，亦即維修複雜的產品，例如汽車及電腦的維修服務等。

5.生活愈來愈複雜：促進對婚姻、法律顧問及個人服務需求的增加。

6.職業婦女比例增加：促進對托兒所、安親班、僱傭及餐飲需求的增加。

7.對環境與資源愈加關注：促進對環境保護與資源回收服務等的需求之增加。

● 二、服務業行銷的發展

由於服務業的迅速成長，業者所面臨的競爭亦愈來愈激烈，促使服務業公司在謀求有效的經營管理之道中，逐漸地體會到「行銷」功能的重要。此外，以下的一些因素，亦更加強服務業者對行銷功能的重視：

1.很多服務業（如航空公司、銀行及電信業等）的法律規範，在最近幾年來已逐步放寬。例如近年來開放許多新銀行的設立，使得銀行業的競爭日益激烈。

2.在某些領域（如健康醫療及郵遞等），由於營利事業單位加入競爭，使得市場原有的非營利機構已逐漸體認到必須更重視行銷的努力。

3.對於專業人員服務之要求提高，促使必須更加重視行銷功能。例如人民對保險需求日益增加，且人民對保險的認識提高，促使保險公司必須更重視業務人員的推銷能力與專業知識。

4.某些非營利機構（如學校、教會等）面臨經營的困境及需求的不足等，促使這類機構希望透過行銷活動來維持服務品質的提高及持續地生存發展。

第四節　服務業行銷組合策略

「行銷組合」是一企業可操控運用一套可控制要素，藉以影響顧客的行為反應（如價格與促銷等）。如何將行銷組合中的要素加以結合與調整，以滿足目標市場顧客之需求，實乃行銷管理上的重要任務。然而，這些行銷組合要素的結合與調整，必須同時考慮到不可控制之因素，如企業的目標、行銷總體環境以及競爭者的行動等。

一般而言，有形商品的行銷組合包括 4P's，但是無形服務的特性與有形商品有顯著的差異。因此，服務業的行銷組合應有必要依服務的特性加以修正與調整。Booms 與 Bitner 二位學者將既有的 4P 之行銷組合架構予以擴充修改，而成為服務業 7P 之行銷組合，亦即包括產品 (product)、定價 (price)、通路 (place)、促銷 (promotion)、人員 (people)、實體呈現 (physical evidence) 及過程 (process)。以下我們分別針對此七個要素加以介紹：

一、產品策略

服務業產品策略所須考慮的是提供服務的範圍、服務品質、服務水準等，其中更重視品牌名稱與企業形象，這是服務業公司採取差異化行銷的重要手段。公司的名稱必須易記、易懂、易傳播及有好的聯想。至於企業形象佳的公司常會被顧客將其與服務品質產生聯想，這些對公司在建立服務行銷之競爭優勢上顯得特別重要。

另外，有許多服務業公司提供標準化的服務，亦即對所有的顧客提供相同的服務並收取相同的費用。例如洗衣店的洗衣費用、銀行存款利率、汽車

維修服務及航空郵件收費等，對所有顧客均一視同仁。另外，亦有些服務業公司所提供的服務，則因顧客不同而異。例如律師、醫師及管理顧問師等，通常對不同的顧客提供不同的服務，亦收取不同的費用。

◐ 二、定價策略

定價策略的要素包括價格水準、折扣、折讓與佣金、付款方式及信用條件等。服務業的定價，往往亦沿用實體物品的定價原則。即使是實體物品，要找出其價格的一般性原則，也非易事。何況服務業所提供的服務是無形的，因此服務業的定價更具彈性與多樣性。有關服務業定價所使用的術語，乃視不同的行業而有所差異。表 14–2 列示一些服務業之定價慣用的名稱。

表 14–2　服務業定價慣用的名稱

定價慣用名稱	使用行業
門票/入場費 (admission)	戲院、遊樂場
收費/要價 (charge)	美髮、個人服務
佣金 (commission)	證券代理業
票價/車資 (fare)	運輸
租金 (rent)	財物使用
通行費 (toll)	道路使用
保費 (premium)	保險業

服務業的定價受到許多因素的影響，使得服務業定價並無所謂的「標準化」，茲舉例說明如下：

1. 無形性對定價的涵義：一般而言，服務提供時實體物品成分愈高，價格的制定往往傾向於「成本基礎」的定價方式，其所採取的定價也愈「標準化」；相反的，其服務產品所含的實物成分愈低，則價格之制定愈傾向於「顧客導向」，同時亦愈趨向「非標準化」。

2. 服務的無形性意謂著提供服務比提供實體產品更多變化。因此，「服務水準」、「服務品質」等，可依不同客戶的需求而作更具彈性的調整，其價格也可經由買賣雙方透過協商來決定。

3.如果服務屬於同質性高的行業，其價格競爭可能非常激烈。例如洗車業，由於各汽車業者彼此間的同質性高，服務方式接近，故彼此常以價格上的優勢來作為競爭的利器。

當然，除了上述的例子外，服務業也有定價標準化的例子。例如必須受制於政府管轄的特定行業（如臺灣電力公司、自來水公司）以及受制於同業工會的管轄與受制於市場機能的服務業等等。

三、通路策略

許多的服務業並不透過中間商提供服務，例如律師及會計師對顧客直接提供服務，並不需透過中間者。但是在某些服務業中，也會使用代理商、經紀商或其他行銷通路成員作為中間商，例如航空業、旅遊業、保險業、證券業，及娛樂業等。國內的許多相片沖洗業者，常透過便利超商（如統一麵包）來代替顧客收件，而間接的行銷該項「服務」給消費者；此時，便利超商可視為介於服務業者與消費者之間的中間商。

在服務業的配銷通路決策，「位置」或「地點」是一項重要的考慮因素。若是位置良好，地點又多，則服務業儘可不必透過中間商。例如銀行、汽車旅館、觀光飯店及健身中心等，大都設在顧客方便到達的地點。

四、促銷策略

一般而言，有形的產品由於可以看得見、可以示範與展示，因此比較容易執行促銷活動。然而要從事無形的服務之促銷，就顯然困難許多。因此，服務業行銷人員應盡可能地將無形服務有形化，以利於服務的促銷。

服務的促銷係建立在服務的效益上，亦即服務促銷的主要目的在突顯服務的效益。服務性產品的促銷與一般消費性產品的促銷並無不同，包括廣告、公共報導、人員推銷及銷售推廣等。就廣告而言，服務業的廣告較難描述服務的特點，因此著重廣告作業須與服務的「創造」（製造）相結合，俾可傳達獨特的訊息，以吸引顧客。

就公共報導來說，由於服務是無形的，因此對顧客而言，公共報導將變

成相當重要的訊息來源。例如電影、戲劇等娛樂的行銷有賴影評、劇評的報導，而顧問服務業則依賴報章雜誌報導其所處理的個案。

　　就人員推銷而言，服務業相當依賴服務人員或業務人員與顧客作面對面的接觸；很多情況下，唯有透過人員的解說，服務業才能把服務內容向顧客清晰地說明。因此，服務人員的訓練相當重要。例如餐飲業中的麥當勞非常重視人員的訓練。

　　最後，就銷售推廣來說，由於服務無法儲存，如果顧客未消費則服務乃隨時間而消失，因此服務業最常利用促銷活動，來均衡需求的波動。例如早場的電影較便宜，週末假日的電話費率較低等，皆是促銷的例子。

◉ 五、人員策略

　　服務業中，人員素質是創造與維持良好服務品質的關鍵因素。事實上，服務應是服務業公司全體員工提供整體努力的結果，任何一位人員的服務品質不佳，均會影響到顧客對服務品質的看法，並進一步影響到該顧客及其他潛在顧客再次光顧的意願。

　　一般而言，服務業的人員策略有兩項重點不容忽略：

　1.在服務業公司擔任生產性或作業性角色的人員（如銀行行員），在顧客眼中其實就是「服務產品」的一部分，其貢獻也和其他銷售人員一樣。大多數服務業公司的特色就是作業人員可能同時擔任「服務銷售」與「服務執行」(service perform) 的雙重角色。因此，行銷管理方面必須與作業管理方面相互協調合作，才能有效地提高服務品質。

　2.對某些服務業而言，顧客與顧客間的關係也需相當重視。因為一位顧客對一項服務產品品質的觀點，可能會影響到其他顧客的想法。例如一家餐廳的某位顧客對於該餐廳所提供的任何服務之觀點，可能會影響到其他顧客的看法，甚至影響到潛在顧客的觀感。

◉ 六、實體呈現

　　所謂「實體呈現」其要素包括實體環境（如裝潢、內部外部之陳設）、實

體設備（如汽車租賃公司所需的汽車）、有形的事物、證物 (tangible clues)（如航空公司所使用標示 (label) 及診療所的醫師合格證書或營業執照等）。實體呈現乃是提升整體服務水準的重要工具。許多服務業的現代化，均是從改善實體設備著手。例如休閒遊樂場所（如迪士尼樂園等），均有賴於實體設備的更新，才能不斷地創造新奇與較高水準的娛樂效果，吸引更多的人潮。

此外，實體呈現亦可營造氣氛及促使顧客對於該項服務的認知之形成。顧客對於一家服務業公司的印象，通常是來自實體呈現的東西；大至建築物、裝潢、陳設，小至手提袋、小冊子、說明書等等。適當地在顧客面前發揮實體呈現的影響力，不僅可以增加顧客的印象，也有助於提升服務業公司的形象。

◑ 七、過程策略

服務業公司在推銷「產品」時，過程策略也是很重要的部分。所謂的過程，意指服務的遞送過程。服務業的公司，能夠快速的將產品送到購買者手中，或者服務業公司在提供服務的過程中，以愉快的表情、快速提供無使用疑慮的產品，都是服務業公司在遞送「服務」的過程中，所需加以重視的。唯有透過嚴格的過程管理，才能確保服務的信用 (credibility) 與可靠度 (reliability)，透過服務人員的迅速反應 (responsiveness)，使顧客享受一致而安全 (secure) 的服務。例如麥當勞在過程管理方面，各類事物的處理均有一定的程序與步驟，可確保顧客接受相同品質的服務。

第五節　服務品質的管理

由於服務業的競爭日益劇烈，因此服務業行銷人員必須設法提供顧客高品質的服務，以爭取更多的顧客。而且，服務業公司塑造差異化的主要途徑之一，乃是比競爭者提供更一致且高品質的服務。由此可知，服務品質的管理乃是服務業行銷策略之重要的方向之一。本節將說明服務品質的衡量、決定因素及如何提高服務品質。

◕ 一、服務品質模式

　　一般而言,「服務品質」比「產品品質」更難定義與判定。例如吹風機品質的好壞容易比較,而理髮技術品質的好壞卻難以定論。因此,服務品質亦較產品品質難以管理。具體言之,其理由有下列數端:

　　1.消費者在享用服務時,同時也是該項服務產生時,因此沒有時間糾正錯誤及進行衡量,只能依其所認知的品質水準而定。

　　2.顧客對產品不滿意時,可以將之退回;但對服務不滿意時,卻無法這麼做,因此服務業公司很難知道服務哪裡出了差錯。

　　3.服務品質缺乏一致性,而且良好的服務不僅要靠實體的部分(如房間、飛機座椅等),並包括顧客所實際感受到的(如服務人員的禮貌等)。

　　雖然服務品質難以衡量與評估,但有效的管理服務品質乃是服務業公司一項重要的任務。過去有關服務品質的研究非常多,其中由 Parasuraman, Zeithaml 與 Berry 三位學者所提出的品質模式,是較廣為運用的衡量模式,參見圖 14–5。PZB 的服務品質模式中有幾個重要的觀念,說明如下:

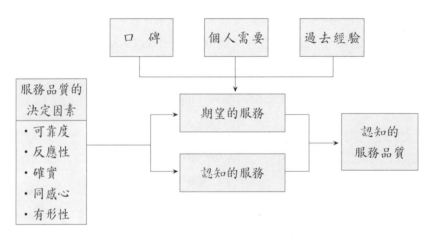

圖 14–5　PZB 的服務品質模式

㈠服務品質的決定因素

　　有哪些因素會使消費者對服務品質感到滿意或失望呢?Parasuraman 等三

人亦同時發展出一套服務品質的決定性因素，包括下列五項，這些是根據顧客的評等，然後依重要性來排列：

1. 可靠度 (reliability)：即服務品質是否維持一致與精確的水準。

2. 反應性 (responsiveness)：即服務人員對顧客的要求與問題能否迅速且主動的回應，並給予滿足。

3. 確實 (assurance)：即員工所具備的知識與禮貌及其所具備的能力，能否傳達信任與信賴感。

4. 同感心 (empathy)：即關懷顧客之心，及特別地照顧到個別的顧客。

5. 有形性 (tangiblity)：即實體的設備、設施、人員及溝通內容，能否更具體地反映出來。

　　上述的五項決定因素會影響到顧客對服務品質的期望與顧客所認知到的服務。

㈡期望的服務與認知的服務

　　服務品質的好壞乃決定於顧客將其所期望的服務水準與所認知的服務水準加以比較的結果。如果認知的（實際的）服務水準 (perceived service) 低於期望的服務水準 (expected service)，顧客便會對該項服務失去興趣；相反的，如果認知的服務水準符合或超乎期望的服務水準，則顧客會對該項服務感到滿意，而且再度光顧的機會大增。

　　至於顧客對服務的期望，除了受到服務品質決定因素的影響外，而且也與顧客的過去經驗、親朋好友的口碑相傳、個人的需要以及服務業公司的廣告訊息等，有很大的關聯。

　　此外，認知的服務水準低於消費者的期望，有可能由於服務業者對於消費者的期望不夠瞭解所致，或由於服務業者所設立的服務標準低於消費者的期望，或由於廣告或其他的媒體誇張了服務品質等，導致消費者對服務品質產生不切實際的期望。由此可知，公司欲有效地管理服務品質，首先應深入地探討顧客對服務品質感到不滿意的原因，而 Parasuraman、Zeithaml 與 Berry 三位學者，在其所提出的服務品質模式中，說明傳送服務品質的基本要求以及造成不良之服務品質的 5 個差距，參見圖 14–6，說明如下：

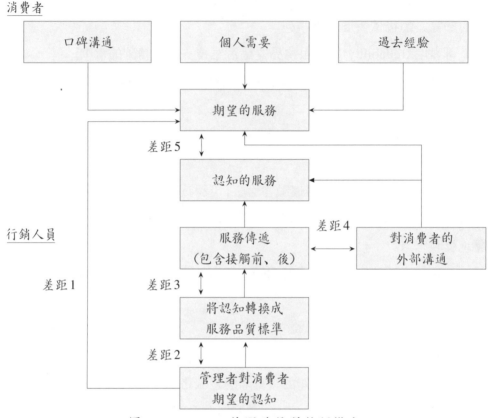

圖 14-6　PZB 的服務品質差距模式

(1)差距 1——管理者對消費者期望的認知差距：管理者並不瞭解對消費者而言高品質的意涵與特徵為何，以及為了達到高水準的服務品質應該如何提升這些服務特徵的績效。

(2)差距 2——將認知轉換成服務品質標準之差距：由於資源的限制、市場的狀況或是拙劣的管理能力等因素，而導致公司無法將其所認知到的消費者需求在實務上建立起應有的服務標準。

(3)差距 3——服務品質標準與服務傳遞之差距：即使公司可以建立起服務標準的指導原則，並且正確無誤的為顧客提供服務，然而卻無法保證高服務品質。這是因為就大多數服務公司而言，員工在服務過程中扮演著與顧客接觸的重要角色，且將會強烈影響顧客對服務品質的認知，然而員工的服務績效卻是很難被客觀標準化的。

(4)差距 4——對消費者外部溝通的差距：公司在對外界溝通所使用的媒體與溝通內容將會影響到消費者的期望。公司在進行溝通時，不應該做會超過其實際能力所能達到的承諾，否則將會提高顧客對公司一開始的期望，然而在承諾無法被兌現時而導致顧客對公司失望。

(5)差距 5——認知服務與期望服務的差距：消費者在判定服務品質高或低時，是決定於他們原先期望的狀況與實際上接受的服務品質績效作比較。

● 二、如何提高服務品質

改善服務品質及使消費者瞭解公司所提供的服務，乃是重要的行銷策略之一；而如何達到這些目的，首先要瞭解有關服務品質的基本原則，然後再設計一套有系統的程序來提高服務品質。

㈠服務品質的基本原則

服務品質的基本原則歸納為八項，分別說明如下：

1. 服務品質是由顧客決定的

服務品質乃因顧客所需及顧客對服務之認知而決定，因此服務業公司不僅要瞭解顧客之需要，且亦應瞭解顧客對所提供服務之認知，更要提供超過顧客認知及期望的要求。

2. 服務品質是一項長途的歷程與努力

服務提供乃是一項持之有恆的作業，因此公司應積極爭取顧客之信心及良好的企業形象。

3. 服務是公司全體員工的責任

4. 服務品質的工作要做好，領導與溝通是不可分離的

領導者必須不斷地灌輸服務品質的相關觀念，讓公司重視品質的理念深植員工心裡，並要不斷激勵鼓舞員工，朝向追求完美與卓越來努力。

5. 服務品質及保持不改變服務之完整性 (integrity)

二者是不可分離的，亦即不隨意改變服務品質努力方式。

6. 服務品質必須有事先周詳的籌劃，並藉由不斷的創新以期滿足顧客之服務要求

7.服務品質應力求保持服務的承諾

意指不應接受百分之九十九的可靠，必須力求完美，百分之百的可靠。例如出現百分之一的品質瑕疵，再向顧客說聲「抱歉」是於事無補的。

8.服務品質是一項競爭策略

公司也許可採用多種的競爭策略，如價格促銷、產品服務遞送，但這些策略很容易為競爭者所倣效，唯有一致卓越的服務品質策略才是競爭者所不易模倣的。

(二)提高服務品質的程序

除了上述服務品質的基本原則必須謹記在心且確實力行外，公司亦應設計一套有系統的程序來改善服務品質；茲將提高服務品質的八大步驟分別說明如下：

1.訂出一種服務策略

對每一個區隔市場而言，在每一種服務價格之下，服務業公司都必須確定一服務策略。這種服務策略是對顧客的一種承諾，它應該使用一些利益為導向的字眼，來描述服務業公司準備全力以赴的服務目標。

2.將這種品質傳達給顧客，以對顧客的期望加以管理

如果目標訂得太高，顧客會感到失望；如果目標訂得太低，則可能會吸引到錯誤的顧客群。要使服務變為具體的東西，必須要有「技巧」。技巧指的是諸如廣告與候客室外的外觀與佈置，電話總機的接線速度與速率等，都能對顧客傳達公司的服務策略。

3.訂出可衡量的品質標準

服務品質極難標準化，因此在建立標準時必須先知道「顧客希望如何」，再訂定達成這種品質水準所需要的步驟與方法，如此便可對具體的事（如提供服務的速度）及不具體的事（如禮貌與效率），訂出可衡量的標準。

4.設計提供服務的系統

在設計這套以顧客需求為著眼點的系統時，應該列出顧客為得到服務所必須執行的步驟，想想每一步驟可能發生的問題，然後針對解決這些問題來安排所需的資源（如設備與人員）。

5.向所有的員工傳達所設定的標準

由於顧客在享受服務時，通常也正是該項服務產生的時刻，因此服務人員便須掌握品質標準，事先知道他該做的事，如此才能確立以服務為導向的訓練基礎。

6.追求零缺點的境界

要達到這種境界，除了需透過預防措施（人員之甄選與訓練）外，還須要有效的偵察、分析與糾正錯誤。另外，員工都必須時時留意錯誤，以及未與顧客直接接觸的員工，也都必須包含在服務系統之中，如此亦可避免發生錯誤。

7.衡量績效

顧客是唯一能對服務品質加以評判的人選。顧客寄來的抱怨與感謝函，都是提供給公司回饋的訊息。但唯有經過有系統的調查之後，公司才能知道有多少顧客感到不滿意，以及對哪些方面感到不滿意。

8.創　新

服務已變得愈來愈重要了，且服務品質可作為公司取得競爭優勢的利器。但是，服務缺乏專利權的保護，因此很容易為競爭者所倣效。因此，不斷地推出有創意的服務構想，將可持續地取得領導的地位。

行銷實務 14.1

如何使顧客滿意

顧客滿意是最近幾年來，很多公司追求的目標，但是，什麼是顧客滿意？怎樣才能做到顧客滿意？

顧客滿意是一種主動的觀念，由顧客的感覺與期望所組成，在衡量花費及所得利益後，決定是否滿意。顧客所在乎的不只是產品或服務，顧客在意兩者組合起來的感覺。

1968 年時，赫茲伯格 (Frederick Herzberg) 在《哈佛商業評論》上，寫了一篇〈再一次：如何激勵員工〉的文章，成為最受歡迎的文章之一。赫茲伯

格在文章中指出，激勵員工的因素可分為保健因子 (hygiene factor) 與激勵因子 (motivator) 兩種。做好保健因子只能降低員工不滿，不會提高員工的滿意度；只有激勵因子被滿足時，才會提升員工的滿意度。

例如「改善工作環境」就是一個保健因子，如果公司工作環境很差，員工會覺得不滿；但是環境改善了，員工並不會因此而覺得很滿意。

近年來另一位學者諾曼 (Earl Nauman)，將這個道理用在顧客滿意上，諾曼指出，企業要提高顧客滿意，必須先找出哪些是保健因子，哪些屬於滿意因子 (satisfier)。保健因子代表顧客所期望的產品或服務屬性。缺乏保健因子將導致顧客不滿，但有了保健因子並不會讓顧客滿意。

舉例來說，準時遞送產品給顧客就是一種保健因子。這是服務的基本需求，做不到會導致顧客不滿，但如果你只能提供準時遞送，其他方面做得不好，恐怕無法期望顧客會因此感到滿意。

企業應該先找出，什麼是影響顧客滿意的保健因子與滿意因子。如果企業在這兩方面都表現不好，顧客就會流失。如果企業只在保健因子下工夫，卻忽略了滿意因子，很可能最後必須採取價格競爭，才能留住顧客。

最好的作法是，當保健因子達到顧客的期望，再將更多資源放在滿意因子上。因為滿意因子可以超越顧客的基本需求，幫助企業創造獨特的競爭優勢。例如在某些產業，企業如果能提供免費諮詢與解決問題的服務，就是超越顧客期待的滿意因子，會讓顧客滿意度提高。

在決定什麼是保健因子與滿意因子時，必須站在顧客的立場，設想他們的需求，而不是依管理的需要來分類。例如諾曼運用焦點小組 (focus group)，將飛機旅客所重視的需求分成兩部分；一部分是，如果沒有做到，會讓他們很不滿的；另一部分是，做到之後會讓他們很滿意的。結果發現，行李不遺失、破損、廁所乾淨等，都是保健因子；滿意因子則包括座位的舒適、行李迅速運送、餐點可口等，後者才是真正提高顧客滿意度的關鍵因素。

想想看，你的產業中哪些是影響顧客滿意的保健因子?哪些是滿意因子?在保健因子上，達到顧客的期望；在滿意因子上，盡力超越顧客的期望，能做到這兩點，顧客要投入競爭者懷抱的機會，也就不高了。

（資料來源:《世界經理文摘》，160 期）

第六節　克服服務業行銷問題的行銷策略

本章第一節已介紹過服務業的特性以及由此所衍生的服務業行銷問題，然而如何克服這些問題，公司實有必要擬定一套行銷策略，以作為因應的對策。以下我們分別針對四個服務業特性的行銷策略加以說明：

一、克服無形性的行銷策略

消費者在購買服務時，其認知風險要比一般有形商品為高，主要原因在於服務的無形性。首先，消費者在購買前較難收集到完整、有用的「服務」資訊；其次，消費者認為服務品質具有不穩定性；再者，就某些專業性的服務，如管理顧問服務、法律諮詢服務等，消費者（購買者）通常無法具備充分的知識與能力去判斷與衡量服務品質的優劣。因此，行銷人員必須在建立消費者對服務的信心方面，付出相當的心力，以加強消費者的忠誠度。以下為幾種可行的作法：

(一)聯想策略 (association strategy)

聯想策略是強調服務與品名、符號（或其他可觀察到的東西）間之相關性，以克服服務之無形性的策略。聯想策略又包含下列幾種情況：

1.公司品牌聯想策略：由於服務行銷人員並非提供有品牌的商品，所以品牌是指公司的品牌。好的公司品牌能自行說明服務所帶來的利益，因此可以克服服務的無形性。例如 VISA（簽證）含有全世界通行的意義，因此它是一個頗佳的信用卡品牌。

2.有形物體聯想策略：藉著強調服務與有形物體之相關性，也可以加強服務公司的聲譽及可能帶來的利益。例如保險公司常以有形物體或象徵來表示服務所可能帶來的保護，如國泰人壽的「傘」。有些組織機構亦會提供有形的物體來強化服務所能帶來的利益，例如大學提供畢業證書，銀行提供信用卡，以使其教育與貸款服務有形化。

3.證據聯想策略：在生產或提供服務的同時，通常亦常伴隨著一些實體。這些實體代表與服務有關的有形線索 (clues) 或證據 (evidence)。行銷人員可以透過對這些證據加以有效的管理，以為向顧客保證服務的存在。

證據又可分為二種：表面證據與基本證據。表面證據是可以由購買者佔有的，代表服務之存在的證據，如機票、車票等。基本證據則是與服務之提供來源有關，但不能為購買者所佔有的有形物品，如公司之制服。在某些情況下，最重要的基本證據是那些與提供服務的人員有關的物品，例如非技術性勞工通常穿著制服，以表現一致與高品質的形象；專業性服務公司則透過其他方式來表現證據，如將學歷證件與獎牌等擺在辦公室之明顯的地方，都是律師與會計師之服務品質的證據。

此外，不論服務係由人員或機器來提供，服務所在的環境通常是基本證據的一部分。例如若會計師的辦公室漆成粉紅色，它可能無法帶給顧客太大的信心；相反的，若適度地調整設備與顏色，則可以增進顧客之滿意度。

㈡創造良好的企業形象及重視公共關係

由於服務的無形性，導致顧客在購買前通常會缺乏信心，因此建立良好的企業形象，及重視公共關係提高公司的聲譽，皆有助於增加顧客的信心。特別是在人員為主要提供者的服務業，企業形象在消費者的購買決策中深具影響力。

㈢注重口碑效果

服務的無形性及服務品質的優劣，唯有接受過服務的顧客最瞭解。為了增加顧客的信心，「口碑溝通」(word-of-mouth communication) 是非常重要的來源。服務業公司在廣告策略上強調口碑效果，如⑴針對意見領袖做廣告；⑵使滿意的顧客，將經驗告訴他人；⑶引導購買者去尋找好的口碑；⑷透過受敬重的名人來推薦。

㈣利用成本會計協助定價

由於服務的無形性，造成服務成本計算上的困難，尤其是在以人為主的服務業中更是如此。因此，有愈來愈多的服務利用成本會計的分析技術，來幫助服務業者達成管理控制成本的目的，諸如航空公司、保險公司、觀光旅

館及醫院等。成本會計除了能協助服務業者分析其作業成本，據以制定服務價格外，亦能對服務作業成本作有效的控制。

(五)關係行銷策略

由於服務品質的優劣，常繫於購買者主觀的知覺判斷。服務業者若能經常與曾經接受過服務的顧客建立溝通的管道，以及保持持續的關係，則不僅能從調查購買者反映意見的過程中，收集到改進服務品質的資訊，亦能讓顧客有「受到重視」的感受，對提高顧客的滿意度與建立顧客的忠誠度，皆有相當大的貢獻。基本上，這乃是關係行銷的最終目的。所謂關係行銷 (relationship marketing) 乃強調與現有的顧客維持持續且密切的關係，並不斷地強化顧客的忠誠度及增加現有顧客之購買的一系列行銷活動。近年來，關係行銷策略愈來愈受到服務業者的重視，其原因即在此。

(六)系統行銷策略 (system marketing strategy)

係指藉著提供不同的服務，以滿足顧客之相關需求與變動需求的策略，其作法包括銷售一組商品與服務或純粹只是服務。系統行銷 (system marketing) 的本質是積極地促銷互補性（相關性）的商品與服務。例如銀行將自己視為提供顧客財務需求的系統行銷之機構，包括存款、支票存款、兌現、信託服務、貸款、信用卡服務、財務諮詢及保險等等。

有些銀行針對顧客之需求為其設計合適的投資組合，它們強調：「因為我們可以提供完整的服務，所以最能瞭解顧客之需求，並提供最合適的財務服務」。此外，專業性服務業公司亦逐漸採用系統行銷策略。例如有些法律問題（如離婚）會造成客戶情緒激動或心理不平衡，所以很多專長於家庭糾紛的律師事務所，會與心理醫師建立合作關係，以提供顧客完整的服務。

◑ 二、克服異質性的行銷策略

服務業會因為人性因素與個人差異的影響，導致服務品質的穩定性不如製造業的產品品質。有關克服異質性的行銷策略，有以下幾點可行的作法：

(一)將生產線的觀念應用於服務業的規劃

以生產線作業方式控制服務品質，其核心理念在於，服務業在尋求控制

品質一致性時，應將思考的方向從「人」的身上轉移到「服務流程」（作業流程）之上。例如在設計與使用工具或設備時，應該要求服務提供人員必須依照管理人員所設計的程序來操作，而不應該給服務人員過多斟酌的權力；因為給予服務人員過多斟酌的權力，乃是服務品質一致性的最大阻礙。麥當勞的服務作業即是應用此一概念的典型實例。很多服務業公司都建立有員工的作業手冊，要求員工必須依照手冊上所規定的作業步驟來提供服務，以確保服務品質的一致性。

㈡科技化策略

科技化策略是運用科技（包括工具、機器或預先規劃之系統），以減少在提供服務時對人力過度依賴之策略。由於減少了人性因素的影響，故可提高服務品質的一致性。

科技化策略又可分為硬體科技與軟體科技。硬體科技 (hard technology) 是以機器、工具及設備取代人力，以完成工作的科技。例如自動洗車、銀行的自動提款機等，都是硬體科技的例子。理論上，硬體科技每次所提供的服務完全相同。

相對地，軟體科技 (soft technology) 係以有組織的、及預先規劃的系統（含特殊之設備及例行作業）提供服務。速食店經常透過例常化及專業分工，來達到一致品質的目標。例如速食店的自助沙拉吧，可讓顧客自己選擇所喜歡的食品項目。就整體而言，速食店提供了一致性的品質，因為減少了服務人員所提供的服務，而改由顧客自己動手。

㈢重視員工的甄選與訓練

擬定有效的甄選與訓練方案，可以降低服務人員素質的差異性，進而提高品質的一致性。此外，對員工不斷地施予訓練，可以提高員工的專業技術，以確保服務品質維持一定的水準。

㈣重視員工的激勵

提供服務的員工往往同時扮演生產者與行銷人員的角色，其對服務品質的影響甚大。因此，對員工加以激勵可促其提供優良的服務。有關員工的激勵方法，包括：

1.薪資問題：對於優秀的服務人員給予較高的薪資，以激勵其工作士氣與效率。

2.職稱問題：給予員工較高職稱地位而不變更工作，以增加其責任感及方便其與顧客接觸。

3.為員工做好前程規劃，亦可達到激勵的效果。

㈤教育顧客有關服務的知識

顧客之需求為服務生產之投入，故提高顧客的知識與服務配合，將有助於提高服務品質的一致性與效率。

㈥建立完善的顧客反應追蹤系統

建立完善的顧客反應追蹤系統，可以及早發現錯誤，並更正與修正服務方向。

㈦個人化服務策略

此乃依顧客的個別需求來設計服務作業；例如美髮店若能建立美髮師與顧客之間固定的關係，則美髮師將可更瞭解其顧客的需求，而且顧客每次皆接受同一位美髮師的服務，更有助於提高服務品質的一致性。

行銷實務 14.2

以尖端科技打造服務

你能想像在飛機上收發電子郵件的情況嗎？別懷疑，只要是搭乘新航的乘客，到 9 月底前都能享受在飛機上收發電子郵件的免費服務。

向來以新服務創造優勢的新加坡航空率先克服技術及資本的困難，在客機上提供三個艙等的乘客使用這項服務，成為全球第一家提供機上環球電子郵件收發的航空公司。

根據東方線上 E-ICP 2001 版的調查，科技精英對於新科技的接受度佳，使用率也較一般人來得高。多年來不斷致力以尖端科技為航空產品與服務設立新標準的新航，完全滿足科技精英求新、求變的需求，以區區兩分之差，

成為《遠見》科技精英票選印象最好的國際航空公司的榜眼。

　　享有「航空界創新服務領導者」美譽的新航，一向堅持產品與服務的持續創新，「新航一向以高品質的服務作為競爭優勢，」新航臺灣分公司營業經理歐陽福榮表示。

　　早期許多新航首創的服務，例如在經濟艙提供免費耳機、多種酒類及餐點選擇，至今都已成為航空公司必備的服務項目，而目前率先採用的多樣創舉，也深受同業注目，紛紛採取跟進的腳步。

＊現代化配備受惠商務旅客

　　繼 1991 年突破技術瓶頸在飛機上的三個艙等裝設個人衛星電話、客艙傳真服務後，舉凡「銀刃世界」的機上個人娛樂與通訊系統，如電影院般的環繞音響、自動消除雜音耳機、隨選視聽功能的 WISEMEN 客艙娛樂系統、機上環球電子郵件收發及每小時更新一次的網上資訊瀏覽等設施。「新航跟其他航空公司的最大差異，就是應用新科技的現代化配備，而這又是商務旅客所能直接享受到的，」2001 年 2 月才由新加坡派遣到臺灣的歐陽福榮強調。

　　新航之所以不停止創新的腳步，是新加坡人一貫「怕輸」的個性使然，縱使已經連續囊括多項國際大獎，由蕞爾之地起家的新航，仍猶記起家時缺乏天然資源、無法飛國內航線的窘境，成就了心存危機的新航文化。因為長期合作關係而與新航有密切接觸的百帝廣告公司董事長經理楊淑玲，以「嚴謹」二字為新航下了註解。

　　新航公關部經理吳蓓南舉例，有一次新航班機因油料不足而迫降東京機場，倘若整組機員加滿油繼續飛行，將會超逾工作時數，但由於情勢緊急，輪調的機組人員卻又因休息時數不足而無法接班，於是總公司寧可花下大筆開支，讓整組機組人員與三百個乘客休息滿八小時再飛回臺北。

　　「對於安全及服務的努力，就像我們每天的例行公事，這是理所當然的，」歐陽福榮說。

　　　　　　　　　　（資料來源：《遠見雜誌》，2001 年，286 期，王一芝）

◐ 三、克服不可分割性的行銷策略

針對服務之不可分割性所衍生的行銷問題，其可採用的因應策略有下列數項：

㈠多設分店，以提高顧客之便利

由於服務的不可分割性，若非顧客到提供服務者處，就是服務人員移樽就教，因此在「不重疊商圈」的前提下，增設服務點，使顧客方便達成消費的目的，就滿足消費者需求的便利與市場開發二者，皆有相當的助益。再者，從內部而言，所謂增加服務點也意謂著在同一服務處所加開「生產線」，如此便可以縮短顧客等候時間，降低顧客對服務的不滿意程度至最低。

㈡管理顧客的行為

由於生產與消費的不可分割性，顧客介入服務提供的過程，將造成顧客與服務的相互影響，導致服務品質不易控制，於是在作業流程中有效地管理顧客是控制品質的可行策略。

㈢結合輔助性服務

利用輔助性服務的建立，使顧客方便性增加；例如購物中心，可以服務的多樣化來爭取顧客。此外，小兒科診所附設兒童遊樂區，目的亦在降低顧客長久等候之心理的煩躁。

㈣將服務生產與消費的地方分開

雖然服務的生產與消費同時發生，但仍可做某種程度的分開，使生產能集中大量生產。例如速食連鎖店設立中央廚房，集中大量生產，而在各連鎖店僅做簡單的生產工作，如此一來除了可以降低成本外，更可提高服務的效率與品質。

◐ 四、克服易逝性（或不可儲存性）的行銷策略

服務之易逝性（或不可儲存性）所引發的問題是，當需求不穩定時，服務業者的產能無法即時調整，尤其對產能有一定上限的服務業而言，問題更為明顯；此時將造成喪失銷售機會與影響商譽，或者形成資源與產能的閒置。

如何克服供需不平衡的問題，對服務業而言，乃是行銷需求管理的重要任務。此一問題的可行策略有下面幾項：

(一)從需求面著手的策略

1. 應用差別取價

尖峰時間提高價格，降低需求；離峰時間則降低價格，以提高需求量。

2. 開發非尖峰時期的其他需求

此一作法可以增加設備或資源的使用率；例如麥當勞開發早餐市場，以充分運用資源。

3. 開發輔助性服務

在尖峰時段為等候的顧客，提供另外的服務，以減低顧客的知覺等待時間。

4. 建立預訂系統 (reservation system)

可以進行事前預估需求量，使產能得以充分運用，且能降低需求的不確定性，以便於調整產能的工作。

(二)從供給面著手的策略

1. 僱用臨時或兼差人員，以應付尖峰時間的需求

2. 促使效率最大化

(1)在尖峰時期，服務人員操作較重要的工作，而經理人員則專事一些支援性的工作。例如麥當勞在排隊顧客人多時，便會有些人員預先幫顧客點餐，如此可以節省排隊等候的時間。

(2)訓練服務人員多種技能，以相互支援。

3. 擴大顧客的參與程度

在尖峰時段擴大消費者的參與，將某些不重要或不困難的步驟由顧客自行動手，可以提高供給量。

4. 與同業共同分擔使用頻率不高的設備

5. 有計劃地購買可供未來發展之用的服務設施

6. 尖峰時段可採便捷的處理方式，以提高服務的供給量

綜合本節所述的服務業特性及其因應策略，予以彙總，參見表 14-3。

表 14-3　服務業特性與行銷策略對照表

服務業特性	行銷策略
無形性	1.聯想策略 2.創造良好的企業形象與重視公共關係 3.注重口碑效果 4.利用成本會計協助定價 5.關係行銷策略 6.系統行銷策略
異質性	1.將生產線的觀念應用於服務業的規劃 2.科技化策略 3.重視員工的甄選與訓練 4.重視員工的激勵 5.教育顧客有關服務的知識 6.建立完善的顧客反應追蹤系統 7.個人化服務策略
不可分割性	1.多設分店，以提高顧客之便利 2.管理顧客之行為 3.結合輔助性的服務 4.將服務生產與消費的地方分開
易逝性或 不可儲存性	1.從需求面著手的策略 2.從供給面著手的策略

1. 過去一些專業性的服務公司，如會計師、律師等，皆認為其地位崇高，不應該利用行銷觀念來推銷自己或爭取顧客。你的看法如何？

2. 試規劃速食業之行銷組合策略；可以任一速食店為例，如麥當勞、肯德基或摩斯漢堡等。

3. 服務業的涵蓋範圍很廣，因此有必要對服務業加以分類。你認為服務業的分類有何目的與功用？又一般如何做服務業分類？

4. 傳統的行銷組合 4P 可應用於有形商品與服務的行銷(當然服務業行銷更可擴及至 7P)，請比較其差異性與相似性。

5. 為何說「服務品質」對服務業行銷非常重要？又服務品質的決定性因素有哪些？其意義為何？

6. 為何說「服務品質」的管理要比「有形商品品質」的管理困難得多？又服務品質管理的重要考慮因素為何？

7. 服務業在管理供需平衡時，有哪些可行的策略？並請以舉例的方式說明之。

8. 「為減少人為的錯誤，故採行自動化策略是可行的作法之一」，你的看法如何？自動化服務策略有哪些例子？請簡要說明之。

9. 假定你是人壽保險公司的行銷經理,你將如何提高顧客對保險服務的消費信心？

10. 為何說「服務品質」是公司取得競爭優勢的利器？請詳述你的看法。

11. 何謂「聯想策略」？其對服務業行銷策略的涵義為何？

12. 何謂「系統行銷策略」？其對服務業行銷策略的涵義為何？

13. 有些服務業在提供服務時的作業，可分為「前場作業」與「後場作業」；例如銀行櫃員的作業屬前場作業，而審核人員屬後場作業。此種觀念對服務業的經營管理有何涵義？

14. 「服務業的『生產作業』與『行銷作業』有密不可分的關係」，請詳述你對這句話的看法。

15. 就廣告的訴求方式來看，你認為有形商品與服務之廣告有何差異？並請舉實例說明之。

第十五章

網路行銷

　　網際網路的快速成長與普及，促使我們的生活發生巨大的改變。網際網路成為人們溝通與互動的一項重要管道，也是獲取與傳播資訊的便利來源。人們已逐漸在網站上收集資訊、使用資料庫檢索、查詢商品資訊、線上訂購以及溝通傳遞訊息。

　　根據經濟部技術處委託資策會電子商務應用推廣中心 FIND 進行的「我國網際網路用戶數調查統計」，經彙整及分析國內主要網際網路服務業者 (ISP) 所回報的資料顯示，截至 2002 年 3 月底為止，我國網際網路使用人口達 790 萬人，網際網路普及率為 35%，寬頻用戶數達 144 萬戶。

　　此外，其另一項「我國企業連網及資訊應用程度調查」（調查期間為 2001/8/31 至 2001/10/20）的資料顯示，我國企業連網普及率（保守值）平均為 26.4%。國內連網企業表示有進行線上採購的比率是 15.0%，進行線上銷售的比率是 21.5%；在採購金額的比率，有四成多的受訪者表示，2001 年上半年線上採購或線上銷售的金額佔其總採購額 / 總銷售額不到 10%，顯示我國連網企業在電子商務的深入應用有待加強。

　　有鑑於電子商務將是未來經濟發展的重要趨勢，因此本章將對電子商務與網路行銷的相關議題做介紹，以提供讀者基本觀念與架構。

第一節　網際網路之發展趨勢

　　根據資策會電子商務應用推廣中心 FIND 之調查發現，截至 1999 年 1 月份為止，全球使用網際網路的人數已達一億五千八百萬人次。若以國別來區分，美國有七千九百萬的網路使用人口位居世界第一，日本有一千四百萬網路使用人口位居世界第二。然而，若以上網人口佔全國人數比例的角度而言，北歐之冰島、芬蘭與瑞典三國則領先其他國家，其比例分別為 45%、35% 和 33%，超越美國 (30%) 與日本 (11.3%)，世界主要國家之比例請見圖 15–1。

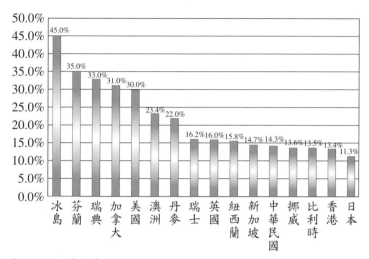

資料來源：資策會電子商務應用推廣中心 FIND。

圖 15-1　上網人口佔國家總人口比例 TOP 16 國家排行

　　以區域分析，北美地區約有近八千八百萬的網路使用者，佔全球使用人口總數之 55.5%；其次為歐洲，有超過三千三百萬的使用者，佔 23.2%；亞太地區則有二千九百萬的使用者，佔 18.6%；而非洲、中東及南美地區僅有四百餘萬的使用者，佔 2.7%。若以全球 60 億人口來換算的話，目前全球約有 2.6% 的網路人口。

　　此外，資策會電子商務應用推廣中心 FIND 所進行的「我國網際網路用戶數調查統計」，截至 2002 年 3 月底為止，我國網際網路使用人口達 790 萬人，網際網路普及率為 35%，如圖 15-2 所示。而寬頻上網持續發燒，本季（民國 91 年）寬頻用戶數達 144 萬戶，ADSL 用戶數破百萬，穩居我國寬頻上網主流技術的寶座。

第二節　電子商務

　　所謂電子商務 (electronic commerce; EC) 係指透過電腦網路，特別是網際網路，進行銷售、購買或交換產品、服務或資訊的過程。電子商務的應用起源於 1970 年代初期之電子資金傳送 (electronic fund transfer; EFT)，但此一應

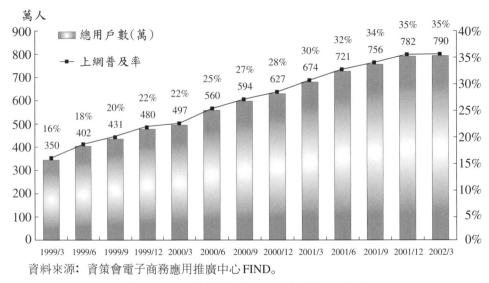

資料來源：資策會電子商務應用推廣中心 FIND。

圖 15-2　我國網際網路用戶成長情形

用僅限於大企業或財務機構。接著是電子資料交換 (electronic data Interchange; EDI) 的應用，將應用領域從財務交易延伸至其他的交易領域並擴大參與機構，包括財務機構、製造商及零售商等。此後各種類的電子商務應用漸漸興起，從股票交易到旅遊訂位系統等電傳應用系統 (telecommunication applications)。一直到 1990 年初期，由於網際網路的商業化及消費者大量湧向網際網路，電子商務此一名詞漸漸被大眾熟悉，電子商務的相關應用也急速的發展。

一、電子商務之基礎架構

Kalakota & Whinston (1997) 認為，電子商務的需求根源來自於「企業和政府內必須對於計算能力以及電腦科技做更佳的利用，以改善和客戶的互動、企業流程、企業內和企業間資訊的交換」。此二學者並提出了一個電子商務之架構（參見圖 15-3），內容說明如下：

㈠兩大重要支援：公共政策與技術標準

公共政策是指和電子商務相關連的公共政策，如全球存取、隱私權和資訊定價等等。其有別於一般商業法規所管轄之商業活動，電子商務目前著重

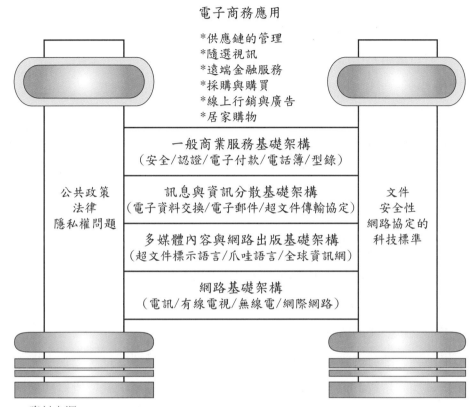

電子商務應用

*供應鏈的管理
*隨選視訊
*遠端金融服務
*採購與購買
*線上行銷與廣告
*居家購物

公共政策
法律
隱私權問題

一般商業服務基礎架構
（安全/認證/電子付款/電話簿/型錄）

訊息與資訊分散基礎架構
（電子資料交換/電子郵件/超文件傳輸協定）

多媒體內容與網路出版基礎架構
（超文件標示語言/爪哇語言/全球資訊網）

網路基礎架構
（電訊/有線電視/無線電/網際網路）

文件
安全性
網路協定的
科技標準

資料來源：Kalakota & Whinston (1997)。

圖 15-3　電子商務應用基礎

的是基本政策和法律問題。技術標準是為了確保網路的相容性，其對資訊出版、使用者介面和傳輸等部分有絕對性之影響。

(二)一般商業服務基礎架構

　　網際網路之交易日趨重要，然而其隱含了線上付款工具的不足、資訊與安全防護措施之缺乏等問題。此即為一般商業服務基礎建設所欲努力建構之方向。

(三)訊息與資訊分散基礎架構

　　如何將訊息與資訊能在各種通訊設備、介面和網路間暢行無阻，將是訊息軟體發展的重要挑戰。

(四)多媒體內容與網路出版基礎架構

　　全球資訊網 (WWW) 是目前網路出版最流行的架構，透過全球資訊網可

以讓企業和個人利用超文件標示語言 (hyper text markup language; HTML) 的形式發展內容，再將其出版在伺服器上。因此，全球資訊網將可成為一個製作產品並將成為其出版的配發中心。

(五)網路基礎架構

包含電訊、有線電視、無線電、網際網路等基礎建設之議題。例如傳輸技術整合壓縮和儲存數位化的資訊，使其能在既有的電話線、無線電與有線電纜上傳輸。另外，非同步傳送模式 (asynchronous transfer mode; ATM) 的出現使得聲音和網路資料結合成為可行。

◑ 二、電子商務的種類

電子商務依其交易性質的不同約可區分為以下六種，而本章則是將重點放在企業對企業 以及企業對消費者這兩類上：

(一)企業對企業 (business to business; B2B)

目前絕大部分的電子商務皆屬於此一類型。它是屬於企業與企業間的商業行為，例如透過 EDI 或 Extranet 來傳遞訂單、帳單及付款；所有的商業行為皆已經事先雙方協調同意。

(二)企業對消費者 (business to consumer; B2C)

這是目前一般民眾最為熟悉的類型，也就是針對一般消費者所進行之零售交易。例如消費者上亞馬遜網路書店購買書籍或 CD。美國、日本與我國在 B2C 市場之發展狀況，如表 15-1 所示。依據其購買商品或服務本質的不同，B2C 又可區分為以下二種：

1. 間接電子商務 (indirect EC)：消費者透過電子方式訂購有形商品但仍透過郵寄或貨運公司等傳統的運送方式，將物品送到消費者手中。例如消費者上網向亞馬遜網路書店購買書，該書店則利用 UPS 將書送達消費者手中。

2. 直接電子商務 (direct EC)：此一模式之所有的交易過程均透過電腦網路來完成，包括線上訂購、付款及傳送數位式之商品或服務，例如電腦軟體、影像及音樂、資訊服務等。

(三)消費者對消費者 (consumer to consumer EC)

表 15-1　美、日、臺灣 B2C EC 市場之比較（2000 年）

項目 ＼ 國別	美　國	日　本	臺　灣
網路人口（萬人）	10,810	3,017	630
B2C EC 規模（億美元）	388	66.5	1.2
平均每位網友消費額（美元）	359	220	19
EC 化比率(%)	1.37	0.26	0.13
發展的特色	1.以科技為核心 2.朝專業化、個人化服務發展 3.虛擬通路與實體通路透過購併或策略聯盟發展競合關係 4.消費者網購主要動機是方便性，未網購主因是安全顧慮	1.行動電話普及率世界之冠，帶動行動上網風潮 2.特殊通路與社會結構，致大商社與便利商店結合有主導發展的可能 3.MMS 與 CVS 結合	1.電子商務科技發展仿美，但通路發展卻學日 2.傳統實體通路發展網購受重力牽引明顯 3.消費者網購主要動機是便宜，未網購主因是安全顧慮
網購熱門商品	1.休閒娛樂 2.電腦軟體 3.書籍、音樂	1.PC 周邊 2.汽車 3.書籍、音樂	1.旅遊票務 2.3C 商品 3.書籍、雜誌

資料來源：林仁宗，民國90年6月。

此一類型之電子商務消費者直接將商品販賣給消費者。例如一般民眾在網站上刊登分類廣告出售個人多餘的物品、二手車或是提供個人服務或專業知識。一些拍賣網站也允許個人將物品放置於網站上拍賣。另外亦有部分人利用公司或組織內部的 Intranet 或其他電腦網路來廣告其欲銷售的物品或服務。

㈣**消費者對企業** (consumer to business)

此一類係消費者直接將物品或服務銷售給企業或組織。

㈤**非企業性** (nonbusiness)

愈來愈多的非企業性機構，例如學術性機構、非營利性組織、宗教團體、

社會團體及政府部門等，利用各種不同類型的電子商務來降低費用或提升其運作效率及服務。

㈥企業內 (intrabusiness)

此一類型係指屬於組織內部的活動，通常是經由 Intranet 來交換商品服務或資訊，包括銷售公司商品給員工及線上教育訓練。

◉ 三、電子商務的利益

Turban, Lee, King & Chung (2000) 認為，電子商務對企業組織、消費者與社會有下列之效益：

㈠對企業組織之效益

1.電子商務將市場拓展至全國與全球市場，企業可以最小之投資，迅速且容易地自全球尋找更多的顧客、更佳的供應商及更合適的企業夥伴。

2.電子商務降低了生產、處理、傳遞、儲存以及讀取以紙張為資訊儲存媒介的成本。

3.具備創造高度專精企業的能力。

4.電子商務藉由推展「拉」(pull) 式供應鏈管理來降低存貨與間接費用，此拉式系統起始於顧客訂單，並採用即時 (just-in-time; JIT) 製程。

5.拉式製程促成了昂貴的客製化產品與服務並帶來競爭優勢。

6.電子商務縮短了資本支出與產品或服務之產出時效。

7.電子商務可啟動企業流程再造，並可藉由改變流程來提升銷售人員、知識工作者及管理者之生產力。

8.電子商務可以降低通訊費用，Internet 遠比加值網路低廉。

9.其他效益則包括了改善企業形象、改善顧客服務、發展新企業夥伴、簡化流程、壓縮生產週期與交期、增加生產力、減少紙張、加速資訊擷取、降低運輸成本以及增加彈性等。

㈡對消費者之效益

1.電子商務可讓顧客進行一天 24 小時、全年無休及不受地域限制之購物行為。

2.電子商務可以提供顧客更多產品與商家之選擇。

3.電子商務因讓顧客能有多重選擇與快速比較，進而可獲致優惠價格之產品或服務。

4.電子商務讓數位產品可快速的交付給顧客。

5.顧客能獲得相關且即時的資訊。

6.藉由電子商務，顧客可以參與虛擬拍賣 (virtual actions)。

7.電子商務讓虛擬社群 (virtual communities) 中之顧客彼此互動、交換心得及分享經驗。

8.電子商務促進商家競爭，消費者可以藉機獲取折扣優惠。

㈢對社會之效益

1.電子商務可使更多人能居家工作，減少購物之活動與旅行，如此可減少交通流量與降低空氣污染。

2.電子商務可讓更多商品低廉出售，消費者因而能購買更多的東西而提升生活水準。

3.電子商務促使第三世界國家與偏遠地區的居民享受原本無法獲得的產品與服務，包括學習專業與受教育的機會。

4.電子商務促進更低廉或較佳品質之公共服務提供，諸如衛生保健、醫療、教育、社會福利等。

由電子商務到電子服務

　　一端是電話服務趨勢的蓬勃發展，一端是電子商務快速起飛，當兩股趨勢結合在一起會是怎樣的景象?

　　美國一家網路購物中心地極公司 (Land's End)，發展了一套線上服務的方式。顧客只要連上網站，輸入自己個人特質，例如身高、體重、偏好、顏色等資料，網站就會自動幫顧客篩選出想要的樣式，並且有線上的服務人員，針對顧客的個人特質，提供穿衣服的建議。

如果顧客看過網站篩選出的目錄之後，還是找不到喜歡的商品；沒關係，地極公司的網上銷售人員，會隨時提供個人化的服務。你可以在網路上向服務人員描述自己想要的樣式，服務人員就會根據顧客的需求，透過網路，直接控制顧客的電腦螢幕，展示顧客想要的型錄，並在螢幕上的對話框，告訴顧客目前還有什麼尺寸及顏色。顧客只要輕鬆敲著鍵盤，一邊與銷售人員對話，就可以選定自己想要的商品。如果顧客需要，客服人員也可以透過電話，一邊控制顧客的螢幕，一邊與顧客對話。

為了迅速回應顧客的詢問，另一個軟體公司賽門鐵克公司 (Symantec) 的作法是在網路上建立知識銀行，資料庫包含各種產品的文章及服務項目，顧客只要自己操作就可以解答疑問。他們也可以透過電子郵件，獲得想要的資訊。偶爾顧客也會透過電話跟客服人員聯繫，不過機率很小。現在賽門鐵克公司 80% 的顧客服務，都是透過網路進行。

正因為網際網路提供新的購物方式，很多公司不斷的更新自己服務顧客的方式。電話服務中心的人員可能不再純粹以電話來服務顧客，還要學會應用網路和顧客透過電子郵件聯繫、互動。

商業作家費斯特 (Sarah Fister) 在《訓練》雜誌指出，以往的電話服務只能一對一，但在網路上卻可以一對多服務，相對地服務人員的影響範圍將擴大。因此，要讓員工由電話服務方式，轉變到透過網路服務顧客，需要經過一連串準備。

前面提到的賽門鐵克公司，就在網路服務部門設立一個專案，負責研究顧客上其網站的感覺。他們發現，有良好對話技巧的客服人員未必有良好的書寫能力。為了讓電話服務中心人員更順利轉換，他們特別將文法以及標準的商業書寫技巧，列入顧客服務訓練的一部分。

地極公司則訓練客服人員，並讓客服人員實際練習，互相寄送訊息，瞭解電子訊息寄發與收到的落差時間，對溝通品質的影響，以及顧客對不同書寫形式的感覺有什麼不同。講師還會要求客服人員書寫時，以比較親切的語調和語句來和顧客溝通，避免專業術語。

顧客接觸企業的方式正逐漸改變，你的顧客服務跟上網路的腳步了嗎？

（資料來源：《世界經理文摘》，169 期）

第三節 網路行銷

　　網路行銷之本質與傳統行銷之基本原理並無太大差異，只是使用了另外一種互動工具作為溝通之橋樑。徒有新穎的工具並不能保證行銷計劃一定會成功，沒有創意的行銷計劃上了網路一樣無法吸引顧客。另一方面，網路也無法完全取代其他的媒體，就如同電視廣告沒辦法完全取代廣播及雜誌與報紙等媒體之廣告功能一般。

　　網路行銷計劃是整個市場行銷推廣組合的一部分，企業應當將網路行銷與其他媒體妥善搭配使用，藉以截長補短並發揮各種媒體特性的長處。在以網路的觀點設計行銷計劃時，應該善用網路的特性與優點，例如網路能提供24小時無時限的服務，可以雙向互動、自選跳頁，能夠深入地回答客戶的問題，還可以進行一對一行銷，並且把一群分眾集合起來，這些都是其他媒體所欠缺的功能。只要能善加發揮這些功能與特性，網路行銷將會使整體行銷組合更具效能。

◑ 一、網路行銷之實施

　　一般企業在進行網路行銷時會歷經四個階段：提供銷售前資訊、接受訂單、貨品遞送及提供售後服務。為了避免消費者在網路購物中可能發生的問題與衝突，業者在網路行銷的各個階段應當注意下列事項：

㈠提供銷售前資訊

　　商品廣告是網路銷售的首要步驟，電子商務的二大主要網路廣告方式為透過網站或電子郵件。由於在利用網際網路進行商品銷售時，全世界上網的人都可能是公司潛在的消費者，因此在廣告和行銷時除了提供清楚、明確且易懂的資訊外，更須在訂購程序開始前讓消費者瞭解公司能遞送商品之區域、國家範圍。此舉不僅明示於消費者，也可避免公司將資源浪費於處理無效訂單上面。而與外國消費者進行交易時，應特別注意消費者所在國的語言、文化、種族標準及相關的規定。所應提供之訊息內容應包含：

1.業者所收取總費用之細目，包括處理及遞送費用。所有的費用必須明確標示所使用之貨幣單位。

2.業者以外之廠商收取的費用。

3.遞送及產品效能的條款。

4.付款方式及相關之交易合約條款。

5.購買上之限制，例如需經監護人的同意、地理或期限上的限制。

6.產品使用說明。

7.售後服務資訊。

8.取消、終止合約及退、換貨、退錢等相關政策資訊。

9.品質保固及保證。

㈡接受訂單

由於消費者訂購商品時，並無法面對面接觸業者或親自檢視商品，因此除非消費者對網路購物有充分的信心，否則不會進行訂購的動作。建立消費者信心最重要的是業者須提供充分的資訊，包括業者本身、商品及合約資訊、隱私權政策及安全交易機制等，此外加入公證機構之自律認證計劃，也是提升消費者信心的好方式。

除了提升消費者信心外，業者尚需提供消費者易於使用之訂購程序，如果消費者對訂購程序發生問題時，應提供消費者直接與公司聯繫之管道。當消費者訂購程序完成後，業者應向消費者確認此一訂購已被成功接受，並利用電子郵件或其他方式通知消費者貨品預定送達之時間。

㈢貨品遞送

若消費者購買的是軟體、數位影片或音樂時，可直接利用網路下載檔案取得商品，在這種情況下少有貨品遞送的問題。由於大部分的商品並無法利用電子方式遞送，因此業者必須使用傳統的配送方式進行。準此，業者必須有完善的貨品運送追蹤系統，並讓消費者可查詢所訂購物品的運送流程，例如貨品何時開始運送以及何時會送達。如果在貨品運送過程中發生問題，例如缺貨或因故無法準時送達時，應盡早通知消費者。

㈣售後服務

　　售後服務是讓消費者再次購買的重要因素，網站及電子郵件是和消費者溝通及提供售後服務的便利管道，例如業者可於網站提供常見問題解答及商品相關文件的下載。如果產品發生問題，業者應提供簡便之退、換貨程序，此外業者也應提供消費者申訴管道。

◑ 二、網際網路付款方式

　　網路付款機制必需兼具安全及易於使用二大要求。除了傳統的紙鈔及支票等付款外，網路商店接受各種不同的電子付款方式，包括電子現金、電子錢包、智慧卡、信用卡、記帳卡及電子支票等。在這些付款方式中，信用卡是最為普遍的網路付款方式。在 1999 年大約有 95% 的網路購物是使用信用卡購物，原因是幾乎所有的電子商務業者都接受信用卡，對消費者也是一種最為便利的付款方式。而且信用卡對非授權使用交易的責任限制及當消費糾紛發生時，消費者可利用信用卡止付之服務來保障自己的權益。然而根據一項網路研究指出，97% 不上網購物的消費者表示，不放心在網際網路提供自己的信用卡資料。

　　為了解決信用卡付款機制可能導致之資料洩密問題，截至目前為止有二種主要的信用卡付款安全機制──SSL (Secure Socket Layer) 及 SET (Secure Electronic Transaction)，說明如下：

㈠ SSL (Secure Socket Layer)

　　由於 SSL 安全機制已內建於各主要的網際網路瀏覽器中而且易於使用，因此是目前使用最廣泛的機制，大部分的業者也利用 SSL 來提供安全及隱私權的保護。SSL 通訊協定可以讓消費者將訂購資料包括信用卡及個人資料等予以加密，二大瀏覽器 Netscape Navigator 及 Microsoft Internet Explorer 皆使用 SSL 加密，以在網際網路上傳遞資料。

　　當 SSL 加密個人資料時，消費者可在瀏覽器視窗的下方發現一個完整的鑰匙 (navigator) 或鎖 (explorer)。另一個辨識網頁是否提供 SSL 安全機制的方法為，在網頁位置前的通訊協定由 "http" 變為 "https"。雖然此一機制提供了資料網路上傳輸的隱密性，但它並不確認交易雙方的身分。對業者而言，無

法確認使用該信用卡之消費者是否就是真正的持卡人；對消費者而言，由於業者可以收到消費者的信用卡資料，因此會擔心業者濫用其信用卡資料或是被未授權的人使用。

㈡ SET (Secure Electronic Transaction)

在 1996 年時 VISA 及 Master 國際信用卡公司，在其他主要財務機構的支持下，開發了更為先進的安全機制 SET。SET 同時提供了數位簽章及加密的功能，讓交易的雙方可確認彼此的身分，而且可以不被業者知悉消費者的信用卡資料。然而由於此系統過於複雜及需較長的作業處理時間，因而未像預期般的受到普遍的使用。對消費者而言，使用 SET 非常麻煩，消費者必須先安裝數位錢包至其電腦中，向憑證機構申請數位簽章並安裝數位簽章。此外，SET 不具可攜性，消費者只能使用已經設定之電腦來進行網路購物。當他在辦公室、學校或其他場所時，便因這些地方的電腦無相關的設定，因而無法使用 SET 安全機制。

除了 SSL 及 SET 外，美國運通信用卡 (American Express) 提供了另一種網路信用卡付款的機制——私密付款方法 (private payments)。它可以讓消費者在網路購物，而不需在網際網路上傳遞真正的信用卡號碼。此一交易方法會提供一組由美國運通所產生具有時效性之密碼給消費者，該密碼可供消費者進行單次的網路交易，一旦交易完成後，該密碼便失效。由於消費者無需真正在網路上傳遞信用卡資料，因此提供了相當安全的網路付款機制；然而該機制服務對象目前僅限於美國國內使用該信用卡之消費者及企業會員。

◗ 三、電子商店產品

蘇偉仁和黃振嘉 (1997) 依照商品的特性，將電子商店販賣的商品區分成三類，如表 15-2 所示。

㈠實體商品 (hard goods)

在網路上販賣實體化的商品與傳統的型錄購物相似，只是將型錄的表達方式改為網路的首頁 (home page)。不同的是數位化的型錄沒有篇幅的限制，又具有互動能力，可提高消費者對商品的興趣。

表 15-2　電子商店產品類別

經營型態	銷售賣點	販賣商品
實體商品	線上型錄瀏覽 送貨到府	民生用品（餐飲、衣服） 電腦、周邊硬體 消費性電子產品
資訊與媒體商品 （數位化商品）	資訊提供	資料庫檢索 數位化電子新聞 電子書、電子雜誌 研究報告、論文
	軟體銷售	電腦遊戲 JAVA 軟體 套裝軟體
線上服務	情報銷售	法律、醫藥查詢 股市分析行情 銀行、金融諮詢服務
	網路預約服務	航空訂位、訂票 電影院、音樂會門票 飯店、餐館預約 醫院預約掛號
	互動式服務	網路交友 電腦遊戲 法律、醫藥諮商

資料來源：蘇偉仁、黃振嘉，1997 年 6 月。

㈡資訊與媒體商品 (soft goods)

　　數位化的商品則是非常適合透過 Internet 來行銷，因為 Internet 本身即具有傳輸多媒體資訊的能力。從目前國內外許多報紙與雜誌紛紛提供網路版的趨勢來看，未來在紙張價格昂貴及環保考量的因素下，數位化的資訊將會成為未來的出版主流。

㈢線上服務 (on-line service)

　　透過 Internet 提供線上服務的商品（如房屋仲介、代訂機票或音樂會入場券），這是許多仲介人員的夢魘，因為未來透過 Internet 我們再也不需要靠仲介人員的媒介，即可獲取所需的資訊與服務。

建立網站的五大原則

　　《顧客公司》一書之作者希博德建議，企業在發展網際網路策略時，應該有五個原則：

一、讓顧客方便與你打交道

　　顧客想要的東西很清楚：不要浪費我的時間、記住我是誰、讓我在訂購產品（或服務）時方便一點、確保你的服務讓我高興、為我量身訂做一套產品和服務。因此，你的網站必須從這些重點出發。

二、把重點放在產品和服務的終端顧客

　　製造商也許以為經銷商是他們的顧客，消費公司也許以為零售商是他們的顧客，非營利機構也許以為捐款者是他們的顧客，但是真正的顧客是產品和服務的最終使用者，是那些真正使用產品或服務的公司或個人。

　　網際網路可以讓你直接和最終顧客互動。透過網路，你可以瞭解每個顧客的真正行為。不論顧客買的是軟體、電話服務，還是洗衣粉，如果能夠知道顧客是誰，都可以帶來很大的幫助。任何要建立網站的企業，都必須盡可能把終端顧客的資料留下來，根據他們的需求設計網站。

三、從顧客的角度，重新設計整個業務流程

　　有一段時間，很多公司努力強調企業再造，但是一直從內部流程、生產線的角度思考，而沒有從顧客的觀點出發，雖然減少了成本，卻沒有提高營收。

　　因此，當你在思考網路時，千萬不要從傳統企業架構的角度思考，而應該從顧客的角度來思考。顧客透過網站和你接觸時，可能會一下跨越各部門界線，迫使你必須修正企業流程與組織結構。

　　舉例來說，佔有美國賀卡市場44% 佔有率的賀軒卡片 (Hallmark)，其網站上就有一個非常受歡迎、突破傳統的設計。該公司深入調查顧客需求，發現顧客最需要的是，有人提醒他該寄卡片給親友了。因此在賀軒的網站上，有一項很方便的提醒服務，只要顧客將重要日子，例如父親生日、自己的結

婚紀念日等填寫好，並選好需要網站在當天的一週、三天或一天前提醒你，網站就會提供這項服務。

透過這樣的裝置，賀軒和顧客展開一對一的關係。它清楚掌握顧客的資訊，還可以進一步發展其他業務。一位顧客某天就接到當地賀軒商店的電話，告訴他，他的太太生日快到了，去年他送了一束氣球，今年要不要考慮送上一隻泰迪熊加上一束玫瑰花，這位顧客很高興的說好（當然手上也開始掏出信用卡）。賀軒很輕鬆的就多了一筆生意。

四、把你的公司網路化，建立一個有利潤的基礎建設

很多公司現在正努力或已經完成的重點，都是設立一個網站，作為和顧客接觸的橋樑。但漸漸的，這些公司就會發現兩個問題：(1)必須把公司後端的支援系統和這個網站結合在一起；(2)在網站上設計的一些特色和流程，必須可以用在其他方面，例如顧客服務部門，或者用來服務通路商。

因此，在建立網站時，不要只想著你是在「建立一個網站」，而是在重新設計一個適合未來發展的基礎建設。

五、促進顧客忠誠

一般來說，企業每五年就會流失掉一半顧客。電子商務有一個很大的功能就是不必花很多錢，就可以提高顧客忠誠度。透過網路，公司可以分析顧客的購買行為，找出誰是「對」的顧客，也就是那些帶來最多利潤，需求最符合你所提供價值的顧客。

將公司從以產品為中心，轉向以這些顧客為中心，他們設計完整的電子商務解決方案，就可以強化和這些顧客的關係。

（資料來源：節錄自〈網際網路策略完全手冊〉，《世界經理文摘》，150 期）

第四節　網路廣告

網路廣告泛指在網際網路 (internet) 介面上出現的廣告。它可能出現在全球資訊網 (WWW) 的網站上，也可能置放於電子郵件 (e-mail) 中。網路廣告可說是傳統廣告和直效行銷的綜合體，欲藉網路媒體無遠弗屆的傳播力量，達

到其廣告目的。

◉ 一、網路廣告之現況

　　網際網路具有即時互動、多媒體與跨越時空藩籬等特性，因而使得直接行銷與國際行銷變得更可行。對許多資本匱乏之中小企業而言，拓展業務至海外市場所需之成本極高，而藉由網際網路之使用以及網路廣告之傳遞，使得成本可大幅降低。

　　根據 Gartner G2 的調查研究指出，美國境內傳統的印刷廣告、電視廣告及廣播廣告在未來幾年內其成長將受限，不過網路廣告市場則有相當大的成長空間。美國 2001 年的網路廣告金額約達 79 億美元，預估 2002 年將成長到 114 億美元，2003 年為 147 億，2004 年達 172 億，2005 年則估計可達 188 億美元。不過 Gartner G2 亦指出，網路廣告金額佔全美廣告總金額約僅 3%，而且在美國 2,800 個有提供網路廣告空間服務的網站中，80% 的網路廣告費用都集中在 20 個網站。

　　我國當前之網路廣告亦蓬勃發展，根據資策會之調查預測，我國網路廣告量於 2003 年將達到 16 億 2 千萬元，歷年來之網路廣告量成長狀況請參見圖 15–4。

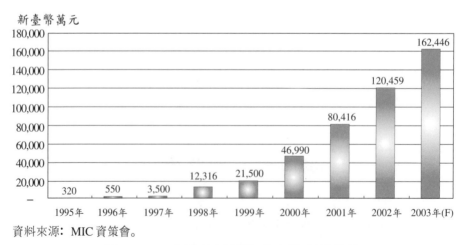

資料來源：MIC 資策會。

圖 15–4　臺灣地區網路廣告量成長狀況

　　網路網際網路的快速發展，企業利用網路廣告行銷的趨勢也逐漸增加。根據資策會 MIC Online AD 2001 專案調查發現，2001 年的十大網路廣告主有很大的異動。部分科技產業廣告主大幅縮減網路廣告預算，例如 2000 年名列第一與第八名的宏碁科技與 IBM 已滑落到十名之外。然而電信業者在網路廣告方面卻大幅成長，中華、遠傳、和信與泛亞四家電信系統商則躍居前十名寶座。2001 年的十大網路廣告主網路廣告金額以及佔其總廣告金額之詳細情形請見表 15-3。

表 15-3　我國 2001 年十大網路廣告主　　單位：新臺幣千萬元

排　名		公司名稱	網路廣告金額	總廣告量	網路廣告所佔比例
2001 年	2000 年		(A)	(B)	(A/B)
1	3	聯強國際	4.00	15	26.67%
2	–	中華電信	2.50	18	3.13%
3	2	統一企業	2.00	130	1.54%
4	4	英特爾	1.50	80	1.88%
5	–	遠傳電信	1.00	–	–
6	6	裕隆汽車	0.82	56	1.46%
7	–	和信電訊	0.80	40	2.00%
8	–	寶來證券	0.70	–	–
9	10	福特汽車	0.68	50	1.36%
10	–	泛亞電信	0.60	13	4.62%

資料來源：資策會 MIC Online AD 2001 專案。

二、網路廣告版位之類型

1. 固定式版位 (hardwired)

　　固定式版位和平面廣告的概念類似，即廣告固定出現在某個網頁上的特定版位，於刊登期間，網友在任何時候瀏覽該網頁畫面看到的都是同一則廣告。

2. 動態輪替式版位 (dynamic rotation)

　　廣告版位由數支廣告輪替播放，網友每次瀏覽該網頁都會看到不同的廣告，甚至網友按下「重新整理」(reload) 或者「上一頁」(back) 鍵時，都會在

網頁上看到不同的廣告。至於廣告的輪替方式則由遞送軟體控管，遞送軟體會根據每支廣告當初的目標設定 (targeting)，例如播放時段、內容版面或瀏覽器等條件，來決定何時遞送廣告。

◉ 三、網路廣告的模式 (model)

1.橫幅廣告 (banner)

橫幅廣告（也有人稱為標題廣告）為網路廣告的濫觴，更是現今最常見的網路廣告形式。橫幅廣告通常出現在網頁的最上方，為一長方形區塊，因而頗能攫取網友的視覺注意力。橫幅廣告主要有三種類別：

(1)靜止式 (static)：橫幅廣告最早的形式，其所呈現的即為一固定影像，看起來較為呆板。

(2)動畫式 (animated)：將數張影像連續播放所形成的動畫，其較靜止式 banner 傳遞更多資訊，也更具視覺衝擊，這是目前網路上最普遍的廣告形式。

(3)互動式 (interactive)：透過玩遊戲、填資料、回答問題或購買等形式和網友產生互動，其點選率通常較一般 banner 為高。這類 banner 又可以區分為 HTML 和 rich media 兩種形式。

2. HTML banner

在 banner 中應用 HTML 的語法，網友可以在廣告中直接填字，也可以透過下拉式選單選取答案，廣告因此可以和網友產生互動。

3.豐富媒體廣告 (rich media)

運用 Java、Flash、Shockwave、Streming Media、Enliven 等新技術所製作出來的廣告，它們不是具有多媒體聲光效果，就是可以讓網友玩賽車、刮刮樂等互動式遊戲，有些技術甚至可以讓網友直接購物交易。這類廣告雖然效果很好，但是它們需要充分的頻寬，適當的廣告遞送軟體，有些還需要瀏覽器有特定外掛程式 (plug-in) 的支援才能發揮功能。

4.按鈕廣告 (button)

按鈕廣告其實是縮小版的橫幅廣告，雖然也可以動態輪替播放，但目前多半是以固定式版位 (hardwired) 的方式呈現，這類廣告也常用來支援贊助式廣告。

5.浮水印廣告 (watermark)

這是一種新興的網路廣告形式。浮水印廣告沒有固定的形式和尺寸，可能出現在網頁的任何位置，不管網頁如何的移動，廣告都會停留在固定的位置，讓網友不想看見它也難。

6.文字連結式廣告 (text link)

它是最不具干擾性，卻也是最有效的廣告形式之一。文字連結廣告經常是一句簡潔有力的標題，或是一段引人入勝的文案，經由這些文字可以連結至廣告主的網頁。

7.電子郵件廣告 (e-mail)

⑴ newsletter 廣告

一般而言，廣告主常會運用企業或個人發行的電子報 (newsletter) 來夾帶廣告，由於電子報有純文字和 HTML 格式；如果是前者，則廣告只能採文字形式；若是後者，則可以刊登可點選的 banner 或 button 廣告。

⑵廣告信函

廣告主也可以直接對目標群眾發送廣告信函，就如同郵寄 DM 一般。廣告郵件可以採純文字形式，也可以使用 HTML 格式。

8.贊助式廣告 (sponsorship)

突破購買既有廣告版位的方式，而改以贊助網站的特殊內容、單元或活動。這類廣告的主要功能是增加廣告主的品牌知名度，而非增加廣告主的網站流量。

9.插入式廣告 (interstitial)

插入式廣告是指那些在視窗上突然跳出、干擾閱讀的廣告，俗稱「彈跳式視窗」(pop-ups)。插入式廣告尺寸大小不一，和網友有不同程度的互動性，網友固然可以關閉視窗拒絕接受廣告訊息，然而對廣告何時出現或重現卻束手無策，這種特性有時會引起網友的反彈。

◐ 四、網路廣告效果之評估方式

1. 曝光數 (impression)

曝光數指的是廣告被成功遞送的次數，假如廣告刊登在固定版位 (hardwired)，那麼在刊登期間獲得的曝光數愈高，表示廣告被看到的次數愈多。

2. 每千次曝光成本 (cost per mille; CPM)

遞送一千次廣告曝光 (impression) 所需要的成本，廣告主可藉由此數值進行網路與傳統媒體的效果比較。CPM 雖然是效果評估指標之一，但現在也有許多網站將 CPM 當成一種計價方法。

3. 點選 (click)

網友在「點選」(click) 廣告後，通常會連結到廣告主的網頁，獲得更多的產品訊息，而點選次數 (click through) 除以廣告曝光總數，可得到「點選率」(click through rate; CTR)，這項指標也可以用來評估廣告效果。

4. 轉換率 (conversion)

廣告的主要目的不外是銷售商品，若以「網路下單成交筆數除以點選次數」可以得到轉換率，這項數據是點選率還更進一步可作為廣告效果的評估指標。

◐ 五、網路廣告之特色

1. 可做目標設定 (targeting)

網路媒體比起其他媒體更具有分眾的特性，因而網路上有各式各樣的網站，每個網站都能吸引不同特質的族群，網站也會握有會員基本資料。因此廣告主就可以依照這些資料來選擇廣告遞送的對象，這即是所謂的「目標遞送」(target AD delivery)。而種類繁多的電子報也各自吸引許多關心同樣議題的網友訂閱，因而廣告主也能視電子報的性質和訂閱資料來設定精確的廣告訴求對象。

2. 可追蹤網友反應

在網路上，廣告主可以藉軟體來測量並記錄網友對廣告的反應，諸如點閱次數或購買數量等等，這是其他媒體做不到的。廣告主還能追蹤網友如何

與其品牌互動，並瞭解其現有和潛在顧客的興趣和關心焦點，對達成行銷策略的擬定有很大的幫助，特別是在一對一行銷方面。

3. 可彈性遞送

和其他媒體比較起來，網路廣告的遞送具有較大的彈性，因為網路廣告活動更可以隨時展開、更新、甚至取消。廣告主還可以每天追蹤廣告活動的狀況，一旦發現廣告反應不佳，馬上可以撤換廣告。

4. 可與網友互動

互動性也是網路媒體的重要特性之一。透過網路機制的設計，網友可以直接和廣告主互動，例如參加線上遊戲或有獎徵答、進行交易或者購買產品。網友將不再只是被動地接受廣告訊息，而會主動地傳遞資料給廣告主；網友和廣告主不但有互動，而且還是即時性的互動。

歡聚歡笑的網路世界

自 2001 年起，麥當勞以網路活動建構與消費者的溝通管道。無論是超人氣的網路活動、透過網路與手機傳輸的電子折價券 (e-coupon)、散播聖誕節溫馨祝福的電子賀卡 (e-card)，或是熱鬧滾滾的 Hello Kitty 新年祝福，麥當勞以其一貫的親切與溫暖，打造讓網友歡聚歡笑的麥當勞網站 (http://www.mcdonalds.com.tw)。

剛剛上線的「2002 品牌新聲──麥當勞主題曲孫燕姿版」網路活動，在短短的一個多星期內，就吸引上萬名網友下載最新的麥當勞主題曲 MP3。「從策略的角度來看，藉由網路消費者溝通，可以是活潑而有趣的。一旦消費者有了愉快的經驗後，他們就會願意相信你，繼續與你保持互動。」麥當勞行銷執行協理陳薇雅說，「我們看到愈來愈多的網友主動地回到我們的網站，有的是來查看一下最新的活動訊息或是列印一張麥當勞折價券與好友分享，有的則是下載他們認為麥當勞有趣的廣告，轉寄給大家。其實，網路讓麥當勞交到許多好朋友，有事沒事都到麥當勞網站聚一下，這就是我們所希望和消費

者建立的關係。」

麥當勞選擇去年 9 月，以其 4 種全新產品為主軸的「麥當勞新鮮 News」作為起點，將網路行銷納入整體行銷活動的一環，結果在為期六週時間之內，超過百萬名的網友瀏覽了麥當勞網站，並且吸引 23 萬名以上的網友參加「新鮮 News 贏大獎」活動。同時透過李奧貝納策略聯盟的規劃，麥當勞與中華電信聯手推出手機折價券 (m-coupon)，提供中華電信手機用戶獨享麥當勞優惠。

陳薇雅協理回憶道：「這一波活動的成功，讓我們看到網友的熱情，同時也發現其實可以用許多不同的方式，將新產品介紹給消費大眾。另外，李奧貝納還製作了一個 3D 的立體焙果 (bagle)，可供網友下載自行製作，創意的表現令人印象深刻。」

接下來在去年底，麥當勞推出一系列以「分享歡樂」為主軸的許願樹網路活動，並利用麥當勞的電子賀卡發送聖誕節的祝福給親朋好友。

負責規劃與執行的李奧貝納互動行銷業務林瑞增說道：「許願樹活動的成功，最主要結合了麥當勞——歡聚歡笑每一刻的精神與聖誕節的特質，讓消費者自然感受到麥當勞這個品牌所散發出的溫暖。結果使我們所設計出的 9 張可愛的電子賀卡，大受網友的歡迎，成功的達到病毒式行銷 (viral marketing) 的效果。」

隨著 2002 年的來臨，麥當勞更加快了在網路行銷上的腳步。在農曆新年期間，麥當勞配合全新 4 種 Hello Kitty，在網路推出新年紅翻天活動，其特點在於可以讓網友選擇其所愛的 Hello Kitty 造型，搭配個人的新年問候與麥當勞折價券，成為獨特的賀年電子賀卡寄給親朋好友，充分利用網路的互動特性，進而達到客製化 (customization) 的目的。緊接而來的，就是目前正在進行的「2002 品牌新聲——麥當勞主題曲孫燕姿版」網路活動，上萬名網友在一個多星期時間之內，下載最新的麥當勞主題曲 MP3。麥當勞在網路上所展現的活力，證明了這個領導品牌在持續追求成長的企圖心。

「打從一開始，麥當勞和李奧貝納就針對網路行銷所應該扮演的角色，做過很深入的討論，從反覆討論與研究的過程中，我看到了麥當勞對於追求完美的堅持與消費者至上的精神，能夠成為世界級的領導品牌，麥當勞的成功絕非偶然。」林瑞增繼續說道：「光是一項維護網友隱私權的保護條款，麥

當勞要求務必要做到讓網友安心的地步。同時，麥當勞堅持網友必須可以自由的選擇是否在日後收到麥當勞相關訊息，完全尊重網友的感受與徹底作到許可行銷 (permission marketing)，這在國內網路行銷活動中，是非常少見的。」

　　對於未來在網路上的發展，麥當勞與李奧貝納不約而同的指向品牌經驗 (brand experience)。陳薇雅表示：「網路行銷已經成為我們與消費者之間溝通的一環，我們不僅希望能夠快速而清楚的將訊息傳遞給消費者，更重要的是，我們希望能在消費者的心中，建立一個代表著歡笑與美好、一個專屬於麥當勞的經驗。」林瑞增補充道：「我們的挑戰，就是如何建立一個友善、有趣的互動環境，讓每一個網友都能體驗到歡笑與美好的麥當勞經驗。」

（資料來源：《廣告雜誌》，2002 年，132 期，呂宜霖）

習 題

1. 電子商務的類型有哪些?

2. 電子商務對經濟、產業、社會、企業和消費者的影響如何?

3. 網路行銷對企業組織、社會和消費者可以帶來哪些利益?

4. 目前在網際網路上銷售的產品類別為何?

5. 一般企業在進行網路行銷時會經歷哪些階段?

6. 網路付款機制必須兼具安全與容易使用的要求;現階段之付款方式有哪些?

7. 什麼是網路廣告,其有何特色?

8. 網路廣告的模式 (model) 有哪些?

9. 請上網尋找一個國內知名企業的網站,介紹並分析其所使用的行銷組合策略為何。

10. 網路行銷具備哪些特性? 這些特性對企業而言,其意涵為何?

11. 「網路廣告必然取代傳統的廣告」,請評述這句話。

12. 網際網路的發展,其對行銷通路的衝擊為何? 企業需如何因應?

第十六章

行銷對社會的影響

　　本書第一章曾將「行銷」定義為一種「社會性」與「管理性」過程，此乃意謂著行銷必須透過人類的互動，才能達到滿足人類的需要與欲望之目標。此外，第一章我們亦曾述及「社會行銷」的觀念，意謂著行銷的任務必須兼顧到消費者與社會大眾的利益；簡言之，行銷活動既是社會活動的一環，因此它亦須遵循社會的規範，並善盡社會責任。

　　本書前面各章著重在行銷之「管理性」過程的探討，包括行銷的涵義、消費行為分析、市場定位與行銷策略分析、以及行銷組合策略的探討等。此外，本書亦介紹了行銷的衍生性課題，包括國際行銷、服務業行銷；至於本章乃為本書的最後一章，將著重在行銷的「社會性」過程之探討，內容包括社會對行銷的批評、社會對行銷活動的管制、行銷活動與社會責任等。

第一節　社會對行銷的批評

　　基本上，行銷觀念是一種「服務」與「相互利益」（買賣雙方）的經營哲學，它有如一隻看不見的手在引導著整個經濟體系的運作，使得成千上萬的消費者之各種需求，皆能夠獲得滿足。

　　然而，並非所有廠商的行銷活動皆能符合上面的說法。相反的，有些人與公司常常作出一些令人懷疑的行銷活動。在實務上，有些行銷活動確實帶來不少不良的後果，因此出現一些社會與法律等方面的規範與限制，例如消費者保護主義運動、環境保護主義運動，以及其他政府對行銷的各種管制等。

　　從過去到現在，行銷確實遭受到多方面的批評；這些批評有些曾引起消費者重大的反應與回響，有些則可能僅是「點到為止」。但不論如何，行銷人員對於這些批評，必須深入思考其原因，避免由於過度濫用行銷，而導致行銷所帶給人類福祉的有利層面，完全遭到抹煞。

　　綜合這些對行銷的批評，我們可歸納為下列三大類：行銷對個別消費者的影響、行銷對整體社會的影響，以及行銷對企業經營的影響。

◑ 一、行銷對個別消費者的影響

根據某項美國消費者的調查發現，消費者對於行銷活動所產生的抱怨，約可分為六大類：1.高昂的價格；2.欺詐行為；3.高壓式推銷；4.劣質與不安全的產品；5.計劃性廢舊；及 6.歧視少數消費者群體。

㈠高昂的價格

有些人認為，由於行銷活動的執行而導致產品價格比合理的水準高出許多，這些導致價格高昂的因素包括配銷成本過高、廣告與推廣費用過高以及超額的加成 (excessive charge) 等。

1.配銷成本過高

自有歷史以來，即有許多人批評「中間商的剝削」，亦即他們認為中間商所提供的服務遠超過他們所提供的服務之價值。希臘哲學家柏拉圖 (Plato) 甚至對零售商人有很大的偏見，認為他們貪得不當之利；亞里斯多德 (Aristotle) 也指責零售商人以不合乎「自然」的方法，而犧牲最終購買者的利益來賺取利潤。我國自古亦有類似對中間商的批評，即俗語所說的「奸商」、「無奸不商」等。

配銷成本之所以過高，有人曾做過研究後指出，其可能的原因包括⑴重複的銷售工作；⑵過多的配銷通路據點；⑶過多的服務；⑷過多的品牌；⑸過多不必要的廣告；⑹經銷商本身對成本缺乏正確的認識；⑺過於熱衷追求大量銷售；⑻缺乏專業的管理技術；⑼缺乏適當的產品規劃與定價政策；以及⑽消費者錯誤的購買行為等等。以上諸項原因中，特別注意到最後一點，它指出了過高的配銷成本不僅與中間商有關聯，而實際上消費者亦應該負同樣的責任。

有關上述配銷成本過高而導致價格高昂的批評，零售商所提出的反駁意見如下：⑴中間商為製造商與消費者分擔配銷的工作，促進兩者之間的溝通效率與效果；⑵由於顧客所要求的服務水準愈來愈高，包括地點的便利性、店面規模大小、產品種類多樣化、營業時間的便利（24 小時營業）以及要求能退貨等，凡此種種皆會提高配銷成本；⑶商店的營業費用（包括租金、水

電等費用）不斷上漲，逼使零售商抬高商品價格；(4)由於零售業的競爭日趨激烈，導致獲利力下降，因此為維持適當的利潤，往往須提高商品的價格。

2.廣告與推廣費用過高

配銷成本中廣告與推廣費用佔了很大的部分，而多數消費者即認為過高的廣告與推廣費用，導致商品價格高昂。實務上，製造商與零售商皆會採取大量的廣告與推廣活動，尤其某些產品更為明顯。例如阿斯匹靈（頭痛藥）、洗髮精、清潔劑等「日常用品」，製造商往往會撥出一大筆經費來從事推廣活動，利用各種不同的品牌來創造產品之心理性的差異；如此看來，這些日常用品在大量銷售時，若不採用品牌推廣活動，其價格應該可以較低。

消費者對於行銷的批評乃是，這些廣告與推廣活動只是用來提高產品的心理價值，而非實質價值，但消費者仍須負擔較高的產品價格。

有關上述的論點，行銷人員提出了以下的看法：(1)顧客不僅購買產品的功能，他們也購買產品觀念；例如某些產品使他們獲得滿足、完美或其他特殊的心理感受。當然，有些消費者希望以較低的價格購買陽春型產品，但仍有不少的消費者願意多付點錢來購買可提供心理利益的產品；(2)品牌可代表產品的品質，使得消費者購買時有較小的風險，因此消費者對於知名的品牌往往願意支付較高的價格；(3)消費者往往希望在從事購買行動時，多多收集市場相關的資訊（特別是對於特殊品與選購品的購買），而廠商從事大量廣告的目的之一便是在提供消費者所需的資訊；(4)由於其他的廠商皆投入大量的廣告與推廣成本，因此若公司本身未跟進的話，則其產品將湮沒在一大群品牌之中，對其生存將構成很大的威脅；(5)在需求少於供給的環境中，廠商往往要從事銷售推廣活動，藉以刺激消費者的購買，以降低廠商的存貨。

3.超額的加成

消費者亦常感到某些產品或服務之附加費用 (charge) 或毛利加成 (markups) 過高，與真正的成本不成比例。例如藥品的成本很低，但市售價格或醫生所開處方的費用卻相當高。此外，有些廠商貪得無厭，利用人們喪親之痛大敲竹槓，如殯儀館。另外，汽車修理廠、電視修護工人及其他一些高技術性產品的修理等，其所索取的修理費用也常遭消費者議論，因其修理是

否有其實際的價值，消費者委實不知道。

有關上述的批評，廠商所提出的答辯如下：⑴大多數的商人（廠商）都是於符合規定之下，合法的獲取合理的利潤。因為他們所重視的是，希望能與顧客建立長期良好的關係，以期生意源源不斷；⑵確實仍有一些不肖的廠商，而這些害群之馬應有相關的法律或社會規範來加以制裁；⑶消費者常常忽略產品中所應包含的相關成本，例如藥品的成本不僅包括採購、促銷、配銷及生產成本，實際上藥品的研究發展成本與風險佔有很龐大的部分。

綜合以上有關「高昂價格」的批評，我們可知有些產品之價格水準比其合理應有的水準為高，但必須注意的是，造成價格高昂的原因很多。這些原因中，有些是對消費者的利益無任何貢獻，而有些則對消費者的長期利益有所助益，當然亦有些乃是介於兩者之間。行銷人員所需重視的是，那些能對消費者產生利益的行銷活動必須確實執行，而避免對消費者無利益可言的行銷活動。

㈡欺詐行為

消費者常會指責廠商的欺詐行為，例如誤導消費者相信他們所購買的產品之價值超過實際的價值。在某些行業或產品，更常會出現類似的消費者抱怨之事件。例如保險公司宣稱「已由政府所承保」，絕對信用可靠；出版業者以不實的出版物吸引消費者；營建業者假造不實的土地面積來欺騙消費者；郵購公司的欺詐；函授學校或職業技術訓練公司誇大就業機會；汽車修理業者廣告特低的服務價格，但去修理時卻宣稱汽車必須大修理，而使消費者必須支付大筆的費用；誇大藥品功效的不實醫藥廣告；凡此種種真是俯拾皆是的實際案例。

這類的詐欺行為約可歸為三大類：(1)欺詐性價格，包括以不實的「出廠價格」與「批發價格」大作廣告，先抬高價格然後再宣稱特價優待；(2)詐欺性促銷，包括誇大產品特性，令消費者誤解的產品保證，偽造產品式樣的圖片，吸引顧客光臨的廉價品（但顧客到店裡之後卻稱已經售完），以及舉辦一些虛偽不實的贈獎活動等；(3)欺詐性包裝，包括利用巧妙的設計來誇張產品的內容；分量不足的包裝，在包裝標籤上廣告減價銷售，但實際上為一般的

價格，以及以令人誤解的用語來說明包裝的容量等。

　　有關定價、促銷及包裝等方面的詐欺行為，應該有法律及相關的行政措施來禁止。例如消基會、消費者保護機構及公平交易委員會等，對於不公平或欺詐性的商業活動，都具有約束與管制的作用。然而，有些業者對上述的批評提出了申辯；包括(1)他們認為大多數的廠商都避免欺詐行為，因為從長期的眼光來看，欺詐的行為有損與消費者關係的建立以及會影響公司的聲響；(2)不實的廣告很難認定，因為廣告具有提高產品附加價值的功能，適度誇張的廣告或可增加消費者的心理價值，尤其是大多數的消費者購買產品並不只是購買產品的功能，而是購買其心理利益。甚至有人認為，宗教可以利用各種方法予以修飾，加以音樂化、抒情化，以招徠更多的信徒聽眾；而對於商業廣告徒加嚴厲的指責，似乎不太公平。同樣的，對於一些產品設計、促銷活動及包裝等的扭曲不實，似乎可以看作是人類社會生活中所需要的調味品；當然，對於那些貪圖暴利，嚴重歪曲事實的行銷活動（廣告），則必須加以限制。

(三)高壓式推銷

　　消費者亦經常抱怨某些行業及市場行銷人員，採取高壓強硬式，推銷顧客根本不想購買的產品。例如某類百科全書、套書、保險、不動產及珠寶等，這些產品經常是推銷出去而不是顧客主動購買的。許多這類產品的銷售人員都被訓練成擁有整套的推銷技巧，以引誘消費者購買。當然這些銷售人員皆非常賣力的工作，期能在公司所舉辦的銷售競賽活動，獲得優厚誘人的獎金。

　　百科全書與保險等，特別著重挨家挨戶銷售拜訪的高壓方式，因為他們覺得利用廣告或郵購的方式來推銷此種產品，其效果不是很好；雖然每個消費者對此類產品可能都有需要，但可能沒有人願意自動花錢在這上面。因此，就刺激消費者需要的觀點而言，這種高壓式推銷的作法，似乎並不是很惡劣的行為；唯行銷人員在從事此類活動時，必須尊重消費者的意願，著重在產品帶給消費者利益的溝通上，而非給消費者太大壓力的技巧上。當然，更不能讓消費者在購買產品之後，產生受騙的感覺。事實上，人員推銷的方式，亦是消費者獲取相關資訊的良好管道。此外，甚至有人認為推銷無所謂的「硬

性推銷」與「軟性推銷」之分，而僅有「聰明推銷」(smart selling) 與「愚笨推銷」(stupid selling) 之區別而已。

㈣劣質與不安全的產品

消費者的另一種常見的批評與抱怨是，產品品質不良以及產品的使用有安全上的顧慮。例如汽車似乎是最常令人詬病的產品，幾乎每一部汽車都有或大或小的毛病，包括車子有漏水問題、擋泥板缺口、分電盤蓋子破裂、油箱蓋鬆掉或鎖不住等毛病。其他遭受物議較多的產品，包括彩色電視機、各種家用器具及服飾等。雖然我們無法證明產品品質愈來愈壞，但從消費者對於品質水準要求愈來愈高來看，多數的消費者認為產品品質不佳是有其道理的。

此外，有關產品所提供的利益實際上與銷售者所宣稱者，可能有些差距。例如早期香煙濾嘴雖於廣告上暗示，它能保護吸煙者減少吸進的尼古丁含量，其實並無此功效。另外，最近有些人指出，市面上所銷售的「營養」食品，可能並沒有營養價值，例如早餐食用的麥片。此一事實著實令消費者驚訝不已。

最後，消費者亦經常對產品的安全性多所抱怨。例如多年來美國《消費者聯盟》經常報導對許多產品檢驗所發現的危險性，諸如家用電器的漏電、電暖器或熱水爐產生過量的一氧化碳、洗衣機脫水槽容易傷及操作者之手指，以及汽車方向盤之錯誤設計等。國內過去亦經常有產品不安全的案例，例如學童營養午餐中的麵包發霉而引起中毒事件，餐廳的衛生不佳導致食物中毒亦時有耳聞，以及汽水瓶爆炸而傷及消費者等。

有關此方面的批評，行銷人員亦提出他們的看法。他們認為大多數的廠商都非常關心其產品的品質，因為消費者若對他們的任何一種產品表示失望與不滿，均可能不再購買該公司的其他產品。而愈來愈激烈的競爭情勢，以及愈來愈普及的行銷觀念，亦促使廠商更加重視消費者的滿意程度。此外，大零售商在選擇所經銷的品牌時，皆非常重視發展自己的品質信譽。最後，消費者團體的積極行動，對那些品質不佳或不安全產品的公司亦給予其很大的打擊。而且，不安全的產品可能導致產品責任的控訴及巨額的損害賠償。

諸如此類的因素，促使廠商對產品品質愈加重視。

值得我們注意的是，雖然一些相關的消費者保護團體提出了指責與批評，但他們並非是「反企業」(antibusiness) 的一群，實際上他們的用心正好相反。因為提倡抵制劣質及不安全產品的行動，乃是在清理害群之馬的企業，不應被視為在對私人企業經濟或大型企業之本質的挑戰。相反的，此類運動乃在促使市場之運轉更為有效，以維持自由企業的經濟體系，並促使政府在制定產品應保有多少安全性的政策中，扮演重要的角色。

(五)計劃性廢舊

有些批評者指控，某些行業的廠商似乎有共同的陰謀，即促使產品在實際損壞、需要重置之前，在功能方面 (functionally)、式樣方面 (stylistically) 或材料方面 (materially)，很快地成為過時，而鼓勵消費者丟棄不用，重新購買新的產品。此即所謂的「計劃性功能廢舊」、「計劃性式樣廢舊」及「計劃性材料廢舊」等三種主要的計劃性廢舊之類型。以下簡述其意義：

1.計劃性功能廢舊係指製造商故意保留已發展成功且極具吸引力的產品，並不全部推出，而採取細水長流的方式，以促使消費者一再地購買更新的產品。例如汽車製造商對於增進安全、降低污染、節省燃料成本等方面，已有相當良好的改進辦法，但卻故意保留，此即所謂的計劃性功能廢舊。

2.計劃性式樣廢舊係指製造商故意營造消費者對現有產品的式樣不滿，以刺激更換式樣的購買行為。受到此類批評的廠商，包括服飾業、汽車業、傢俱業及住宅業等，它們經常有推陳出新的式樣上市。例如汽車業者幾乎每年都有新車的發表 (僅在式樣做改變)、巴黎的流行服飾等，這些作法都在促使消費者放棄舊有的產品，而購買新式樣的產品。

3.計劃性材料廢舊係指製造商有意選用較易破裂、毀損、腐爛、或受侵蝕的材料與零件，促使產品早日損壞，以即早再購買新的產品。例如汽車製造商為降低汽車價格及改進耗油效率，而改採輕質不鏽鋼金屬網 (lighter-gange steel)，但汽車之壽命則會因而縮短。

有關這種計劃性廢舊的批評，廠商所提出的申辯如下：(1)消費者大都皆有喜新厭舊的心態，他們對於一成不變的產品感到厭煩。此外，亦沒有人強

迫消費者要購買新式樣，只要消費者不喜歡或不想購買，則新式樣依然是無法取代舊式樣的；(2)當產品的新功能尚未確定，或其成本過高以致超過消費者所願意支付的水準，或其他原因時，廠商當然不會隨便改變產品的功能。如此做的結果亦有風險存在，因為其他競爭者可能率先推出而搶走市場；(3)廠商經常會採用新原料以降低成本與售價，他們不會故意製造容易損壞的產品，因為這樣會使自己的品牌失去信譽，自食惡果而讓競爭者漁翁得利；(4)通常所謂的計劃性廢舊，係由於自由經濟社會中不斷地競爭與技術革新之產物，促使產品或服務能有所改進。

　　由此可知，在批評廠商之計劃性廢舊的行為時，必須仔細地考慮廢舊的類型、特定的產業以及導致產業製造實際或表面廢舊的因素等等。許多所謂的計劃性廢舊，實際上乃是在應付競爭與技術進步所造成的。對於真正的計劃性廢舊之行為，很少有法律上的補救方法，而只能依賴消費者之教育水準的提高，對產品真實價值作明智的比較選擇而已。

㈥歧視少數消費者群體

　　有關行銷之受到批評，亦可能指責行銷未能照顧到少數消費群體的利益。此種歧視行為可分為兩種：違反某些消費者的口味及違反某些消費群體的利益。就前者而言，由於廠商採用「大量生產」(mass production) 與「大量行銷」(mass marketing) 之結果，廠商於是在選定最適合大眾的口味之後，便大量生產上市，以取得大量銷貨與利潤。但此一作法，卻忽略了少數消費群的偏好。例如一些服飾、傢俱及電視節目等，大都針對迎合大眾之興趣而設計。

　　另外，有人批評行銷對「都市內的窮人」(urban poor) 甚為不利。因為都市內的窮苦階級之消費者，往往是經由過時、支離破碎，及無效率的配銷通路來購買產品，結果這些貧苦的窮人通常必須在小商店裡以較高的價格，買到一些劣質的商品。

　　然而，將產品銷售給低所得階級的消費者，廠商所獲得的利潤並不特別高；因為低所得市場的零售商成本極高。其部分原因是在於有較高的壞帳損失，但大部分的原因則為較高的銷售、工資，及佣金成本等。此乃反映出，廠商必須使用較多的家庭訪問展示之銷售方法，以及分期付款與收款作業需

要較高的成本。所以,低所得地區的零售商價格加成雖為一般市場零售商的二至三倍,但是其實際所賺取的利潤並不一定特別高。

事實上,行銷觀念的發展從過去的大量行銷逐漸走向目標行銷,前者乃追求成本的降低,而後者則同時追求效率 (efficiency) 與效果 (effectiveness);換句話說,採市場區隔化的差異行銷,在競爭激烈的環境中要比「無差異行銷」更能為企業帶來更多的利潤。至於行銷之對於低所得家庭的歧視行為,應有許多補救的方法。例如美國聯邦交易委員會已加強防止商人作虛偽或誇張的廣告、舊貨品權充新貨品來銷售,以及對消費者信用貸款加上太高的利息等,這些都是不利於低所得家庭的行銷方法。當然,比較有效的方法,似乎可以輔助大型零售商於低所得地區設立零售據點。此種競爭性的刺激措施,將可降低該地區商品與服務的成本。

◑ 二、行銷對整體社會的影響

在行銷遭到批評的聲浪中,其中有關對社會造成不良影響的層面包括過度的唯物主義、操縱需求、忽視社會財貨及成本、文化污染及過大的政治權勢。

㈠過度的唯物主義

在這種唯物主義的盛行之下,許多人竭盡所能地從事「物質競賽」(materialistic race),然而僅有其中少數的人能夠成功,而其餘大多數的人則於追逐潮流中被淘汰。而在國內這種「笑貧不笑娼」的唯物追求觀,似乎亦有愈演愈烈的趨勢。但是,過分強調物質生活的結果,反而造成多數人的不快樂及精神緊張。

許多人認為人們過分重視物質,乃是受到行銷的影響。不可否認的,行銷帶給人們更舒適與富裕的生活,但行銷是否因此引導人們追求唯物觀,似乎不盡然如此。因為曾有社會學家根據研究指出,1990 年代有股價值體系在對抗 1980 年代的富裕與浪費的趨勢,而且社會亦有回復到基本價值觀與社會認同感的趨勢。換句話說,富裕的生活已逐漸使人們對於純物質的重視程度漸為降低,因為人們在享有富裕的物質生活之後,對於一些較為匱乏的東西

變得更加熱衷地追求，諸如精神層面的生活。而且，一些有識之士在認清這種發展趨勢之後，便開始設法有所改變，希望能導正人們追求更有意義的精神生活。若此種社會價值體系能普遍地深植人心，則人們將愈來愈重視親密的人際關係及追求精神的快樂，而不再一味地追求物質的享受。

(二)操縱需求

　　人們之所以過分重視物質，有人認為那是受到觸目皆是的廣告所影響。基本上，廠商以廣告作為利器，用以刺激消費者的欲望與需求。由於某些人大量的消費行為必會引起另外一些人的羨慕（廣告扮演催化的作用），如此循環地影響，致使人們的「自我印象」(self-concept) 逐漸與「舒適人生即為物質生活」的觀念趨於一致。於是，人們努力工作，賺取更多的金錢，以供消費；如此又使得工業生產力與總產值大為提高。而隨著生產力與產出的增加，廠商更加利用大量的廣告，以刺激消費者的需求，如此週而復始。因此，消費者被認為只是在「生產—消費」循環中，為廠商所操縱的一個環節而已。換句話說，人類的「欲望」變成依賴廠商的「生產」而存在。

　　許多廠商的行為可能如同上述批評者所言，認為行銷的確有創造與操縱需求的能力。譬如有些文章即認為使用現代化之行銷方法，有助於促使人們食用更多的口香糖。甚至於教導糖果製造商如何提高廣告預算，以對抗醫生與牙醫之有關食用糖果對人體不利之評論所造成的影響。

　　上述的這些批評也許有些誇大了企業刺激消費者需求的能力。在一般的社會中，每個人均有不同的生活型態與價值觀，絕非個別企業所能左右。而且，社會上有所謂的「意見領袖」(opinion leader) 之存在，他們會把守思想通路的第一關，使廠商的廣告訊息傳到一般大眾之前，先經過一次的過濾，因此大量廣告所欲達到的效果將為之降低。

　　再者，人類本能的「選擇性注意力」、「認知力」(perception)，及「回想力」(recall) 等，對於大眾傳播媒體也會產生認知性的防衛作用 (perceptual defenses)，因此將會對於與其需求和個性不符合的廣告訊息，予以忽視或曲解。也就是說，大眾傳播媒體只有在「廣告訴求」與人們「既存的需求」一致時，才會有效。因此，若要說廠商能夠憑空創造新的需求，那可真是相當

不容易的一件事。

　　此外，消費者對於會產生重大影響的購買行為，皆有多收集相關資訊的傾向，這亦將促使他們不會輕信單一媒體所傳達的訊息。即使購買者對於後果影響不大的購買行為，可能因為受到廣告訊息之刺激而加速其購買行動，但若要購買者增加購買次數（即重複購買），則非得該產品的價值真正符合他們實際的需求不可。此外，我們從新產品的失敗率極高的現象來看，亦顯示出即使大型且經驗豐富的公司，也無法操縱購買者的需求。

　　最後，人類的欲望與需求以及價值觀念，雖是受到大眾傳播的影響，但也同時受到家庭、朋友、宗教、種族背景、教育，及地理區域等因素的影響。所以，一個崇尚物質的社會，此種價值觀與其說是導源於企業與大眾傳播媒體的影響，倒不如說是來自於「社會化」(socialization) 的過程。

㈢忽視社會財貨及成本

　　有些人批評行銷導致人們對「私有財貨」(private goods) 的過度需求，因而犧牲了有益公眾的「社會財貨」(social goods)。事實上，當私人財貨之需求增加時，更需要有許多新的公共服務來配合，而這些卻相對地匱乏。譬如說人們對汽車需求的增加，則需要有各種街道、公路、交通管制，以及停車場來配合；連帶地，警察之保護措施、公路巡邏隊之服務，以及醫院之需求，也相對地增加。由此可知，私人消費行為創造了社會成本，但消費者與生產者卻又都不願意負擔此項成本。例如環境的污染即為最明顯的例子。基本上，沒有人喜歡這種結果，而整個社會體系的建立也不是用來克服這些問題的，由此可見廠商的行銷活動，確實對大眾的利益有負面的影響。

　　因此，行銷人員必須設法平衡「私人財貨」與「社會財貨」。其作法是，生產者應該負擔全部的私人財貨之製造成本與社會成本；換句話說，社會成本應該列入個別商品之價格制定的考慮範圍。如此，若消費者認為該項產品之價格高於其所認定的價值時，則生產該產品的廠商因銷售不佳，難以生存，因而轉向生產能負擔得起私人財貨成本與社會成本的產品。例如對於有高度污染性的產品，此時其社會成本相當高，若能反應到產品的定價，則消費者對該產品的需求將會降低，因而不致發生上述的現象。

㈣文化污染

行銷所受到的另一項指責乃是製造「文化污染」。例如人類的知覺器官與智慧經常地受到文化噪音（廣告）的干擾，破壞了人類的價值觀念，剝奪了人們享受私人生活的權利。此外，有意義的電視節目常受到無意義的商業廣告之干擾，正當的印刷刊物內也充滿了一頁又一頁的廣告，而美麗的風景區也常為廣告看板所破壞。這些廣告干擾強將有關「性」、「權勢」、「地位」等觀念，灌輸到人類的腦海裡。總之，由於行銷活動的結果，它無形中腐壞人類生活較好的一面，甚至那些留長頭髮、穿著怪異服飾的所謂「反文化」分子，也替企業製造了許多賺錢的機會。

行銷人員對於商業廣告所製造的干擾提出如下的辯解：(1)廠商皆希望自己的廣告能傳達給目標顧客；可是由於所使用的是大眾傳播媒體，故使廣告訊息傳到了一些對產品沒有興趣的觀眾眼裡，而引起人們的抱怨。相反的，人們如果因個人興趣而購買某些產品，則很少會抱怨廣告過於泛濫，因為他們本身對於產品有興趣；(2)廣告促使廣播電臺與電視成為開放的自由媒體，同時它亦使得雜誌與報紙的成本降低；亦即廣告對大眾媒體的發展與成長，有實質的貢獻。因此，大多數的人反而認為廣告既可帶來這些好處，也就較樂於接受商業廣告；(3)亦有些人認為，廣告使產品戲劇化，鼓舞人們的情緒，並使人生多彩多姿，至於那些為廣告所干擾而抱怨的人，也許可經由廠商採用更為精細的「聽眾區隔」之方法來獲得解決。

㈤過大的政治權勢

行銷所受到的最後一項批評是，它製造太多的政治權勢，例如在美國有所謂的「石油」參議員、「香煙」參議員，以及「汽車」參議員等。這些政治人物所爭取的是某些特定產業的利益，而非社會大眾的利益。企業對於各種傳播媒體有太大的影響力，也同樣的受到指責，因為它將使媒體無法獨立、客觀地報導社會事實。例如美國的《生活雜誌》、《讀者文摘》等，所刊載的廣告多為食品大廠商（如通用食品、Kellogg's 及通用磨坊）所提供，此時它們所報導的大多數包裝食品之營養價值，一定不夠客觀。事實上，臺灣各電視臺的廣告，亦遭受類似的批評。

　　很顯然的，各產業確實皆企圖提高及保護其本身的利益。它們有權在國會或傳播媒體發表意見，藉此來影響消費者的購買行為。幸運的是，許多有權勢的企業利益，已因逐漸考慮到大眾利益而軟化。例如消費者保護主義團體促請立法，要求汽車公司多加注意汽車之安全設施，而《醫學報告》(*The Surgeon General Report*) 則迫使香煙製造商之廣告受到許多限制（包括在包裝盒上印製警告標語以及不准在電視上打廣告等）。企業對於廣告媒體的控制程度，也因提供廣告的廣告主愈來愈多而降低。同時，媒體本身亦自動增加許多各市場區隔所感興趣的題材。當然，上述這些現象並不表示企業已不再握有巨大的權勢，它乃是意謂著各種相對制衡力量的興起，這無異可作為牽制企業之唯利是圖的作法。

◑ 三、行銷對企業經營的影響

　　行銷之受到批評亦包括有關其對企業經營的影響，特別是指責它對競爭所造成的傷害。例如有些大公司被指控收購或破壞小公司，以減少競爭壓力。有關這方面的問題包括反競爭之購併、阻礙新廠商進入市場，以及掠奪性競爭的行為。

(一)反競爭之購併

　　許多廠商為擴展其規模，常採取購併其他公司的手段，而非經由其本身內部的發展，此乃為行銷在反競爭方面所受到的批評。然而，購併其他公司之行為，並非一定造成「反競爭」(anti-competition) 之結果。因為若此行動確能產生規模經濟，或更有效的競爭，則其結果應該是產品價格的降低，或是產品品質的提高，這些對社會大眾皆是有益的。但是，我們亦應瞭解到，仍有許多的購併行為，不但沒有產生明顯的社會利益，相反的還會大大地降低企業之間的競爭性，妨害社會大眾的福利。例如美國最高法院曾裁定「由於寶鹼公司的購併行為，使得市場競爭將比寶鹼公司自行加入市場時來得低，並會促使較小規模之廠商因而不敢加入市場，更減少了此一市場應有的競爭性」，故而並未判決寶鹼公司之反競爭的訴訟成立。

　　購併行動本身是一件相當複雜的事情，但須注意的是，在下列各種情況

下購併可能有益於社會：(1)當購併確能產生規模經濟，而使成本與價格降低時；(2)當一個管理良好的公司購併一個管理不佳的公司，而改善其經營效率時；(3)當此種購併使得該產業由非競爭變成競爭時。至於在其他情況下，購併則可能會發生弊端，此時必須由政府法令來加以限制。

(二)阻礙新廠商進入市場

舊廠商故意製造一些障礙，以防止新廠商進入市場的行為，亦常為人們對行銷的批評。「競爭」所能產生的好處之一在於一產業之各廠商享有高於正常水準之利潤時，其他產業之資源能自由進入，參與營運，逼使超額利潤降至正常水準。所以，一個健全的競爭體系，應該備有完全的市場情報及隨時進出產業之充分自由。若製造障礙限制新加入者，則產業內既有的舊廠商可以避免競爭壓力，因而享有超過正常水準的利潤。

這些障礙包括專利權、經濟規模的產銷活動，以及供應商與經銷商之聯合的抵制行動等。事實上，有些障礙可用現行的法律或新的立法來加以消除。例如有些人曾建議對廣告支出課以遞增的稅率，以減低因行銷成本過高而阻嚇其他公司進入市場參與競爭的程度。

(三)掠奪性競爭

目前的社會上，的確有不少的企業相繼採取傷害或消滅其他廠商的行動。這些惡劣的行為包括大幅減價、威脅中斷供應來源、或者惡意地毀謗競爭者的產品等。

然而，各個國家幾乎皆有相關的法律之立法，用來避免上述各種形式的掠奪性競爭。但要證明某一種競爭行為確是屬於「掠奪性」，有時甚為困難。例如美國的一家大型連鎖零售商 A&P，因其規模龐大，享有許多經濟利益與數量折扣，所以有能力使其產品價格遠低於一般小零售商的價格。此時問題之所在，即 A&P 之低價政策究竟屬於「掠奪性」競爭行為，抑或屬於可提高零售商效率之「健康性」的競爭行為？

行銷實務 16.1

公平會判太平洋崇光百貨違法罰鍰250萬

太平洋崇光百貨公司最近以區域限制條款，禁止專櫃廠商不得在崇光百貨半徑兩公里內的商圈販賣相同或類似商品、服務，遭檢舉違反公平交易法後，經行政院公平交易委員會調查，委員會議討論後認定違反公平法，並處以新臺幣250萬元罰鍰。

公平會日前接到檢舉，指太平洋崇光百貨因微風廣場營業後，為持續保有高額營收地位，排除其他廠商進入市場，竟利用所佔市場強勢地位，在與專櫃廠商合約書中，強制簽訂第十四條第二項區域限制條款，要求專櫃非經崇光百貨同意，不得在崇光百貨賣場半徑兩公里內的商圈販賣相同或類似商品、服務，否則將終止與專櫃合約，並向專櫃廠商請求一切損失賠償，這種行為涉嫌違反公平法第十九條第六款及第二十四條規定。

公平會調查發現，太平洋崇光百貨在臺北地區經營有4家百貨，營業額高達新臺幣192億8,000萬餘元，在臺北地區百貨業市場佔有率首屈一指，高達29.54%。

公平會表示，太平洋崇光百貨所屬專櫃廠商共766櫃，其中僅27種、13家廠商的合約書刪除或修改區域限制條款，其餘739櫃（佔總櫃數的96.48%）仍依照合約規定簽約；經調查發現，這13家刪除或修改區域限制條款的廠商，都是百貨毛利率最高的化妝品與女性內衣品牌，所具市場地位均足以和崇光百貨抗衡，崇光百貨明顯以優勢地位強制較弱勢專櫃廠商簽約。

太平洋崇光百貨辯稱，這項條款是為了避免專櫃在相同商圈另闢其他營業處販賣相同商品或服務，造成「搭便車」效果。

但公平會委員會議討論後認為，崇光百貨已於合約中限制所屬專櫃廠商的商品價格不得高於其他商場的零售價，促使專櫃若在同一商圈另行設櫃時，需先考量品牌間競爭是否對崇光百貨專櫃營業額造成不利影響，導致未達基本營業額遭致撤櫃，已可避免「搭便車」情形發生。

公平會副主委鄭優指出，崇光百貨與專櫃廠商換簽新約時，正值89年臺北市多家大型購物中心陸續招商對外營業之際，委員會認為崇光百貨有阻斷同一商圈競爭者招商選擇的意圖，進而達到對潛在競爭者阻礙加入市場競爭的目的，經討論後認定太平洋崇光百貨違反公平法，要求立刻停止違法行為，並處以250萬元罰鍰，若再犯，公平會將依所違反刑責依法處理。

（資料來源：中央社，2002年5月23日，康世人）

第二節　社會對行銷活動的管制

　　行銷的某些作為一向被視為造成經濟與社會弊病的原因之一，因此社會中的某些團體或機構通常會採取一些措施或發起某些運動，來對行銷活動加以管制與約束。這些管制活動包括消費者主義、環境保護主義，及政府對行銷活動的管制等三大類。

一、消費者主義

　　自從1960年代開始，由於消費者的教育程度日益提高，而企業所提供的產品愈來愈複雜，甚且危險性與安全產品的顧慮愈來愈大，造成美國消費者對於企業所提供的產品及其相關的服務與資訊，愈來愈不滿意，於是逐漸形成一種社會運動，稱為「消費者主義」(consumerism)。它是由一群的消費者所發起的組織，並借助於各種法律、道德約束力及經濟壓力等，加之於企業，以達到保護消費者權益的目的。換言之，消費者主義乃是結合公民與政府從事有組織的活動，目的在於增強消費者相對於銷售者的權利與力量。然而，銷售者與消費者究竟具有什麼樣的權利呢？傳統上，銷售者具有以下的權利：

　1.只要不對個人健康與安全構成威脅，則銷售者有權銷售任何大小、式樣的產品；甚至於那些具有危險性的產品，只要加上適度的警告標語或管制，則亦可銷售無阻。

　2.只要對各階層的消費者確定沒有差別待遇，那麼銷售者可以隨意訂定價格。

3.只要不是在不公平的競爭情況下，銷售者有權決定花費多少促銷費用。

4.只要內容或手法上沒有令人產生誤解或不實之處，銷售者可以採行任何宣傳方式。

5.銷售者可以隨心所欲地對消費者採行任何刺激購買的行動。

至於消費者傳統上的權利，僅包括可以自由買賣產品、可以要求產品必須安全可靠，以及可以要求產品的內容與廠商所宣稱者一致。消費者的這些權利相對於銷售者而言，銷售者似乎佔了極大的優勢。例如消費者固然可以拒買任何產品，但是大多數的人深深感覺到消費者面對一群工於心計的銷售者，往往缺乏充分的訊息、教育與保護，以協助他們作明智的購買決策之選擇。於是，經由消費者運動的興起，促成消費者透過各種活動來爭取以下四點更為具體且明確的權益：

1.安全的權利：消費者有權免於遭受具危險性產品的威脅。

2.獲知的權利：消費者應可獲得真正需要的事實與資訊，以作明智的選擇，免於受到不實廣告、標籤或資訊的欺騙。

3.選擇的權利：消費者有權利與機會在各種價格相當的產品與服務中，作自由的選擇，或者在政府管制下的非競爭性產業中，以公平的價格獲得滿意的品質與服務。

4.申訴的權利：消費者的權益受損時，可以尋求合理的申訴管道，並可在訴訟過程中獲得迅速而公平的處理。

以上這些權利皆在保護消費者免於受到傷害；至於消費者在爭取這些權益時，似可透過下列四種方式：

1.透過個別消費者發言人：例如美國消費者主義領導者奈德 (Nader) 曾於1966 年指控通用汽車公司出廠的汽車不安全，而獲得勝訴。

2.透過各種消費者組織，包括民間組織團體與政府組織。

3.推廣消費者的教育，使消費者具備足夠的知識來選購產品。

4.促成消費者保護的立法。

我國的消費者運動發展得較慢，民國 62 年成立了國民消費者協會，由此乃開啟了消費者運動的序幕。當時此一協會的成立，乃是為抵制廠商的哄抬

物價，然而卻在物價上漲的威脅降低之後，消費者運動的熱潮也就冷卻下來了。

直至民國 68 年起，由於接二連三的「多氯聯苯中毒事件」，及「假酒事件」等，促使消費者保護的問題再度受到社會輿論的重視，因此促成民國 69 年 11 月「中華民國消費者文教基金會」的成立，積極地進行產品安全性的測試、出版雜誌教育消費者及處理消費者訴願等知識，由此而掀起了消費者運動的浪潮。自此以後，有關保護消費者權益的法律相繼的立法或修法，尤其是「公平交易法」、「消費者保護法」等，正顯示消費者保護運動亦逐漸融入政府的力量來徹底實施。

由於消費者主義意識的日漸抬頭，人們對於許多企業損害消費者權益的行為，紛紛挺身抗議。較著名的實例包括拒買有暴利的家電用品、汽車、化妝品，促成汽車進口關稅大幅下降，以及抗議不實的商品廣告等，這些運動與趨勢，逐漸使得不重視消費者利益的企業，將無法繼續生存下去。

實質上，消費者保護主義應可視為行銷觀念所欲達到的最高境界。它將迫使公司的行銷人員從消費者的觀點來考慮事物，同時也提醒產業各公司重視以往被忽略的消費者之需要與欲望。由此可知，在目前與未來的經營環境之下，公司的管理當局應該找出消費者主義運動所創造的有利機會，而不只是憂慮它所帶來的限制。

◉ 二、環境保護主義

消費者主義著重在行銷系統如何有效地滿足消費者的需求，而環境保護主義的支持者則重視現代行銷之運作對環境的影響，以及在滿足消費者需求過程中所帶來的社會成本。更具體地來說，所謂環境保護主義 (environmentalism) 係由一群熱衷公益的市民與政府官員所組成，其為保護與改善人類生活環境而進行有組織的運動。環境保護主義者所關切的事項，包括礦產資源的亂開墾、森林的濫伐、工廠的冒煙、廣告招牌的氾濫，以及垃圾等廢棄物的污染等，這些都可能造成休閒機會的損失，以及由於污水、空氣及化學品污染的食物，而對人體健康所產生的嚴重問題。

　　環境保護主義者並非是反對行銷與消費，他們只是希望行銷與消費者都能在合乎生態的原則下來運作而已。他們認為行銷系統所追求的目標應為生活品質的最佳化，而非追求消費者選擇機會最大化或消費者最大的滿足；其中生活品質 (life quality) 不僅僅是指消費產品與服務的質與量而已，尚包括環境的品質。

　　環境保護主義者希望環境成本能包括在生產者與消費者的決策之中，因此他們贊成以稅制與法規管制方式，來課徵那些違反環境行為的真實社會成本。此外，他們亦認為要求企業在防治污染計劃上的投資、對不能回收使用的瓶子課稅，以及禁止在清潔劑中加入過量的磷酸鹽等等，皆是引導企業與消費者走向環境保護的正確方向。

　　環境保護主義者的確曾嚴重地打擊某些產業。例如鋼鐵公司與電力公司必須投資上億的資金於污染防治的設備上，及高成本的燃料上；汽車產業則必須引進昂貴的排氣控制器於汽車中；肥皂產業也須發展新配方以防止污染水質及增進生態的淨化作用；而石油公司必須推出低鉛與無鉛的汽油。這些產業對環境保護的法令自然沒有好感，尤其是當環境管制來得太迅速以致公司難以做正確的調整時尤然，於是它們不得不將所吸收的高成本轉嫁於消費者身上。

　　環境保護主義在許多方面皆較消費者主義更為激烈地批評行銷活動。例如環境保護主義者抱怨現代許多產品的包裝過度浪費，而消費者主義者則喜歡這種現代化包裝所帶來的便利；環境保護主義者認為氾濫的廣告常使人們購買一些並不一定需要的東西，但消費者主義者較擔心的是廣告是否真實；環境保護主義者不喜歡購物中心過度繁殖，但消費者主義者卻樂見新商店的設立以及更多的商店彼此競爭。

　　為了調和消費者主義與環境保護主義的衝突，於是綠色行銷 (green marketing) 的觀念乃應運而起。所謂綠色行銷意指以符合環保精神而規劃的行銷策略，其基本理念在於以環境保護的精神來塑造企業所生產的產品之特色。綠色行銷肇始於 1980 年代初期歐洲的綠色產品銷售，如新型的免洗紙褲、清潔劑、電池、噴霧罐，以及其他較不會破壞環境的產品。此一運動迅速地

成長，並已普遍在全球各地獲得熱烈的回響。為了因應這股潮流的衝擊，企業應採取全方位的思考與行動，從原料取得、包裝設計、研究發展、生產製造、產品配送、使用、廢棄乃至回收處理等，均需以「從搖籃到墳墓」的生命週期之責任觀點，從事符合環保要求的全盤規劃，甚至將之內部化為經營與企業文化的一部分，扮演好企業公民的角色。

以下我們僅介紹綠色行銷的產品策略與溝通策略，以對綠色行銷的觀念有更進一步的瞭解。

(一)綠色產品策略

所謂綠色產品乃指對地球環境無害的產品，因此所謂綠色消費的概念不僅限於使用者對產品的消費行為，而是為了貫徹維護資源、保護環境的目標，每一項消費行為從產品製造的前置作業階段到消費後的棄置處理階段，都必須顧及生態、經濟及消費的公平合理。在這種綠色消費的觀念下，企業的綠色產品策略有以下幾項的發展趨勢：

1. 紙類包裝大行其道

在綠色消費的影響之下，幾項經常為大家所關切的環保議題，也成為廠商推出綠色產品的重要參考，如 CFC、塑膠、保麗龍等，以及希望符合減量 (reduce)、再利用 (reuse) 及回收 (recycle) 的三 R 原則，都是綠色產品的訴求重點。例如 L'eggs 蛋形褲襪包裝由於造型特殊，在美國褲襪市場上獨佔鰲頭，但蛋殼的塑膠材料則飽受環保人士的抨擊。到了 1991 年 9 月，該公司終於改以輕便並能節省材料的新包裝全新上市。新包裝完全以再生紙板作成蛋殼狀，用料可節省 38%。該公司的行銷副總裁曾表示，有 90% 的受訪者認知到新包裝上的環保特色，而喜歡新包裝比喜歡舊包裝的人足足多出一倍。

速食麵在國內市場相當龐大，但其碗麵包裝則以保麗龍為主，甚受環保人士的責難。針對此一問題，環保署先是下令禁止保麗龍裝的速食麵進入學校販賣，接著又規定保麗龍必須實施回收，使廠商積極尋求可替代且具環保性的紙器包裝。速食麵金車公司於是全面採用紙杯包裝材料，希望一上市就能帶給消費者良好的綠色印象。統一公司則遲至民國 82 年 7 月才開始採用波浪紙杯包裝，推出新產品菜田飄香速食麵。

　　由於紙器包裝材料的成本比保麗龍高，加上市場競爭激烈，故而廠商多數將成本增加的部分自行吸收，因此更換具環保性包裝材料的行動遲遲未能看到成效。但在綠色消費的壓力之下，相信這股環保潮流與風氣將會逐漸在速食麵市場擴散開來。

　　2. 無公害可回收的產品

　　綠色電池亦是環保浪潮下的綠色產品，標榜著「不含汞」的綠色電池，不像傳統的水銀電池含有汞等污染環境的有毒成分。因此，菲利浦公司於民國 82 年 12 月率先在國內推出綠色電池時，即掀起了一場綠色電池革命。在價格不變、功能相同，且能為環保盡一份心力的情況下，綠色電池一上市就受到不少消費者的青睞，也促使許多廠商紛紛推出類似的產品。

　　此外，由於 CFC 對臭氧層產生破壞，使得含有 CFC 成分的噴霧劑產品成為環保人士的攻擊焦點，也迫使廠商紛紛致力於開發具有環保效果的噴劑。美國寶鹼公司則是其中的先驅，它率先採用空氣來製造沙宣噴髮劑（捨棄昔日所使用的 CFC），這項由國際噴劑協會所發展出來的新技術，由寶鹼公司購得專利使用權，並據此推出無害於環境的綠色噴劑。

　　3. 天然性產品

　　此一發展趨勢早已在食品界顯現出跡象了。目前上等的牛奶不僅必須產自某一特定品種的母牛，全都接受過結核病疫苗測試，而且還必須是未曾注射過生長激素，而吃牧草及有機飼料的母牛。

　　至於其他的食品也都有類似的品質標準，都必須宣稱是未受污染、未加任何添加物、未經輻射處理等等，而是純粹天然的產物。可是在過去，一般人都仍接受添加物是有益的觀念。

　　在 1930 年代，燃料中添加抗爆震鉛劑，被認為是高品質的表徵。但是到了今日，無鉛汽油才是受歡迎的燃料。由此可知，品質優良的條件必須考慮到「純正」，而且整個生產製造過程也被列為優良品質的條件之一。這就好比現代人認為土雞生的蛋，要比飼料雞生的蛋來得好。

　　4. 重視堅固耐用的產品

　　對於消費性產品品質之最重要的演變趨勢，或許是耐用、可修復，及能

源效益等條件，逐漸成為家庭設備用品品質的指標。有些品牌的汽車在促銷時，亦打出了此類訴求，以招徠顧客。此外，保證長期防鏽的賣點也出籠了。此項防鏽訴求最先的作法，主要是在汽車底盤與凹口上蠟，再下一步便可能是車身使用不鏽鋼了。

㈡綠色溝通策略

除了綠色產品的推動外，綠色溝通也是綠色行銷中的重要環節，它包括了綠色廣告與綠色公關等重要的工具。綠色廣告的目的，不外乎宣揚產品本身或企業對環保的重視與貢獻，或宣導環保理念，以期藉由與環保結合，有利於產品的銷售與良好形象的建立。至於綠色公關則藉由贊助、舉辦綠色活動或綠色事件等公關手法，希望化解綠色壓力，建立與相關群體的良好關係，以及塑造企業的綠色形象。

1.綠色廣告

近年來，綠色廣告已逐漸出現在媒體上，並受到廣告主與一般大眾的注意；諸如伯朗咖啡的「保護有翅膀的朋友」、黑松沙士的「植樹救大地」、義美冰棒的「有環保概念哦！」等。整體而言，國內企業目前的作法多半仍停留搭環保便車的階段，並沒有將環保真正落實。過去 VOLVO 汽車的一則新聞稿曾帶動了日本的綠色廣告風潮，在廣告裡，它以開誠佈公的心態自承：「我們正在製造公害、雜音及垃圾」，以表達 VOLVO 對環保的重視及其多年來的努力成果。此廣告一出現，在一般大眾的心中造成了相當大的衝擊，同時也引發了許多日本廣告主斥資投入這個新廣告主題的興趣。

事實上，對於綠色廣告，環保人士與消費者所關心的是廠商或產品是否言行如一。假如廠商的廣告標榜其產品符合環保要求，但事實上其產品並不是真的完全符合環保，而在事實被揭發之後，可能導致公司產品與形象的受損。例如美孚化學公司生產的垃圾袋標榜可完全分解，但事實並不然。在環保團體發掘事實並公佈之後，使美孚公司的形象大受損失。

2.綠色公關

綠色公關亦是綠色溝通的另一利器；例如杜邦從被趕出鹿港到在觀音鄉敦親睦鄰，深獲好評，並贏得「環保模範」的佳響，在這一整個過程中，綠

色公關居功厥偉。

　　麥當勞則是另一個例子；自 1984 年起，麥當勞發現自己所製造的大量垃圾逐漸成為環保人士攻擊的對象，在面對這種日益龐大的綠色壓力之下，麥當勞乃開始採取積極的因應措施，並發起大規模的消費者之教育活動，以導正人們錯誤的認知。透過店內餐盤上的再生紙墊、媒體廣告、店內散發的宣傳手冊，以及郵寄給學校老師的信函，麥當勞對民眾大力解釋其在環保上的努力。在美國，據估計麥當勞一天服務 1,800 萬人次的顧客，這使其餐盤上的紙墊足以成為全國最大的大眾媒體之一。

　　除此之外，麥當勞還規劃大規模的綠色公關活動。在其以 "Let's Get Growing America" 為口號的活動裡，麥當勞在學校與社區教育上宣導綠化工作、節約能源、防止污染、廢物再利用，以及資源回收等觀念，希望能將環保意識落實到民眾的生活裡。此外，麥當勞並於 1990 年 8 月與環保團體 EDF 合作，並提供資金贊助，以建立麥當勞的綠色形象。

◐ 三、政府對行銷活動的管制

　　由於社會大眾對行銷活動的種種批評，導致政府機構亦積極地制定各種法令規章，來管制企業的行銷活動。至於各種與行銷活動有關的法律，本書已於第二章探討行銷的法律環境時有加以介紹。這些法律對行銷活動的管制，主要在規範企業於制定與執行行銷組合決策（產品、定價、通路與促銷）時，必須符合法令規定。譬如說企業在制定廣告決策時，必須注意到是否有欺詐性的廣告、誘餌式的廣告及不實的廣告等，避免觸犯法令。

　　基本上，我們皆瞭解到行銷應建立在經濟自由競爭的原則之上。只要確立了自由競爭的原則，企業的行銷活動會更有活力，並可以提供更好的產品與服務，以造福整個社會。然而，若過度的放任自由競爭的原則，則可能造成嚴重的後果。例如強勢的企業會利用種種手段壓制弱勢者，並透過對市場的壟斷，而使得市場的機能僵硬或衰退。因此，即使是自由競爭，也必須透過政府法律的管制，以維持與促進公平的競爭。此外，基於消費者的保護以及匡正企業走向正確的環境保護之行銷活動，亦皆需要政府立法來加以管制。

世界地球日　向「塑膠」說不

　　環保署在 4 月 22 日地球日正式公告，從 7 月 1 日起，開始推動限制使用塑膠袋及塑膠類免洗餐具政策，違反者處 6 萬元以上，30 萬元以下罰鍰。署長郝龍斌說，要開創臺灣的環保奇蹟，讓中華民國 R.O.C. (Republic of China)，變成 R.O.C. (Republic of Clean) 清淨國度。

　　環保署說，7 月 1 日起，公家機關率先實施，在購物用塑膠袋限制使用方面，禁止店家免費提供厚度達 0.06 公釐購物用塑膠袋，但以商品形式陳列貨架供選購者，或直接盛裝魚類、肉類、蔬果等生鮮商品或食品者，或於工廠製造包裝產品者，或盛裝醫療院所的藥品者，則不在限制之列。

　　至於塑膠類（含發泡聚苯乙烯，即保麗龍）免洗餐具包括杯（不含杯蓋及盛裝飲料紙杯之封膜、杯座）、碗（不含碗蓋）、盤、碟、餐盒及餐盒內盛裝食物的塑膠內盤等，第一批限制使用對象均不得提供。但以這些免洗餐具裝填食物後，以商品形式封膜包裝，並陳列於貨架供選購者不受限制，仍可繼續使用。

　　郝龍斌說，上任環保署長一年多體認到，環保只靠環保署或是地方環保局的取締工作，是無法讓環境變好，必須是全民參與。環保署希望讓民眾瞭解到，環保不只是嘴上說說而已，而是真的願意在生活上犧牲一點點方便，隨手多做一點點動作，例如出門購物帶個環保袋，或是隨身自備餐具，甚至在家裡做好垃圾分類，資源回收，好讓垃圾減量。這些動作會帶給大家一點點不方便，但是對臺灣的環境卻會產生關鍵性的大逆轉。

　　郝龍斌表示，選擇推動限用塑膠袋和塑膠類免洗餐具作為第一步，是因為各項民調都顯示，民眾都知道臺灣塑膠袋和免洗餐具已經到了氾濫的程度，民眾也願意配合減量使用，所以環保署採取一點點強制的措施，讓民眾有一股動力，把平常放在心裡的環保觀念，在生活裡實際做出來。

　　郝龍斌說，限用塑膠袋和塑膠類免洗餐具絕不只是政府推動的一項環保

政策，而是全民參與的環保生活革命。

(資料來源：《中時電子報》，2002 年 4 月 23 日，呂理德)

第三節　行銷活動與社會責任

在面對來自消費者主義、環境保護主義及政府等各方的批評與管制時，許多公司剛開始都極力反對這些批評與管制，因為它們認為這些批評與管制是不公平的，且亦不值得重視的。於是，這些企業乃積極地遊說或設法影響政府與立法機關，避免通過新的立法來管制其行動。然而，隨著環境的變遷，許多公司又慢慢地發現到，它們最佳的選擇就是主動地擔負起保護消費者、保護環境以及保護社會大眾福利的社會責任。此外，目前大多數的公司原則上亦逐漸地承認消費者的新權利，它們認為消費者應有權利獲得充分的訊息並受到保護，而且保護消費者與滿足消費者的長期需求，也將符合公司的長期利益。

本節將首先介紹企業的社會責任，然後再討論行銷活動與社會責任。

一、企業的社會責任

行銷的社會責任係指一特定個體或組織的行銷活動，影響他人利益程度的道德結果。社會責任的涵蓋範圍比一般的法律責任要來得廣泛，也較難處理。因為法律通常規定企業不能做哪些事，但這並不表示合乎法律規定的行銷活動就是「對」的，此時仍可能涉及道德觀與社會責任的問題。

彼德杜拉克曾指出，企業應該認清，善盡社會責任就是一種創造利潤的最佳途徑。他強調：「企業是社會的一具器官，自應有其功能存在，否則就會被淘汰。」企業的功能就是對社會的貢獻，不僅是要努力地提供良好的服務及使生活更為便利與舒適的產品，還要努力促使社會更幸福更快樂；唯有當社會大眾對企業的貢獻予以肯定時，社會大眾所給予的回報就是利潤。由此可知，「利潤不是原因，而是結果」。

　　在檢討企業的行銷活動是否負起社會責任，或者企業所採行的行動是否是「對」的，行銷人員必須深入探討以下的問題：(1)銷售人員在推銷時是否應該採取可能侵犯到個人隱私權的方式，例如挨家挨戶的銷售訪問方式？(2)他所使用的方法是否可包括大肆宣傳、提供獎品、沿街叫賣，以及其他足以產生困擾的戰術？(3)在說服人們購買時，是否可採用「高壓式」的戰術？(4)是否可藉由不斷地引進新形式與新式樣的產品，促使原有的產品加速變成廢舊？(5)是否可訴求強化唯物主義的動機、炫耀式消費，以及向富有鄰居看齊的消費型態？等等問題。

● 二、行銷活動與社會責任

　　自 1960 年代起，由於高度的經濟成長而進入了所謂的大量高度消費的社會，也就是大量生產與大量銷售的社會。在這種大量高度消費的社會中，「生產→配銷→消費」三個階段連貫起來而形成一個完整的過程。因此，我們可從「生產→配銷→消費」的整體觀點，來檢討過去行銷活動作法的不當之處，並從而探討所謂的社會責任。

　　大量生產體制得以實現，乃由於快速的技術革新所致。不過技術革新影響所及並不只在生產範圍而已，配銷與消費也受到了很大的衝擊。大量生產制度必然需要有大量銷售及大量消費制度的配合。這可從企業的經營立場來看，由於技術的革新，在設備及人力資源方面都投入了相當大的資源，為了要回收這些資金，企業就必須開拓與維持較大的消費市場。

　　此外，由技術革新所導致的大量生產制度，也成為同行業中各企業都會一致採取的方式，因此將會產生激烈的市場競爭。為了成為競爭市場上的贏家，行銷的革新與發展，至此更為蓬勃與成長。

　　無可否認的，技術的革新與行銷的發展，使得人們的生活更為豐富了，並且提高了生活水準。事實上，今日的電視、冰箱，甚至洗衣機等耐久性消費財，已經是屬於一般家庭普遍擁有的產品了，而且由於時髦服飾及多樣化食品的普及，已經很難從消費的產品看出生活上的差異。只有某一階層才能享用某些產品的事實與現象，在今天似乎已愈來愈少了。

　　為了迎合大量生產與大量消費而出現的行銷活動，並不應該只是以能否滿足顧客的需求來判斷。事實上，在判斷行銷活動是否要遵循「消費即美德」或「消費者至上」等準則，在某些方面也許無法得到非常肯定的答案。

　　如果就行銷活動的方法來看，大至住宅商品小至食物之類的產品，往往皆會有缺陷的產品。另外，諸如裝飾附件類的過度添加、因產品式樣變化過於繁雜而造成的產品廢舊時，以「消費即美德」之口號所做的誇大不實廣告，以過度包裝作為差異化競爭的手段等，似乎忽略了顧客的真正需求。因此，為了擴大與維持大量消費市場的行銷活動，應該根據顧客導向的理念而展開，但事實上卻有明顯的跡象顯示，實務上所依據的大多是銷售導向的理念。

　　對於可達到豐富生活而有很大貢獻的行銷活動其所發揮的功能固然是不容否定的，但過度作法所造成的負面影響卻也是不容忽視的。過度刺激消費的結果，造成東西用過之後即丟棄的現象，垃圾公害引發了重視物質生活而導致精神生活匱乏的問題。尤其是有害的食品、化學添加物、缺乏安全性的產品等，威脅到人類生存的問題已經愈來愈嚴重了。

　　在這種發展背景之下，消費者、社會大眾、政府機構，甚至企業本身，都開始注意到了社會責任的問題。許多人逐漸體認到，企業的行銷活動不僅是企業達成追求利潤的手段而已，還應該配合企業的周遭環境，包括消費者、當地居民等的社會大眾利益而展開才對。在此一觀念的引導之下，社會行銷(social marketing)的哲學便應運而起。社會行銷的基本觀念是，行銷人員在制定行銷決策時應同時考慮三方面的因素，即消費者的需要、公司的利益及社會大眾的利益。換句話說，即使企業的行銷活動可以達成企業的行銷目標以及滿足顧客的需求，但如果它對社會帶來了負面的作用，則該行銷活動仍須加以修正。例如香煙的行銷，可能對消費者能產生立即的滿足，但對其長期的健康卻有害，而且對社會利益亦有害（造成空氣污染），則此種行銷活動顯然未盡到社會責任。綜合言之，在社會責任的前提之下，行銷人員應就社會長期利益的觀點來制定各項行銷活動，並使其能同時滿足顧客的需求。

1. 商業廣告經常以美女作為性訴求，批評者認為這有違善良風俗，你認為呢？

2. 同樣的，商業廣告亦常使用活潑可愛的兒童（甚至嬰幼兒）來訴求，以引導觀眾無形中接受其觀念與產品，你認為這對行銷的社會責任來說，是否應該加以限制？

3. 基於行銷受到社會許多的批評，有些人甚至認為「行銷乃罪惡之源」，你如何提出反駁？

4. 多層次傳銷經常引人非議，民國 84 年 9 月所發生的「氨利食品」事件，即為一例；請從消費者主義與政府管制的角度來評論之。

5. 請詳述社會行銷的涵義；並說明其與企業的社會責任之間的關聯。

6. 綠色消費的觀念為何？請詳述之。

7. 目前尚有許多企業採取「搭綠色行銷便車」的策略，此種作法就社會責任的觀點來看，有何重要涵義？

8. 何謂「綠色廣告」？何謂「綠色公關」？並請加以比較之。

9. 從綠色行銷的觀點來看，這種綠色革命的潮流與趨勢，將會對行銷通路與廣告媒體，各產生何種衝擊？

◎ ─ 參考文獻 ─ ◎

1. 《2000 中華民國電子商務年鑑》，經濟部商業司編印，2001 年。

2. 《2000 連鎖年鑑》，臺灣連鎖暨加盟協會編印，第一版，2001 年 4 月。

3. 方世榮譯，《行銷管理學》(Kotler, 10th ed.)，臺北：東華書局，2000 年。

4. 方世榮，《服務業營銷管理》，初版，臺北：書泉出版社，1991 年。

5. 中時電子報網路廣告廣播網站：http://www.cyberone.com.tw/。

6. 行政院公共工程委員會 / 共同供應契約電子採購網站：http://sucon.pcc.gov.tw/。

7. 行政院消費者保護委員會 / 網際網路網站：http://www.cpc.gov.tw/index1.htm/。

8. 余朝權，《現代行銷管理》，初版，臺北：五南書局，1991 年。

9. 林仁宗，「實體通路與虛擬通路競合關係與發展契機之研究──以網路購物市場
   發展為例」，國立臺灣大學商學研究所碩士論文，2001 年 6 月。

10. 許長田，《行銷企劃案實務》，初版，臺北：書泉出版社，1992 年。

11. 陳偉航，《行銷教戰守策》，初版，臺北：時報文化出版公司，1988 年。

12. 統一超商網站：http://www.7-11.com.tw/。

13. 麥當勞網站：http://www.mcdonalds.com.tw/。

14. 黃俊英，《行銷研究──管理與技術》，第四版，臺北：華泰書局，1992 年。

15. 萊爾富便利商店網站：http://www.hilife.com.tw/。

16. 博客來網路書店網站：http://www.books.com.tw/。

17. 資策會電子商務應用推廣中心 FIND 網站：http://www.find.org.tw/。

18. 經濟部 / 網路商業應用中心網站：http://www.ec.org.tw/。

19. 鍾明志，「傳統企業採用分合策略涉足電子商務領域之研究──以本國航空公司
    為例」，國立臺灣大學資訊管理研究所碩士論文，2001 年 6 月。

20. 蕭富峰，《行銷實戰讀本》，初版，臺北：遠流出版公司，1988 年。

21. 蕭富峰，《行銷組合讀本》，初版，臺北：遠流出版公司，1989 年。

22. 魏啟林，《策略行銷》，初版，臺北：時報文化出版公司，1993 年。

23. 羅文坤、鄭英傑,《廣告學: 策略與創意》, 初版二刷, 臺北: 華泰書局, 1994 年。

24. 羅家德,《EC 大潮電子商務趨勢》, 聯經出版社, 2000 年。

25. 蘇偉仁、黃振嘉,「企業上網開店經營技術探討」, http://www.psd.iii.org.tw/inews/focus/estore/main.html, 1997 年 6 月。

26. Aaker, David A., *Strategic Market Management*, New York: John Wiley & Sons., 4th ed., 1995.

27. Bovee, Courtland L., & Thill, John V., *Marketing*, McGraw-Hill, 1st ed., 1992.

28. Boyd, Harper W., Jr., & Orville C. Walker, Jr., *Marketing Management*: *A Strategic Approach with a Global Orientation*, Homewood: Irwin, 2nd ed., 1995.

29. Cateora, P. R., *International Marketing*, Homewood, Illinois: Irwin, 8th ed., 1993.

30. Cohen, William A., *The Practice of Marketing Management*: *Analysis, Planning, and Implementation*, New York: Macmillan, 2nd ed., 1991.

31. Crawford, C. Merle, *New Product Management*, Homewood: Irwin, 4th ed., 1994.

32. Engel, James F., David T. Kollat, & Roger D. Blackwell, *Consumer Behavior*, New York: The Dryden Press, 8th ed., 1995.

33. Engel, James F., Martin R. Warshaw, & Thomas C. Kinnear, *Promotional Strategy*: *Managing the Marketing Communication Process*, Homewood: Irwin, 8th ed., 1994.

34. Evaus, R. Joel, & Barry Berman, *Marketing*, New York: Macmillan, 5th ed., 1992.

35. Husted, Stewart W., Dale L. Varble, & James R. Lowry, *Principle of Modern Marketing*, MA: Allyn and Bacon, 1989.

36. Jain, Subhash C., *Marketing Planning and Strategy*, South-Western Publishing Co., 4th ed., 1993.

37. Kalakota Ravi, & Whinston Andrew B., *Electronic Commerce A Manager's Guide*, Addison-Wesley Longman, Incorporated, 2nd ed., 1997.

38. Keegan, Warren J., *Global Marketing Management*, Prentice-Hall, 5th ed., 1995.

39. Keegan, Warren J., Sandra Moriarty, & Tom Duncan, *Marketing*, Prentice-Hall, 2nd ed., 1995.

40. Luck, David J., O. C. Ferrell, & George H. Lucas, Jr., *Marketing Strategy and Plans*, Prentice-Hall, 3rd ed., 1989.

41. Mason, J. Barry, & Hazel F. Ezell, *Marketing Management,* New York: Macmillan, 1993.

42. McCarthy, E. Jerome, & William D. Pereault, Jr., *Basic Marketing*, Homewood: Irwin, 11th ed., 1993

43. Nagle, Thomas T., *The Strategy & Tactics of Pricing*: *A Guide Profitable Decision Making*, Prentice-Hall, 2nd ed., 1995.

44. Onkvisit, Sak, & John J. Shaw, *International Marketing*: *Analysis and Strategy,* New York: Macmillan, 2nd ed., 1993.

45. Parasuraman, A., Zeithaml, Valarie A., & Berry, Leonard, "A Conceptual Model of Service Quality and Its Implications for Future Research, " *Journal of Marketing*, 49 (4, Fall), 41−50, 1985.

46. Peter, J. Paul, & James H. Donnelly, Jr., *A Practice to Marketing Management*, Homewood: Irwin, 6th ed., 1994.

47. Porter, Michael E., *Competitive Advantage*, New York: The Free Press, 1985.

48. Pride, William M., & O. C. Ferell, *Marketing*: *Concepts & Strategies*, Houghton Mifflin, 8th ed., 1993.

49. Schoell, William F., & Joseph P. Guiltinan, *Marketing Essentials*: *Marketing Concepts and Practices*, MA: Allyn and Bacon, 1st ed., 1993.

50. Stanton, William J., *Fundamentals of Marketing*, New York: McGraw-Hill, 10th ed., 1994.

51. Stein, Louis W., & El-Ansary, Adel I., *Marketing Channels*, Prentice-Hall, 4th ed., 1992.

52. Terpstra, Vern, & Ravi Sarathy, *International Marketing*, The Dryden Press, 6th ed., 1994.

53. Turban Efraim, Lee Jae, King David, Chung H. Michael, *Electronic Commerce*: *A Managerial Perspective*, Prentice-Hall, 2000.

消費者行為
沈永正／著

本書特色可歸納為以下三點：

一、強調理論的應用層面，在每個主要理論之後設有「行銷一分鐘」及「行銷實戰應用」單元，舉例說明該理論在行銷策略上的應用。

二、納入同類書籍較少討論的主題，如認知心理學中的分類、知識結構的理論與品牌管理及品牌權益塑造的關係。並納入熱門主題如網路消費者行為、體驗行銷與神經行銷學等。

三、每章結束後設有選擇題及思考應用題，強調概念與理論的應用，期使讀者能將該章的主要理論應用在日常的消費現象中。

市場調查：有效決策的最佳工具
沈武賢／著；方世榮／審閱

　　本書以簡要、清晰及深入淺出的方式，介紹市場調查的基本原理以及各種調查方法在實務中的操作運用技巧。內容包括：市場調查緒論、市場調查的組織部門和人員、市場調查之運作程序、原始資料和二手資料的收集方法……等。書末附有二個實例，詳細介紹市場調查的相關程序及作法，幫助讀者於實務中靈活運用。各章前均附有學習目標，章末有本章摘要與習題，可供讀者對重要概念與原理更加瞭解，加強閱讀學習成效。

會計學（上）
林淑玲／著

　　本書依照國際財務報導準則 (IFRS) 編寫，以我國最新公報內容及現行法令為依據，並完整彙總 GAAP、IFRS 與我國會計準則的差異。本書分為上、下冊，採循序漸進的方式，上冊首先介紹會計原則、簿記原理及結帳相關的概念，讀者能夠完整掌握整個會計循環，最後一章介紹買賣業之會計處理，以便銜接下冊的進階課程。此外，章節後均附有練習題，可為讀者檢視學習成果之用。

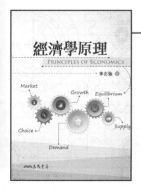

經濟學原理
李志強／著

　　本書以淺顯易懂的文字來說明經濟學的基礎概念，穿插生活化的實例並減少複雜的數學算式，使初次接觸經濟學的讀者能輕鬆地理解各項經濟原理。本書各章開頭列舉該章的「學習目標」，方便讀者掌握章節脈絡；全書課文中安排約 70 個「經濟短波」小單元，補充統計數據或課外知識，提升學習的趣味性；各章章末的「新聞案例」則蒐集相關新聞並配合理論分析；另外，各章皆附有「本章重點」與「課後練習」，提供讀者複習之用。

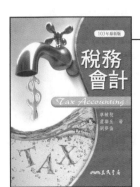

國際貿易實務詳論

張錦源／著

　　國際間每一宗交易,從初步接洽開始,經報價、接受、訂約,以迄交貨、付款為止,其間有相當錯綜複雜的過程。本書按交易過程先後作有條理的說明,期使讀者能獲得一完整的概念。除了進出口貿易外,本書對於託收、三角貿易、轉口貿易、相對貿易、整廠輸出、OEM 貿易、經銷、代理、寄售等特殊貿易,亦有深入淺出的介紹,另也包含電子信用狀統一慣例、本金／無本金交割遠期外匯等最新內容,為坊間同類書籍所欠缺。

稅務會計

卓敏枝、盧聯生、劉夢倫／著

　　本書之編寫,建立在全盤租稅架構與整體節稅理念上,係以營利事業為經,各相關稅目為緯,綜合而成一本理論與實務兼備之「稅務會計」最佳參考書籍,對研讀稅務之大專學生及企業經營管理人員,有相當之助益。再者,本書對(加值型)營業稅之申報、兩稅合一及營利事業所得稅結算申報均有詳盡之表單、說明及實例,對讀者之研習瞭解,可收事半功倍之宏效。